高等教育工程造价系列教材

安装工程识图

第2版

主　编　王远红　吴信平

参　编　张晓杰　赵宏伟　李奉翠

杨　帆　田　巍

主　审　吴心伦

机械工业出版社

本书依据现行的给水排水、暖通、电气工程的制图规范、标准图集以及全国高等学校工程管理、工程造价专业本科教学大纲编写，主要内容包括工业管道工程图、给水排水工程图、供暖及燃气工程图、通风空调工程图、自控仪表管道工程图、起重运送设备安装工程图、供配电工程图、供配电线路工程图、动力及照明配电工程图、防雷接地工程图、建筑弱电工程图，充分反映了当前我国安装工程设计施工图的实际内容，符合行业的特点和专业教学的需要。

本书主要作为工程管理、工程造价专业及相关专业本科教材，也可作为从事建设工程施工及工程管理和工程造价等工作的专业人员的培训教材和业务参考书。

图书在版编目（CIP）数据

安装工程识图/王远红，吴信平主编. —2版. —北京：机械工业出版社，2019.8（2024.8重印）

高等教育工程造价系列教材

ISBN 978-7-111-63081-4

Ⅰ.①安… Ⅱ.①王… ②吴… Ⅲ.①建筑安装-建筑制图-识图-高等学校-教材 Ⅳ.①TU204.21

中国版本图书馆CIP数据核字（2019）第131406号

机械工业出版社（北京市百万庄大街22号 邮政编码100037）

策划编辑：冷 彬 责任编辑：冷 彬

责任校对：佟瑞鑫 封面设计：张 静

责任印制：常天培

固安县铭成印刷有限公司印刷

2024年8月第2版第8次印刷

184mm×260mm · 24.25印张 · 676千字

标准书号：ISBN 978-7-111-63081-4

定价：59.80元

电话服务

客服电话：010-88361066

010-88379833

010-68326294

网络服务

机 工 官 网：www.cmpbook.com

机 工 官 博：weibo.com/cmp1952

金 书 网：www.golden-book.com

机工教育服务网：www.cmpedu.com

高等教育工程造价系列教材
编 审 委 员 会

序

伴随着人类社会经济的发展和物质文化生活水平的提高，人们一方面对工程项目的功能和质量要求越来越高，另一方面又期望工程项目建设投资尽可能少、效益尽可能好。随着经济体制改革和经济全球化进程的加快，现代工程项目建设呈现出投资主体多元化、投资决策分权化、工程发包方式多样化、工程建设承包市场国际化，以及项目管理复杂化的发展态势。而工程项目所有参建方的根本目的都是追求自身利益的最大化。因此，工程建设领域对具有合理的知识结构、较高的业务素质和较强的实作技能，胜任工程建设全过程造价管理的专业人才的需求越来越旺盛。

高等院校肩负着培养和造就大批满足社会需求的高级人才的艰巨任务。目前，全国400多所高等院校开设的工程管理专业几乎都设有工程造价专业方向，并有近50所院校独立设置工程造价（本科）专业。要保证和提高专业人才培养质量，教材建设是一个十分关键的因素。但是，由于高等院校的工程造价（本科）专业教育才刚刚起步，尽管许多专家、学者在工程造价教材建设方面付出了大量心血，但现有教材仍存在诸多不尽如人意之处，并且未形成能够满足工程造价专业人才培养需要的系列教材。

机械工业出版社审时度势，于2007年下半年在全国范围内对工程造价专业教学和教材建设的现状进行了广泛的调研，并于2007年年底在北京召开了教材编写研讨会，成立了“高等教育工程造价系列教材编审委员会”。本人同与会的各位同仁就系列教材的体系以及每本教材的编写框架进行了讨论，并在随后的两三个月内，详细研读了陆续收到的各位作者提供的教材编写大纲，并提出了修改意见和建议。许多作者在教材编写过程中与我进行了较为充分的沟通。

通过作者们一年多的辛勤劳动，“高等教育工程造价系列教材”的撰写工作全面告竣，并陆续正式出版。本套教材是作者们在广泛吸纳各方面意见，认真总结以往教学经验的基础上编写的，充分体现了以下特色：

（1）强调知识体系的系统性。工程项目建设全过程造价管理是一项十分复杂的系统工程，要求其专业人才掌握较为扎实的工程技术、管理、经济和法律四大平台知识。本套教材注重这四大平台知识的融会贯通，构建了全面、完整、系统的专业知识体系。

（2）突出教材内容的实践性。近年来，我国建设工程计价模式、方法和管理体制发生了深刻的变化。本套教材紧密结合我国现行工程量清单计价和定额计价并存的特点，注重以定额计价为基础，突出工程量清单计价方法，并对《建设工程工程量清单计价规范》在工程造价专业教学与工程实践中的应用与执行进行了较好的诠释。同时，教材内容紧密结合我国造价工程师等执业资格考试和注册制度的要求，较好地体现了培养工程造价专业应用型人才的特色。

（3）注重编写模式的创新性。作者们结合多年对该学科领域的理论研究与教学和工程实践经验，在本套教材中引入和编写了大量工程造价案例、例题与习题，力求做到理论联系实际、深入

浅出、图文并茂和通俗易懂。

(4) 兼顾学生就业的广泛性。工程造价专业毕业生可以广泛地在国内外土木建筑工程项目建设全过程的投资估算、经济评价、造价咨询、房地产开发、工程承包、招标代理、建设监理、项目融资与项目管理等诸多岗位从业，同时也可以在政府、教学和科研单位从事管理、教学和科研工作。本套教材所包含的知识体系较好地兼顾了不同行业各类岗位工作所需的各方面知识，同时也兼顾了本专业课程与相关学科课程的关联与衔接。

我谨代表高等教育工程造价系列教材编审委员会，向在教材撰写中付出辛劳和心血的同仁们表示感谢，还要向机械工业出版社高等教育分社的领导和编辑表示感谢，正是他们的适时策划和精心组织，为我们身处教学一线的同仁们创建了施展才能的平台，也为我国高等院校工程造价专业教育做了一件好事。

工程造价在我国还是一个年轻的学科领域，其学科内涵和理论与实践知识体系尚在不断发展之中，加之时间有限，尽管作者们付出了极大努力，但本套教材仍难免存在不妥之处，恳请各高校广大教师和读者对此提出宝贵意见。我坚信，本套教材在大家的共同呵护下，一定能够成为极具影响力的精品教材，在高等院校工程造价专业人才培养中起到应有的作用。

齐宝库

前　言

本书是在《安装工程识图》（第1版）的基础上，根据高等学校工程管理和工程造价专业指导委员会对“安装工程识图”课程教学的基本要求，以及工程管理和工程造价专业教学计划及“安装工程识图”课程的教学大纲，结合学科的发展并参照《通风与空调工程施工质量验收规范》（GB 50243—2016）、《建筑电气工程施工质量验收规范》（GB 50303—2015）和《建筑设计防火规范》（GB 50016—2014）等国家现行的规范和标准修订而成的。

本书在修订过程中，借鉴部分高校在“安装工程识图”课程教学中积累的经验，依据近年来安装工程发展的新技术、新方法，对第1版的相关内容进行了增删、调整。此外，还对许多读者提出的意见与建议做了认真考虑，对不足和错误之处做了充实和改正。

本书由河南城建学院王远红、吴信平担任主编，负责全书统稿。具体的编写分工为：第1章、第3章、第4章、第5章由王远红编写，第2章由吴信平编写，第6章由河南城建学院李奉翠编写，第7章由河南城建学院杨帆编写，第8章、第9章由河南城建学院田巍编写，第10章、第12章、第13章由河南城建学院张晓杰编写，第11章由河北工程大学赵宏伟编写。本书由重庆大学吴心伦教授担任主审。

受编者水平所限，书中难免有不妥之处，恳请读者及同行专家批评指正。

编　者

目　　录

第3篇 电气工程图

第1篇　安装工程制图与识图基本知识

第1章　管道工程图基本知识

管道是用来输送介质的，它与设备、容器、卫生器具或建（构）筑物相连接。管道主要由管子、管件、紧固件和附件等组成。管子的形状多数为圆形（圆筒形），少数管子如风管除圆形外还有矩形；管件的种类比较多，如三通、四通，弯头，大小头，活接头等；紧固件是指法兰及其螺栓与垫片；管道中的附件是指附属于管道的部分，如阀门、过滤器、漏斗等。

管道的种类很多，按管内输送的介质分类，常见的有给水管道、排水管道、燃气管道、压缩空气管道、通风与空调管道等；按管子的材质分类，常见的有钢、铸铁、塑料、钢筋混凝土管道等。

本章主要介绍管道工程图的一般规定、管道工程图的分类及管道工程图的表示方法。

1.1　管道工程图的一般规定

管道工程图是管道工程中用来表达设计意图和交流技术思想的重要工具，设计人员用它来表示设计意图，施工人员依据它来进行预制和施工，所以施工图也称作工程的语言，因此工程图的绘制和表示方法必须按《房屋建筑制图统一标准》（GB/T 50001—2017）进行。由于管道种类繁多，在《建筑给水排水制图标准》（GB/T 50106—2010）和《暖通空调制图标准》（GB/T 50114—2010）中，对管道制图标准、标高、坡度、编号等，均做了规定，在此做以下介绍。

1.1.1　管道制图标准

1. 图示特点

1）建筑给水排水工程与采暖工程一般采用平面图、剖面图、详图、管道系统图及管道纵断面图表达。平面图、剖面图、详图及管道纵断面图等都是用正投影绘制；系统图是用斜轴测图绘制；纵断面图可按不同比例绘制。

2）图中的管道、器材和设备一般采用统一图例表示。其中，卫生器具的图例一般是较实物简化的图形符号，一般应按比例画出。采暖平面图上的管道、散热器和附件都是示意性的。

3）给水及排水管道、采暖管道一般采用单线画法以粗线绘制，管道在纵断面图及详图中宜采用双线绘制，而建筑、结构及有关器材设备的轮廓均采用细实线绘制。有时，给水排水专业图中的管件安装详图、卫生设备安装详图、水处理建（构）筑物工艺图及泵房的平面图与剖面图还要在双线管道图上用单点长画线画出管道中心轴线。

4）不同管径的管道，以同样的线条表示。管道坡度无需按比例画出（画成水平），管径和坡度均用数字注明。

5）靠墙敷设的管道，一般不按比例准确表示出管线与墙面的微小距离，即使暗装管道也可按明装管道一样画在墙外，只需说明哪些部分要求暗装。

6）当在同一平面位置布置几根不同高度的管道时，若严格按投影来画，管道会重叠在一起，这时可画成平行排列。

7）有关管道的连接配件一般不予画出。

2. 图线

图线宽度 b 应根据图样的类别、比例及复杂程度，从《房屋建筑制图统一标准》（GB/T 50001—2017）的线宽系列 2.0mm、1.4mm、1.0mm、0.7mm、0.5mm、0.35mm 中选取，给水排水专业图的线宽 b 宜为 0.7mm 或 1.0mm，暖通空调专业的基本线宽 b 宜选用 0.18mm、0.35mm、0.5mm、0.7mm、1.0mm。

《建筑给水排水制图标准》（GB/T 50106—2010）中，为了区别重力流管道和压力流管道，在《房屋建筑制图统一标准》（GB/T 50001—2017）中 b、$0.5b$、$0.25b$ 三种线宽的基础上，增加了 $0.75b$ 的线宽。在图线宽度上，一般重力流管线比压力流管线粗一级；新设计管线较原有管线粗一级。给水排水专业制图常用的各种线型宜符合表 1-1 的规定，暖通空调专业制图采用的线型宜符合表 1-2 的规定。

表 1-1　给水排水专业制图常用的各种线型

名　称	线　型	线　宽	用　途
粗实线	——————	b	新设计的各种排水和其他重力流管线
粗虚线	—— —— ——	b	新设计的各种排水和其他重力流管线的不可见轮廓线
中粗实线	——————	$0.75b$	新设计的各种给水和其他压力流管线；原有的各种排水和其他重力流管线
中粗虚线	—— —— ——	$0.75b$	新设计的各种给水和其他压力流管线，以及原有的各种排水和其他重力流管线的不可见轮廓线
中实线	——————	$0.50b$	给水排水设备、零（附）件的可见轮廓线；总图中新建的建筑物和构筑物的可见轮廓线；原有的各种给水和其他压力流管线
中虚线	—— —— ——	$0.50b$	给水排水设备、零（附）件的不可见轮廓线；总图中新建的建筑物和构筑物的不可见轮廓线；原有的各种给水和其他压力流管线的不可见轮廓线
细实线	——————	$0.25b$	建筑的可见轮廓线；总图中原有的建筑物和构筑物的可见轮廓线；制图中的各种标注线
细虚线	—— —— ——	$0.25b$	建筑的不可见轮廓线；总图中原有的建筑物和构筑物的不可见轮廓线
单点长画线	——·——·——	$0.25b$	中心线、定位轴线
折断线	——∧——	$0.25b$	断开界线
波浪线	～～～～	$0.25b$	平面图中水面线；局部构造层次范围；保温范围示意线等

表 1-2 暖通空调专业制图采用的线型

名称		线型	线宽	一般用途
实线	粗		b	单线表示的供水管线
	中粗		$0.7b$	本专业设备轮廓、双线表示的管道轮廓
	中		$0.5b$	尺寸、标高、角度等标注线及引出线；建筑物轮廓
	细		$0.25b$	建筑布置的家具、绿化等；非本专业设备轮廓
虚线	粗		b	回水管线及单根表示的管道被遮挡的部分
	中粗		$0.7b$	本专业设备及双线表示的管道被遮挡的轮廓
	中		$0.5b$	地下管沟、改造前风管的轮廓线；示意性连线
	细		$0.25b$	非本专业虚线表示的设备轮廓等
波浪线	中		$0.5b$	单线表示的软管
	细		$0.25b$	断开界线
单点长画线			$0.25b$	轴线、中心线
双点长画线			$0.25b$	假想或工艺设备轮廓线
折断线			$0.25b$	断开界线

此外，给水排水专业图中的线型，习惯上将表格内分格线和下方外框线画成细实线（$0.25b$），其余三方外框线均画成中实线（$0.5b$），以便列表统计时增添或删减。暖通空调图样中也可以使用自定义图线，但应明确说明，且其用途不应与表 1-2 的数据相反。

3. 比例

给水排水专业制图常用的比例宜符合表 1-3 的规定；暖通空调专业总平面图、平面图的比例，宜与工程项目设计的主导专业一致，其余可按表 1-4 选用。

表 1-3 给水排水专业制图常用的比例

名称	比例	备注
区域规划图 区域位置图	1:50000、1:25000、1:10000、1:5000、1:2000	宜与总图专业一致
总平面图	1:1000、1:500、1:300	宜与总图专业一致
管道纵剖面图	纵向：1:200、1:100、1:50 横向：1:1000、1:500、1:300	
水处理厂（站）平面图	1:500、1:200、1:100	
水处理建（构）筑物、设备间、卫生间，泵房平、剖面图	1:100、1:50、1:40、1:30	
建筑给水排水平面图	1:200、1:150、1:100	宜与建筑专业一致
建筑给水排水轴测图	1:150、1:100、1:50	宜与相应图样一致
详图	1:50、1:30、1:20、1:10、1:5、1:2、1:1、2:1	

表 1-4 暖通空调专业总平面图、平面图的比例

图 名	常用比例	可用比例
剖面图	1:50、1:100、1:150	1:200
局部放大图、管沟断面图	1:20、1:50、1:100	1:30、1:40、1:50、1:200
索引图、详图	1:1、1:2、1:5、1:10、1:20	1:3、1:4、1:15

此外，在管道纵断面图中，可根据需要对纵向与横向采用不同的比例；在建筑给水排水轴测图中，若局部按比例难以表达清楚时，此处可局部不按比例绘制；水处理流程图、水处理高程图和建筑给水排水原理图均不按比例绘制。

4. 常用图例

给水排水专业常用图例见附录1，如有特殊的要求，工程设计图中应另有标注。

1.1.2 管道标高

标高是标注管道或建（构）筑物高度的一种尺寸形式，平面图与系统图中管道标高的标注如图 1-1 所示。标高符号用细实线绘制，三角形的尖端画在标高引出线上以表示标高位置，尖端的指向既可以向下，也可以向上。剖面图中管道及水位标高的标注应按图 1-2 所示进行标注。当有几条管线在相邻位置时，可以用引出线引至管线外面，再画标高符号，在标高符号上分别注出几条管线的标高值，如图 1-1 所示。管沟地坪标高应从标注点用引出线引出后再画标高符号，平面图中地沟标高的标注如图 1-3 所示。

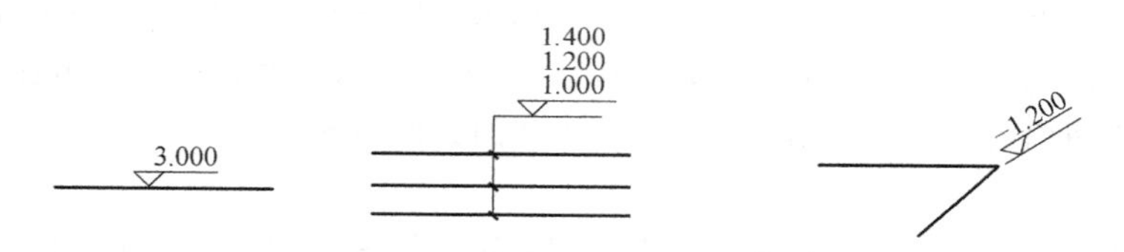

图 1-1 平面图与系统图中管道标高的标注

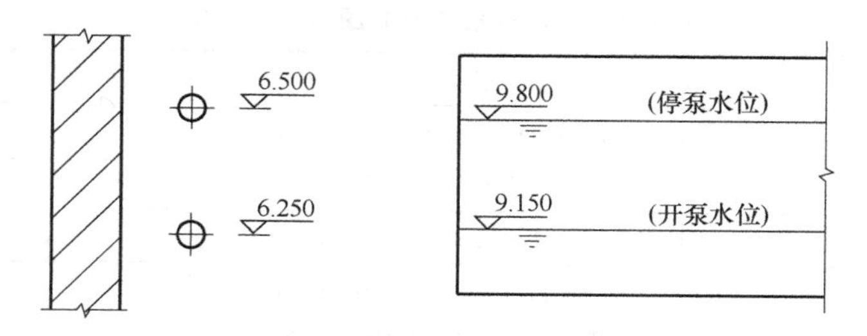

图 1-2 剖面图中管道及水位标高的标注

标高值以 m 为单位，在一般图样中宜注写到小数点后第三位，在总平面图及相应的厂区（小区）管道施工图中可注写到小数点后第二位。各种管道应在起讫点、转角点、连接点、变坡点、交叉点等处根据需要标注管道的标高；地沟宜标注沟底标高；压力管道宜标注管中心标高；室内外重力管道宜标注管内底标高；必要时，室内架空重力管道可标注管中心标高，但图中应加以说明。在暖通空调制图标准中，水、

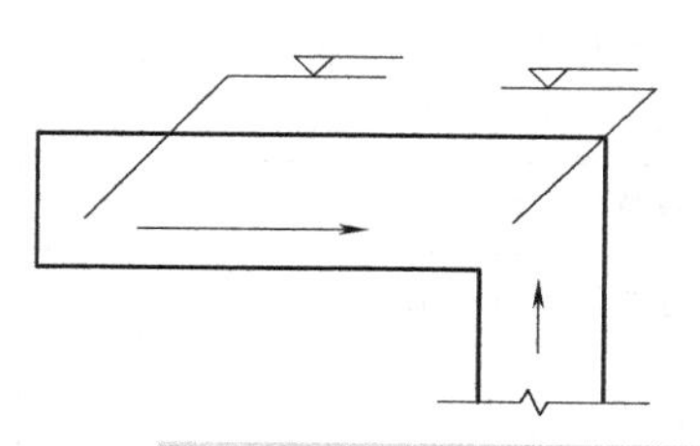

图 1-3 平面图中地沟标高的标注

气管道所注标高未予说明时，表示管中心标高；水、气管道标注管外底或顶标高时，应在数字前加“底”或“顶”字样；矩形风管所注标高未予说明时，表示管底标高；圆形风管所注标高未予说明时，表示管中心标高。

标高有绝对标高和相对标高两种。

1）绝对标高是把我国青岛附近黄海的平均海平面定为绝对标高的零点，其他各地标高都以它为基准。如果总平面图上某一位置的高度比绝对标高零点高5.2m，那么这个位置的绝对标高为5.20。

2）相对标高一般将新建建（构）筑物的底层室内主要地坪面定为该建（构）筑物相对标高的零点，用±0.000表示，比地坪低的用负号表示，如-1.350表示这一位置比室内底层地坪低1.35m；比相对标高零点高的标高数值前不写“+”号，如3.200表示这一位置比室内底层地坪高3.2m。

1.1.3 管径

施工图上的管道必须按规定标注管径。管径尺寸应以mm为单位，在标注时通常只注写代号与数字，而不注明单位。低压流体输送用焊接钢管、镀锌焊接钢管与铸铁管等，管径应以公称直径*DN*表示，如*DN*15、*DN*50等；无缝钢管、直缝或螺旋缝电焊钢管、有色金属管与不锈钢管等，管径应以外径$D\times$壁厚表示，如$D108\times4$、$D426\times7$等；耐酸瓷管、混凝土管、钢筋混凝土管与陶土管（缸瓦管）等，管径应以内径d表示，如$d230$、$d380$等；塑料管管径可用外径表示，如*De*20、*De*110等，也可以按产品标准方法表示；圆形风管的截面尺寸应以直径符号ϕ后跟mm为单位的数值表示；矩形风管的截面尺寸应以$A\times B$表示，A为该视图投影面的边长尺寸，B为另一边尺寸，A、B的单位均为mm。

管径在图样上一般标注在以下位置：①管径尺寸变径处；②水平管道的管径尺寸标注在管道的上方；③斜管道的管径尺寸标注在管道的斜上方；④立管的管径尺寸标注在管道的左侧，如图1-4所示。当管径尺寸无法按上述位置标注时，可另找适当位置标注。多根管线的管径尺寸可用引出线进行标注，如图1-5所示。

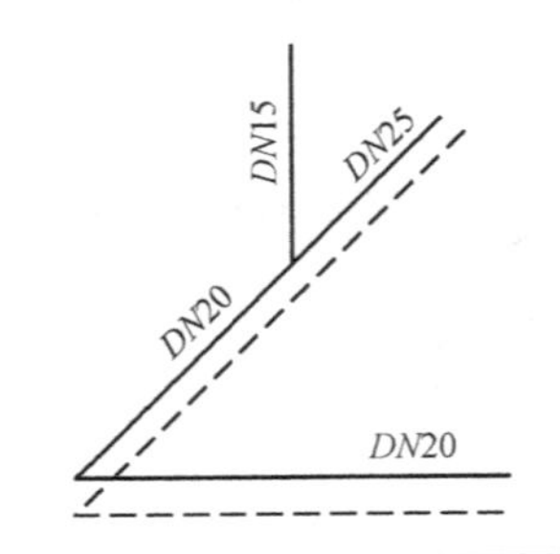

图1-4　管径尺寸标注位置

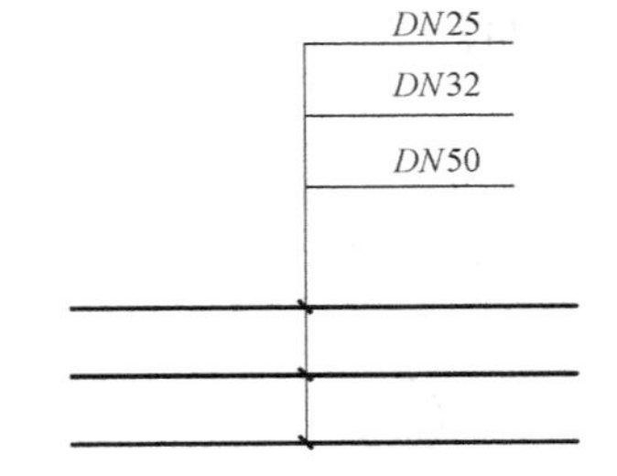

图1-5　多根管线管径尺寸的标注

1.1.4 管道的坡度与坡向

管道的坡度及坡向表示管道倾斜的程度和高低方向，坡度用符号“i”表示，在其后加上等号并注写坡度值。坡向用单面箭头表示，箭头指向低的一端。管道的坡度与坡向如图1-6所示。

1.1.5 管道系统的编号

管道系统的编号包括室内给水排水系统与附属建（构）筑物的编号和采暖系统管道的编号等，

下面分别进行介绍。

1. 室内给水排水系统与附属建（构）筑物的编号

室内给水排水系统与附属建（构）筑物的编号分为室内给水排水系统进、出口的编号，室内给水排水立管的编号和给水排水附属建（构）筑物的编号。

（1）室内给水排水系统进、出口的编号　当室内给水排水系统的进、出口数量多于一个时，应进行编号，一般是在 ϕ10mm 的小圆内通过圆心画一水平直径。室内给水排水系统进、出口的编号方式如图 1-7 所示，在水平直径的上方是系统类别代号（汉语拼音字头）；下方是系统编号（阿拉伯数字），例如(J/1)表示 1# 给水系统（即第一个给水进口）；(P/2)表示 2# 排水系统（即第二个排水出口）。

图 1-6　管道的坡度与坡向　　图 1-7　室内给水排水系统进、出口的编号方式

（2）室内给水排水立管的编号　当建（构）筑物内穿过楼层的立管多于 1 根时，应进行编号。室内给水排水立管的编号方式如图 1-8 所示，如 JL-1 表示 1 号给水立管（即穿过楼层的第一根给水立管）；PL-2 表示 2 号排水立管（即穿过楼层的第二根排水立管）。

（3）给水排水附属建（构）筑物的编号　给水排水附属建（构）筑物是指阀门井、水表井、检查井与化粪池等，当其数量多于一个时应进行编号，编号由建（构）筑物代号（汉语拼音字头）和顺序号（阿拉伯数字）组成。例如 W1 表示 1 号污水井。给水阀门井的编号顺序是从干管到支管，由水源到用户；排水检查井的编号顺序是从上游至下游，先干管后支管。

2. 供暖系统入口与供暖立管的编号

（1）供暖系统入口的编号方式　如图 1-9 所示，通常 ϕ10mm 的小圆内为系统入口代号，例如(R1)表示 1 号采暖入口。

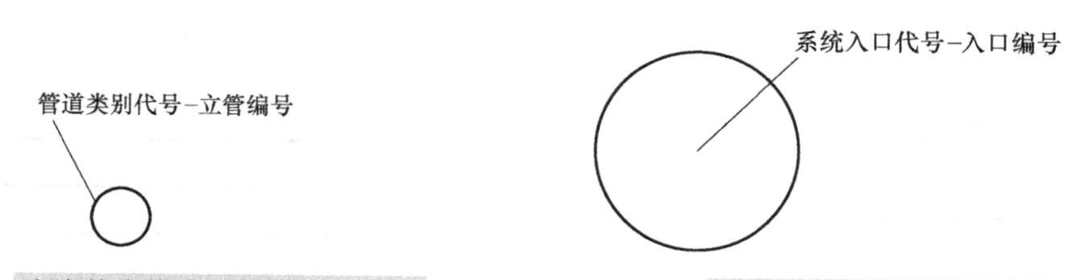

图 1-8　室内给水排水立管的编号方式　　图 1-9　供暖系统入口的编号方式

（2）供暖立管的编号方式　如图 1-10 所示，通常 ϕ10mm 的小圆内为立管代号（汉语拼音字头）和立管编号（阿拉伯数字），例如(L1)表示 1 号采暖立管。

1.1.6　管道代号

在同一管道图中，若有几种不同的管道时，为了区别，一般是在管线的中间注上汉语拼音字母的规定代号，如图 1-11 所示。管道常用的规定代号见表 1-5。

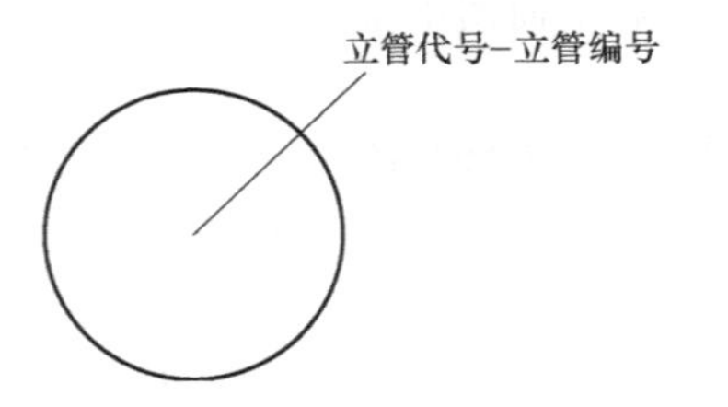

图 1-10 采暖立管的编号方式

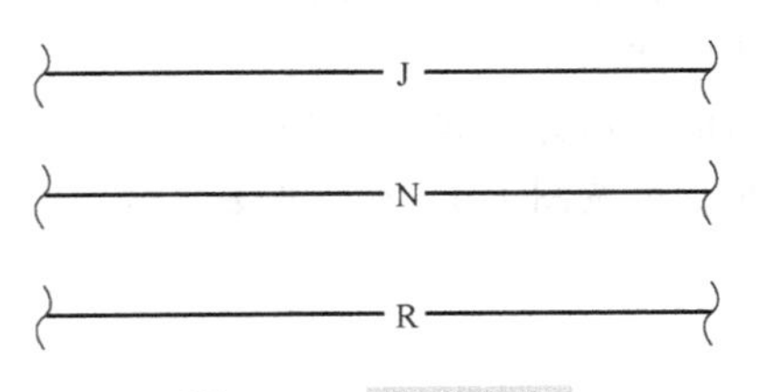

图 1-11 管道代号

表 1-5 管道常用的规定代号

序号	名称	规定代号
1	生活给水管	J
2	循环回水管	Xh
3	凝结水管	N
4	冷冻水管	L
5	热水管	R
6	排水管、排气管、膨胀水管、旁通管	P
7	污水管	W
8	蒸汽管	Z
9	泄水管	X
10	雨水管	Y
11	膨胀管	PZ

工艺管道则按车间（装置）、工段进行编号，并在管道上标注出管材、介质代号、工艺参数及安装数据等，例如化工工艺管道各类参数表示方法要充分反映管道的基本状况，如图 1-12 所示是化工管道的一种表示方法。

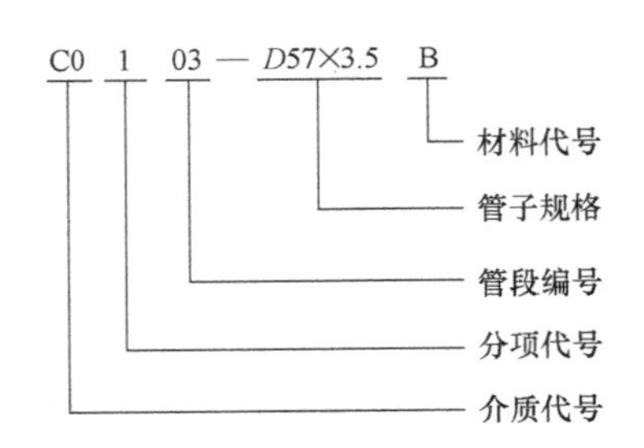

图 1-12 化工管道的一种表示方法

1.1.7 管道连接、转向、交叉和重叠

管道连接的形式有多种，常见的有法兰连接、承插连接、螺纹连接和焊接连接等，管道的连接形式和规定符号见表 1-6。

表 1-6 管道的连接形式和规定符号

管子连接形式	规定符号
法兰连接	——| |——
承插连接	——)——
螺纹连接	——|——
焊接连接	（焊接符号）

法兰连接符号在平面图、立面图、剖面图及系统图中最为常见，承插连接、螺纹连接和焊接

连接符号一般仅在系统图中出现，而在平面图、立面图和剖面图中很少出现。管道的连接形式一般在施工说明中注明。

管道转向的表示方法如图1-13所示；三通、四通的表示方法如图1-14所示；当多根管道在投影方向重叠时，可按图1-15所示方法表示。

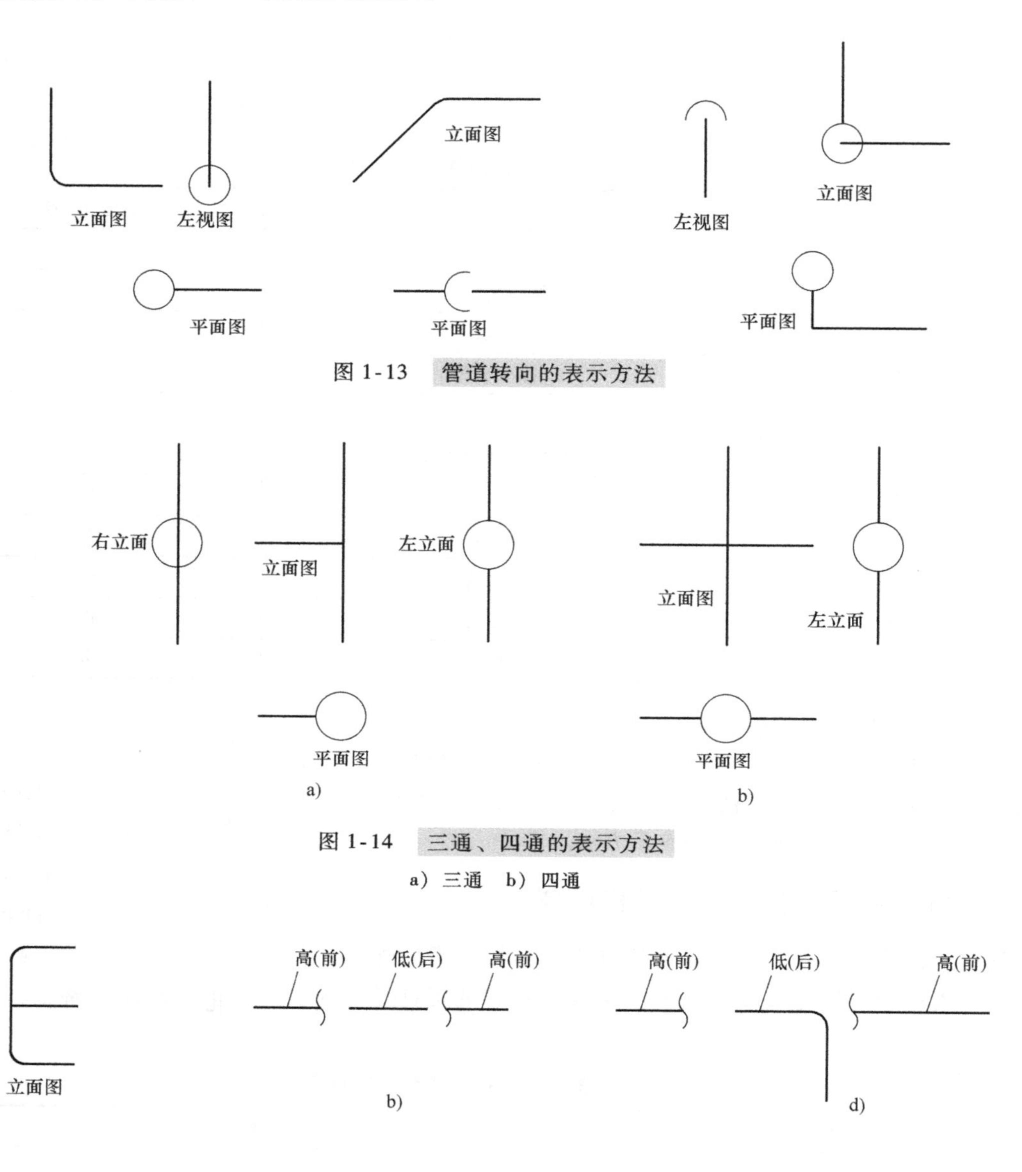

图1-13 管道转向的表示方法

图1-14 三通、四通的表示方法
a）三通 b）四通

图1-15 管道重叠时的表示方法

管道图中，当管线空间相交时，则管线投影交叉。为显示完整，对被遮挡的管线要断开表示，如图1-16a所示为两根管线交叉；如图1-16b所示为多根管线交叉，图中1管为最高管，2管为次高管，3管为次低管，4管为最低管。

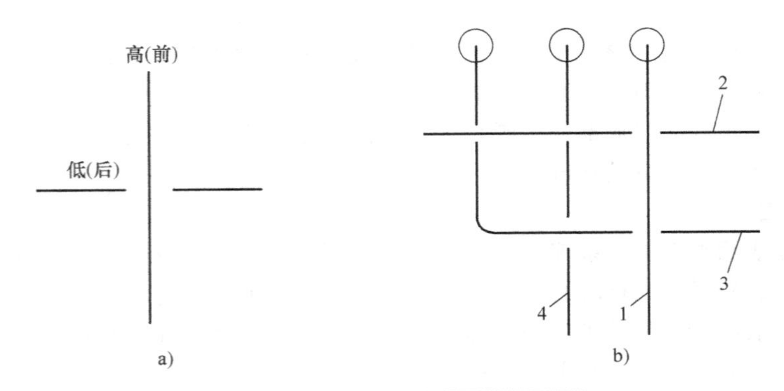

图1-16　管道交叉时的表示方法

a）两根管线交叉　b）多根管线交叉

1.2　管道工程图的分类

1.2.1　按专业分类

管道工程图按工程项目性质的不同，可分为工业管道工程图和卫生管道（即暖卫管道）工程图两大类。前者是为生产输送介质即为生产服务的管道，它属于工业设备安装工程；后者是为生活或改善劳动卫生条件而输送介质的管道，它属于建筑安装工程。本节主要介绍卫生管道工程图。卫生管道工程又可分为建筑给水排水管道、采暖管道、燃气管道、通风与空调管道等许多具体的专业管道工程。

1.2.2　按图形和作用分类

各种管道工程施工图均可分为基本图样和详图两大部分。基本图样包括图纸目录、设计施工说明、设备材料表、工艺流程图、平面图、轴测图、立面图、剖面图；详图包括大样图、节点图和标准图等。

1. 图纸目录

为便于查阅和保管，设计人员将一个工程项目的施工图按一定的名称和顺序归纳、整理并编排成图纸目录。一般是先列出新设计的图，后列出选用的标准图（先国标、部标，后省标、院标）。通过图纸目录，可知该项目整套专业图的图别、图名、图号及其数量等。

2. 设计施工说明

设计人员在图上无法表明而又必须要让建设单位和施工单位知道的一些技术和质量的要求，一般均以文字的形式加以说明。其内容一般有工程设计的主要技术数据、施工验收要求及特殊注意事项。下面用两个例子对设计施工说明进行讲解：

1）锅炉房工艺施工图设计说明的主要内容有：锅炉房设计容量、建设期限、运行介质参数（温度、压力等）；系统运行的特殊要求及维护管理中的特殊注意事项；材料附件的选用，管道安装坡度要求；设备和管道防腐、保温及涂色要求；设备管道与土建的配合要求；对施工安装质量和安全规程标准及管道系统的试压要求；安装与土建施工的配合，以及设备基础与到货设备尺寸的核对要求；设计所采用的图例符号说明；列出整个工程、子项工程的热负荷统计表。

2）空调工程施工图设计说明的主要内容有：空调冷负荷、耗电、耗水指标，热媒参数（温度、压力）及系统总阻力；空调的室内计算参数（温度、相对湿度）、精度、空气流速、空气洁净

度，管道设备的绝热防腐，材料选用与图例说明等。

3. 设备材料表

设备材料表是设计人员将该项工程所需的各种设备和各类管道、阀门、管件，以及防腐、绝热材料的名称、规格、型号与数量列出的明细表。

以上是施工图不可少的组成部分，既是施工图的纲领和索引，又是施工图的补充与说明。了解这些内容，有助于进一步看懂管道工程图。

4. 工艺流程图

工艺流程图是表示整个管道系统工艺变化过程的原理图，它是设备布置和管道布置等设计的依据，也是施工安装和操作运行时的依据。通过它，可以全面了解建（构）筑物的名称、设备编号与整个系统的仪表控制点（温度、压力、流量及分析的测点），可以确切了解管道的材质、规格、编号，输送的介质与流向以及主要控制阀门等。

5. 平面图

管道平面图是管道工程图中最基本的一种图样，它主要表示设备、管道在建（构）筑物内的平面布置，表示管线的排列和走向、坡度和坡向、管径和标高以及各管段的长度尺寸和相对位置等具体数据。

6. 轴测图

轴测图也称作系统图，是一种立体图，它是管道工程图中的重要图样之一。它反映设备管道的空间布置和管线的空间走向。由于它具有立体感，有助于读者想象管线的空间布置状况，能代替管道立面图与剖面图，例如，建筑给水排水和暖通工程图通常就由平面图和系统图组成。

7. 立面图与剖面图

立面图与剖面图也是管道工程图中的常见图样，它主要反映设备、管道在建（构）筑物内垂直高度方向上的布置，在垂直方向上管线的排列和走向以及各管线的编号、管径与标高等具体数据。

8. 节点图

节点图就是对上述几种图中无法表示清楚的节点部位的放大图，它能清楚地反映某一局部管道或组合件的详细结构和尺寸。节点是用代号表示它所在工程图样中的部位，如“节点 B”在相应的施工图中就能找到用“B”所表示的部位。

9. 大样图

大样图表示一组（套）设备的配管或一组管配件组合安装的一种详图，它反映了组合体各部位的详细构造与尺寸。由于它用双线图表示，故实感性强，有助于进一步识懂管道工程图。

10. 标准图

标准图是一种具有通用性的图样，它是为使设计和施工标准化、统一化，一般由国家或有关部委颁发。标准图详细反映了成组管道、部件或设备的具体构造尺寸和安装技术要求。标准图一般不能用做单独施工图，而是作为某些施工图中的一个组成部分。

1.3 管道工程图的表示方法

管道工程图是采用规定的图例来表示管子、管件、阀门和其他附件而不绘出其实形。管道工程图的种类比较多，常见的有以下几种：

（1）管道平面图　管道平面图主要表示设备、卫生器具、建（构）筑物、管道的平面布置、管道走向、管径和管段的长度尺寸等。

（2）管道立面图、剖面图　管道立面图和剖面图主要反映设备、卫生器具、建（构）筑物、管道在垂直（高度）方向的布置、管道走向、管径与标高等。

（3）管道轴测图　管道轴测图是一种立体图，它主要反映管道在空间的布置与走向。

（4）管道节点图　管道节点图是管道平面图、立面图、剖面图与轴测图中某个局部的放大图，它可清楚地反映出该部位的详细结构。

（5）剖视图　剖视图分为全剖视图、半剖视图和局部剖视图三种，主要适用于单个管件、阀门和其他附件。该图能清楚地反映管件、阀门和其他附件的内部结构及外部形状。

（6）展开图　将管子（或管件）的外表面按照实际大小依次铺平在一个平面上，这样所得到的图形称为管子（或管件）的展开图。

通风与空调工程，在加工制作风管、管件时，需要绘出风管及管件的展开图。

1.3.1　管道平面图、立面图、侧面图

1. 管道的单、双线图

管道工程图按管道的图形分类可分为两种：一种是用一根线条画成的管子（件）的图样，称为单线图；另一种是用两根线条画成的管子（件）的图样，称为双线图。

画图时，在同一张图纸上，一般将主要的管道画成双线图，次要的管道则画成单线图。

2. 单、双线图管道平面图

单线图管道平面图如图1-17a所示；双线图管道平面图如图1-18a所示，该图为软化水箱配管平面图。从图上可以看出，进、出软化水箱的管道共有4条：

1）第1条是软水进水管（*DN*50）：自断口起，向右至软化水箱顶部的横向中心线，然后转90°弯向前至软化水箱中心向下的90°弯头止。

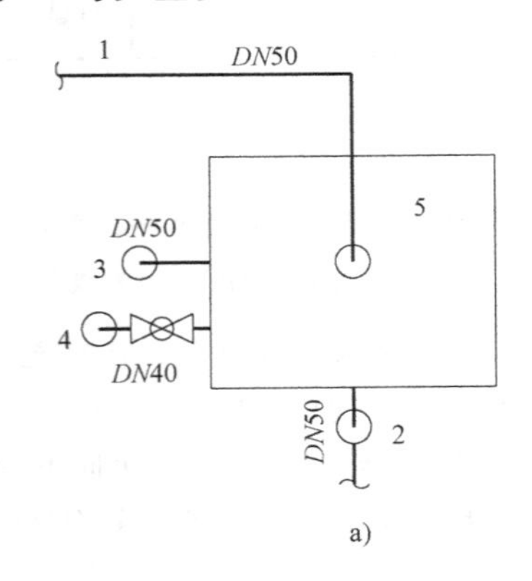

a)

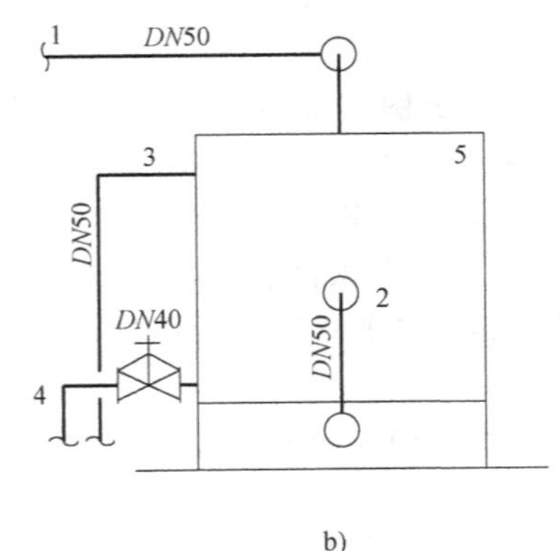

b)

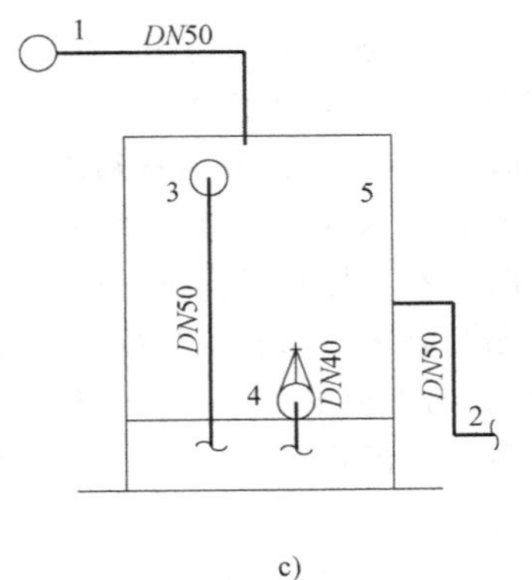

c)

图1-17　单线图管道平面图、正立面图、侧立面图

a）单线图管道平面图　b）单线图管道正立面图　c）单线图管道左侧立面图

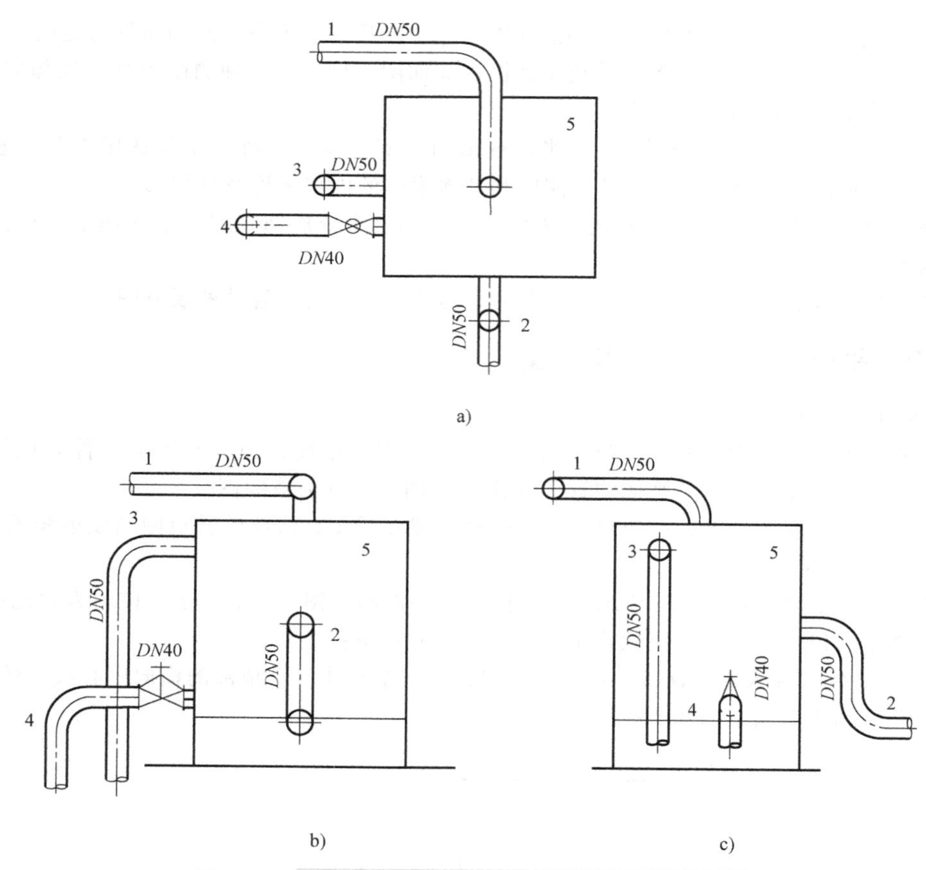

图 1-18 双线图管道平面图、正立面图、侧立面图

a）双线图管道平面图 b）双线图管道正立面图 c）双线图管道左侧立面图

2）第 2 条是软水出水管（*DN*50）：自软化水箱外壁起，向前至向下弯的 90°弯头，然后垂直向下（看不见）至水平向前弯的 90°弯头，继续向前至断口止。

3）第 3 条是溢流管（*DN*50）：自软化水箱外壁起，向左至向下弯的 90°弯头止。

4）第 4 条是排污管（*DN*40）：自软化水箱外壁起，向左至 *DN*40 内螺纹截止阀并继续向左至向下弯的 90°弯头止。

3. 单、双线图管道正立面图

单线图管道正立面图如图 1-17b 所示；双线图管道正立面图如图 1-18b 所示，该图为软化水箱配管的正立面图，从图上同样能看到进、出软化水箱的 4 条管道：

1）第 1 条是软水进水管（*DN*50）：自断口起，水平向右至软化水箱的垂直中心线，在此转 90°弯水平向前（看不见）至向下弯的 90°弯头，然后垂直向下至软化水箱顶止。

2）第 2 条是软水出水管（*DN*50）：自软化水箱外壁起，水平向前（看不见）至向下弯的 90°弯头，然后垂直向下至水平向前弯的 90°弯头止。

3）第 3 条是溢流管（*DN*50）：自软化水箱外壁起，水平向左至向下弯的 90°弯头，然后垂直向下至断口止。

4）第 4 条是排污管（*DN*40）：自软化水箱底部的外壁起，水平向左至 *DN*40 内螺纹截止阀并继续水平向左至向下弯的 90°弯头，然后垂直向下至断口止。

4. 单、双线图管道左侧立面图

单线图管道左侧立面图如图 1-17c 所示；双线图管道左侧立面图如图 1-18c 所示，该图为软化

水箱配管的左侧立面图，从图上也能看到进、出软化水箱的 4 条管道：

1）第 1 条是软水进水管（*DN*50）：自断口起，90°弯头水平向右至软化水箱的垂直中心线，然后转 90°弯垂直向下至软化水箱顶止。

2）第 2 条是软水出水管（*DN*50）：自软化水箱外壁起，水平向右至向下弯的 90°弯头，然后垂直向下至水平向右弯的 90°弯头；再水平向右至断口止。

3）第 3 条是溢流管（*DN*50）：自软化水箱外壁起，水平向前（看不见）至向下弯的 90°弯头；然后垂直向下至断口止。

4）第 4 条是排污管（*DN*40）：自软化水箱底部的外壁起，水平向前至 *DN*40 内螺纹截止阀并继续水平向前（看不见）至向下弯的 90°弯头；然后垂直向下至断口止。

1.3.2　管道轴测图

管道轴测图按图形分类有正等轴测图和斜等轴测图两种，其中多用斜等轴测图；按单、双线图分类有单线图管道正、斜等轴测图和双线图管道正、斜等轴测图，其中多用单、双线图管道斜等轴测图。

1. 单、双线图管道平面图

单、双线图管道平面图如图 1-19 所示，该图为某草坪喷灌供水平面图，从图中可以看到 3 条主要管道：

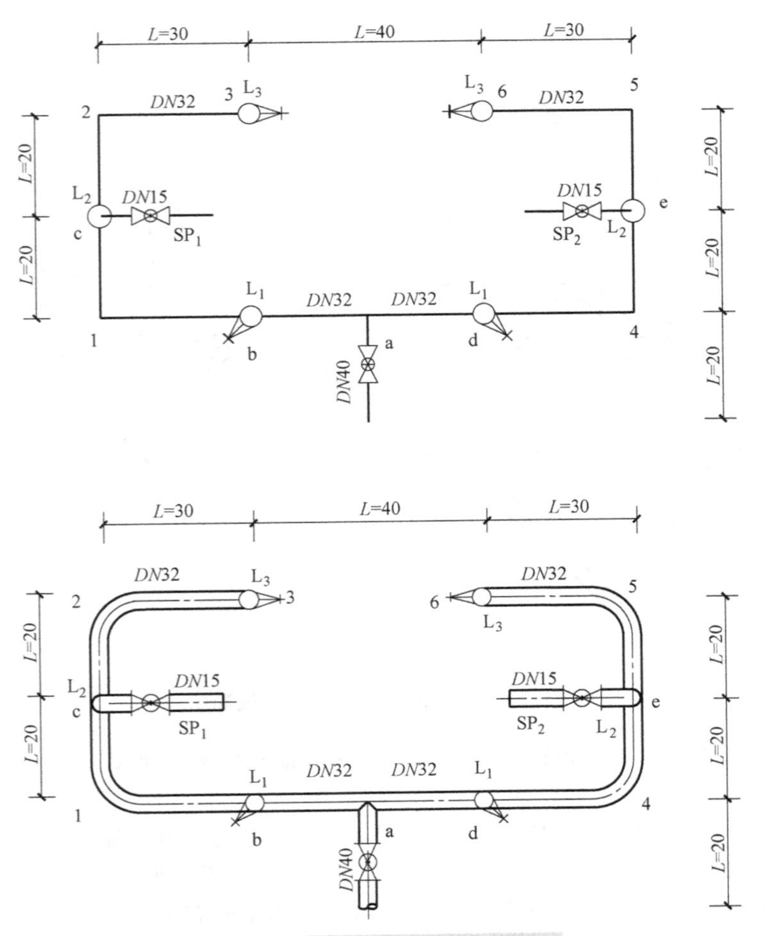

图 1-19　单、双线图管道平面图

1）第1条是供水主管 *DN*40：从断口起，至三通 a 止。其上装有 *DN*40 内螺纹闸阀1个（设在阀门井内）。

2）第2条是左路供水干管 *DN*32：从三通 a 起，至弯头3止。其上装有立管3根（L_1～L_3）、水平短管1条（SP_1）及 *DN*15 的内螺纹闸阀3个。

3）第3条是右路供水干管 *DN*32：从三通 a 起，至弯头6止。其上装有立管3根（L_4～L_6）、水平短管1条（SP_2）及 *DN*15 的内螺纹闸阀3个。

2. 单、双线图管道斜等轴测图

单、双线图管道斜等轴测图如图1-20所示，该图为某草坪喷灌供水斜等轴测图，从图上可以看到11条管道：

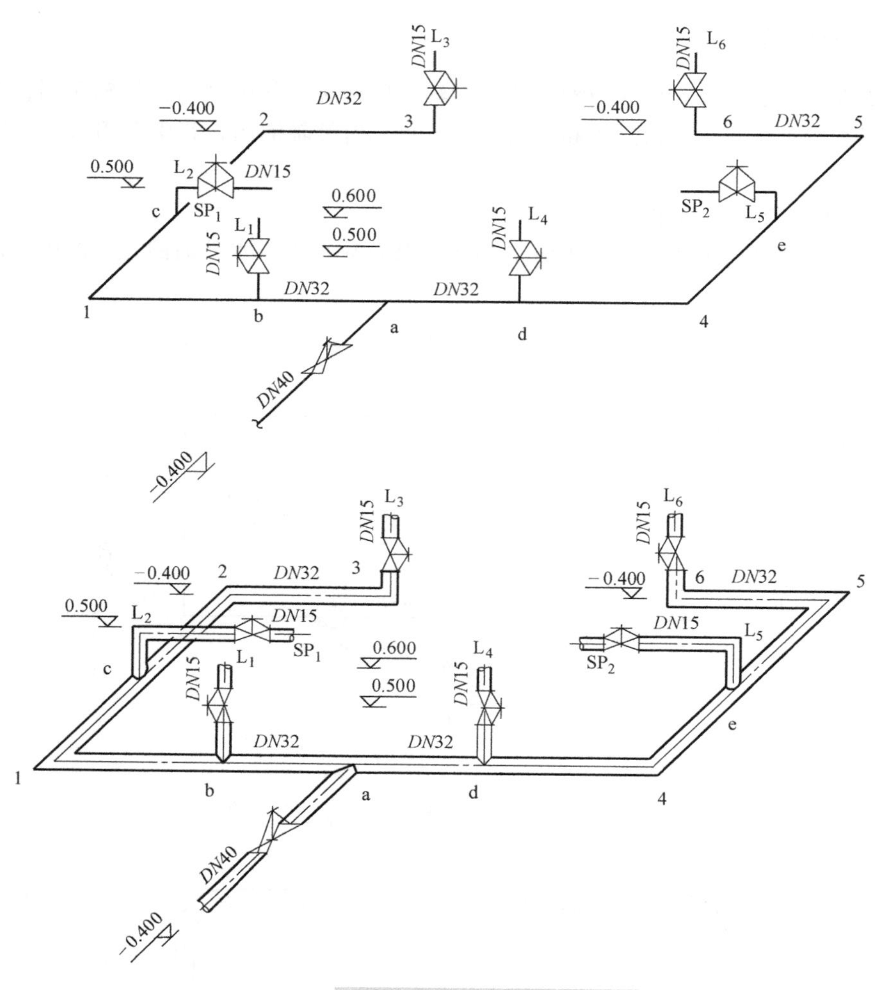

图1-20 单、双线图管道斜等轴测图

1）第1条是供水主管（*DN*40）：从断口起，水平向前至内螺纹闸阀，并继续水平向前至三通 a（标高 -0.400）止。

2）第2条是左路供水干管（*DN*32）：从三通 a 起，水平向左至三通 b 并继续向左至弯头1；然后水平向前至三通 c，继续水平向前至弯头2，而后水平向右至弯头3（标高 -0.400）止。

3）第3条是右路供水干管（*DN*32）：从三通 a 起，水平向右至三通 d 并继续向右至弯头4；然后水平向前至三通 e，继续水平向前至弯头5，而后水平向左至弯头6（标高 -0.400）止。

4）第4条是立管1（L_1，*DN*15）：从三通b（标高-0.400）起，垂直向上至内螺纹闸阀（标高0.500）并继续垂直向上至断口（标高0.600）止。

5）第5条是立管2（L_2，*DN*15）：从三通c（标高-0.400）起，垂直向上至向右弯的90°弯头（标高0.500）止。

6）第6条是立管3（L_3，*DN*15）：从弯头3（标高-0.400）起，垂直向上至内螺纹闸阀（标高0.500）并继续垂直向上至断口（标高0.600）止。

7）第7条是立管4（L_4，*DN*15）：从三通d（标高-0.400）起，垂直向上至内螺纹闸阀（标高0.500）并继续垂直向上至断口（标高0.600）止。

8）第8条是立管5（L_5，*DN*15）：从三通e（标高-0.400）起，垂直向上至向左弯的90°弯头（标高0.500）止。

9）第9条是立管6（L_6，*DN*15）：从弯头6（标高-0.400）起，垂直向上至内螺纹闸阀（标高0.500）并继续垂直向上至断口（标高0.600）止。

10）第10条是水平短管1（SP_1，*DN*15）：从立管2（L_2）向右弯的90°弯头（标高0.500）起，水平向右至内螺纹闸阀并继续向右至断口止。

11）第11条是水平短管2（SP_2，*DN*15）：从立管5（L_5）向左弯的90°弯头（标高0.500）起，水平向左至内螺纹闸阀并继续向左至断口止。

1.3.3　管道剖视图、剖面图、节点图与展开图

1. 剖视图

当阀门或其他附件的内部结构比较复杂时，为了表达清楚，通常是利用一个平面将其切成两半，而后把需要表达的一半向着投影面投影，这样所得到的图形称为剖视图，简称剖视。

（1）剖切方法分类　剖切方法比较多，管道工程图中使用最多的是单一剖和阶梯剖两种。单一剖是利用一个平面将物体剖开的方法，如图1-21a所示；阶梯剖是利用几个平行的平面将物体剖开的方法，如图1-21c所示。

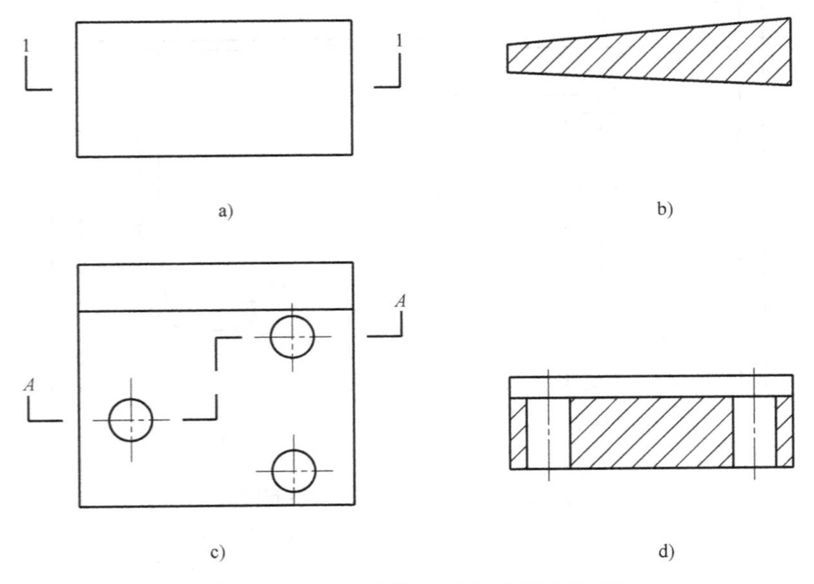

图1-21　单一剖、阶梯剖及其全剖视图

a）单一剖　b）单一剖的1—1全剖视图　c）阶梯剖　d）阶梯剖的*A*—*A*全剖视图

（2）剖视图的标注 剖视图应标注剖切位置、投影方向和剖视图编号三个主要内容。

1）剖切位置（线）以两小段短的粗实线表示，一般线宽为（1～1.5）b，线长为3～5mm。

2）投影方向以垂直于剖切位置（线）的两段较长些的粗实线表示，通常线宽为（1～1.5）b，线长为5～10mm；在线端有的标上箭头，有的则不标箭头。

3）剖视图的编号。一般采用英文字母或阿拉伯数字按顺序进行编号，如*A*—*A*、*B*—*B*剖视图或1—1、2—2剖视图。其编号的标注位置有两处：一是标注在剖切位置（线）的投影方向一侧；二是在剖视图的正下方标注上相同的英文字母或阿拉伯数字。

2. 单、双线图管道剖面图

（1）单、双线图管道平面图 单、双线图管道平面图分别如图1-22a、b所示，该图为某软水水泵配管平面图，从图中可以看到：软水泵为2DA—8型；吸、压水管各一条，管径均为*DN*50。

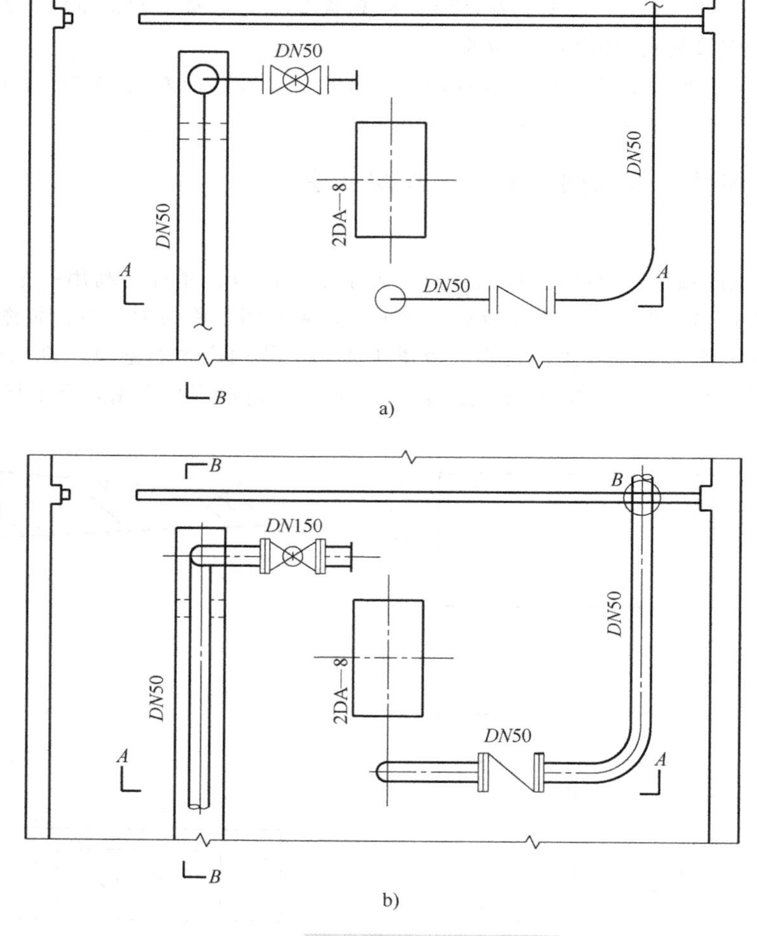

图1-22 单、双线图管道平面图

a）单线图管道平面图 b）双线图管道平面图

1）吸水干管：从断口起，至吸水立管的90°弯头止，为地沟敷设。

2）吸水横管：从吸水立管的90°弯头起，至软水泵的吸入口止，为明敷设，其上装有*DN*50法兰闸阀1个。

3）压水横管：从压水立管的90°弯头起，至右墙边的90°弯头止，为架空敷设，其上装有*DN*50法兰止回阀1个。

4）压水干管：从右墙边压水横管的90°弯头起，至断口止，为架空敷设。

（2）单、双线图管道剖面图　分*A*—*A*和*B*—*B*剖面图。

1）单、双线图管道*A*—*A*剖面图分别如图1-23a、b所示，从图上可以看到：

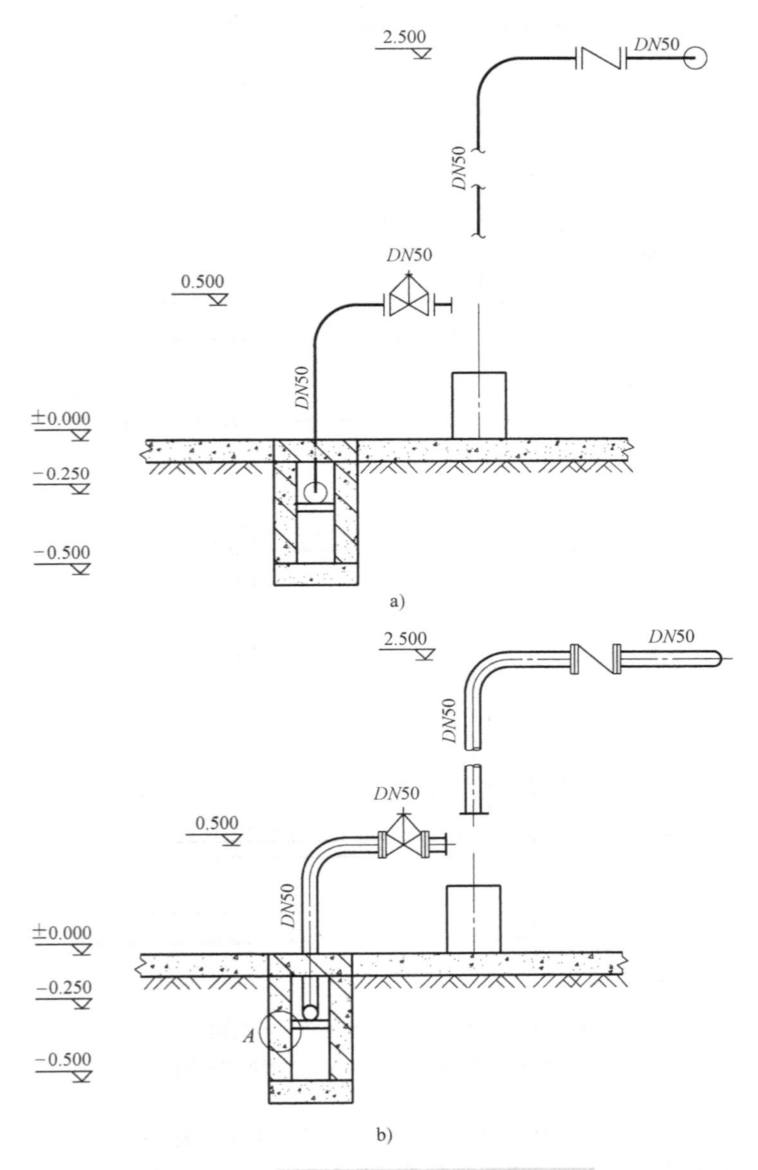

图1-23　单、双线图管道*A*—*A*剖面图

a）单线图管道*A*—*A*剖面图　b）双线图管道*A*—*A*剖面图

① 吸水立管：从吸水干管的断口（标高 -0.250）起，上升至90°弯头（标高0.500）止，±0.000以下为地沟敷设，以上为明敷设。

② 吸水横管：从吸水立管的90°弯头（标高0.500）起，向右至软水泵吸入口止，为明敷设，其上有*DN*50法兰闸阀1个。

③ 压水立管：从软水泵出口起，上升至90°弯头（标高2.500）止，为明敷设。

④ 压水横管：从压水立管的90°弯头（标高2.500）起，向右至右墙边的90°弯头（标高2.500）止，为架空敷设，其上装有*DN*50法兰止回阀1个。

2）单、双线图管道*B*—*B*剖面图分别如图1-24a、b所示，从图上可以看到：

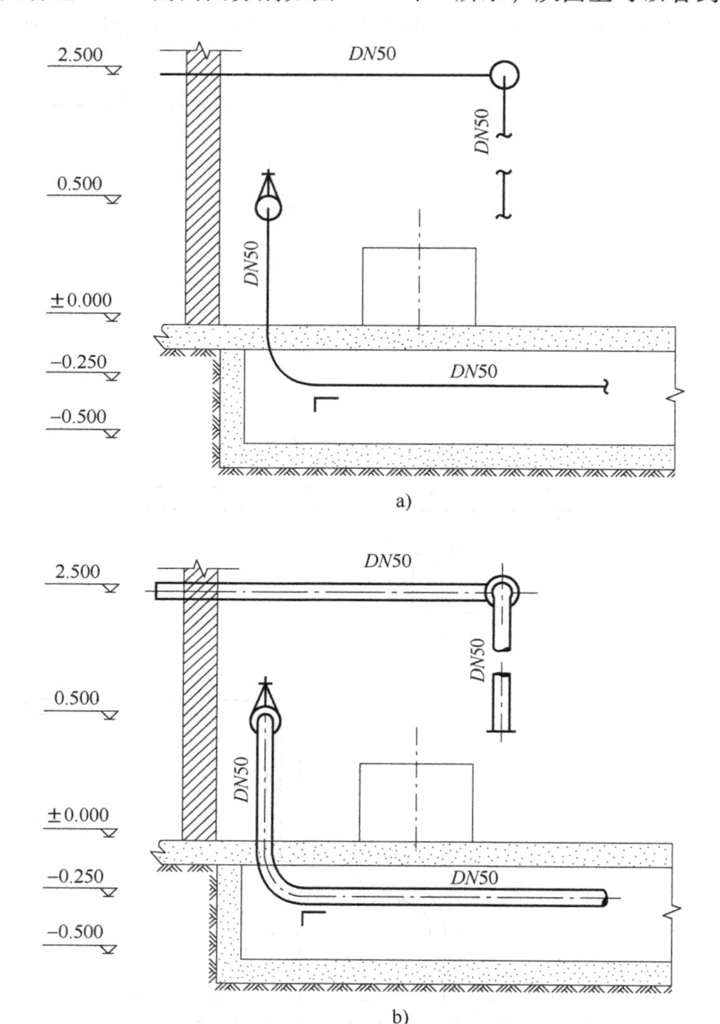

图1-24 单、双线图管道*B*—*B*剖面图

a）单线图管道*B*—*B*剖面图 b）双线图管道*B*—*B*剖面图

① 吸水干管：从断口（标高-0.250）起，向左至90°弯头（标高-0.250）止，为地沟敷设。

② 吸水立管：从吸水干管的90°弯头（标高-0.250）起，上升至90°弯头（标高0.500）止，±0.000以下为地沟敷设；以上为明敷设。

③ 压水立管：从软水泵出口起，上升至90°弯头（标高2.500）止，为明敷设。

④ 压水干管：从压水横管的90°弯头（标高2.500）起，向左至断口（标高2.500）止，为架空敷设。

3. 管道节点图

管道节点图是管道图某个局部（通常称为节点）的放大图，当管道平面图、立面图和剖面图等图样对某一节点部位无法表示清楚时，就需要绘制节点图。该图能清楚地反映出某一局部管道或组合件的详细结构和尺寸。

管道节点图一般是以英文字母为代号，标注时有两种方式：在节点图所在的图样（平面图、立面图和剖面图）中，先用粗实线画一个小圆，将需要表示的节点圈起，小圆的直径根据图面大小决定，一般为8~16mm，然后在小圆的旁边注上代号，如“*A*”；在相应节点的下方注上相同的代号，如“节点*A*”，即：

（1）*A*节点图　图1-25a为*A*节点图，其所在图样如图1-23b所示。

（2）*B*节点图　图1-25b为*B*节点图，其所在图样如图1-22b所示。

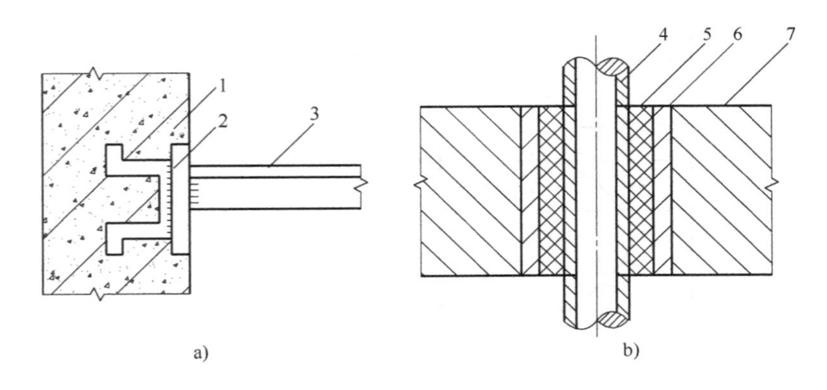

图1-25　管道节点图

a）*A*节点图　b）*B*节点图

1—钢筋混凝土沟壁　2—预埋钢板　3—角钢支架　4—压水干管　5—石棉绳　6—套管　7—墙

4. 三通、弯头和大小头的展开图

通风管道及大直径的钢板卷制管道中所用的弯头、三通和大小头等管件，一般没有成品，需要在现场或加工厂放样下料制作。

（1）异径正三通的展开　异径正三通的展开方法与步骤如图1-26a、b、c、d所示。

1）根据已知的大直径D_1、小直径D_2及其管节长，先画出异径正三通的右侧立面图（图1-26a）；然后在其小直径D_2上作辅助半圆并将其6等分，各分点的编号为4、3、2、1、2、3、4，再由各等分点画相应的外形素线（垂直线）与大直径D_1（圆）相交，各交点的对应编号为4′、3′、2′、1′、2′、3′、4′。

2）画出异径正三通的正立面图（图1-26b），然后在其小直径D_2上作辅助半圆并将它6等分，各等分点的编号为1、2、3、4、3、2、1，再由各等分点画相应的外形素线（垂直线）。

3）由图1-26a中大直径D_1（圆）上的交点1′、2′、3′、4′分别向右画水平（平行）线，与图1-26b中小直径D_2相应的外形素线（垂直线）相交，即得到对应的各交点为1′、2′、3′、4′、3′、2′、1′；然后将其连成圆滑的曲线，两侧对称，则得到大、小直径管在正立面图上的交接线（焊缝）。

4）先将图1-26b中小直径D_2管的端口线*AB*向右延长，在其延长线上量取πD_2并12等分，各等分点的编号为1、2、3、4、3、2、1、2、3、4、3、2、1，如图1-26c所示，然后由各等分点向下作垂直线。

5）由图1-26b中大、小直径管交接线上的各交点分别向右画水平（平行）线，与图1-26c中的垂直线1、2、3、4、3、2、1、2、3、4、3、2、1分别相交，对应的交点为1′、2′、3′、4′、3′、2′、1′、2′、3′、4′、3′、2′、1′；然后将其连成圆滑的曲线，两侧对称，则得到小直径D_2管的展

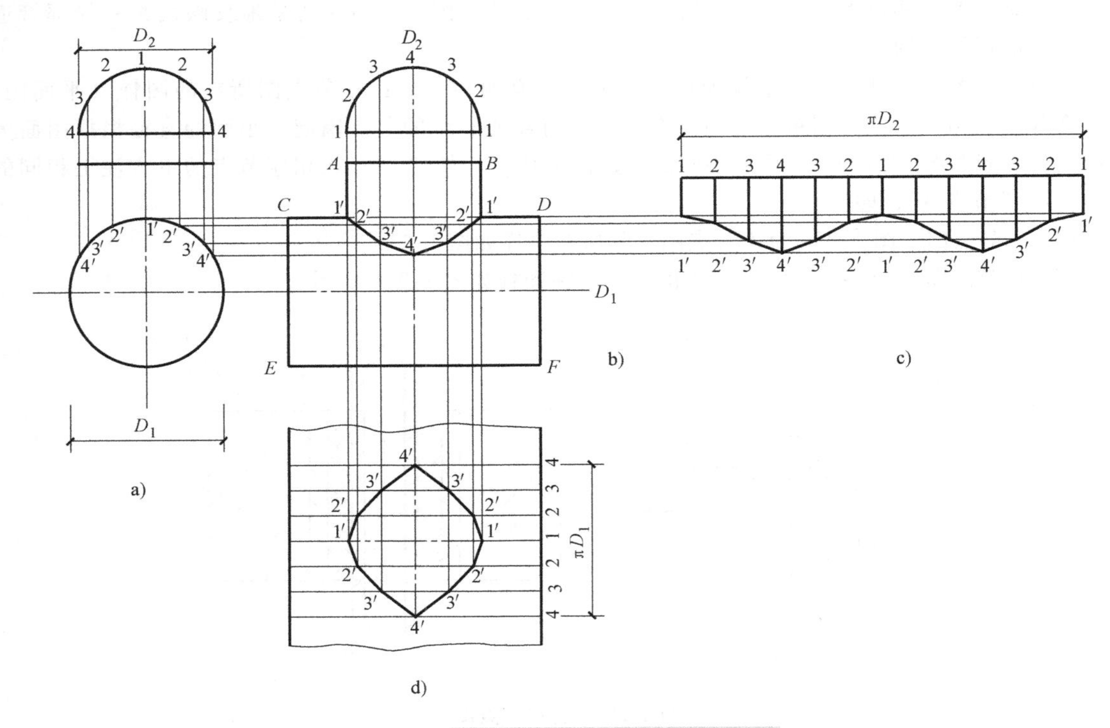

图 1-26 异径正三通的展开方法与步骤

开图。

6）先将大直径 D_1 管的两端口线 *CE*、*DF* 延长，在 *DF* 延长线上量取 $\pi D_2/2$ 并 6 等分，各等分点的编号为 4、3、2、1、2、3、4；然后由各等分点向左画水平（平行）线，如图1-26d所示；再由图 1-26b 中大、小直径管交接线上的各交点分别向下画垂直线，与图 1-26d 中的水平线 4、3、2、1、2、3、4 分别相交，对应的交点为 4′、3′、2′、1′、2′、3′、4′；最后将其连成圆滑的曲线，两侧对称，则得到小直径 D_2 管与大直径 D_1 管的交接线（焊缝）的展开图。

（2）90°弯头的展开　90°弯头的展开方法与步骤如图 1-27a、b 所示。

1）根据已知的直径 *D*、弯曲半径 *R* 和节数画出 90°弯头的正立面图（图 1-27a）。从图上可以看出该 90°弯头由中间节和端节两部分组成，共 6 个半节，其中中间节为两个整节，两个端节均为半节。

2）先作图 1-27a 中 90°弯头的辅助半圆并将其 6 等分，各等分点的编号为 1、2、3、4、5、6、7；然后由各等分点分别向上引垂直线，与其端口线 *AB* 相交，相应的交点为 1、2、3、4、5、6、7。

3）先由 90°弯头端口线 *AB* 上的各交点分别画该弯头端节上相应的外形素线，与节间交接线 *CD* 相交，各对应交点的编号为 1′、2′、3′、4′、5′、6′、7′；然后由各对应交点分别画中间整节上相应的外形素线，与节间交接线 *EF* 相交，各对应交点的编号为 1″、2″、3″、4″、5″、6″、7″。

4）先将中间整节 *DF* 的中点 *m* 与点 *O* 连接并延长，在其延长线上量取 πD 并 12 等分；然后过各等分点画延长线 *Om* 的垂直线，如图 1-27b 所示。

5）先由节间交接线 *CD* 和 *DF* 上的各交点，分别画与延长线 *Om* 平行的直线，与图 1-27b中相应的垂直线相交，对应的交点编号为4′、3′、2′、1′、2′、3′、4′、5′、6′、7′、6′、5′、4′ 和4″、3″、2″、1″、2″、3″、4″、5″、6″、7″、6″、5″、4″；然后将这些交点连成圆滑的曲线，即是该弯头中间

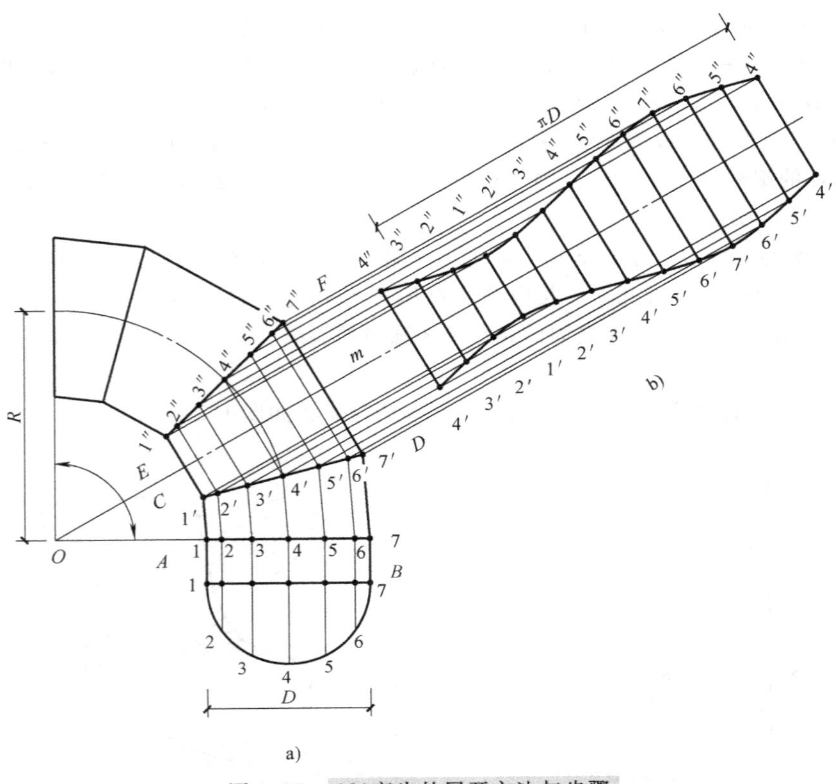

图 1-27　90°弯头的展开方法与步骤

（整）节的展开图形。若取其一半，即是端（半）节的展开图形。

（3）同心大小头的展开　同心大小头的展开方法与步骤如图 1-28a、b、c 所示。

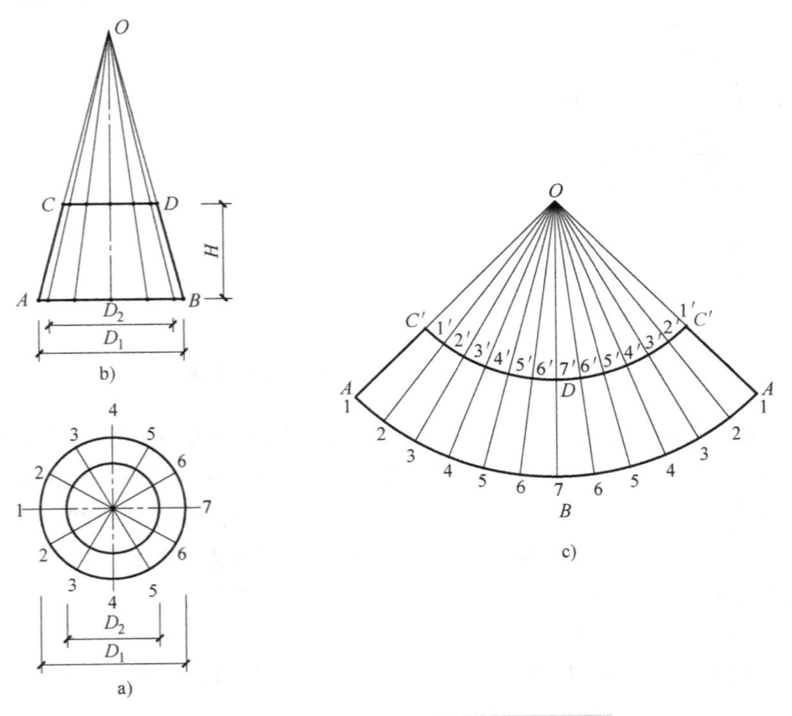

图 1-28　同心大小头的展开方法与步骤

1）根据已知的大直径 D_1、小直径 D_2 和高度 H，先画出同心大小头的平面图（图1-28a）、正立面图（图1-28b），并将图1-28b中的 AC、BD 延长，交于点 O；然后将图1-28a中的外圆12等分，等分点的编号为1、2、3、4、5、6、7、6、5、4、3、2、1。

2）先以点 O 为圆心，以 OA 为半径画一弧线，然后将图1-28a中的外圆等分弧依次丈量在该弧线上，等分点的编号仍为1、2、3、4、5、6、7、6、5、4、3、2、1；最后将各等分点分别与点 O 连接，如图1-28c所示。

3）以 O 为圆心，以 OC 为半径画一弧线，与图1-28c中的 $O1$、$O2$、$O3$、$O4$、$O5$、$O6$、$O7$、$O6$、$O5$、$O4$、$O3$、$O2$、$O1$ 线相交，相应的交点编号为1′、2′、3′、4′、5′、6′、7′、6′、5′、4′、3′、2′和1′；然后将1～1和1′～1′之间的各点连成圆滑的弧线。图形 $ABAC'DC'A$ 即是该同心大小头的展开图。

（4）偏心大小头的展开　偏心大小头的展开方法与步骤如图1-29a、b、c所示。

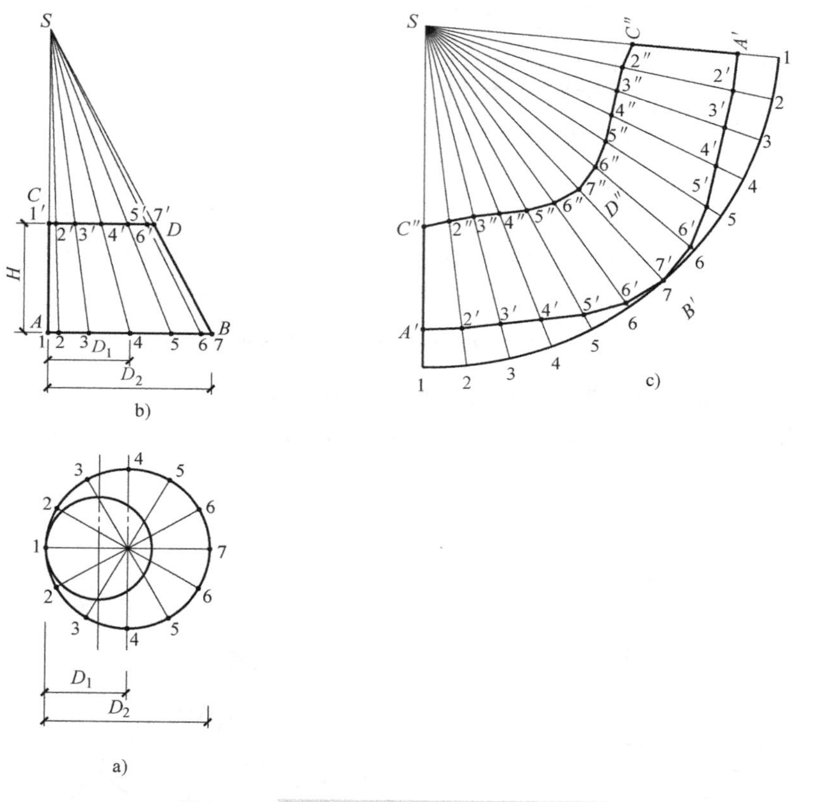

图1-29　偏心大小头的展开方法与步骤

1）根据已知的大直径 D_1、小直径 D_2 和高度 H，先画出偏心大小头的平面图（图1-29a）、正立面图（图1-29b），并将图1-29b中的 AC、BD 延长，交于点 S；然后将图1-29a中的外圆12等分，等分点的编号为1、2、3、4、5、6、7、6、5、4、3、2、1，再把图1-29b中大直径 AB（D_1）上对应的各等分点分别和点 S 连接，与小直径 CD（D_2）相交于点1′、2′、3′、4′、5′、6′、7′，得该偏心大小头相应的外形素线11′、22′、33′、44′、55′、66′、77′。

2）以点 S 为圆心，以 SB 为半径画圆弧，然后将图1-29a中的外圆等分弧依次丈量在该圆弧上，得对应的等分点为1、2、3、4、5、6、7、6、5、4、3、2、1；再将点 S 与各对应等分点连接，如图1-29c所示。

3）先在图1-29c上依次截取图1-29b上相应外形素线的长度，得相应外形素线$A'C''$、$2'2''$、$3'3''$、$4'4''$、$5'5''$、$6'6''$、$7'7''$、$6'6''$、$5'5''$、$4'4''$、$3'3''$、$2'2''$、$A'C''$；然后将$A'\sim A'$和$C''\sim C''$之间的各点连成圆滑的曲线，图形$A'B'A'C''D''C''A'$即是该偏心大小头的展开图。

复习思考题

1. 管道工程图按专业一般可分为哪些类型的施工图？
2. 室内给水管道、供暖管道、圆形风管与矩形风管的标高一般是指什么位置的标高？
3. 按图1-30所示的管道平面图和立面图绘制其斜轴测图。

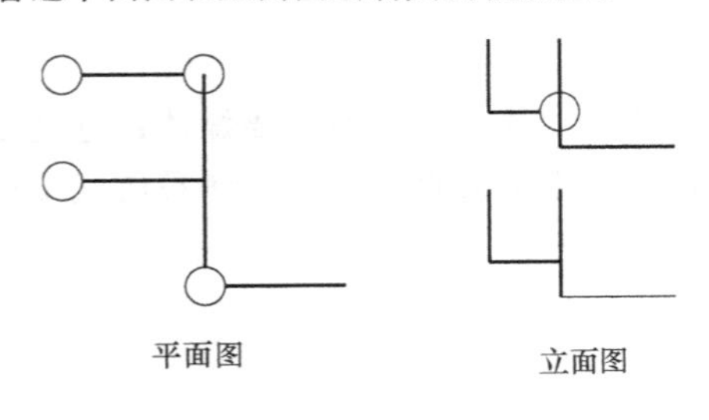

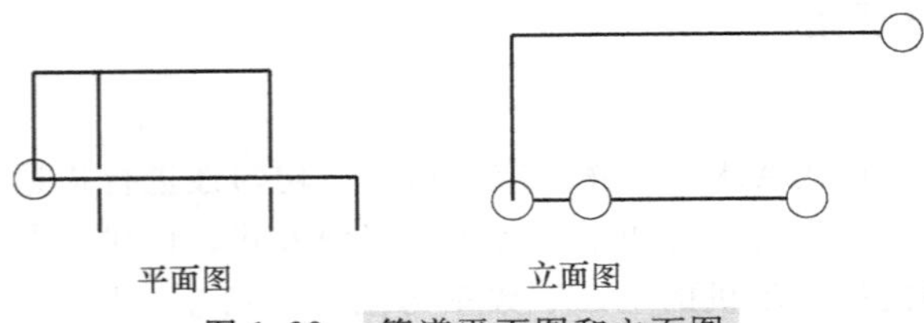

图1-30 管道平面图和立面图

4. 按图1-31所示的管道平面图和左侧立面图绘制其正立面图。

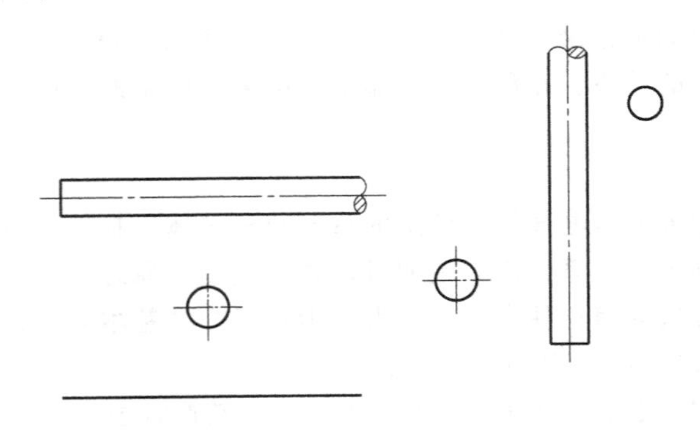

图1-31 管道平面图和左侧立面图

第 2 章　电气工程图基本知识

图是工程技术的通用语言；电气图是电气技术信息的重要媒体；电气工程图是电气图的重要组成部分，是编制电气安装工程造价并指导施工的重要依据，熟悉电气工程图识图的基本知识是识读电气安装工程图的前提和基础。

2.1　概述

2.1.1　电气图的一般规定

1. 信息、数据媒体

信息是人们根据不同的使用要求，对物质或事物的非均匀性进行描述和量度，如某台电动机，从设计的角度出发，需要提供电动机的功率、转矩、起动方式、接线、电压、频率与价格等信息；从使用的角度出发，需要提供电动机的电压、频率与温升等信息；从安装的角度出发，需要提供电动机的重量、尺寸、接线方式与性能等信息。然而，信息的传递和应用，必须通过数据媒体来实现。

数据媒体是能够进行数据记录和读取的介质，文字、语言、声波、电磁波、颜色、信号、图像、电话、电报，甚至人的手势、五官表情等都是传递某种信息的媒体。数据媒体的形式是多种多样的。

2. 电气图

电气图是用图形和注解表达电气技术信息的重要数据媒体，是表示电气系统、装置和设备各组成部分的相互关系及其连接关系，用以说明其功能、用途、原理、装接和使用信息的图样。在电气技术领域内，所要传递的信息种类很多，为了满足用户的基本要求，对一般电气装置，需要传递给用户的信息类型大致包括以下几个方面：

（1）功能和原理信息　包括装置的基本构成和用途、动作时序、逻辑关系与工作过程等。

（2）位置信息　包括装置的零（部）件装配和布置、安装位置等。

（3）技术数据信息　包括装置的特性技术参数等。

（4）连接信息　包括装置的内部安装接线、外部线缆连接与端子板接线等。

这些技术信息可以采用不同的数据媒体进行传递，电气图则是最为实用的表述方式，其特点是简单、直观、易懂，可容纳的信息量最多。

3. 电气图的一般表达形式

绘制电气图应依据图样的使用场合和表达的对象确定采用何种形式进行表达。《电气技术用文件的编制》（GB/T 6988—2008）规定，电气图的表达形式主要有以下四种：

（1）图　通过按比例表示项目及它们之间相互位置的图示形式来表达信息。图是图示法的各种表达形式的统称。根据定义，图的概念是广泛的。它不仅指用投影法绘制的图（如各种机械图），也包括用图形符号绘制的图（如各种简图）以及用其他图示法绘制的图（如各种表图）等。

（2）简图　采用图形符号和带注释的框图来表示包括连接线在内的一个系统或设备的多个部件或零件之间关系的图示形式。简图是电气图的主要表达形式，电气图中大部分图种都属于简图，如系统图、电路图、接线图与逻辑图等。

（3）表图　表达两个或多个变量、操作或状态之间关系的图示形式。表图所表示的内容和方法都不同于简图。经常碰到的各种曲线图、时序图等都属于表图之列。

（4）表格　采用行和列的表达形式，用于说明系统、成套装置或设备中各组成部分之间的相互关系或连接关系，或者用以提供工作参数等，如接线表、材料明细和设备元件表等。

信息、数据媒体、表达形式和电气图之间的相互关系如图2-1所示。

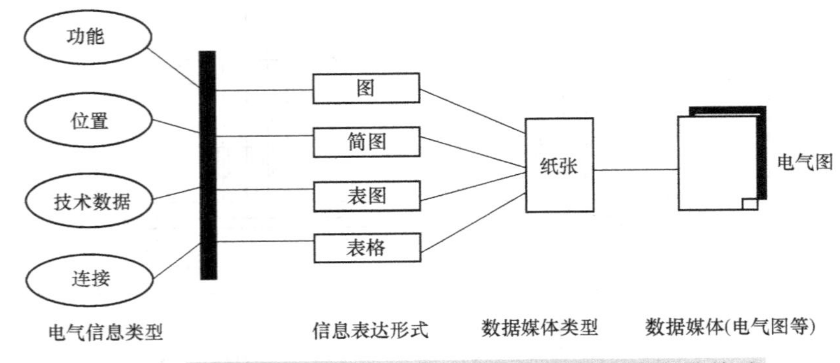

图2-1　信息、数据媒体、表达形式和电气图之间的相互关系

4. 电气图的分类

电气图一般分为功能性简图、位置与安装图、接线图和接线表、项目表及其他文字说明四大类。

（1）功能性简图　功能性简图包括概略图、功能图、功能表图、逻辑功能图、电路图、等效电路图、端子功能图和程序图。

1）概略图（系统图、框图、网络图）是概略地表达一个项目的全面特性的简图，也称为系统图。一般将主要用方框符号绘制的概略图称为框图；将在地图上表示如发电站、变电站、电力线、电信设备和传输线等电网的概略图称为网络图。图2-2所示为电气照明系统图，图2-3所示为轧钢厂系统框图，图2-4所示为架空线网络图。

2）功能图及功能表图是表达项目功能信息的简图。如图2-5所示为电动机运行功能图，用步和转换描述控制系统的功能和状态的表图。这种表图一般采用图形符号和文字叙述相结合的表示方法，用以全面描述控制系统的控制过程、功能和特性，但不考虑具体执行过程。功能表图又称为电气控制功能图。图2-6所示为电动机操作过程功能表图。

3）逻辑功能图是主要使用二进制逻辑元件符号的功能图。逻辑功能图又分为纯逻辑功能图和详细逻辑功能图两种。一般采用“与”、“或”、“异或”等单元图形符号绘制，若只表示功能而不涉及实现方法的逻辑功能图，如数字电路图，称为纯逻辑功能图；既要表示功能，又要表示实现方法，用二进制逻辑单元符号绘制的电路图称为详细逻辑功能图。图2-7所示为二进制逻辑单元电路图。

4）电路图是表达项目电路组成和物理连接信息的简图，采用按功能排列的图形符号来表示各元件及连接关系，以表示功能而不需要考虑项目的实际尺寸、形状或位置。图2-8所示为电动机控制电路图，该图是分析和计算感应电动机电磁特性和运行状态的重要工具。

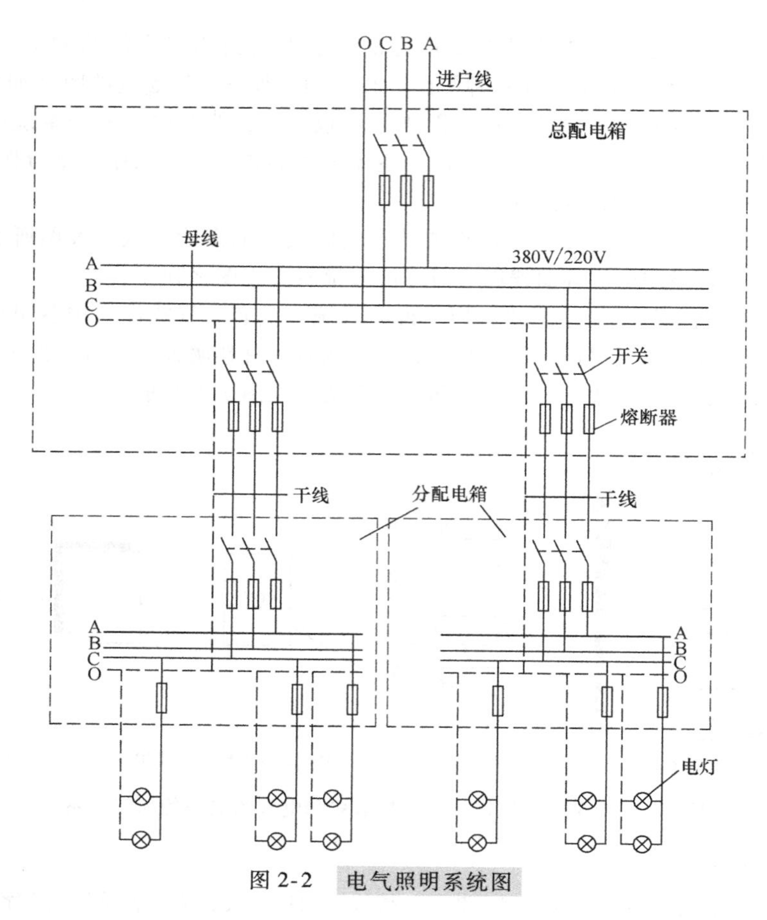

图 2-2 电气照明系统图

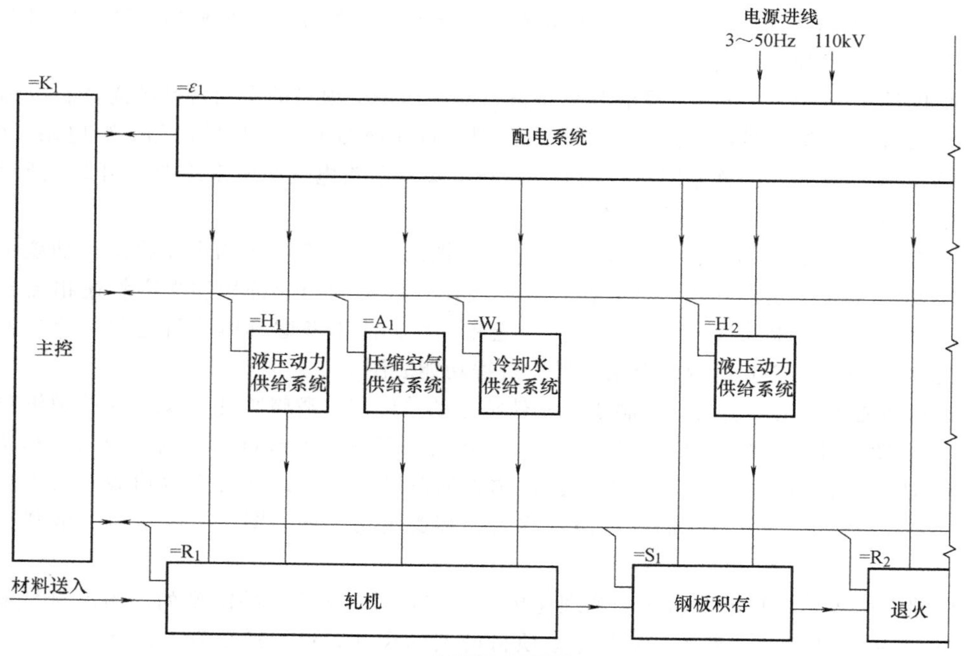

图 2-3 轧钢厂系统框图

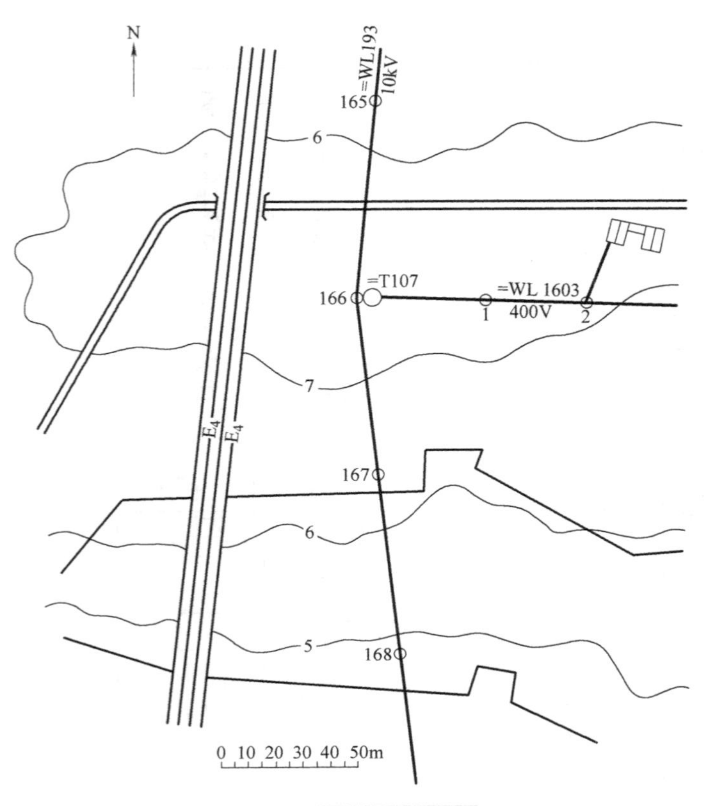

图 2-4　架空线网络图

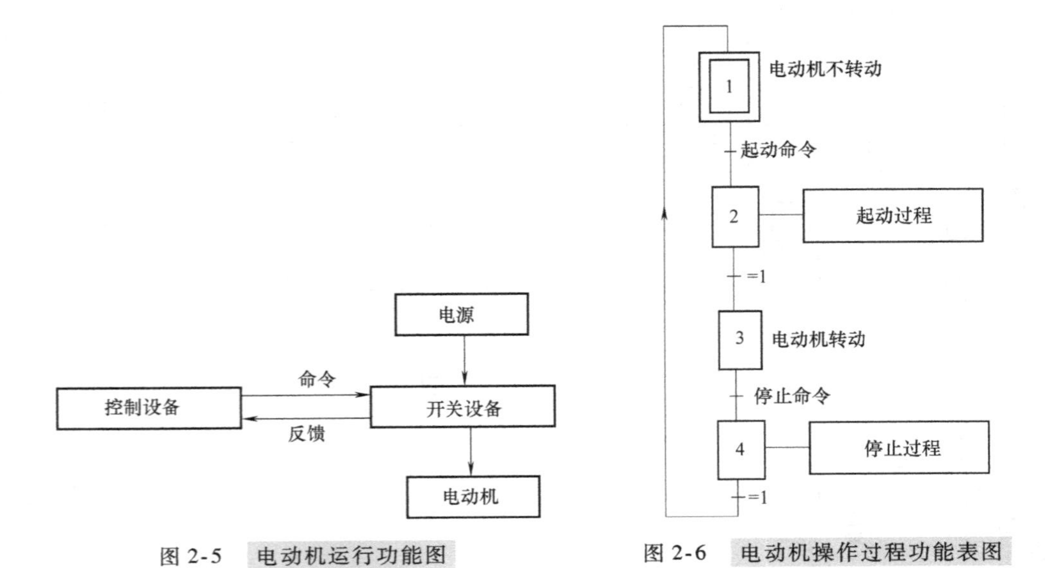

图 2-5　电动机运行功能图　　　　图 2-6　电动机操作过程功能表图

5）等效电路图是表达一个项目的电和（或）磁行为模型信息的功能图，用于分析和计算电路特性或状态。图 2-9 所示为变压器等效电路图，将含有铁心、绕组的变压器实体变成了一个仅含有电阻和电感的电路。等效电路图中的元件符号一般都是功能性元件符号，不代表实际的元件。

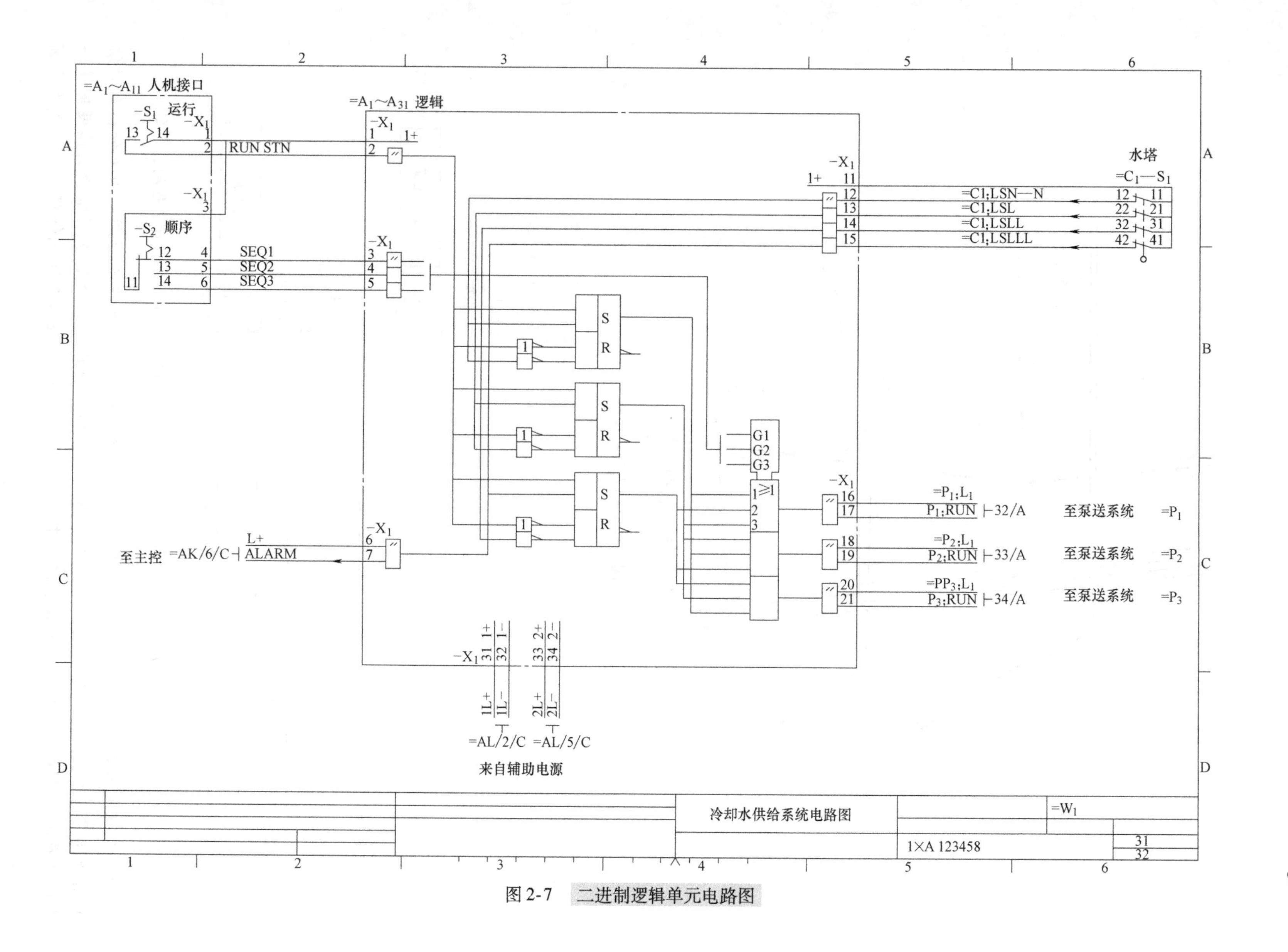

图 2-7 二进制逻辑单元电路图

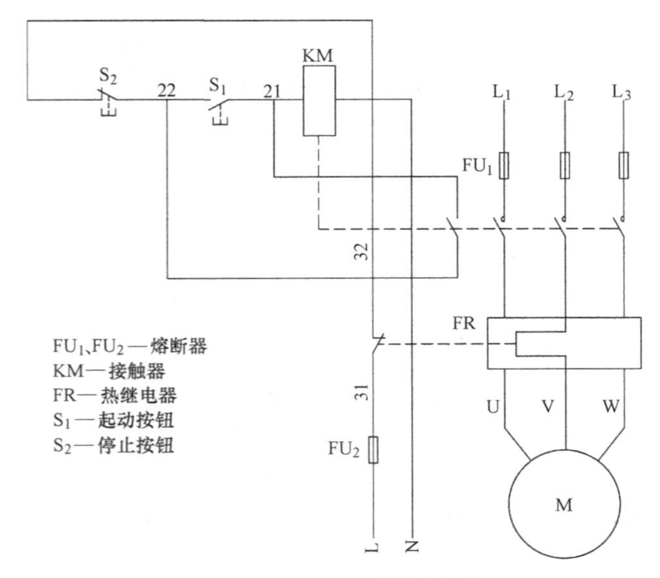

图 2-8 电动机控制电路图

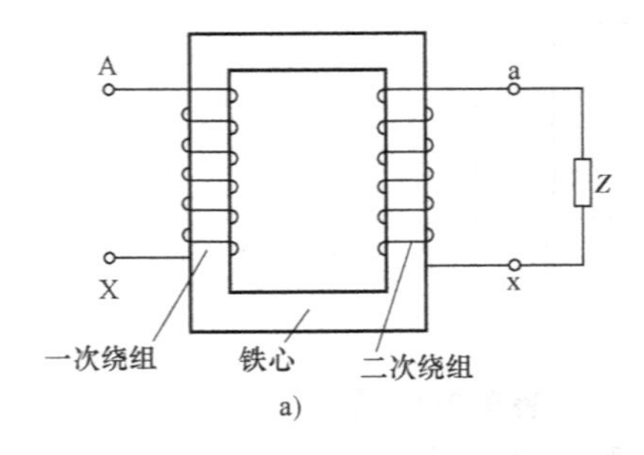

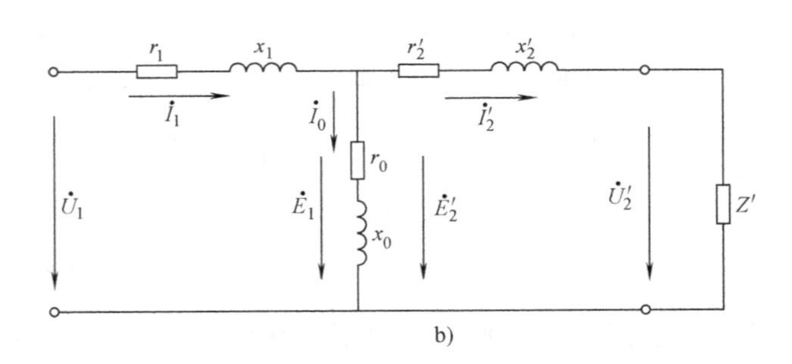

图 2-9 变压器等效电路图

a）构成示意图 b）等效电路

6）端子功能图是表示功能单元的各端子接口连接和内部功能的一种简图，可以利用简化的电路图、功能图、功能表图、顺序表图或文字来表示其内部的功能。端子功能图主要用于电路图中。当电路比较复杂时，其中的功能单元可用端子功能图（也可用方框符号）来代替，并在其内加注标记或说明，以便查找该功能单元所在的电路图。图 2-10a 所示为电磁式继电器线圈和触点端子功能图，图 2-10b 为保护继电器组件端子功能图。

7）程序图（表或清单）、顺序表图、时序表图。程序图（表或清单）是详细表示程序单元、模块及其互连关系的简图（表或清单），其布局应能清晰地识别其相互关系。顺序表图是表达系统各单元工作次序或状态信息的表图，各单元的工作或状态按一个方向排列，并在图上呈直角绘出过程步骤或时间。时序表图是按比例绘出时间轴的顺序表图，如图 2-11 所示。

（2）位置与安装图 表示项目在空间位置和平面的布置情况，以及项目之间的相对位置和安装尺寸，包括总平面图及布置图、安装图及安装简图、装配图等。

1）总平面图及布置图。总平面图表示建筑工程服务网络、通道工程、相对于测定点的位置、地表资料、进入方式和工区总体布局的平面图。如图 2-12 所示是某一机械加工厂的总平面布置图。此图给出了一个整体概念，是绘制和阅读该工厂电源、供电线路和设备布置等类电气图的基础。布置图是经简化和补充以给出某种特定目的所需信息的装配图，如图 2-13 为开关柜列和控制

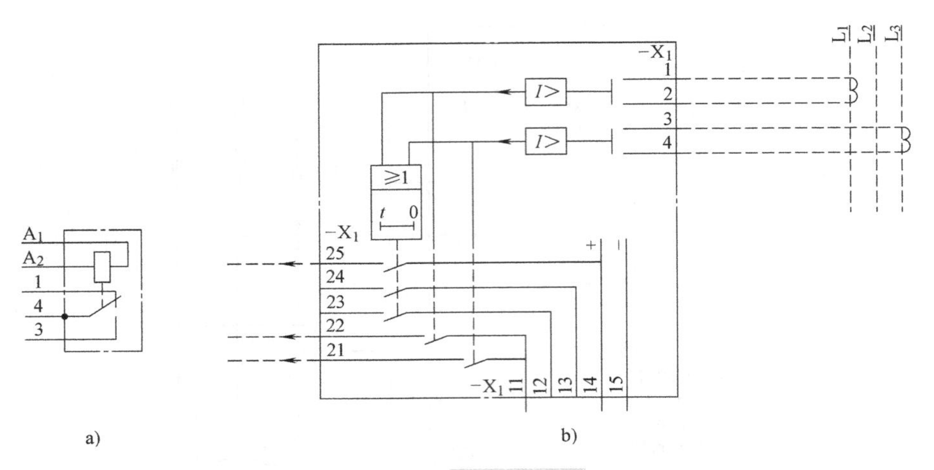

图 2-10 端子功能图

a）电磁式继电器线圈和触点端子功能图 b）保护继电器组件端子功能图

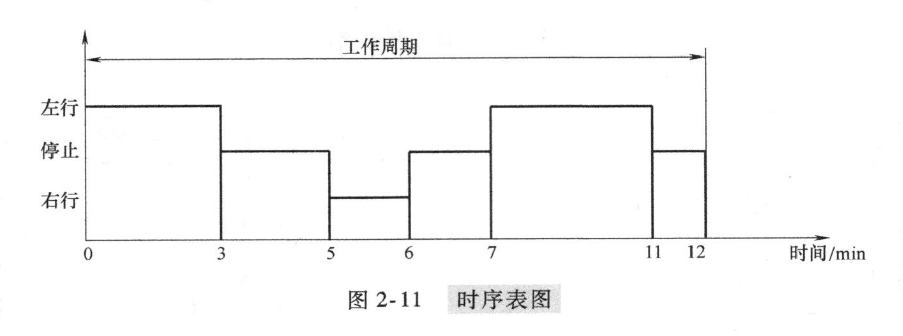

图 2-11 时序表图

柜列的布置图，表示开关、继电器等元件在开关柜和控制柜上的安装布置情况。

2）安装图及安装简图。安装图是表示各项目安装位置的图，以比较简略的形式表示各电气设备和装置安装的相对位置，图 2-14 为车间动力配电的安装平面图。安装简图表示各项目之间连接的安装图，是位置类电气图中最主要的表达形式，图 2-15 为建筑室内照明装置安装简图。

3）装配图通常是按比例表示一组装配部件的空间位置和形状的图。

（3）接线图和接线表 接线图和接线表包括接线图（表）、单元接线图（表）、互联接线图（表）、端子接线图（表）、电缆图（表或清单）等。

1）接线图（表）是表达项目组件或单元之间物理连接信息的简图（表）。

2）单元接线图（表）是表示或列出一个结构单元内连接关系的接线图（表），图2-16为控制装置中分组件的单元接线图。

3）互联接线图（表）是表示或列出不同结构单元之间物理连接信息的接线图（表）。图 2-17 为不同结构单元两个端子的局部装置的互联接线图。

4）端子接线图（表）是表示或列出一个结构单元的端子和该端子上的外部连接（必要时包括内部接线）的接线图（表）。图 2-18 为控制单元的端子接线图。

5）电缆图（表或清单）是提供不同项目之间电缆信息（如导线的识别标记、两端位置及特性、路径和功能等信息）的接线图（表、清单）。图 2-19 为位于 $+A_1$、 $+A_2$、 $+A_3$ 电缆装置的电缆图。

（4）项目表及其他文字说明 元件表、设备表、备用元件表及安装说明、试运转说明、使用说明和维修维护说明等文件均属这类图。

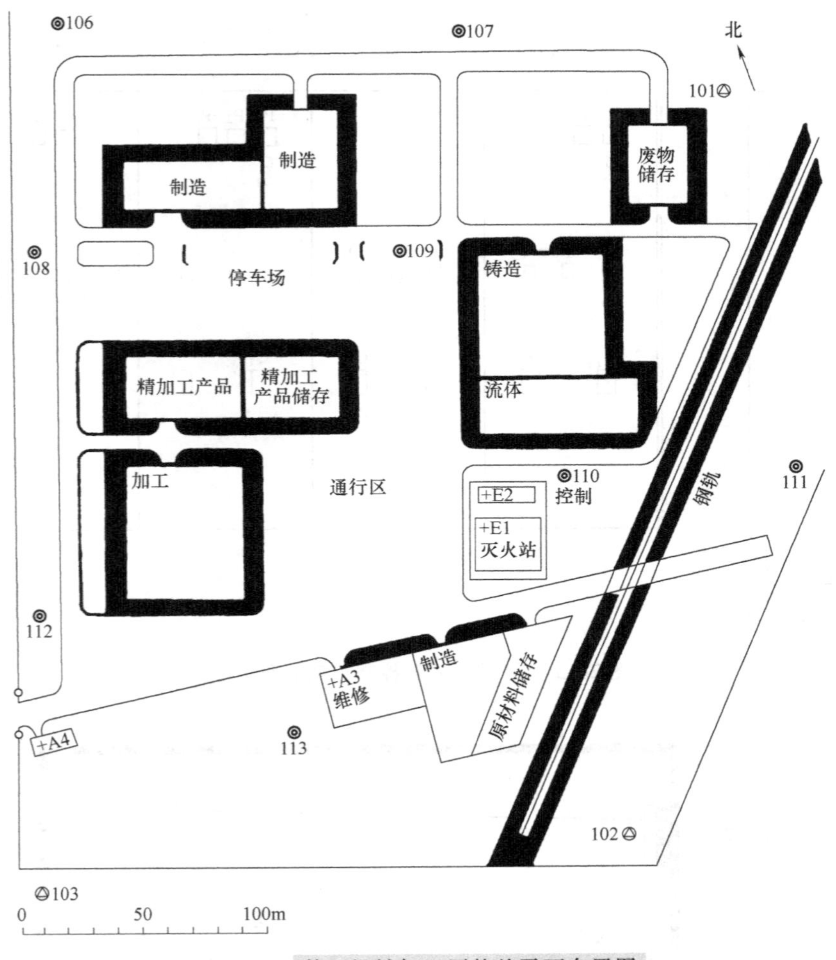

图2-12　某一机械加工厂的总平面布置图

1）元件表与设备表是表示构成一个组件（或分组件）的项目（零件、元件、软件、设备等）和参考文件的表格，见表2-1。备用元件表是用于防护和维修的项目（零件、元件、软件、散装材料等）的表格。

表2-1　设备元件表

序　号	项目代号	名　称	型　号	规　格	单　位	数　量
1	M	电动机	Y	380V，7.5kW	台	1
2	FU_1	填式熔断器	RT_2	15A	个	3
3	FU_2	管式熔断器	R_1	1A	个	1
4	KM	交流接触器	CJ_{20}	380V，30A	个	1
5	FR	热继电器	JR_8	30A	个	1
6	S_1	起动按钮	LA_2	250V，5A	个	1
7	S_2	停止按钮	LA_2	250V，5A	个	1

2）安装说明文件是给出有关一个系统、装置、设备或元件的安装条件及供货、交付、卸货、

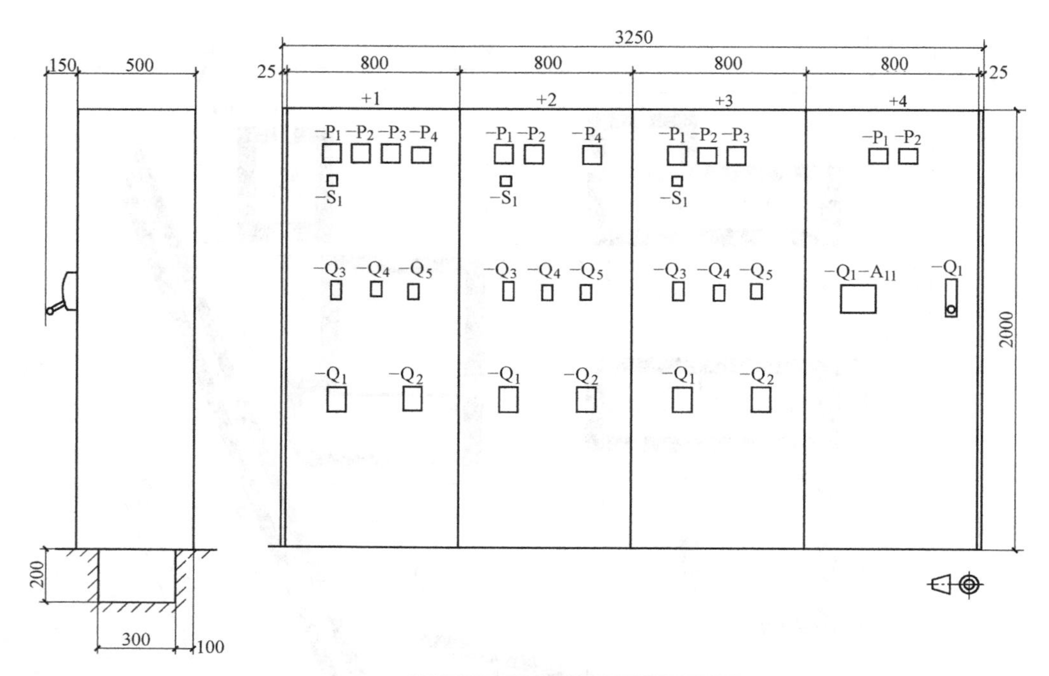

图 2-13 开关柜列和控制柜列的布置图

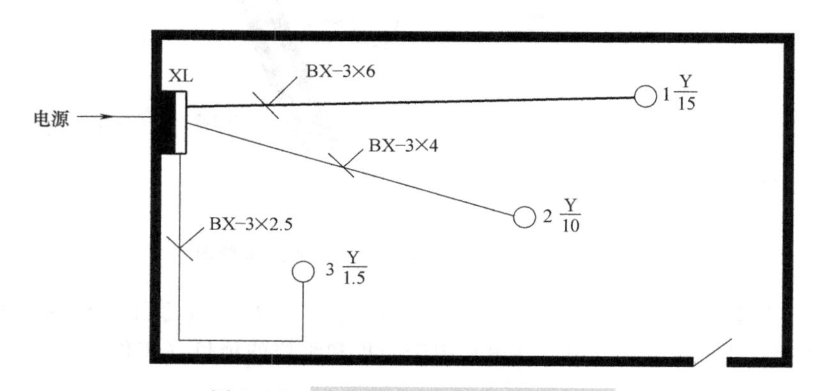

图 2-14 车间动力配电的安装平面图

安装和测试说明或信息的文件。

3）试运转说明文件是给出有关一个系统、装置、设备或元件试运转和起动时的初始调节、模拟方式、推荐的设定值及为了实现开发和正常发挥功能所需采取措施的说明或信息的文件。

4）使用说明文件是给出有关一个系统、装置、设备或元件的使用的说明或信息的文件。

5）维修说明文件是给出一个系统、装置、设备或元件的维修程序的说明或信息的文件，如维修或保养手册。

6）可靠性和可维修性说明文件是给出有关一个系统、装置、设备或元件的可靠性和可维修性方面的信息的文件。

5. 电气图的特点

电气图具有不同于机械图、建筑图和其他专业技术图的特点，具体表现在以下几个方面。

（1）简图是电气图的主要表达形式　简图是用图形符号、带注解的围框或简化外形表示系

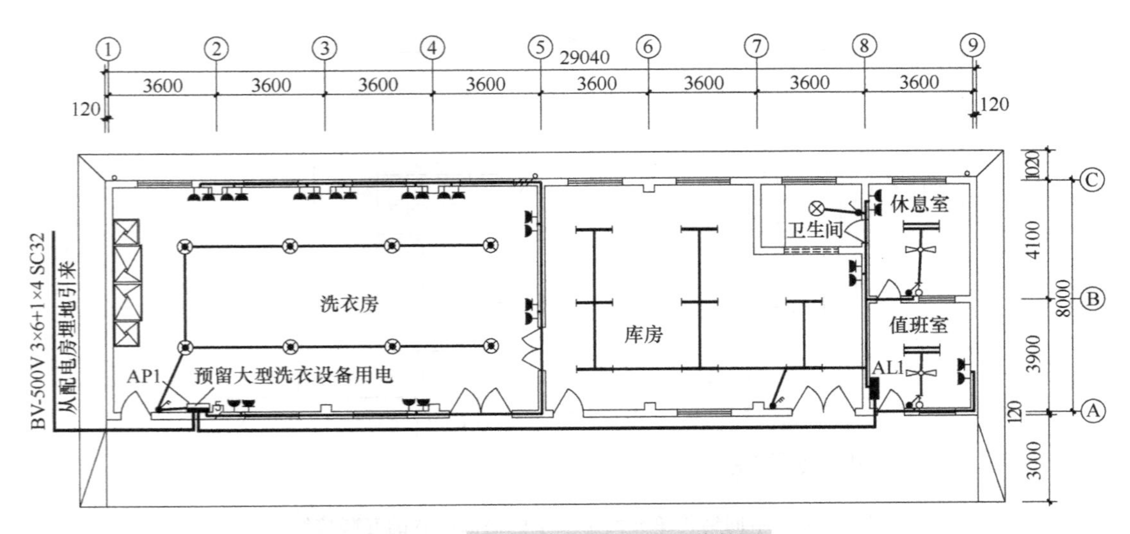

图 2-15　建筑室内照明装置安装简图

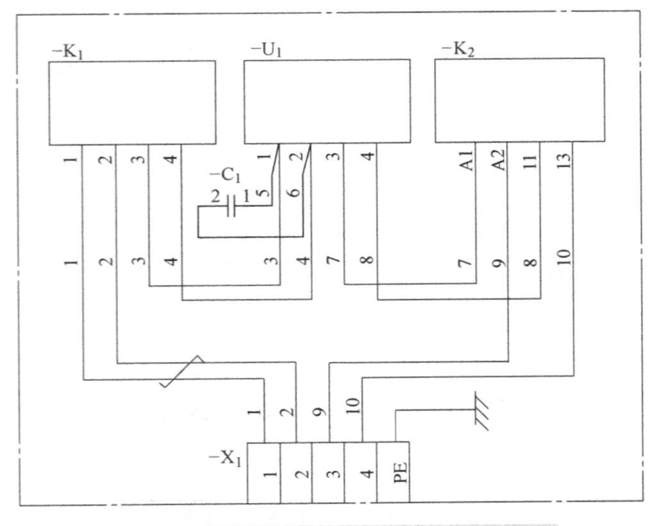

图 2-16　控制装置中分组件的单元接线图

统或设备中各组成部分之间的相互关系的一种图。电气工程图一般都采用简图的形式来表示电气工程技术信息，其主要作用是用来阐述电气设备及设施的工作原理，描述产品的构成和功能，提供装接和使用信息的重要工具和手段。如图 2-20 所示是某 10kV 变电所的电气图。

图 2-20a 是某 10kV 变电所截面图（或结构布置图），它比较真实地画出了元器件的外形结构及尺寸关系，是按正投影法绘制的视图，属于机械图。如果只要表示变电所的电气设备构成及其供电关系，则可绘制成如图 2-20b 所示的 10kV 变电所系统图，这种图采用的是电气图符号，表示了各部分的组成及相互关系，属于简图。由此可见，简图具有以下特点：

1）各种电气设备和导线用图形符号表示，而不具体表示外形、结构及尺寸等特征。

2）各相应的图形符号旁标注文字符号和数值符号（有时还要标注型号、规格等）。

3）按功能和电流流向表示各装置、设备及元器件的相互关系和连接顺序。

4）没有投影关系，不标注尺寸。

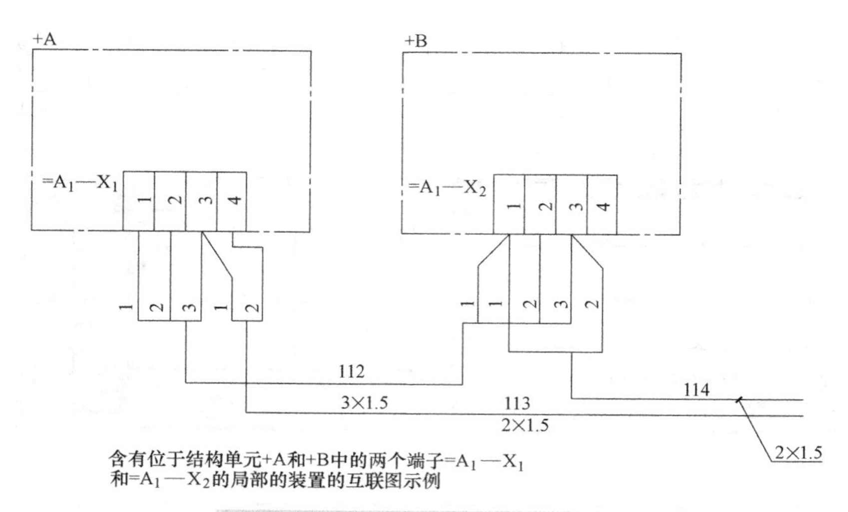

图 2-17 不同结构单元两个端子的局部装置的互联接线图

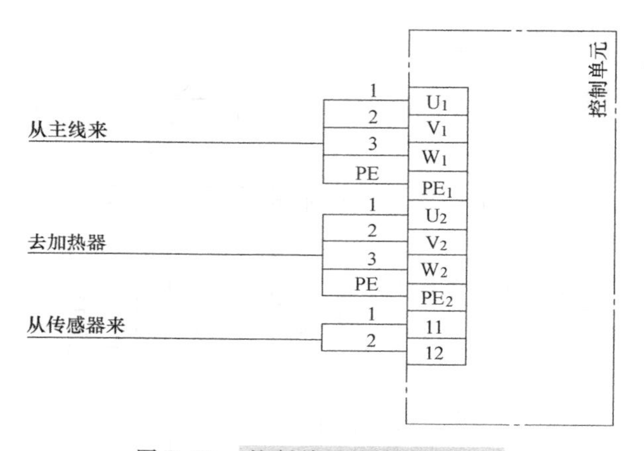

图 2-18 控制单元的端子接线图

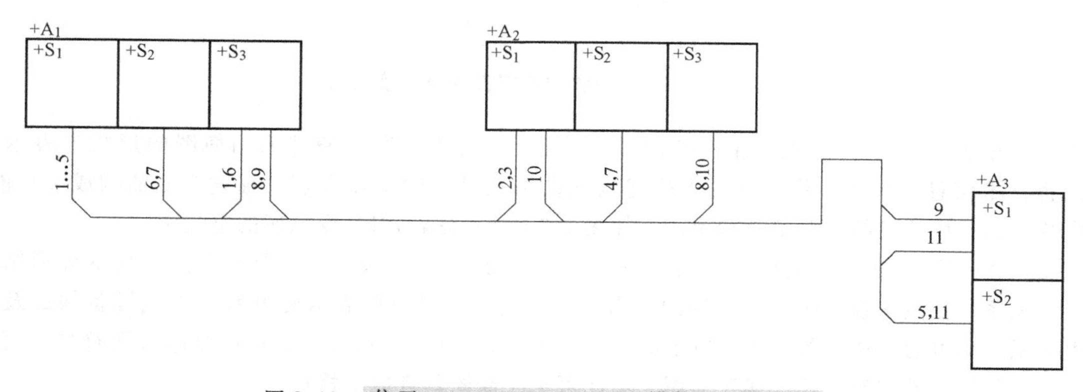

图 2-19 位于 $+A_1$、$+A_2$、$+A_3$ 电缆装置的电缆图

（2）元件和连接线是电气图表达式的主要内容 电路通常是由电源、负载、开关设备和连接线四部分组成，如图 2-21 所示为电路构成的基本原理图。如果把各电源设备、负载设备和开关设备都看成元件，则各电气元件和连接线就构成了电路，因此在用来表达各种电路的电气图中，元

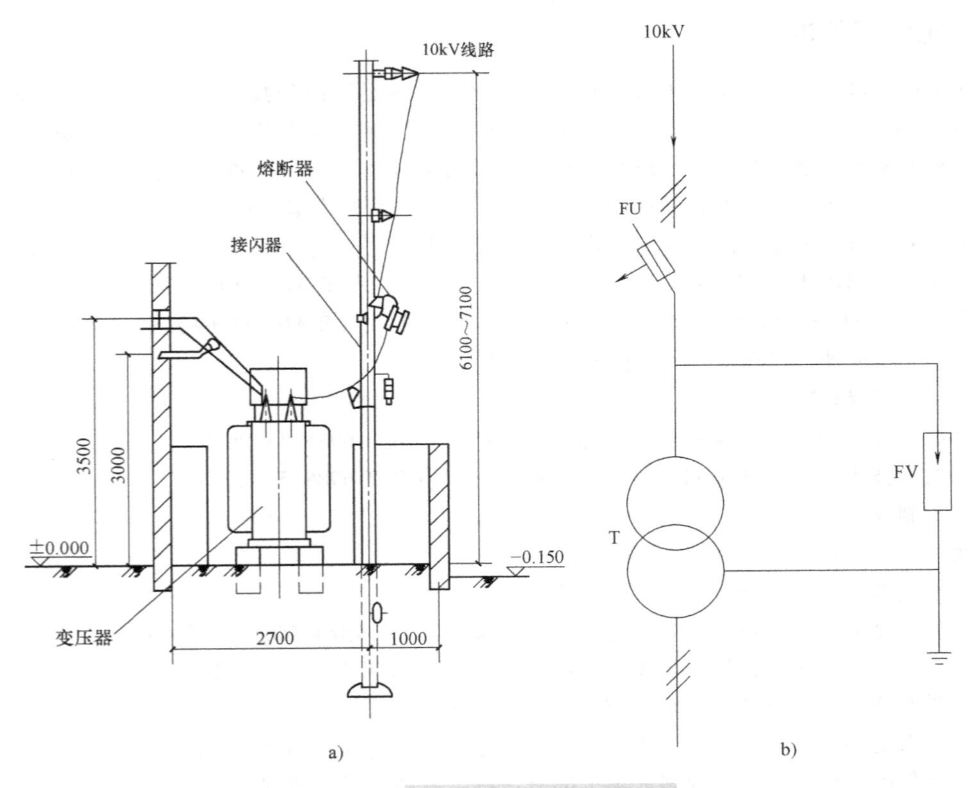

图 2-20 某 10kV 变电所的电气图

a）10kV 变电所截面图 b）10kV 变电所系统图

件和连接线就成为主要的表达内容。

（3）图形符号和文字符号是组成电气图的主要要素 电气图大量用简图表示，而简图主要是用国家统一规定的图形符号和文字符号绘制出来的，因此图形符号和文字符号极大地简化了绘图的过程，是电气图的主要组成成分和表达要素。图形符号、文字符号与项目代号、数字编号及必要的文字说明共同构成了详细的电气图，从而读者在识读图时能够清楚地区别各组成部分的名称、功能、状态、特征、对应的关系和安装的位置等。

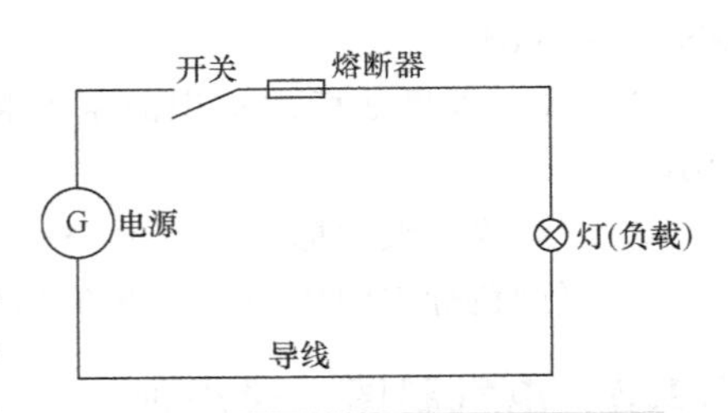

图 2-21 电路构成的基本原理图

（4）电气图中的元件都是按正常状态绘制的 这里说的“正常状态”或“正常位置”，是指电气元件、器件和设备的可动部分表示为非激励（未通电或未受外力作用）或不工作的状态或位置。

（5）电气图与主体工程及其他配套工程图有密切关联 电气工程通常同主体工程（土建工程）及其他配套工程（如机械设备安装工程、给水排水管道安装工程、采暖通风管道安装工程、广播通信线路安装工程、蒸汽或煤气管道安装工程等）配合进行，电气装置与其相关的设备的布局、线路走向、安装位置等密切相关，因此电气图尤其是电气位置图（布置图）无疑与土建工程图、管道工程图等是密不可分的。电气图不仅要根据有关土建图、机械图和管道图按要求及尺寸进行布置，而且还要符合国家有关设计规程和规范的要求。

2.1.2 电气图标准

电气图作为电气工程技术的语言，只有规范化才能满足国内外技术交流的需要。国际电工委员会（International Electrotechnical Commission，IEC）是国际标准化组织（ISO）的成员组织，专门负责电力和电子工业领域标准化的研究，它所颁布的标准（即 IEC 标准）在国际上具有一定的权威性。世界上大多数国家将 IEC 标准作为统一电气工程语言的依据。我国有关部门在认真研究 IEC 标准的基础上，对我国原有的电气图《电工系统图图形符号》（GB 312—1964）、《电力及照明平面图图形符号》（GB 313—1964）、《电信平面图图形符号》（GB 314—1964）、《电工设备文字符号编制规则》（GB 315—1964）、《电力系统图上的回路标号》（GB 316—1964）做了大量修改，颁布了一系列电气图标准，现在执行的主要有下列标准。

1. 电气制图标准

1）《电气技术用文件的编制　第 1 部分：规则》（GB/T 6988.1—2008）。

2）《电气技术用文件的编制　第 5 部分：索引》（GB/T 6988.5—2006）。

3）《印制板制图》（GB/T 5489—2018）。

2. 电气图形符号标准

1）《电气简图用图形符号》（GB/T 4728—2008 ~ 2018）。

2）《电气设备用图形符号　第 1 部分：概述与分类》（GB/T 5465.1—2009）。

3）《电气设备用图形符号　第 2 部分：图形符号》（GB/T 5465.2—2008）。

4）《图形符号表示规则　总则》（GB/T 16900—2008）。

5）《技术文件用图形符号表示规则　第 1 部分：基本规则》（GB/T 16901.1—2008）。

6）《设备用图形符号表示规则　第 1 部分：符号原图的设计原则》（GB/T 16902.1—2017）。

7）《标志用图形符号表示规则　第 1 部分：公共信息图形符号的设计原则》（GB/T 16903.1—2008）。

3. 项目代号、文字符号和其他标准

1）《工业系统、装置与设备以及工业产品结构原则与参照代号　第 3 部分：应用指南》（GB/T 5094.3—2005）。

2）《人机界面标志标识的基本和安全规则　设备端子和导体终端的标识》（GB/T 4026—2010）。

3）《绝缘导线的标记》（GB 4884—1985）。

4）《颜色标志的代码》（GB/T 13534—2009）。

2.1.3 电气制图一般规则

1. 图纸的幅面和分区

（1）图面的构成及幅面尺寸　完整的图面由纸边界线、图框线和标题栏组成，表 2-2 为图框尺寸。由纸边界线所围成的图面，称为图纸的幅面，幅面的图框尺寸共分五类：A0 ~ A4 五类。如图 2-22 所示为图框格式，其中图 2-22a 是有装订边的图面，图 2-22b 是无装订边的图面。

表 2-2　图框尺寸　（单位：mm）

幅面代号	A0	A1	A2	A3	A4
$B \times L$	841 × 1189	594 × 841	420 × 594	297 × 420	210 × 297
e	20		10		
c	10			5	
a	25				

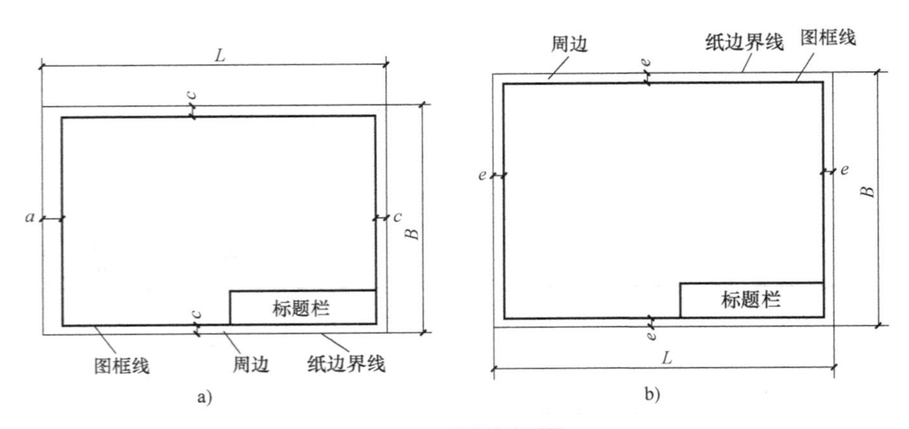

图 2-22　图框格式

a）有装订边的图面　b）无装订边的图面

加长幅面的图框尺寸，按所选用的基本幅面大一号的图框尺寸确定。例如 A2 ×3 的图框尺寸，按 A1 的图框尺寸确定，即 e 为 20mm（或 c 为 10mm），而 A3 ×4 的图框尺寸，按 A2 的图框尺寸确定，即 e 为 10mm（或 c 为 10mm）。

无装订边的与有装订边的图纸的绘图面积基本相等。随着缩微技术的发展，有装订边的图纸将会逐渐减少或淘汰。选择幅面图框尺寸的基本前提是保证幅面布局紧凑、清晰和使用方便。

（2）标题栏和明细栏　标题栏是用以确定图样名称与图号等信息的栏目，相当于图样的“名牌”。标题栏一般由更改区、签字区、其他区、名称及代号区组成，也可按实际需要增加或减少。其中，更改区由更改标记、处数、分区、更改文件号、签名和年、月、日等项目组成；签字区由设计、审核、工艺、标准化、批准、签名和年、月、日等项目组成；其他区由材料标记、阶段标记、重量、比例和共　张、第　张及投票符号等项目组成；名称及代号区由单位名称、图样名称、图样代号和存储代号等组成。

标题栏的尺寸与格式如图 2-23 所示，明细栏的尺寸与格式如图 2-24 所示。明细栏由序号、代号、名称、数量、材料、质量（单件、总计）、分区及备注等项目组成，也可按实际需要增加或减少项目。其中，序号是填写图样中相应组成部分的序号；代号是填写图样中相应组成部分的图样

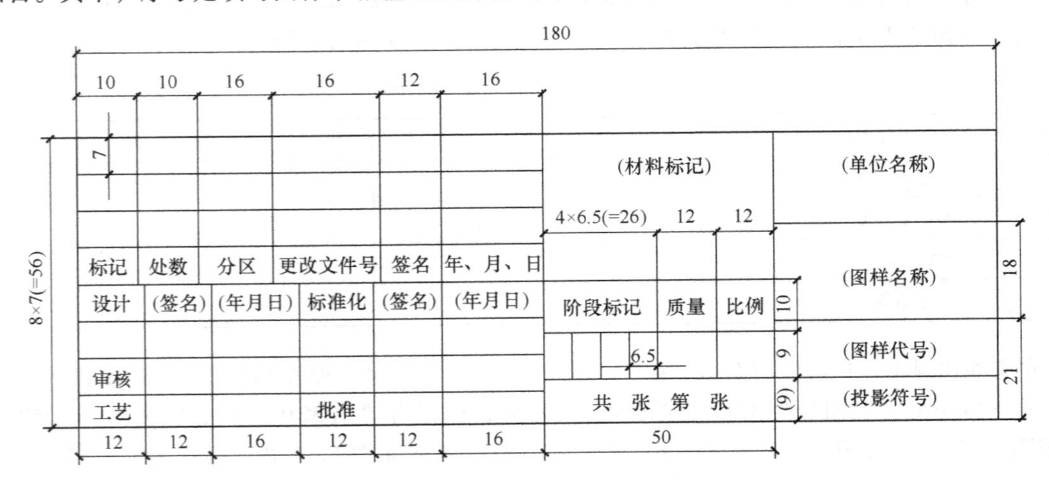

图 2-23　标题栏的尺寸与格式

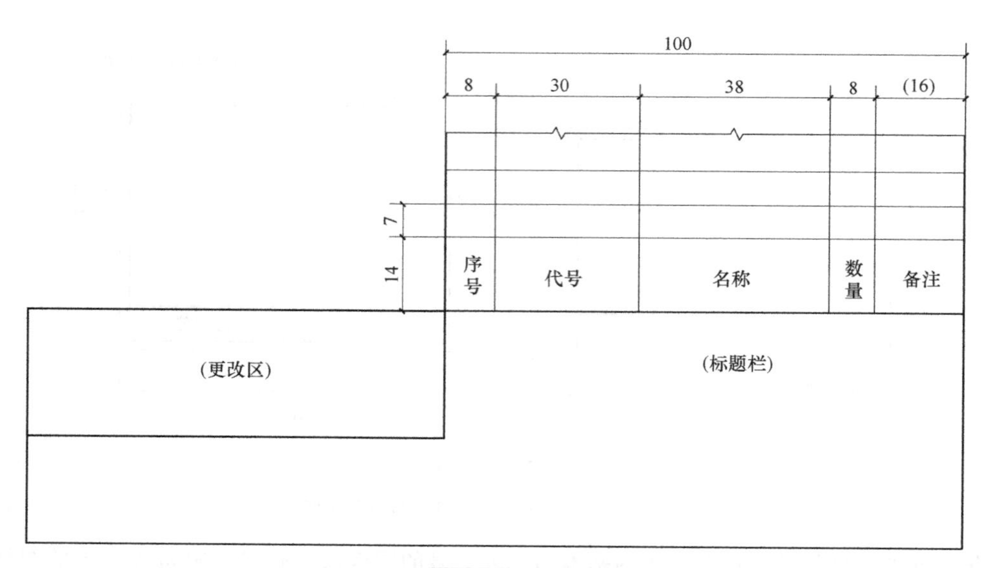

图2-24 明细栏的尺寸与格式

代号或标准编号；名称是填写图样中相应组成部分的名称，必要时也可写出其型式与尺寸；数量是填写图样中相应组成部分在装配中的数量；材料是填写图样中相应组成部分的材料标记；质量是填写图样中相应组成部分单件和总件数的计算质量，以千克（kg）为计量单位时，允许不写出其计量单位；备注是填写该项的附加说明或其他有关的内容，必要时应按照有关规定将分区代号填写在备注栏中。

（3）图号　每张图在标题栏中应有一个图号。由多张图组成的一个完整的图，其中每张图都应用彼此相关的方法编制张次号。若在一张图上有几个几种类型的图，应通过附加图号的方式使图幅内的每个图都能清晰地分辨出来。

（4）图幅分区　为了便于确定、补充、更改图上的内容和组成部分等的位置，迅速查找图中的某一内容，一般需要将图幅分区。图幅分区的方法是在图的边框处，在竖边方向用大写拉丁字母，在横边方向用阿拉伯数字；编号的顺序应从标题栏相对的左上角开始，分区数应是偶数；每一分区的长度为25~75mm。图幅分区如图2-25所示，图上绘制的项目元件K、S、R的位置被唯一确定下来，其位置表示方法见表2-3的项目位置标记示例。

表2-3　项目位置标记示例

序号	元件名称	符号	行号	列号	区号	说　明
1	继电器线圈	K	B	5	B5	也可标出图号，如08/B5、08/B、08/5
2	继电器触点	K	C	3	C3	
3	开关（按钮）	S	B	3	B3	
4	电阻器	R	C	5	C5	

在有些情况下，还可注明图号、张次，也可引用项目代号，如在相同图号第34张A6区内，标记为“34/A6”；在图号为3219的单张图F3区内，标记为“图3219/F3”；在图号为4752的第28张图GS区内，标记为“图4752/28/GS”；在=S2系统单张图C2区内，标记为“=S2/C2”。

2. 图线、字体和其他

（1）图线　在绘制机械图样时，应按机械制图标准规定选用适当的图线。机械制图标准规定

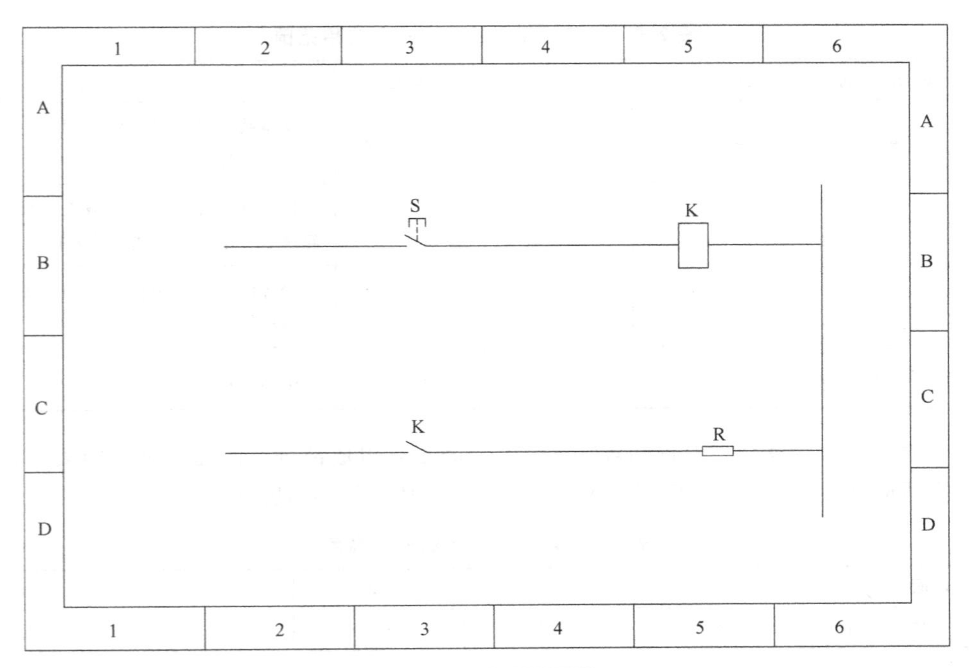

图2-25 图幅分区

了8种图线，即粗实线、细实线、波浪线、双折线、虚线、细点画线、粗点画线、双点画线，其代号依次为A、B、C、D、F、G、J、K（见表2-4），根据电气图的需要，一般只使用其中4种图线，表2-5为电气图用图线的形式和应用范围。

表2-4 图线及其应用

序号	图线名称	图线型式	代号	图线宽度/mm	一般应用
1	粗实线	——	A	$b=0.5\sim2$	可见轮廓线，可见过渡线
2	细实线	——	B	约 $b/3$	尺寸线和尺寸界线，剖面线，重合剖面轮廓线，螺纹的牙底线及齿轮的齿根线，引出线，分界线及范围线，弯折线，辅助线，不连续的同一表面的连线，成规律分布的相同要素的连线
3	波浪线	～	C	约 $b/3$	断裂处的边界线，视图与剖视的分界线
4	双折线	—\/—	D	约 $b/3$	断裂处的边界线
5	虚线	------	F	约 $b/3$	不可见轮廓线，不可见过渡线
6	细点画线	—·—·—	G	约 $b/3$	轴线，对称中心线，轨迹线，节圆及节线
7	粗点画线	—·—·—	J	b	有特殊要求的线或表面的表示线
8	双点画线	—··—··—	K	约 $b/3$	相邻辅助零件的轮廓线，极限位置的轮廓线，坯料轮廓线或毛坯图中制成品的轮廓线，假想投影轮廓线，试验或工艺用结构（成品上不存在）的轮廓线，中断线

表 2-5　电气图用图线的形式和应用范围

序号	图线名称	图线形式	代　号	图线宽度/mm	一般应用
1	实线	————————	AB	$b=0.5\sim2$	基本线，简图主要内容用线，可见轮廓线，可见导线
2	虚线	- - - - - - - - - - - -	F	约 $b/3$	辅助线，屏蔽线，机械连接线，不可见轮廓线，不可见导线，计划扩展内容用线
3	点画线	—·—·—·—	G	约 $b/3$	分界线，结构围框线，功能围框线，分组围框线
4	双点画线	—··—··—	K	约 $b/3$	辅助围框线

（2）字体　图中的文字、字母和数字是电气图的重要组成部分。图面上字体的大小，依图幅而定。为了适应缩微的要求，国家标准推荐的电气图字体的最小高度见表 2-6。

表 2-6　电气图字体的最小高度

图纸幅面代号	A0	A1	A2	A3	A4
字体最小高度/mm	5	3.5	2.5	2.5	2.5

（3）箭头和指引线　电气图中有两种形状的箭头，即开口箭头和实心箭头：开口箭头如图 2-26a所示，主要用于电气能量、电气信号的传递方向（能量流、信息流流向）；实心箭头如图 2-26b所示，主要用于可变性、力或运动方向以及指引线方向。箭头应用示例如图 2-26c 所示，电流 I 方向用开口箭头，可变电容的可变性限定符号用实心箭头，电压 U 指示方向用实心箭头。指引线用来指示注释的对象，它应为细实线，并在其末端加注标记：指向轮廓线内，用一黑点，如图 2-27a 所示；指向轮廓线上，用一实心箭头，如图 2-27b 所示；指向电气连接线上，加一短画线，如图 2-27c 所示。

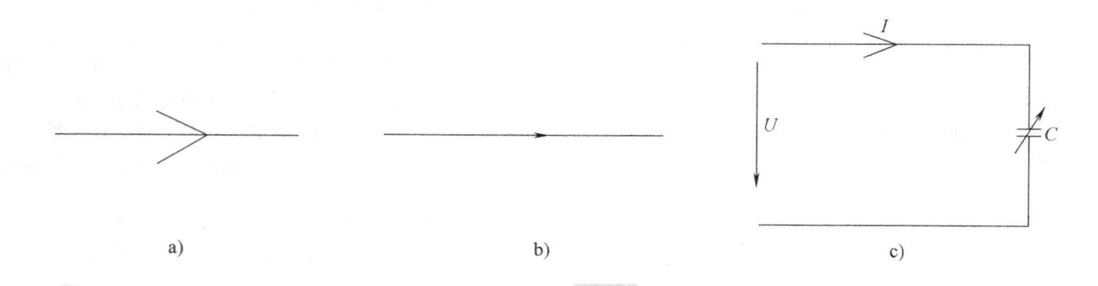

图 2-26　箭头

a）开口箭头　b）实心箭头　c）箭头应用示例

（4）图框　当需要在图上显示出图的某一部分，如功能单元、结构单元、项目组（电器组、继电器装置）时，可用点画线围框表示。如图 2-28a 所示，继电器—K 由线圈和三对触点组成，用一围框表示，其组成关系更加清晰。对于用围框表示的单元，若在其他文件上给出了可供查阅其功能的资料，则该单元的电路等部分可简化或省略。如果在图上含有安装在别处而功能与本图相关的部分，可加双点画线围框。如图 2-28b 所示，单元—A_2 内包含熔断器 F、按钮 S_1、开关 Q_1 及功能单元—W_1 等，它们在一个围框内，其中单元—W_1 是功能上与之相关的项目，但不装在—A_2 单元内，用双点画线围框表示。

（5）比例　图面上图形尺寸与实物尺寸的比值称为比例。大部分电气图（如电路图等）都是

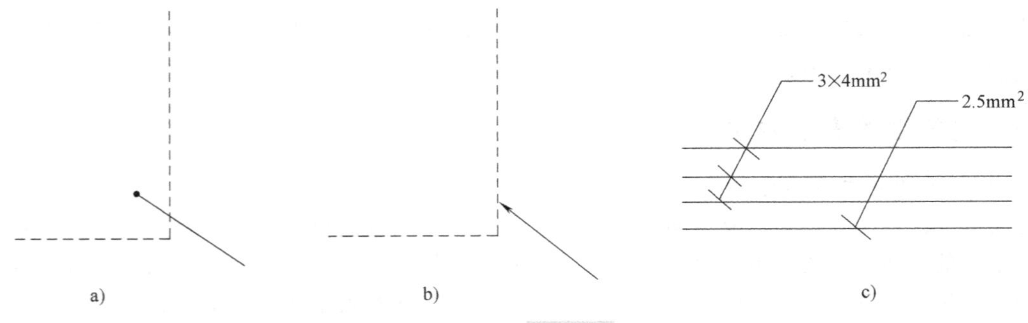

图 2-27 指引线

a）指向轮廓线内 b）指向轮廓线上 c）指向电气连接线

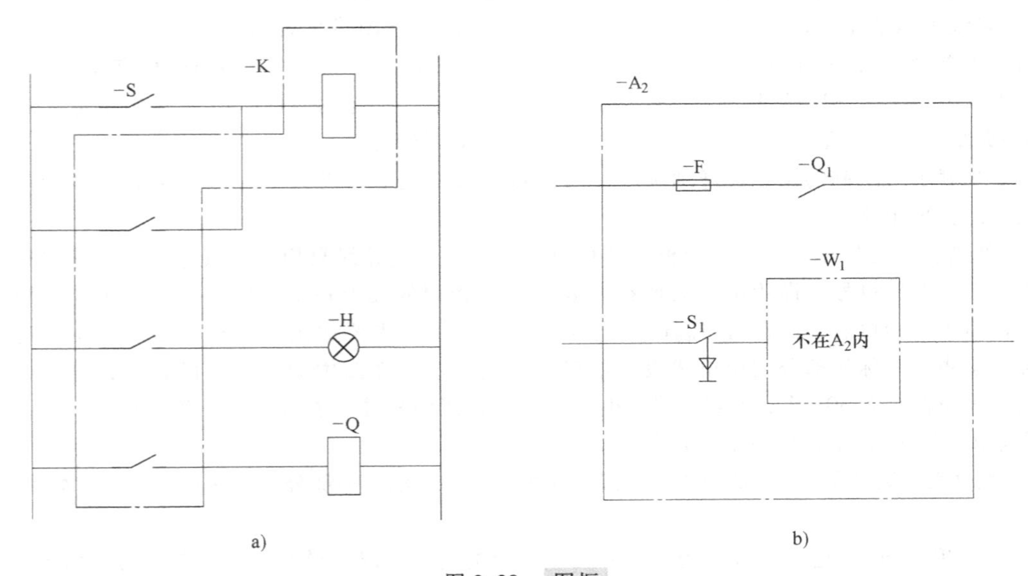

图 2-28 图框

a）点画线围框 b）双点画线围框

不按比例绘制的，但位置图一般按比例绘制，大部分情况下是按缩小比例绘制的。通常采用的缩小比例系列为：1:10、1:20、1:50、1:100、1:200、1:500。

（6）详图 为了详细表明电气设备中某些零（部）件、连接点等的结构、做法及安装工艺要求，有时需要将这部分放大详细表示，称为详图。

详图可画在同一张图上，也可画在另外的图上，因而需要用一标志将它们联系起来。标注在总图位置上的标志称为详图索引标志；标志在详图位置上的标志称为详图标志。图 2-29a 所示为详图索引标志，其中“$\frac{2}{-}$”表示 2 号详图在本张图上，“$\frac{2}{3}$”表示 2 号详图在 3 号图上；图 2-29b

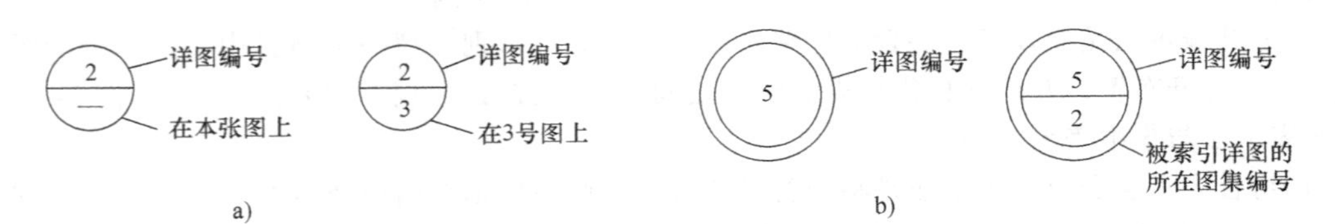

图 2-29 标志

a）详图索引标志 b）详图标志

所示为详图标志，其中“⑤”表示5号详图，被索引的详图就在本张图上；“$\frac{5}{2}$”表示5号详图被索引的详图在2号图上。

2.1.4 电气图的表示方法

1. 电气图的基本表示方法

各类电气图由于描述的对象不同、用途不同，其表示的方法也不同，但基本的表示方法是一致的。电路的多线表示法和单线表示法，设备和元件的集中表示法和分开表示法，电气元件接线端子的表示法等，都是电气图的基本表示方法。了解这些基本表示法，有助于揭示电气图表达形式的规律，更准确、快捷地识读电气安装工程图。

（1）电路的表示方法 电路有多线表示法、单线表示法和混合表示法三种。

1）多线表示法是在电路中对每根连接线或导线各用一条图线来表示。图2-30a为用多线表示的三相异步电动机△—丫起动控制的主电路图。电路的工作原理是：刀开关 Q_1 和交流接触器 Q_2、Q_4 接通后，电动机三相绕组接成丫，电动机减压起动；经过一定的时间，电动机起动完毕，Q_4 断开、Q_3 接通，三相绕组接成△，电动机转入正常的全电压运行。

用多线表示法绘制的图，能详细地表达各相或各线的内容，尤其是在各相或各线内容不对称的情况下，宜采用这种方法。

2）单线表示法是在电路中对两根或两根以上的连接线或导线只用一条线来表示。这种表示法还可引申用于图形符号，即用单个图形符号表示多个相同的元器件等。图2-30b所示是用单线表示的三相异步电动机△—丫起动控制的主电路，这种表示法主要适用于三相或多线基本对称的情况。对于某些不对称的部分或用单线没有明确表示的部分，在图中应有另外的说明，补充某些附加信息，例如在图2-30b中，热继电器FR是两相的，图中标注了数字“2”和“L_1”、“L_3”；电流互感器TA装在 L_2 相，标注了“L_2”等。

3）混合表示法是在一个电路图中，一部分采用单线表示法，一部分采用多线表示法，如图2-30c所示。

将图2-30a、b、c进行比较，为了表示三相绕组的连接情况，说明不对称布置的两相热继电器和单相电流互感器均用了多线表示法；其余三相完全对称部分则用单线表示法。混合表示法同时具有单线表示法的简洁精炼和多线表示法的精确、详尽的优点。

（2）电气元件的表示方法 电气元件有集中表示法、半集中表示法、分开表示法、组合表示法和分立表示法等。

1）集中表示法是把设备或成套装置中一个项目各组成部分的图形符号在简图上绘制在一起的方法。集中表示法只适宜于简单的图。在集中表示法中，元件的各组成部分应用机械连接直线（虚线）互相连接起来。图2-31所示为集中表示法实例。

2）半集中表示法是使设备和装置的电路布局清晰、易于识别，把一个项目中某些部分的图形符号在简图上分开布置，并用机械连接符号表示它们之间关系的方法。在半集中表示法中，机械连接线可以弯折、分支和交叉。图2-32所示为半集中表示法实例。

3）分开表示法是使设备和装置的电路布局清晰、易于识别，把一个项目中某些部分的图形符号在简图上分开布置，并用项目代号表示它们之间关系的方法，也称为展开表示法。图2-33所示为分开表示法与集中表示法的比较。

4）组合表示法和分立表示法是将带符号的各部分画在围框线内或将符号各部分连在一起的表示方法。功能上独立的符号的各部分分开表示于图上，它们在结构上是一体的关系，并通过其项目代号加以清晰表示的方法，称为分立表示法。如图2-34所示的两个继电器（$-K_1$）在功能上是独立的，但在结构上是封装在一起的，图2-34a将其画在围框内，用代号$-K_1$表示，这是组合表

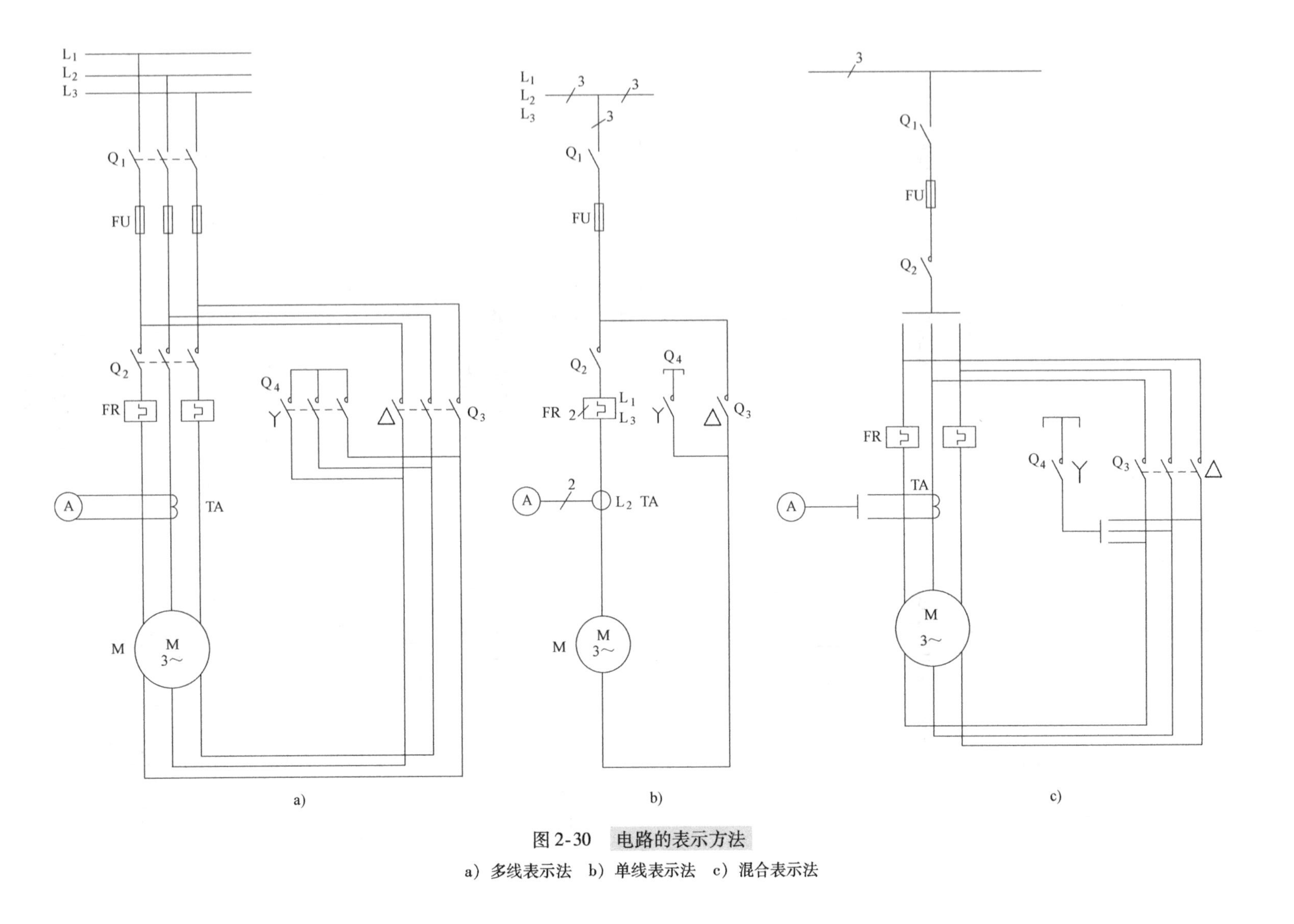

图 2-30　电路的表示方法

a）多线表示法　b）单线表示法　c）混合表示法

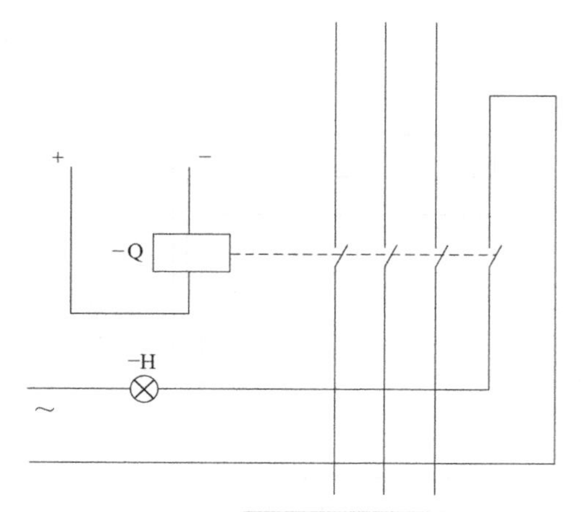

图 2-31 集中表示法实例

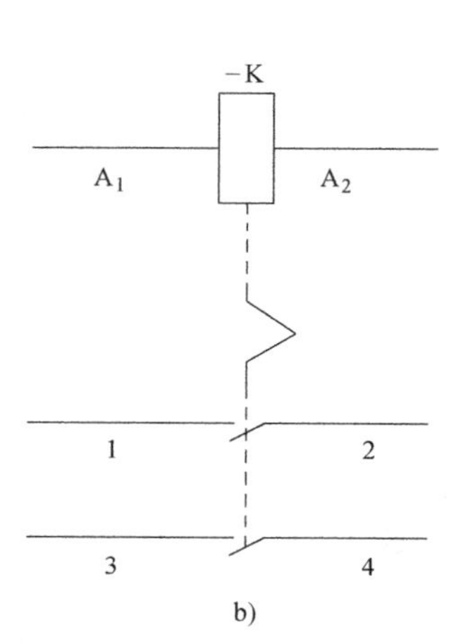

图 2-32 半集中表示法实例

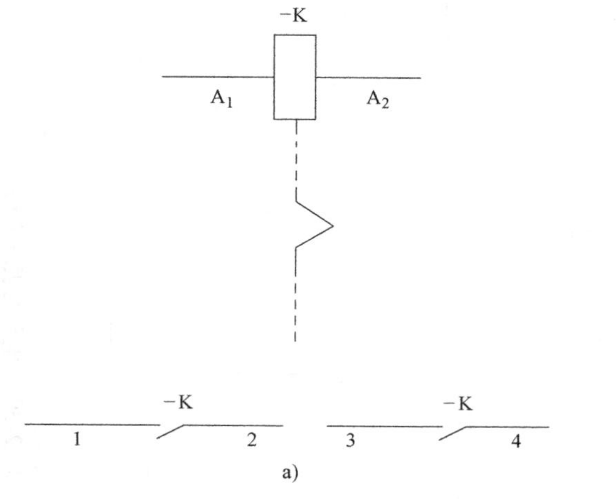

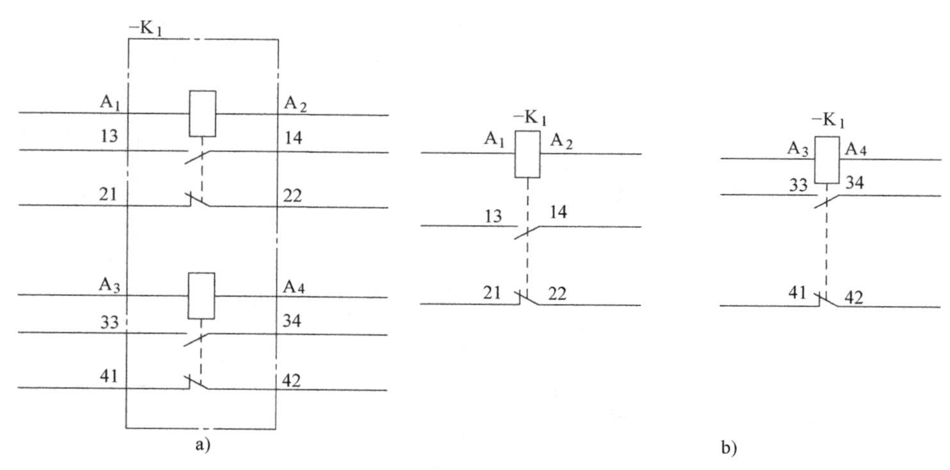

图 2-33 分开表示法与集中表示法的比较

a）分开表示法 b）集中表示法

图 2-34 两个相关继电器的表示方法

a）组合表示法 b）分立表示法

示法；图 2-34b 将两个继电器分开绘制，分别用同一个代号—K_1 表示，这是分立表示法。

（3）元件接线端子的表示方法　在电气元件中，用以连接外部导线的导电元件称为端子。端子分为固定端子和可拆卸端子两种，其图形符号用“○”或“•”表示固定端子，用“φ”表示可拆卸端子。装有多个互相绝缘并通常与地绝缘的端子的板、块或条，称为端子板。端子板的图形符号（5 个端子）如图 2-35 所示。

1	2	3	4	5

图 2-35　5 个端子的端子板

电气元件接线端子标记由拉丁字母和阿拉伯数字组成，如 H_1、$1H_1$，如果不需要字母 H，可以简化成 1、1.1（或 11）。接线端子的符号标志通常应遵守以下原则：

1）单个元件的两个端点用连续的两个数字表示，如图 2-36a 所示；单个元件的中间各端子一般也用自然递增数序的数表示，如图 2-36b 所示。

2）如果几个相同的元件组合成一个组，各个元件的接线端子的标志方式为：

① 在数字前冠以字母，如标志三相交流系统的字母 U_1、V_1、W_1 等，如图 2-37a 所示。

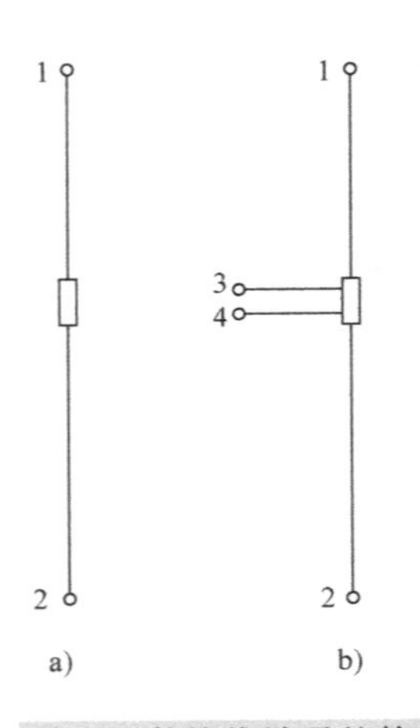

图 2-36　单个元件接线端子的符号标志
a）端点用连续的两个数字表示
b）各端子用自然递增数序的数表示

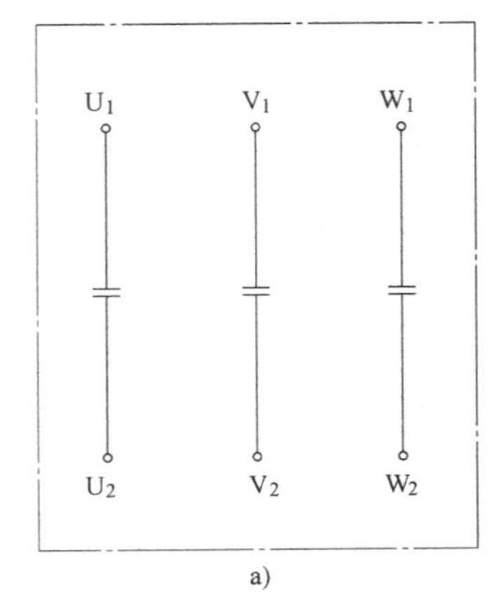

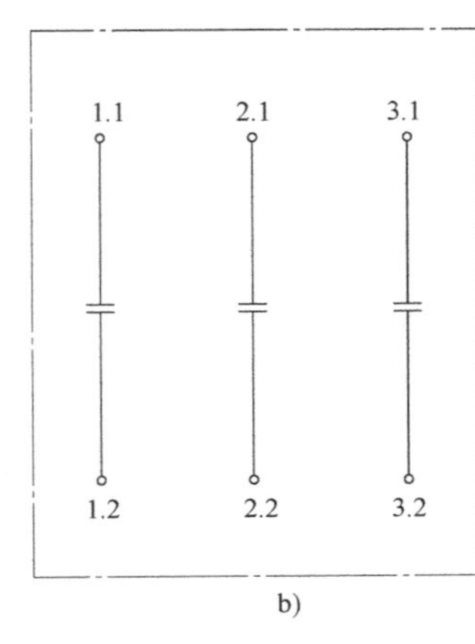

图 2-37　相同元件组合接线端子标志
a）区别相别　b）不区别相别

② 若不需要区别相别时，可用数字 1.1、2.1、3.1 进行标志，如图 2-37b 所示。

3）同类元件组用相同字母标志时，可在字母前冠以数字来区别。在图 2-38 中，用 $1U_1$、$2U_1$ 等来标志两组三相电阻器的接线端子。

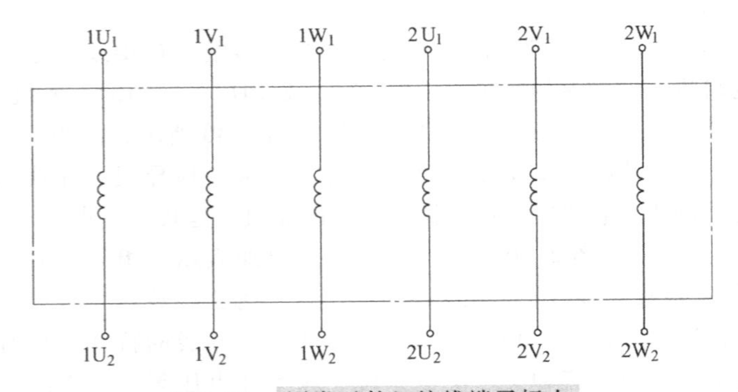

图 2-38　同类元件组接线端子标志

4）特定电器接线端子的标记符号见表2-7，与特定导线相连的电器接线端子标志如图2-39所示。

表2-7 特定电器接线端子的标记符号

序号	电器接线端子的名称		标记符号	序号	电器接线端子的名称	标记符号
1	交流系统	第1相	U	2	保护接地	PE
				3	接地	E
		第2相	V	4	无噪声接地	TE
		第3相	W	5	机壳或机架	MM
		中性线	N	6	等电位	CC

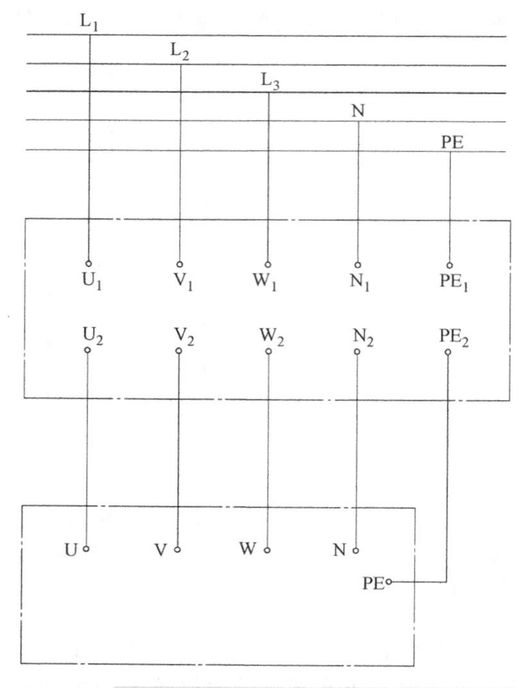

图2-39 与特定导线相连的电器接线端子标志

2. 连接线表示方法

在电气图中，各种图形符号之间的相互连线统称为连接线。连接线既是传输能量流、信息流的导线，也是表示逻辑流、功能流的某种特定的图线，是构成电气图的重要组成部分。

（1）导线的一般表示方法 导线的一般表示方法如图2-40所示，主要表示的内容说明如下：

1）导线的一般表示符号如图2-40a所示，可用于表示一根导线、导线组、电线、电缆、电路、传输电路、线路、母线、总线等，可根据具体情况加粗、延长或缩小。

2）导线根数的表示方法如图2-40b、c所示，当用单线表示一组导线时，导线根数可加小短斜线表示（4根以下）；根数较多时，可用数字表示，图中为正整数。

3）导线特征的标注方法如图2-40d、e、f、g、h所示，导线的特征采用符号标注，其标注方法是在图2-40d横线上方标出电流种类、配电系统、频率和电压等；在横线下方注出电路的导线数乘以每根导线的截面面积（mm^2），若导线的截面不同时，可用“+”将其分开。

4）导线换位及其他表示方法如图2-40i、j、k所示，某些情况下需要表示电路相序的变更、极性的反向、导线的交换等，可采用如图 2-40j 所示的方式表示。若要突出或区分某些电路及电路的功能时，导线、连接线可采用不同粗细的图线来表示。一般来说，电源主电路、一次电路、主信号通路等采用粗线，与之相关的其余部分用细线。

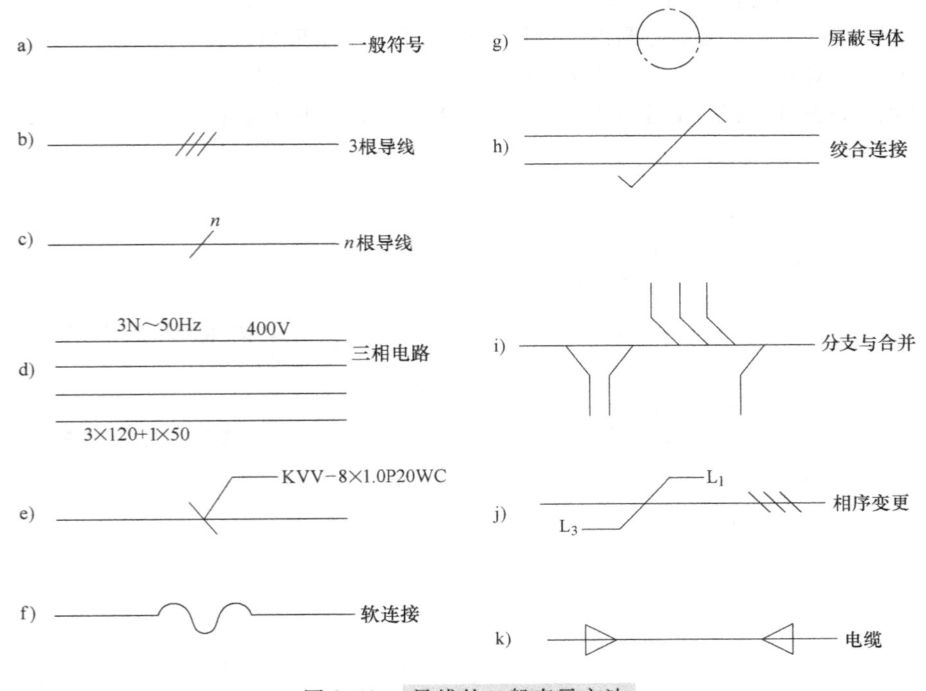

图 2-40　导线的一般表示方法

a）导线的一般表示符号　b）导线根数（4 根以下）的表示方法　c）导线根数 n 根的表示方法
d）、e）、f）、g）、h）导线特征的标注方法　i）、j）、k）导线换位及其他表示方法

5）连接线的分组和标记如图 2-41 所示，母线、总线、配电线束、多芯电线电缆等都可视为平行连接线。为了便于看图，对于多条平行连接线，应按功能分组；不能按功能分组的，可以任

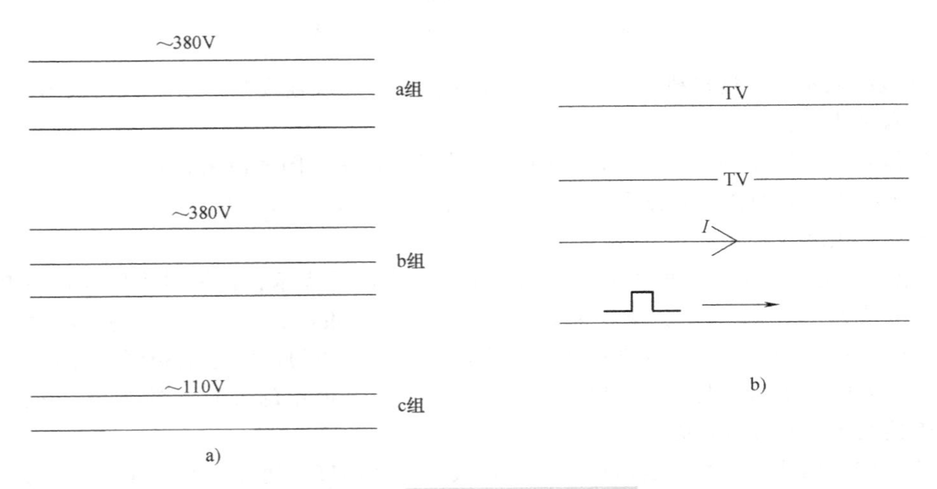

图 2-41　连接线的分组和标记

a）连接线分组　b）连接线标记

意分组，每组不多于三条，组间距离应大于线间距离。为了表示连接线的功能或去向，可以在连接线上加注信号名或其他标记，标记一般置于连接线的上方，也可置于连接线的中断处，必要时还可以在连接线上标出信号特性的信息，如波形、传输速度等，使图的内容更便于理解。

导线连接点的表示方法如图2-42所示，导线的连接点有“T”形连接点和多线的“+”形连接点。对“T”形连接点可加实心圆点，也可不加；对“+”形连接点，必须加实心圆点“·”，如图2-42a所示。对交叉而不连接的两条连接线，在交叉处不能加实心圆点，并应避免在交叉处改变方向或避免穿过其他连接线的连接点，如图2-42b所示，图中A处是表示两导线交叉而不连接。

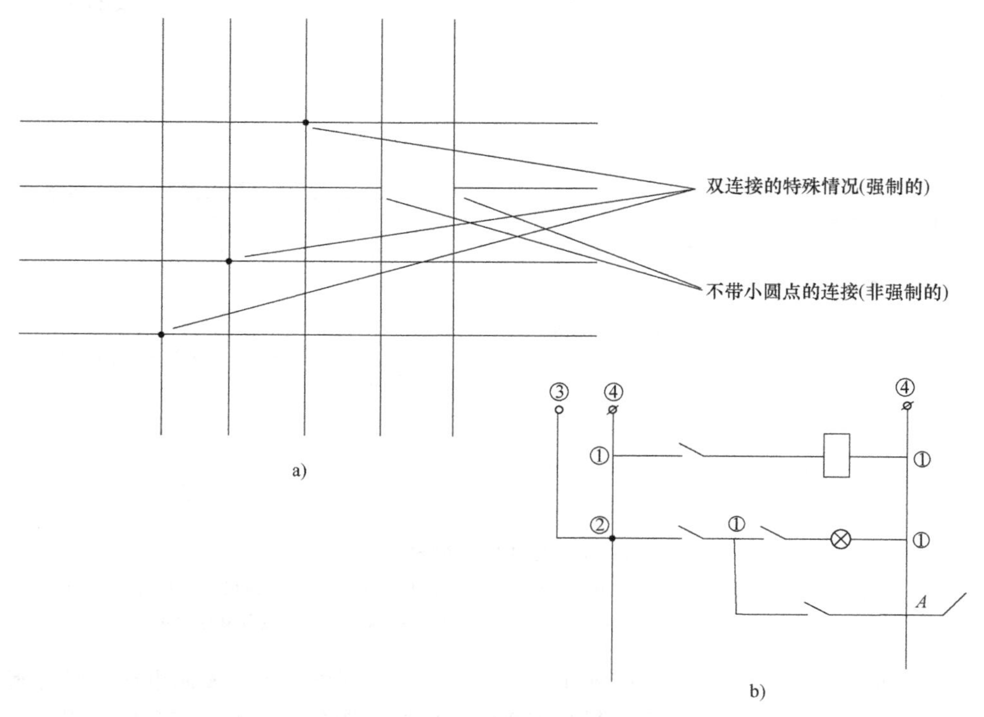

图2-42 导线连接点的表示方法

a）实心圆点连接 b）交叉不连接

（2）连接线表示法 连接线表示法是将连接线头尾用导线连通的方法，其表现形式为平行连接线和线束两种情况。

1）平行连接线用多线或单线表示。为了避免线条多，保持图面清晰，对于多条去向相同的连接线常采用单线表示。图2-43a表示了5根平行线；图2-43b所示为采用标记A、B、C、D、E表示连接线的连接顺序。

2）线束表示电气图中的多根去向相同的线采用一根图线表示，这根图线代表着一组连接线。线束的表示方法如图2-44所示。图2-44a是每根线汇入线束时，与线束倾斜相接，并加上标记A—A、B—B、C—C、D—D。这种方法通常需要在每根连接线的末端注上相同的标记符号，汇接处使用的斜线方向应使识图人员易于识别连接线进入或离开线束的方向。图2-44b表示的是线束所代表的连接线数目的表示方法。

（3）中断线表示法 中断线表示法是将连接线在中间中断，再用符号表示导线的去向。同一张图中，连接线需要大部分幅面或穿越符号稠密布局区域，或连接点之间的布置比较曲折复杂时，可用中断线标记表示两张或多张图内的项目之间的连接关系，如图2-45所示。图2-45a是采用信

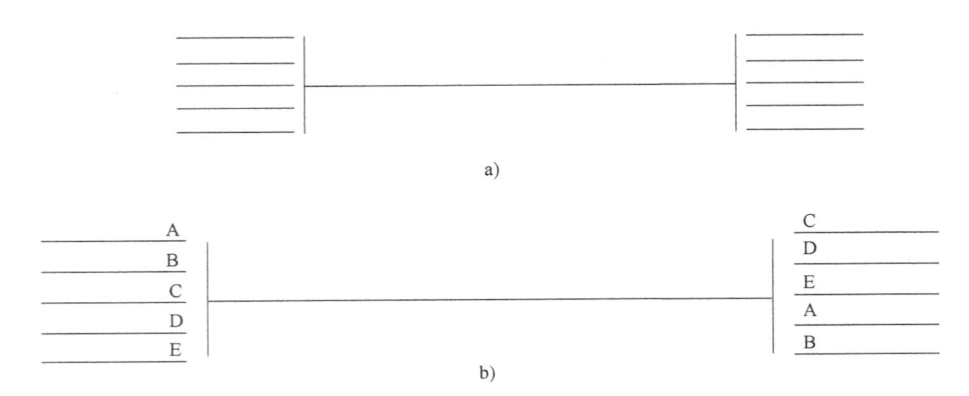

图2-43 平行连接线的表示方法

a）单线表示法 b）采用标记表示法

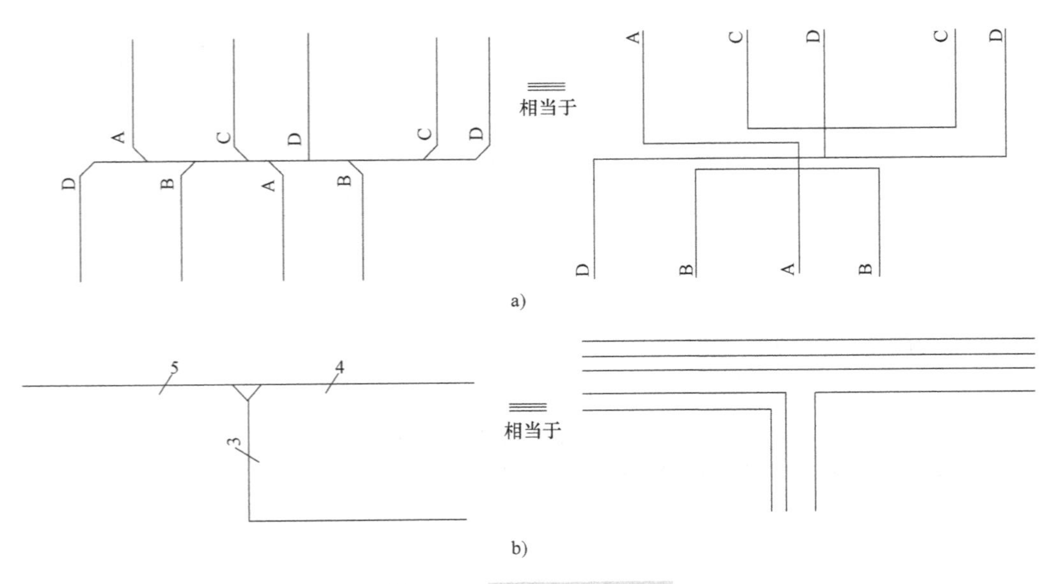

图2-44 线束的表示方法

a）线束汇入与流出表示法 b）线束连接数目表示法

号代号或代号（X、Y）及采用位置代号标记（A_5、B_1）表示中断线关系；图2-45b是多张图之间有连接关系的中断线及其标记的表示方法。

3. 简图的布局方法

简图与机械图布局方法的区别是简图的布局可根据具体情况灵活运用，而机械图的布局必须严格按机件的位置进行。简图应力求做到布局合理、排列均匀、图面清晰、便于识图。

（1）图线的布置 表示导线、信号通路、连接线等的图线一般应为直线，要横平竖直，尽可能减少交叉和弯折。图线的布置通常有水平布置、垂直布置与交叉布置。

1）水平布置是将设备和元件按行布置，使得连接线呈水平线，如图2-46a所示。水平布置是电气图中图线的主要布置形式。

2）垂直布置是将设备或元件按列排列，连接线呈垂直线，如图2-46b所示。

3）交叉布置是把相应的元件连接成对称的布局，也可以采用斜的交叉线的方式布置，如图2-46c所示。

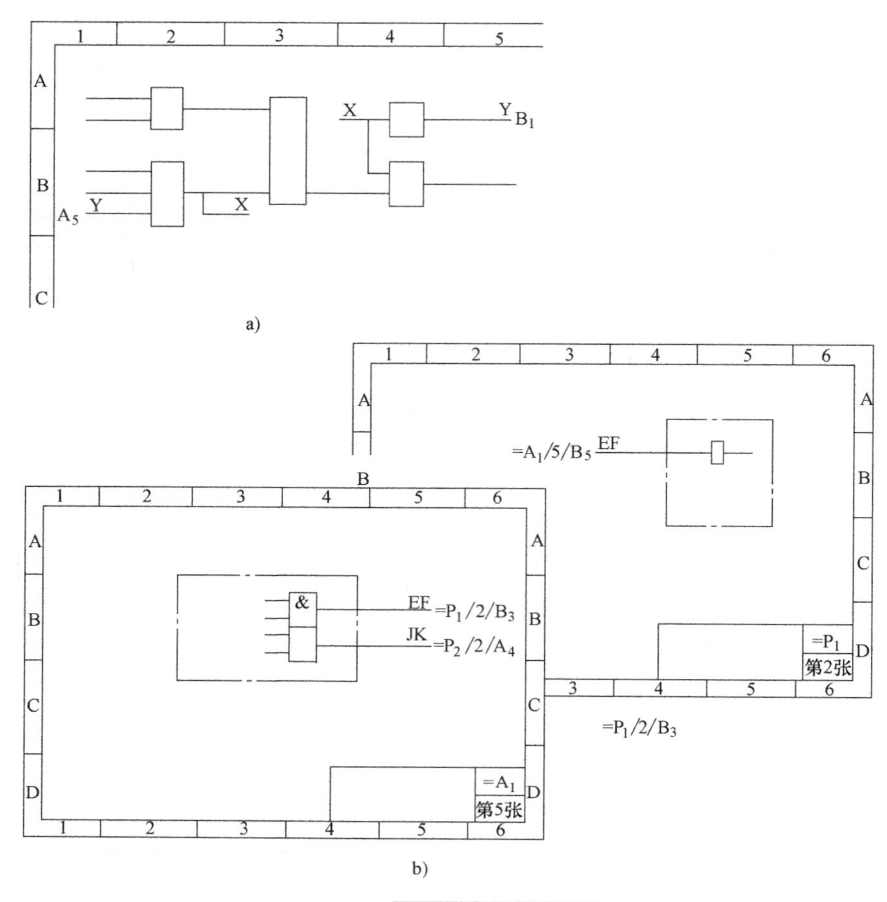

图 2-45 中断线的表示方法

a）同一张简图中项目中断线及其标记表示法 b）多张图有关项目中断线及其标记表示法

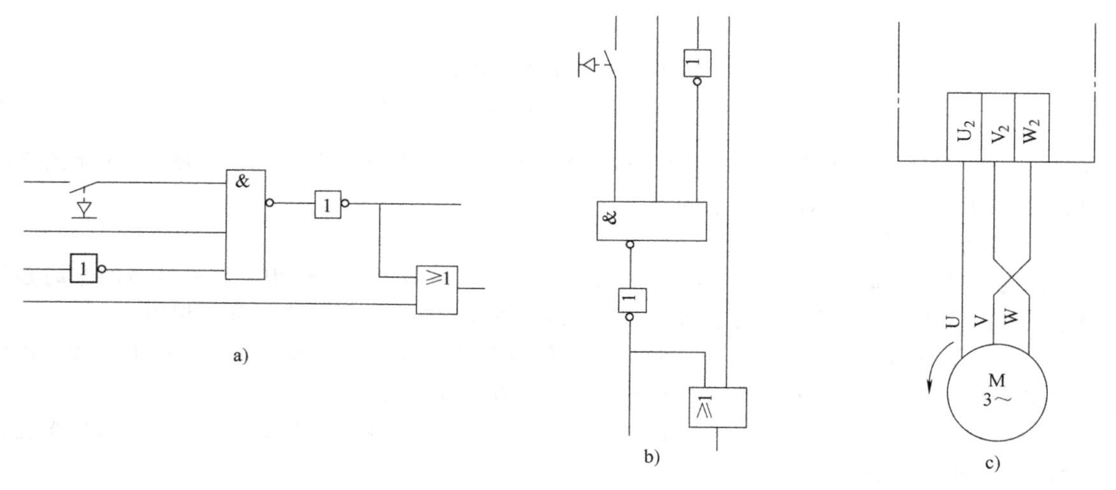

图 2-46 图线的布置

a）水平布置 b）垂直布置 c）交叉布置

（2）电路或元件的布局方法　在电气简图中，电路或元件的布局方法有功能布局法和位置布局法两种。

1）功能布局法是指简图中元件符号的布置，只考虑所表示的元件功能关系，而不考虑实际位置的一种布局方法，如系统图和框图、电路图、功能表图、逻辑图等采用这种布局方法，一般遵守以下规则：

① 布局顺序应是从左到右或从上到下。

② 如果信息流或能量流是从右到左或从下到上，以及流向对识图人员不明显时，应在连接线上画开口箭头。开口箭头不应与其他符号（如限定符号等）相邻近，以免混淆。

③ 在闭合电路中，前向通路上的信息流方向应该是从左到右或从上到下，反馈通路的方向则相反。

④ 图的引入线与引出线最好画在图纸边框附近，这样布局识图方便，尤其是当绘制在几张图上时，能较清楚地看出输入与输出的衔接关系。

2）位置布局法是指简图中元件符号的布置对应于该元件实际位置的布局方法。接线图、电缆配置图等采用这种方法，这样可以清楚地看出元件的相对位置和导线的走向。

2.2 电气图用图形符号

2.2.1 图形符号的含义和构成

图形符号是用图样或其他文件以表示一个设备或概念的图形、标记或字符。它是通过书写、绘制、印刷或其他方法产生的可视图形，是用一种简明易懂的方式来传递某种信息、表示某种实物或概念，是构成电气图的基本单元，因此正确地、熟练地理解、绘制、识别电气图形符号是识读电气安装工程图的基础。

电气图用图形符号由一般符号、符号要素与限定符号等组成。

1. 一般符号和符号要素

用以表示一类产品或此类产品特征的简单符号，称为一般符号。具有确定意义的简单图形，必须同其他图形组合以构成一个设备或概念的完整符号，称为符号要素。如图2-47a所示是构成电子管的几个符号要素：管壳、阳极、阴极（灯丝）、栅极。这些符号要素有确定的含义，但一般不能单独使用，但这些符号要素以不同形式进行组合，则可以构成多种不同的图形符号，如图2-47b、c、d所示的二极管、三极管、四极管。

2. 限定符号

用以提供附加信息的一种加在其他符号上的符号，称为限定符号。限定符号一般不能单独使用，但一般符号有时也可用做限定符号，如电容器的一般符号加到扬声器符号上即构成电容式扬声器的符号。

限定符号的应用，使图形符号更具多样性，例如在电阻器一般符号的基础上分别加上不同的限定符号，则可得到可变电阻器、滑线变阻器、压敏电阻器、热敏电阻器、光敏电阻器、碳堆电阻器、功率1W电阻器。图2-48所示为限定符号的应用示例。

3. 框形符号

用以表示元件、设备等的组合及其功能，既不给出元件、设备的细节，也不考虑所有连接的一种简单图形符号，如圆形、正方形、长方形等，称为框形符号。图2-49所示为方框符号及应用示例。框形符号在框图中使用最多，可以表示电路中的外购件与不可修理件等。

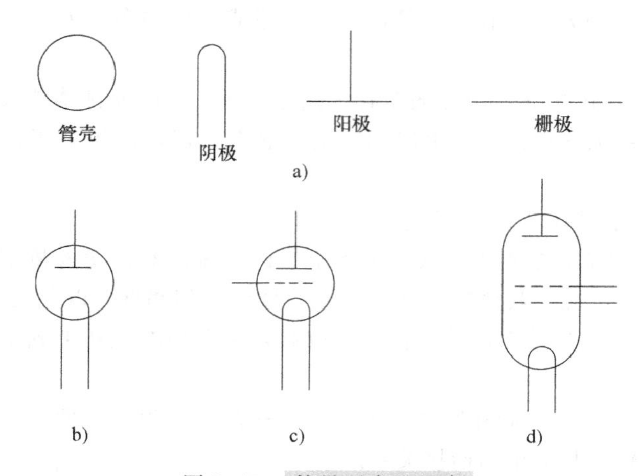

图 2-47 符号要素及组合

a）符号要素 b）二极管 c）三极管 d）四极管

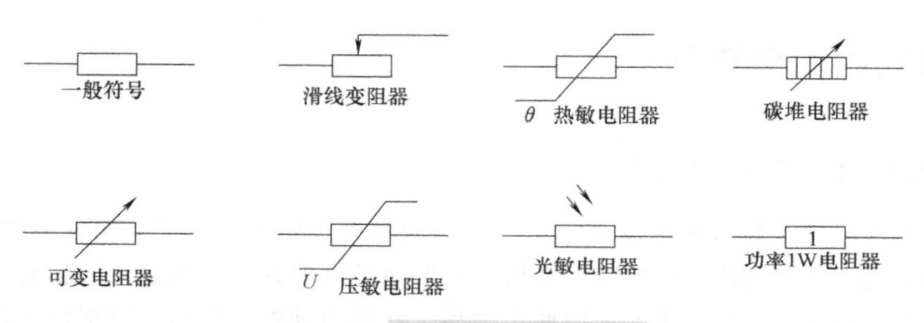

图 2-48 限定符号的应用示例

2.2.2 图形符号的分类

电气图形符号的种类繁多，《电气简图用图形符号》（GB/T 4728—2008～2018）将其分为以下11类：

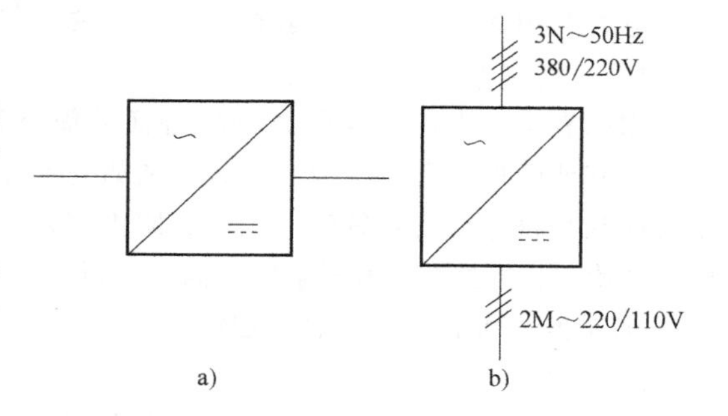

图 2-49 方框符号及应用示例

a）整流器框形符号 b）系统中整流器框形符号

（1）导线和连接器件 包括各种导线、接线端子、端子和导线的连接、连接器件、电缆附件等。

（2）基本无源元件 包括电阻器、电容器、电感器、铁氧体磁心、磁存储器矩阵、压电晶体、驻极体、延迟线等。

（3）半导体管和电子管 包括二极管、三极管、晶闸管、电子管、辐射探测器等。

（4）电能的发生与转换 包括绕组、发电机、电动机、变压器、变流器等。

（5）开关、控制和保护器件 包括触点（触头）、开关、开关装置、控制装置、电动机起动器、继电器、熔断器、保护间隙、接闪器等。

（6）测量仪表、灯和信号器件 包括指示、计算和记录仪表，热电偶，遥测装置，电钟，传感器，灯，喇叭和电铃等。

（7）电信：交换和外围设备 包括交换系统、选择器、电话机、电报和数据处理设备、传真机、换能器、记录和播放器等。

（8）电信：传输　包括通信电路、天线、无线电台及各种电信传输设备。

（9）建筑安装平面布置图　包括发电站、变电站、网络、音响和电视的电缆配电系统、开关、插座引出线、电灯引出线、安装符号等。适用于电力、照明和电信系统和平面图。

（10）二进制逻辑元件　包括组合和时序单元、运算器单元、延时单元，双稳、单稳和非稳单元，位移寄存器、计数器和存储器等。

（11）模拟元件　包括函数器、坐标转换器、电子开关等。

此外，还有一些其他符号，如机械控制、操作件和操作方法、非电量控制、接地、接机壳和等电位、理想电路元件（电流源、电压源、回转器）、电路故障、绝缘击穿等。

2.2.3　图形符号应用说明

（1）符号表示的工作状态　所有的图形符号，均按无电压、无外力作用的正常状态表示，如继电器、接触器的线圈未通电，开关未合闸，手柄置于“0”位，按钮未按下，行程开关未到位等。

（2）符号的选择　在图形符号中，某些设备元件有多个图形符号，有“优选形”“其他形”，有“形式 1”“形式 2”等。选用图形符号时，应尽可能采用优选形。在满足需要的前提下，尽量采用最简单的形式。在同一图号的图中使用同一种形式。以三相电力变压器图形符号为例，对于用单线表示法绘制的概略图，可使用一般符号或简化形式的符号，如图 2-50a 所示；对于比较详细的简图，可在一般符号的基础上补充某些限定符号，加入表示绕组连接方法的限定符号（Y—Y），如图 2-50b 所示；对于电路图，则必须使用完整形式的图形符号，表示出绕组、端子及其代号（1U、1V、1W/2U、2V、2W），如图 2-50c 所示。

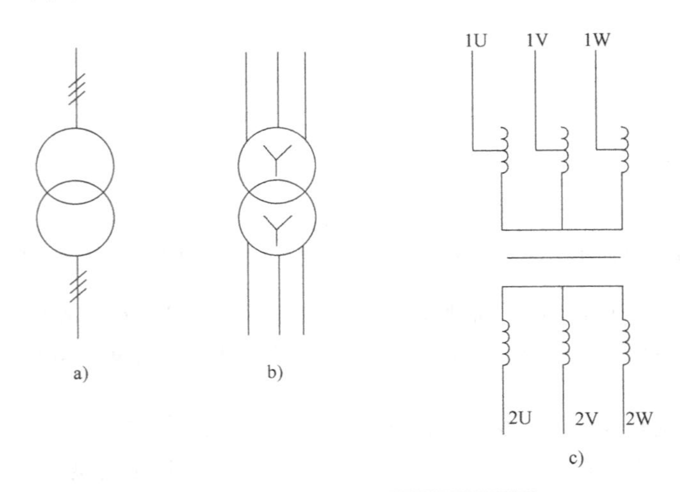

图 2-50　三相电力变压器图形符号

a）一般符号　b）限定符号　c）详细符号

（3）符号的特性　许多图形符号既可以表示功能，也可以表示执行功能的实际元件，表 2-8 是具有不同特性的图形符号示例。

（4）符号大小　符号的含义是由其形状和内容所确定的，符号大小和图线宽度不影响含义。在某些情况下，为了增加输入或输出的数量，便于补充信息，强调某些方面，把符号作为限定符号来使用等，允许采用大小不同的符号，如图 2-51a 所示发电机的励磁机 GS 的符号小于主发电机 G 的符号，以便表明励磁机的辅助功能；如图 2-51b 所示具有“非”输出的逻辑“与”元件的符号被放大了，以便填入补充信息“ABC123”。

表 2-8 具有不同特性的图形符号示例

序号	图形符号	功能	实际元件	说明
1		电阻	电阻器	含阻抗功能件
2		电容	电容器	
3		电感	电感器	
4		“与”功能	“与”元件	
5		电流源	电流源装置	
6		电压源	电压源装置	

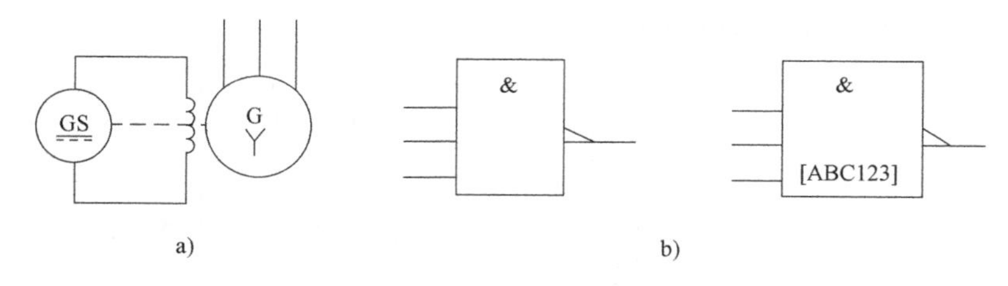

图 2-51 符号大小

a）发电机的励磁机与主发电机的符号 b）“非”与“与”元件逻辑的符号

（5）符号取向 为了保持图面的清晰，避免导线弯折或交叉，在不致引起误解的情况下，图形符号可以将符号旋转或呈镜像放置，如图 2-52 所示的晶体管、可变电阻器和整流桥二极管的图形符号都是等效的。

但是，图形符号旋转或呈镜像放置后，原符号的文字标注和指示方向不得倒置。如图 2-53 所示的热敏电阻和光敏二极管符号，图 2-53a 是正确的，图 2-53b 则是错误的。

（6）符号引线 图形符号一般都画有引线，但在绝大多数情况下引线位置仅用作图示，在不改变符号含义的原则下，引线可取不同的方向，如图 2-54 所示的变压器、扬声器中的符号引线；但在某些情况下，引线符号的位置影响到符号的含义，则不能随意改变，如图 2-55 所示的符号旋转或呈镜像放置，引线符号的位置引起的歧义。

（7）信号流向 信号流向一般遵循从左至右或从上到下的规定，如果不符合这一规定，则应标出信号流向符号。如图 2-56 所示方框符号、二进制逻辑单元符号和模拟元件符号，包括文字、限定符号、图形或输入/输出标记的取向。

（8）新符号补充 在《电气简图用图形符号》（GB/T 4728—2008～2018）中比较完整地列出了符号要素、限定符号和一般符号，但组合符号是有限的。如果某些特定装置或概念的图形符号

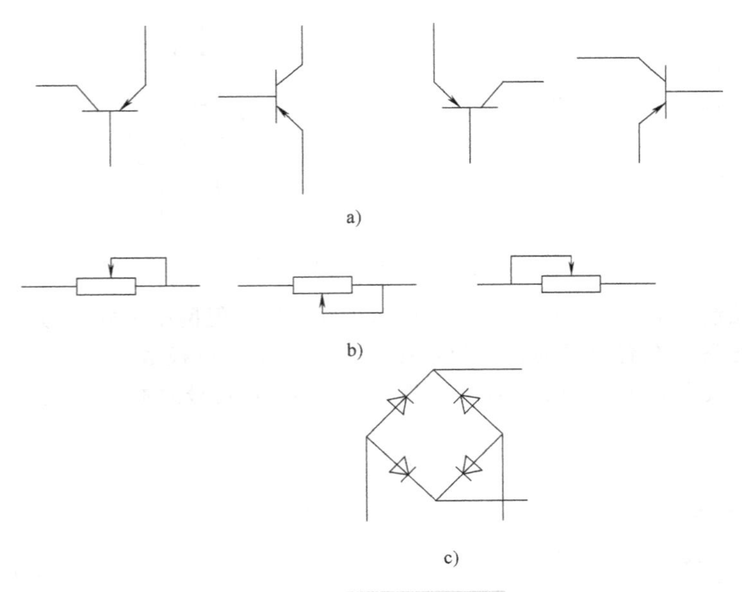

图2-52　图形符号放置

a）晶体管　b）可变电阻器　c）整流桥二极管

在标准中未列出，则允许通过已规定的一般符号、限定符号和符号要素通过适当组合派生出新的符号，例如电阻式热力式压力表在标准中没有它们的符号，但可根据指示式仪表的一般符号通过适当组合，派生出此仪表的图形符号。

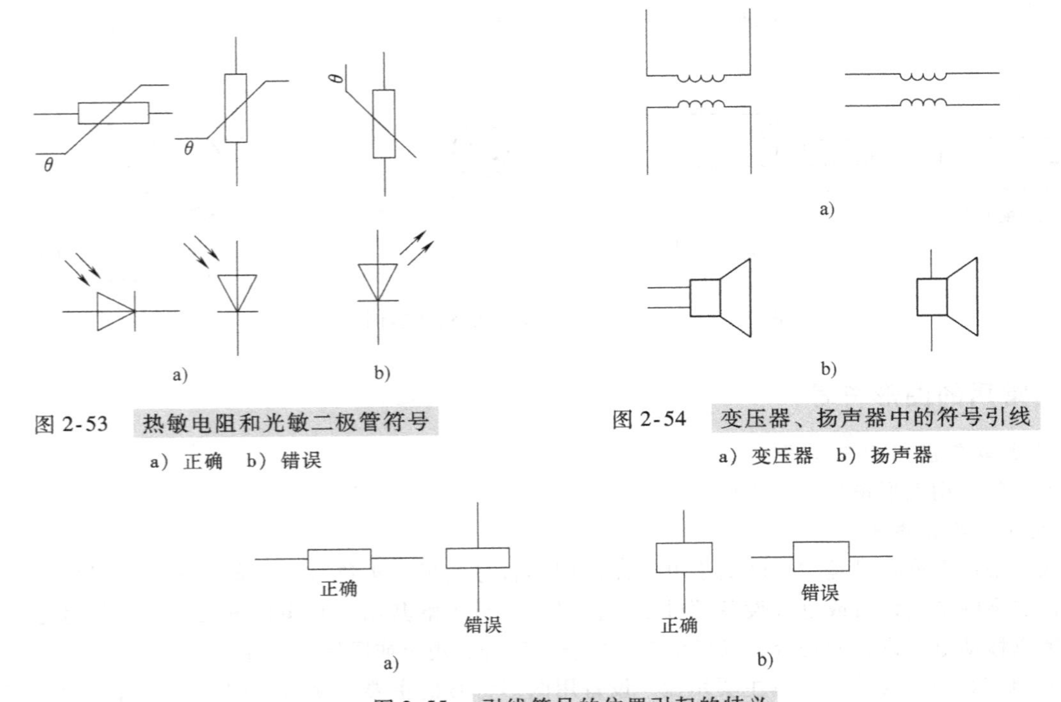

图2-53　热敏电阻和光敏二极管符号

a）正确　b）错误

图2-54　变压器、扬声器中的符号引线

a）变压器　b）扬声器

图2-55　引线符号的位置引起的歧义

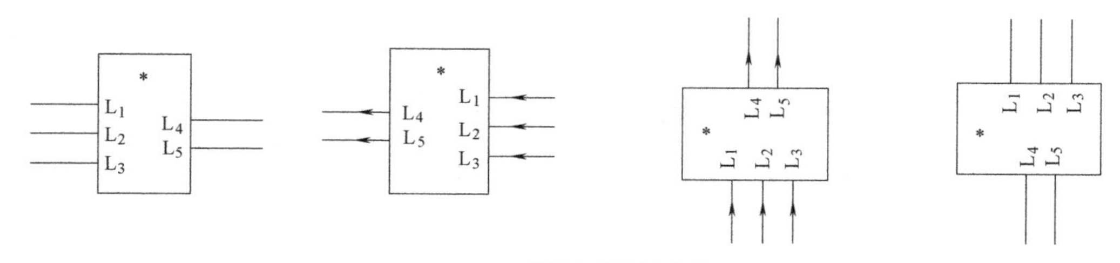

图2-56 信号流向示意

(9) 符号的绘制 电气图用图形符号是按网格绘制的，但网格未随符号示出。一般情况下，符号可直接用于绘图。布置符号时，应使连接线之间的距离成模数（2.5mm）倍数，常为一倍（5mm），以便标注端子的标志。图2-57所示为几种电器元件符号的画法实例。

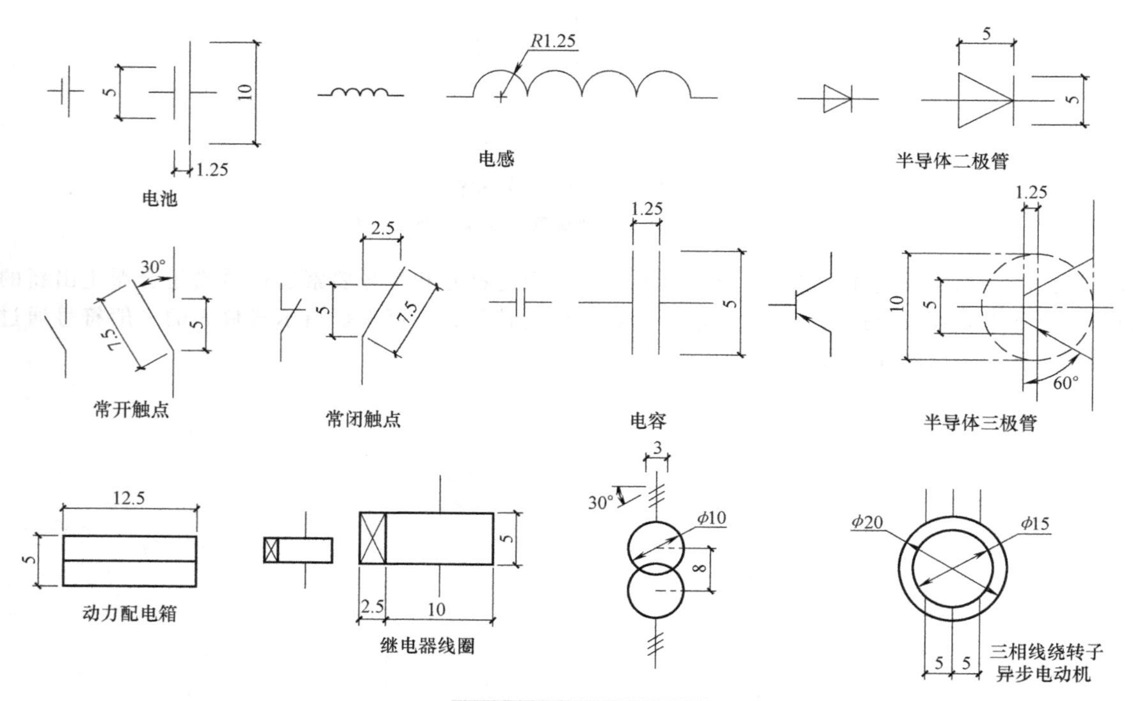

图2-57 几种电器元件符号的画法实例

2.2.4 常用的图形符号

1. 基本电气图用图形符号

基本电气图用图形符号见表2-9。

2. 电气设备用图形符号

电气设备用图形符号是完全区别于电气图用图形符号的另一类符号。设备用图形符号主要适用于各种类型的电气设备或电气设备部件上，使操作人员了解其用途和操作方法。这些符号也可用于安装或移动电气设备的场合，以指出诸如禁止、警告、规定或限制等应注意的事项。

(1) 电气设备用图形符号的主要用途 设备用图形符号的主要用途是识别（如设备或抽象概念）、限定（如变量或附属功能）、说明（如操作或使用方法）、命令（如应做或不应做的事）、警告（如危险警告）、指示（如方向、数量）。

表2-9 基本电气图用图形符号

图形符号	说明	图形符号	说明
⎓	直流 电压可标注在符号右边，系统类型可标注在左边	┬ 或 ┼	T形连接
∼	交流 频率或频率范围及电压的数值应标注在符号的右边，系统类型应标注在符号的左边	—>—	能量、信号传输方向
	具有交流分量的整流电流	⏚	接地一般符号 注：如表示接地的状况或作用不够明显，可补充说明
+ −	正极性、负极性		功能等电位联结
⟶	运动、方向或力	或	导线跨越而不连接
	保护等电位联结		电阻器一般符号
ϟ	危险电压		电容器一般符号
○ ⌀	端子 可拆卸端子		原电池或蓄电池 注：长线代表阳极，短线代表阴极，为了强调短线可画粗些
	电感器、线圈、绕组、扼流圈		

(2) 电气设备用图形符号在电气图中的应用　在电气图中，尤其是电气平面图、电气系统图与说明书用图等，可以适当地使用这些符号，以补充这些图所包含的内容。设备用图形符号与图用图形符号的形式大部分是不同的，而有些也相同，不过含义不相同，如设备用熔断器的图形符号虽然与图用图形符号的形式是一样的，但图用熔断器符号表示的是一类熔断器，而设备用图形符号如果标在设备外壳上，则表示熔断器盒及其位置；如果标在某些电气图上，则表示是熔断器安装的位置。

(3) 常用电气设备用图形符号　《电气设备用图形符号 第1部分：概述与分类》(GB/T 5465.1—2009)、《电气设备用图形符号 第2部分：图形符号》(GB/T 5465.2—2008) 将设备用图形符号分为通用符号，广播、电视及音响设备符号，通信、测量、定位符号，医用设备符号，电化教育符号，家用电器及其他符号6个部分。本书附录2列出了常用电气设备图形符号。

3. 电气图标注用图形符号

标注用图形符号是表示产品的设计、制造、测量和质量保证整个过程中所设计的几何特性（如尺寸、距离、角度、形状、位置、定向、微观表面）和制造工艺等。电气图上常用的标注用图形符号主要有以下几种：

(1) 安装标高和等高线符号　在建筑电气工程图中，线路和电气设备的安装高度通常用标高表示。标高有绝对标高和相对标高两种表示方法，绝对标高又称为海拔标高，是以青岛附近黄海海平面作为零点而确定的高度尺寸；相对标高是选定某一参考面或参考点为零点而确定的高度尺

寸。建筑电气工程平面图均采用相对标高，它一般采用室外某一平面或某层楼平面作为零点来计算高度，这种标高又称为安装标高或敷设标高。安装标高和等高线图形符号如图2-58所示。图2-58a用于室内平面图与剖面图上，表示高出某一基准面3.000m；图2-58b用于总平面图上的室外地面，表示高出室外某一基准面5.000m。

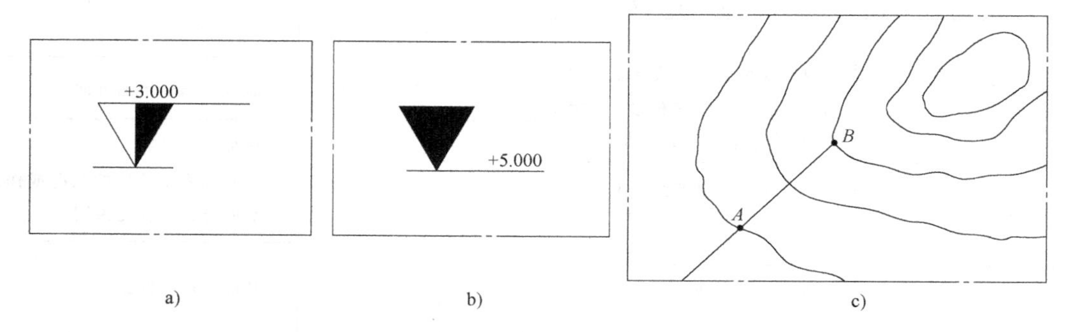

图2-58 安装标高和等高线图形符号

a）室内平面图与剖面图标高 b）总平面图室外地面标高 c）A、B两点高度差

等高线是在平面图上显示地貌特征的专用图线。由于相邻两线之间的距离是相等的，如为10m，则图2-58c中的A、B两点的高度差为$2\times10\text{m}=20\text{m}$。

（2）方位和风向频率标记符号 电力、照明和电信布置等图样一般按上北下南、左西右东表示电气设备或建（构）筑物的位置和朝向，但在许多情况下需用方位标记表示其朝向。方位标记如图2-59a所示，其箭头方向表示正北方向（N）。

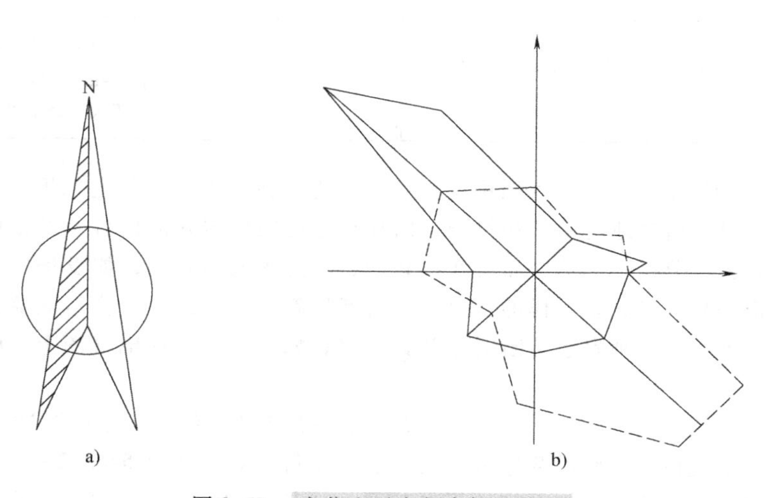

图2-59 方位和风向频率标记符号

a）方位标记 b）风向频率标记

为了表示设备安装地区一年四季的风向情况，在电气布置图上一般还标有风向频率标记。它是根据某一地区多年平均统计的各个方向吹风次数的百分数按一定比例绘制而成的。风向频率标记形似一朵玫瑰花，故又称为风玫瑰图。如图2-59b所示是某地区的风向频率标记，其箭头表示正北（正东）方向，实线表示全年的风向频率，虚线表示夏季（6～8月份）的风向频率。由此图可知，该地区常年以西北风为主，而夏季以东南风为主。

（3）建（构）筑物定位轴线符号 电力、照明和电信布置图通常是在建（构）筑物平面图上完成，这类图标有建（构）筑物定位轴线。凡承重墙、柱、梁等主要承重构件的位置所画的轴线，称为定位轴线。定位轴线编号的基本原则：在水平方向上，从左至右用顺序的阿拉伯数字编写；在垂直方向上，采用顺序的拉丁字母（I、O、Z不用），由下向上编写；数字和字母分别用点画线引出。建（构）筑物定位轴线如图2-60所示，此图的定位轴线分别是A、B、C和1、2、3、4、5。

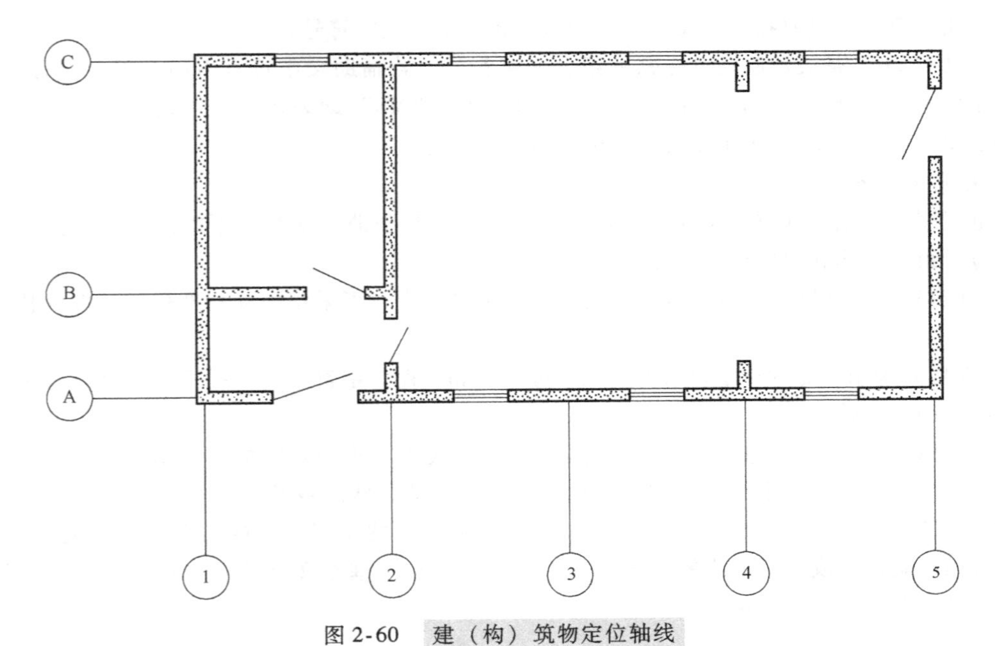

图2-60　建（构）筑物定位轴线

2.3　电气图用文字符号及项目代号

电气系统、电气设备和装置都是由各种元器件、部件与组件等组成的。在图上或其他技术文件中除用各种图形符号表示元器件、部件与组件外，还必须用符号和代号进行标注，以区别其名称、功能、状态、特征、相互关系与安装位置等。文字符号和项目代号的标注须符合国家有关标准。

2.3.1　电气图用文字符号

电气技术中的文字符号分为基本文字符号和辅助文字符号。

1. 基本文字符号

基本文字符号分为单字母符号和双字母符号：

（1）单字母符号　单字母符号是用拉丁字母（其中易混淆的“I”、“O”同阿拉伯数字“1”、“0”及字母“J”不使用）将各种电气设备、装置和元器件划分为23大类。每大类用一个专用单字母符号表示，如“R”表示电阻器类，“Q”表示电力电路的开关器件类等。

（2）双字母符号　双字母符号是由一个表示种类的单字母符号与另一个表示元件或装置的字母组成，其形式以单字母符号在前、另一个字母在后的次序组合。双字母符号可以较详细和更具体地表达电气设备、装置和元器件的名称。双字母符号中的另一个字母通常选用该类设备、装置和元器件的英文名词的首位字母，或常用缩略语，或约定俗成的习惯用字母，例如“G”为电源的单字母符号，“Synchronous generator”为同步发电机的英文名，“Asynchronous generator ”为异步发

电机的英文名，则同步发电机、异步发电机的双字母符号分别为“GS”、“GA”。

2. 辅助文字符号

辅助文字符号是用来表示电气设备、装置和元器件及线路的功能、状态和特征的，通常用英文单词的前一位或前几位字母构成。如“L”表示限制、“RD”表示红色、“SYN”表示同步等。常用的辅助文字符号见本书附录5。

辅助文字符号一般放在基本文字符号的后面构成组合文字符号，如“B”是表示制动的辅助文字符号，则“YB”是表示制动电磁铁的组合文字符号。若辅助文字符号由两个以上字母组成时，只允许用第一位字母进行组合，如“SYN”表示同步，“MS”即表示同步电动机。辅助文字符号也可单独使用，如“ON”表示闭合，“OFF”表示断开。

3. 补充文字符号

在电气图和其他电气技术文件中，若基本文字符号和辅助文字符号不能满足使用要求时，可按文字符号组成规律和原则进行补充。

1）在遵守基本文字符号和辅助文字符号规定的基础上，可采用国际标准规定的电气技术文字符号。

2）在优先采用规定的单字母符号、双字母符号和辅助文字符号的前提下，可补充有关的双字母符号和辅助文字符号。

3）文字符号应按有关电气名词术语的国家标准或专业标准中规定的英文术语缩写。同一种设备若有几个名称时，应选用一个名称；当设备名称、功能、状态或特征为一个英文单词时，一般采用该单词的第一位字母构成文字符号，必要时也可用前两位字母，或前两个音节的首位字母，或采用常用缩略语，或约定俗成的习惯用法构成文字符号。基本文字符号不得超过两位字母，辅助文字符号一般不能超过三位字母。

2.3.2 电气图用项目代号

项目是指在电气技术文件中出现的各种实物，这些实物在图上通常用一个图形符号表示。项目可大可小，电容器、刀开关、电动机、开关设备及某一个系统都可称为项目。

项目代号是用以识别图、图表、表格中和设备上的项目种类，并提供项目的层次关系、实际位置等信息的一种特定代码。通过项目代号可以将不同的图或其他技术文件上的项目与实际设备中的该项目对应和联系在一起，如图上某开关的代码为“$=F=B_4—S_7$”，则可根据规定的方法，在高层代号为“F”的系统内含有“B_4”的子系统中，找到开关“S_7”。

1. 项目代号的基本构成

一个完整的项目代号包括四个代号段，即高层代号、位置代号、种类代号和端子代号。在每个代号段之间还有一个前缀符号作为代号段特征标记（表2-10）。项目代号的四段代号都可采用表2-10中的任何一种方法构成，即由拉丁字母与阿拉伯数字（或拉丁字母或阿拉伯数字）、特定的前缀符号，按照一定的规则组合而成的代码。

表2-10 项目代号的形式及符号表示

段　别	名　称	前级符号	示　例
第一段	高层代号	=	$=B_4$
第二段	位置代号	+	+13D
第三段	种类代号	-	$-K_3$
第四段	端子代号	:	:4

电气图上每一个图形符号的旁边都要标注项目代号。由于项目代号偏长，标注工作量大，也影响图样的布局和美观，因此标注项目代号时应尽量简化，以必须、够用为度。若表示某项目的实际位置，只用第二段和第三段组成项目代号；若表示某项目的端子时，只用第三段和第四段组成项目代号。由此可见，第三段是项目代号的核心。在电路比较简单时，一般只用第三段组成项目代号。在不致引起误解的前提下，代号段的前缀符号也可省略。

2. 高层代号

系统或设备中任何较高层次（对给予代号的项目而言）项目的代号，称为高层代号，如某电力系统中的一个变电所的项目代号中，其中的电力系统的代号可称为高层代号；若变电所开关中的一个开关的项目代号，其中的变电所的代号称为高层代号，所以高层代号具有该项目“总代号”的含义。有高层代号的项目，其构成相对复杂一些。

【例 2-1】 S_2 系统中的开关 Q_3，可表示为

$=S_2—Q_3$，其中“S_2”为高层代号。

【例 2-2】 H 系统中第 1 个子系统中第 3 个电压表 PV_3，可表示为

$=H=1—PV_3$，简化为 $=H_1—PV_3$。

3. 位置代号

项目在组件、设备、系统或建（构）筑物中的实际位置的代号，称为位置代号。位置代号通常由自行规定的拉丁字母或数字组成。在使用位置代号时，应给出表示该项目位置的示意图。图 2-61是位置代号的示意图，它包括 4 列开关柜和控制柜的控制室，其中每列分别由若干台屏柜构成。各列用字母表示，各屏柜用数字表示，则位置代号可用字母和数字组合表示，如 A 列柜的第 4 屏柜的位置代号为 $+A_4$；必要时可增加更详细的内容，如屏柜安装在 204 室，则其位置代号为 $+204A_4$。设备的位置代号可以采用网格定位系统绘出，网格定位系统类似于数学上的空间直角坐标系（X，Y，Z），每个垂直安装板和水平安装板都在各自板上给出具有同原点（参考点）的网格而形成模数定位系统，如图 2-62 所示，其中，垂直模数 01 ~ 50（Y 方向），水平模数 01 ~ 70（X 方向）和 01 ~ 30（Z 方向），各项目的位置参照该项目上距安装板的网格系统原点最近的一点确定。图中标出了 B、C、D 几种安装板的安装位置，其位置代号也可相应地确定，即某安装板 B 位于垂直模数 25、水平模数 41 的位置，可写为 +B2541；如果该安装板位于 +204 +A +4 上，则其位置代号为 +204 A4 B2541。

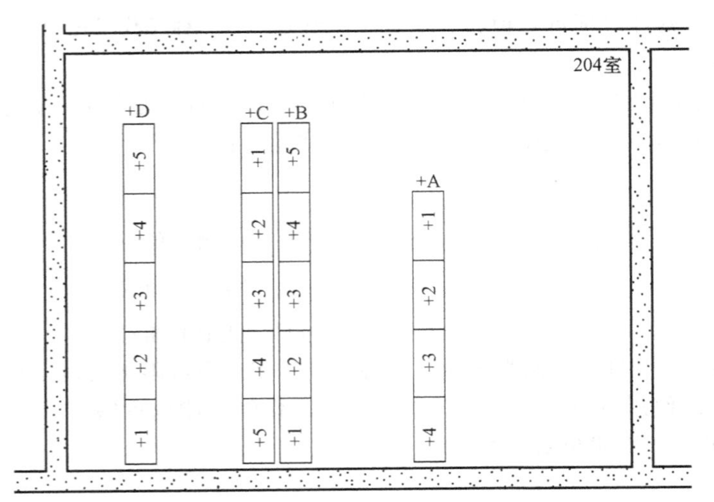

图 2-61 位置代号的示意图

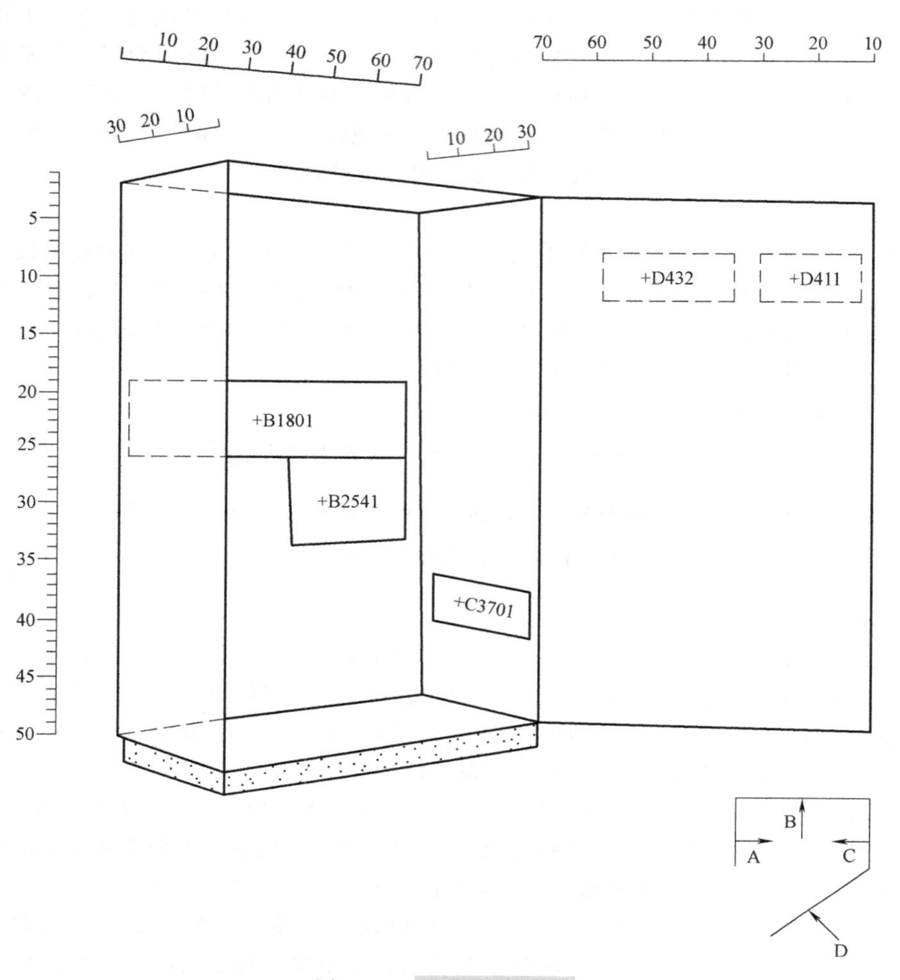

图 2-62 网格定位系统

4. 种类代号

一个电气装置一般由多种类型的电器元件所组成，如开关器件、保护器件、信号器件与端子板等。用以识别这些器件（项目）种类的代号称为种类代号。种类代号段是项目代号的核心部分，其表达方法有三种：

1）第一种方法是由字母代码和数字组成，其中的字母代码为规定的文字符号（单字母、双字母、辅助文字符号），如某系统中的第二个继电器可表示为：

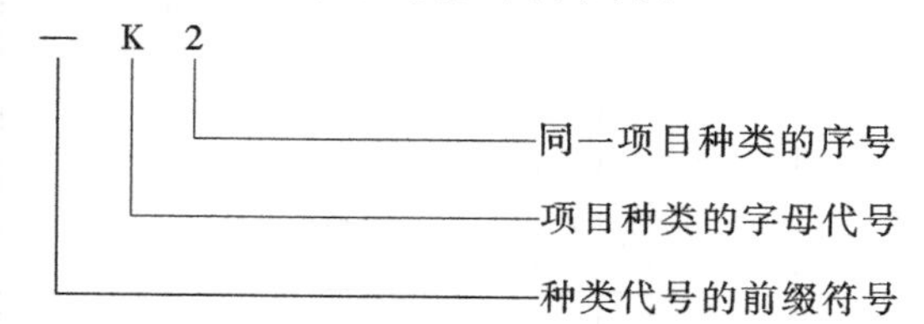

在种类代号段中，为进一步说明该项目的特征或作用，还可附加功能字母代码。功能字母代码没有明确规定，由使用者自定，并在图中说明，其代码只能以后缀形式出现，如具有功能 M（另附具体说明）的第二个继电器可表示为：

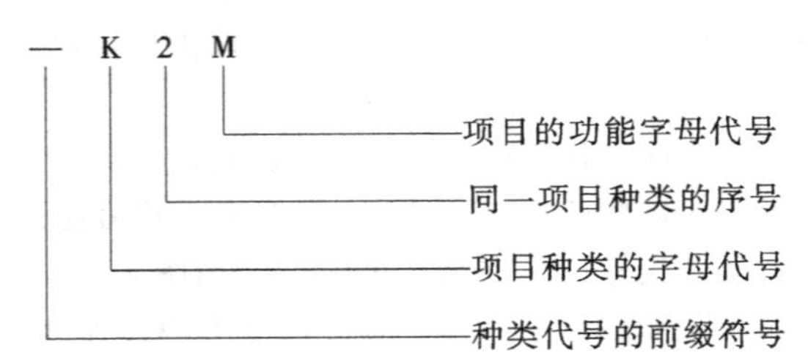

2）第二种方法是用顺序数字（1，2，3，…）表示图中的各个项目，同时将这些顺序数字和它所代表的项目排列于图中或另外的说明中，如—1，—2，—3，…。

3）第三种方法是对不同种类的项目采用不同组别的数字编号，如在具有多种继电器的图中，对电流继电器用11，12，13，…表示，对电压继电器用21，22，23，…表示。

对于以上三种方法表示的相似部分，可在数字后加“·”，再用数字来区分。如图2-63所示为种类代号的表示方法。

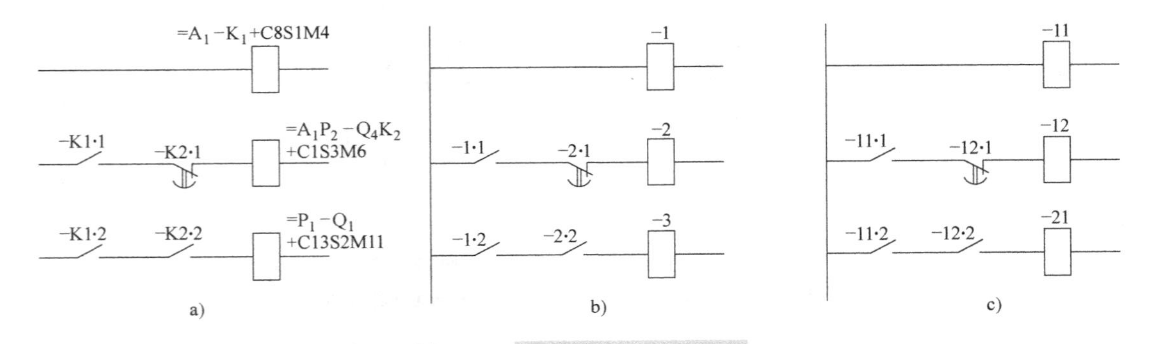

图2-63　种类代号的表示方法

a）字母代码和数字组成　b）顺序数字　c）组别数字编码

对于由若干项目构成的复合项目，可以分别用前缀符号表示复合项目的细目，如：

【例2-3】　A_1中的第1个继电器K_1，可表示为—A_1—K_1，简化为—A_1K_1。

【例2-4】　第1个项目中的第5个开关Q_5，可表示为—1—Q_5，简化为—1Q_5。

5. 端子代号

当项目具有接线端子标记时，项目代号还应有端子代号段。为简便起见，端子代号通常不与前三段组合在一起，而只与种类代号组合。端子代号采用数字或是大写字母表示，由使用者自己确定。

【例2-5】　—S_4：A，表示控制开关S_4的A号端子。

【例2-6】　—XT：7，表示端子板XT的7号端子。

6. 项目代号的标注方法

在图形符号旁应标注项目代号。比较简单的图一般只标注种类代号段，比较复杂的图还应标注高层代号段和位置代号段。项目代号在符号旁的标注方法有以下几种：

1）采用集中表示法和半集中表示法绘制的元件，其项目代号只在符号旁标注一次，并与机械连接线对齐。

2）采用分开表示法绘制的元件，其项目代号应在项目的每一部分符号旁标注。

3）项目代号的标注位置应尽量靠近图形符号，尤其是种类代号应该靠近符号的中心。

4）当电路水平布置时，项目代号标注在符号的上方，如图 2-64a 所示；当电路垂直布置时，项目代号标注在符号的左方，如图 2-64b 所示。项目代号均应水平书写，从上到下或从左到右排列。

5）项目代号中的端子代号应标在端子位置的旁边。当连接线为水平布置时，应标在线的上方；垂直布置时，应标在线的左方。代号的方向应与线的方向一致。若连接线垂直布置时，代号也可水平标注，但同一张图上的代号标注的方法应一致。项目代号和端子代号的标注方法如图 2-64 所示。

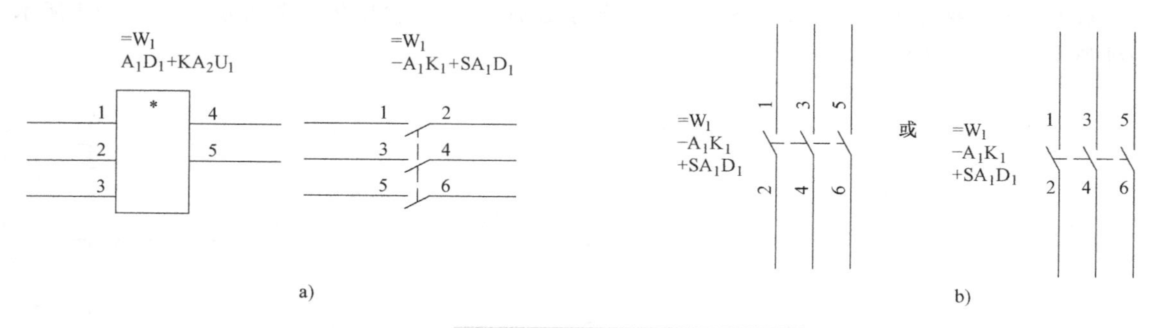

图 2-64 项目代号和端子代号的标注方法

a）项目代号标注在符号的上方 b）项目代号标注在符号的左方

6）对画围框的功能单元或结构单元，其项目代号应标注在围框的上方或左方。

7）为了简化符号旁项目代号的标注，其高层代号可以标注在标题栏内或图纸的上方。

7. 项目代号的应用

项目代号是用来识别项目的特定代码，由代号段组成。一个项目既可以由一个代号段组成，也可以由几个代号段组成。通常种类代号可单独表示一个项目，而其他段则应与种类代号组合起来，才能比较完整地表示一个项目。高层代号段与种类代号段组合的项目代号，提供了项目之间的功能隶属关系；位置代号段与种类代号段组合的项目代号，明确了项目所处的位置，不能提供项目之间的功能关系；高层代号段、位置代号段与种类代号段组合的项目代号，不仅提供了项目之间的功能隶属关系，而且还提供了项目的实际安装位置。这种组合的项目代号在电气技术文件中的书写格式为

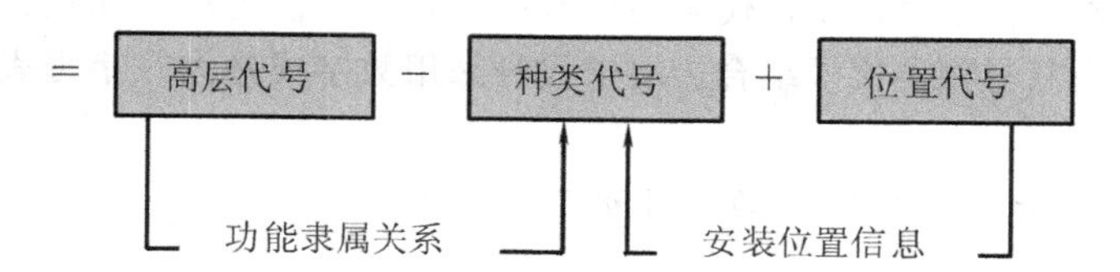

在电气图上，由于受图面的限制，位置代号段可以书写在前两段的上方或下方，图2-63a 表示项目代号的排列格式，图中项目代号的含义：

1）“$=A_1-K_1+C8S1M4$”表示 A_1 装置中的继电器 K_1，位置在 C8 区间 S1 列控制柜 M4 柜中。

2）“$=A_1P_2-Q_4K_2+C1S3M6$”表示 A_1 装置 P_2 系统中的 Q_4 开关中的继电器 K_2，位置在 C1 区间 S3 列操作柜 M6 柜中。

3）“$=P_1-Q_1+C13S2M11$”表示 P_1 系统中的开关 Q_1，位置在 C13 室 S2 间隔 M11 开关柜中。

复习思考题

1. 什么是电气图？电气图的表达形式有哪些种类？
2. 简述电气图的分类，说明电气工程中常用的电气图种类。
3. 简述电气制图的一般规则，电气工程中常用的图线形式。
4. 简述电气图的基本表示方式，说明电路、元器件、接线端子与连接线的表示方式。
5. 简述图形符号的含义和分类，熟悉常用电气图用图形符号。
6. 简述建筑平面图中定位轴线的原则和作用。
7. 简述电路图表示的内容。
8. 简述系统图表示的内容。
9. 简述位置图表示的内容。
10. 简述接线图表示的内容。
11. 什么是项目代号？说明绘制电气工程图中标注项目代号的好处和表达方法。
12. 文字符号是如何组成的？说明在电气工程图中文字符号的用处。

第2篇　管道及设备工程图

第3章　工业管道工程图

3.1　工业管道工程概述

3.1.1　管道工程的分类

管道工程中的动力管道、锅炉管道及化工工艺管道主要是用来把单个机械设备或车间连接成完整的生产工艺系统，这类管道统称为工业管道（由于是生产工艺系统中的管道，所以也称为工艺管道）。但确切地说，工艺管道是指直接为产品生产输送各种物料介质的管道，因此也称为物料管道。在化工、石油、化纤等工业中，按生产工艺流程的要求，用管道把单个机械设备或装置连接成完整的生产工艺系统，通过一系列的化学反应使原料变为人们需要的产品，这类表达化工生产过程与联系的图样称为化工工艺管道图，它包括工艺流程图、设备布置图和管路布置图等。

化工工艺管道施工图属化工、机电安装工程的范畴，它的设计与施工是按照化工、机电安装工程中的有关技术规范和操作规程进行的。化工工艺管道图在图样类型上可分为基本图和详图两大部分；从图样作用可分为工艺流程图、设备布置图和管路布置图三部分。本章着重介绍化工工艺管道图。

3.1.2　管道工程图的组成

管道工程图由设备布置图、管路布置图及工艺流程图、施工说明、设备表、材料表等组成。同时，为了清楚表达设备的位置及相互关系，还要有设备布置平面图、设备布置剖面图或设备布置立面图和管口方位图。表示厂房或框架内外各种机器设备、自控仪表之间管路的空间走向和重要管配件及控制点安装位置的图样的管道布置图则通过管路平面图、管路立面图、管段图、管架图及管件图表示。

3.2　工业设备图

3.2.1　工业设备图的内容与表达

化工工艺中有泵、塔、槽、反应器和换热器等，设备的图例符号不仅在外形上而且也在设备内部的特征上用简单的线条示意性地画出。

1. 槽类

槽类设备主要用来储存原料、中间产品和成品等。按形状有圆柱形、球形等，而以圆柱形的容器应用最广，如图3-1所示的卧式储槽（V）和球罐（V）。

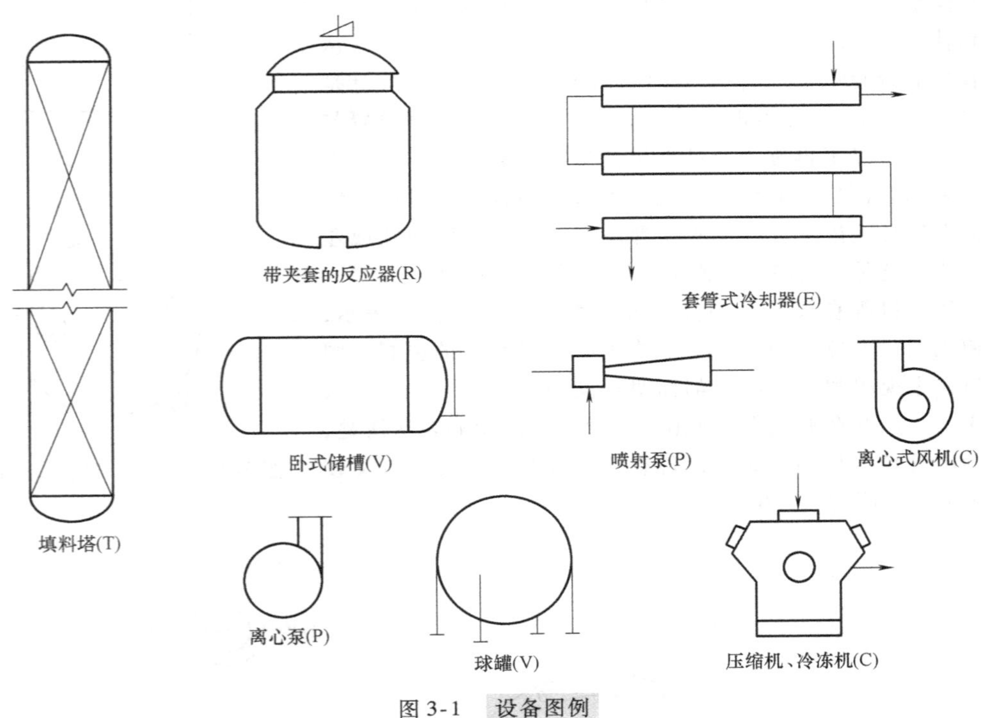

图3-1 设备图例

2. 塔类

塔类设备主要用于吸收、精馏、萃取等化工单元操作。塔是一种立式的设备，其横截面一般为圆形，塔的高度和直径一般相差较大，如图3-1所示的填料塔（T）。

3. 换热器

换热器主要用来使两种不同温度的物料进行热量交换，以达到加热或冷却的目的，如图3-1所示的套管式冷却器（E）。

4. 反应器

反应器主要用来使物料在其中进行化学反应，生成新的物质，或者使物料进行搅拌、沉降等单元操作。反应器的形式很多，也称为反应罐或反应釜，一般还装有搅拌装置。如图3-1所示为带夹套的反应器（R），并配有搅拌装置。

化工设备图一般是用一组视图表达设备的主要结构形状和零件之间的装配连接关系；同时，也标注必要的尺寸，以表达设备外形尺寸的大小、规格，装配和安装等尺寸数据。设备上的零（部）件都有其编号，并配以明细表，在表中标明每一编号零（部）件的名称、规格、材质、数量及有关图号或标准号等内容。

设备上的管接口按英文字母的顺序编号，并在管口表中列出各管口的有关数据及用途等。此外，设备的技术特性及技术要求一般是用表格的形式列出设备的主要工艺特性，如操作压力、介质温度、物料名称及设备容积等。用文字及数据说明该设备在制造、检验、安装等方面的具体要求。

由于化工设备多为回转体，设备壳体周围分布着各种管口或零（部）件，为在主视图上清楚地表达它们的形状和装置，主视图可采用多次旋转的画法，即假设将设备上不同方位的管口和零（部）件分别旋转到与主视图所在的投影面平行的位置，然后进行投影，画出视图或剖视图以表示这些结构的形状、装配关系和轴向位置，如图3-2所示。人孔 b 是按逆时针方向（从俯视图看）假设旋转45°后在主视图上画出其投影的；液面计是顺时针方向旋转45°后在主视图上画出的；管口 c 的轴线位置与投影面平行，所以不再旋转，可直接投影在主视图上。在化工设备图上采用多次旋转画法时，允许不做任何标注，但这些结构的周向方位必须按图上的说明以管口方位图（或俯视图或左视图）为准，这是在绘制和识读化工设备图时必须注意的。

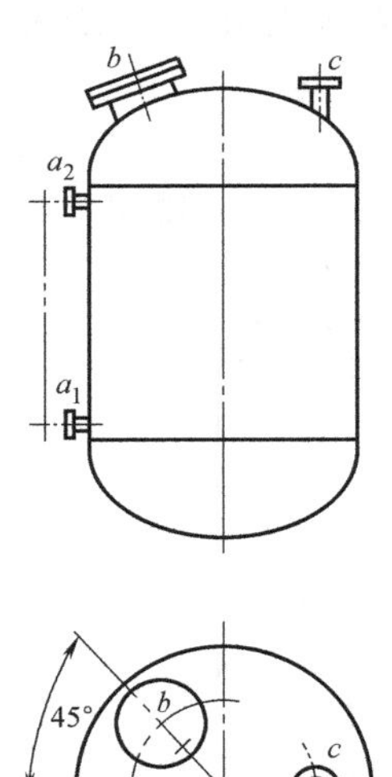

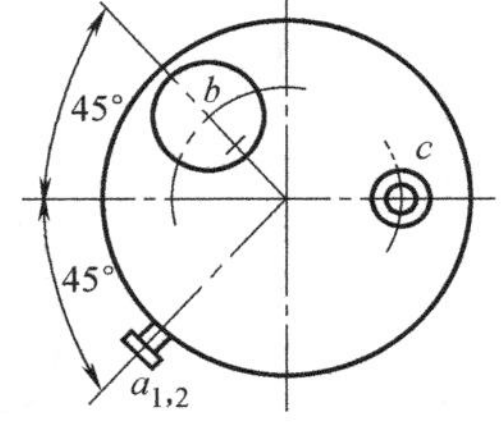

图3-2 多次旋转的表示方法

对于接管口等在设备上的分布方位可用示意方位图表示，以代替俯视图。方位图中仅以中心线表明各接管口的位置，同一接管口在主视图和方位图上都标明相同的字母 a，b，c，…，如图3-3所示。当俯视图必须画出时，管口方位能够表达清楚，可不必画出管口方位图。如果设备有几节或几层，接管口又较多，也可分段表明管口方位。

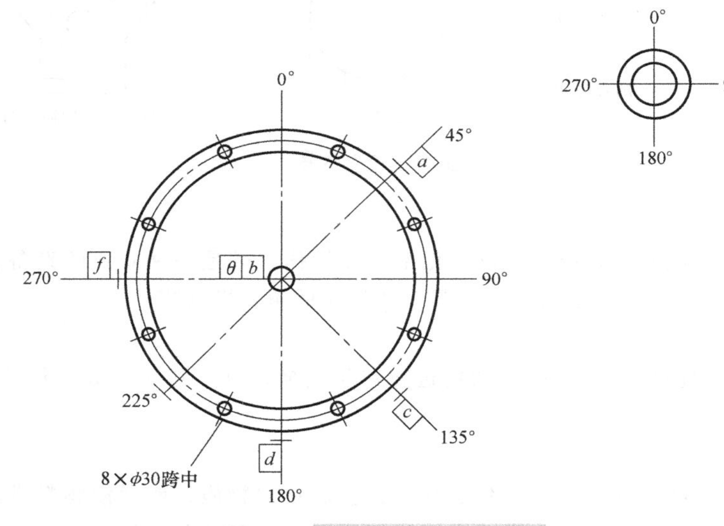

图3-3 某设备的管口方位图

对于设备上的某些细部结构，如法兰连接面、焊接结构等结构图样，按图样比例无法表达清楚时，可采用局部放大画法，局部放大图又称为节点放大图；对于过小的尺寸结构（如管子的壁厚等）或零（部）件无法按实际尺寸画出时，可采用夸大画法，直至它们表达清楚为止。

对于结构简单的零件，如接管口、型钢、筋板等能在装配图上表示清楚时，均可不画零件图；对于不能拆卸的部件，焊接构成的部件如塔内栅板，可作为整体结构，只画部件图，注明各部尺寸；对于设备上的重复结构，可采用简化画法，如螺栓连接可以仅用中心线表示，冷凝器中的列管在主视图中也只需画出两根，其余均用中心线表示。

以上这些图样一般均可采用省略画法，也可采用简化画法。

3.2.2 设备布置图

用来表达厂房内外设备安装位置的图样，称为设备布置图。它以建（构）筑物的定位轴线为基准，按设备的安装位置添加设备的图形或标记，并标注出定位尺寸。平面图上的设备布置图称为设备布置平面图，剖面图上的则称为设备剖面图或设备布置立面图。

1. 设备布置平面图

设备布置图中的平面图，一般是每层厂房绘制一个，多层厂房则按楼层或大的操作平台分层绘制若干个平面图。通过对设备布置平面图的识读可以了解和掌握以下内容：

1）厂房或框架建（构）筑物的具体方位、占地大小、内部分隔情况，以及与设备安装定位有关的建（构）筑物的结构形状和相对位置。

2）厂房或框架的定位轴线尺寸。

3）厂房或框架内外所有设备的平面布置和编号、名称。

4）所有设备的定位尺寸以及设备基础的平面尺寸和定位尺寸。

2. 设备布置立面图

通过对设备布置立面图的识读，可以了解和掌握以下的内容：

1）厂房或框架的剖面图是在建（构）筑物的适当位置上，垂直剖切后绘制出的立面图或剖面图，据此可以了解到每个楼面的分隔情况、楼板的厚度及楼梯等布置情况。

2）厂房或框架内外所有设备在每个楼面或平台的安装布置情况和编号、名称，以及设备基础的立面形状及标高尺寸。

3）厂房和框架的定位轴线尺寸和标高尺寸。

3. 管口方位图

管口方位图是制造设备时确定各管口方位，管口与支座、地脚螺栓等相对位置，以及安装设备和管线时确定方位的依据。如图3-3所示为某设备的管口方位图，在图中明确地标有各管口的编号及各管口在设备上的安装方位角。

3.2.3 工业设备图的识读

对于化工设备图，上面已介绍了它的表达特点，常用标准化零（部）件的结构形式等内容，这对于我们掌握化工设备图的规律、识读工业设备图是有很大帮助的。

1. 识读化工设备图的要求

在化工设备的制造、安装和维修过程中，都要识读化工设备图，并要达到以下要求：

1）了解设备的用途、工作概况和结构特征。

2）了解设备中各零（部）件之间的装配关系，并参阅有关标准进一步了解各零（部）件的结构、规格和用途。

3）对设备进行结构分析，加深认识。

2. 识读化工设备图的步骤和方法

识读化工设备图的步骤和方法，一般可分为概括了解、零（部）件分析、结构分析和归纳总结四个步骤。但必须着重注意化工设备图的各种表达特点、简化画法、管口方位和技术要求等不同的方面。

（1）概括了解　通过标题栏、明细表及有关资料，了解设备的名称、用途、主要规格、图样的比例、零（部）件的数量和设备的表达方法等。

（2）零（部）件分析　要求将零（部）件的投影从各个视图中分离出来，弄清楚它们的结构形状、大小和连接装配关系等。区分零（部）件的依据：投影轮廓；零（部）件的编号；剖面线

的方向和疏密；有关的文字、代号标注及视图的表达特点等。对于标准化零（部）件的结构形状，可根据代号查阅有关标准。

（3）结构分析 经零（部）件分析和识读技术说明等有关资料，确定设备的作用原理及操作过程，即弄清各接管口的用途及物料在设备内的进、出流向。

（4）归纳总结 对设备有了全面了解后，再检查识读过程中有无错漏，并对表达特点和设备的结构设计等进行系统的总结，加深认识并加以归纳总结。由于化工设备的结构一般都比较简单，上述介绍的识读方法和步骤只作为参考，识图时一般不是逐点孤立地进行，而应前后配合、综合理解。

3.3 工业管道图

3.3.1 管路流程图

流程图主要是用来表达整个化工厂、车间或某一装置生产过程概况的图样。工艺安装流程图又称为工艺施工流程图，也可称为带控制点管路安装流程图或简称流程图。

1. 安装流程图的内容

安装流程图既是设计人员绘制设备布置图和管路布置图时的依据，也是施工人员在管线安装时的重要参考图样，一般应包括以下内容：

1）用示意性的图形表示出所有设备的外形轮廓，并注明设备的名称和编号。

2）用粗实线表示管线，并把所有设备上的管接口用管线依次连接起来。有些带有自动控制的工艺管道在流程图中还把控制点（如测压点、测温点和分析点）或控制设备也表示出来。

3）用统一规定的图形符号表示管件、阀门和各控制点的图例。

此外，在有些工艺施工流程图上，还附有设备一览表，详细地列出设备的编号、名称、规格与数量等，以便看图时能图表对照。这种图样尽管内容详尽，但仍属于示意性展开图。

2. 安装流程图的识读

识读安装流程图的主要目的是了解和掌握物料介质的工艺流程，设备的数量、名称和编号，所有管线的编号和规格，管件、阀件及控制点（测压点、测温点、分析点）的部位和名称。这样，在识读管道的平面布置图与立面布置图时能起到重要的参考作用。

识读安装流程图，可按以下方法和步骤进行：

（1）了解流程图的简单画法 安装流程图是一种示意性的展开图样，它只定性地说明物料介质的运行程序。表示物料介质去向的粗实线或中粗线称为流程线。流程线应用箭头标明物料介质的流向，并注明管路编号和规定尺寸。在流程线的开始和终了部位，应用文字注明物料名称及其来源和去向。当流程线与流程线或流程线与设备发生交叉而实际上并不相连时，应将其中的一线断开或曲折绕过设备，但不能用投影原理去理解它。流程图上采用的表示管件、阀件和控制点（测压点、测温点和分析点）的符号或代号，都应根据国家有关部（委）颁发的标准图例进行表示；若出于工程的特定需要而自行添加必要的图例时，应在流程图的图幅内标明这些图例符号并说明其含义。

（2）掌握设备的数量、名称和编号 在化工生产中，为了确保生产过程达到工艺要求，在输送和储存物料介质时需要大量的设备，这些设备可分为传动设备和静止设备，如离心泵、往复泵、压缩机、鼓风机和驱动机等为传动设备；换热器、反应器、分离器和储槽等为静止设备。设计人员在画流程图时，基本上是按一定比例用细实线画出示意图形的；但是当设备过大、过长或过小时，也可以不按比例绘制，所以在流程图标题栏内是不注明流程图的比例的。

设备的编号一般应同时反映工艺系统的序号和设备的序号。对于用途和规格相同的设备，可在编号后加注脚码，不必另设新的编号，例如相同规格和用途的两台泵，它们的编号为303时，可以写成303_{-1}和303_{-2}。

（3）了解物料介质工艺安装流程线　目前，化工产品有数万种之多，每种产品都有不同的生产工艺，即使同一种产品若提取的方法不一样，所需的设备也不一样。通过安装流程图的识读应能大致了解该物料介质的工艺安装流程线，以及其他物料介质的工艺安装流程线。

在识读安装流程图的过程中，如果了解或掌握了以上这些内容，再运用正投影的原理，就能比较顺利地识读设备布置图和管道布置图。

3.3.2　管道布置图

管道布置图是表示厂房或框架内外各机器设备、自控仪表之间管路的空间走向和重要管配件及控制点安装位置的图样，因此管道布置图又称为管路安装图或简称配管图。这种图样实际上是在设备布置图上添加管路及其管配件的图形或者标记而构成的，因此它有着与设备布置图大致相同的内容和要求，不过为了便于看清管线而一般采用粗实线或中粗线把管线突出画出，图样中的厂房建筑和设备的图形仅用细实线画出。

1. 管路平面图

管路平面图是管道安装施工图中应用最多、最关键的一种图样，通过对管路平面图的识读，可以了解和掌握以下内容：

1）整个厂房各层楼面或平台的平面布置及定位尺寸。

2）整个厂房或装置的机器设备的平面布置、定位尺寸及设备的编号和名称。

3）管线的平面布置、定位尺寸、编号、规格和介质流向箭头及每根管子的坡度和坡向，有时还注出横管的标高等具体数据。

4）管（配）件、阀件及仪表控制点等的平面位置及定位尺寸。

5）管架或管墩的平面布置及定位尺寸。

2. 管路立面图与剖面图

管路布置在平面图上不能清楚表达的部位，可采用剖面图来补充表示。大多针对需要表达的部位采用剖切的形式，故从某种意义上来说管道图中的立面图和剖面图在概念上很接近。通过对管路立面图的识读，可以了解和掌握以下内容：

1）整个厂房各层楼面或平台的垂直剖面及标高尺寸。

2）整个厂房或装置的机器设备的立面布置、标高尺寸及设备的编号和名称。

3）管线的立面布置、标高尺寸及编号、规格、介质流向。

4）管件、阀件及仪表控制点的立面布置和标高尺寸。

3. 管段图

管段图是表达自一个设备至另一个设备（或另一管段）间的一段管线及其所附管件、阀件、仪表控制点等具体配置情况的立体图样。图面上一般只画整个管线系统中的一路管线上的某一段，并用轴测图的形式来表示，使施工人员在密集的管线中能清晰、完整地看到每一路管线的具体走向和安装尺寸，这样便于材料分析和制作安装，如图3-4所示。

对于合金钢管道、高温高压管道、复杂装置内的管道及各种衬里管道（如钢衬胶管道、钢搪玻璃管道等）和某些非金属管道（如玻璃管道、石墨管道与酚醛塑料管道等），除画平面图、立面图与剖面图外，还需要画出每路管线或一路管线的某一段的管段图。对于一般材质的中、小型管道工程，由于设备不多，管线也不复杂，一般不画管段图。

工艺管道的管段图大多采用正等轴测投影的方法来画，图样中的管件与阀件等大致按比例来

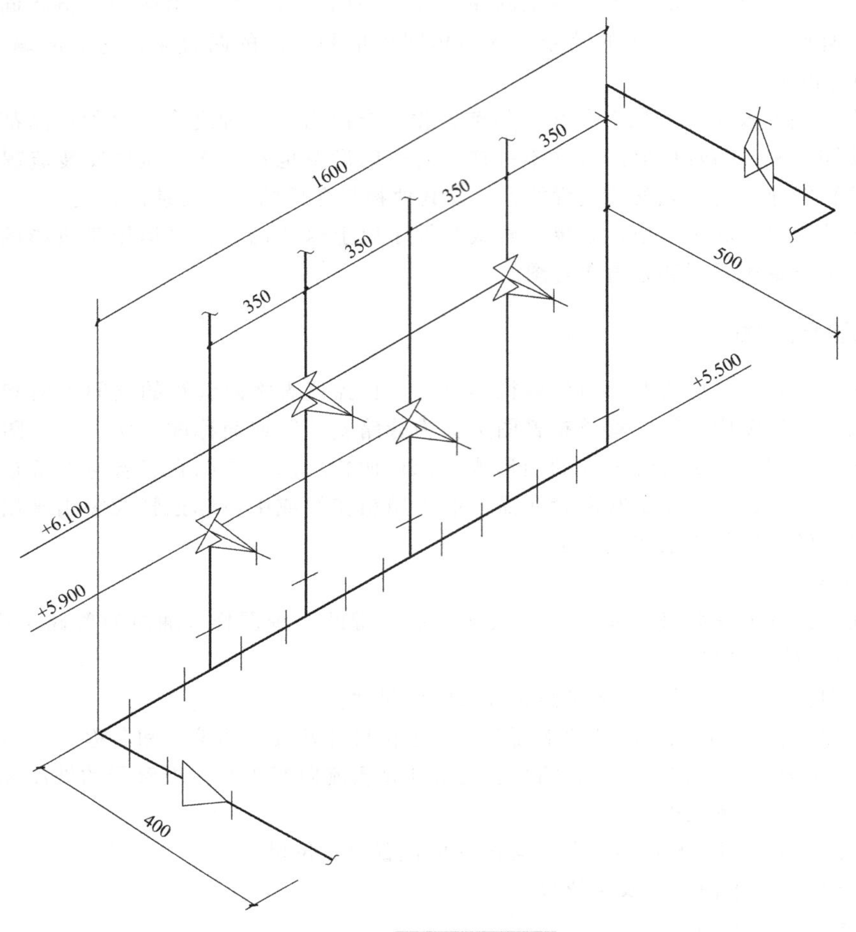

图 3-4 管线的管段图

画，而管子的长度则不一定按比例画出，可根据其具体情况而定，因此识读管段图时，一般不能用比例尺来计算管线的实际长度。

近年来，我国从国外引进的大型化工、冶金装置中，管道施工图都画有管段图。用管段图配合模型设计或用管道布置平面图和立面图作为设备、管道布置设计中的重要方式，这将是管道工程今后发展的必然趋势。

4. 管架图及管件图

管架图及管件图属工程图的详图范畴，有关部（委）对各种类型的管道支架图做了统一规定，因此多数支架可以从标准图中直接查到。

（1）管架图 管架图是表达管架的具体结构、制造及安装尺寸的图样。如图 3-5 所示为一种固定在混凝土柱头上的管道支架图。从图中可知，管道、保温材料和不属于管架制作范围的建（构）筑物一般用细实线或双点画线表示，而支架本身则用中实线等较粗的线条来显示。用圆钢弯制的 U 形管卡在图样中常简化成单线，螺栓孔及螺母等则以交叉粗线简化表示。

（2）管件图 管件图是完整表达管件具体构造及详细尺寸，以供预制加工和安装用的图样。如图 3-6 所示为衬胶钢三通管管件图，其内容与画法和一般机械零（部）件图相同。图样除了按正投影原理绘制并标清有关尺寸外，有的图中还写出明细表、标题栏等。

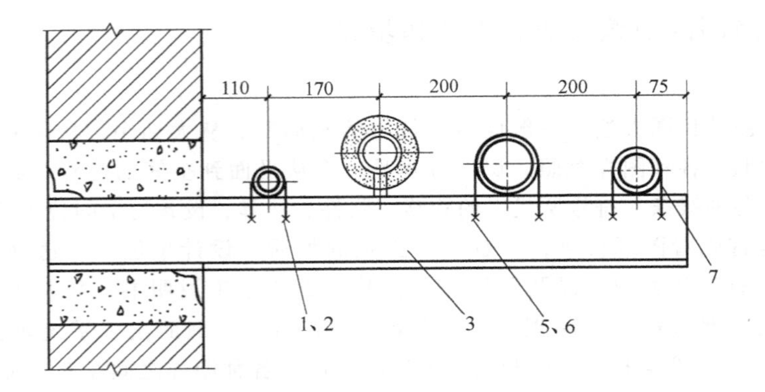

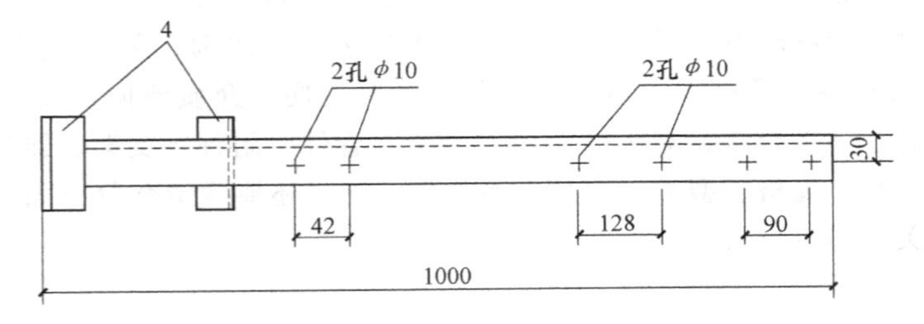

图 3-5 管道支架图

1—斜垫圈 φ8 2—螺母 M8 3—槽钢 120 × 53 × 5.5，*L* = 1000mm
4—角钢∟40 × 40 × 4.5，*L* = 120mm 5—螺母 M12
6—斜垫圈 φ12 7—U 形螺栓

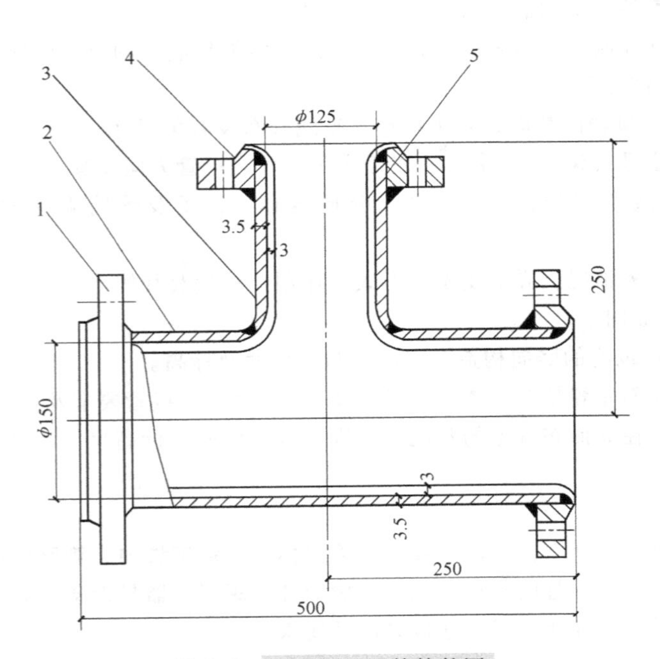

图 3-6 衬胶钢三通管管件图

1—平焊法兰 *DN*150，*PN*6 2—短管 *DN*150，*L* = 240mm 3—短管 *DN*125，*L* = 240mm
4—平焊法兰 *DN*125，*PN*6 5—衬里（橡胶）

3.3.3 工业管道图的识读方法、内容和步骤

1. 识图方法

各种管道施工图的识图方法，一般应遵循从整体到局部、从大到小、从粗到细的原则，同时要将图样与文字对照，各种图样对照。识图过程是一个从平面到空间的过程，必须利用投影还原的方法再现图样上各种线条、符号所代表的管路、附件、器具、设备的空间位置及管路的走向。

识图的顺序是首先看图纸目录，了解建设工程的性质、设计单位、管道种类，搞清楚这套图一共有多少张，有哪几类图，以及图的编号；其次查阅施工说明书、材料表、设备表等一系列文字说明；然后按照流程图（原理图）、平面图、立面图、剖面图、系统轴测图及详图的顺序逐一详细识读。由于图样的复杂性和表示方法的不同，各种图样之间相互补充、相互说明，所以识图过程不能一张一张地进行，而应将内容相同的图样对照起来。

对于每一张图样，识图时首先看标题栏，了解图样名称、比例、图号、图别及设计人员；其次看图样的文字说明和各种数据，弄清管线编号、管路走向、介质流向、坡度坡向、管径大小、连接方法、尺寸标高、施工要求；对于管路中的管子、管件、附件、支架、器具（设备）等应弄清楚材质、名称、种类、规格、型号、数量、参数等；同时还要弄清楚管路与建（构）筑物、设备之间的相互依存关系和定位尺寸。

2. 识图的内容

（1）流程图　具体如下：

1）掌握设备的种类、名称、位号（编号）、型号。

2）了解物料介质的流向及由原料转变为半成品或成品的来龙去脉，也就是工艺流程的全过程。

3）掌握管子、管件、阀门的规格、型号及编号。

4）对于配有自动控制仪表装置的管路系统，还要掌握控制点的分布状况。

（2）平面图　具体如下：

1）了解建（构）筑物的朝向、基本构造、轴线分布及有关尺寸。

2）了解设备的位号（编号）、名称、平面定位尺寸、接管方向及其标高。

3）掌握各条管线的编号、平面位置、介质名称、管子及管路附件的规格、型号、种类、数量。

4）管道支架的设置情况，弄清支架的形式、作用、数量及其构造。

（3）立面图与剖面图

1）了解建（构）筑物的竖向构造、层次分布、尺寸及标高。

2）了解设备的立面布置情况，查明位号（编号）、型号、接管要求及标高尺寸。

3）掌握各条管线在立面布置上的状况，特别是坡度坡向、标高尺寸等情况，以及管子与管路附件的各类参数。

（4）系统图

1）掌握管路系统的空间立体走向，弄清楚管路标高、坡度坡向、管路出口和入口的组成。

2）了解干管、立管及支管的连接方式，掌握管件、阀门、器具设备的规格、型号、数量。

3）了解管路与设备的连接方式、连接方向及要求。

3. 识读的步骤

识读管路布置图时一般以平面图为主，同时再把立面图或剖面图对照起来。由于管路布置图是根据工艺流程图、设备图和设备布置图画出来的，因此在识读管路布置图之前，应从有关带控制点的工艺流程图中初步了解生产工艺过程及流程中的设备、管道和控制点的配置情况；

接着再从有关的设备布置图中了解厂房建筑的大致构造和各设备的具体位置。对这些图样有了一个大致的了解后，再识读管路布置图就方便多了。接下去，就应对该项目的管道布置图做一个初步浏览，达到概括了解的目的，然后再仔细核对、弄懂弄通。

为了做到“初步浏览、概括了解”，除了从图纸目录和施工说明中了解工程项目的大致情况外，还应了解有无管段图，并初步了解一下图例的含义及设备位号的索引，同时对管架图和管件图图样的情况也做一个大致的了解；然后初步浏览各不同标高（即不同楼面）的平面图及不同剖切位置的剖视图，了解各图的比例和朝向，了解厂房、设备及其布局，了解设备的定位尺寸、接管方位和标高等。

在此基础上，再“仔细核对、弄懂弄通”。根据投影原理，结合工艺流程图上的管线及其所附管件、阀件、控制点等，仔细检查在管道布置图上是否都已明确其具体安装位置，有无错漏；同时，还应进一步弄清每路管线的来龙去脉与分支情况，具体的安装位置及管件、阀门、仪表控制点的布置情况。另外，还应对照带控制点的工艺流程图和其他辅助管道系统图，按流程的顺序，根据管道编号和介质流向弄清管道的起始点及终止点的设备位号和管口方位。最后全面了解厂房或框架内外管道及其管件、阀件、控制点等的布置情况和安装施工要求，制定出较为合理的、切实可行的施工方案。

3.4　工业管道工程图识读实例

【实例3-1】　对乙醛装置某油泵管路系统配管图识读。

(1) 识读设计图文字部分（略）

(2) 流程图的识读

通过图3-7可以看出，油泵管路系统的工艺设备共有5台：静止设备有两台，即油过滤器301和油冷却器302；传动设备有曲轴箱304和两台油泵303_{-1}与303_{-2}。

这是一组由油泵、冷却器、过滤器和压缩机曲轴箱通过管路的连接而组成的油冷却循环系统。润滑曲轴的油从曲轴箱304沿管线L_1—$\phi38\times3$进入油泵303_{-1}或303_{-2}，油经泵加压后打出沿管线L_2—$\phi32\times3$和L_4—$\phi32\times3$流向冷却器302冷却，再沿管线L_5—$\phi32\times3$流向过滤器301进行过滤，最后油沿管线L_6—$\phi32\times3$重新回到压缩机曲轴箱使用。

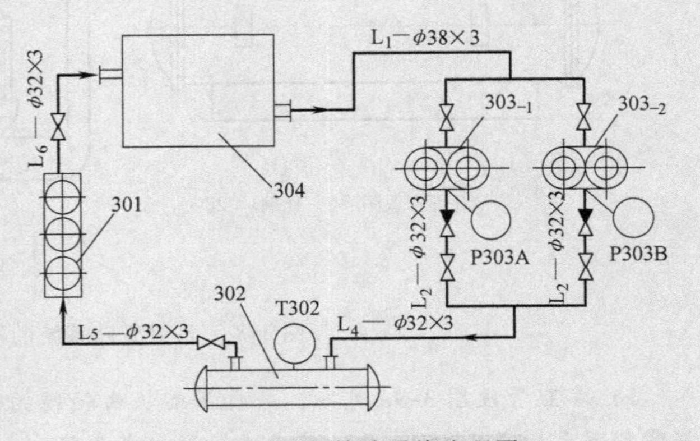

图3-7　油泵管路系统流程图

通过流程图还可知道，油泵303_{-1}及303_{-2}的出口管上各有一只压力表P303A和P303B，在冷却器302的油管出口上有一只温度计T302。

图3-7中的油泵有两台，一台是常用油泵，另一台是备用油泵。如果运转的油泵需要维修或发生故障时，备用油泵就顶替工作。由于这组油泵的管路比较简单，设备的分布情况的管路平面图中显示得比较清楚，因此设计人员一般就不另画设备布置图，而以管路布置图取代。

(3) 平面图与立面图的识读

图3-8为图3-7油泵管路系统的平面图与立面图，为了便于识读，把每路管线用管段图的形式来加以分析。

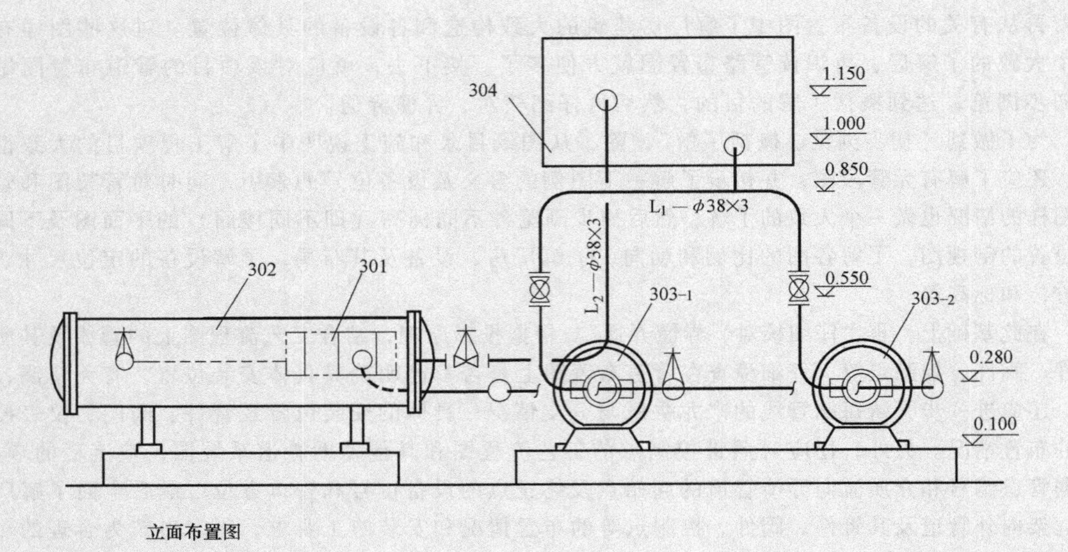

平面布置图　　比例1 : 20

图3-8　油泵管路系统的平面图与立面图

1）参照管段图3-9a可知，来自压缩机曲轴箱的油管 L_1—$\phi38\times3$ 由北向南从标高1.000m处拐弯朝下至标高0.850m处；然后由三通分成两路，一路向西600（单位mm，以下同），一路向东200，分别拐弯朝下至标高0.280m处（其间有两根立管的截止阀，标高均为0.550m）；然后又都由西向东200分别进入油泵 303_{-1} 和 303_{-2} 的进口处。

2）同样参照管段图3-9b可知，L_2—$\phi32\times3$ 是油泵 303_{-1} 的出口管，标高为0.280m；它先向东200，然后转弯向南740与管线 L_3—$\phi32\times3$、L_4—$\phi32\times3$ 由三通接通。其中，止回阀中心距泵出口管中心为160，截止阀中心又距止回阀中心为160，此处的三通是三路管线的分界线。

3）L_3—$\phi32\times3$ 是油泵 303_{-2} 的出口管，标高为0.280m；它向东200，然后转弯向南740，再朝西800通过三通同 L_2—$\phi32\times3$ 汇合于 L_4—$\phi32\times3$。

4）L_4—$\phi32\times3$ 是管线 L_2 和 L_3 的汇合管，标高为0.280 m，从汇合三通处向西；然后转弯向

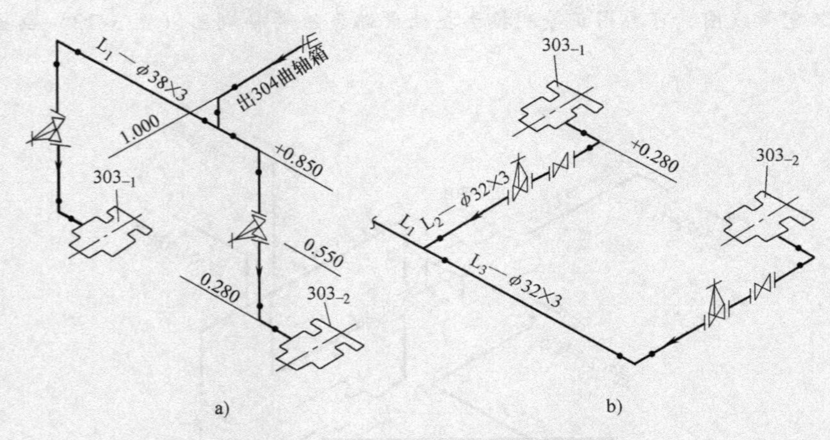

图3-9 L_1、L_2 和 L_3 管线的管段图

北，此段管线的走向呈摇头弯形式。L_4—φ32×3进入油冷却器302，标高为0.380 m，如图3-10a所示。

5）L_5—φ32×3是从油冷却器302至过滤器301的管线，在冷却器出口接管处，先朝北再朝东进入过滤器301，此路管线呈直角形，标高为0.380m，如图3-10b所示。

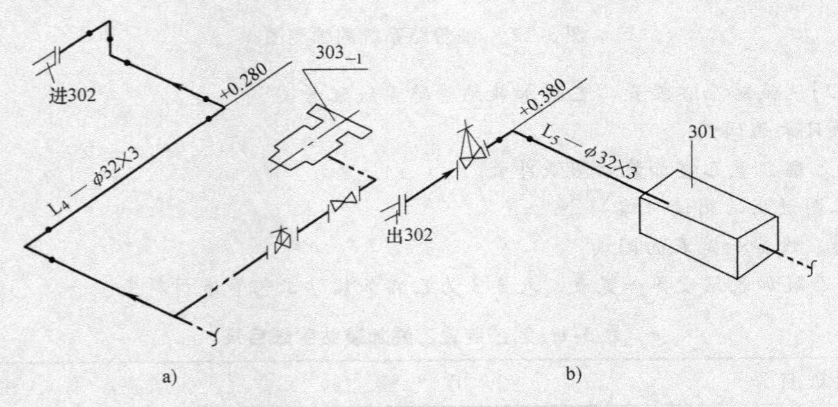

图3-10 L_4 和 L_5 管线的管段图

6）L_6—φ32×3是过滤器301出口至曲轴箱进口之间的管线，它先自出口处朝东标高0.380m，然后拐弯向上至标高1.150m处，再朝北进入曲轴箱，如图3-11所示。

通过流程图、平面图、立面图及管段图的识读，能初步建立起一个油循环管路系统的空间概

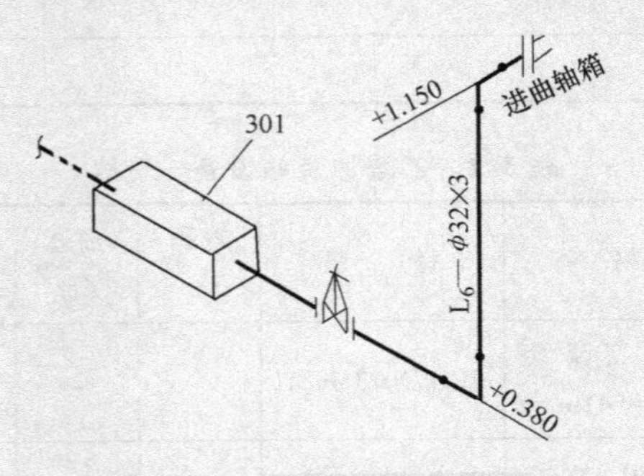

图3-11 L_6 管线的管段图

念。由于初学工艺管线图，可再用正等测投影把油管路系统的轴测图（图3-12）画出，供学习时参考。

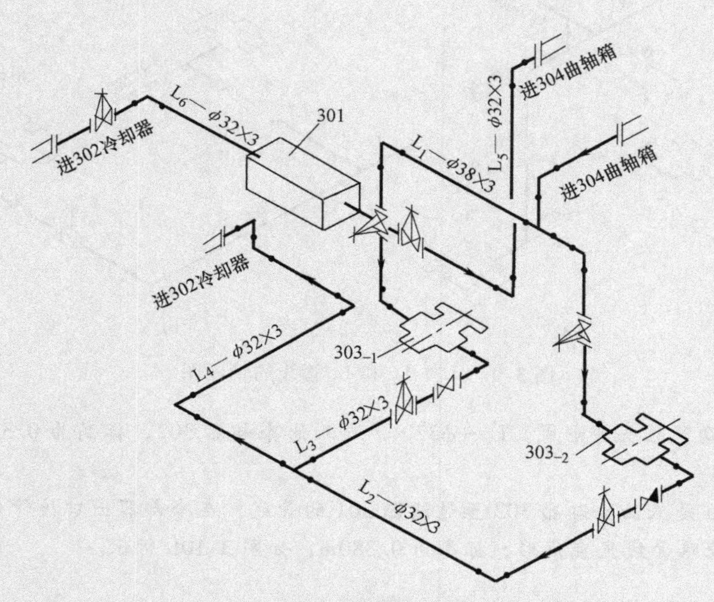

图3-12　油管路系统的轴测图

【实例3-2】 试对乙醛装置“乙醛加装站管路系统配管图”识读。

（1）图纸目录的阅读

表3-1为乙醛装置乙醛加装站图纸目录。

（2）施工图说明的阅读（略）

（3）材料、设备一览表的阅读

表3-2为乙醛加装站设备一览表，表3-3为乙醛加装站工艺管道材料表。

表3-1　乙醛装置乙醛加装站图纸目录

图纸目录	序号	备注
乙醛加装站设备表		
乙醛加装站工艺管道材料表		
乙醛加装站带控制点工艺流程图		
乙醛加装站工艺管道图		
乙醛加装站工艺设备布置图		

表3-2　乙醛加装站设备一览表

设备编号	名称	规格	材料	容积/m^3	数量/台	单重/kg	附件	图号
B—$601_{-1,2}$	粗乙醛泵	25FM—41型流量3.6m^3/h，扬程41m	0Cr17Ni13Mo2Ti		2	125	BJO_2—31—3（3kW）	
R—$601_{-1,2}$	计量槽	ϕ2000×3480，立式 *PN*0.588MPa	A3F	10	2	1788		SB23—63

（续）

设备编号	名称	规　格	材　料	容积/m³	数量/台	单重/kg	附件	图号
R—602	粗乙醛槽	ϕ1200×2850，卧式 *PN*0.588MPa	0Cr17Ni13Mo2Ti	3	1	1000		设23—3848
T—601	吸收塔	ϕ400×2850，5m填料瓷环 ϕ25×25×2.5	A3F、1Cr18Ni9Ti		1	1376		设30—825

（4）流程图的识读

从图3-13中可以看出，乙醛加装站系统的设备共有6台，其中传动设备有两台，粗乙醛泵 B—601$_{-1}$和 B—601$_{-2}$；静止设备有四台，吸收塔T—601、纯乙醛计量槽R—601$_{-1}$、R—601$_{-2}$和乙醛槽R—602。

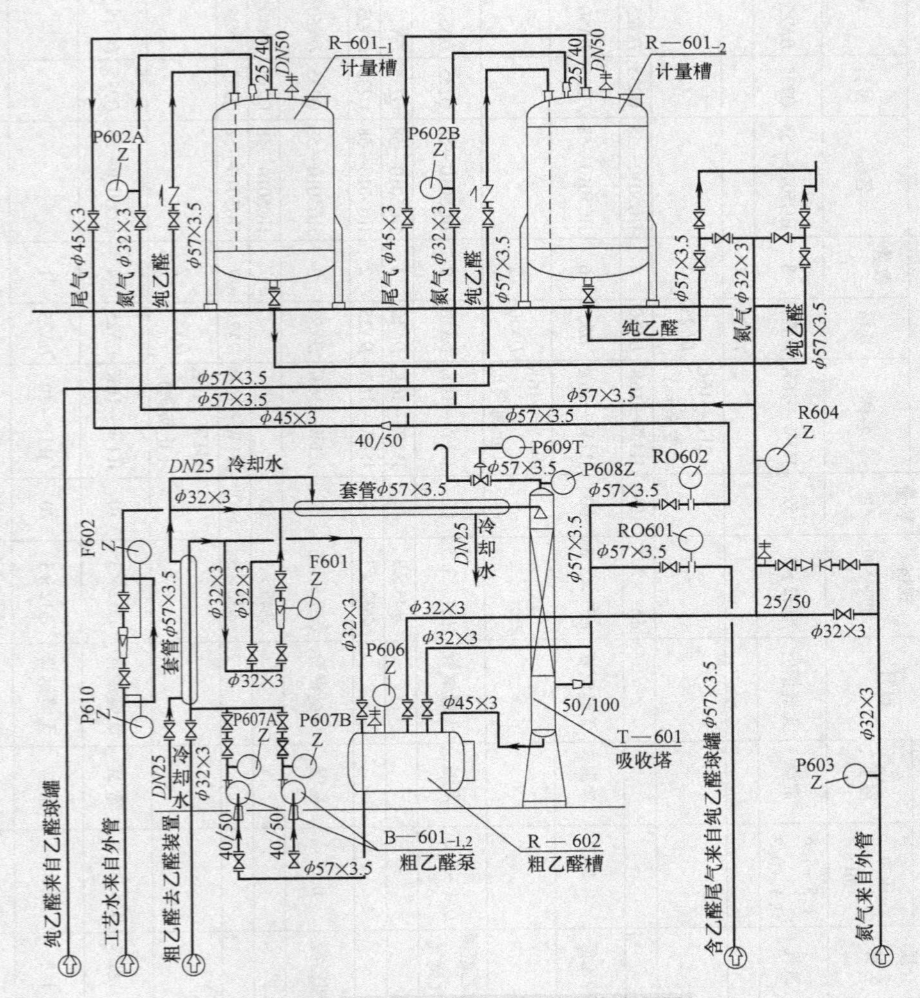

图3-13　乙醛加装站管路系统安装流程图

表 3-3 乙醛加装站工艺管道材料表

管道名称	管内流体			管子			管件										试压/MPa	涂色
	介质名称	操作条件					阀门			法兰				垫片				
		压力/MPa	温度	材料	规格/mm×m	数量/m	名称	规格	数量/个	名称	材料	规格	数量/个	材料	规格/mm	数量/个		
氮气管	氮气	1.5～1.6 0.1～0.3	常温	无缝钢管	ϕ32×3	52	J11W—16K	*DN*25	8	HG5010—58	Q235	*DN*25、*PN*16	20	石棉橡胶板	σ=3	20	20	黄色
								*DN*25	1									
							A21H—16C （安全阀）	*DN*25	1									
					ϕ57×3.5	13	J11W—16K	*DN*50	1	HG5010—58	Q235	*DN*25、*PN*16	2	石棉橡胶板	σ=3	2		
纯乙醛管	纯乙醛	0.54	常温	无缝钢管	ϕ57×3.5	60	J11W—16K	*D*50	6	HG5010—58	Q235	*DN*50、*PN*16	14	石棉橡胶板	σ=3	12	0.8	灰色
							H41W—16K （止回阀）	*DN*50	2									
乙醛尾气管	含乙醛氮气尾气	0.1～0.2	常温	无缝钢管	ϕ57×3.5	60	J11W—16K	*DN*50	2	HG5010—58	Q235	*DN*50、*PN*16	6	石棉橡胶板	σ=3	6	0.3	白色
					ϕ45×3	14	J11W—16K	*DN*40	4	HG5010—58	Q235	*DN*40、*PN*16	10	石棉橡胶板	σ=3	10	0.3	白色
					ϕ32×3	5	J11W—16K	*DN*25	2	HG5010—58	Q235	*DN*25、*PN*16	4	石棉橡胶板	σ=3	4	0.3	白色
粗乙醛管	粗乙醛	0.3	常温	无缝钢管	ϕ57×3.5	5	J11W—16K	*DN*50	2	HG5010—58	Q235	*DN*50、*PN*16	10	石棉橡胶板	σ=3	4	0.4	淡浅色
					ϕ45×3	10				HG5010—58	Q235	*DN*40、*PN*16	6	石棉橡胶板	σ=3	6		
					ϕ32×3	800	J11W—16K	*DN*25	7	HG5010—58	Q235	*DN*25、*PN*16	16	石棉橡胶板	σ=3	16		
							H41W—16K （止回阀）	*DN*25	2									
工艺水管	工艺水	0.8～1.6	常温	无缝钢管	ϕ32×3	70	J11W—16K	*DN*25	4	HG5010—58	Q235	*DN*25、*PN*16	8	石棉橡胶板	σ=3	8	0.2	浅绿
冷却水管	上水	0.45	常温	无缝钢管	ϕ32×3	20	J11P—10	*DN*25	1								0.6	深绿
					ϕ57×3.5	10												
	下水	常压	常温	无缝钢管	ϕ32×3	9				HG5010—58	Q235	*DN*25、*PN*16	2	石棉橡胶板	σ=3	2		黑色
排气管	废氮气	常压	常温	CrNi17Mo2Ti	ϕ57×3.5	19												黑色白环

当了解了乙醛加装站的设备数量、名称和编号后，可根据物料介质的不同情况分若干个系统来识读：

1）纯乙醛系统。纯乙醛来自乙醛球罐，由管线 $\phi57\times3.5$ 输送至计量槽 R—601$_{-1}$和 R—601$_{-2}$内，然后由计量槽底部流出，加装进槽车运到用户处。管线自始至终都是$\phi57\times3.5$。

2）粗乙醛系统。粗乙醛来自吸收塔 T—601，从塔底部由 $\phi45\times3$ 管线输送至粗乙醛槽 R—602 顶部流入。再由粗乙醛槽 R—602 底部用 $\phi57\times3.5$ 管子把粗乙醛送至粗乙醛泵 B—601$_{-1}$和 B—601$_{-2}$，然后分成三路：一路 $\phi32\times3$ 重回乙醛装置再提炼；一路 $\phi32\times3$ 经过 $\phi57\times3.5$ 套管用水冷却后通过转子流量计与工艺水管连通，进入 T—601 塔，重新参加化学反应；一路 $\phi32\times3$ 重回粗乙醛槽 R—602 储存。

P606 为粗乙醛槽 R—602 上的压力表，P607A 和 P607B 分别为粗乙醛泵 B—601$_{-1,2}$出口管上的压力表，F601 为粗乙醛管 $\phi32\times3$ 上的转子流量计。

3）乙醛尾气系统。乙醛尾气管共四路：一路由 $\phi57\times3.5$ 管线从乙醛球罐输送而来；另两路 $\phi45\times3$ 由 R—601$_{-1,2}$计量槽顶部流出，经流量孔板 RO602 与进入 T—601 塔的立管 $\phi57\times3.5$ 接通；第四路 $\phi32\times3$ 管线从粗乙醛槽 R—602 顶部接出，同进 T—601 吸收塔的立管 $\phi57\times3.5$ 接通。

RO601 和 RO602 为乙醛尾气管上的流量孔板。

4）氮气系统。高压氮气 $\phi32\times3$ 来自氮气外管，经减压阀减压，从原来的 1.5～1.6MPa 减至 0.1～0.3MPa（表 3-3），减压后管径由原来的 $\phi32\times3$ 扩大至 $\phi57\times3.5$，然后再分出四路：第一路管线 $\phi32\times3$ 从顶部进入粗乙醛槽 R—602，第二路管线 $\phi32\times3$ 和第三路管线 $\phi32\times3$ 也是分别从顶部进计量槽 R—601$_{-1}$和 R—601$_{-2}$；第四路管线 $\phi32\times3$ 把两只计量槽底部流出的纯乙醛用 $\phi57\times3.5$ 的管子连通。

P603 和 P604 分别为高压氮气 $\phi32\times3$ 管线减压阀前、后的压力表；P602A 和 P602B 分别为减压后氮气进两台计量槽前的压力表。

5）工艺水系统。工艺水由 $\phi32\times3$ 管子从外管输送而来，经转子流量计 F602，再经 $\phi57\times3.5$ 套管进入吸收塔 T—601 顶部喷淋而下，P610 为安装在转子流量计前的压力表。

6）排气系统。排气管 $\phi57\times3.5$ 主要用来输送由吸收塔 T—601 顶部排出的废气，经过调节阀后放空至大气。通过“工艺管线材料一览表”可知排气管 $\phi57\times3.5$ 的材质为不锈钢 CrNi17Mo2Ti。

P609 为排气管 $\phi57\times3.5$ 调节阀处的压力表，P608 为排气管 $\phi57\times3.5$ 上未进调节阀前的压力表。

7）冷却水系统。冷却水管为一般上水管道。由上水管接来冷却水进入 $\phi57\times3.5$ 的套管，以冷却 $\phi32\times3$ 管子里的粗乙醛介质；然后由套管的另一端接出，同工艺水套管（也是 $\phi57\times3.5$）接通，对工艺水进行冷却，经两次冷却后，套管里的水温度升高，再从冷却工艺水套管的另一头流出至明沟。冷却水的进水管和排水管的管径均为 *DN*25。

通过流程图可以根据不同的物料介质，按工艺流程逐条、逐段弄清这七个系统里每路管线的起始点和终止点，并对每一路管线的分支情况有一个大致的了解。在此基础上，就可以对设备布置图的平面图和立面图有一个概括的了解。

（5）设备布置图的识读

从图 3-14 的设备平面图中可以看到粗乙醛泵 B—601$_{-1,2}$布置在室外，泵口中心距厂房结构Ⓐ轴线为 1500，两泵间隔为 1200。在室内共有四台设备，从Ⓐ轴线朝Ⓒ轴线方向顺次排列的设备有：粗乙醛槽 R—602、吸收塔 T—601、计量槽 R—601$_{-1}$和 R—601$_{-2}$。同时，还可以看到不论是建（构）筑物还是设备，都详细标注出了各设备的定位尺寸。在图 3-14 的 *A—A* 剖面图中，可以看到这六台设备在立面中的结构形状和部分设备的高度尺寸。

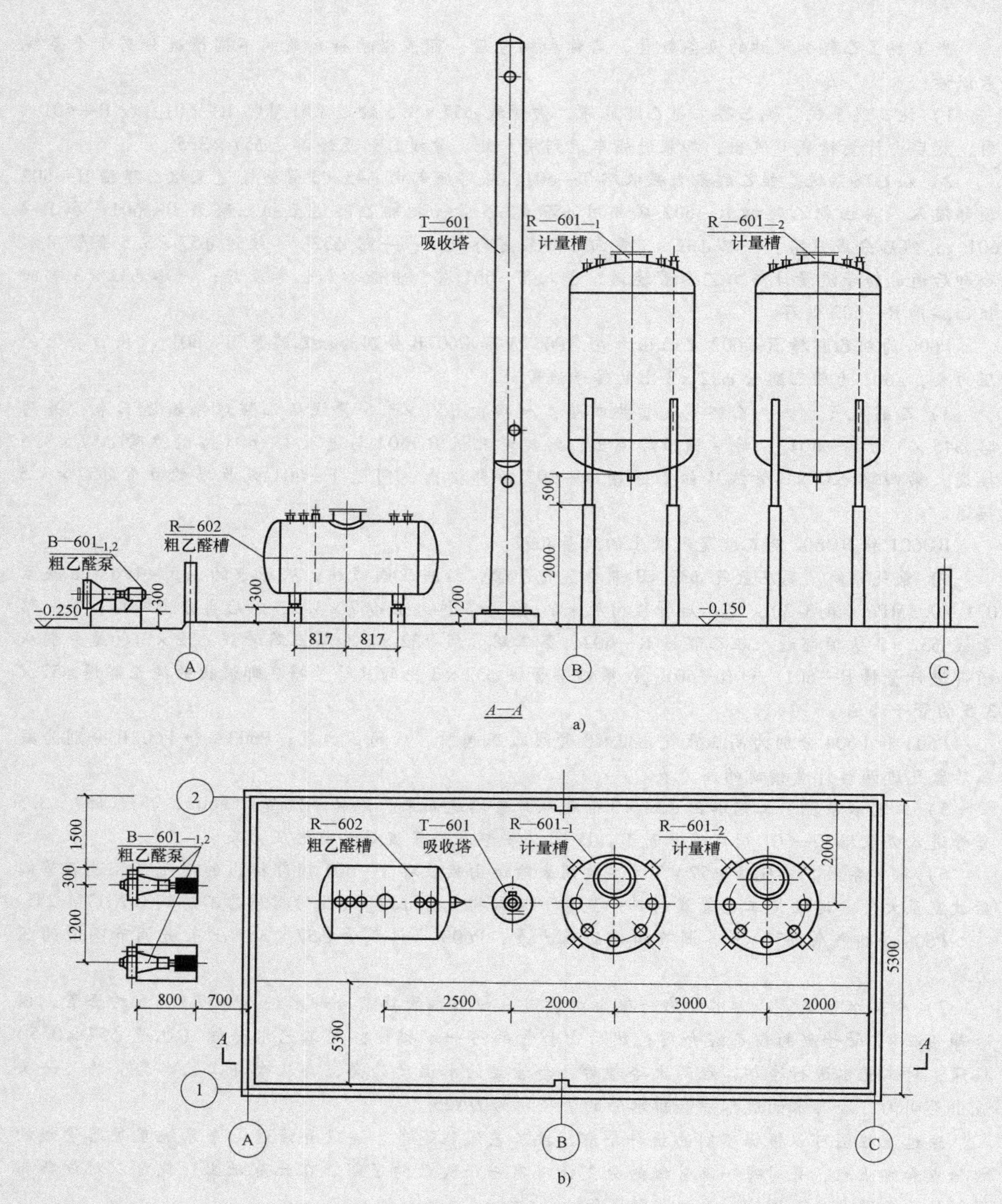

图 3-14 设备布置图

在了解和掌握流程图及设备布置图后，就可以识读管道布置图的平面图、立面图与剖面图。

(6) 管道布置图的识读

图 3-15 为乙醛加装站管道平面布置图，图 3-16 为管道 *A—A*、*B—B* 剖面图。根据“初步浏览、概括了解，过细核对、弄懂弄通”的识图要领，再根据流程图中七种不同介质的管线可以分成七个小系统，一路一路地加以识读。

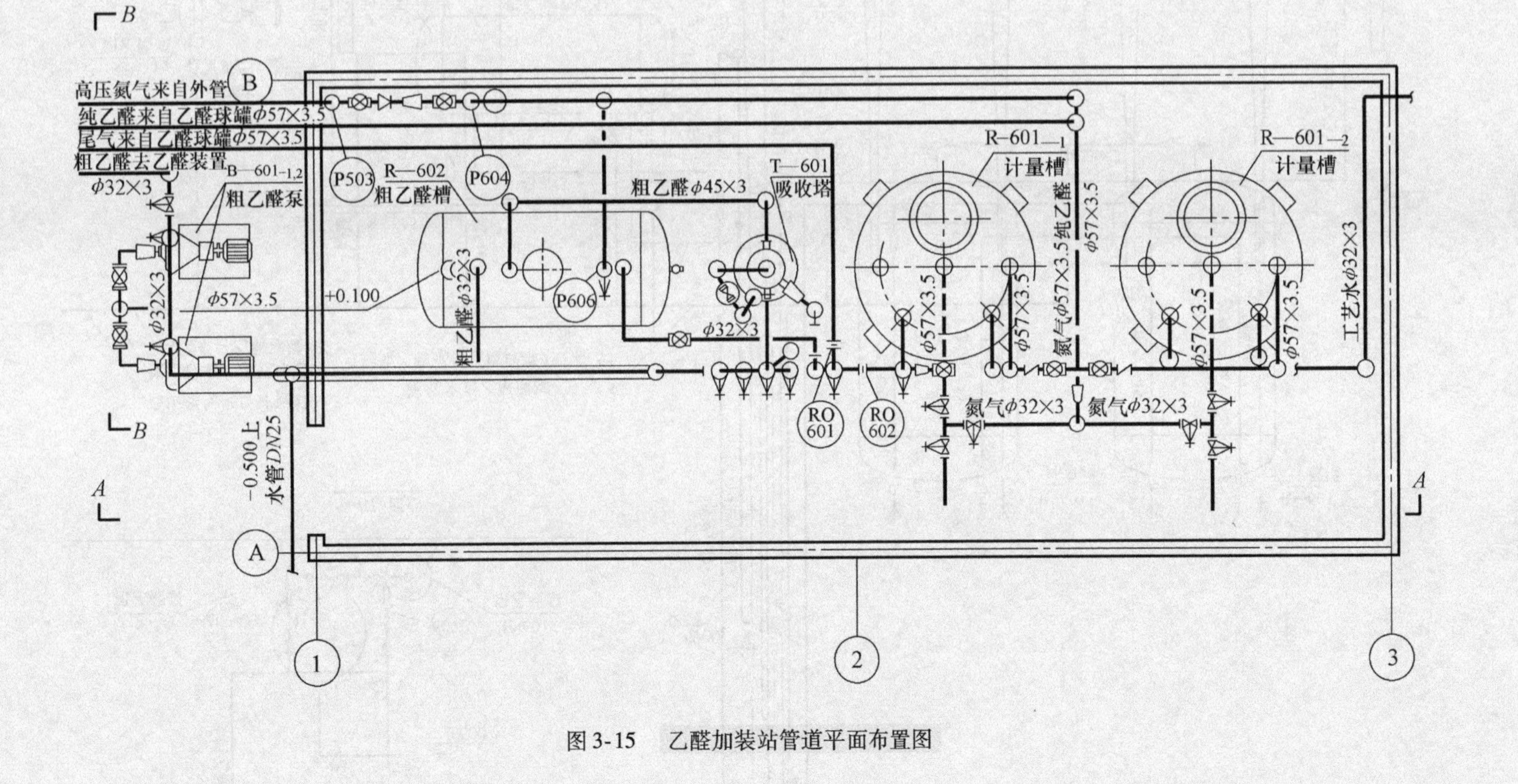

图3-15 乙醛加装站管道平面布置图

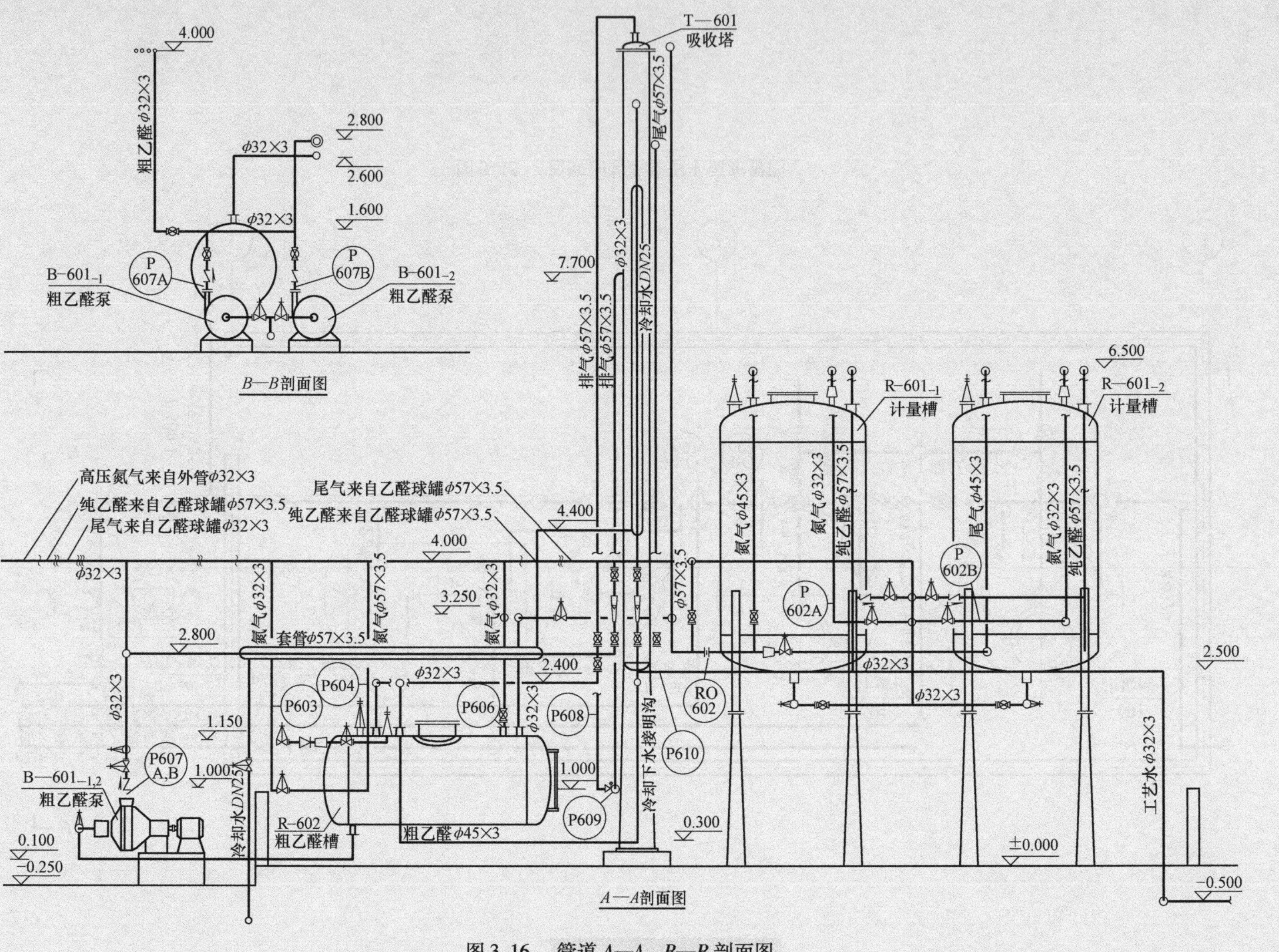

图3-16 管道A—A、B—B剖面图

图3-17为纯乙醛管路的管段图，从图中可知纯乙醛来自乙醛球罐，由$\phi57 \times 3.5$无缝钢管输送；参照平面图可知在Ⓑ轴线南面，由西向东进入乙醛加装站，标高为4.000m，在两只计量槽中间管线返低，标高为3.500m。管线转折后由北向南，在三通处分成两路，这两路管线上各有截止阀J11W—16K、*DN*50和止回阀H41W—16、*DN*50一只（见表3-3）；然后这两路管线分别登高至6.500m处，管线转折由南向北；最后管线朝下同计量槽顶部的管接口相接，画成虚线的管线为进槽管的延伸管。这样乙醛球罐里的纯乙醛就进入了计量槽，需要把纯乙醛装入槽车运送用户时，把计量槽纯乙醛输出管上的截止阀打开即可。管线的具体走法是从计量槽底部先垂直向下，标高至2.150m处；然后管线转折由北向南，同内径为$\phi57$的胶管相连（胶管用波浪线画出，用于加料时同槽车接通）。为了便于控制加料，在输出管的顶端装有两只J11W—16K截止阀（阀门规格见表3-3）。

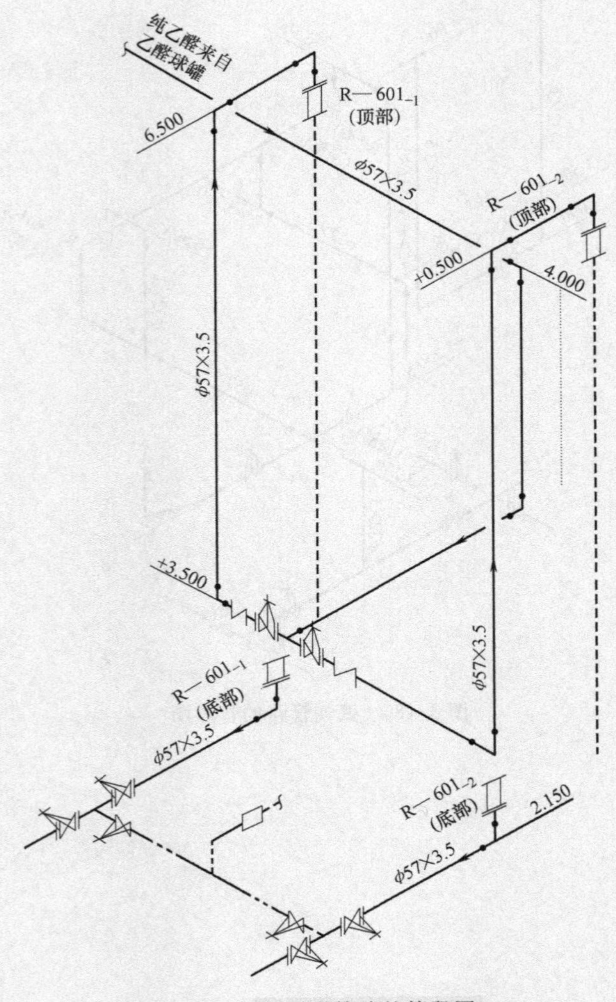

图3-17 纯乙醛管路的管段图

化工工艺管道图识读的关键是识读管路布置图，它是指导管路安装的技术文件，所以当进行管道施工安装时，首先必须阅读带控制点的工艺安装流程图，在此基础上读懂管路布置图。只有对图中的全部设备和管线都搞清楚了，才能准确无误地进行管路的安装工作。

复习思考题

1. 什么是化工工艺管道图？
2. 什么是带控制点的流程图？
3. 什么是设备布置图？
4. 什么是管路布置图？
5. 识读图 3-18。

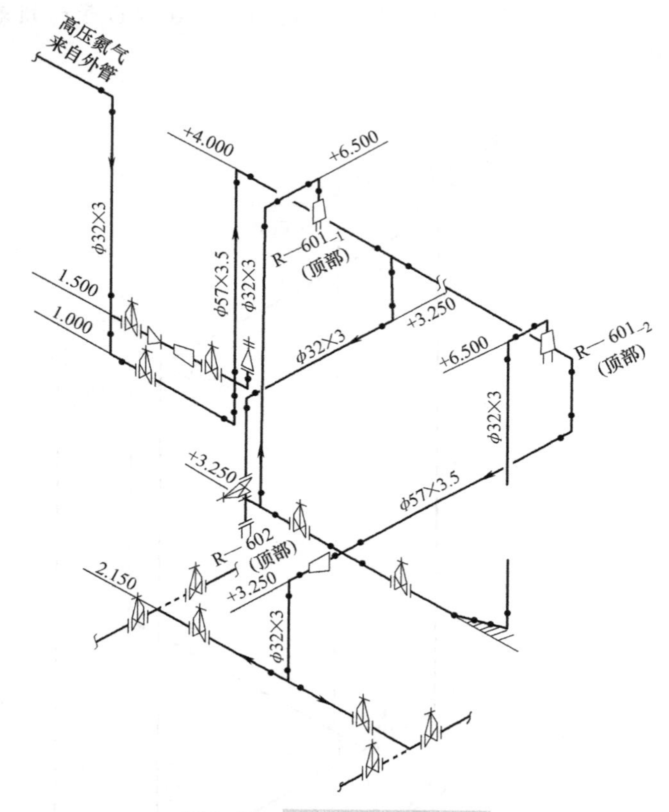

图 3-18 氮气管路的管段图

第 4 章 给水排水工程图

4.1 给水排水工程概述

给水排水工程按其所处的位置不同，分为城市给水排水工程和建筑给水排水工程两种。两者之间的界线与范围如图 4-1 所示，本章以建筑给水排水工程为重点内容进行介绍。

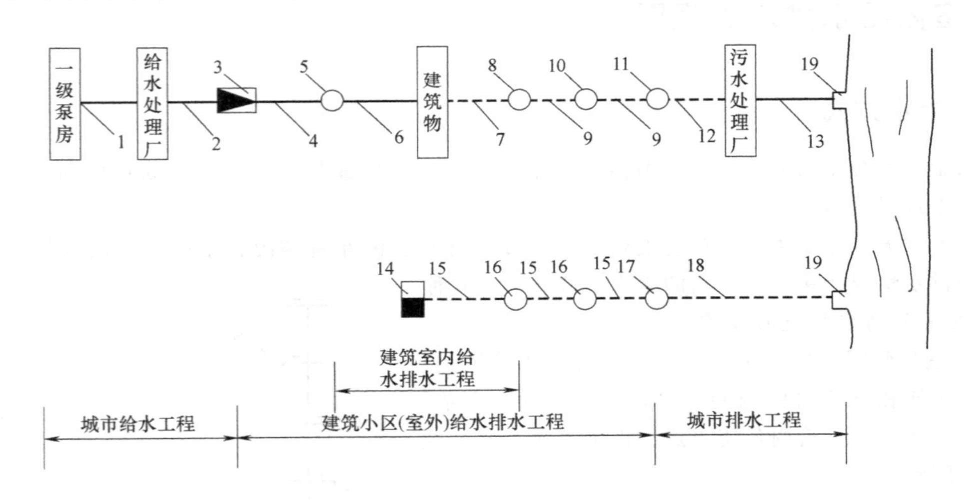

图 4-1 城市给水排水工程与建筑给水排水工程的界线与范围

1—输水管网 2—配水管网 3—水表井 4—室外给水管网 5—建（构）筑物阀门井 6—引入管
7—排出管 8—建（构）筑物外第一个检查井 9—室外污水排水管道（网）
10—室外污水检查井 11、17—碰头井 12—城市污水排水管道（网）
13—污水出水口 14—雨水口 15—室外雨水管网
16—室外雨水检查井 18—城市雨水管网
19—雨水出水口

1. 建筑给水工程的范围

建筑给水工程按其所处的位置不同，分为建筑小区（室外）给水工程和建筑内部（室内）给水工程两种。

（1）室外给水工程的范围 从城市给水工程的水表井起，至建筑物阀门井或水表井（位于室外）止，包括室外给水管网和阀门井（或水表井）等。

（2）室内给水工程的范围 从阀门井或水表井（位于室外）起，至室内各用水点（设备）

止，包括引入管、室内管道、设备和附件等。

2. 建筑排水工程的范围

建筑排水工程，按其所处的位置和污水的性质不同，分为室外污水排水工程和室外雨水排水工程，以及室内污水排水工程和室内（屋面）雨水排水工程两种。

（1）室外污水排水工程的范围 从建筑物第一个污水检查井（位于室外）起，至下游最后一个污水检查井（碰头井）止，包括建筑物第一个污水检查井、室外污水检查井和室外污水排水管网等。

（2）室外雨水排水工程的范围 从建筑物第一个雨水检查井（位于室外）或雨水口起，至下游最后一个雨水检查井（碰头井）止，包括建筑物第一个雨水检查井或雨水口、室外雨水检查井和室外雨水排水管网等。

（3）室内污水排水工程的范围 从室内各污水收集点（设备）起，至建筑物第一个污水检查井（位于室外）止，包括设备、室内污水排水管道和排出管等。

（4）室内（屋面）雨水排水工程的范围 一般是从雨水斗起，至建筑物第一个雨水检查井（位于室外）或雨水口止，包括雨水斗、雨水排水立管和排出管等。

4.2 室内给水排水工程图

4.2.1 给水方式

室内给水系统由引入管、水表节点、配水管网、配水装置与附件、增（减）压和储水设备及给水局部处理设施组成。

室内给水方式主要根据建筑物的性质、高度、配水点的布置情况，室内所需的水压和室外给水管网的供水情况所决定，常用的给水方式有以下几种。

1. 利用外网水压直接给水方式

（1）室外管网直接给水方式 当室外给水管网提供的水量、水压在任何时候均能满足建筑用水时，直接把室外管网的水引到建筑内各用水点，称为直接给水方式，如图4-2所示。

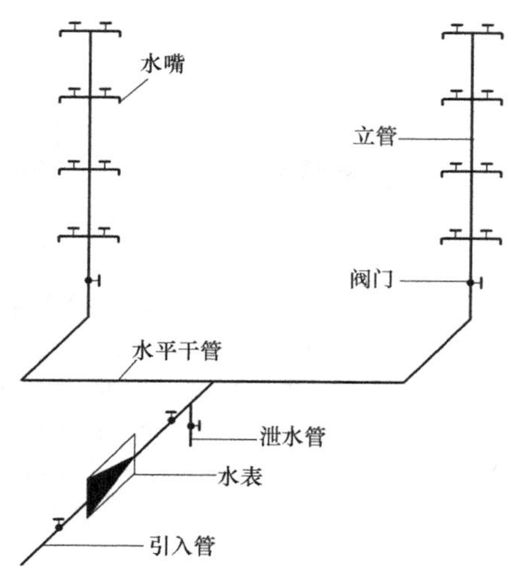

图4-2 直接给水方式

（2）单设水箱的给水方式 当室外给水管网提供的水压只是在用水高峰时段出现不足时，或者建筑内要求水压稳定，并且该建筑具备设置高位水箱的条件，可采用这种方式，如图4-3所示。该方式在用水低峰时，利用室外给水管网水压直接供水并向水箱进水；在用水高峰时，水箱出水供给给水系统，从而达到调节水压和水量的目的。

2. 设有增压、储水设备的给水方式

（1）单设水泵的给水方式 单设水泵的给水方式，适用于室外管网压力不足，且室内用水量均匀，需要局部增压的给水系统，其给水方式如图4-4所示。

（2）设有水泵和水箱的给水方式 当室外管网压力经常性或周期性不足，室内用水量又不均匀时，给水系统应设水箱和水泵，其给水方式如图4-5所示。

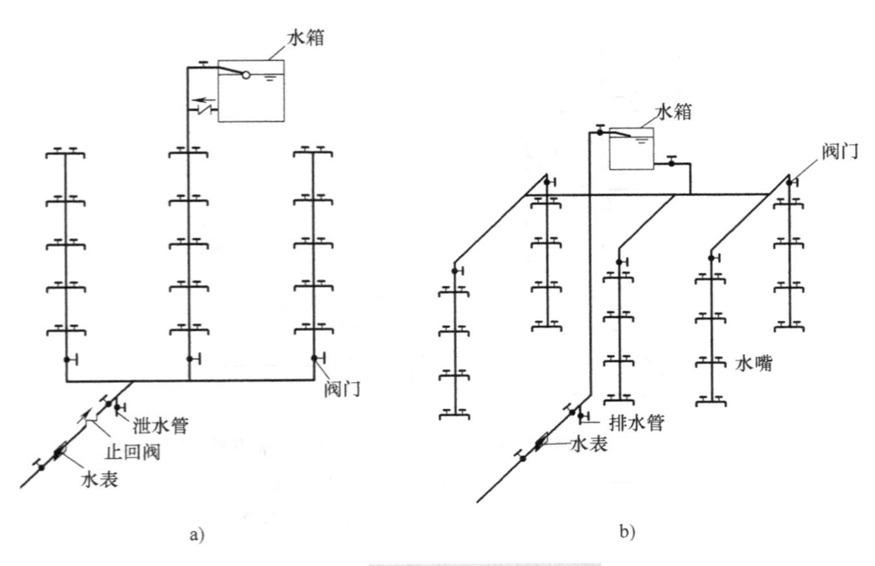

图 4-3 单设水箱的给水方式

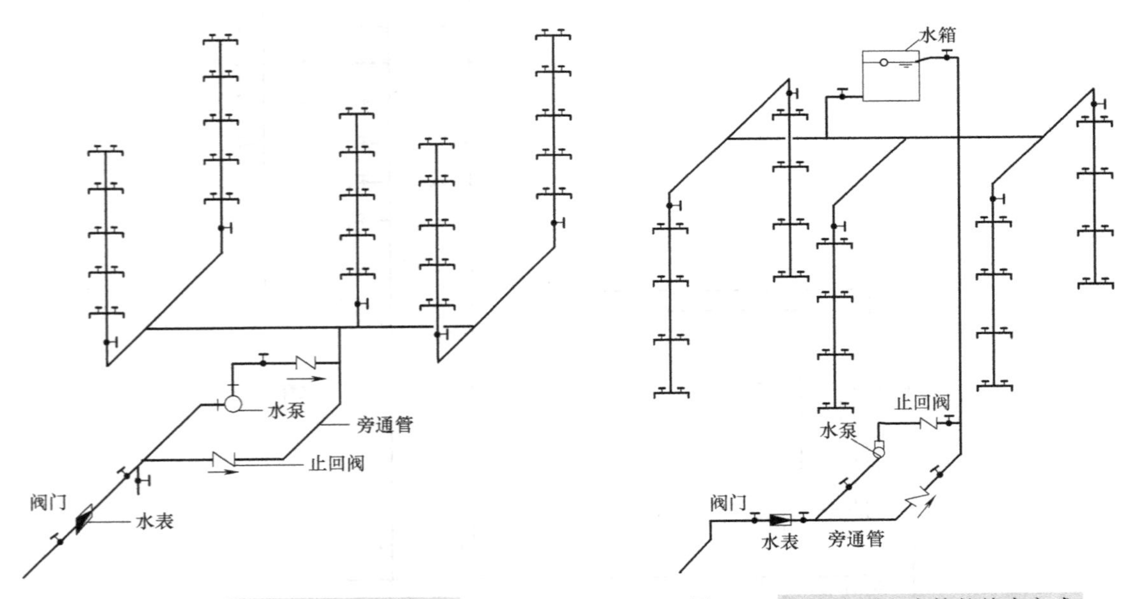

图 4-4 单设水泵的给水方式

图 4-5 设有水泵和水箱的给水方式

(3) 设置储水池、水泵和水箱的给水方式 当建筑的用水可靠性要求高，室外管网的水量、水压经常不足，且不允许直接从外网抽水，或者是用水量较大、外网不能保证建筑的高峰用水，或是要求储备一定容积的消防水量时，都应采用这种给水方式，其给水方式如图 4-6 所示。

(4) 设气压给水装置的给水方式 当室外给水管网的压力低于或经常不能满足室内所需水压，室内用水不均匀，且不宜设置高位水箱时，可采用此方式。该方式即在给水系统中设置气压给水设备，利用该设备气压水罐内气体的可压缩性来协同水泵增压供水，其给水方式如图 4-7 所示。气压水罐的作用相当于高位水箱，但其位置可根据需要较灵活地设在高处或低处。

(5) 设变频调速给水装置的给水方式 当室外供水管网水压经常不足，建筑内用水量较大且不均匀，要求可靠性较高、水压恒定时，或者建筑物顶部不宜设高位水箱时，可以采用变频调速

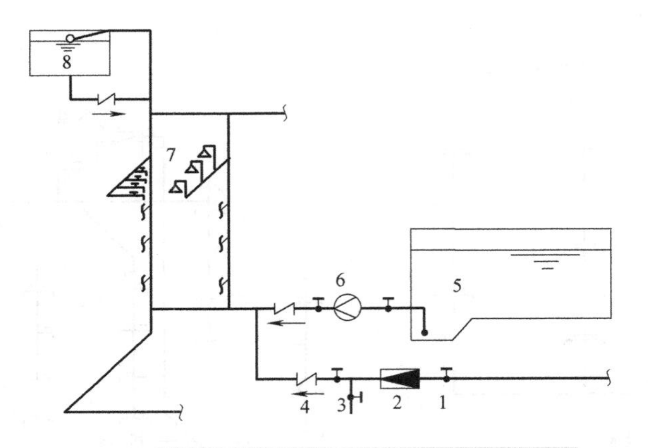

图 4-6 设置储水池、水泵和水箱的给水方式

1—阀门 2—水表 3—泄水管 4—止回阀

5—水池 6—水泵 7—淋浴喷头 8—水箱

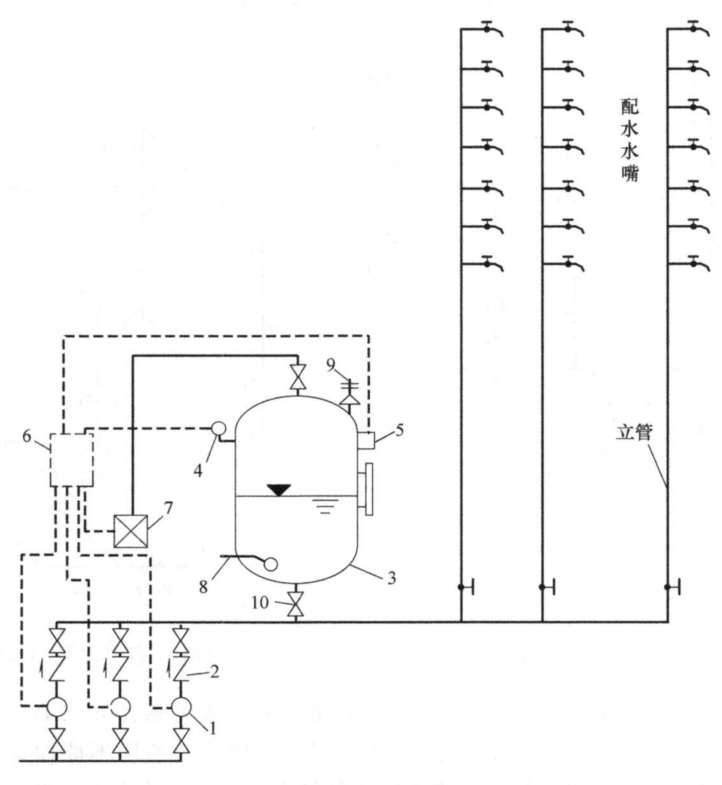

图 4-7 设气压给水装置的给水方式

1—水泵 2—止回阀 3—气压水罐 4—压力信号器 5—液位信号器

6—控制器 7—补气装置 8—排气阀 9—安全阀 10—阀门

给水装置供水，其给水方式如图 4-8 所示。这种供水方式可省去屋顶水箱，水泵效率较高，但一次性投资较大。

3. 分区给水方式

分区给水方式适用于多层和高层建筑。

(1) 利用外网水压的分区给水方式　对于多层和高层建筑来说，室外给水管网的压力只能满足建筑下部若干层的供水要求。为了有效地利用外网的水压，常将建筑物的低区设置成由室外给水管网直接供水，高区由增压储水设备供水的布置。

(2) 设高位水箱的分区给水方式（图4-9）　此种方式一般适用于高层建筑。高层建筑生活给水系统的竖向分区，应根据使用要求、设备材料性能、维护管理条件和建筑高度等综合因素合理确定。一般各分区最低卫生器具配水点处的静水压力不宜大于0.45MPa，且最大不得大于0.55MPa。

这种给水方式中的水箱，具有保证管网中正常压力的作用，还兼有储存、调节、减压作用。根据水箱的不同设置方式又可分为两种形式：

1) 并联水泵、水箱给水方式。并联水泵、水箱给水方式是每一分区分别设置一套独立的水泵和高位水箱，向各区供水。其水泵一般集中设置在建筑的地下室或底层，如图4-10所示。

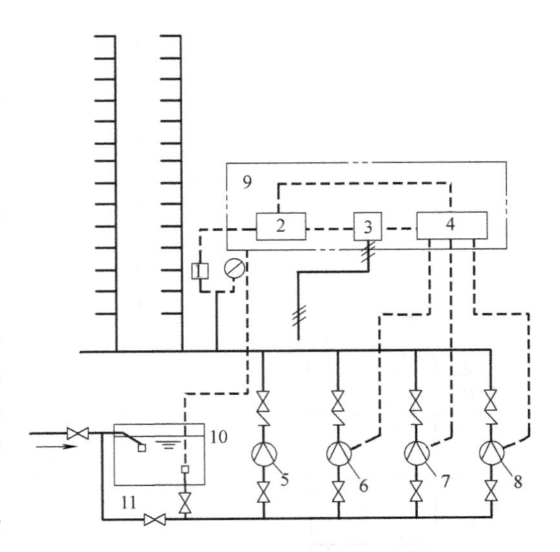

图4-8　设变频调速给水装置的给水方式

1—压力传感器　2—微机控制器　3—变频调速器　4—恒速泵控制器　5—变频调速泵　6、7、8—恒速泵　9—电控柜　10—水位传感器　11—液位自动控制阀

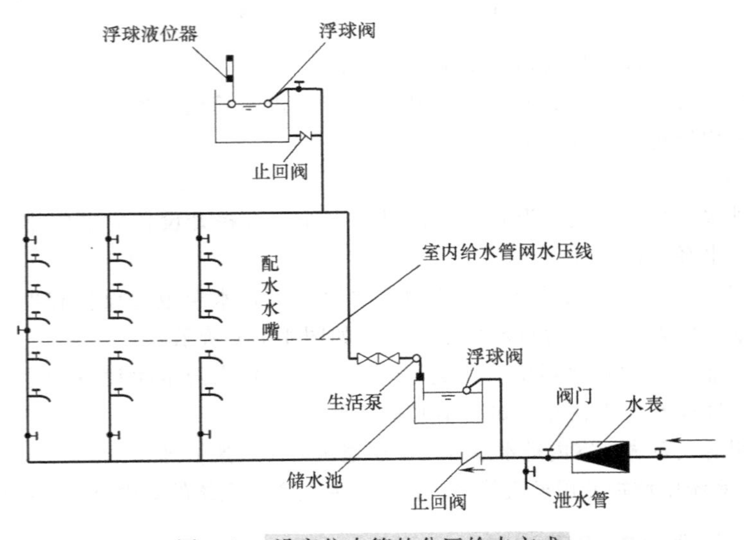

图4-9　设高位水箱的分区给水方式

2) 串联水泵、水箱给水方式。串联水泵、水箱给水方式是水泵分散设置在各区的楼层之中，下区的高位水箱兼作上一区的储水池，如图4-11所示。

4.2.2　排水系统

1. 室内排水系统的组成

室内排水系统根据排水的性质不同，可分为生活污水系统、工业废水系统和雨水系统。室内排水体制分为分流制和合流制：分流制是分别单独设置生活污水系统、工业废水系统和雨水系统；

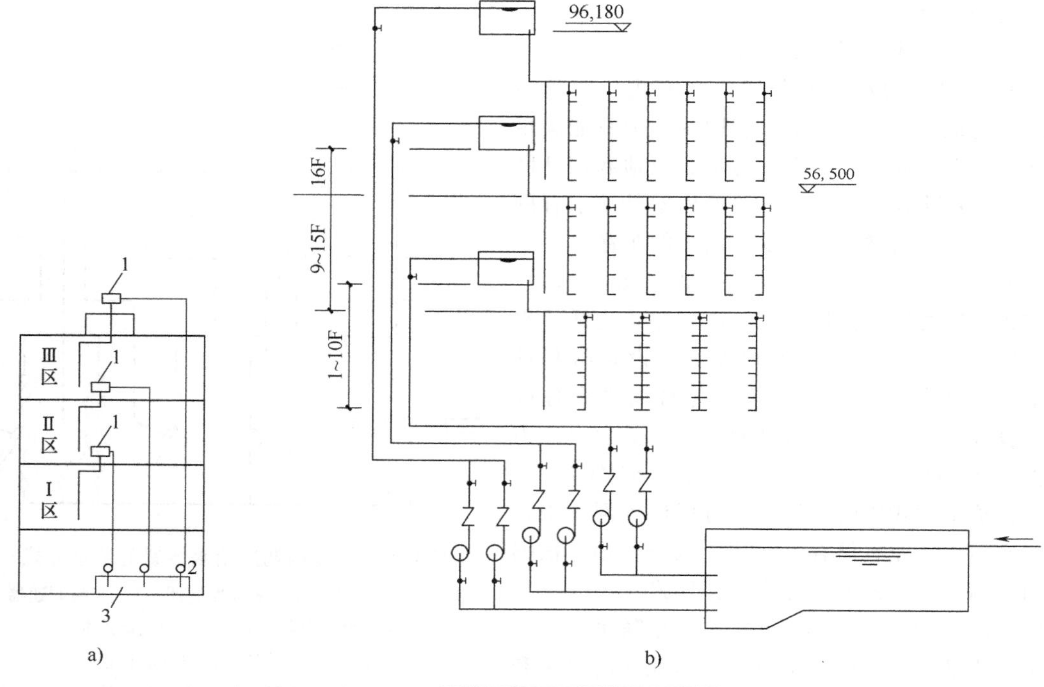

图 4-10 并联水泵、水箱给水方式

a）并联给水方式 b）并联给水方式实例

1—水箱 2—水泵 3—水池

合流制是将其中任意两种或三种管道系统组合在一起。

室内排水系统一般由卫生器具和生产设备受水器、排水管道、通气管道、清通设备、提升设备及污水局部处理构筑物几个部分组成。

2. 室内排水方式

常用的室内排水方式有无提升设备的室内排水系统、有提升设备的室内排水系统和设有专用通气系统的室内排水系统这几种。

（1）无提升设备的室内排水系统 建筑物内的污（废）水经卫生设备和生产受水器收集，通过排水管道排至室外检查井的重力自流排水系统，如图 4-12a 所示。

（2）有提升设备的室内排水系统 建筑物内的污（废）水经卫生设备和生产受水器收集，必须经提升设备才能排至室外检查井，如图 4-12b 所示。

（3）设有专用通气系统的室内排水系统 高层建筑内污（废）水水量较大，为了增大排水能力，加强通气，在排水系统中增加专用通气管系统，设有专用通气系统的室内排水系统如图 4-13 所示。

4.2.3 室内给水排水工程图识读

室内给水排水工程图包括室内给水排水平面图、给水系统图、排水系统图和详图等，其中主要用到的是前三种图样。

室内给水排水工程图的识图顺序：先识读室内给水排水平面图，再对照平面图识读给水系统图与排水系统图，然后识读详图。

1. 平面图的识读

室内给水排水管道平面布置图是施工图中最基本和最重要的图样，它主要表明建筑物内给水排水管道及有关卫生器具或用水设备的平面布置。这种布置图上的线条都是示意性的，同时管配

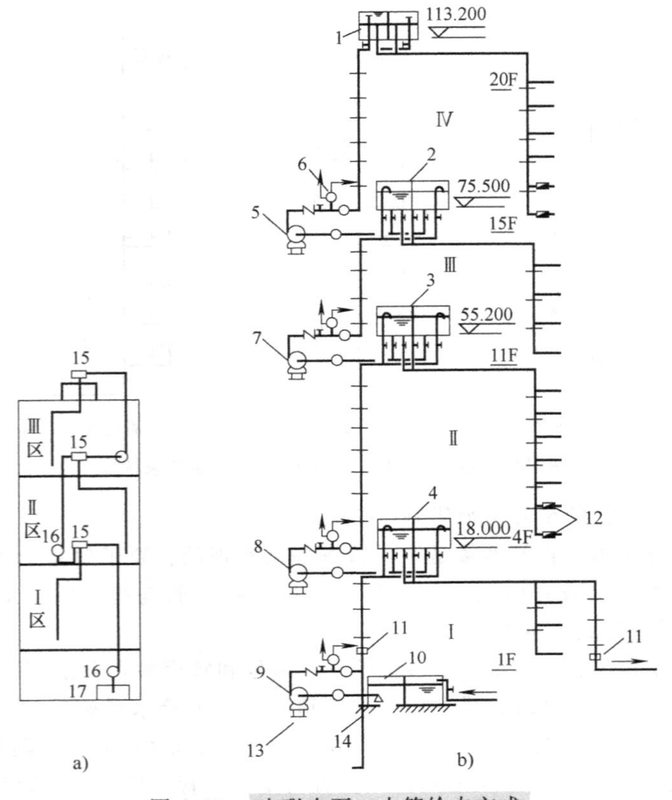

图4-11　串联水泵、水箱给水方式

a）串联给水方式　b）串联给水方式实例

1—Ⅳ区水箱　2—Ⅲ区水箱　3—Ⅱ区水箱　4—Ⅰ区水箱　5—Ⅳ区加压泵　6—水锤消除器　7—Ⅲ区加压泵　8—Ⅱ区加压泵　9—Ⅰ区加压泵　10—储水池　11—孔板流量计　12—减压阀　13—减振台　14—软接头　15—水箱　16—水泵　17—水池

件（如活接头、内外螺纹、外接头等）也不画出来，因此在识读图样的同时还必须熟悉给水排水管道的施工工艺。在识读管道平面布置图时应该掌握的主要内容和注意事项如下：

1）查明卫生器具、用水设备（开水炉、水加热器等）和升压设备（水泵、水箱等）的类型、数量、安装位置与定位尺寸。

卫生器具和各种设备通常是用图例画出来的，不能具体表示各部尺寸及构造，因此在识读时必须结合有关详图或技术资料，搞清楚这些器具和设备的构造、接管方式和尺寸。

2）弄清楚给水引入管和污水排出管的平面位置、走向、定位尺寸、与室外给水排水管网的连接形式、管径及坡度等。

给水引入管通常自用水量最大或不允许间断供水的地方引入，给水引入管上一般都装设阀门。阀门如果设在室外阀门井内，在平面图上就能完整地

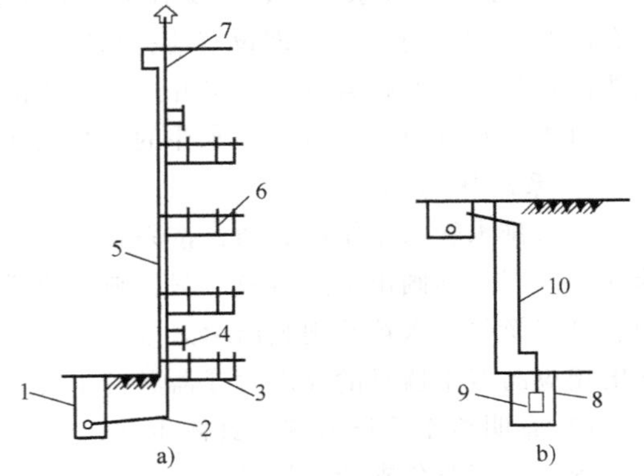

图4-12　室内排水系统原理图

a）无提升设备的室内排水系统原理图

b）有提升设备的室内排水系统原理图

1—室外排水检查井　2—排出管　3—排水横支管　4—检查口　5—排水立管　6—接卫生设备支管　7—通气管　8—集水池　9—污水泵　10—压力排水管

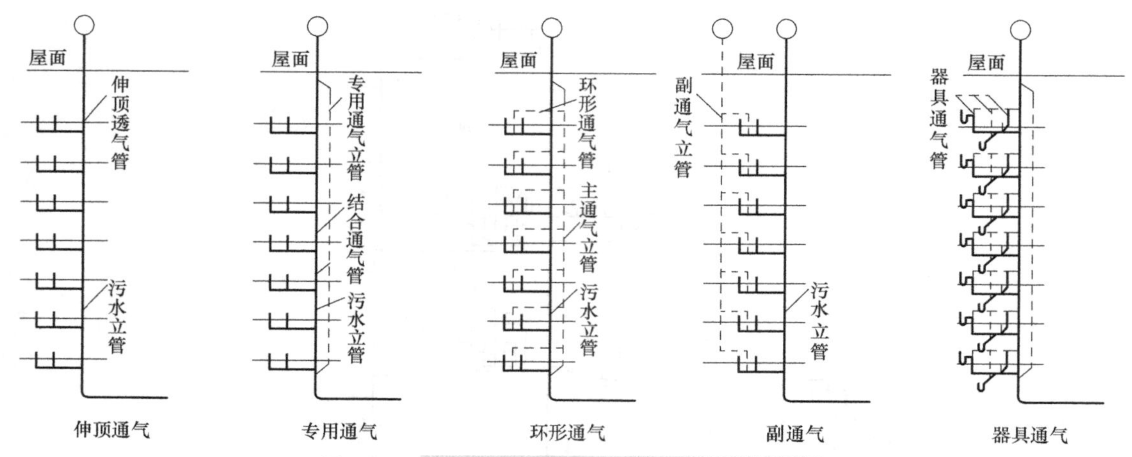

图 4-13 设有专用通气系统的室内排水系统图

表示出来，这时要查明阀门的型号及距建筑物的距离。

污水排出管与室外排水总管的连接是通过检查井来实现的，要了解排出管的长度，即外墙至检查井的距离。排出管在检查井内通常取管顶平连接（排出管与检查井上的排水管管顶标高相同），以免排出管埋设过深或产生倒流。

给水引入管和污水排出管通常都注上系统编号，编号和管道种类分别写在直径为 8～10mm 的圆圈内，圆圈内过圆心画一水平线，线上面标注管道种类，如给水系统写“给”或写汉语拼音字母“J”，污水系统写“污”或写汉语拼音字母“W”。线下面标注编号，用阿拉伯数字书写。

3）查明给水排水干管、立管、支管的平面位置与走向、管径尺寸及立管编号。

从平面图上可以清楚地查明管路是明装还是暗装，以确定施工方法。平面图上的管线虽然是示意性的，但还是有一定的比例，因此估算材料时可以结合详图用比例尺度量进行计算。

每个系统内立管较少时，仅在引入管处进行系统编号；只有当立管较多时，才在每个立管旁边进行编号。立管编号的标注方法与系统编号基本相同。

4）在给水管道上设置水表时，必须查明水表的型号、安装位置，以及水表前后阀门的设置情况。

5）对于室内排水管道，还要查明清通设备的布置情况。有时为了便于通扫，在适当的位置设置有门弯头和有门三通（即设有清扫口的弯头和三通），在识读时也要加以考虑。对于大型厂房特别要注意是否设有检查井，检查井进、出管的连接方向也应搞清楚。

对于雨水管道，要查明雨水斗的型号及布置情况，并结合详图搞清雨水斗与天沟的连接方式。

2. 系统图的识读

给水排水管道系统图，通常按系统画成正面斜等轴测图，主要表明管道系统的立体走向。在给水系统图上不画出卫生器具，只需画出龙头、淋浴器莲蓬头、冲洗水箱等符号；用水设备如锅炉、热交换器、水箱等则画出示意性的立体图，并在支管上注以文字说明。在排水系统图上也只画出相应的卫生器具的存水弯或器具排水管。在识读时应掌握以下主要内容和注意事项：

1）查明给水管道系统的具体走向，干管的敷设形式，管径尺寸及其变化情况，阀门的设置，引入管、干管及各支管的标高。

识读给水管道系统图时，一般按引入管、干管、立管、支管及用水设备的顺序进行。

2）查明排水管道系统的具体走向、管路分支情况、管径尺寸与横管坡度、管道各部标高、存水弯形式、清通设备的设置情况、弯头及三通的选用（90°弯头还是135°弯头，45°三通还是90°斜三通）等。

识读排水管道系统时，一般是按卫生器具或排水设备的存水弯、器具排水管、排水横管、立管、排出管的顺序进行的。在识读时结合平面图及说明，了解和确定管材及管件。存水弯有铸铁

和塑料、P式和S式及有清扫口和不带清扫口等形式，在识读时也要根据卫生器具的种类、型号和安装位置予以确定下来。

3）系统图上对各楼层标高都有注明，识读时可据此分清管路是属于哪一层的。管道支架在图上一般不表示出来，给水管支架常用的有管卡、钩钉、吊环和角钢托架，支架需要的数量及规格应在识读时由施工人员按有关规程和习惯做法确定下来。

铸铁排水立管通常用铸铁立管卡子装设在铸铁排水管的承口上面，也可以装在管身上。铸铁排水横管则采用吊卡吊在承口上，间距不超过2m。塑料排水管可采用成品管件。

3. 详图的识读

室内给水排水工程的详图主要是管道节点、水表、水加热器、开水炉、卫生器具、过墙套管、排水设备与管道支架等的安装图。这些安装图都是用正投影法画出来的，图上都有详细尺寸，可供安装时直接使用。

【实例4-1】 例如图4-14和图4-15分别是一幢三层楼房的给水排水管道平面图和系统图，试对这套图进行识读。

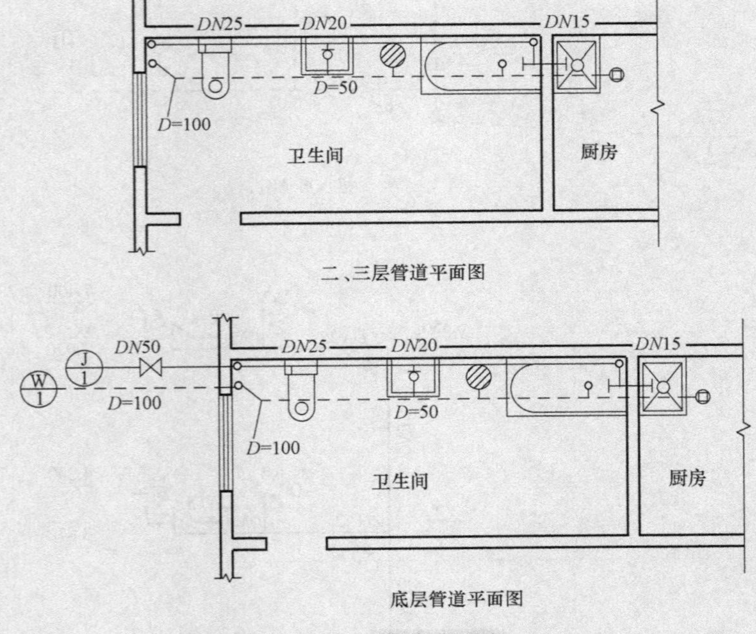

图4-14 管道平面图

在图4-14中，从平面图上可看出各层卫生间内设有低水箱坐式大便器、洗脸盆、浴盆各一套，为了排除卫生间的地面污水和冲清地面方便还设有一只地漏，厨房内设有一只洗涤盆。

在图4-15中，给水系统编号J1，引入管直径50mm，在室外设有闸门，埋深0.6m，进入室内沿墙角设置立管。立管直径在底层分支前为50mm，底层与二层分支前为32mm，二～三层为25mm。每层设一分支管，分别向大便器水箱、洗脸盆和洗涤盆供水。底层分支管标高为0.250m，从立管至洗脸盆一段直径为25mm，洗脸盆至浴盆一段直径变为20mm。分支管沿内墙敷设，在卫生间内墙墙角登高至标高0.670m转弯水平敷设，再分支：一路穿墙进入厨房登高至标高1.000m接洗涤盆龙头，管径为15mm；另一路接浴盆龙头，管径也是15mm。二楼和三楼分支管上的接管管径，以及距地面的距离与底层完全相同。

在图4-15中，排水系统编号W1，每层设一根排水横管，横管上连接有洗涤盆、浴盆、地漏、

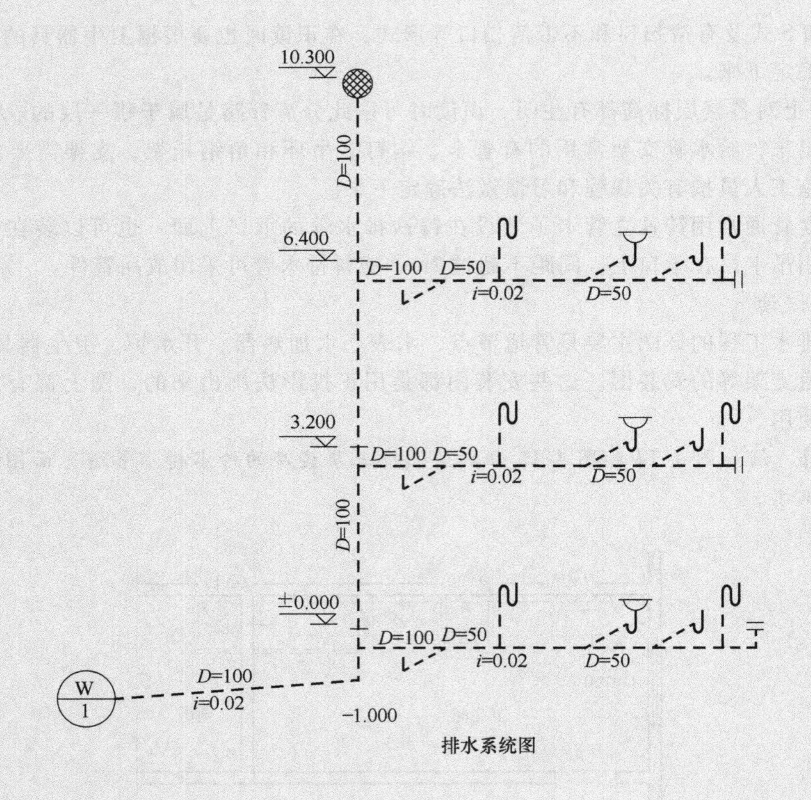

排水系统图

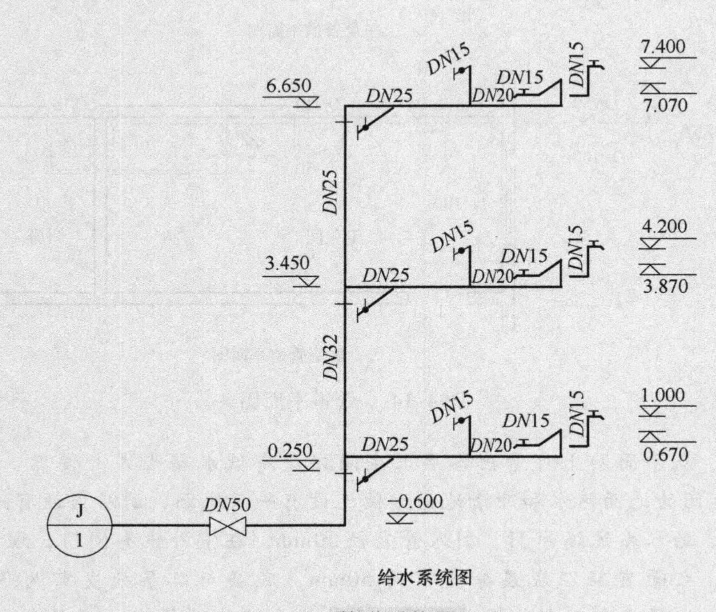

给水系统图

图4-15 管道系统图

洗脸盆和大便器等器具的排水管。横管末端装设清扫口，底层清扫口从地下弯到地板上；二楼和三楼清扫口设在二楼和三楼顶棚下面。自洗涤盆至大便器的排水横管管径为50mm，大便器至立管段管径为100mm，排水立管、通气管和排出管的管径都是100mm。排出管穿外墙标高为-1.000m，横管坡度都是0.02。

给水排水管道平面图和系统图对管路的布置和走向都表示得很清楚，但管路与卫生器具的连接则未进行表达，还需另外查阅详图。

给水管管材选用硬聚氯乙烯给水管或热镀锌钢管，排水管管材选用柔性铸铁排水管或硬聚氯乙烯排水管。

4.2.4　室外给水排水工程图

1. 室外给水排水平面图

室外给水排水平面图是室外给水排水工程图中的主要图样之一，它表示室外给水排水管道的平面布置情况。

室外给水工程是指从取水，经净水、储水，最后通过输、配水管网送到用水建筑物的系统。室外给水系统由取水构筑物、一级泵站、净水构筑物、清水池、二级泵站、输水管、水塔、配水管网等组成。

室外排水系统可分为污水排除系统和雨水排除系统：污水排除系统是指生活污水和工业废水系统，它是由管道、泵站、处理构筑物及出水口组成，雨水排除系统由房屋雨水排除管道、厂区或庭院雨水管、街道雨水管道及出水口组成，如图4-16所示。

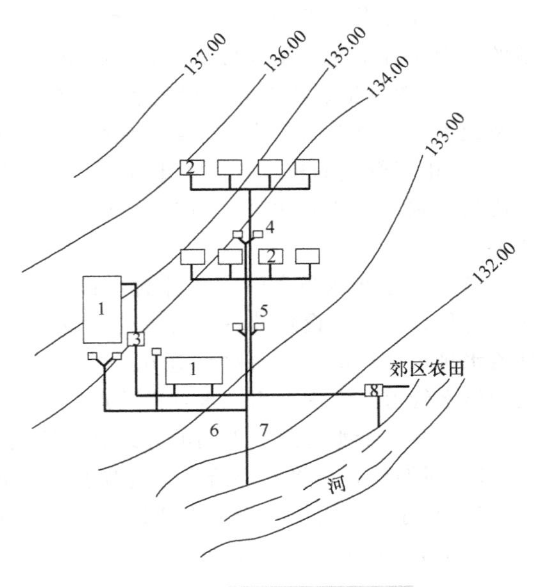

图4-16　排水系统的组成

1—生产车间　2—住宅　3—局部污水处理构筑物　4—雨水口　5—污水管道　6—雨水管道　7—出水管渠　8—污水处理厂

室外的排水体制有分流制和合流制两种：分流制是指生活污水、工业废水和雨水分别用两个或两个以上的排水系统排除的体制；合流制是指污水和雨水用同一管道系统排除的体制。

室内排水管道与城市排水管道之间的管道系统，称为庭院排水系统、住宅小区排水系统或厂区排水系统。庭院排水管道通常设在房屋有卫生间和厨房间的一侧，以减少室内污水排出管的长度。庭院排水管道宜沿建筑物平行敷设，与室内污水排出管的交接处应设检查井，检查井与房屋外墙的距离不宜少于2.5m，但也不要大于10m（大于10m时应在排出管上另设检查井）。

室外排水管道在管道方向改变处、交汇处、坡度改变处，以及高程改变处都要设置检查井，直线管段的长度超过一定数值时，也要设检查井。室外排水系统在管道底面高程急剧变化的地点和水流流速需要降低的地点，应设置跌水井，跌水井的构造尺寸及安装要求可查阅国家建筑标准设计图集《给水排水构筑物设计选用图（水池、水塔、化粪池、小型排水构筑物）》（07S906）。

雨水管道系统的雨水口一般设在道路边沟上，两个雨水口的直线间距最小为30m，最大为80m。雨水口通常以砖砌或混凝土浇制，雨水口与总管的连接管道的长度不得超过25m。

本篇主要介绍建筑小区室外给水排水工程。

室外给水排水工程图主要有给水排水平面图、给水排水管道截面图和给水排水节点图三种。

2. 施工图的识读

（1）给水排水平面图　室外给水排水管道平面图，主要表示一个厂区、地区（或街区）给水排水的布置情况。识读的主要内容和注意事项如下：

1）查明管路平面布置与走向。通常给水管道用粗实线表示，排水管道用粗虚线表示，检查井用直径2～3mm的小圆表示。给水管道的走向是从大管径到小管径，通向建筑物的排水管的走向则是从建筑物出来到检查井。各检查井之间从高标高到低标高，管径是从小到大的。

2）室外给水管道要查明水表井、阀门井的具体位置。当管路上有泵站、水池、水塔及其他构筑物时，要查明这些构筑物的位置，管道进、出的方向，以及各构筑物上管道、阀门及附件的设置情况。

3）了解给水排水管道的埋深及管径。管道标高一般标注绝对标高，识读时要搞清楚地面的自然标高，以便计算管道的埋设深度。室外给水排水管道的标高通常是按管底来标注的。

4）识读室外排水管道时，特别要注意检查井的位置和检查井进、出管的标高。当没有标高标注时，可用坡度计算出管道的相对标高。当排水管道有局部污水处理构筑物时，还要查明这些构筑物的位置，进、出接管的管径、距离与坡度等，必要时还应查看有关的详图，以进一步搞清建（构）筑物的构造及建（构）筑物上的配管情况。

（2）给水排水管道截面图　当地下管路种类繁多、布置复杂时，为了更好地表示给水排水管道的截面布置情况，还应绘制管道截面图。识读时应该掌握的主要内容和注意事项如下：

1）查明管道、检查井的截面情况。有关数据均列在图样下面的表格中，一般应列有检查井编号及距离、管道埋深、管底标高、地面标高、管道坡度和管道直径等。

2）由于管道的长度方向要比直径方向大得多，绘制截面图时，纵、横向采用不同的比例：横向比例，城市（或居住区）为1:5000或1:10000，工矿企业为1:1000或1:2000；纵向比例为1:100或1:200。

（3）给水排水节点图　室外给水排水节点图主要是表示管道节点，检查井，阀门井，水塔、水池构件，水处理设备及各种污水处理设备等，有些已制成标准图在全国或某一地区内通用。室外给水排水节点图分为给水管道节点图、污水管道节点图和雨水管道节点图三种图样。通常需要绘制给水管道节点图，当污水管道节点图和雨水管道节点图比较简单时，可不绘制。

识读室外给水管道节点图的方式有对照法与顺序法两种：

1）对照法是指将室外给水管道节点图与室外给水排水平面图中相应的给水管道图对照。

2）顺序法是由第一个节点开始，依次识读至最后一个节点止。

图4-17从节点J_1至J_6共6个节点：

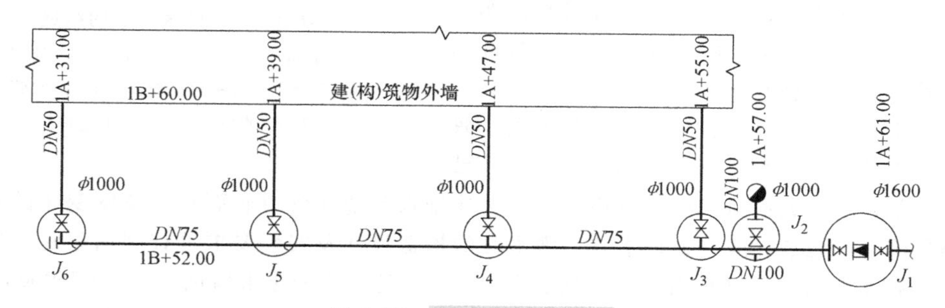

图4-17　给水管道节点图

① 节点J_1为城市给水管道的水表井，井内设有$DN100$法兰式水表1块，$DN100$法兰式闸阀两个。

② 节点J_2是室外消火栓的阀门井，井内设有$DN100$法兰式闸阀1个、$DN100\times100\times100$单盘给水铸铁三通1个；井外设有$DN100$地上消火栓1个。

③ 节点J_3，J_4，J_5为阀门井，井内设有$DN80\times80\times50$钢三通1个、$DN50$内螺纹闸阀1个。

④ 节点 J_6 为阀门井，井内设有 $DN80 \times 80 \times 50$ 钢三通 1 个、钢盲板 1 片和 $DN50$ 内螺纹式闸阀 1 个。

例如图 4-18 和图 4-19 是新建办公楼室外给水排水管道平面图和截面图，试对这套图进行识读。

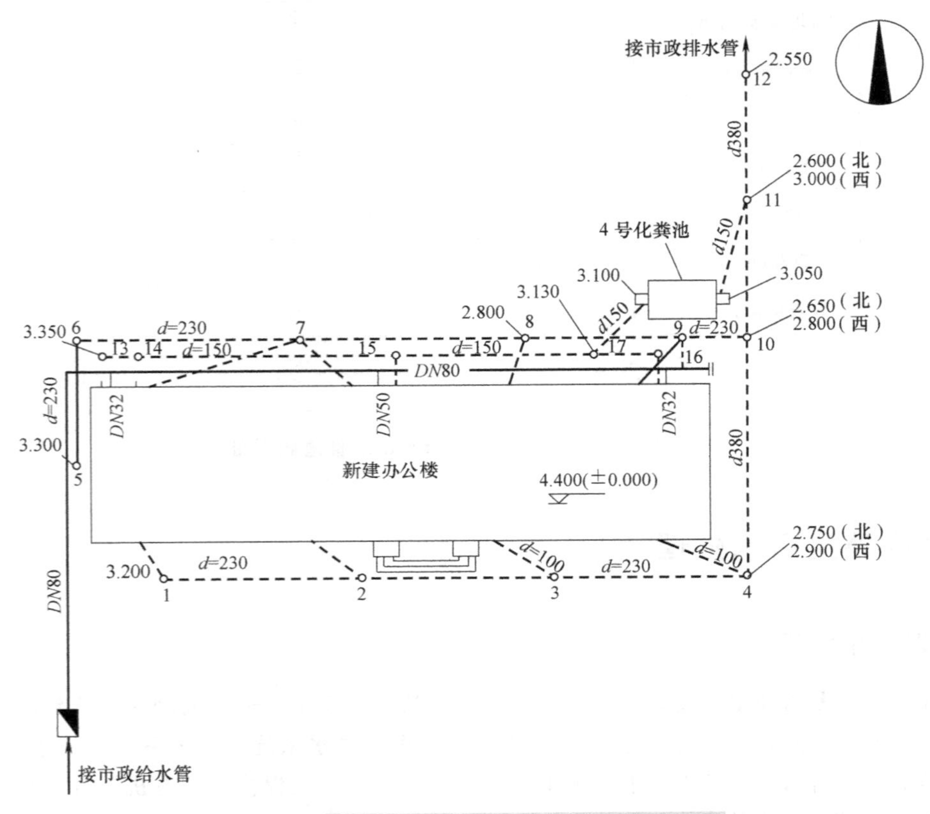

图 4-18　新建办公楼室外给水排水管道平面图

室外给水管道布置在办公楼的北面，距外墙约 2m（按图中比例计算），平行于外墙埋地敷设，管径 *DN*80，由三处进入大楼，其管径分别为 *DN*32、*DN*50、*DN*32。室外给水管道在大楼西北角转弯向南，接水表后与市政自来水管道连接。

室外排水管道有两个系统：一个是生活污水系统；另一个是雨水系统。生活污水系统经化粪池后与雨水管道汇总排至市政排水管道。

生活污水管道由大楼三处排出，排水管的管径、埋深见室内排水管道施工图。生活污水管道平行于大楼北外墙敷设，管径 150mm，管路上设有五个检查井（编号 13、14、15、16、17）。大楼生活污水汇集到 17 号检查井后排入 4 号化粪池，化粪池的出水管接至 11 号检查井与雨水管汇合。

室外雨水管收集大楼屋面雨水，大楼南面设四根雨水立管、四个检查井（编号 1、2、3、4），北面设有四根立管、四个检查井（编号 6、7、8、9），大楼西北设一个检查井（编号 5）。南北两条雨水管的管径均为 230mm，雨水总管自 4 号检查井至 11 号检查井的管径为 380mm，污水与雨水汇合后的管径仍为 380mm。雨水管起点检查井的管底标高分别为：1 号检查井 3.200m，5 号检查井 3.300m，总管出口 12 号检查井管底 2.550m，其余各检查井管底标高可查看平面图或截面图。

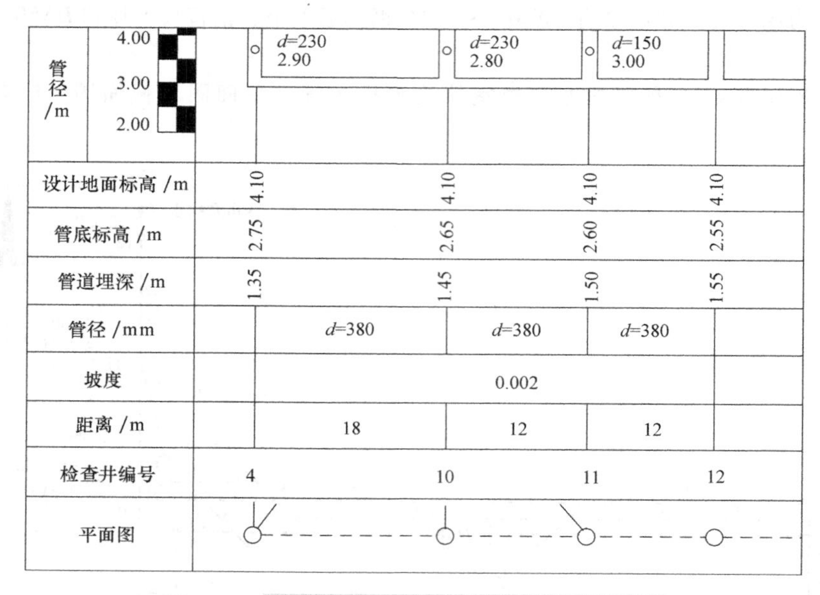

图4-19　新建办公楼室外给水排水管道截面图

4.3　室内外生活水处理

4.3.1　建筑中水系统

建筑中水系统是将建筑或建筑小区内使用后的生活污、废水经适当处理后，达到规定的水质标准，回用于建筑或建筑小区作为杂用水的收集、处理和供水系统。中水系统是一个系统工程，是给水工程技术、排水工程技术、水处理工程技术和建筑环境工程技术的有机综合，是实现各部分的使用功能、节水功能及建筑环境功能的统一。

按中水系统服务的范围，一般分为三类：建筑中水系统、小区中水系统和城镇中水系统。本章以建筑中水系统为主进行讲解。

1. 建筑中水系统的不同形式

建筑中水系统是指单幢（或几幢相邻建筑）所形成的中水系统，根据其情况不同可分为两种形式：

（1）具有完善排水设施的建筑中水系统（图4-20）　这种形式的中水系统是指建筑物排水管系为分流制，且具有城市二级水处理设施。中水的水源为本系统内的优质杂排水和杂排水（不含

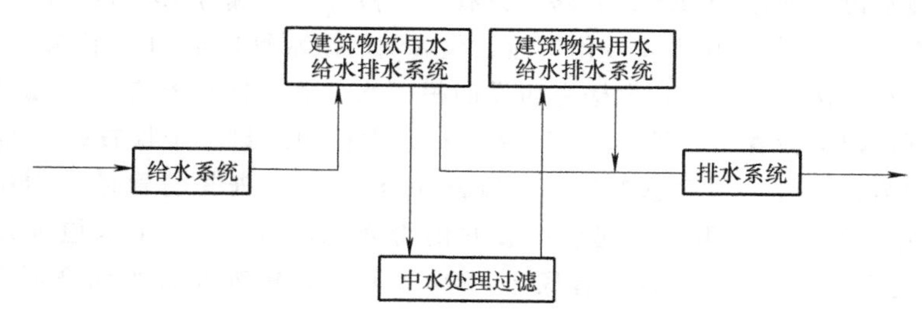

图4-20　具有完善排水设施的建筑中水系统

粪便污水），这种杂排水经集流处理后，仍供应本建筑内冲洗厕所、绿化、扫除、洗车、水景、空调冷却等用水。其水处理设施可设于建筑地下室或临近建筑的室外。这种系统的给水和排水都应该是双管系统，即室内饮用给水和中水供水采用不同的管网分质供水，室内杂排水和污水采用不同的管网分别排除。

(2) 排水设施不完善的建筑中水系统（图4-21） 这种形式的中水系统是指建筑物排水管系为合流制，且没有二级水处理设施或距二级水处理设施较远。中水水源取自该建筑的排水净化池(如沉砂池、沉淀池、除油池或化粪池等)。其中水处理设施根据建筑物有无地下室和气温冷暖期长短等条件设于室内和室外。这种系统的室内饮用给水和中水供水也必须采用两种管系分质供水，而室内排水则不一定分流排放，应根据当地室外排水设施的现状和规划确定。

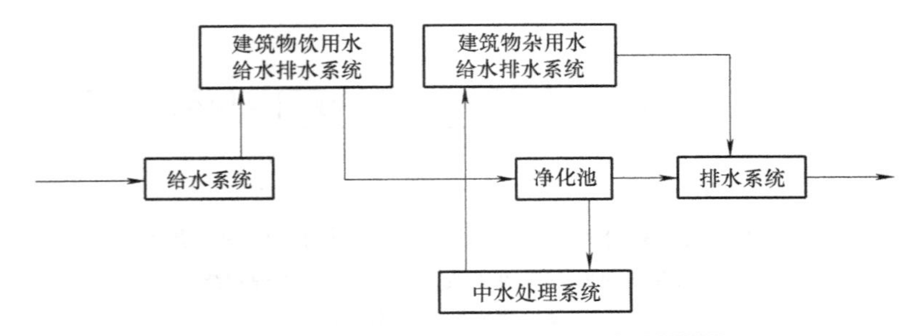

图4-21 排水设施不完善的建筑中水系统

2. 建筑中水系统的组成

(1) 中水原水系统 该系统由收集、输送中水原水至中水处理设施的管道系统和一些附属构筑物组成。

(2) 中水处理设施 中水处理一般将处理过程分为前处理、主要处理和后处理三个阶段：

1) 前处理阶段的处理设施有格栅、滤网、除油池与化粪池等。

2) 主要处理阶段的主要处理设施有沉淀池、混凝池、气浮池、生物接触氧化池与生物转盘等。

3) 后处理阶段的主要处理设施有过滤池、吸附池与消毒设施等。

(3) 中水管道系统 中水管道系统分为中水原水集水和中水供水两大部分：中水原水集水管道系统主要是建筑排水管道系统和必须将原水送至中水处理设施的管道系统；中水供水管道系统应单独设置，是将中水处理站处理后的水输送至各杂用水用水点的管网。中水供水系统的管网系统类型、供水方式、系统组成、管道敷设和水力计算与给水系统基本相同。

(4) 中水系统中调节、储水设施 在中水原水管网系统中，除设置排水检查井和必要的跌水井外，还设置控制流量的设施，如分流闸、调节池、溢流井等，这是因为当中水系统中的处理设施发生故障或集流量发生变化时，需要调节、控制流量，将分流或溢流的水量排至排水管网。

在中水供水系统中，根据供水系统的具体情况还有可能设置中水储水池、中水加压泵站、中水气压给水设备与中水高位水箱等设施。这些设施的作用与在给水系统中的作用相同。

3. 常用的中水处理工艺流程

1) 当以优质杂排水和杂排水为中水水源时，常选用图4-22所示的几种工艺流程。

2) 当以含冲洗厕所生活污水的生活排水为中水水源时，宜选用图4-23所示的几种工艺流程。

3) 当利用污水处理站二级处理出水作为中水水源时，宜选用图4-24所示的几种工艺流程。

4) 当利用建筑小区污水处理站二级生物处理的出水作为中水水源时，宜选用如图4-25所示的工艺流程。

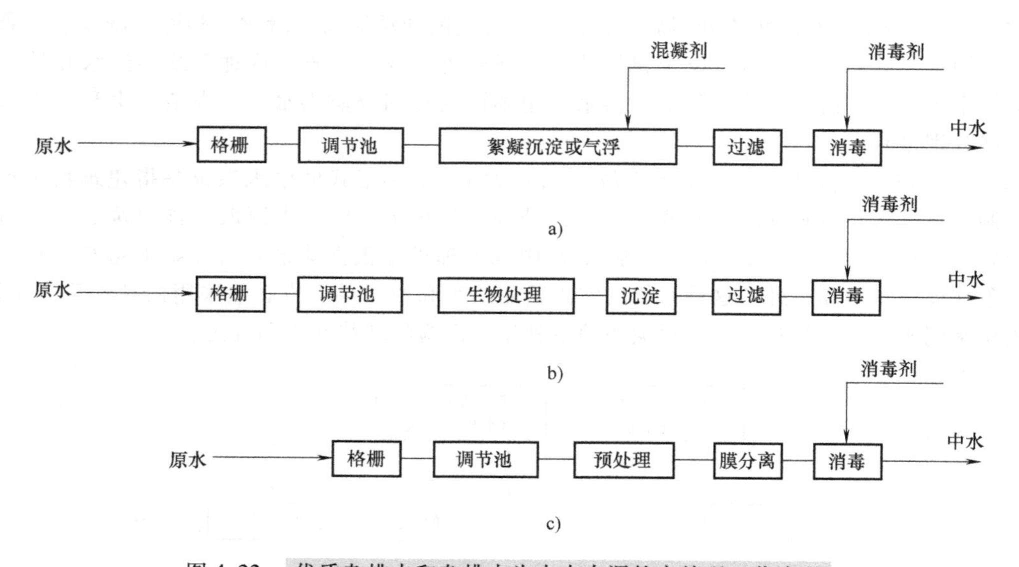

图 4-22 优质杂排水和杂排水为中水水源的水处理工艺流程

a）物理化学处理 b）生物处理与物理化学处理相结合

c）预处理和膜分离相结合

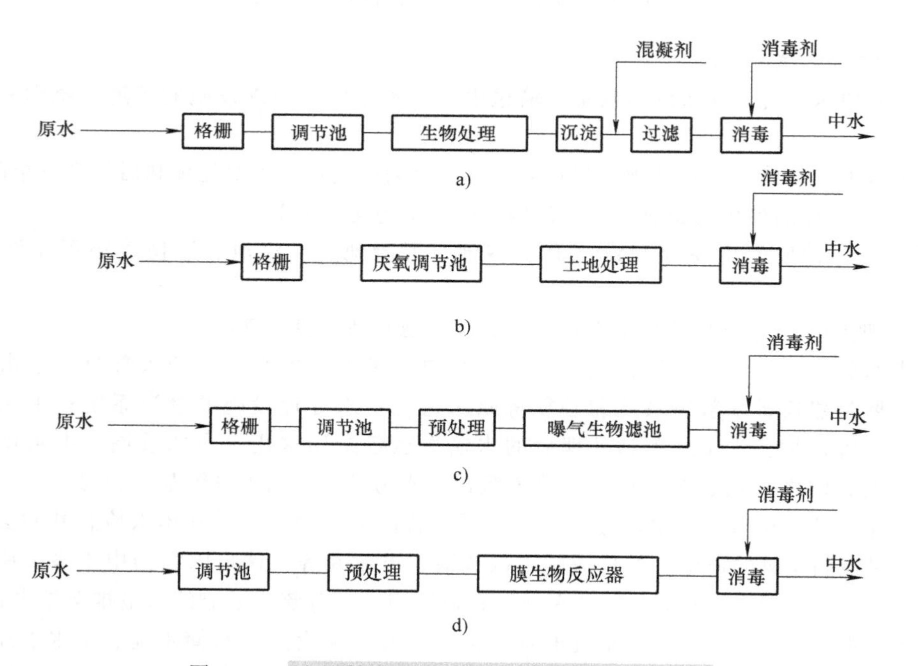

图 4-23 生活排水为中水水源的水处理工艺流程

a）生物处理和深度处理相结合 b）生物处理和土地处理相结合

c）曝气生物滤池处理 d）膜生物反应器处理

4. 中水处理技术

常用的中水处理技术有格网、格栅，水量调节，沉淀，生物处理，过滤，消毒等。

5. 中水处理装置

建筑中水处理负荷较小时，常直接选用成套处理装置。常用的中水处理装置有中水网滤设备、

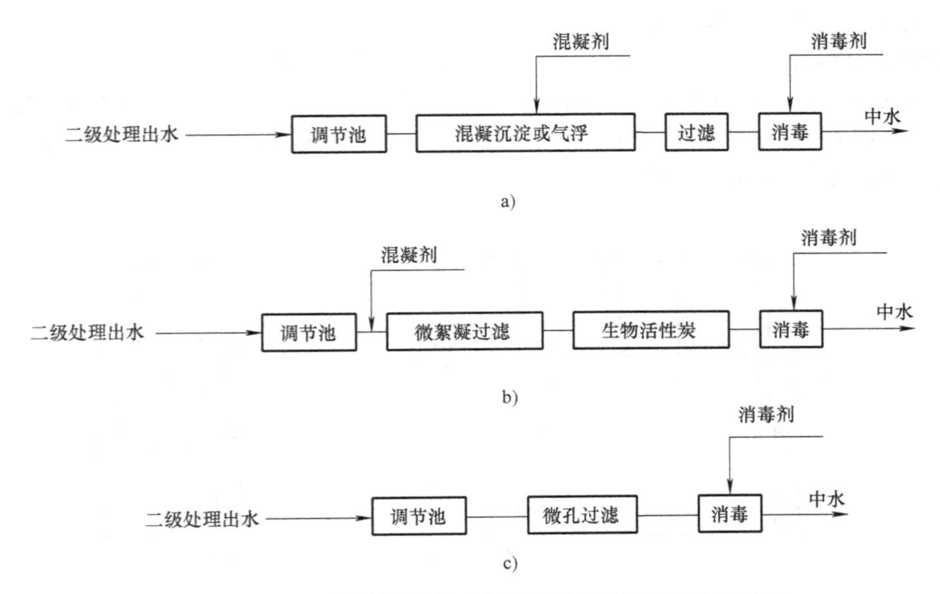

图 4-24　物化处理或与生化处理结合的深度处理工艺流程

a）物化法深度处理　b）物化与生化结合的深度处理　c）微孔过滤处理

图 4-25　小区污水处理站二级生物处理的出水为中水水源的水处理工艺流程

曝气设备、气浮处理装置、组装式中水处理设备、接触氧化法处理装置、生物转盘法处理设备、接触过滤器与 BGW 型中水处理设备。

4.3.2　建筑内污、废水的处理

1. 污、废水处理方法及工艺流程

污、废水在排放前应适当处理，处理方法有物理处理、生物处理、污泥处理和专用回收处理等。

物理法处理的主要建（构）筑物有格栅、沉砂池、沉淀池、调节池、降温池与化粪池等，用于去除污水中的沉淀物和悬浮物。化学法处理设备主要有搅拌设备、投药设备和计量设备，用于加速沉淀物、悬浮物的去除和灭菌。生化处理设备有曝气池、生物滤池、厌氧池等，是利用生物来降解污水中的有机物。除此之外，还有活性炭池、膜处理装置等。根据不同水质和不同的处理要求采用不同的处理工艺流程，常见的有以下几种工艺流程。

（1）洗浴污水处理流程　具体如下：

洗浴污水→格栅→混凝沉淀或气浮→过滤→消毒→回用

（2）洗浴水、厨房水处理流程　具体如下：

洗浴水、厨房水→格栅→沉淀池→生物处理池→沉淀→格栅→过滤→消毒→回用

（3）洗浴水、厨厕水处理流程

洗浴水、厨厕水→格栅→沉淀池→生物处理池→沉淀池→过滤池→活性炭吸附池→消毒池→回用

2. 常见污水局部处理构筑物

最常见的污水局部处理构筑物有化粪池、隔油井、降温池、消毒池等。

(1) 化粪池　如图4-26所示，化粪池有矩形和圆形两种，并有双格和三格之分。化粪池可用砖砌、水泥砂浆抹面、条石砌筑、钢筋混凝土建造，地下水位较高时应采用钢筋混凝土建造。化粪池由进水管、出水管等管道组成。

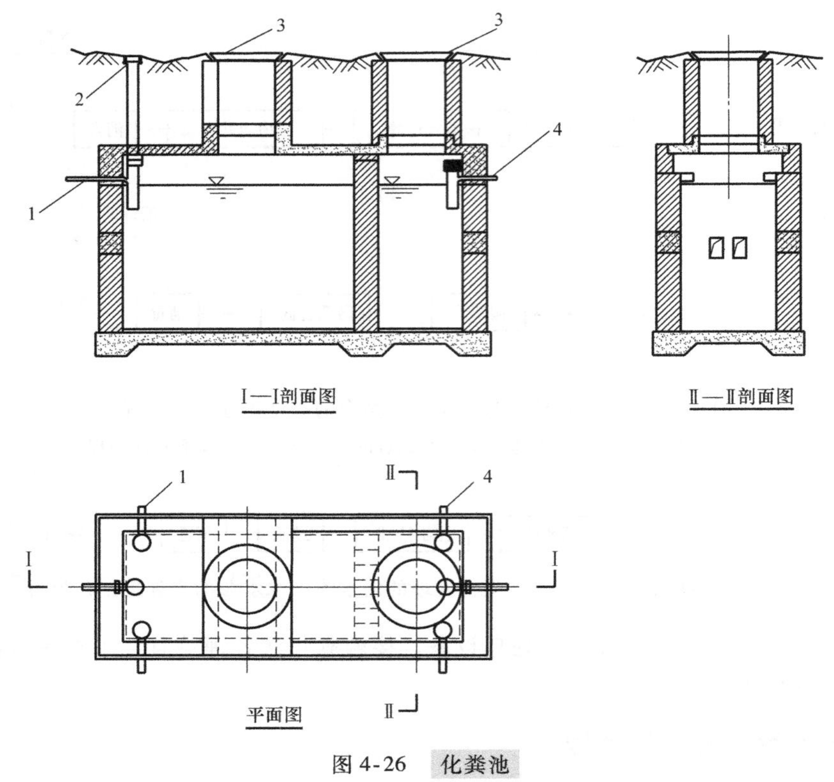

图4-26　化粪池

1—进水管（三个方向任选一个）　2—清扫口　3—井盖

4—出水管（三个方向任选一个）

化粪池的设计主要是计算出化粪池容积，按国家建筑设计《给水排水标准图集》选用。识图时应结合实际工程看清外形尺寸、材质及接管管径与标高等。

(2) 隔油池（井）　公共食堂、饮食业和食品加工车间排放的污水中含有动、植物油脂，此类含油脂的污、废水进入排水管道，随着气温下降，油脂颗粒便开始凝固并附着在管道内壁，造成管道过流断面减小并堵塞管道。此外，汽车修理厂、车库等类似场所，排放的废水中含有汽油、柴油、煤油等矿物油，其中轻油类进入管道后挥发并聚集在检查井或非满流管道内上部，当达到一定浓度后易发生爆炸和引起火灾，破坏管道和其他设施，因此含油污的废水在排放前必须经过处理，一般采取设隔油池（井）的技术措施。

隔油池（井）如图4-27所示，由进水管、出水管等管道组成，进行油水分离。隔油池（井）也有国家标准，识图时应详细识读标准图并结合具体工程，查找有关尺寸和接管管径。

(3) 降温池　当建筑附属的锅炉房或热水制备间排出的污水或工业废水的排水水温超过规定水温时，在排入城市排水管网前应采用降温池处理，如图4-28所示。降温方法可采用冷水降温、二次蒸发和水面散热等。

降温池应设置在室外，若必须设置在室内，降温池应密封，并设人孔和通向室外的排气管。

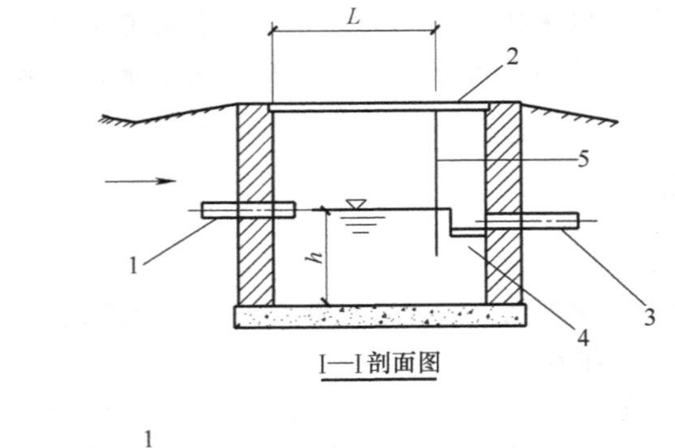

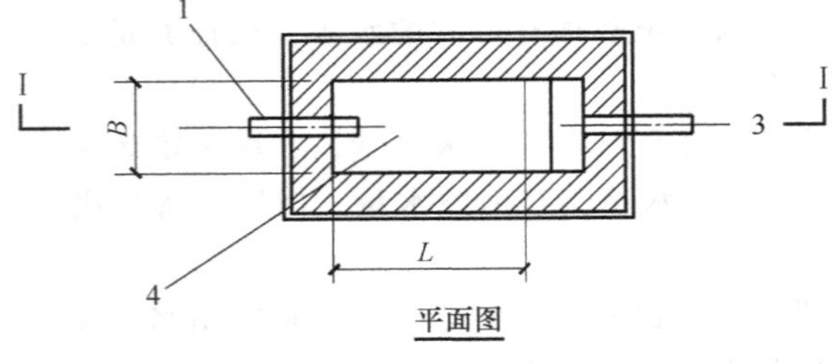

图4-27 隔油池（井）

1—进水管 2—盖板 3—出水管 4—出水间 5—隔板

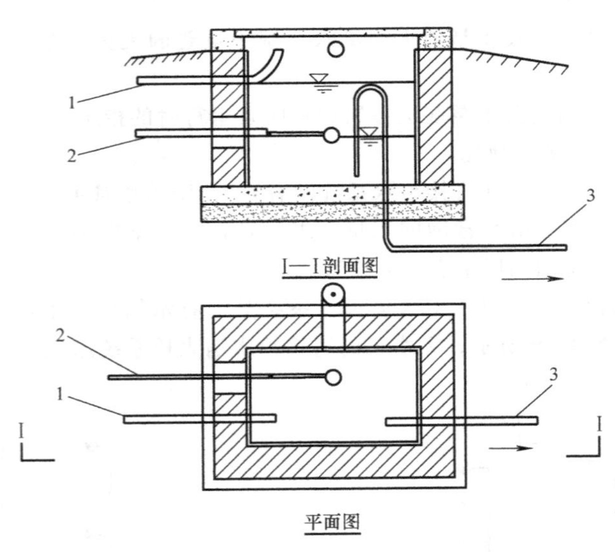

图4-28 虹吸式降温池

1—锅炉排污管 2—冷却水管 3—排水管

降温池由排污管、虹吸排水管等管道组成，进行水的降温。

4.4 室内外消防工程图

4.4.1 消防工程概述

消防系统的任务是防火灭火，保护人们的生命财产安全。根据消防系统的位置分为室外消防系统和室内消防系统两种。消防系统中的室内消防系统有用水作为灭火剂的消火栓给水系统和其

他使用非水灭火剂的灭火系统。以水作为灭火剂的消防给水系统又分为消火栓给水系统和自动喷水灭火系统两种，非水灭火剂的消防系统常见的有干粉灭火系统、泡沫灭火系统、二氧化碳灭火系统和蒸汽灭火系统等。

4.4.2 消火栓给水系统

1. 室外消防系统的组成

室外消防系统由消防水源、室外消防管道系统和室外消火栓组成。

2. 室内消火栓给水系统的组成

消火栓给水系统由消防水源、储水加压设备、消防给水管道、消火栓设备及电气控制装置组成。

(1) 消防水源　消火栓给水系统必须有可靠的水源，保证充足的水量，在城市建筑的消火栓给水水源常为市政给水管道给水。

(2) 储水加压设备　为了保证有可靠的供水水量，在城市市政给水管道的水量水压不能保证消防灭火时的水量时，由储水池、水箱储存消防水量。加压设备常用水泵（消防系统中的水泵称为消防水泵）。

(3) 消防给水管道　消防给水管道用于输送消火栓系统用水，按范围分为室外消防管道和室内消防管道：室外消防管道既可以提供室外的消防给水水量，也可向建筑内的消防给水管道提供消防水源或直接保证室内消防给水管道的水量水压；室内消防管道向室内消火栓设备输送消防用水量和保证消火栓用水时的水压。

(4) 消火栓设备　消火栓设备是消火栓给水系统中重要的灭火装置，由消火栓、水龙带与水枪组成。

(5) 电气控制装置　指消防水泵起动按钮和消防泵运行时的指示装置及报警装置。

3. 室内消火栓给水系统原理图

把消防水源、储水加压设备（直接给水系统没有）、消防给水管道、消火栓设备连成一体组成消火栓系统原理图。根据室外给水管网的水量、水压是否满足室内消火栓系统所需的水量、水压可分为直接给水消火栓系统和加压给水消火栓系统。

(1) 直接给水消火栓系统　直接给水消火栓系统分为有水箱和无水箱两种。有水箱的直接给水消火栓系统原理图如图4-29所示，无水箱的直接给水消火栓系统原理图如图4-30所示。

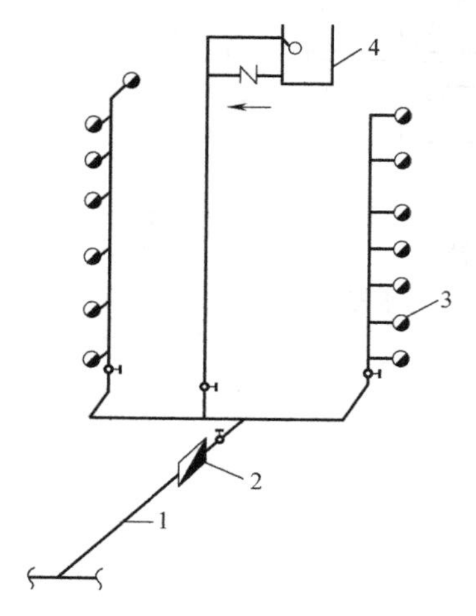

图4-29　有水箱的直接给水消火栓系统原理图

1—进户管　2—水表节点　3—消火栓设备　4—水箱

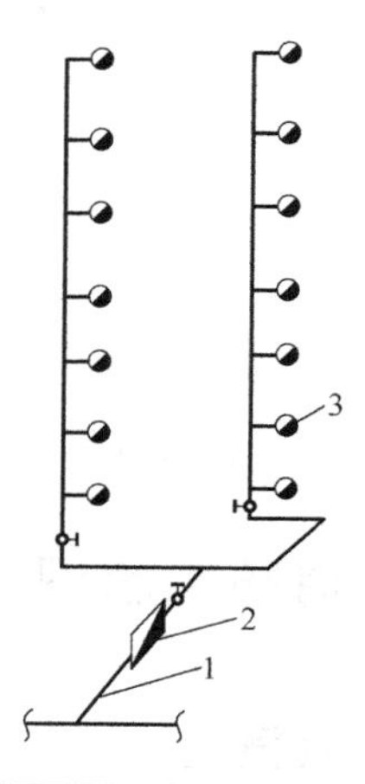

图4-30　无水箱的直接给水消火栓系统原理图

1—进户管　2—水表节点　3—消火栓设备

（2）加压给水消火栓系统　常见的加压给水消火栓系统为水池-水泵-水箱式，如图4-31所示。为了保障最高、最远点消火栓处的水压，常在水箱处的消防出水管处设置具有稳压作用的气压给水设备，如图4-32所示。当室内消防水泵因检修、停电、发生故障或室内消防用水量不足时，可采用设有水泵接合器的消火栓给水系统，如图4-33所示。熟知消火栓系统原理图，对于识读消火栓系统的消防图有相当大的帮助。

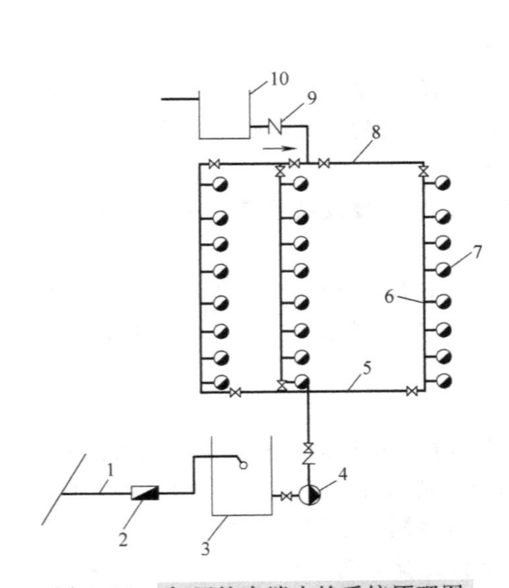

图4-31　加压给水消火栓系统原理图

1—进户管　2—水表节点　3—储水池
4—消防水泵　5—下水平干管　6—立管
7—消火栓设备　8—上水平干管
9—止回阀　10—消防水箱

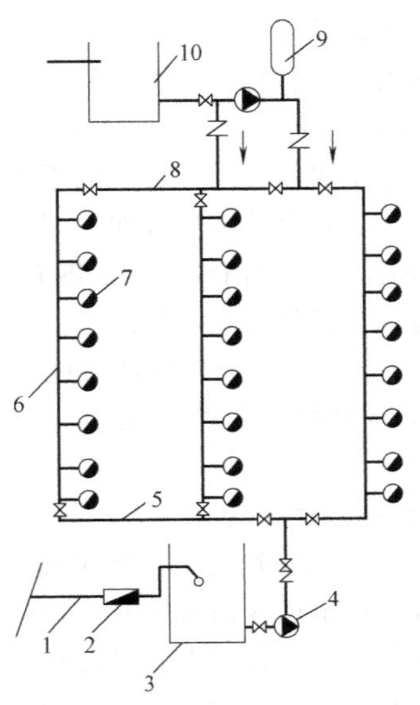

图4-32　有稳压设备的加压给水消火栓系统原理图

1—进户管　2—水表节点　3—储水池
4—消防水泵　5—下水平干管　6—立管
7—消火栓设备　8—上水平干管
9—稳压罐　10—消防水箱

4. 消防工程图的表述方法

一份完整的消防施工图一般由封面、目录、设计说明与设计图组成。

（1）封面　标有图名、设计单位和设计时间。

（2）目录　标有各图名、设计内容和张数。

（3）设计说明　包括工程概况，设计参数，设计用途，水池、水箱、水泵的规格与材质，管路形式，阀门设置要求，稳压装置的型号与安装，减压装置设置，水泵接合器设置，管材及管材连接，施工安装质量要求，设备材料表及标准图的选择。

（4）设计图　室内消防设计图包括平面图、轴测图与详图等。

1）平面图。消防管道、消火栓、水池、水泵、水箱、消防稳压装置、消防用阀门、喷头等与建筑平面图紧密地结合在一起，反映消防设施

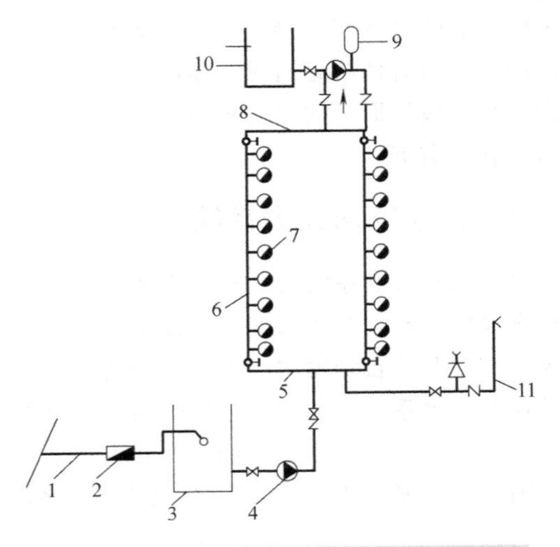

图4-33　有水泵接合器的消火栓给水系统

1—进户管　2—水表节点　3—储水池　4—消防水泵
5—下水平干管　6—立管　7—消火栓设备
8—上水平干管　9—稳压罐　10—消防水箱
11—水泵接合器

与建筑的相互关系（位置、尺寸）及设备型号、管径、管道的坡度坡向等。

2）轴测图。消防轴测图用斜等轴测图绘图的方法并结合单线图表明消防用管道、设施、设备、阀门等在空间上的相互连接情况，并标注了它们的有关规格尺寸和安装尺寸，与消防平面图对应。

3）详图。详图反映消防设施的细部安装尺寸与施工方法，有专用消防设施安装标准图供各种图样的绘制和安装使用。

室外消防设计图包括平面图、管道剖面图与节点详图等。

1）室外消防平面图。它表明消防管道、室外消火栓、阀门、水泵接合器、室外消防水池、室外消防水泵及水泵房等在地形图上的平面位置，与各建（构）筑物、其他管道的平面距离，标有管道走向、管径、管道的坡度坡向、相关标高与方向标等。

2）室外消防管道剖面图。剖面图有横剖面图与截面图，它主要反映管道的埋设深度、坡度坡向、有关标高和各种管道交叉等。

3）管道节点详图。节点详图反映各交叉管路的管与管、管与管件之间的连接情况，有的节点还反映室外消火栓、室外水泵接合器管道与建（构）筑物的交接做法。节点详图有时可不绘制。

5. 消防工程图识读方法

（1）室内消防图识读方法　在平面图上和轴测图上分别按水的流向，看水如何进入消防水池，水泵从消防水池抽水进入消防管网，沿管路经过哪些阀门和消火栓或喷头；消防水箱如何来水又如何进入消防管网，又怎样进入消火栓或喷头，其中还有哪些附有装置；详细掌握所用管材，管件的尺寸和规格，水池、水泵、水箱的规格与型号，特别要看懂消火栓、水龙带、水枪或喷头的规格及其尺寸；对与建（构）筑物交叉的管道消防设施应仔细看，抓住平面图、轴测图和详图的对应关系，先粗看后细看、先全面看后局部看，只有善于分析并加以分解，才能看懂消防图。

（2）室外消防图识读方法　对于室外消防系统图，首先看室外消防管道与消防设施的选择、安装方面的设计说明，弄清相关的设计概况；然后看室外消防平面图，懂得其消防管道的走向，有关管径、管材及其连接方式，消防水池、消防水泵、消火栓、水泵接合器的位置和数量。看完平面图后，再看消防管道纵、横剖面图，懂得管道敷设的标高及与其他管道之间的关系。抓住平面图与纵、横剖面图的对应关系，进行对应识读；对于局部节点，应看节点图，计算出有关管件、阀门的施工数据。

4.4.3 自动喷水灭火系统

自动喷水灭火系统是一种在发生火灾时，能自动打开喷头喷水灭火，同时发出火警信号的消防灭火设施。自动喷水灭火系统常按喷头的开启形式分为闭式自动喷水灭火系统和开式自动喷水灭火系统。开式自动喷水灭火系统分为雨淋自动喷水灭火系统、水幕自动喷水灭火系统和水喷雾自动喷水灭火系统。本章以常用的闭式自动喷水灭火系统为例进行讲解。

1. 闭式自动喷水灭火系统的主要组成

闭式自动喷水灭火系统的组成有能够喷水的闭式喷头、水力报警装置、延迟器和末端试水装置。

（1）闭式喷头　闭式喷头指平时无火时关闭，在着火时开启，其开启由液体或易熔金属片控制，有玻璃泡（内装液体）闭式喷头和易熔金属片闭式喷头两种，如图4-34所示。

（2）水力报警阀　当闭式喷头喷水时，消防管道内水流动，水流冲动叶轮打铃报警。水力报警阀进、出口安装压力继电器可以自动启动水泵并能显示电信号。水力报警阀如图4-35

所示。

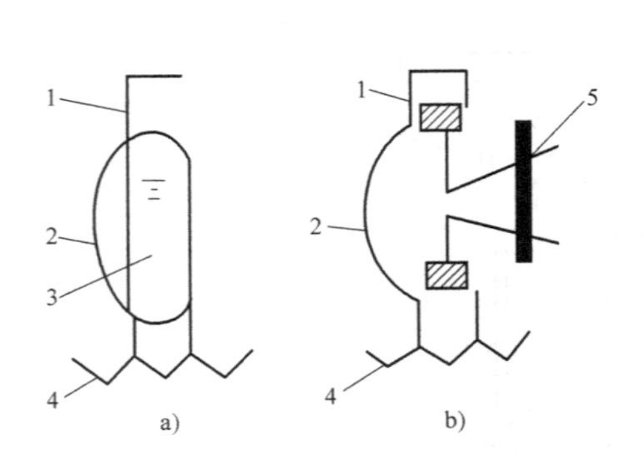

图4-34　闭式喷头

a）玻璃泡闭式喷头　b）易熔金属片闭式喷头

1—螺纹接头　2—支架　3—玻璃泡

4—溅水盘　5—易熔金属片

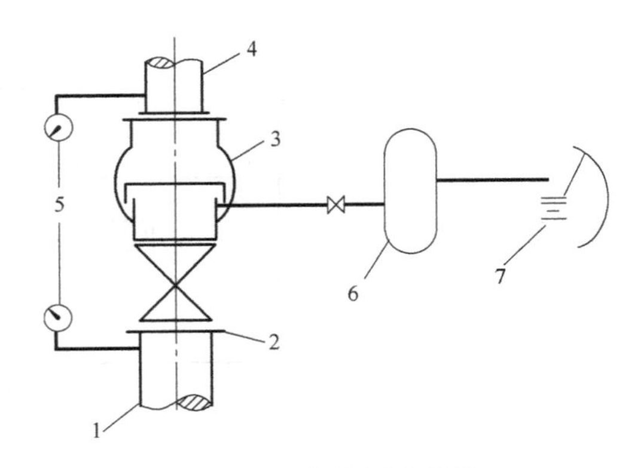

图4-35　水力报警阀

1—进水口　2—闸阀　3—水力报警阀

4—出水口　5—压力表　6—延迟器

7—水力警铃

（3）延迟器　安装于报警阀与水力警铃之间的信号管上，用于防止水源进水管发生水锤时引起的水力警铃误动作。报警阀开启后，需经30s左右水充满延迟器后方可冲打水力警铃报警。

（4）末端试水装置　由试水阀、压力表、试水接头及排水管组成，设于每个水流指示器作用范围的供水最不利点，用于检测系统和设备的安全可靠性，如图4-36所示。

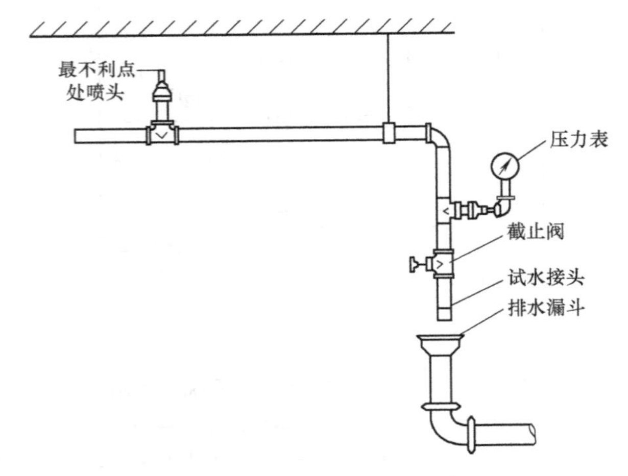

图4-36　末端试水装置

2. 闭式喷头自动喷水灭火系统的工作原理

把消防水源、储水加压设备、消防给水管道、水力报警阀、闭式喷头、末端试水装置连成一体形成闭式喷头自动喷水灭火系统。闭式喷头灭火系统根据充水与否分为下列三种类型：

1）湿式自动喷水灭火系统由闭式洒水喷头、水流指示器、湿式报警阀组及管道和供水设备组成，而且管道内始终充满水并保持一定压力，如图4-37所示。

2）干式自动喷水灭火系统与湿式自动喷水灭火系统的区别在于采用干式报警阀组，警戒状态下配水管道内充有压缩空气等有压气体，为保持气压而需要配套设置补气设施，如图4-38

所示。

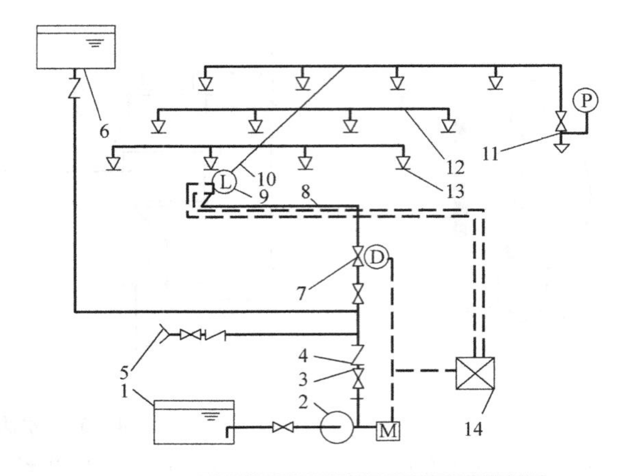

图 4-37 湿式自动喷水灭火系统示意图

1—水池 2—水泵 3—闸阀 4—止回阀 5—水泵接合器 6—消防水箱 7—湿式报警阀组 8—配水干管 9—水流指示器 10—配水管 11—末端试水装置 12—配水支管 13—闭式洒水喷头 14—报警控制器

Ⓟ—压力表 Ⓓ—电磁阀 Ⓜ—驱动电动机 Ⓛ—水流指示器

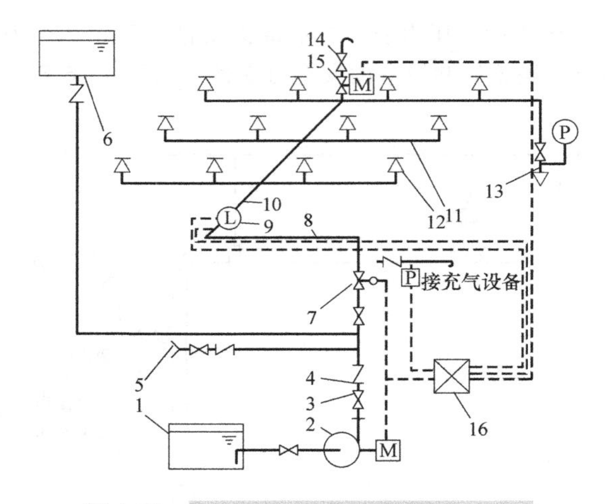

图 4-38 干式自动喷水灭火系统示意图

1—水池 2—水泵 3—闸阀 4—止回阀 5—水泵接合器 6—消防水箱 7—干式报警阀组 8—配水干管 9—水流指示器 10—配水管 11—配水支管 12—闭式洒水喷头 13—末端试水装置 14—快速排气阀 15—电动阀 16—报警控制器

3）预作用式自动喷水灭火系统采用预作用报警阀组，并由配套使用的火灾自动报警系统启动。处于戒备状态时，配水管道内不充水；发生火灾时，由火灾报警系统开启雨淋阀后为管道充水，使系统在闭式喷头动作前转换为湿式系统，如图 4-39 所示。

3. 开式自动喷水灭火系统的组成

雨淋自动喷水灭火系统由开式喷头、雨淋阀、火灾探测器、管道系统、报警控制装置、控制组件和供水设备等组成。水幕自动喷水灭火系统的组成如图 4-40 所示。水喷雾自动喷水灭火系统由水源、供水设备、管道系统、雨淋阀组、过滤器和水雾喷头等组成。

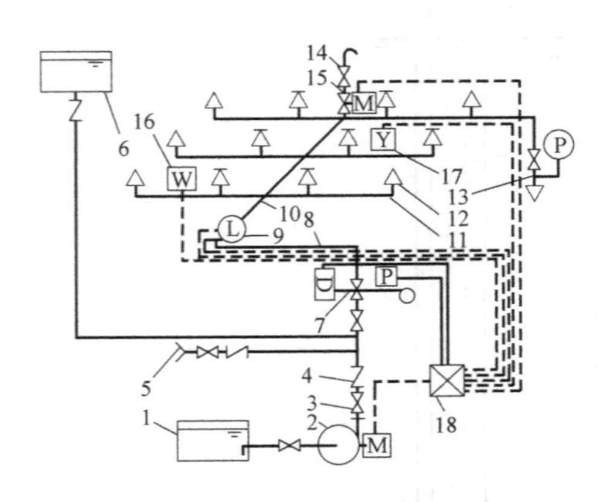

图4-39 预作用式自动喷水灭火系统示意图

1—水池 2—水泵 3—闸阀 4—止回阀 5—水泵接合器
6—消防水箱 7—预作用报警阀组 8—配水干管
9—水流指示器 10—配水管 11—配水支管
12—闭式喷头 13—末端试水装置
14—快速排气阀 15—电动阀 16—感温探测器
17—感烟探测器 18—报警控制器

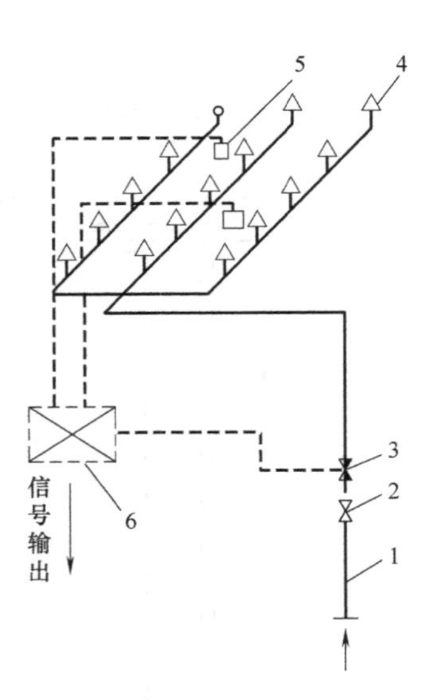

图4-40 水幕自动喷水灭火系统的组成

1—供水管 2—总闸阀 3—控制阀
4—水幕喷头 5—火灾探测器
6—火灾报警控制器

4.5 给水排水施工图识读实例

4.5.1 建筑给水排水施工图识读实例

【实例4-2】 图4-41～图4-59为一幢公共建筑中客房（含一层厨餐自动喷水系统）施工图。该建筑设计内容包括给水（冷水、热水）系统、排水系统、消防（普通消防、自动喷水灭火）系统。建筑中客房部分包括一～七层给水排水至屋面，还涉及一层以下的设备层（未绘图）。其管材与管道连接的设计要求为：冷水、热水系统采用铝塑复合管，卡套式连接；排水系统采用UPVC塑料管，采用粘接、螺纹连接及胶圈连接；普通消防系统采用低压流体输送用焊接钢管，焊接；自动喷水灭火系统采用无缝钢管，焊接。

识读时可按平面图→系统图→详图顺序进行。识读平面图时可按一层、二层、三层等的顺序进行；然后将系统图按照给水（冷水、热水）系统、排水系统、消防（普通消防、自动喷水灭火）系统与平面图对照识读。

1. 冷水系统

一～七层平面图和系统图表明，设备层生活水泵加压，将水送入管井中的冷水立管*DN*125，再向上接至屋面水箱冷水管*DN*125；管井中的冷水立管*DN*125升至七层顶棚后，接一水平干管*DN*125，其标高为21.700m，由东向西敷设于七层顶棚内；又从水平干管*DN*125上接各立管，分别在卫生间管井内由上向下敷设，该立管管径上段为*DN*50，下段为*DN*40。各立管在各层卫生间处均接支管，供卫生间浴盆、坐式大便器与洗脸盆用水（由图4-51卫生间大样图可看出）。可见，该冷水系统为上行下给式水泵水箱联合供水方式。

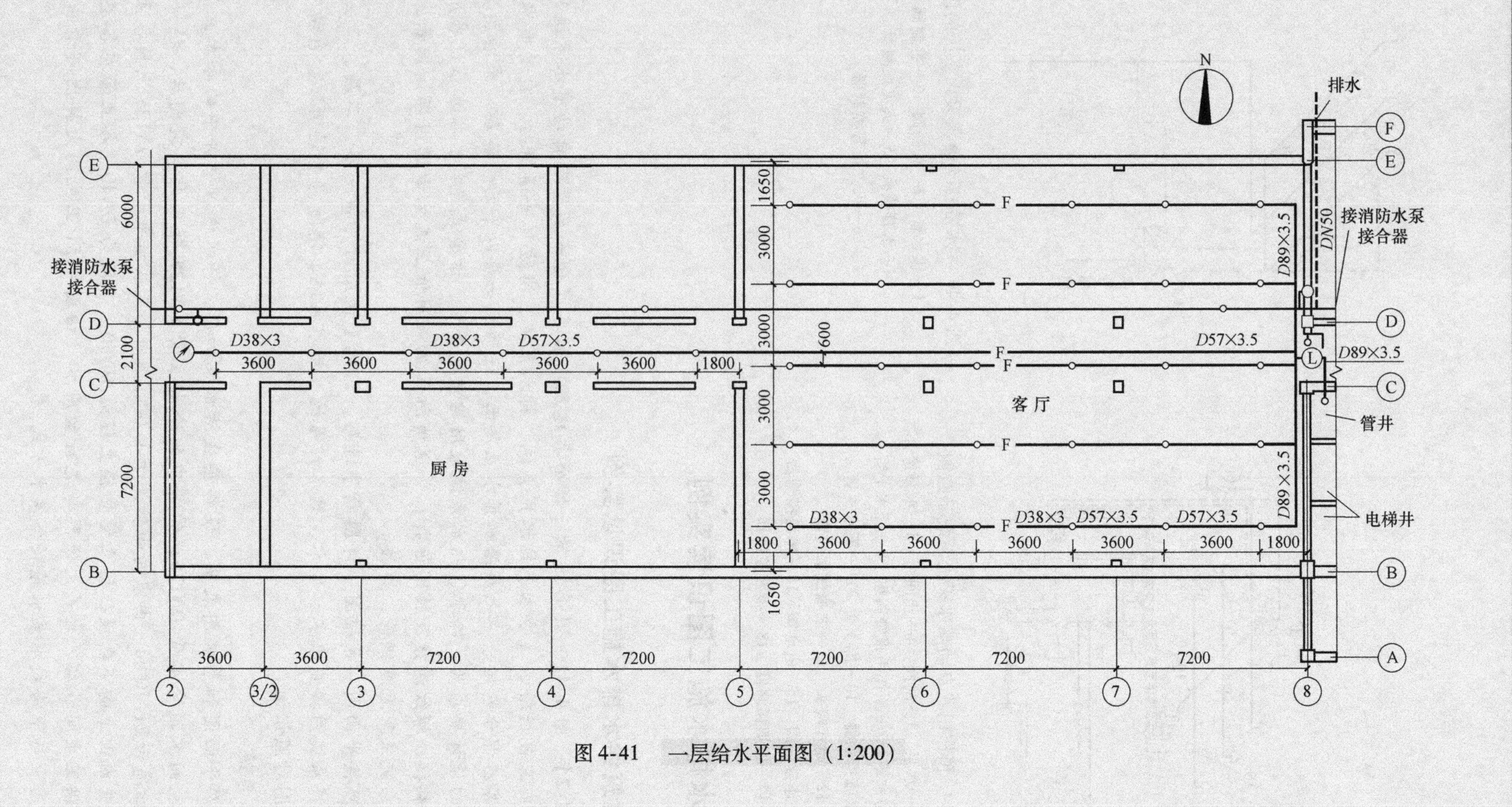

图 4-41　一层给水平面图（1:200）

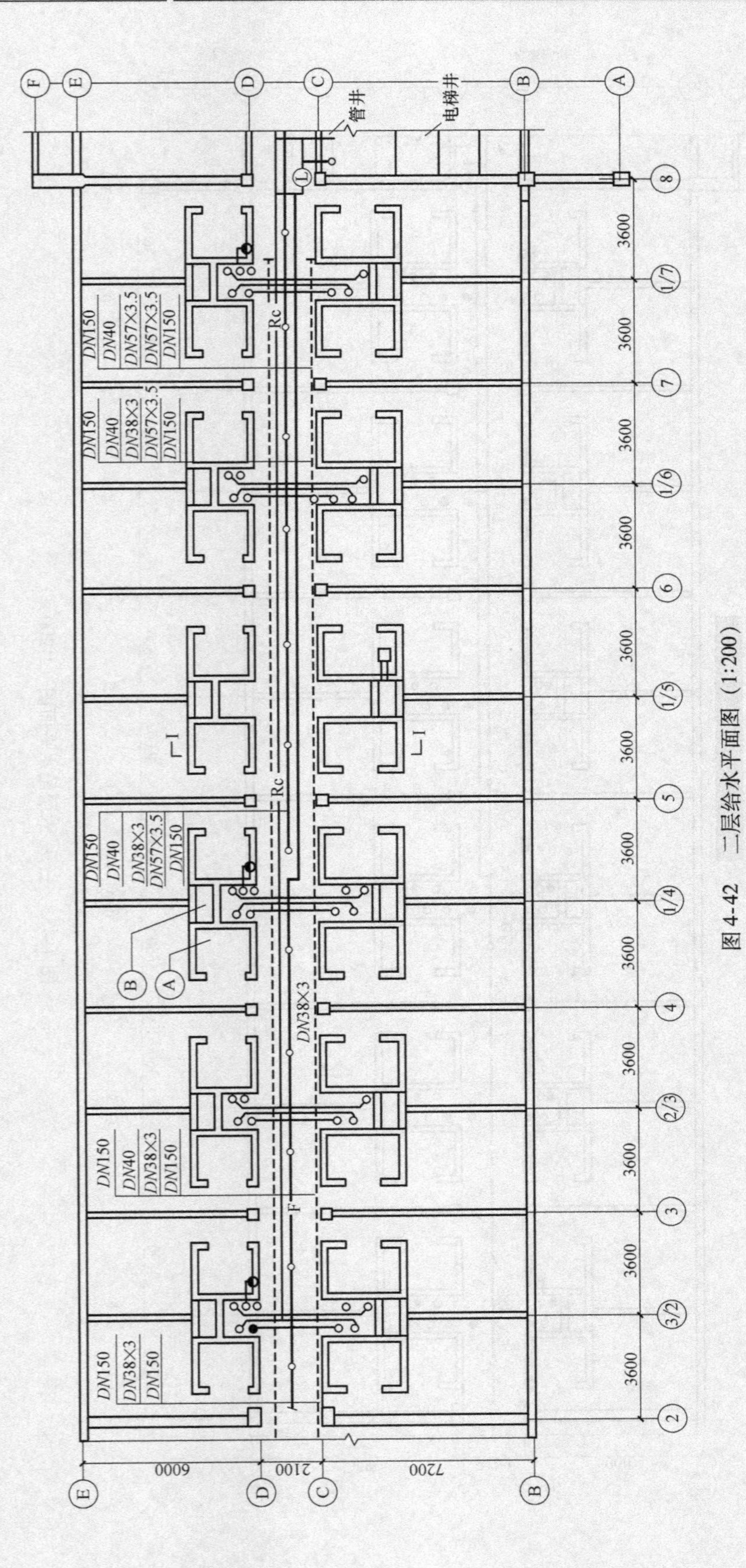

图4-42　二层给水平面图（1:200）

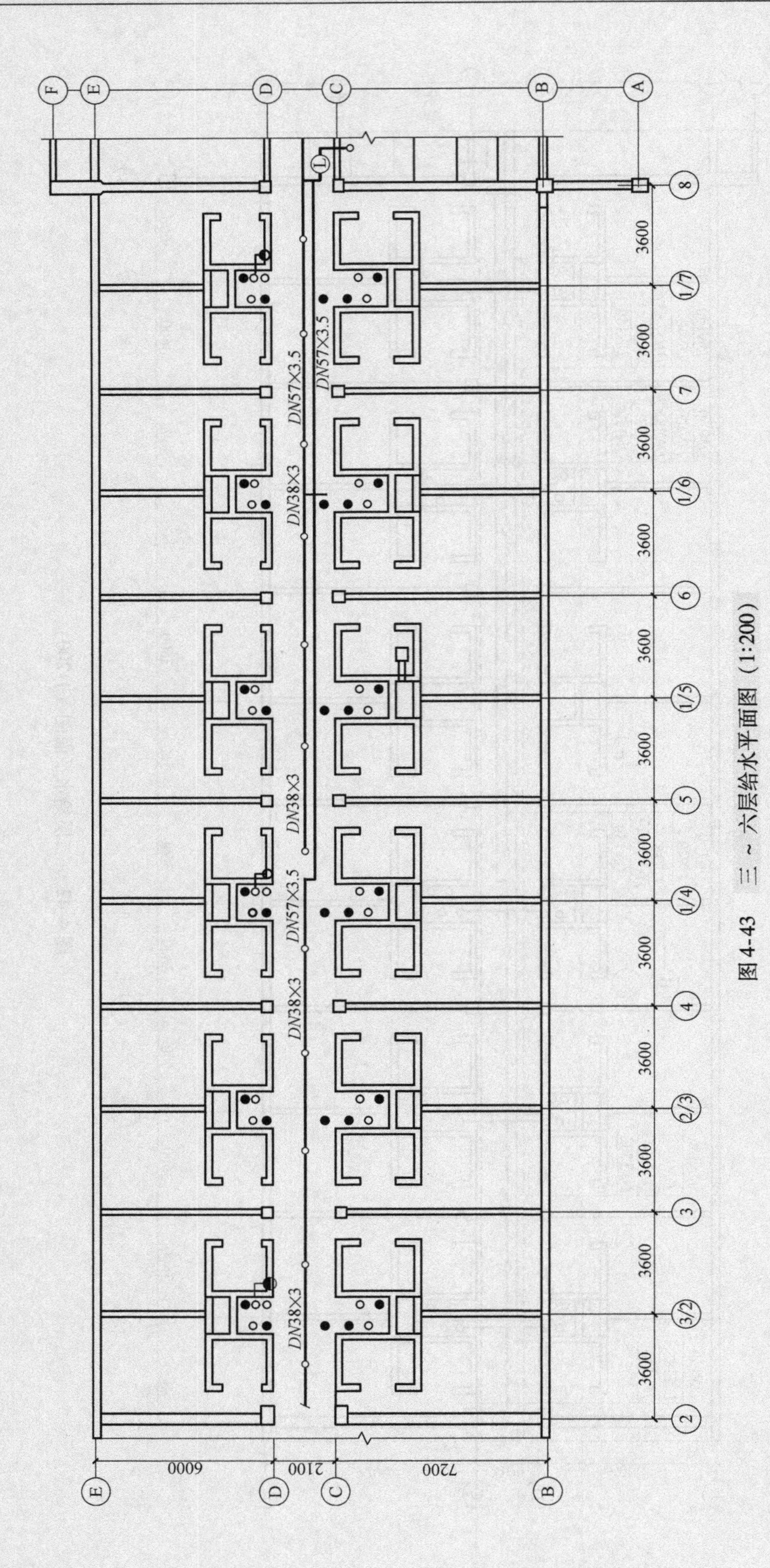

图 4-43 三～六层给水平面图（1:200）

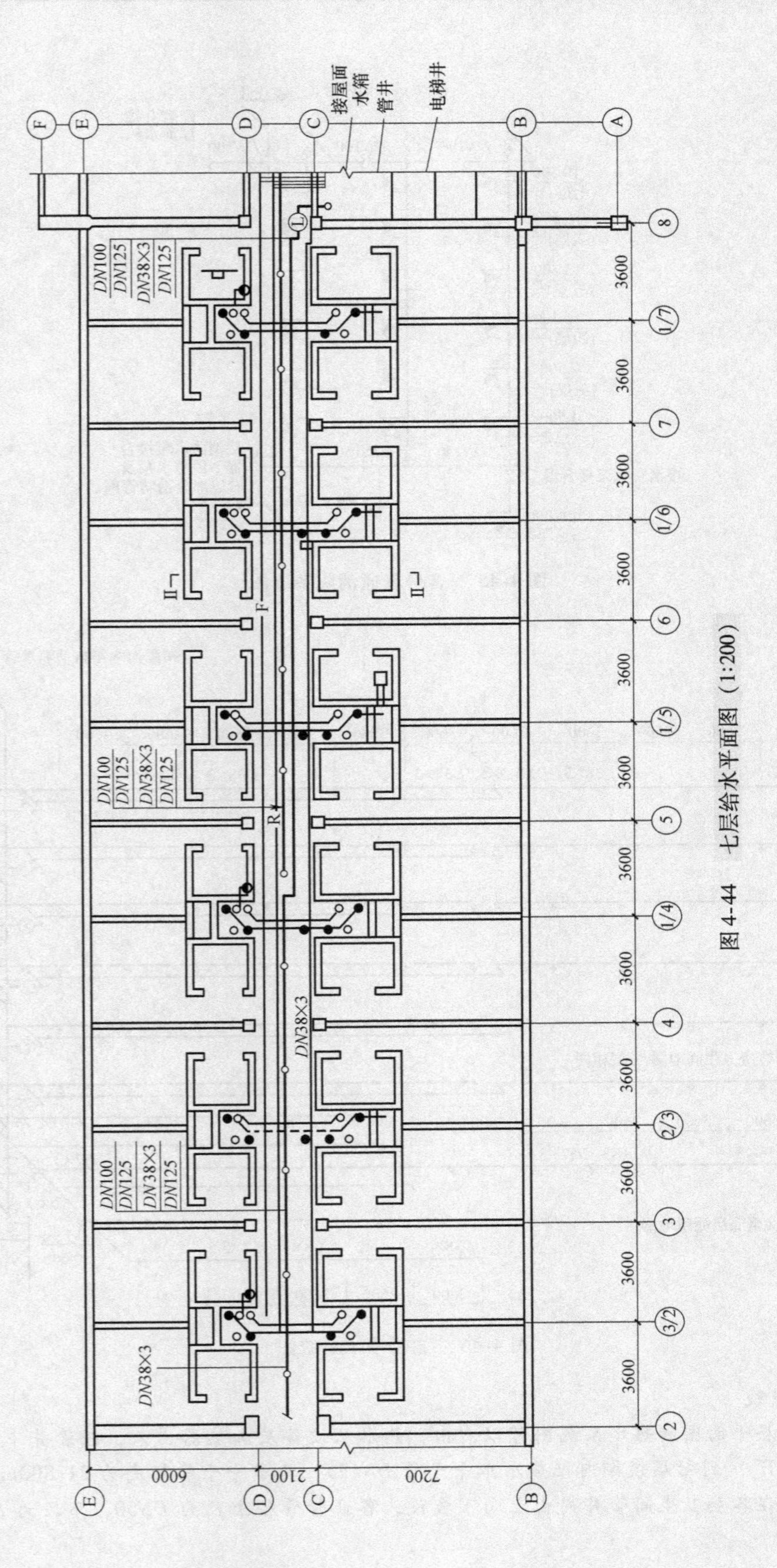

图 4-44　七层给水平面图（1:200）

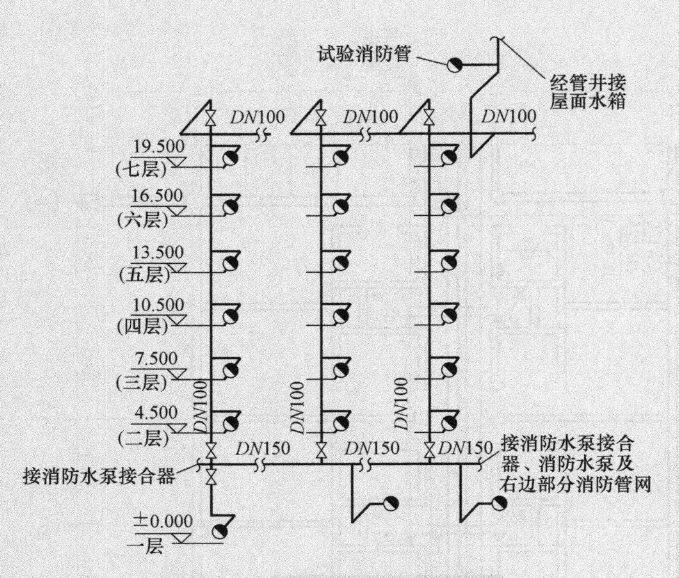

图4-45　客房普通消防系统图

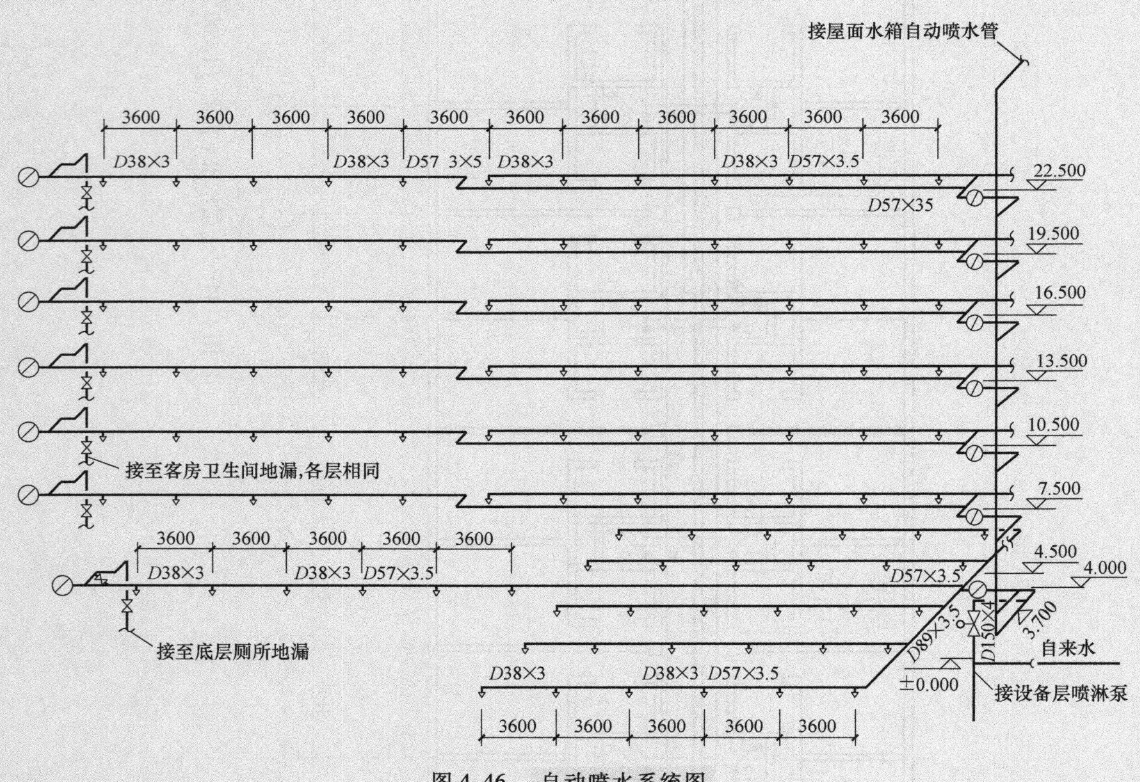

图4-46　自动喷水系统图

2. 热水系统

由一～七层平面图和热水系统图可以看出，热水从设备层加热器出来，经管井中的热水立管*DN*125（代号R_1）到七层顶棚内接热水水平干管*DN*125，其水平干管标高为21.800m。水平干管又接各立管，在各层卫生间管井内由上向下敷设，各立管管径上段为*DN*50，下段为*DN*40，立管

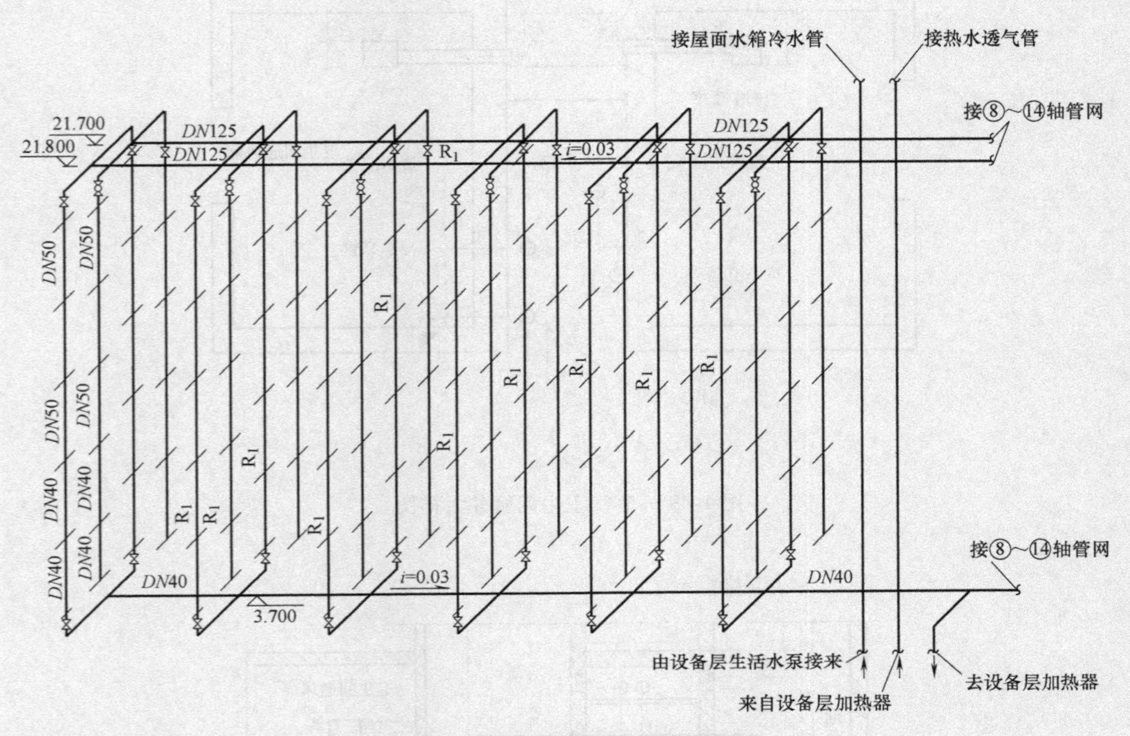

图 4-47　客房卫生间冷热水系统图

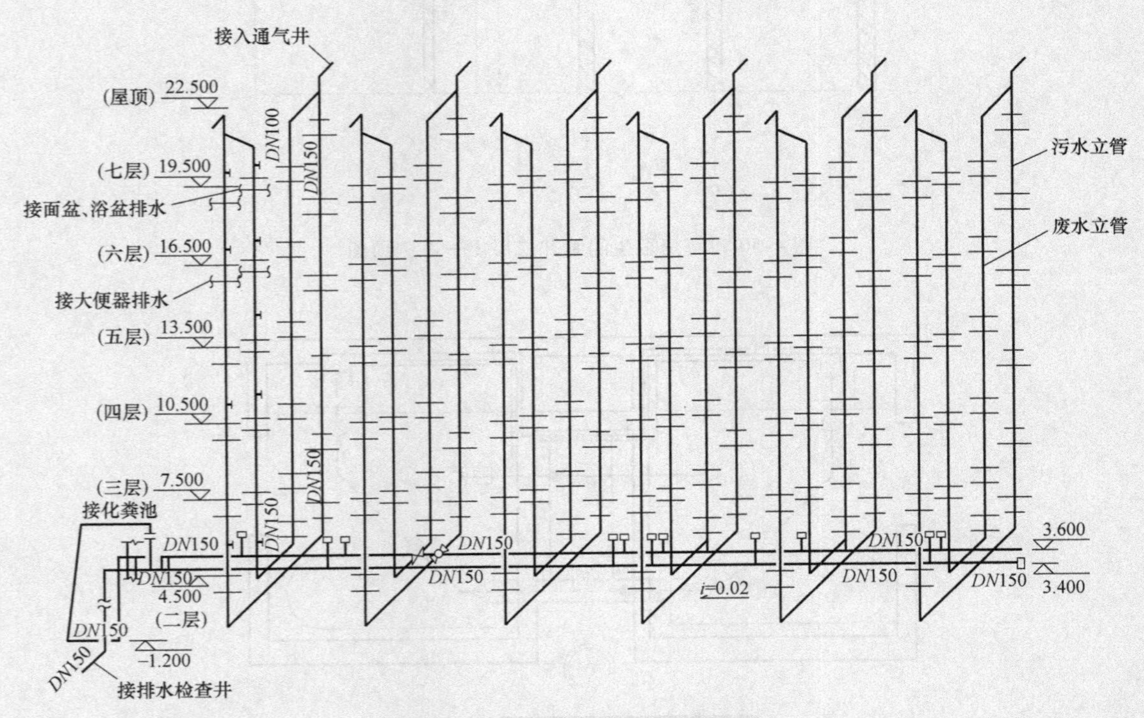

图 4-48　客房卫生间排水系统图

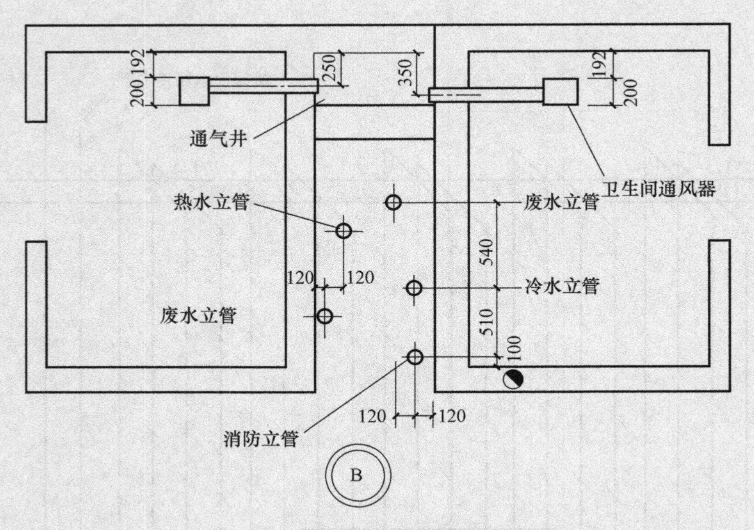

图 4-49 客房卫生间管井大样图

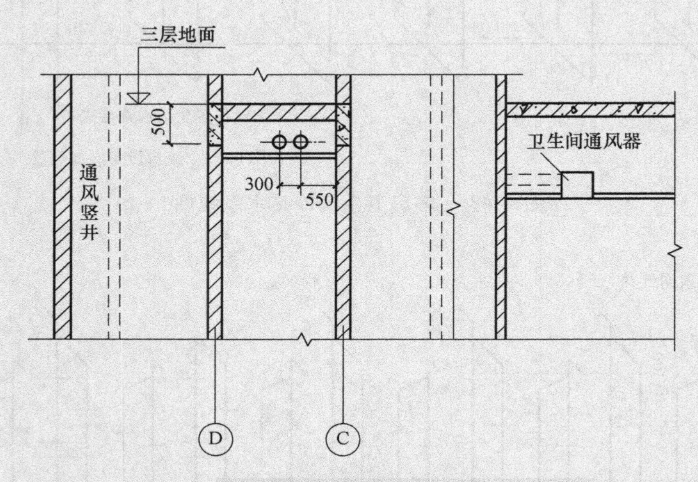

图 4-50 客房卫生间管井二层Ⅰ—Ⅰ剖面图

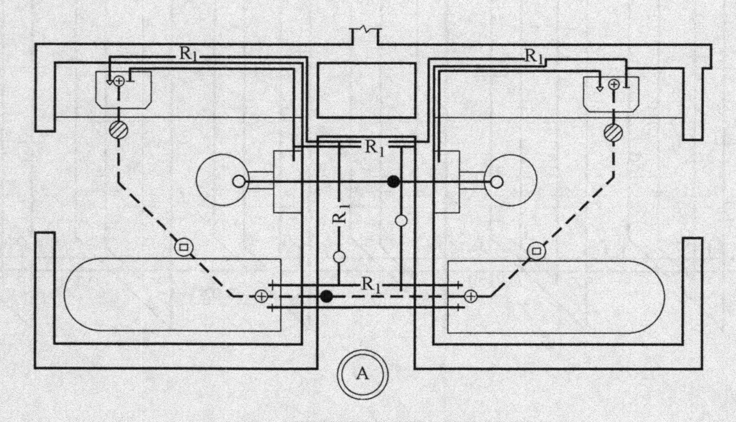

图 4-51 客房卫生间平面大样图

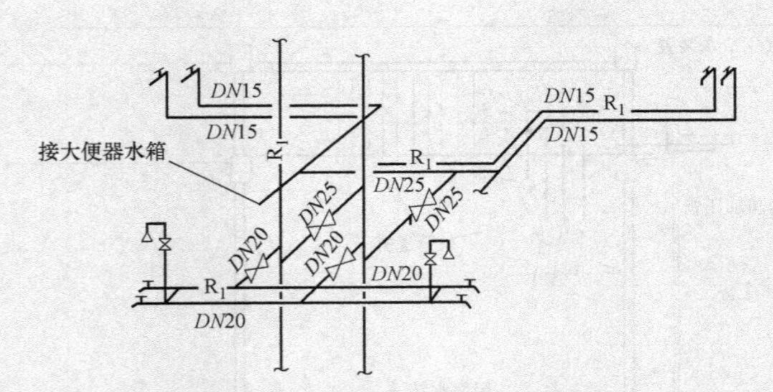

图4-52　客房卫生间给水系统大样图

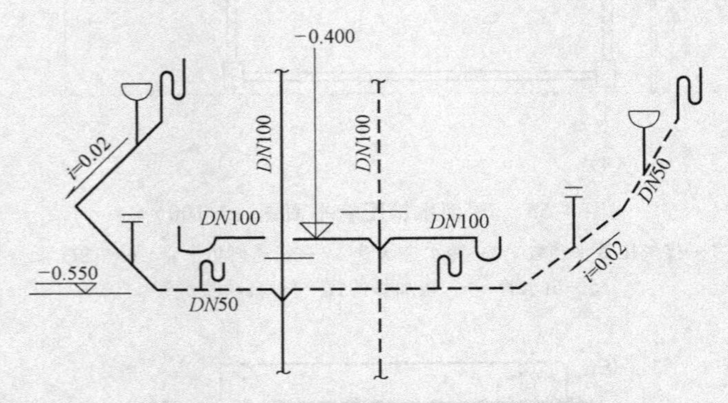

图4-53　客房卫生间排水系统大样图

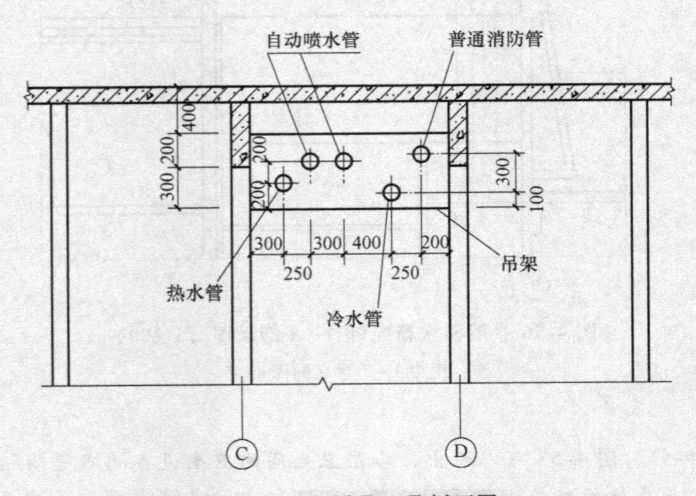

图4-54　七层Ⅱ—Ⅱ剖面图

的上下端均装有阀门，以便控制和调节。各立管的下端均与一层走道顶棚内标高为3.700m的水平干管相连，管径为*DN*40。由系统图可以看出，该水平干管*DN*40经管井去设备层加热器，该段管道称为热水循环管道。可见该热水系统为上行下给式全循环异程热水供应方式。

由热水系统图、卫生间大样图、卫生间给水系统大样图可以看出，各管井中的热水立管分别接各支管到卫生间向洗脸盆、浴盆供热水，且表明洗脸盆、浴盆分别按《卫生设备安装》（09S304）施工。

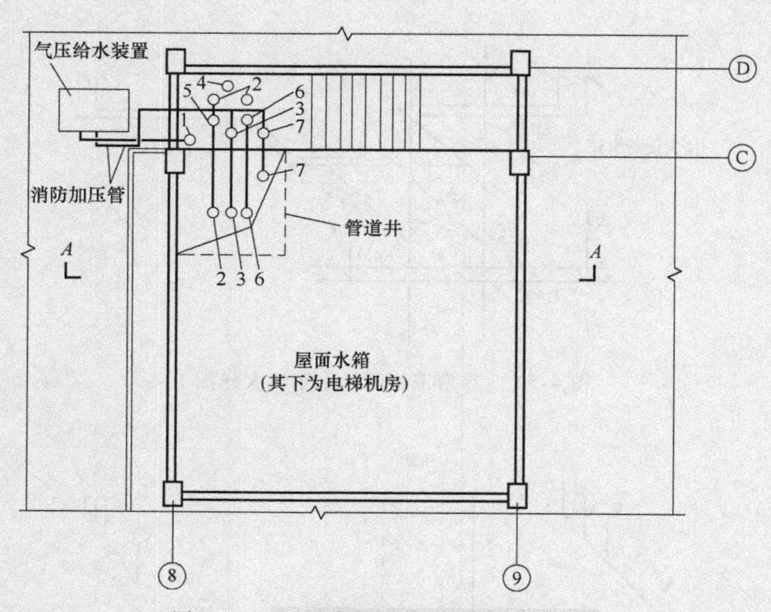

图 4-55 屋面水箱配管平面图（1:100）

1—接气压给水装置 2—冷水进水管 3—普通消防水管 4—透气管
5—出水管 6—接加热器管 7—自动喷水管

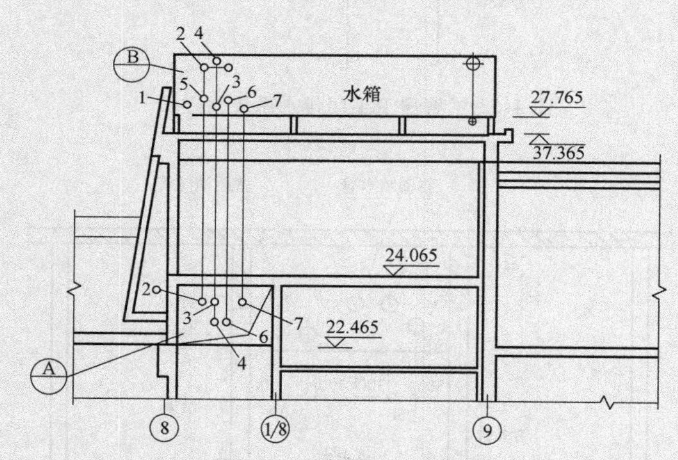

图 4-56 屋面水箱配管 *A—A* 剖面图（1:100）

注：图中 1 ~ 7 含义同图 4-55。

3. 排水系统

由图 4-48、图 4-51、图 4-53 可以看出，各层卫生间的卫生设备的布置均相同。排水系统采用分流制，即生活废水与粪便污水各由横管→立管→一层顶棚内水平总管→化粪池、检查井。

由图 4-48 可以看出，各排水立管上在二、四、六、七层设有检查口，以便疏通管道。检查口的设置规定：在排水立管上应每隔一层设一检查口，但在最低处和设有卫生器具的最高层必须设置；如为两层建筑，可仅在底层设置立管检查口；如有乙字弯，则在乙字弯的上部设检查口。还由图 4-48 可以看出，一层走道顶棚内排水水平总管上各装五个清扫口（由于该两根排水总管较长，坡度难以保证，为便于清扫管道设置）。清扫口的设置规定：在连接 2 个及 2 个以上大便器或 3 个及 3 个以上卫生器具的污水横管上、水流偏转角大于 45°的污水横管上、长度超过最大限度的污水横管的直线管段上，均应设清扫口。

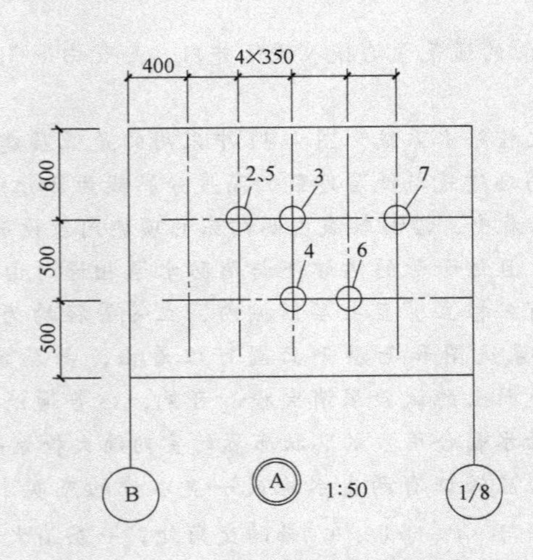

图 4-57 屋面水箱配管 A 大样图

注：图中 2 ~ 7 含义同图 4-55。

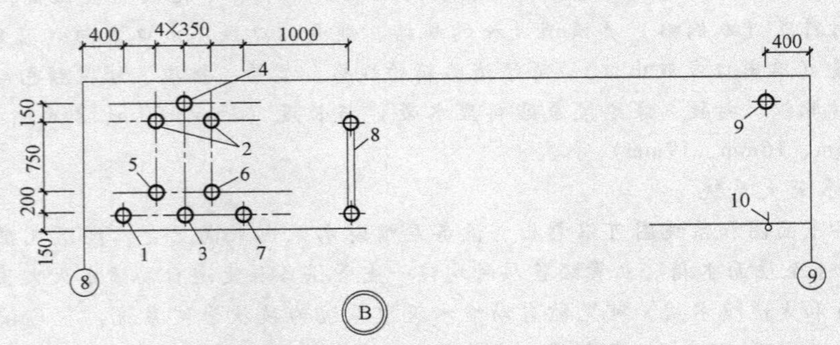

图 4-58 屋面水箱配管 B 大样图

1 ~ 7—同图 4-55 8—水位计 9—溢流管 10—泄水管

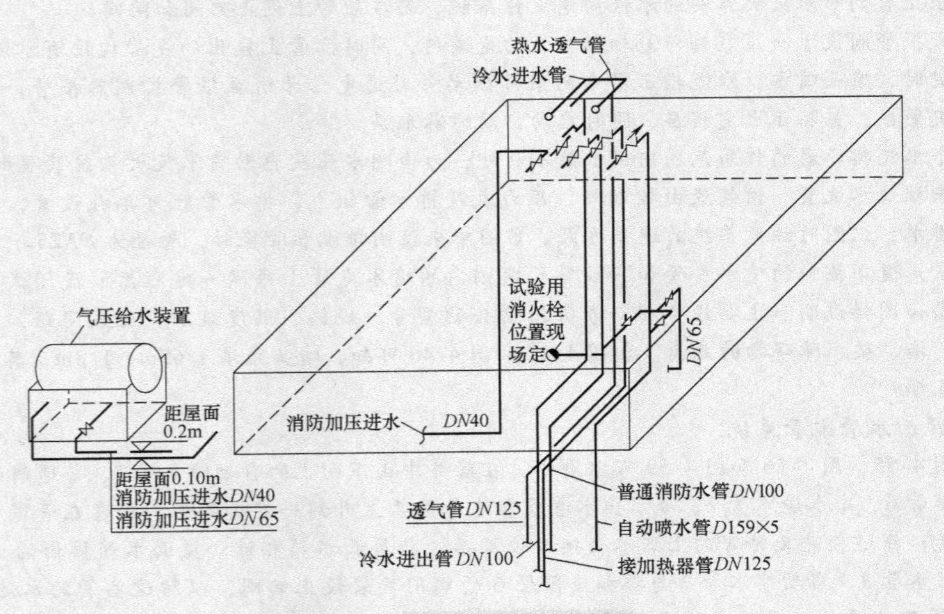

图 4-59 屋面水箱配管系统图

图4-48表明，各排水立管的通气管均接入通气井内，臭气由通气井排走。

4. 普通消防系统

普通消防系统又称为消火栓给水系统。图4-41中采用的是低层建筑室内消火栓系统（我国建筑消防系统设计规范规定：高层建筑与低层建筑的高度分界线为24m）。

由图4-41和图4-45可以看出，沿Ⓓ轴线由西向东的顶棚内敷设有普通消防干管*DN*150，其两端均与消防水泵接合器连接；且该干管的右端还与消防水泵相连。由二～七层平面图与系统图看出，一层顶棚内的干管上接有三根立管至七层顶棚内，立管管径均为*DN*100，且各立管的顶端用一消防干管*DN*100连通。由系统图和七层平面图可以看出，七层顶棚内的消防干管接一管道*DN*100经管井接屋面水箱和屋面上的试验用消火栓。可见，该普通消防系统为设有消防水泵、消防水泵接合器、水箱（与生活水箱合用）的环状布置的室内消火栓系统。

室内消火栓的设置位置，应保证有两支水枪或一支水枪的充实水柱同时达到室内任何部位。客房部分的消火栓均设在Ⓓ轴与(3/2)、(1/4)、(1/7)轴的交角处，一层消火栓设在Ⓓ轴与②、⑤、⑧轴的相交处。识读消火栓时应注意：结合标准图弄清消火栓与管道的连接尺寸；图上一般仅绘出消火栓的图例符号，实际上应想象出包括消火栓、消防箱、水带和水枪的整套设备，应结合图样说明和主要设备材料表（本例略）弄清消火栓的规格、型号、口径、出口方向（直角出口或45°出口）与出口数量（单出口或双出口）；弄清消防箱的规格、型号、材质、外观颜色与门的形式；弄清水带的材质（麻织、衬胶、涤纶聚氨酯衬里水带）与长度（15m、20m、25m）；弄清水枪的材质与口径（13mm、16mm、19mm）等。

5. 自动喷水灭火系统

由一～七层平面图和系统图可以看出，设备层喷淋水泵出来向上走，经湿式报警阀、管井中的立管*DN*159×4至屋面水箱。立管经各层时均接一支管供各层走道自动喷水灭火用；一层接出几个分支管供餐厅和走道喷水用。可见该自动喷水灭火系统为枝状管网系统，它与该建筑的消火栓系统各自独立，其水源可来自屋面水箱、市政管网、喷淋水泵及消防水泵接合器（本例未绘设备层，一般情况下，采用一短管将消火栓系统与自动喷水灭火系统相互连接以共用消防水泵接合器；且为了阻止自动喷水灭火系统的水流向消火栓系统，而在短管上设止回阀和闸阀）。

湿式报警阀设于一层⑧轴与Ⓓ轴相交处的走道内，同时立管上接出的支管均设有水流指示器。发生火灾时，喷头喷水，水流指示器中的桨片摆动并接通电信号送至报警控制器报警，水力警铃发出火灾警报，并指示火灾楼层，同时启动自动喷淋水泵。

每个水流指示器的作用范围内供水最不利处，为检测水压及自动喷水灭火系统装置的可靠性，均设有末端试水装置。该装置由控制阀、压力表及排水管组成，排水管既可单独设置，也可利用雨水管排水，识图时注意系统的连接方式。当图中未注明排水管管径时，管径为*DN*25。

各层走道顶棚内的喷水支管和一层餐厅顶棚内的喷水支管上每隔一定距离装设闭式喷头。识读时应结合图样说明和主要设备材料表弄清喷头的型号、规格、温度级别、安装间距，以及喷头与顶棚、墙、梁、障碍物的距离。由图4-41和图4-46可知，喷头距墙1.65m、1.8m，其他位置喷头间距3.6m。

6. 屋面水管配管系统

由图4-55、图4-56和图4-59可以看出，在管井中由下向上的自动喷水管7、普通消防水管3、接加热器管6、冷水进水管2、冷水出水管5和透气管4上升到一定标高后，转弯在管道横井内由南至北走；穿过横井又转弯向上到水箱接口位置后，与屋面水箱相连。屋面水箱接出的出水管5、普通消防水管3、自动喷水管7与接加热器管6的阀门处装设止回阀，以防这些管的水流回水箱。由图4-59可以看出，屋面水箱西侧屋面上装有一台自动给水装置，型号为400YPMS654.0，以满足扑救火灾初期时的给水压力。自动给水装置出来的管道在水箱与自动喷水管7、普通消防水管3

相连时，也装设止回阀，以免屋面水箱的水流入自动给水装置的出口。

管道在管道横井的布置尺寸和管道与屋面水箱的接口位置尺寸可查看图4-56和图4-57。

4.5.2 建筑消防工程图识读实例

1. 建筑消火栓系统消防图识读实例

【实例4-3】 某七层住宅须设消火栓系统，采用水池、水泵、水箱给水方式。根据消防规范要求，可以不设环状管网，采用单出口消火栓，每支水枪的水量为2.5L/s，共计2支，水量大于或等于5L/s，消火栓直径为*DN*50；水龙带口径为*DN*50，长度为25m；水枪口径为ϕ16mm。消火栓设备布置在楼梯口窗户对面，消火栓中心距地面1.1m，水池与水泵在地下室。

地下室消防设备平面图如图4-60所示，一～七层消防设备平面图如图4-61所示，屋顶水箱间平面图如图4-62所示，消火栓系统轴测图如图4-63所示。

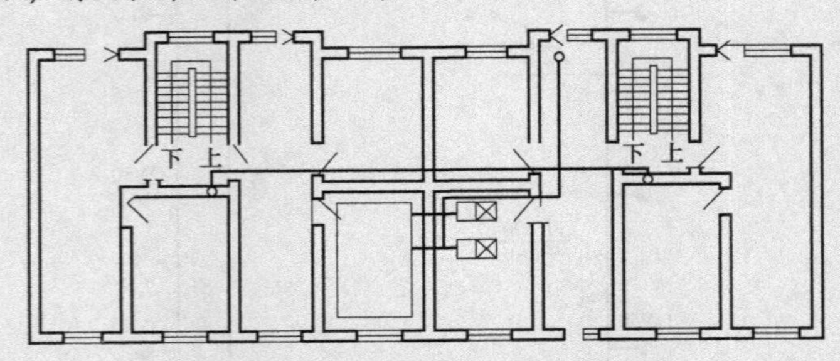

图4-60　地下室消防设备平面图

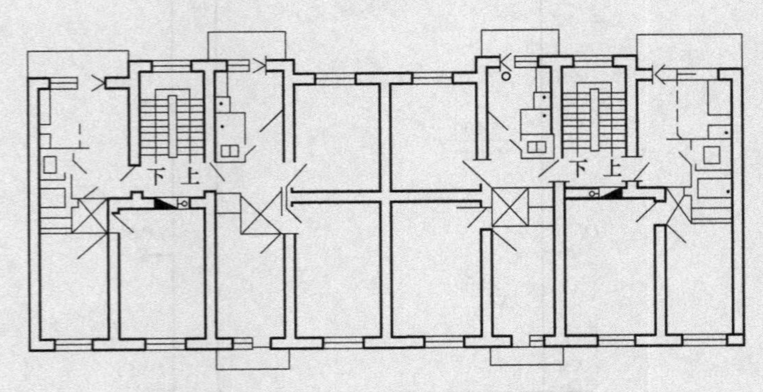

图4-61　一～七层消防设备平面图

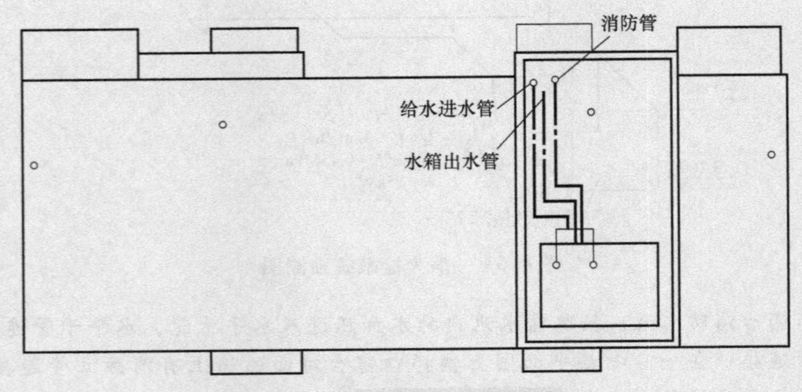

图4-62　屋顶水箱间平面图

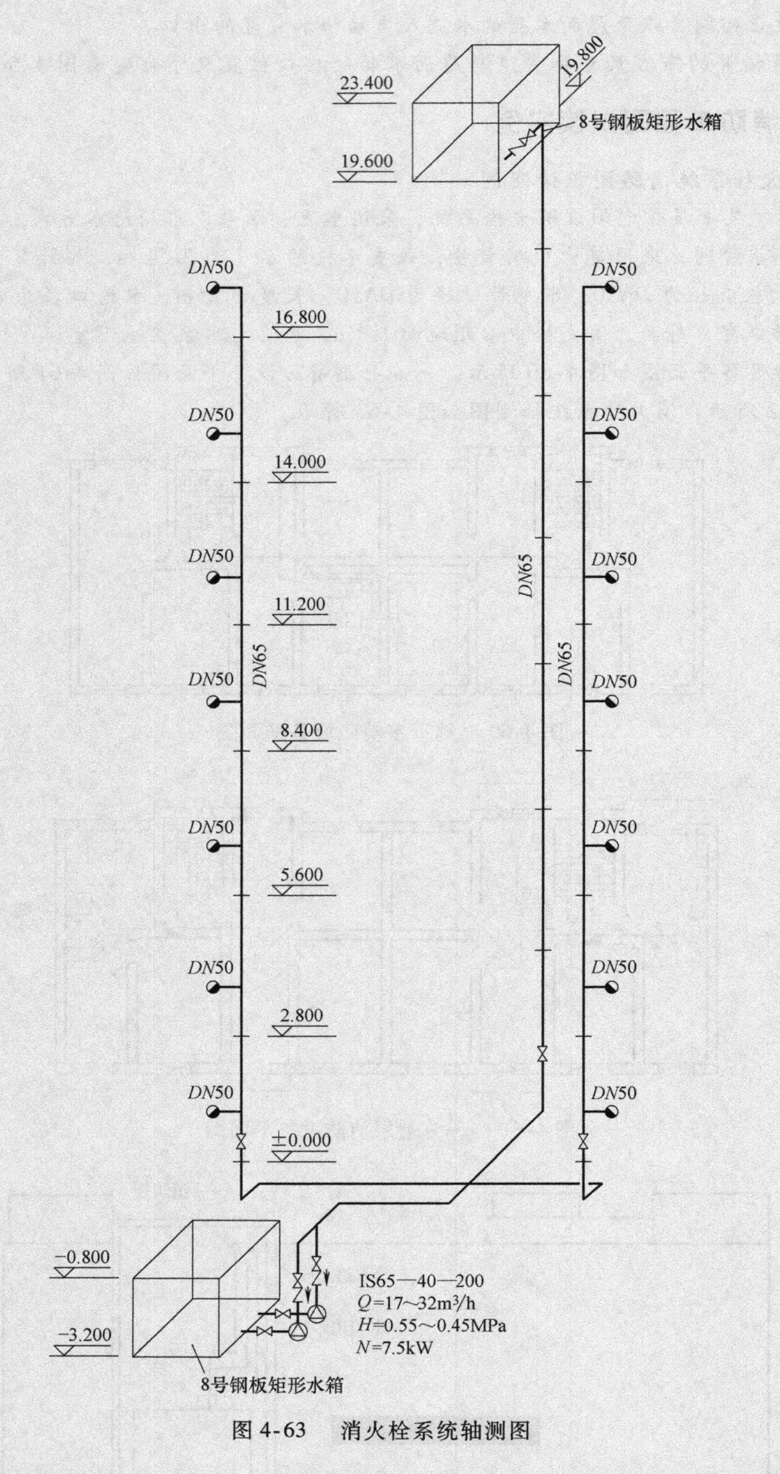

图4-63 消火栓系统轴测图

在地下室有两台消防水泵，抽取储水池内的水加压进入水平干管，水平干管连接两根立管并与北面一根立管连接；在一～七层平面图上楼梯口窗台对面的墙上有消防立管连接消火栓设备，各层有两根消防立管连接各自的消火栓设备，且在一～七层平面图上的北面有来自消防水箱的出水立管。

在消防系统图中，水池为8号钢板矩形水箱，水泵型号为IS65—40—200，流量 $Q=17\sim32\text{m}^3/\text{h}$，扬程 $H=0.55\sim0.45\text{MPa}$，电动机功率 $N=7.5\text{kW}$。水泵吸口安装吸水阀，水泵出水管上安装止回阀，管径 *DN*65，水平管在地下室顶棚下，标高 -0.300m，连接两根 *DN*65 立管；各立管均连接7个 *DN*50 的消火栓设备，共计14个消火栓设备，每个立管下均有阀门。

水泵压水时，水能进入两立管，但不能进入高位水箱，因为高位水箱的出口处安装有向下的止回阀。高位水箱的水可以自流入消防给水管网，水箱流出管的管径为 *DN*65。高位水箱底标高为19.600m，箱顶标高为23.400m，水箱出口管标高为19.800m，水箱为8号钢板矩形水箱。8号钢板矩形水箱的制作见有关标准图，消火栓设备安装也可见有关标准图。

消防管道除水箱、水池、水泵、阀门、消火栓采用法兰或螺纹连接外，其他均为焊接。

每套消火栓设备均有1个 *DN*50 消火栓、1条长25m的麻织水龙带，1个 *DN*50×ϕ16 水枪，1个钢板消防箱，共计14个消火栓设备，则有14个相应的消防箱、消火栓、水龙带、水枪，其他阀门数均可由系统图计算可得。

通过比例及楼层标高可计算出消防管道的长度。

2. 建筑自动喷水灭火系统消防图识读实例

【实例4-4】　某地上四层商场、地下停车场设有湿式自动喷水系统，闭式喷头 *DN*15（出水口径12.7mm），采用水池、水泵、水箱给水方式。

地下室除设有自动喷水系统外，还安装有水池、水泵，如图4-64所示；地上一~四层安装有自动喷水系统，如图4-65所示；屋顶设有水箱间，如图4-66所示；自动喷水系统图如图4-67所示。

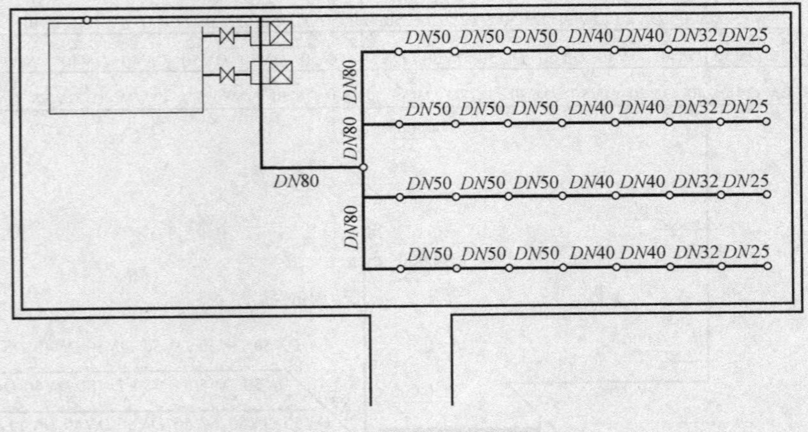

图4-64　地下室平面图

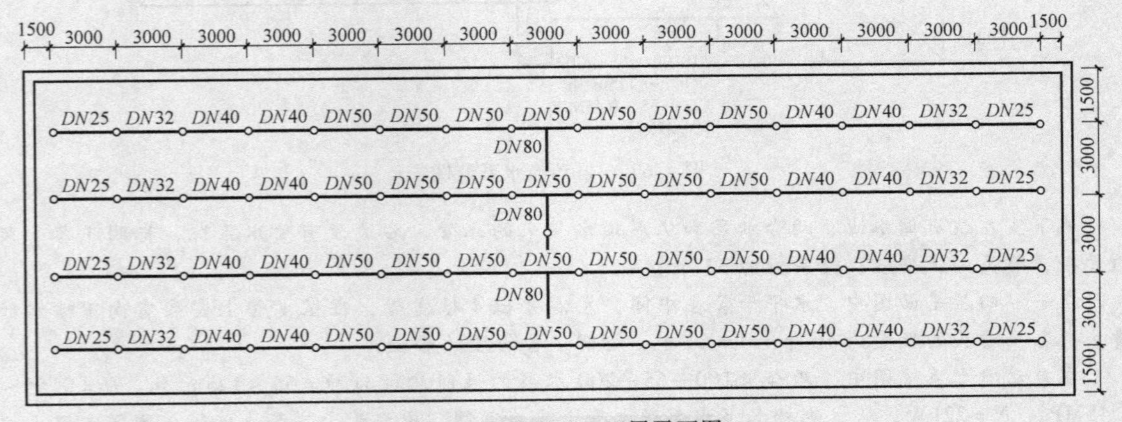

图4-65　地上一~四层平面图

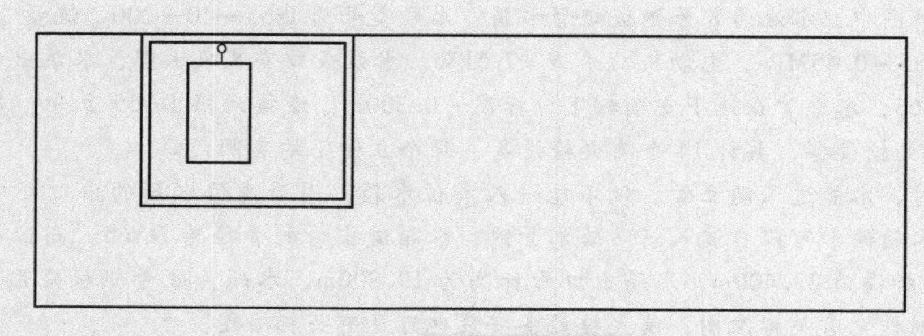

图 4-66 屋顶水箱平面图

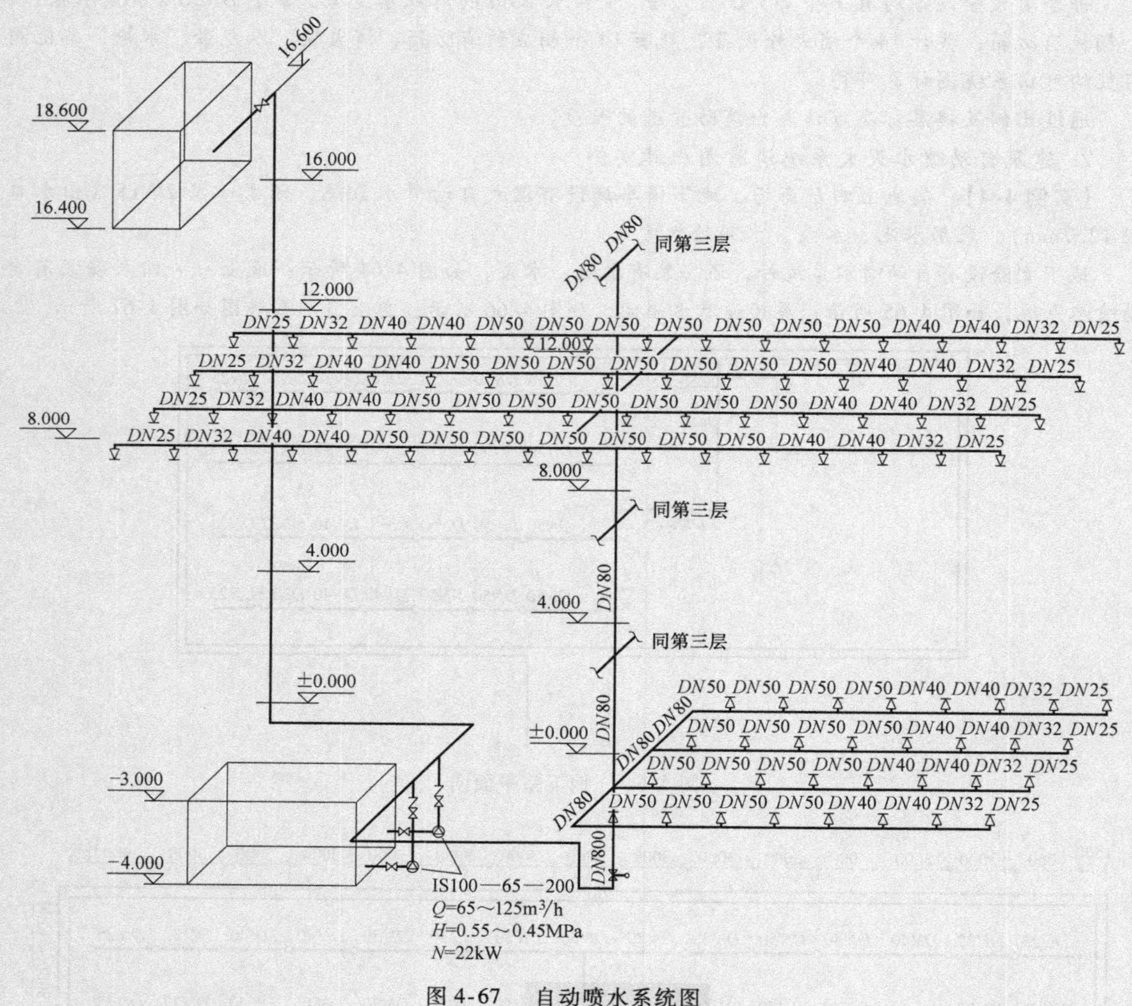

图 4-67 自动喷水系统图

地下室左边有储水池、两台水泵和从屋顶水箱来的立管，右边设有喷水系统，标明了各管段的管径，喷头向上安装，喷头数为 32 个。

在一～四层平面图中，水平干管在中间，左右分出 4 根支管，每根支管上安装有向下喷水的喷头，每层喷头的数量为 16 个 ×4 = 64 个，标明了各管段的管径。

在自动喷水系统图中，两台 IS100—65—200 水泵的性能参数为 $Q = 65 \sim 125\text{m}^3/\text{h}$、$H = 0.55 \sim 0.45\text{MPa}$、$N = 22\text{kW}$，从水池抽水（水泵进水管上安装闸阀、出水管上安装止回阀，闸阀与湿式报

警阀进口连接)，再由出口送入立管。地上四层与地下一层的各管段分别标有管径。屋顶水箱出水管上安装闸阀与止回阀，垂直管接入湿式报警阀，水箱位置已标明标高。

该管道系统除水池、水箱、水泵、阀门、喷头采用法兰或螺纹连接外，其他管道均采用焊接。

复习思考题

1. 建筑给水系统的给水方式有哪些？各种方式的组成是什么？
2. 建筑排水系统的组成有哪些？
3. 建筑消防系统的组成及方式有哪些？
4. 建筑中水系统由哪些部分组成？
5. 简述自动喷水灭火系统的组成及各部分的作用。

第 5 章　供暖及燃气工程图

5.1　供暖及燃气工程概述

5.1.1　供暖工程的概念

供暖工程是为了改善人们的生活和工作条件及满足生产工艺、科学试验的环境要求而设置的。

供暖供热工程由热源、室外热力管网和室内供暖系统所组成。热源一般是指生产热能的部分，即锅炉房、热电站等；室外热力管网是指输送热能到各个用户的部分（热能是以蒸汽和热水作为介质来输送的）；室内供暖系统则是指以对流或辐射的方式将热量传递到室内空气中去的供暖管道和散热器。

5.1.2　供暖工程的分类

1. 按供暖范围分类

按供暖范围可分为局部供暖系统、集中供暖系统和区域供暖系统三种。

（1）局部供暖系统　供暖系统的热源、输热管网和散热设备联成整体而不能分离的供暖系统，称为局部供暖系统，如火炉、火炕、火墙、煤气红外线辐射器等。

（2）集中供暖系统　由热源（对水集中加热的锅炉或水加热器）通过管网向一幢或数幢房屋供应热能的供暖系统，称为集中供暖系统。我国北方城市中大量采用这种集中供暖系统。

（3）区域供暖系统　以集中供热的热网作为热源，通过热网向一个建筑群或一个区域供应热能的供暖系统，称为区域供暖系统，它实质上是集中供热的一种形式。

2. 按供暖热媒分类

供暖系统所用的热媒有热水、水蒸气、热空气、烟气等，因而供暖系统按热媒的不同，可分为热水供暖系统、蒸汽供暖系统、热风供暖系统与烟气供暖系统四种。

（1）热水供暖系统　热水供暖系统按热水温度的高低可分为低温（水温低于100℃）热水供暖系统和高温（水温等于或高于100℃）热水供暖系统：低温热水供暖系统的供、回水温度一般分别为95℃、70℃；高温热水供暖系统的供、回水温度一般分别为130℃、70℃。热水供暖系统也可按循环动力分为自然循环系统和机械循环系统两种：自然循环是利用供、回水的重度差而使热水在未加外力的条件下不断流动的循环；机械循环是热水的流动主要靠水泵的扬程使热水强制循环。低温热水供暖的优点：在输热过程中热损失小，散热均衡，能保持室内气温相对均匀稳定；散热器表面温度低，比较符合卫生要求，故在公共建筑和住宅建筑中广泛使用。

（2）蒸汽供暖系统　蒸汽供暖系统按蒸汽压力的高低可分为低压（压力≤70kPa）蒸汽供暖系统、高压（压力>70kPa）蒸汽供暖系统和真空（压力<大气压）蒸汽供暖系统三种。蒸汽供暖与

热水供暖相比，水静压小，热惰性小，所需散热面积少；但热损失大，燃料耗量大，卫生条件差，运行管理费高，故它仅适用于要求不高的建筑物。

（3）热风供暖系统　热风供暖系统是指将空气加热到适当的温度（一般为35～50℃）直接送入房间，与房间空气混合，使房间气温升高以达到供暖目的的系统。它适用于热损失大的或空间大的或间歇使用的房间，以及有防火防爆要求的车间。

（4）烟气供暖系统　烟气供暖系统是指直接利用燃料燃烧产生的高温烟气，在输送过程中向房间散热以进行供暖的方式，如火炉、火炕、火墙等形式。

本章主要介绍热水及蒸汽供暖系统的相关知识。

5.1.3 供暖系统的基本图式

在此，以热水供暖系统的基本图式为例介绍。供暖系统一般由锅炉、供水总立管、供水干管、供水立管、散热器支管、散热器、回水立管、回水干管、回水总管、水泵及膨胀水箱等组成。

机械循环热水供暖系统应用最广，按其系统的布置方式可分为垂直式与水平式：垂直式又有单管系统与双管系统之分；水平式仅为单管系统。按供、回水干管敷设的位置分类，供水有上供式、中供式与下供式；回水有下回式与上回式。在实际工程中，供暖系统的形式一般是多种形式的组合：上供下回式是指供热管在上、回水管在下，如图5-1所示。下供下回式是指供热管和回水管均在下，如图5-2所示。下供上回式是指供热管在下，回水管在上，如图5-3所示。中分式是指供热管与回水管在中间，上、下供水和回水，如图5-4所示。水平式分为水平串联式和水平跨越式，如图5-5所示。根据立管的根数分为单立管式和双立管式，单立管式如图5-6所示，双立管式如图5-7所示。

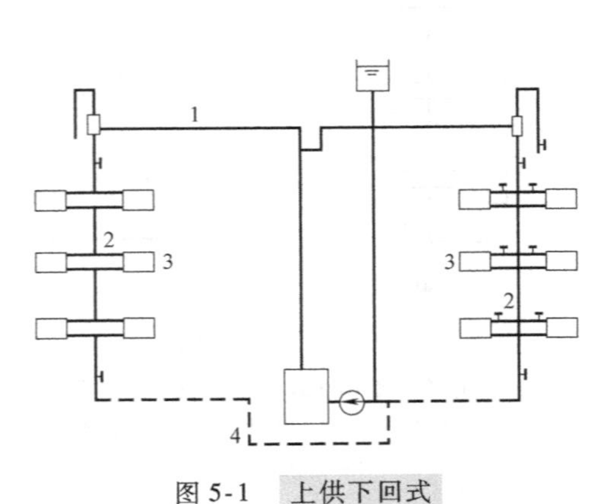

图5-1　上供下回式

1—供热管　2—立管　3—散热器　4—回水管

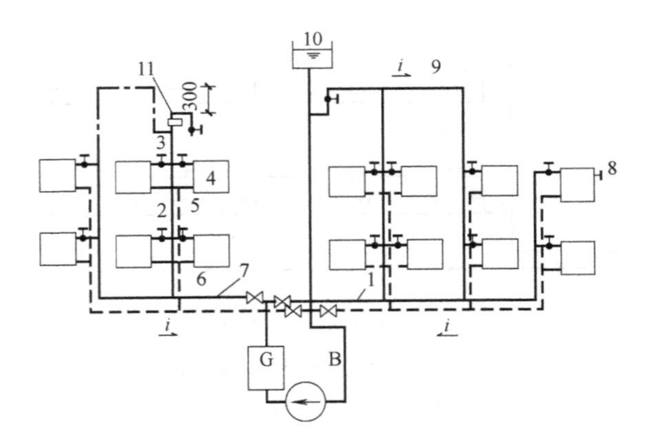

图5-2　下供下回式

1—供热干管　2—供热立管　3—供热支管　4—散热器　5—回水支管　6—回水立管　7—回水干管　8—手动放气阀　9—空气管　10—膨胀水箱　11—集气罐

根据供暖系统中各环路的管线长度分为同程式和异程式：同程式是指各环路的路程相等；异程式是指各环路的路程不等，同程式系统和异程式系统分别如图5-8和图5-9所示。

5.1.4 供暖系统的主要设备

1. 锅炉

锅炉是锅炉房设备中的主体设备，它是由汽锅、炉子、蒸汽过热器、省煤器、空气预热器和仪表附件等组成；其中，汽锅和炉子是主要部件，蒸汽过热器一般多用于电站锅炉，而供暖锅炉和工业锅炉中则较少设置。

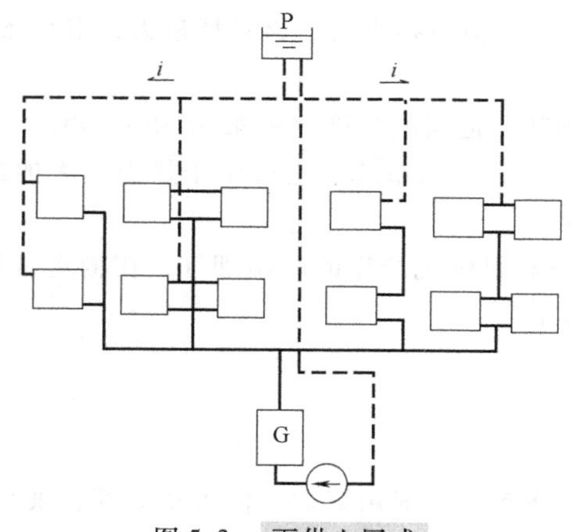

图 5-3 下供上回式

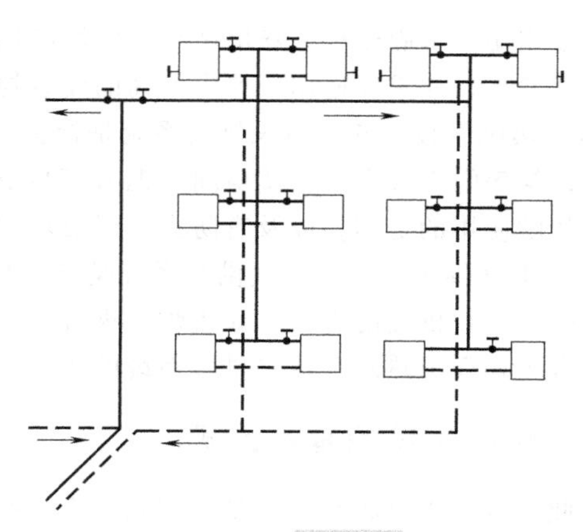

图 5-4 中分式

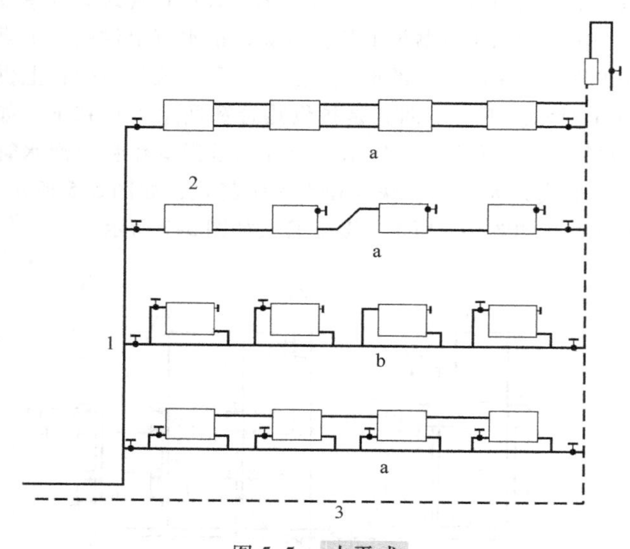

图 5-5 水平式

a—水平串联式 b—水平跨越式

1—供热管 2—散热器 3—回水管

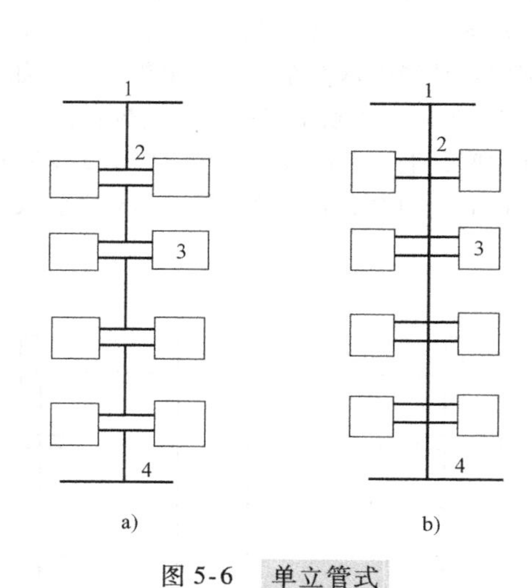

图 5-6 单立管式

a）单立管串联式 b）单立管跨越式

1—供热干管 2—供热立管 3—散热器

4—回水水平干管

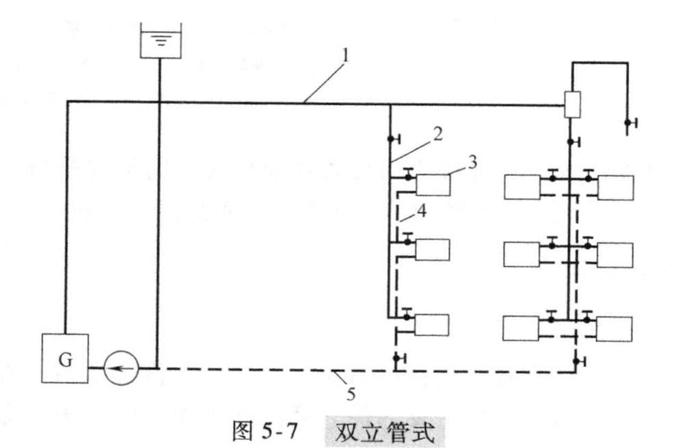

图 5-7 双立管式

1—供热水平干管 2—供热立管 3—散热器 4—回水立管 5—回水水平干管

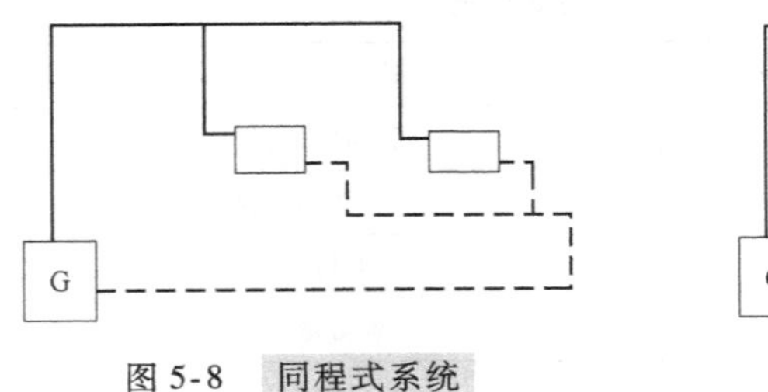

图5-8 同程式系统

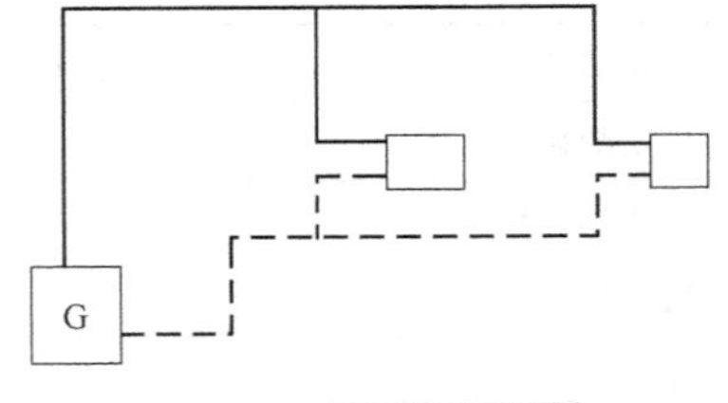

图5-9 异程式系统

在供暖系统中，锅炉是加热设备，将冷水加热成热水或蒸汽，供系统使用。

供暖系统所用的锅炉可以分为两大类，即热水锅炉和蒸汽锅炉，而每一类锅炉又可分为低压和高压两种。在热水锅炉中，热水温度低于115℃的为低压热水锅炉，温度高于115℃的称为高压热水锅炉；而蒸汽锅炉则以蒸汽压力来区分，蒸汽压力低于0.07MPa的称为低压蒸汽锅炉，蒸汽压力高于0.07MPa的称为高压蒸汽锅炉。

锅炉的基本特征有锅炉容量及锅炉参数。锅炉容量是以蒸发量（或产热量）和蒸汽（或热水）参数来表示的。蒸发量（或产热量）是锅炉大小的标志，是指蒸汽锅炉每小时生产蒸汽的数量，单位是t/h或kg/h；产热量则是指锅炉每秒生产的热量，单位是kW，例如蒸发量为10t/h，即表示锅炉每小时能生产10t蒸汽。蒸汽（或热水）参数是指蒸汽（或热水）的压力和温度。

锅炉参数主要是指锅炉出口处的热媒（热水或蒸汽）压力和温度。对生产饱和蒸汽的锅炉，一般只标明蒸汽压力；对生产过热蒸汽或热水的锅炉，还须标明蒸汽过热器出口处的过热蒸汽温度或热水出口处的热水温度。

锅炉的型号由三部分组成，各部分之间以短横线隔开，即：

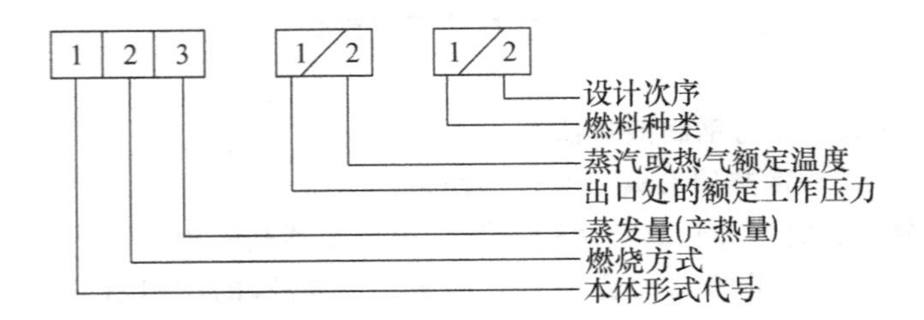

1）第一部分的锅炉本体形式代号，用两个汉语拼音字母表示，见表5-1；燃烧方式，用一个汉语拼音字母表示，见表5-2；蒸发量，用阿拉伯数字表示（单位t/h，kJ/h或kW）。

表5-1 锅炉形式代号

锅炉本体形式	代号	锅炉本体形式	代号
立式水管	LS	单锅筒立式	DL
卧式内燃	WN	单锅筒纵置式	DZ
立式火管	LH	单锅筒横置式	DH
纵置式快装锅炉	KZ	双锅筒纵置式	SZ
分联箱横汽包式	FH	纵、横筒锅式	ZH
双汽包横置式	SH	强制循环式	QX

表5-2 锅炉燃烧方式代号

燃烧方式	代号	燃烧方式	代号
固定炉排	G	下饲式炉排	A
活动手摇炉排	H	往复推饲炉排	W
链条炉排	L	沸腾炉	F
振动炉排	Z	半沸腾炉	B
抛煤机	P	室燃炉	S
倒转炉排加抛煤机	D	旋风炉	X

2）第二部分中的额定工作压力，以阿拉伯数字表示；蒸汽或热水温度，也用阿拉伯数字表示。

3）第三部分中的燃料种类，用汉语拼音字母表示，见表5-3；设计次序，用阿拉伯数字表示（若为原设计，则省略）。

表5-3 燃料种类代号

燃料种类	代号	燃料种类	代号
无烟煤	W	油	Y
贫煤	P	气	Q
烟煤	A	劣质烟煤	L
褐煤	H		

例如WNS4—1/184—Q，表示卧式内燃室燃锅炉，额定蒸发量为4t/h，出口额定压力（表压）为1MPa，出口蒸汽温度为184℃，以燃气为燃料的蒸汽锅炉。

2. 散热器

常用散热器有铸铁散热器与钢制散热器等。

（1）铸铁散热器 铸铁散热器有翼形和柱形两种：

1）翼形散热器分为圆翼形和长翼形两种。圆翼形散热器是一根内径为75mm的管子，外面带有许多圆形肋片的铸件。管子两端配置法兰。圆翼形散热器的型号标记为TY0.75—6（4）和TY1.0—6（4）。而长翼形散热器，其外表面有许多竖向肋片，内部为一扁盒状空间。长翼形散热器的型号标记分别为TG0.28/5—4（俗称大60）和TG0.20/5—4（俗称小60）。

2）柱形散热器是呈柱状的单片散热器。目前，常用的主要有两柱与四柱两种。按国内标准，散热器每片长度为60mm与80mm两种；宽度为132mm、143mm与164mm三种；散热器同侧进、出口中心距有300mm、500mm、600mm与900mm四种。按标准规定：柱形散热器有五种规格，相应的型号标记为TZ2—5—5（8）、TZ4—3—5（8）、TZ4—5—5（8）、TZ4—6—5（8）和TZ4—9—5（8）。如标记为TZ4—6—5，TZ4表示灰铸铁四柱型，6表示同侧进、出口中心距为600mm，5表示最高工作压力0.5MPa。由于这种柱形散热器金属的热强度高，传热系数大，易于清灰和组成所需的散热面积，因而广泛用于住宅建筑和公共建筑中。

（2）钢制散热器 钢制散热器主要有闭式钢串片对流散热器、板式散热器、扁管散热器与钢柱形散热器四种。

闭式钢串片散热器的规格以“高×宽”表示，其长度按设计要求制作。

板式散热器的高度有380mm、480mm、580mm、680mm与980mm五种，长度有600mm、800mm、1000mm、1200mm、1400mm、1600mm与1800mm七种。

扁管散热器的外形尺寸以52mm为基数，形成三种高度规格：416mm（8根）、520mm（10根）和624mm（12根）；长度由600mm开始，以200mm进位至2000mm共八种规格。

钢柱形散热器的高度有400mm、600mm、700mm与1000mm四种，宽度在每一高度下均分为120mm、140mm与160mm三种。

钢制散热器不能应用在蒸汽供暖系统中，且具有腐蚀性气体的生产厂房或相对湿度较大的房间，不宜设置钢制散热器。

5.1.5　燃气工程概述

气体燃料是优质而理想的燃料，它与液体燃料、固体燃料相比，热能利用率高，燃烧温度高，火力调节容易，使用方便，易于实现燃烧过程自动化，燃烧无灰渣，清洁卫生，且可利用管道和钢瓶供应，故燃气在工业生产和人们的日常生活中被广泛应用。

1. 燃气的种类与性质

燃气的种类很多，主要有天然气、人工燃气、液化石油气和沼气四种。

燃气的特性：一是毒性大；二是易燃易爆。

燃气中含有一氧化碳、硫化氢、二氧化碳等有毒气体，特别是人工燃气具有强烈毒性，容易引起中毒事故。燃气与空气混合到一定比例时即易发生燃烧和爆炸。

2. 城市燃气的供应方式

（1）管道输送供应方式　天然气和人工燃气经过净化处理后输入城市燃气管网。城市燃气管网一般包括街道燃气管网和庭院燃气管网。城市燃气按高压、中压、低压分段输送至用户，即燃气由街道高压管网（$0.3\text{MPa}<p\leqslant0.8\text{MPa}$）或次高压管网（$0.15\text{MPa}<p\leqslant0.3\text{MPa}$），经燃气调压站，进入街道中压管网（$0.005\text{MPa}<p\leqslant0.15\text{MPa}$）；然后又经过区域的调压站，进入街道低压管网（$p\leqslant0.005\text{MPa}$）；再经庭院管网而接入用户。临近街道的建（构）筑物也可直接由街道管网引入。

（2）液化石油气瓶装供应方式　石油炼制厂将液态液化石油气输送至储配站或灌瓶站后，用管道或钢瓶灌装，经供应站供应至用户。供应站到用户的供应方式有：单户钢瓶供应、瓶组供应和储罐集中供应三种。

储罐集中供应适用于用气量大的建（构）筑物，用储罐设备和管道集中供气。

3. 室内燃气系统的组成及原理图

本书以住宅生活用燃气供应系统为例介绍。住宅生活用燃气供应系统包括进户管、室内燃气管道和燃气用具等。

1）燃气进户管是指室内外燃气管道的联络管段，管坡向室外且安装燃气阀门。

2）室内燃气管道是指室内燃气水平干管、立管、水平支管与立支管等。

3）燃气用具是指住宅燃气用具，主要是指燃气表、燃气灶与燃气热水器等。

图5-10为住宅生活用燃气供应系统原理图。

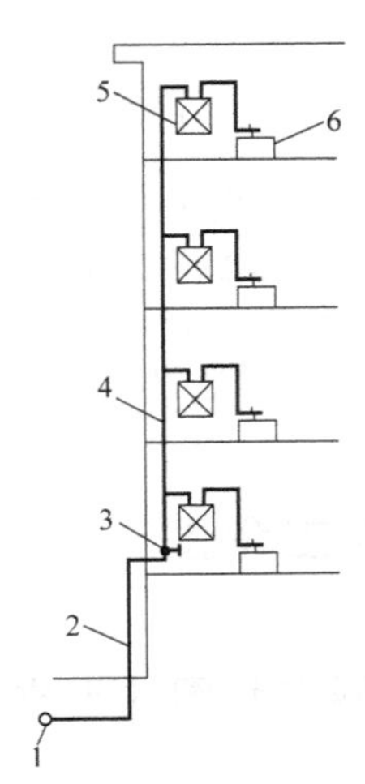

图5-10　住宅生活用燃气供应系统原理图

1—街坊及小区内燃气管　2—进户管
3—旋塞门　4—立管　5—燃气表
6—燃气用具

4. 室外燃气供应系统的组成及原理图

室外燃气供应系统有城市燃气供应系统与街坊（或小区）燃气供应系统等。

(1) 城市燃气供应系统的组成及原理图　城市燃气供应系统常由气源、管道和调压储气设备等组成。

1) 气源。燃气气源分为天然气气源、燃气制造厂气源和炼油厂气源。

2) 燃气管道。燃气管道主要输送燃气，在管道上安装各种阀门，用于调节管道内的燃气量和燃气压力。

3) 调压储气设备。调压设备除各种阀门外，还有增压、降压设备，如燃气风机。储气设备用于储气调压，常见为各种燃气储罐。

图5-11为城市燃气供应系统原理图。

(2) 街坊（或小区）燃气供应系统的组成及原理图　街坊（或小区）燃气供应系统由街坊（或小区）的进户管、街坊（或小区内）燃气管道、街坊（或小区内）排凝结水装置及用户引入管组成。

1) 街坊（或小区）的进户管。街坊（或小区）内管网的联络管段安装有燃气阀。

2) 街坊（或小区内）燃气管道。街坊（或小区内）燃气管道敷设在街坊（或小区内），主要用于燃气输配至建筑内。

3) 排凝结水装置。燃气管道中含有一定量的燃气凝结水，如不及时排除，会影响燃气质量，故在管道上安装抽水缸。

4) 用户引入管。连接在街坊（或小区内）燃气管道上进入建筑的管称为用户引入管，向建筑内输送燃气。

图5-12为街坊（或小区）燃气供应系统原理图。

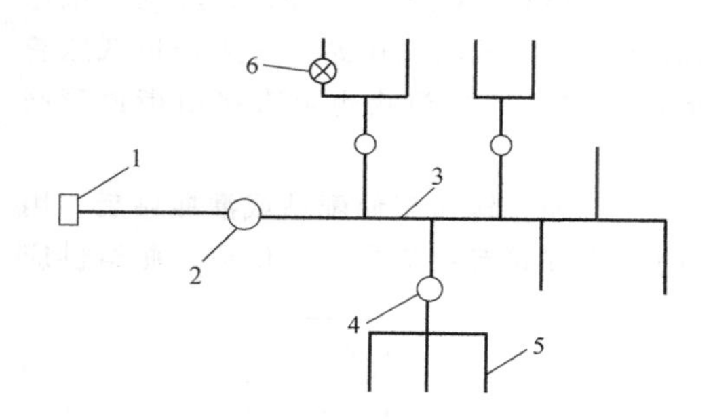

图5-11　城市燃气供应系统原理图

1—气源　2—城市燃气门站及高压罐站

3—高压管网　4—城市燃气门站及中、低压罐站

5—中、低压管网　6—燃气阀门井

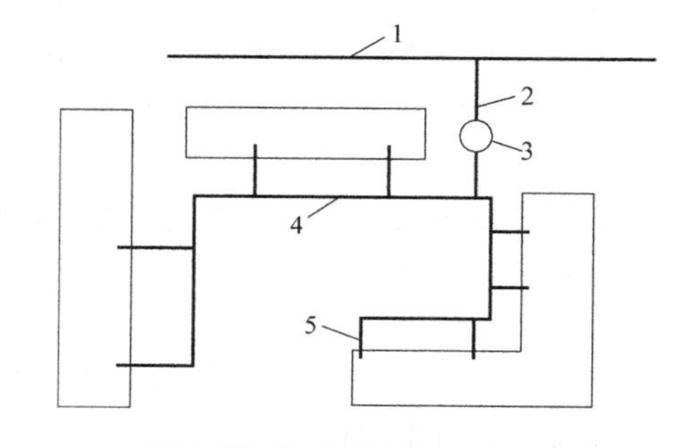

图5-12　街坊（或小区）燃气供应系统原理图

1—城市燃气管道　2—街坊或小区进户管

3—抽水缸和阀门井

4—街坊（或小区内）燃气管道　5—进户管

5.2　供暖工程图

5.2.1　供暖工程图的组成

1. 设计施工说明

主要用来说明施工图中表达不出来的设计意图和施工中需要注意的问题。施工说明中写有总耗热量，热媒的来源及参数，不同房间内的温度，供暖管道的材料、种类、规格，管道保温的材料、方法及厚度，管道及设备的刷油次数、要求等。

2. 施工图

供暖施工图，包括管道平面布置图、系统轴测图和详图。

(1) 平面图　管道平面布置图主要表示管路及设备的平面位置及与建（构）筑物之间的位置关系。平面图可反映下列内容：

1）房间的名称、编号，散热器的类型、位置与数量（片数）及安装方式。

2）引入口位置、系统编号、立管编号。

3）供、回水总管，供水干管，立管与支管的位置、走向、管径。

4）补偿器的型号、位置与固定支架的位置。

5）室内地沟（包括过门管沟）的位置、走向、尺寸。

6）热水供暖时，应表明膨胀水箱、集气罐等设备的位置及其连接管，且注明型号与规格。

7）蒸汽供暖时，表明管线间及管线末端疏水装置的位置及型号与规格。

8）表明平面图比例，常用1:100、1:200、1:50 等。

(2) 系统图　系统图表明整个供暖系统的组成及设备、管道、附件等的空间布置关系，表明立管编号，各管段的直径、标高，坡度，散热器的型号与数量（片数），膨胀水箱和集气罐及阀件的位置、型号与规格等。

(3) 详图　供暖详图包括标准图与非标准图。标准图包括供暖系统及散热器安装，疏水器、减压阀与调压板安装，膨胀水箱的制作与安装，集气罐制作与安装，热交换器安装等。非标准图的节点与做法，要另出详图。

除上述平面图、系统图与详图外，施工图的组成内容还包括图纸目录与主要设备材料表等。

供暖管道施工图通常是按照《暖通空调制图标准》(GB/T 50114—2010) 绘制的，看懂系统原理之后，还要结合设计施工说明和有关验收规范及操作规程综合考虑。

供暖工程常用图例见表 5-4。

表 5-4　供暖工程常用图例

名　称	图　例	名　称	图　例
截止阀		集气罐放气阀	
止回阀		膨胀阀	
浮球阀		安全阀	
三通阀		固定支架	
平衡阀		疏水器	
定流量阀		补偿器	
定压差阀		散热器及温控阀	
自动排气阀		散热器及手动放气阀	

5.2.2 锅炉房管道施工图

1. 锅炉房管路系统

为了保证锅炉的正常运行，有效地供给供暖系统所用蒸汽或热水，除了锅炉本体外，还必须设置辅助设备和管路系统。

锅炉的主要辅助设备有运煤除灰设备，引、送风设备，除氧设备，水处理设备等，此外还有管路系统。在识读锅炉房管道施工图时，先要了解锅炉本体的构造原理、锅炉房设备组成和管路系统工艺流程（包括水处理的基本知识）。

锅炉房管路系统有：蒸汽（或热水）系统、锅炉给水系统、水处理系统、除氧系统和锅炉排污系统。

（1）蒸汽管路系统　蒸汽管路系统是指锅炉房内，自锅炉蒸汽主管经分汽缸至锅炉房内的用汽设备（如汽动给水泵、吹灰器、除氧器等）及送往其他用汽地点的管路系统。

锅炉蒸汽主管应牢固地敷设在支架上，并且要考虑到管道的自由伸缩。两台以上的锅炉并联运行时，应在每台锅炉蒸汽出口的蒸汽主管上装设两个阀门，两个阀门之间应装有通向大气的疏水管道和阀门，其管道内径不得小于18mm。单元机组的锅炉，可以装一个蒸汽阀门。

蒸汽管道向上登高转弯时，应装疏水装置。

蒸汽管道根据需要还装设压力表和流量计，压力表一般采用弹簧压力表，并装设在易于观察的地方。流量计的节流孔板应按有关规定进行装设，前后直线管段的长度都要达到要求。

分汽缸上除了连接蒸汽管道外，还装设压力表、安全阀，在底部则设有疏水装置。分汽缸在安装时应有0.005的坡度坡向疏水管接口，以利疏水。

（2）锅炉给水系统　锅炉给水系统是指从除氧水箱或给水箱至锅炉给水阀之间的管路系统，它是由储水设备（水箱）、加压设备（离心水泵、汽动给水泵、注水器）和管路所组成。小型锅炉给水系统示意图如图5-13所示。

为了保证锅炉运行安全，给水系统宜设双管系统，图5-13中的给水系统平时用离心泵供水，当停电或离心泵发生故障时，即可从另一供水管路通过注水器向锅炉供水。

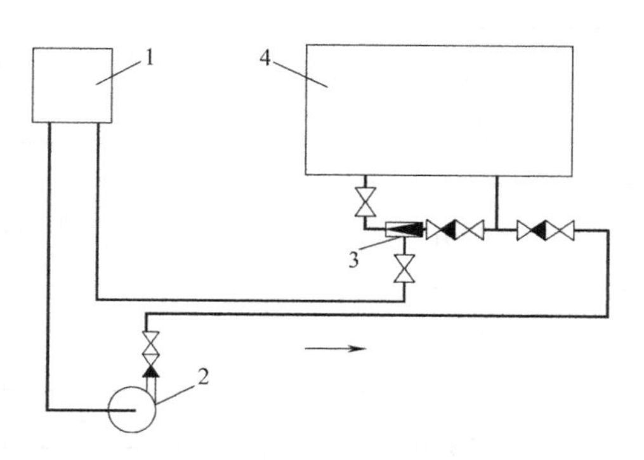

图5-13　小型锅炉给水系统

1—给水箱　2—离心泵　3—注水器　4—锅炉

锅炉给水系统可分为单机组给水系统（即每台锅炉具有独立的给水泵）和集中给水系统（即多台锅炉联合使用几台给水泵），一般采用集中给水系统。给水系统中，给水箱一般应设两个独立的水箱，或一个水箱中间隔开起两个水箱的作用。两个水箱之间应有连通管，以备相互轮换使用。给水箱应设有人孔、水位计、水封、溢水管、放水管、软水管、出水管、放气管和取样装置等附件。在小型锅炉房中，一般多采用给水箱与凝结水箱合用的系统，使厂区返回的凝结水与补充的软水混合，以提高给水温度。

（3）给水软化处理系统　目前广泛采用的水软化处理方法是钠离子交换法。钠离子交换法是使生水（未经过处理的水称为生水或原水）流过装有钠离子交换剂的离子交换器时，生水中的钙离子与镁离子被钠离子所置换，并存留在交换剂中从而使水得到软化的方法。

钠离子交换软化系统一般由钠离子交换器、盐液配比池（或盐溶解器）、盐液泵、生水加压泵与反洗水箱等组成，如图5-14所示。

钠离子交换器的正常运行是按软化、反洗、还原（再生）和正洗（清洗）四个步骤工作的，

这四个工作步骤组成了交换器的一个工作循环。

1）软化是钠离子交换器的正常工作，当生水加压泵起动后，生水从交换器上方进入，流经交换剂构成的过滤层，经过离子交换，生水变成了软水从交换器底部流出，送往软水箱。

2）若交换剂失效，可接通反洗水箱，使水从底部流入交换器，把交换剂翻松，并把上面的污物及破碎的交换剂冲出来，为还原创造条件。

3）还原是为了使失效的交换剂重新恢复离子交换能力，还原时起动盐液泵，将含盐溶液从交换器上部送入，透过离子交换层进行还原反应，然后由底部排入地沟或回收池再次使用。

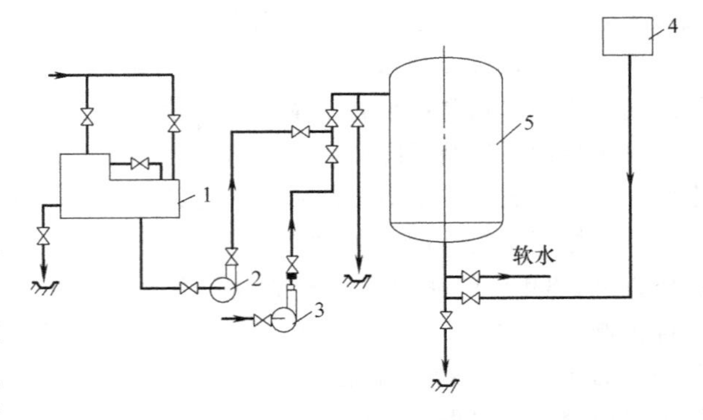

图5-14 钠离子交换软化系统

1—盐液配比池 2—盐液泵 3—生水泵 4—反洗水箱 5—钠离子交换器

4）还原后起动生水泵，将生水从交换器上部送入进行正洗，正洗的目的是将残留的食盐溶液和反应生成物冲走，经过正洗之后交换器又可恢复正常工作。

了解钠离子交换器的工作过程，可帮助识读钠离子交换软化系统图。

（4）水的除氧系统 锅炉给水中有氧和二氧化碳存在时，会加剧金属的局部腐蚀，因此除掉给水中的气体是保护锅炉免受腐蚀的一个措施。目前对于蒸发量在6.5t/h及以上的工业锅炉较多采用大气式热力除氧。

气体在水中的溶解度与水温有关，在一定压力下，提高水温会使水中气体溶解度降低，当水加热到沸点，水中就不再溶有气体。热力除氧就是利用这一原理。

大气式热力除氧的工作原理：使热力除氧器内的水面上只有水蒸气存在，当进入除氧器的水与蒸汽接触时，即被加热至沸腾温度，水中的氧和二氧化碳等气体析出，此时速将水面上的气体排出。

大气式热力除氧系统由除氧水泵（软水泵）、除氧器、除氧水箱及管路组成，如图5-15所示。除氧水泵将软水由除氧器上部送入，从分汽缸来的蒸汽则从除氧器下面进入，两者相遇后，水被加热沸腾并析出所溶解的气体，水流入除氧水箱内；然后由给水泵送往锅炉，除氧器内的气体从顶部排气管自动排出。

进入除氧器前，给水混合温度一般不低于70℃。为了保证除氧器正常工作和取得较好的除氧效果，在除氧器进汽管上最好要装压力自动调节器，进水管装设水位自动调节器。

为监测除氧器内的蒸汽压力，蒸汽管减压前后的管路上都要设压力表和温度计，除氧水箱应装玻璃水位表，除氧水箱进、出水管上应设温度计。

当两台以上除氧器并列时，为保持各台间压力相等，应在除氧器之间装设平衡管。

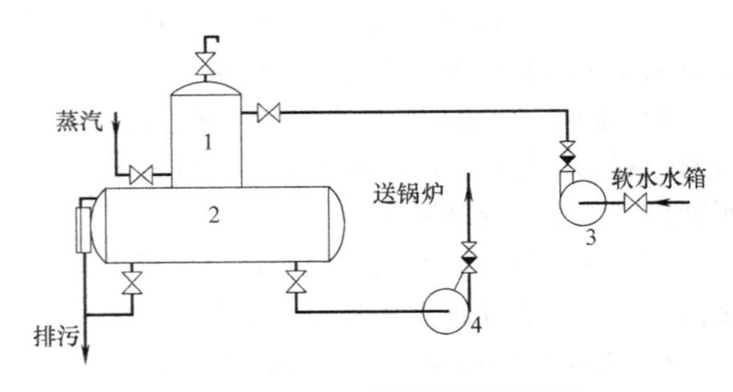

图5-15 大气式热力除氧系统

1—除氧器 2—除氧水箱 3—除氧水泵 4—给水泵

（5）排污系统 锅炉的排污有定期排污和连续排污两种。定期排污口设在锅炉最低处，定期将炉水短暂地排放，一般每台锅炉每天的排污次数不少于2～3次，每次排污时间为0.5～1min。定期排污的污水温度和压力都很高，必须降温

减压后才能排入下水道，通常采用室外冷水井或扩散器。

连续排污口应在炉水中含盐浓度最高的地方，一般锅炉上锅筒接近水面的炉水含盐量最高，因此连续排污口通常都设在上锅筒的水面附近。连续排污水如有水处理设备时，一般都放入连续排污膨胀器内，经减温降压后，蒸汽送入给水箱或除氧器作加热用，热水经热交换器将待软化的生水加热后再放入扩散器或冷水井。连续排污膨胀器上应装设安全阀。

锅炉排污系统如图5-16所示。蒸发量≥1t/h和工作压力≥0.8MPa的锅炉，每根排污管道上应装两个串联排污阀，其中一只为慢开阀，另一只为快开阀。几台锅炉的排污管共装一根总排污管时，排污总管上不得装任何阀门，以保证安全。

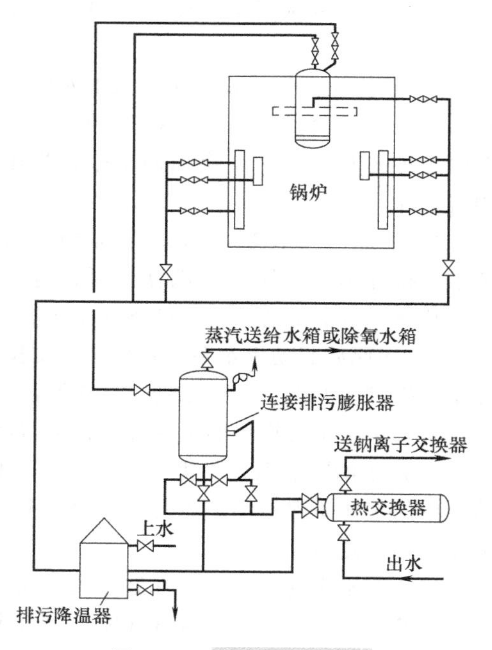

图5-16 锅炉排污系统

2. 施工图的识读

锅炉房管道施工图包括管道流程图、平面图与剖面图，有的设计单位不绘制剖面图，而绘制管道系统图。

(1) 管道流程图 管道流程图又称为汽水流程图或热力系统图，是锅炉房内管道系统的流程图，它主要表示管路系统的作用和汽水的流程，同时反映设备之间的关系。识读时要掌握的主要内容和注意事项如下：

1) 查明锅炉房的主要设备。流程图一般将锅炉房的主要设备以方块图或形状示意图的形式表现出来。

2) 了解各设备之间的关系。锅炉设备之间的关系是通过连接管路来实现的。识读时可先从锅炉本体看起，锅炉顶部的蒸汽主管通常接到分汽缸或直接送往用汽地点。锅炉的给水及软化处理系统是较复杂的，识读时找出盐溶解器、盐水箱、盐液泵、钠离子交换器与软水箱之间的管路联系。根据钠离子交换器的作用原理和正常工作的四个运行步骤，分析各条管路和阀门的作用。此外，根据需要锅炉房还有凝结水箱、凝结水泵、除氧器、除氧水箱和连续排污膨胀器等设备，识读时宜细心地找出各设备之间的连接管路。通过除氧系统和排污系统的组成情况来分析各设备之间的关系。

3) 管道流程图的管道通常都标注有管径和管路代号，通过图例可以知道管路代号的涵义，从而有助于了解管路系统的流程和作用。

4) 流程图所表示的汽水流程是示意性的，图中表示的各设备之间的关系可供管道安装时查对管路流程用。另外，阀门的方向也要依据流程图安装。管路的具体走向、位置与标高等则需查阅平面图、剖面图或系统图。

(2) 平面图 锅炉房管道平面图主要表示锅炉、辅助设备和管道的平面布置以及设备与管路之间的关系。识读时要掌握的主要内容和注意事项如下：

1) 查明锅炉房设备的平面位置和数量。通过各个设备的中心线至建（构）筑物的距离，确定设备的定位尺寸，了解设备接管的具体位置和方向。设备较多、图面较复杂时，识读可参考设备平面布置图，对设备逐一弄清楚。

锅炉本体都布置在锅炉间内，水处理设备及给水箱、给水泵等一般单独布置在水处理间内。如果是大型锅炉房，则换热器设备多布置在第一层或第二层，给水箱、反洗水箱则多布置在第三层。

水处理设备一般都布置在底层，钠离子交换器的间距应不小于700mm，以便于安装和检修。

2）了解蒸汽主管及锅炉房内自用蒸汽管的布置、管径及阀门的位置。查明分汽缸的安装位置，蒸汽管进、出分汽缸的位置和方向，以及分汽缸上疏水装置的设置情况。蒸汽管道的疏水装置也要弄清楚。

3）查明水处理系统、锅炉给水系统、除氧及排污系统，以及放气泄水等管道的平面布置，了解管路的位置、走向，阀门的设置，以及管径、标高等。

4）根据省煤器的平面位置，查明省煤器的接管情况。省煤器进、出口均应设安全阀，出口最高点应设放气阀，最低处设放水阀、排水管排至排污井、下水道或无压水箱。当省煤器无煤气旁路时，出口应有接到给水箱的循环水管，以确保省煤器的安全运行。在识读时必须把放气阀、放水阀、安全阀及其连接管路弄清楚，查明平面位置、管径、标高及与其他设备之间的关系。

（3）剖面图　剖面图是设计人员根据需要有选择地绘制的，用来表示设备及其接管的立面布置。识读时要掌握的主要内容和注意事项如下：

1）查明锅炉及辅助设备的立面布置及标高，了解有关设备接口的位置和方向。

2）了解管路的立面布置，查明管路标高、管径与阀门的设置情况。特别是泵类在管路上的止回阀、闸阀与截止阀等，识读时应给予注意。同时，各设备上的安全阀、压力表、温度计、调节阀与液位计等也都能在剖面图上反映出来，识读时要搞清各种阀门和仪表的类型、型号、连接方法及相对位置。

（4）系统图　识读时要掌握的主要内容和注意事项如下：

1）识读时根据不同的系统（如蒸汽系统，水处理系统等）分别进行识读。对于每一个系统按照汽水流程一步一步地进行识读，即把系统图和管道流程图对照起来进行识读。

2）查明各系统管路的走向、标高、坡度、阀门及仪表的设置情况。

（5）详图　锅炉房管道系统的详图主要是节点详图、标准图和非标设备（如水箱）及其接管详图。

5.2.3　供暖施工图的识读

1. 平面图

室内供暖平面图主要表示管道、附件及散热器在建筑平面上的位置与它们之间的相互关系，是施工图中的主体图。识读时要掌握的主要内容和注意事项如下：

1）查明建筑物内散热器（热风机、辐射板）的平面位置、种类、片数及散热器的安装方式，即散热器是明装、暗装或半暗装的。

散热器一般布置在各个房间的外墙窗台下，有的也沿走廊的内墙布置。散热器以明装较多，只有美观上要求较高或热媒温度高需防止烫伤时，才采用暗装。暗装或半暗装一般都在图样说明书中注明。

散热器的种类较多，有翼形散热器、柱形散热器、光管散热器、钢管串片散热器、扁管式散热器、板式散热器、钢制辐射板及热风机等。散热器的种类除可用图例识别外，一般在施工说明中注明。

各种形式散热器的规格及数量应按下列规定标注：柱形散热器只标注数量；圆翼形散热器应标注根数和排数，如3×2表示两排，每排3根；光管散热器应标注管径、长度和排数，如D108×3000×4表示管径为108mm，管长3000mm，共4排；串片式散热器应标注长度和排数，如1.0×3表示长度1.0m，共3根。

2）了解水平干管的布置方式，干管上的阀门、固定支架、补偿器等的平面位置和型号，以及干管的管径。

识读时须注意干管是敷设在最高层、中间层还是底层。供水、供汽干管敷设在最高层说明是上分式系统；供水、供汽干管出现在底层说明是下分式系统。在底层平面图上还会出现回水干管或凝结水干管（虚线），识读时也要注意到。识读时还应搞清补偿器的种类、形式和固定支架的形式与安装要求，以及补偿器和固定支架的平面位置等。

3）通过立管编号查清系统立管的数量和布置位置。立管编号的标志是内径为8～10mm的圆圈，圆圈内用阿拉伯数字注明编号。单层且建筑简单的系统有的可不进行编号。一般用实心圆表示供热立管，用空心圆表示回水立管（也有全部用空心圆表示的）。

4）在热水供暖系统平面图上还标有膨胀水箱、集气罐等设备的位置、型号及设备上连接管道的平面布置和管道直径。

5）在蒸汽采暖系统平面图上还表示疏水装置的平面位置及其规格尺寸。

水平管的末端常积存凝结水，为了排除这些凝结水，在系统末端设有疏水器。另外，当水平干管抬头登高时，在转弯处也要设疏水器。识读时要注意疏水器的规格及疏水装置的组成。一般在平面图上仅注出控制阀门和疏水器的位置，安装时还要参考有关的详图。

6）查明热媒入口及入口地沟的情况。热媒入口无节点图时，平面图上一般将入口组成的设备如减压阀、混水器、疏水器、分水器、分汽缸、除污器和控制阀门等表示清楚，并注有规格，同时还注出管径、热媒来源、流向与参数等。如果热媒入口的主要配件、构件与国家标准图相同时，则注明规格及标准图号，识读时可按给定的标准图号查阅标准图。当有热媒入口节点图时，平面图上注有节点图的编号，识读时可按给定的编号查找热媒入口放大图进行识读。

2. 系统图

供暖系统图表示从热媒入口至出口的供暖管道、散热设备、主要附件的空间位置和相互间的关系。系统图是以平面图为主视图，采用45°正面斜投影法绘制出来的。识读时要掌握的主要内容和注意事项如下：

1）查明管道系统的连接，各管段的管径、坡度、坡向，水平管道和设备的标高以及立管编号等。

供暖系统图清楚地表明干管与立管之间，以及立管、支管与散热器之间的连接方式，阀门的安装位置和数量。散热器支管有一定的坡度，其中供水支管坡向散热器，回水支管则坡向回水立管。

2）了解散热器的类型、规格及片数。当散热器为光管散热器时，要查明散热器的型号（A型或B型）、管径、排数及长度；当散热器为翼形散热器或柱形散热器时，要查明规格与片数，以及带脚散热器的片数；当采用其他特殊采暖设备时，应弄清设备的构造和底部或顶部的标高。

散热器上应标明规格和数量，并按下列规定标注：柱形、圆翼形散热器的数量应标注在散热器内，如图5-17所示；光管式、串片式散热器的规格与数量应标注在散热器的上方，如图5-18所示。

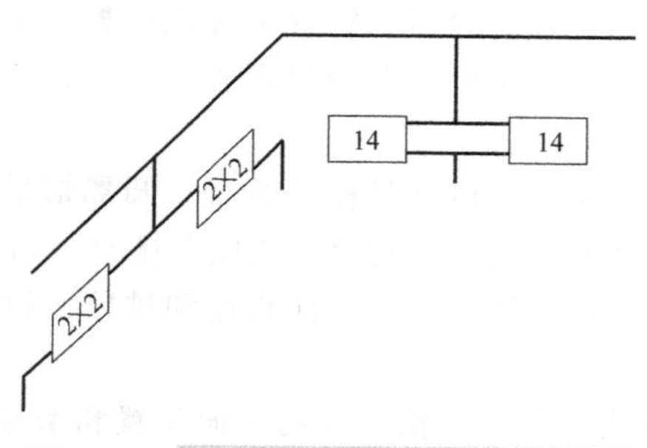

图5-17 柱形、圆翼形散热器的画法

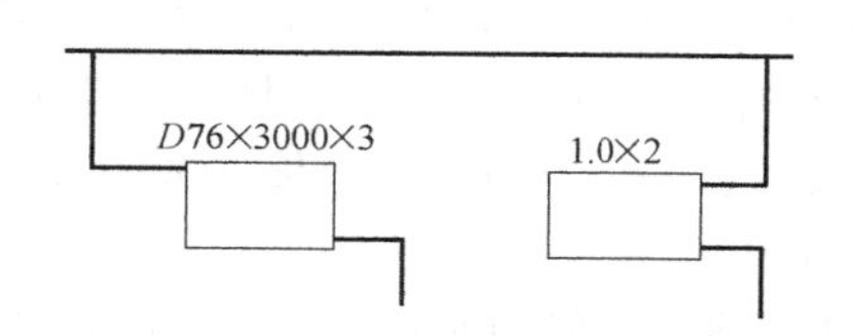

图5-18 光管式、串片式散热器的画法

3）查清其他附件与设备在系统中的位置，凡注明规格尺寸的，都要与平面图和材料表等进行核对。

4）查明热媒入口处各种设备、附件、仪表与阀门之间的关系，同时搞清热媒的来源、流向、坡向、标高与管径等。如有节点详图时则要查明详图编号，以便查找。

3. 详图

室内供暖施工图的详图包括标准图和节点详图。标准图是室内供暖管道施工图的一个重要组成部分，供热管、回水管与散热器之间的具体连接形式、详细尺寸和安装要求，一般都用标准图反映出来。作为室内供暖管道施工图，设计人员通常只画平面图、系统图和通用标准图中没有的局部节点图。供暖系统的设备和附件的制作与安装方面的具体构造和尺寸以及接管的详细情况，都要参阅标准图。

现在施工中主要使用供暖通风国家标准图集。标准图主要包括膨胀水箱和凝结水箱的制作、配管与安装；分汽罐、分水器、集水器的构造、制作与安装；疏水器、减压阀、调压板的安装和组成形式；散热器的连接与安装；供暖系统立、支、干管的连接；管道支、吊架的制作与安装；集气罐的制作与安装等。

4. 识读实例

【实例5-1】 图5-19是某器材仓库一层和二层供暖平面图，图5-20是该器材仓库的供暖系统图。识读时将平面图与系统图对照起来。

1）通过平面图对建筑物平面布置情况进行初步了解。了解建（构）筑物的总长、总宽及建筑轴线情况，本器材仓库总长30m，总宽13.2m，水平建筑轴线为①~⑪，竖向建筑轴线为Ⓐ~Ⓕ。了解建（构）筑物的朝向，出、入口和分间情况，该建筑物坐北朝南，东西方向长，南北方向短，建筑出、入口有两处：其中一处在⑩~⑪轴线之间，并设有楼梯通向二楼；另一处在Ⓒ~Ⓓ轴线之间。每层各有11个房间，大小面积不等。

2）阅读管道系统图上的说明。说明介绍图样上不能表达的内容，本例的说明介绍了建筑物内所用散热器为四柱形，其中二楼的散热片为有脚的。系统内全部立管的管径为*DN*20，散热器支管管径均为*DN*15。水平管道的坡度均为$i=0.002$，管道油漆的要求是一道醇酸底漆，两道银粉漆。回水管过门装置可见标准图，其图号为S14暖通2。

3）掌握散热器的布置情况。本例除在建筑物的两个入口处将散热器布置在门口墙壁上外，其余的散热器全部布置在各个房间的窗台下，散热器的片数都标注在散热器图例内或边上，如107房间两组散热器均为9片，207房间两组散热器均为15片。

4）了解系统形式及热力入口情况。通过对系统图的识读，可知本例为双管上分式热水供暖系统，热媒干管管径*DN*50，标高-1.400由南向北穿过Ⓐ轴轴线外墙进入111房间，在Ⓐ轴轴线和⑪轴轴线交角处登高，并在总立管安装阀门。

5）查明管路系统的空间走向，立、支管的设置、标高、管径、坡度等。本例总立管登高至二楼6.00m，在顶棚下面沿墙敷设，水平干管的标高以⑪轴线与Ⓕ轴线交角处的6.280m为基准，按$i=0.002$的坡度和管道长度计算求得。干管的管径依次为*DN*50、*DN*40、*DN*32、*DN*25和*DN*20。通过对立管编号的查看，本例共8根立管，立管管径全部为*DN*20，立管为双管式，与散热器支管用三通和四通连接。回水干管的起始端在109房间，标高0.200m，沿墙在地板上面敷设，坡度与回水流动方向同向；水平干管在103房间过门处，返低至地沟内绕过大门，具体走向和做法在系统图有所表示，如果还不清楚，可以查阅标准图，其图号为S14暖通2。回水干管的管径依次为*DN*20、*DN*25、*DN*32、*DN*40和*DN*50，水平管在111房间返低至-1.400m，回水总立管上装有阀门。

在供水立管的始端和回水立管的末端都装有控制阀门（1号立管上未装，装在散热器的进、出

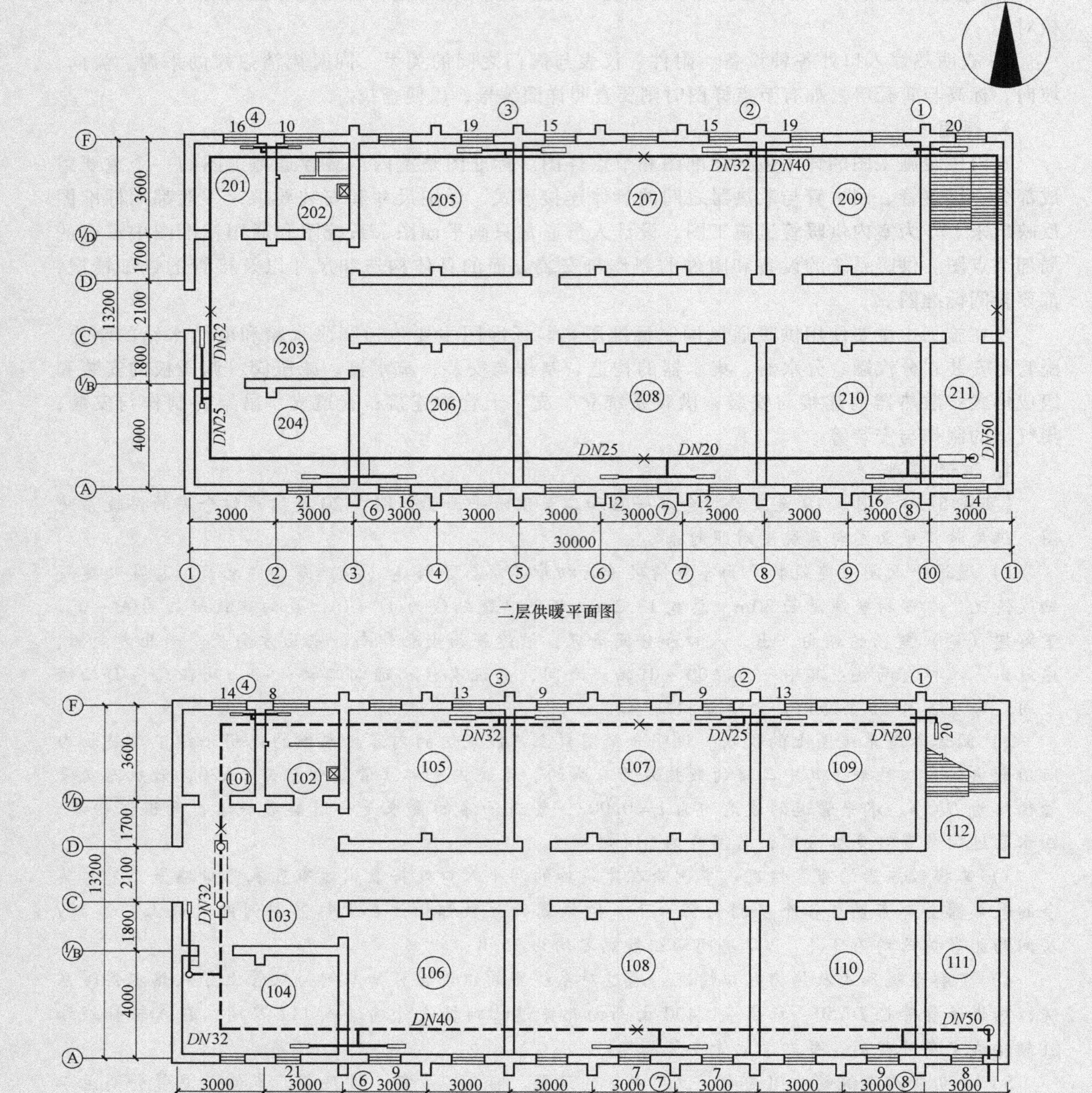

图5-19 器材仓库一层和二层供暖平面图

口的支管上)。

6）查明支架及辅助设备的设置情况。干管上设有固定支架，供水干管上有4个，回水干管上有3个，具体位置在平面图上已表示出来了。立、支管上的支架在施工图中是不画出来的，应按规范规定进行选用和设置。

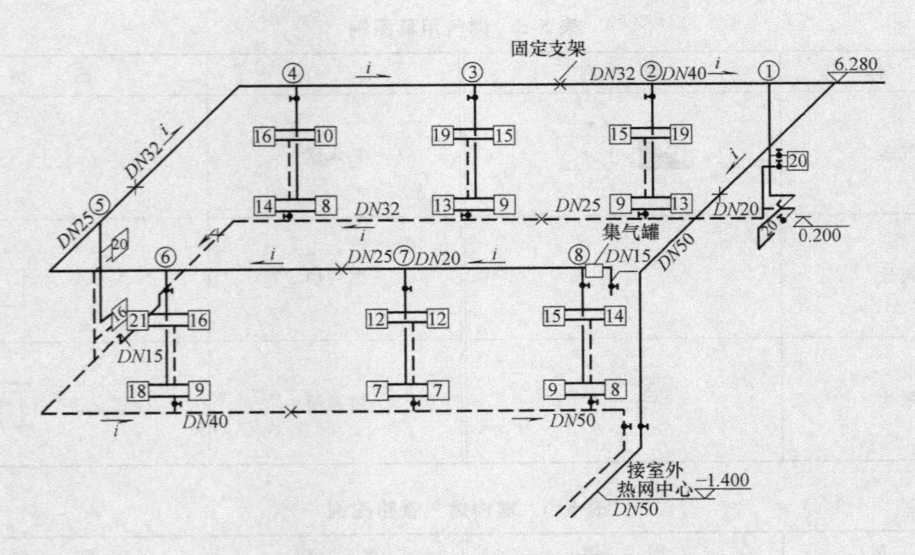

图5-20 器材仓库供暖系统图

说明：

1. 全部立管管径均为 DN20；接散热器支管管径均为 DN15。
2. 管道坡度均为 $i=0.002$。
3. 回水管过门装置做法见 S14 暖通 2。
4. 散热器为四柱形，仅二层楼的散热器为有脚的，其余均为无脚的。
5. 管道涂刷一道醇酸底漆，两道银粉漆。

5.3 燃气工程图

5.3.1 燃气管道工程图的组成

燃气管道工程图主要由各层平面图、系统图与详图组成。

1. 平面图

平面图主要表明建筑物燃气管道和设备的平面布置，一般应包括以下内容：

1）引入管的平面布置及与庭院管网的关系。

2）燃气设备的类型与平面位置。

3）各干管、立管、支管的平面布置，管径尺寸及各立管编号。

4）各种阀门、燃气表的平面布置及规格。

2. 系统图

系统图是表示燃气管道系统空间关系的立体图，主要表明燃气管道系统的具体方向、管路分支情况、立管编号、管径尺寸与管道各部分标高等。

3. 详图

详图表明某一具体部位的组成和做法，一般没有特殊要求时不绘施工详图，参阅《建筑设备施工安装图册》。

5.3.2 燃气工程图的常用图例

燃气用具图例见表5-5，室内燃气管路图例见表5-6。

表 5-5 燃气用具图例

名　称	图　例	名　称	图　例
燃气表		热水器	
单眼灶		燃气炉	
双眼灶		烘烤箱	

表 5-6 室内燃气管路图例

名　称	图　例	名　称	图　例
焊接管		旋塞	
铸铁管		火嘴	
橡胶管		管堵	

5.3.3 燃气管道工程图的识读

首先识读平面图，先了解引入管、干管、立管、燃气设备的平面位置，然后将系统图与平面图对照进行；识读时，沿着燃气流向，从引入管开始，依次识读各立管、支管、燃气表、器具连接管与灶具等。

图 5-21、图 5-22 为某住宅燃气管道工程图。

设计说明：引入管采用无缝钢管，焊接连接；室内燃气管道采用低压流体输送用镀锌焊接钢管，螺纹连接。燃气系统中的阀门采用内螺纹旋塞阀 X13F—1.0 型。燃气表采用 LML2 型民用燃气表，流量为 3.0m^3/h。灶具选用自动点火双眼烤排燃气灶。

由图 5-21a、图 5-22 可看出，在③轴与④轴间、Ⓒ轴墙北侧，有一标高为 -0.900m、$D57\times3.5$ 的无缝钢管由北到南埋地敷设；临近Ⓒ轴墙外表时，转弯垂直向上敷设，穿出室外地面至标高为 0.800m 处，又转弯穿Ⓒ轴墙进入一层厨房内，这部分管道称为引入管。从系统图中引入管各部分标高可看出，该引入管的引入方式为地上低立管引入方式。

引入室内（一层厨房）后，经三通转弯，沿Ⓒ轴墙由下向上沿墙明敷（管道材质为镀锌焊接钢管，管径为 *DN*50），至标高为 2.600m 时，转弯沿墙水平往南敷设，至一层厨房门口处又水平转弯由西往东走，接 ML_1 立管。该 ML_1 立管下端，标高为 1.900m 处水平地接公称直径为 *DN*15 的支管，经一层燃气表接一层厨房灶具。该立管从标高 2.600m 处向上敷设。二层至三层之间的立管管

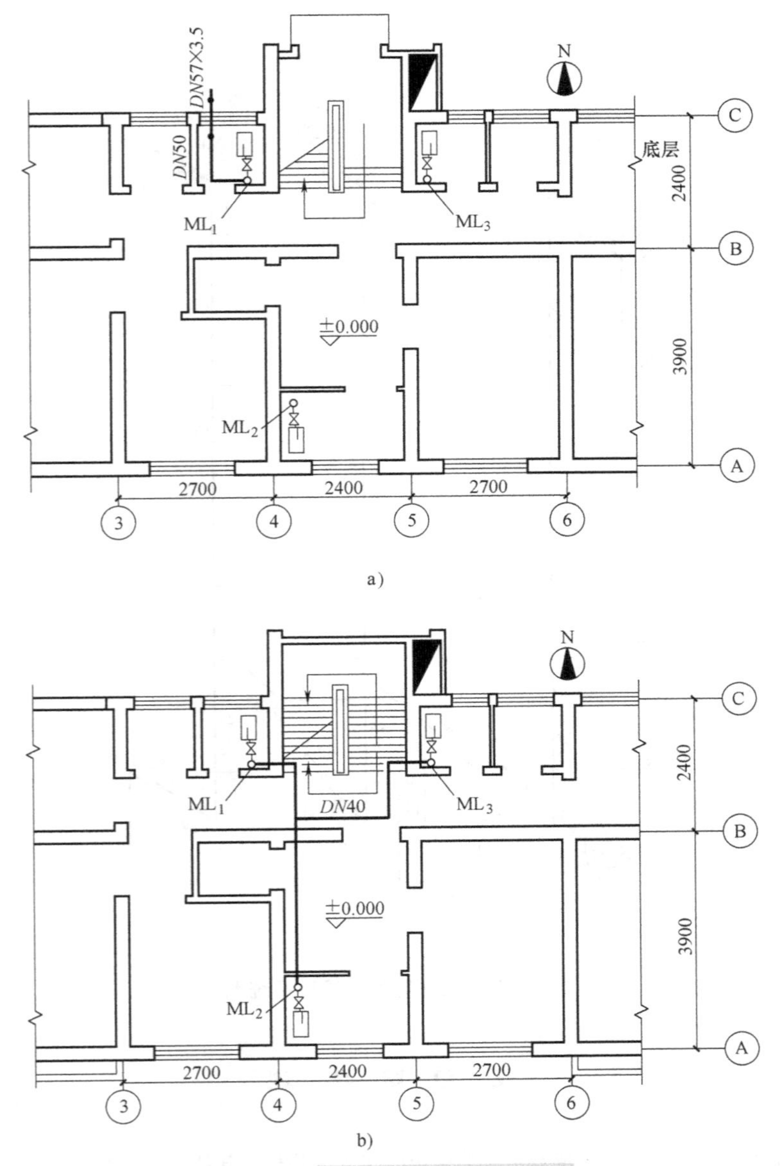

图 5-21　某住宅燃气管道平面图

径为 *DN*40。ML_1 立管，标高 5.400m 处接一管径为 *DN*40 的支管分别接至 ML_2、ML_3 立管。ML_1 立管穿过各层楼楼板至立管 ML_1顶部，ML_1 立管在各层楼分别接出支管到各层楼用气灶具。

由标准层平面图和系统图可看出，ML_1 立管在标高 5.400m 处接出 *DN*40 的分支管，由北到南沿④轴墙明敷至 ML_2 立管；在④轴与Ⓑ轴的交角处从 *DN*40 管道上又接一 *DN*40 的管道沿Ⓑ轴墙由西向东敷设至⑤轴墙，转弯接至 ML_3 立管。

ML_2 立管上，从 5.400m 处即三层楼板下向下的立管部分，管径为 *DN*25，分别接二层、一层的用气支管至灶具。ML_2 立管上，从标高为 5.400m 起向上的立管部分，管径均为 *DN*25，在各层楼距楼地面为 1.900m 处分别接用气支管到灶具。

ML_3 立管上的接管情况与 ML_2 立管上的接管相同。

由上述可见，该工程引入管布置在厨房处用低立管引入的方式；燃气立管是布置在厨房内的一个墙角处；各燃气支管全部设于厨房内；仅有三根立管相连的水平管敷设在三层走道、厅的楼

板下面。

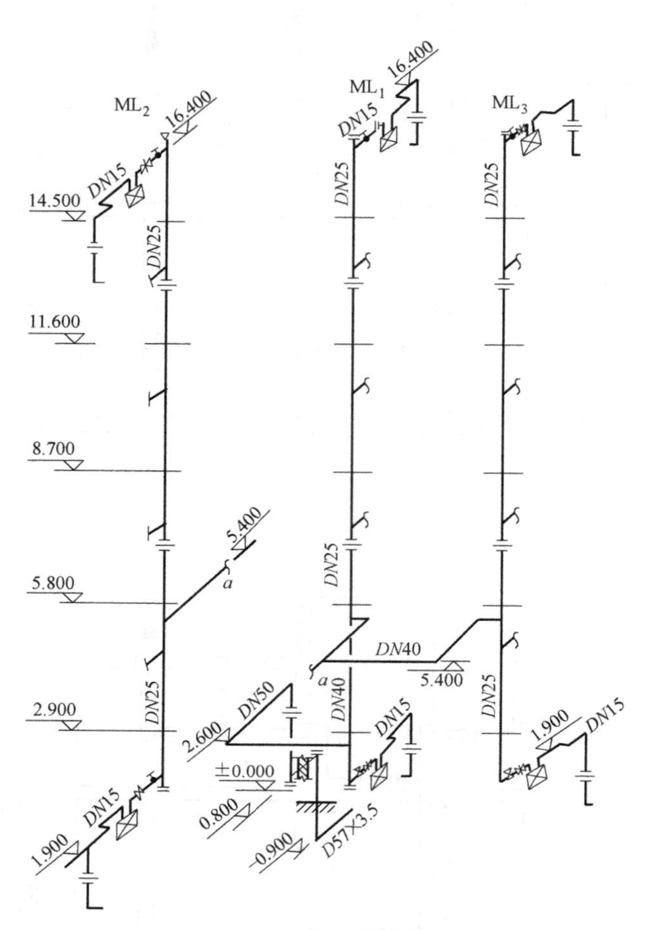

图 5-22 某住宅燃气管道系统图

复习思考题

1. 热水供暖系统由哪几个部分组成？常见的系统图式有哪几种？其特点如何？
2. 简述室内供暖管道施工图的识读方法、内容和注意事项。
3. 简述锅炉房内汽水管道的组成。
4. 简述钠离子交换软化系统的组成和运行工作步骤。
5. 简述燃气管道的组成及各部分的布置位置。

第 6 章　通风空调工程图

6.1　通风空调工程概述

6.1.1　通风空调工程的分类

通风空调工程是送风、排风、除尘、气力输送及防排烟系统工程的统称，它可以分为两大类：工业通风和空调通风。

1. 工业通风

随着工业的迅速发展，工业生产中散发的各种粉尘、有害蒸气和气体等有害物质会使空气受到污染，给人类的健康、动植物的生长，以及工业生产本身带来许多危害，因此就必须控制工业有害物质对室内外空气环境的影响和破坏。控制的方法一般为局部排风，即利用吸气罩将含有粉尘或有害物质的气体捕集起来，由通风管道输送到净化处理设备，处理后再排放到大气中。另外，为改善工作条件，可向局部地点送风，例如直接向操作处送风的岗位吹风。以上通风属于工业通风。

2. 空调通风

某些工厂车间，需要保持空气的一定温度、湿度和清洁度，以保证产品的质量；随着人们生活水平的提高，也要求有更加舒适的生活及活动场所，这就需要空气环境保持一定的温度和湿度。为达到这些目的，则需要对进入室内的空气的温度、湿度及清洁度通过一定的设施进行处理，送入适宜的空气，如地下车库的通风换气、民用建筑室内通风与空气调节等，这类通风属于空调通风。

6.1.2　通风空调系统的组成及分类

1. 通风系统概述及分类

通风是指利用室外空气来转换建（构）筑物内的空气，以改善室内空气品质的过程。通风系统是实施通风过程的所有设备和管道的统称。

通风系统实现的主要功能包括：提供建（构）筑物内人员呼吸所需要的氧气；稀释室内污染物或气味；排除室内工艺过程产生的污染物；去除建（构）筑物内多余的热量，降低湿度；提供室内燃烧设备所需的空气。

用通风的方法改善建（构）筑物内的空气环境，是在局部地点或整个建（构）筑物内把不符合卫生标准的污浊空气排至室外，把新鲜空气或经过净化符合卫生要求的空气送入室内（称前者为排风，后者为送风）。

按照空气流动的动力分类，通风可以分为自然通风和机械通风两类。自然通风是指依靠室外

风力造成的风压或室内外温差造成的热压使室外的新鲜空气进入室内，使室内的空气排到室外的过程。机械通风是指依靠风机的动力来向室内送入空气或从室内排出空气的过程，机械通风系统主要由风机、空气处理设备、管道及其配（附）件、风口四部分组成。按通风的作用范围，可分为局部通风和全面通风两种。

（1）局部通风　局部通风系统分为局部送风和局部排风，它们都是利用气流使工作地点不受有害物质的污染，形成良好的环境。在有害物质产生的地点直接将它们捕集起来，经过净化设备处理后排放到室外，这种通风方法称为局部排风。局部排风是防止工业有害物质污染室内最有效的方法。

局部排风系统如图6-1所示，它主要由局部排风罩、风管、净化设备及风机组成。

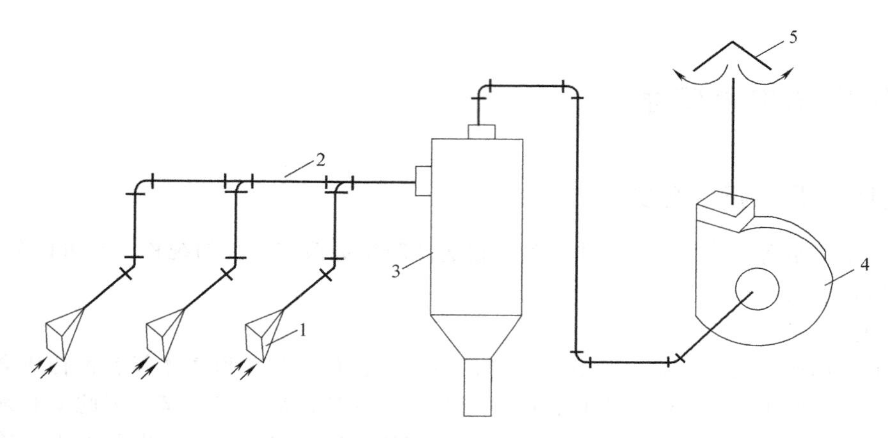

图6-1　局部排风系统示意图

1—局部排风罩　2—风管　3—净化设备　4—风机　5—风帽

对于面积很大、工作人数较少的车间，只需向少数的局部工作地点送风，在局部地点形成良好的空气环境，这种通风方法称为局部送风。

局部送风系统分为系统式和分散式两种。图6-2是铸造车间浇注工段系统式局部送风系统示意图，空气经集中处理后送入局部工作区。分散式局部送风系统一般使用轴流风扇或喷雾，采用室内再循环空气。

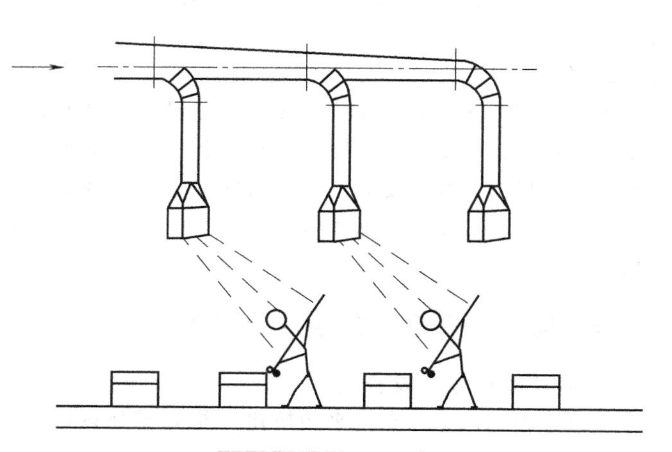

图6-2　系统式局部送风系统示意图

（2）全面通风　全面通风也称为稀释通风，它一方面用清洁空气稀释室内空气中有害物质的浓度，同时不断地把被污染空气排至室外，使室内空气中有害物质的浓度不超过卫生标准规定的最高允许浓度。图6-3是一种全面机械送、排风系统，它由送风系统与排风系统组成。送风系统是由室外新风经百叶窗进入空气处理设备，再由通风机经风管送至室内。排风系统从百叶回风口经风管、除尘器，由排风机排入大气。

全面通风所需的通风量远超局部通风，相应的设备也较大。一般通风房间的气流组织方式有上送上排、下送上排、中间送上下排等多种形式。

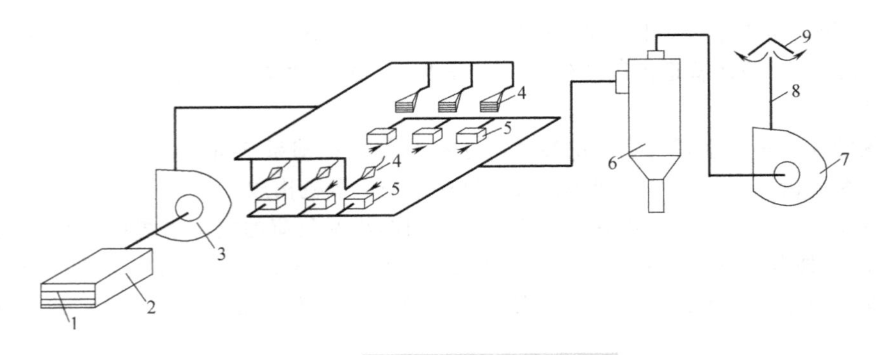

图6-3 全面机械送、排风系统

1—百叶窗 2—空气处理设备 3—送风机 4—送风口 5—百叶回风口 6—除尘器 7—排风机 8—风管 9—风帽

对同时散发有害气体和余热的车间，一般采用下送上排的送排风方式，如图6-4所示。清洁空气从车间下部进入，在工作区散开然后带着有害气体或吸收的余热流至车间上部，由设在上部的排风口排出。

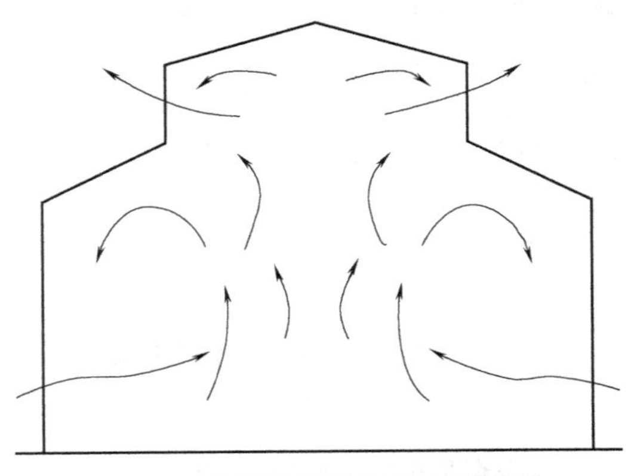

图6-4 热车间的气流组织示意图

2. 空调系统概述及分类

空气调节简称空调，是指为满足生产、生活要求，改善劳动卫生条件，采用人工的方法使房间内空气的温度、相对湿度、洁净度与气流速度等参数达到一定要求的工程技术。

空气调节系统一般应包括冷（热）源设备、冷（热）媒输送设备、空气处理设备、空气分配装置、冷（热）媒输送管道、空气输配管道与自动控制装置等。这些组成部分可根据建（构）筑物形式和空调空间的要求组成不同的空气调节系统。

（1）按空气处理设备的设置情况分类　按空气处理设备的设置情况可分为三类：

1）集中式空调系统。这种系统的所有空气处理设备（包括冷却器、加热器、过滤器、加湿器和风机等）均设置在一个集中的空调机房内，处理后的空气经风道输送到各空调房间。集中式空调系统又可分为单风管系统、双风管系统和变风量系统。

2）半集中式空调系统。这种系统除了设有集中空调机房外，还设有分散在空调房间内的空气处理装置。半集中式空气调节系统按末端装置的形式又可分为末端再热式系统、风机盘管系统和诱导器系统。

3）全分散空调系统。全分散空调系统又称为局部空调系统或局部机组。该系统的特点是将冷（热）源、空气处理设备和空气输送装置都集中设置在一个空调机内。常用的有单元式空调器系统、窗式空调器系统和分体式空调器系统。

（2）按负担室内负荷所用的介质分类　按负担室内负荷所用的介质可分为以下四类：

1）全空气系统。全空气系统是指空调房间的室内负荷全部由经过处理的空气来负担的空气调节系统。全空气系统分为送风系统和回风系统两部分，主要由回风管道、空气处理设备、送风管道、风口及其他配（附）件组成，如图6-5a所示。这种系统的风管截面大，占用建筑空间较多。

2）全水系统。全水系统是指空调房间的热湿负荷全由水作为冷热介质来负担的空气调节系统，如图6-5b所示，输送管道占用的建筑空间较小且不能解决空调房间的通风换气问题，通常情况下不单独使用。

冷却系统的任务是对空调机组中的冷凝器进行降温。冷却系统可分为水冷系统和风冷系统两类，其中水冷系统由冷却水管和冷却塔组成，风冷系统由风机构成。

3）空气-水系统。由空气和水共同负担空调房间的热湿负荷的空调系统称为空气-水系统，如图6-5c所示。这种系统有效地解决了全空气系统占用建筑空间大和全水系统空调房间通风换气的问题，其主要设备包括新风机组、送风管道、空调机组、冷冻水管、风机盘管、冷却水管、冷却塔和风机。

4）冷剂系统。将制冷系统的蒸发器直接置于空调房间以吸收余热和余湿的空调系统称为冷剂系统，如图6-5d所示。这种系统通常用于分散安装的局部空调机组。室外主机由压缩机、冷凝器及其他制冷附件组成；室内机则由直接蒸发式换热器和风机组成。室外机通过制冷剂管道与分布在各个房间内的室内机连接在一起。

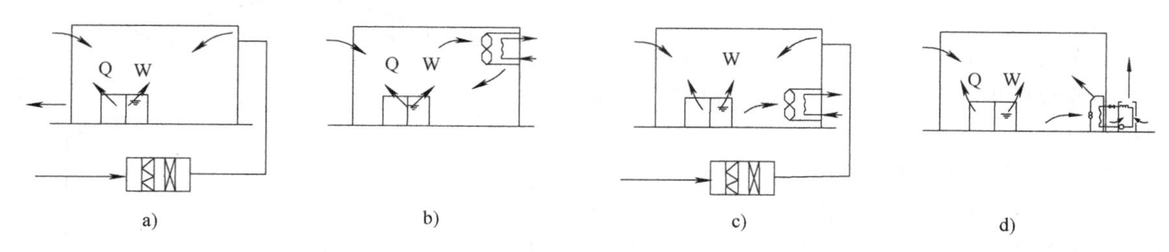

图6-5 按负担室内负荷所用介质的种类对空调系统进行分类的示意图

a）全空气系统 b）全水系统 c）空气-水系统 d）冷剂系统

（3）根据集中式空调系统处理空气的来源分类 按集中式空调系统处理空气的来源分为以下三类：

1）封闭式系统。它所处理空气的全部来自空调房间，没有室外新风补充，因此房间和空气处理设备之间形成了一个封闭环路，如图6-6a所示。封闭式系统用于封闭空间且无法（或不需要）采用室外空气的场合。

这种系统冷、热量消耗少，但卫生效果差。当室内有人长期停留时，必须考虑换气。常用于战时的地下庇护所等战备工程及很少有人进入的仓库。

2）直流式系统。它所处理的空气全部来自室外，室外空气经处理后送入室内，然后全部排至室外，如图6-6b所示。这种系统适用于不允许采用回风的场合，如放射性实验室及散发大量有害物质的车间等。为了回收排出空气的热量和冷量，对室外新风进行预处理，可在系统中设置热回收装置。

3）混合式系统。封闭式系统不能满足卫生要求，直流式系统在经济上不合理。对于大多数场合，一般综合以上两者，采用混合一部分回风的系统，如图6-6c所示。这种系统既能满足卫生要求，又经济合理，故应用最广。

（4）按风道中空气的流速分类 按风道中空气的流速分为以下两类：

1）高速空调系统。高速空调系统主风道中的空气流速可达20～30m/s，由于风速大，风道截面可以减少许多，故可用于层高受限、布置风道困难的建（构）筑物中。

2）低速空调系统。低速空调系统风道中的空气流速一般不超过8～12m/s，风道截面面积较大，需要占较大的建筑空间。

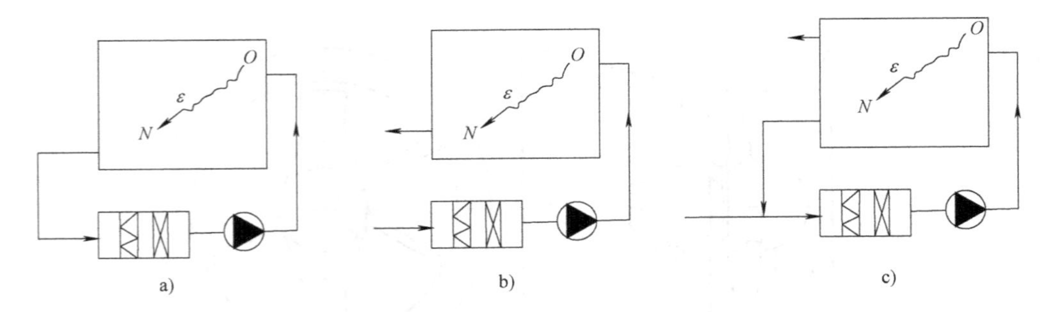

图6-6 按处理空气的来源不同对空调系统进行分类的示意图

a）封闭式 b）直流式 c）混合式

3. 通风空调设备

通风空调系统中的设备很多，本章只对一些常用的主要设备和部件做简单的介绍。

（1）通风机 通风机用于为空气气流提供必需的动力以克服输送过程中的阻力损失。根据通风机的作用原理有离心式、轴流式和贯流式三种类型，大量使用的是离心式和轴流式通风机。

1）离心式通风机简称离心风机，其构造如图6-7所示，它是由叶轮、机轴、机壳、吸风口及电动机等部分组成。它的压力分为高压（$p>3000$Pa）、中压（$1000\text{Pa}<p<3000$Pa）和低压（$p<1000$Pa），其中中压风机一般用于除尘排风系统，低压风机多用于空气调节系统。

图6-7 离心式通风机构造示意图

1—叶轮 2—机轴 3—机壳 4—导流器 5—排风口

离心式风机的全称包括名称、型号、机号、传动方式、旋转方式和出风口位置六部分，一般书写顺序如下：

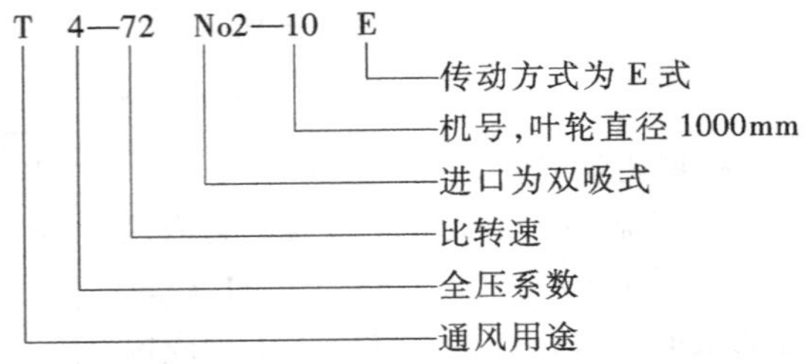

2）轴流式通风机简称轴流风机，如图6-8所示，叶轮安装在圆筒形外壳中，当叶轮由电动机带动旋转时，空气从吸风口进入，在风机中沿轴向流动经过叶轮和扩压器时压头增大，从出风口排出。

轴流风机以500Pa为界分为低压轴流风机和高压轴流风机。其全称可写成：

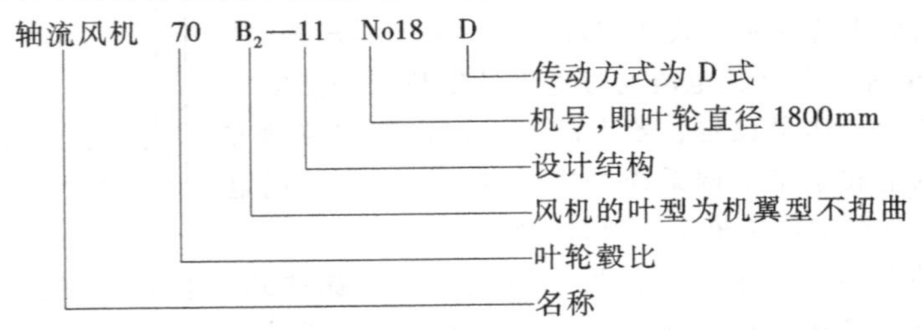

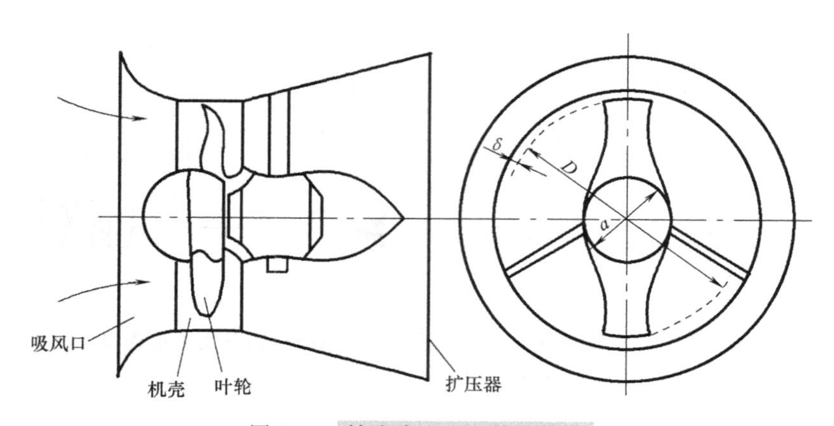

图 6-8 轴流式通风机结构简图

轴流风机一般多用于无须设置管道及风道阻力较小的通风系统。通风机可以并联或串联。

(2) 消声器 空调系统的主要噪声源是风机。风机的噪声在经过各种自然衰减后，仍然不能满足室内噪声标准时，应在管路上安装专门的消声装置——消声器。

常用的消声器有管式、片式、格式、共振式（图 6-9）及复合式消声器，还有利用风管构件作为消声元件的，如消声弯头与消声静压箱。

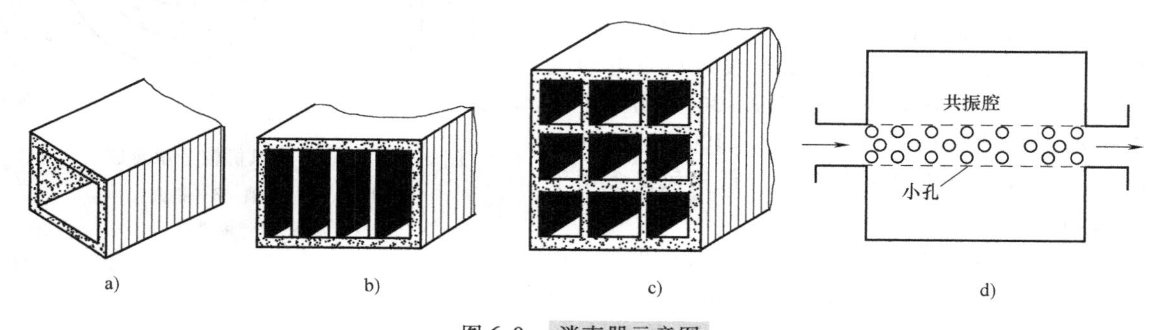

图 6-9 消声器示意图

a) 管式 b) 片式 c) 格式 d) 共振式

(3) 空气处理装置 空气处理装置有以下几种形式：

1) 表面式换热器。表面式换热器为一组或几组盘管，管内流动着冷（热）媒，管外流动着被处理的空气，通过盘管的管壁，空气与冷（热）媒之间进行能量的交换，以达到对空气进行降温或加热的目的，如图 6-10 所示。

常用的表面式换热器包括空气加热器和表面冷却器两类。空气加热器用的热媒是热水或蒸汽，而表面冷却器则以冷水或制冷剂做冷媒（通常又将后者称为水冷式或直接蒸发式表面冷却器）。

2) 电加热器。电加热器是让电流通过电阻丝发热来加热空气的设备。它有加热均匀、热量稳定、效率高、结构紧凑和控制方便等优点。在空调机组和小型空调系统中应用较广泛。由于用电能直接加热不经济，故在加热量较大的地方不宜采用。

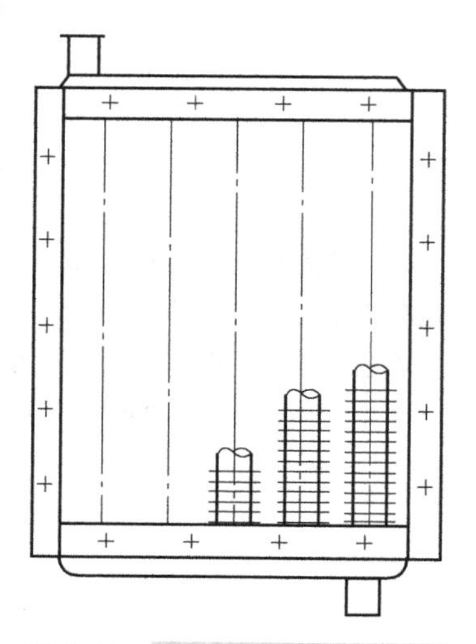

图 6-10 肋片式换热器示意图

电加热器有两种基本结构形式：由裸电阻丝构成的裸线式；由管状电热元件构成的管式。在定型产品中，常把电加热器做成

抽屉式，这样检修更方便，如图6-11所示。

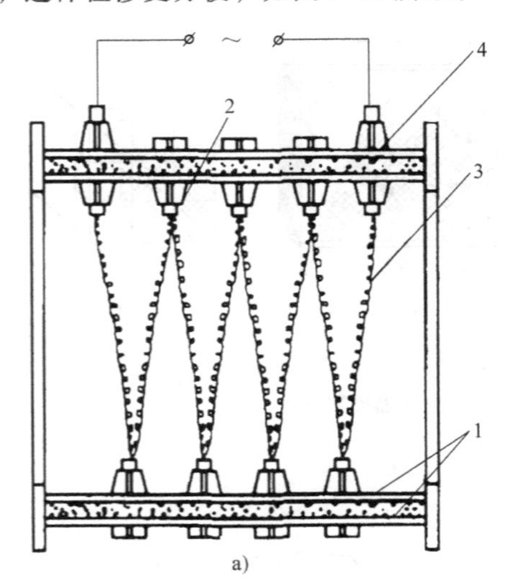

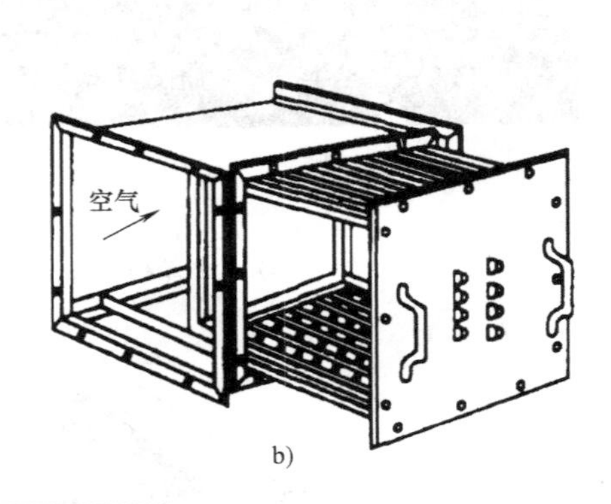

图6-11 空气加热器示意图

a）裸线式电加热器 b）抽屉式电加热器

1—钢板 2—隔热层 3—电阻丝 4—瓷绝缘子

3）空气加湿。在空调系统中，空气的加湿可在两个地方进行：在空气处理室或在风管中，对要送入空调房间的空气进行集中加湿；在空调房间内对空气直接喷水的局部补充加湿。集中加湿最常用的方法就是用外界热源产生的蒸汽喷到空气中进行加湿，如图6-12所示。

4）空气的减湿处理。减湿处理对于某些相对湿度要求低的生产工艺和产品储存是必不可少的。空气减湿的方法有四种：加热通风减湿法；冷却减湿法；液体吸湿剂减湿法（吸收减湿）；固体吸湿剂减湿法（吸附减湿）。

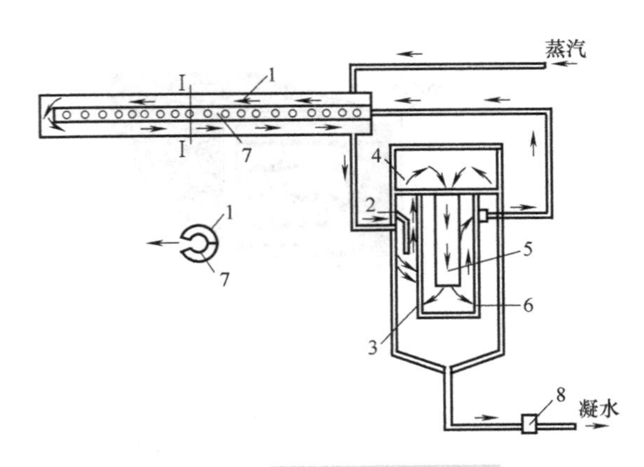

图6-12 空气加湿器示意图

1—喷管外套 2—导流板 3—加湿器筒体 4—导流箱 5—导流管 6—加湿器内筒体 7—加湿器喷管 8—疏水器

5）空气的过滤处理。空调用的过滤器与工业通风中的除尘器有共性，前者是将含尘量不大的空气经净化处理后送入室内；后者是将含尘量较大的空气经处理后排至室外。

空调工程中常用过滤器包括初效过滤器、中效过滤器和高效过滤器。它们的过滤原理主要是重力作用、惯性作用、扩散作用和静电作用等。

① 初效过滤器：滤材是金属丝网、铁屑、瓷环、玻璃丝（直径大约20μm）、粗孔聚氨酯泡沫塑料和各种人造纤维。为便于更换，大多做成块状，如图6-13所示。

② 中效过滤器：滤料是玻璃纤维（纤维直径约10μm）、中细孔聚乙烯泡沫塑料和无纺布。它们一般做成抽屉式或袋式，如图6-14所示。

③ 高效过滤器：此过滤器必须在初、中效过滤器的保护下使用，作为三级过滤的末级。滤料为超细玻璃纤维等，滤料纤维直径大部分小于1μm，滤料做成纸状，如图6-15所示。

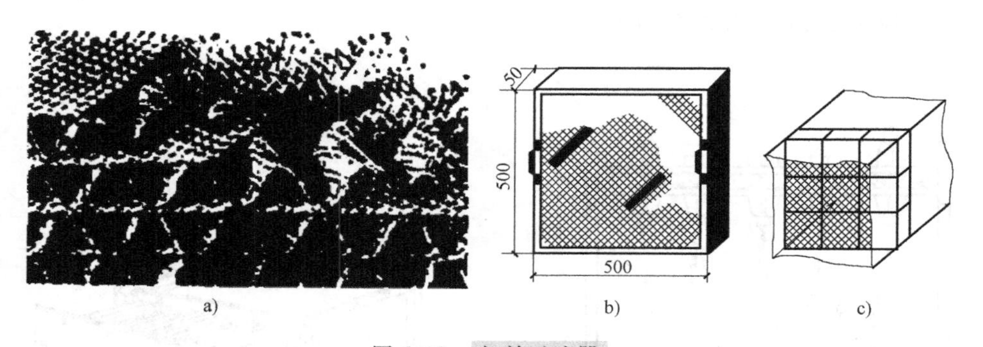

图 6-13 初效过滤器

a）滤料结构 b）过滤器外形 c）过滤器安装方式

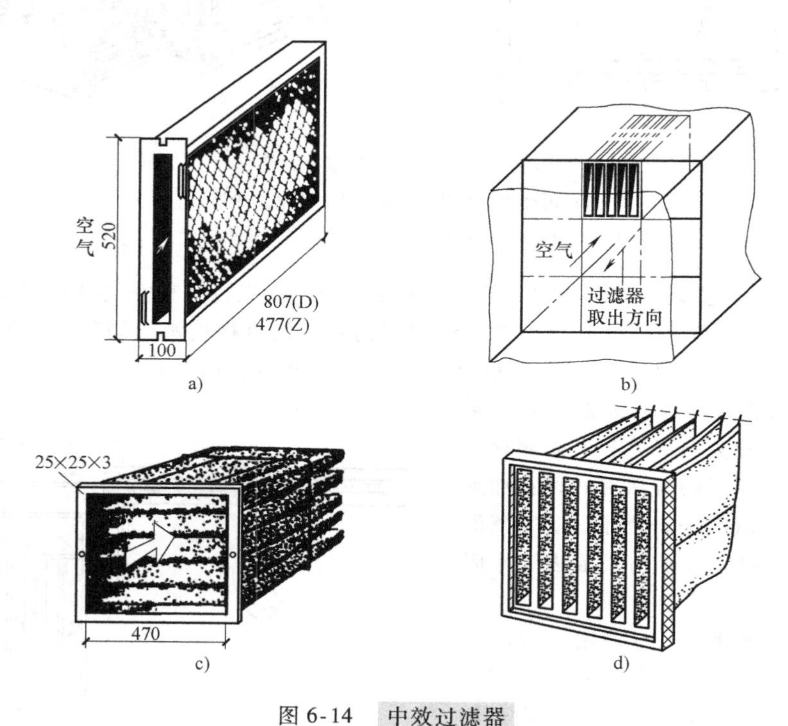

图 6-14 中效过滤器

a）玻璃纤维过滤器外形 b）玻璃纤维过滤器安装示意

c）泡沫塑料过滤器 d）无纺布过滤器

6）空调箱。空调箱是能够将空气吸入加以处理再送出去的装置。将前面提到的各种空气处理装置（过滤、加热、加湿、冷却和减湿等）根据设计的需要选取并排列组合在箱体内就组成了一个空调箱。图 6-16 是装配式金属空调箱的示意图。新风处理机是只接新风管而不接回风管的空调箱。

7）风机盘管。风机盘管是空气处理系统的一个末端设备，也是一个小型的空气处理装置，一般分为立式和卧式两种，可根据需要明装或暗装，如图 6-17 所示。风机盘管的优点是布置灵活，各房间可独立控制室温，房间之间空气互不串通。室内回风（或加新风）被风机抽吸、过滤、加压后，冲刷盘管，在此被加热或降温，降温产生的凝结水集结在凝水盘内，并由管道排出室外，经盘管处理后的空气借风机的余压通过风口送入室内。

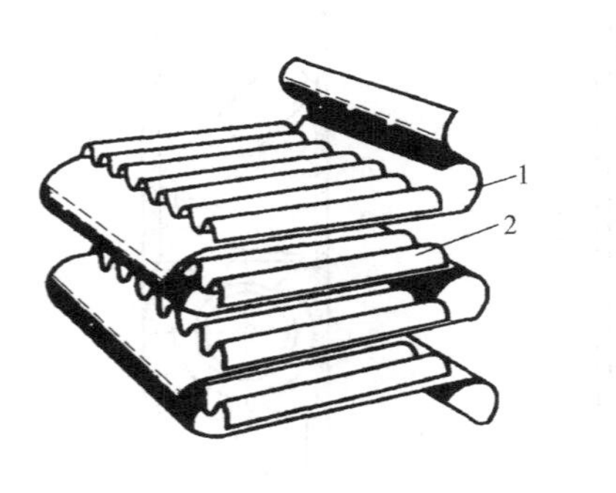

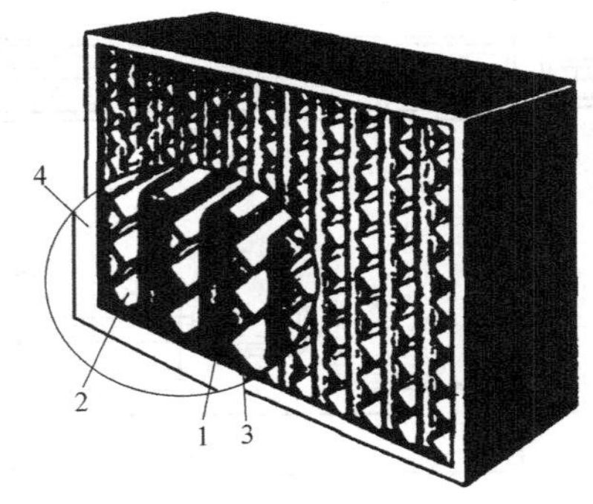

图6-15　高效过滤器

1—滤纸　2—分隔片　3—密封胶　4—木外框

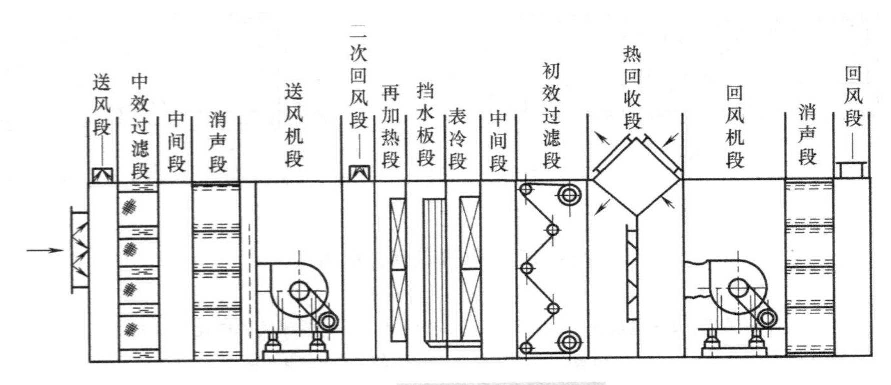

图6-16　装配式金属空调箱

风机盘管分为两管制和四管制，两管制是指盘管只有一组，盘管内夏季走冷媒，冬季走热媒；四管制是指盘管有两组，一组盘管内走热媒，另一组盘管内走冷媒，在季节交替时，室内人员可根据需要决定是取暖还是降温。风机的转速有高、中、低三档。

（4）除尘器　目前常用除尘器的除尘机理主要有重力、离心力、惯性碰撞、接触阻流、扩散与静电力凝聚。

根据除尘机理的不同，常用的除尘器可分为以下几类：

1）机械除尘器类。机械除尘器类包括重力沉降室、惯性除尘器与旋风除尘器。重力沉降室是通过重力使尘粒从气流中分离出来。旋风除尘器是利用气流旋转过程中作用在尘粒上的惯性离心力，使尘粒从气流中分离出，它结构简单、体积小，维护方便。

2）过滤式除尘器类。过滤式除尘器类通过滤料（纤维、织物、滤纸、碎石等）使尘粒从气流中分离出，它具有除尘效率高、结构简单、处理风量范围大等优点，广泛应用于工业排气净化及进气净化。常用的过滤式除尘器有袋式除尘器和颗粒层除尘器。

3）湿式除尘器类。湿式除尘器类通过含尘气体与液滴或液膜的接触使尘粒从气流中分离出，它的优点是结构简单、投资低、占地面积小、除尘效率高，能同时进行有害气体的净化。湿式除尘器一般有喷淋塔、泡膜冲击式除尘器、自激式除尘器和卧室旋风水膜除尘器等。

4）电除尘器类。电除尘器类又称为静电除尘器，它是利用电场产生的静电力使尘粒从气流中分离出来，是一种干式高效除尘器。根据荷电分离区的空间布置不同分为单区电除尘器和双区电除尘器。图6-18与图6-19分别为旋风除尘器与静电除尘器机构示意图。

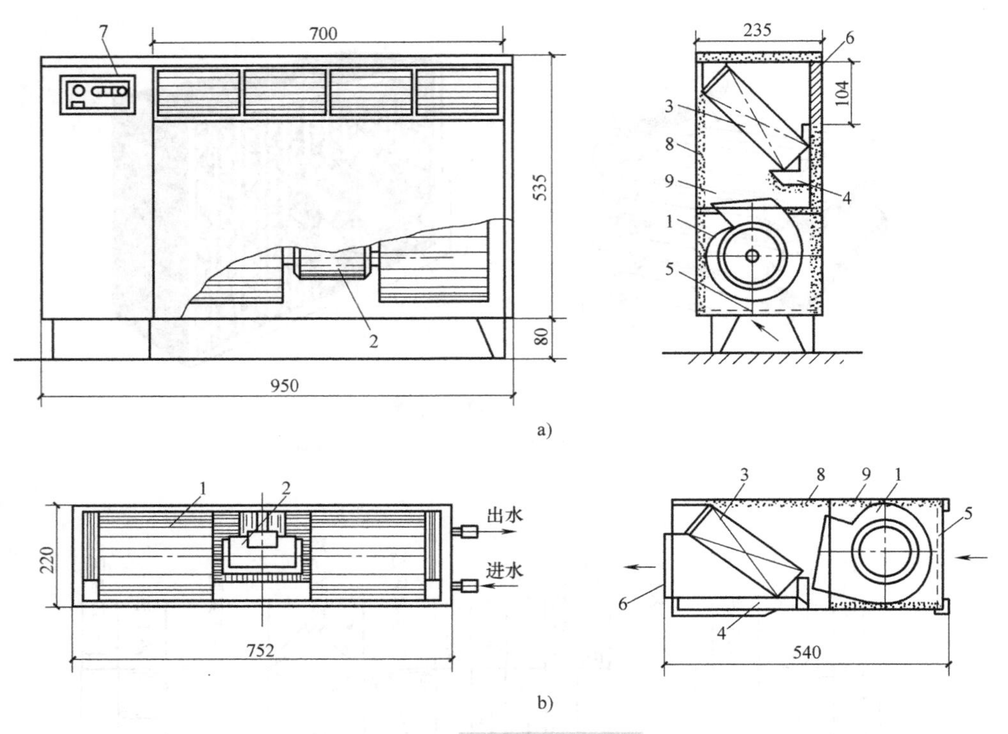

图 6-17 风机盘管构造图

a）立式 b）卧式

1—风机 2—电动机 3—盘管 4—凝水盘 5—循环风进口及过滤器 6—出风格栅 7—控制器 8—吸声材料 9—箱体

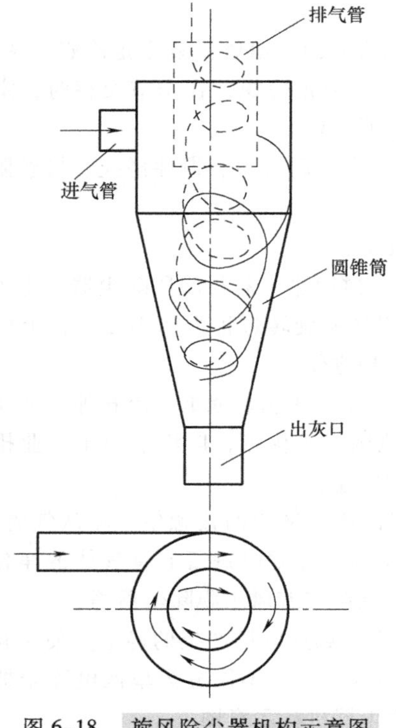

图 6-18 旋风除尘器机构示意图

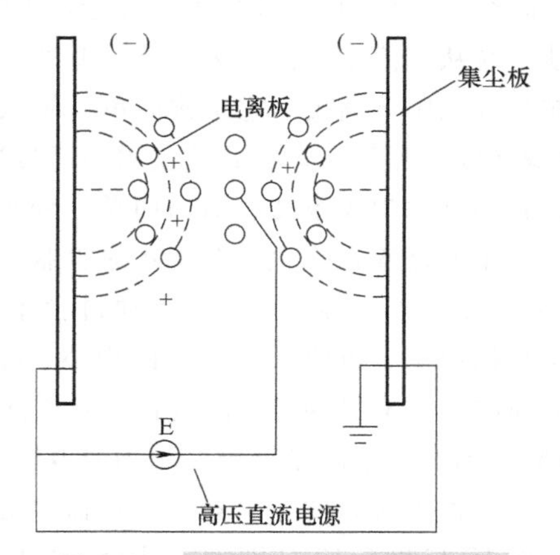

图 6-19 静电除尘器机构示意图

（5）静压箱　静压箱是为了便于多根风管汇合连接的一种装置。其内部贴上消声材料后，又兼有消声功能。

（6）冷水机组　冷水机组是将制冷循环中的四大主要构件和辅助构件的全部或部分在工厂中组建成一个整体，而后出厂，用户只要接上水管就可以使用。常见的冷水机组有以下几种：

1）活塞式冷水机组。活塞式冷水机组由活塞式制冷压缩机、卧式壳管式冷凝器、热力膨胀阀和干式蒸发器等构成。图6-20为活塞式冷水机组外形图。

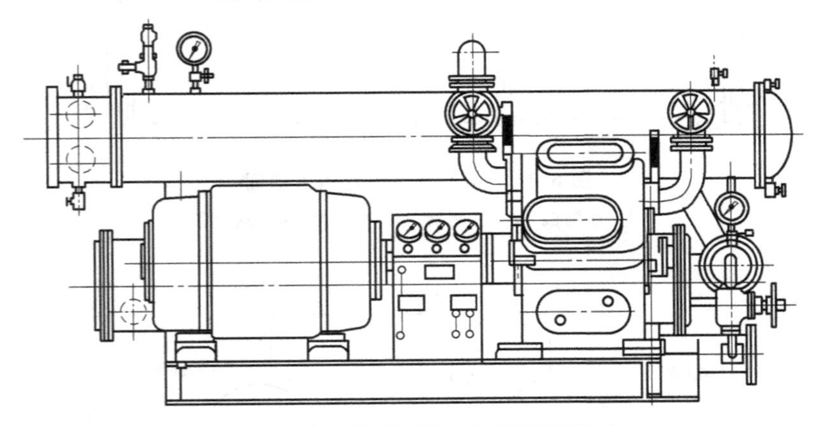

图6-20　活塞式冷水机组外形图

2）螺杆式冷水机组。螺杆式冷水机组由螺杆式制冷压缩机、冷凝器、蒸发器和膨胀阀等组成。图6-21为螺杆式冷水机组外形图。

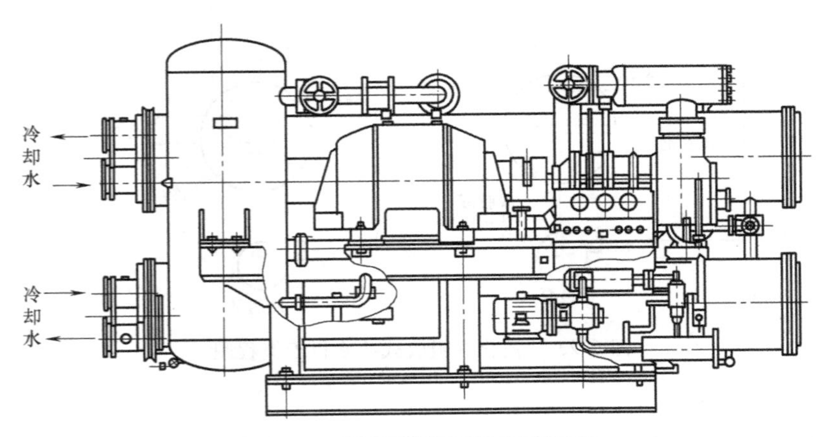

图6-21　螺杆式冷水机组外形图

3）离心式冷水机组。离心式冷水机组由离心式制冷压缩机、冷凝器和蒸发器等组成。图6-22为离心式冷水机组外形图。

4）溴化锂吸收式冷水机组。溴化锂吸收式冷水机组是一种以热制冷的冷水机组，图6-23是该机组的流程图。

（7）冷却塔　冷却塔在冷却水环路中为冷凝器的冷凝提供水温较低的冷却水。图6-24为典型的冷却塔形状。

（8）冷凝器　在制冷系统中，冷凝器是一个制冷剂向系统外放热的换热器。来自压缩机的制冷剂过热蒸汽进入冷凝器后，将热量传递给冷却介质（空气或水），而其自身因冷却而凝结为制冷

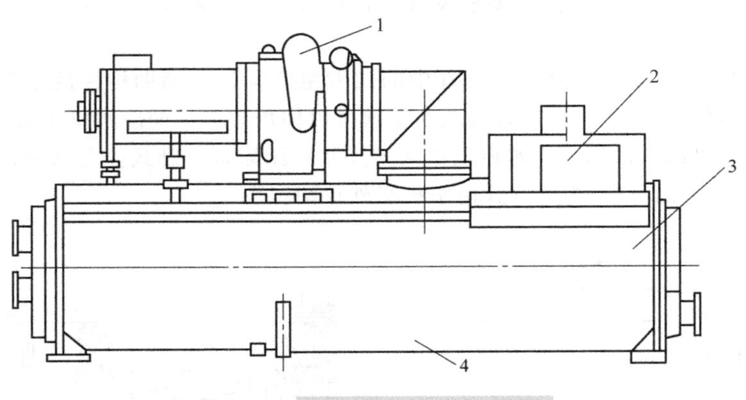

图 6-22 离心式冷水机组外形图

1—压缩机 2—控制器 3—冷凝器 4—蒸发器

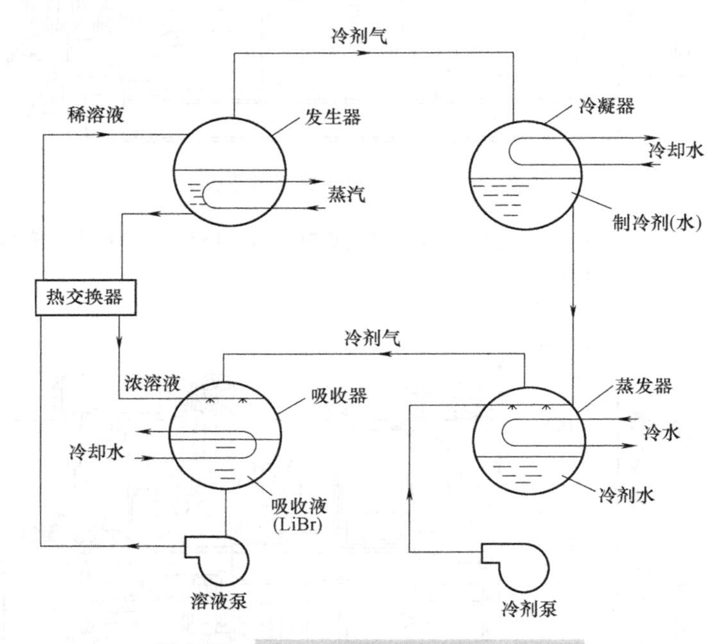

图 6-23 溴化锂吸收式冷水机组流程图

剂液体。

按照冷却制冷剂蒸气的冷却介质不同，冷凝器可分为水冷式（图 6-25）、空气冷却式（又称为风冷式，图 6-26）和蒸发式三种类型。

（9）蒸发器 蒸发器是制冷装置中产生和输出冷量的设备。

按被冷却介质的种类分类，蒸发器可分为三大类：

1）冷却液体载冷剂的蒸发器，这种蒸发器用于冷却液体载冷剂——水、盐水或乙二醇水溶液等。

2）冷却空气的蒸发器。

3）接触式蒸发器。

按制冷剂供液方式分类，蒸发器可分为三大类：

1）满液式蒸发器。

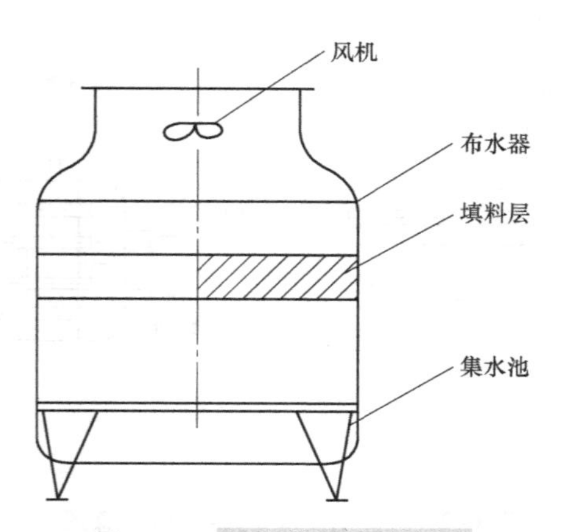

图6-24　冷却塔结构示意图

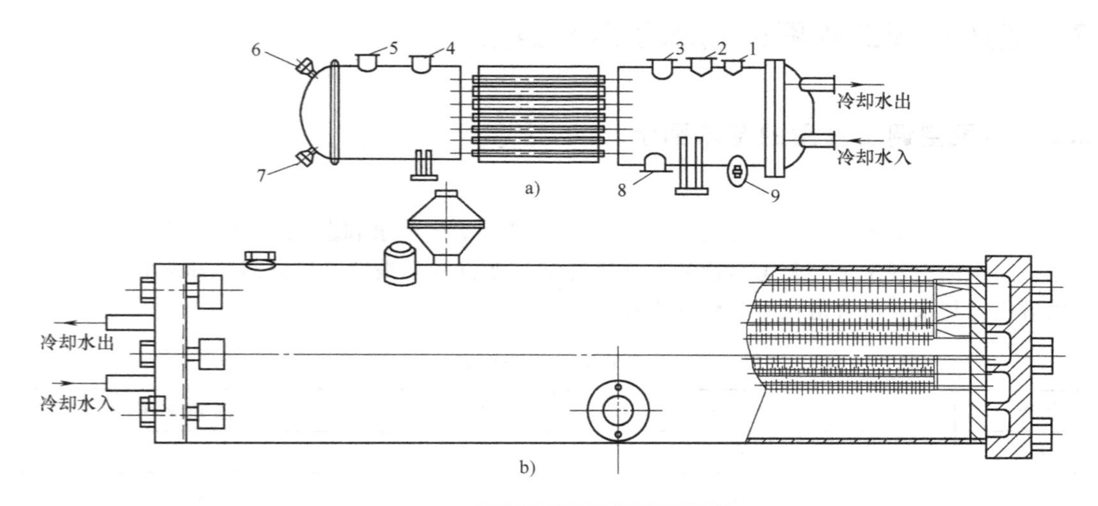

图6-25　卧式壳管式水冷冷凝器

a）卧式壳管式氨冷凝器　b）卧式壳管式氟利昂冷凝器

1—放空气管接头　2—压力表接头　3—安全阀接头　4—均压管接头　5—进气管接头
6—放空气旋塞接头　7—泄水旋塞接头　8—出液管接头　9—放油管接头

2）非满液式蒸发器，它的传热效果不如满液式，但是它无液柱对蒸发温度的影响，回油好，制冷剂的充注量只有满液式的1/3～1/2或更少。

3）再循环式蒸发器，这种蒸发器的管束内的制冷剂的循环量是蒸发量的几倍，制冷剂液体与传热面之间接触好，有较高的传热系数。

从结构形式分类，冷却液体载冷剂的蒸发器有水箱式和壳管式两类。

图6-27为壳管式蒸发器结构示意图。

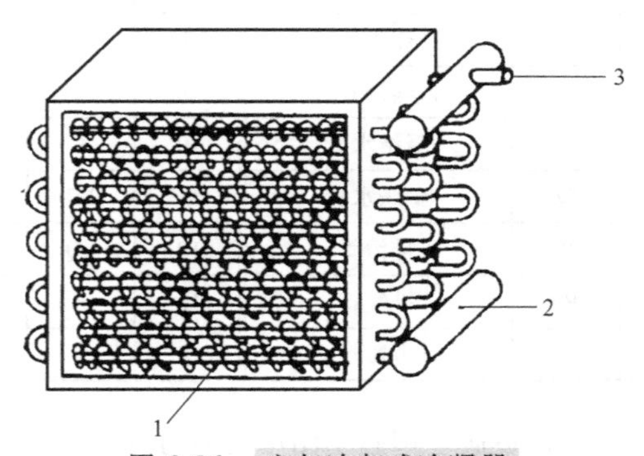

图6-26　空气冷却式冷凝器

1—肋管束　2—储液筒　3—气态制冷剂入口

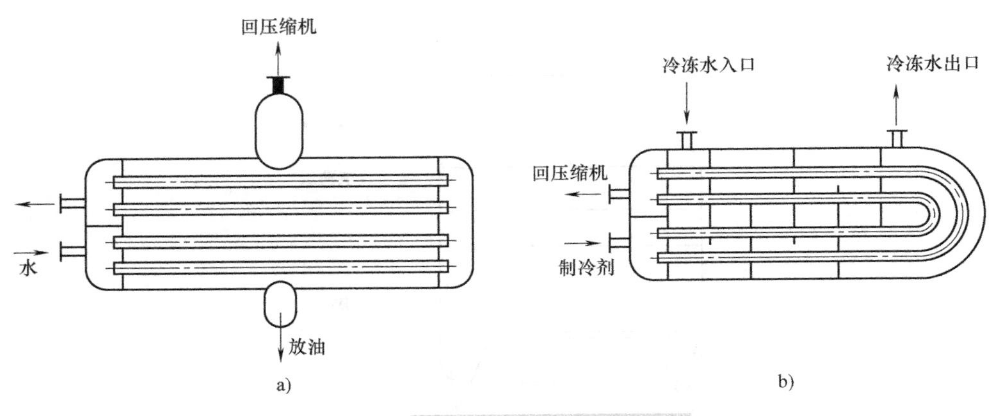

图 6-27 壳管式蒸发器结构示意图

6.2 通风空调工程图的基本图示与组成

6.2.1 通风空调工程图的基本图示

1. 管路代号

在通风空调专业施工图中，管道输送的介质一般为空气、水和蒸汽。为了区别各种不同性质的管道，国家标准规定了用管道名称的汉语拼音字头做符号来表示，如空调冷却水管用“LQ”表示。风道代号与水、汽管道代号分别见表 6-1 与表 6-2。

表 6-1 风道代号

代号	风道名称	代号	风道名称
K	空调风管	H	回风管
S	送风管	P	排风管
X	新风管	PY	排烟管或排风、排烟共用管道

表 6-2 水、汽管道代号

序号	代号	管道名称	序号	代号	管道名称	序号	代号	管道名称
1	H	热水管	8	XH	循环管	15	RH	软化水管
2	Z	蒸汽管	9	Y	溢排管	16	GY	除氧水管
3	N	凝结水管	10	L	空调冷水管	17	YS	盐液管
4	PZ	膨胀水管	11	LR	空调冷、热水管	18	FQ	氟气管
5	PW	排污管	12	LQ	空调冷却水管	19	FY	氟液管
6	Pq	排气管	13	n	空调冷凝水管	20	X	泄水管
7	Pt	旁通管	14	G	补给水管			

此外，在暖通空调施工图中还有各种常见字母符号，如 D 表示圆形风管的直径或焊接钢管的内径；b 表示矩形风管的长边尺寸；DN 表示焊接钢管、阀门及管件的公称通径；δ 表示管材和板材的厚度等。

2. 系统编号

一个通风空调工程施工图中同时有供暖、通风、空调等两个及以上的不同系统时，应有系统编号。暖通空调的系统编号与入口编号是由系统代号和顺序号组成的：系统代号是由大写拉丁字母表示的，详见表6-3；顺序号由阿拉伯数字表示，如图6-28a所示。当一个系统出现分支时，表示方法如图6-28b所示。

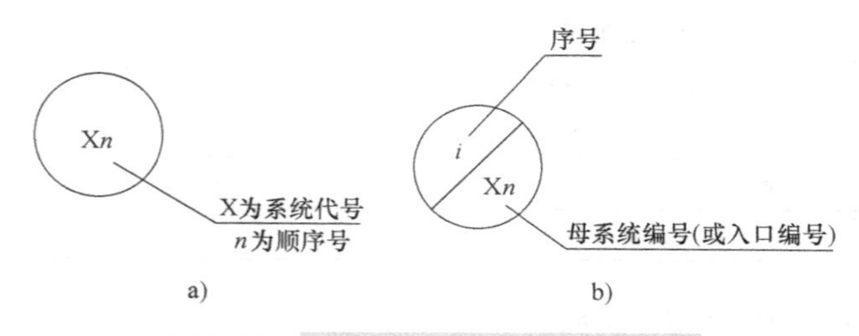

图6-28　系统代号、编号的表示方法

表6-3　系统代号

序　号	字母代号	系统名称	序　号	字母代号	系统名称
1	N	供暖系统	9	X	新风系统
2	L	制冷系统	10	H	回风系统
3	R	热力系统	11	P	排风系统
4	K	空调系统	12	JS	加压送风系统
5	T	通风系统	13	PY	排烟系统
6	J	净化系统	14	P（Y）	排风兼排烟系统
7	C	除尘系统	15	RS	人防送风系统
8	S	送风系统	16	RP	人防排风系统

3. 常用图例

施工图中的管道及部件多采用国家标准规定的图例来表示。暖通空调专业常用图例见附录6。

6.2.2　通风空调工程图的组成

通风空调系统施工图包括图文与图样两部分。图文部分包括图纸目录、设计施工说明和设备与材料表；图样部分由通风空调系统平面图、空调机房平面图、系统轴测图、剖面图、原理图和详图等组成。

1. 图纸目录

设计人员按一定的图名和顺序将它们逐项归纳编排成图纸目录。通过图纸目录可以了解整套图的图纸编号、图名、图号、工程编号、图幅大小、备注等。表6-4是某工程图纸目录范例。

2. 设计施工说明

设计施工说明表达的是在施工图中无法用图的形式表达的技术质量要求等，一般包括本工程的主要技术数据，如建筑概况、设计参数、系统划分及施工、验收、调试、运行等有关事项。

表 6-4 图纸目录范例

上海××设计院		工程名称	××综合楼	设计号 B93—28			
		项　　目	主楼	共2页　第1页			
序号	图别图号	图名		采用标准图或重复使用图		图纸尺寸	备　注
				图集编号或工程编号	图别图号		
1	暖施-01	施工总说明				2#	
2	暖施-02	订购设备或材料表				4#	
3	暖施-03	地下二层通风平面图				2#	
4	暖施-04	地下一层冷冻机房平面图				2#	
5	暖施-05	底层空调机房剖面图				2#	

下面是某宾馆建筑空调设计施工说明。

(1) 工程概况　本工程位于上海市，建筑面积15000m²，地下一层，地上九层，总高度为32.8m。地下一层为设备用机房和汽车停车库，地上一、二层为宾馆娱乐、餐饮共用区，三～九层为标准客房层。

(2) 设计采用的气象数据　空调室外计算干球温度：夏季34℃，冬季-4℃；夏季空调室外计算湿球温度：28.2℃；冬季空调室外计算相对湿度：75%；大气压力：冬季102510Pa，夏季100530Pa。

(3) 空调房间的设计条件　本工程空调房间的设计条件见表6-5。

表 6-5 空调房间的设计条件

房间类型	人员密度/(m^2/人)	夏　季			冬　季			新风量/[m^3/(h·人)]	空气中含尘量/(mg/m^3)
		温度/℃	相对湿度(%)	风速/(m/s)	温度/℃	相对湿度(%)	风速/(m/s)		
客房	15	25	≤65	≤0.25	22	≥30	≤0.15	50	≤0.15
宴会、多功能厅	1.4	24	≤65	≤0.25	21	≥40	≤0.15	20	≤0.15

(4) 空调系统的划分与组成　空调系统的划分与组成见表6-6。

表 6-6 空调系统的划分与组成

系统编号	服务区域	送风量/(m^3/h)	设计负荷/W	空调方式	气流组织形式
K—1	门厅	16000	75000	全空气方式	上送上回
K—2	一层娱乐、商务、办公	新风 8000	40000	风机盘管加独立新风	上送上回

(5) 建筑负荷及冷、热源设备　本工程建筑面积为15000m²，夏季设计冷负荷为1500kW，冬季设计热负荷为920kW。空调冷源为3台螺杆式冷水机组，空调热源为2台全自动燃油蒸汽锅炉。

(6) 风管系统

1) 设计图中所注风管标高，对于圆形风管，以中心线为准；对于矩形风管，以风管底面为准（不包括保温层）。

2) 空调风管采用镀锌钢板制作，厨房排风管采用不锈钢板制作，厚度和加工方法按《通风与空调工程施工质量验收规范》（GB 50243—2016）的规定确定。

3）风机、空调箱的进、出口与风管连接处，均设置长度为200~300mm的人造革软接头。

4）所有风管必须配有支、吊架或托架。支、吊架间距不应超过3m，其结构形式和安装部位由安装单位在保证牢固、可靠的原则下，根据现场情况选定，具体形式见国标图集《金属、非金属风管支吊架》(19K132)。

5）风管支、吊架或托架应放在保温层外部，并在与风管接触处用防腐木块垫上，垫木应比保温层厚10mm；同时，应避免在法兰、阀门处设置支、吊架和托架。

（7）水管系统

1）设计图中所注管道标高，均以管中心为准。

2）管材：管径小于或等于100mm，采用镀锌钢管，螺纹连接；管径大于100mm，采用无缝钢管，法兰或焊接连接，需二次安装并镀锌。

3）在水管路系统最高点，配置*DN*20自动放气阀；在水管路系统最低点，配置*DN*25泄水管。

4）管道支、吊架间距不应超过表6-7给出的数值。

5）管道安装完工后，应进行水压试验，试验压力按系统最大工作压力的1.25倍采用，在5min内压降不大于20kPa为合格。

6）经试压合格后，应对系统反复冲洗，至合格为止。闭路系统冲洗时，水流必须经过所有设备（空调箱、风机盘管）和过滤器、控制阀等。

表6-7 管道支、吊架间距 （单位：m）

管径/mm 管道种类	15	20	25	32	40	50	70	80	100	125	150	200	250	300
保温管	1.5	2	2	2.5	3	3	4	4	4.5	5	6	7	8	8.5
不保温管	2.5	3	3.5	4	4.5	5	6	6	6.5	7	8	9.5	11	12

（8）低碳钢板风管刷漆　金属支、吊架及托架以及不保温无缝钢管，在表面除锈后，应涂刷防锈底漆和红丹防锈漆各两遍。

（9）设备　制冷机、锅炉、热交换器、水泵、风机等设备的基础，必须待设备到货并对地脚螺栓核实后才能进行浇捣；热交换器的保温材料采用无孔硅酸铝，厚度$\delta=60$mm，外扎镀锌钢丝网后，再抹石棉水泥保护壳；设备与基础之间必须安装减振器或减振橡胶板等，具体做法参见详图。

（10）施工的具体要求　其他各项施工要求，应严格遵守《通风与空调工程施工质量验收规范》(GB 50243—2016)的有关规定。

通过施工说明可全面了解工程概况，包括建筑、设计、施工方面的各项参数与要求，是识图与施工的基础。

3. 设备与材料表

在设备表内明确表示了所选用设备的名称、型号、数量、各种性能参数及安装地点等；在材料表中，各种材料的材质、规格与强度要求等也有清楚的表达。某工程设备与材料表见表6-8。

4. 原理图（流程图）

系统原理图（流程图）是综合性的示意图，用示意性的图形表示出所有设备的外形轮廓，用粗实线表示管线。从图中可以了解系统的工作原理与介质的运行方向，同时也可以对设备的编号、建（构）筑物的名称及整个系统的仪表控制点（温度、压力、流量及分析的测点）有一个全面的了解。

表 6-8 某工程设备与材料表

上海××设计院		订购设备或材料表					设计号	B93-28
							图别	暖施
		工程名称	××综合楼				图号	2
		项目	主楼				总序号	
序号	名称	型号及规格	单 位	数量	质量/t		来源或设备图号	备注
					单重	总重		
(9)	混流风机	HL3—2—8.5A 风量：30000m³/h 转速：960r/min 全压：500Pa	台	1			无锡××风机厂	
(10)	混流风机	HL3—2—9A 风量：30000m³/h 转速：960r/min 全压：620Pa	台	2			无锡××风机厂	排烟
(11)	混流风机	HL3—2—10A	台	1			无锡××风机厂	

5. 平面图

平面图是施工图中最基本的一种图，它主要表示建（构）筑物及设备的平面布局，管路的走向分布及其管径、标高、坡度坡向等数据，包括系统平面图、冷冻机房平面图与空调机房平面图等。在平面图中，一般风管用双线绘制，水、汽管用单线绘制。

6. 系统轴测图

系统轴测图是以轴测投影绘出的管路系统单线条的立体图。在图面上直接反映管线的分布情况，可以完整地将管线、部件及附属设备之间的相对位置的空间关系表达出来。系统轴测图还注明管线、部件及附属设备的标高和有关尺寸。系统轴测图一般按正等测或斜等测绘制。水、汽管道及通风、空调管道系统图均可用单线绘制。

7. 剖面图

剖面图主要表示建（构）筑物和设备的立面分布，管线垂直方向上的排列和走向，以及管线的编号、管径和标高。

识读时要根据平面图上标注的截面剖切符号（剖切位置线、投射方向线及编号）对应识读。

8. 大样图（详图）

详细表明平面图与剖面图中局部管件和部件的制作、安装工艺，用双线绘制成图。一般在平面图与剖面图上均标注详图索引符号，根据详图索引符号可将详图和总图联系起来看。大样图（详图）通常使用国家标准图。

9. 节点图

节点图清楚地表示某一部分管道的详细结构及尺寸，是平面图及其他施工图不能表达清楚的某点图形的放大。节点用代号来表示它所在的位置，如“A 节点”，则需在平面图上对应找到“A”所在的位置。

10. 标准图

标准图是一种具有通用性的图样。中国建筑标准设计研究所出版的《暖通空调标准图集》是

目前暖通空调专业中主要使用的标准图集。通风与空调工程施工图通常是按照国家标准《暖通空调制图标准》（GB/T 50114—2010）绘制的，图样是由图例符号画成的，因而在读懂了原理图之后，还要结合设计施工说明及有关施工验收规范进行综合识读。

6.3　通风空调工程图的识读

6.3.1　通风空调施工图的特点

通风空调施工图有以下特点：

1）各系统采用统一的图例符号表示，这些图例符号一般并不反映实物的原形，所以在识图前，应首先了解各种符号及其所表示的实物。

2）各系统都用管道来输送流体（包括气体和液体），而且在管道中都有自己的流向，识图时可按流向识读，更加易于掌握。

3）各系统管道都是立体交叉安装的，平面图和系统图两图互相对照识读，更有利于识图。

4）各设备系统的安装都应与土建施工配套，应注意其对土建的要求及各工种间的相互关系，因此在识图前，必须具有初步的通风空调管道安装工艺的知识；了解安装操作的基本方法及管路的特点与安装要求；熟悉施工规范和质量验收标准。

6.3.2　通风空调施工图的识读方法和步骤

通风空调施工图的识读，应遵循从整体到局部、从大到小、从粗到细的原则，同时要将图样与文字对照起来，将各种图样对照起来。识图的过程是一个从平面到空间的过程，还要利用投影还原的方法，再现图样上各种图线、图例所表示的管件与设备的空间位置及管路的走向。

识图的顺序是先看图纸目录，了解建设工程的性质与设计单位，弄清楚整套图共有多少张，分为哪几类；其次是看设计施工说明与材料设备表等一系列文字说明；然后再按照原理图、平面图、剖面图、系统轴测图及详图的顺序逐一详细识读。

对于每一张图，识图时首先要看标题栏，了解图名、图号、图别与比例，以及设计人员；其次看所画的图形、文字说明和各种数据，弄清各系统编号、管路走向、管径大小、连接方法、尺寸标高与施工要求；对于管路中的管道、配件、部件与设备等应弄清其材质、种类、规格、型号、数量与参数等；另外，还要弄清管路与建筑、设备之间的相互关系及定位尺寸。

1. 识图顺序

1）通过图纸目录了解有多少张图，大致是哪些图样。看清图例和符号表，有助于识图。

2）详细阅读设计说明。通过阅读设计说明，可了解室内外的空调设计参数，冷源与热源的情况，风系统与水系统的形式和控制方法，消声、隔振、支吊、防火、防腐、保温的做法，管道、管件的材料选取及安装要求，系统试压的要求及应遵守的施工规范等。

3）阅读系统轴测图和系统流程图可对系统有一个整体的认识和了解，迅速抓住系统的来龙去脉，结合设计说明可更好地理解设计意图。

当一个系统较小、较简单时，可用轴测画法形象、具体地描述整个系统。轴测图与平面图在设备及管道的相对位置、相对标高与实际走向上是对应的，但不要求按比例和实际尺寸绘制，鉴于两者的对应关系，两个图需交替着、对照着识读，这样更利于理解。

4）对系统大致了解后，再开始详细识读平面图、剖面图和详图。平面图主要用来确定设备及管道的平面位置；剖面图主要用来确定设备和管道的标高。平面图与剖面图需与轴测图对照起来，再加上详图的补充说明，就能更好地从空间上和局部上理解图样。

2. 识图详细步骤

(1) 系统轴测图的识读步骤 具体如下:

1) 空调水系统图。

① 阅读图中文字说明，通过图中管道的标识文字、线型、线条的粗细、管径的标识方式来区分图中表示的系统的数目与种类(如空调冷、热水系统，空调冷却水系统、凝结水系统等)。

② 针对每个系统，从源头出发，查清横干管与立管的数目，先识读干管，再识读分支管。干、支管的识读内容：管道的标识，管内介质，管道的材质，管径，管径随标高或走向的变化，管道的坡度；管道上分支的数目，分支的口径与去向；管道上管件、阀门、仪表、设备及部件的种类、型号与数量，以及安装的部位与顺序；设备及部件的型号、规格与数量，设备接口的数量与口径，设备标高。

2) 空调风系统图。

① 阅读图中文字说明，分清图示的是什么系统(如新风系统、排风系统与空调系统等)。

② 找到新风竖井或排风竖井或空调箱。考察竖井随标高的变化，竖井上分支进(出)的数目与口径，其总进口(总出口)上设备及部件的数目、规格与型号，设备及部件的连接顺序。

③ 考察与竖井或空调箱连接的分支上的情况。

当一个系统比较庞大时，就需用系统流程图来描绘一个系统。

系统图主要表达系统中的所有设备、管道、阀门与仪表等，这与流程图和轴测图的要求是一致的。流程图与轴测图的区别在于，流程图中的设备、管道与阀门等并不按其实际的位置、走向与标高来表示，而是将所有的设备按其大致位置不加重叠地全部展开在图样上，然后用管道按系统的原理将所有的设备连接起来，并加上阀门和仪表等，这样的图样由于没有了相对位置、标高与实际走向等方面的干扰，因此更便于对庞大、复杂系统的理解。

(2) 系统流程图的识读步骤 具体如下:

1) 首先阅读图中文字说明，通过管道标识、线型、文字标识及大型设备等来识别图上表达了几个系统。

2) 通过识读竖向轴线和水平方向各层面的功能分布来对建(构)筑物的大小及功能有一个大致的了解。

3) 针对每个系统，从系统的源头出发或从大型设备出发来识读主干管，随后再识读分支管。

(3) 平面图的识读步骤 具体如下:

1) 首先阅读图中文字说明，弄清平面图表达的主要内容。根据线型、管道标识与设备类型来区分平面图上表达了哪几个部分(如新风，排风，回风，空调冷、热水，冷却水，凝结水等)。

2) 识读水平轴线和纵向轴线，看清平面图所表达的部位，以及建筑结构的情况。

3) 读取平面图上主要设备的台数，设备的平面定位尺寸，设备的接口数量及规格。

4) 从设备的接口出发或从进、出此平面的源头出发来识读各部分的干管和分支管，识读时需注意管道的平面定位尺寸。

5) 识读平面图中的剖切符号及剖视方向。

(4) 剖面图的识读步骤 具体如下:

1) 阅读图中文字说明。确认相应平面图上的剖切符号的所在位置及剖切方向，将剖面图与平面图上的剖切符号对应起来识读，进一步确认剖切位置和方向。查看剖切到的建筑结构方面的情况。

2) 识读剖面图上主要设备的型号、位置、标高及与建筑结构的关系，设备接口的数量、口径及位置。

3) 顺着设备的接口查看每个管道的分支。

(5) 详图的识读步骤 详图一般表达的是一些设备的接管详细做法、一些阀组的安装做法等，识读时应抓住主要设备或阀件，识读每个分支管路。

6.3.3　通风空调工程图识读实例

下面以某宾馆多功能厅的空调系统为例来说明通风空调施工图的识读。

1. 空调系统施工图的识读

【实例6-1】　图6-29、图6-30、图6-31为某宾馆多功能厅空调系统的平面图、剖面图和风管系统图。

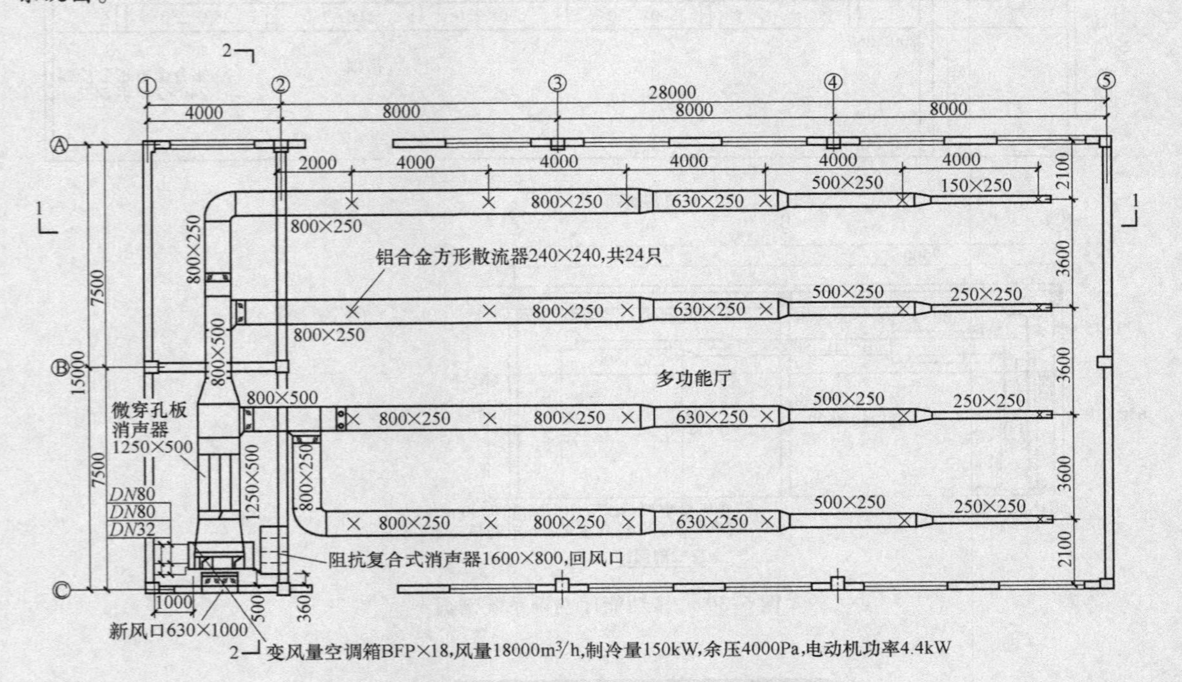

图6-29　多功能厅空调系统平面图（1∶150）

从图中可以看出空调箱设在机房内，从空调机房Ⓒ轴外墙上有一带调节阀的风管（新风管），截面尺寸为630mm×1000mm，空调系统的新风由此新风管从室外将新鲜空气吸入室内。在空调机房②轴线的内墙上有一微穿孔板消声器，这是回风管，室内大部分空气由此消声器吸入回到空调机房。空调机房有一变风量空调箱，从剖面图可看出在空调箱侧的下部有一接短管的进风口，新风与回风在空调房混合后被空调箱由此进风口吸入，经冷、热处理后由空调箱顶部的出风口送至送风干管。送风首先经过防火阀和微穿孔板消声器，流入管径为1250mm×500mm的送风管，在这里分出第一个管径为800mm×500mm的分支管；继续向前，管径变为800mm×500mm，又分出第二个管径为800mm×250mm的分支管；继续前行，流向管径为800mm×250mm的分支管，每个送风支管上都有铝合金方形散流器（送风口）6只，共24只，送风通过这些散流器送入多功能厅；然后大部分回风经阻抗复合式消声器回到空调机房，与新风混合后被吸入变风量空调箱的进风口，完成一次循环。另一小部分室内空气经门窗缝隙渗到室外。

从1—1剖面图可看出房间高度为6m，吊顶距地面高度为3.5m，风管暗装在吊顶内，送风口直接开在吊顶面上，风管底标高分别为4.25m和4m。气流组织为上送下回。

从2—2剖面图可看出，送风管通过软接头直接从空调箱上部接出，沿气流方向高度不断减小，从500mm变成了250mm。从剖面图上还可看到三个送风支管在总风管上的接口位置，支管尺寸分别为800mm×500mm、800mm×250mm与800mm×250mm。

空调系统图完整地表示了系统的构成、管道的空间走向、标高及设备的布置等情况。将上述

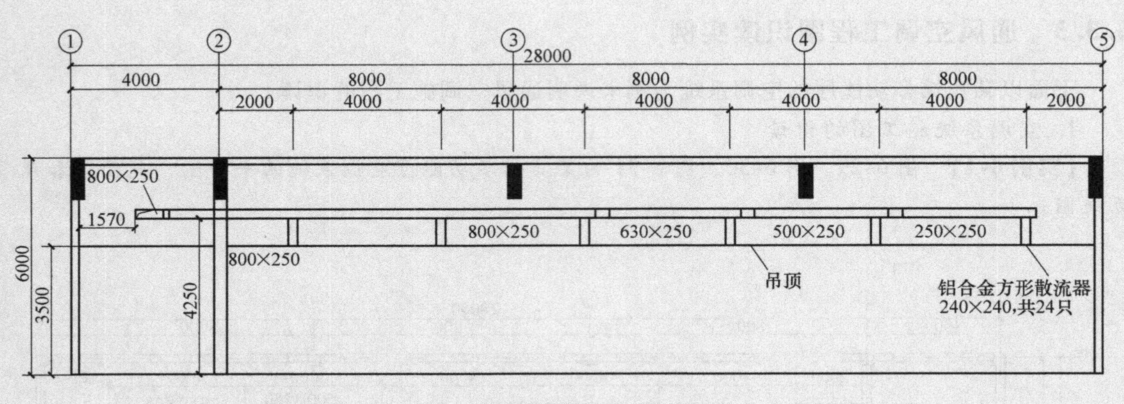

1—1剖面图

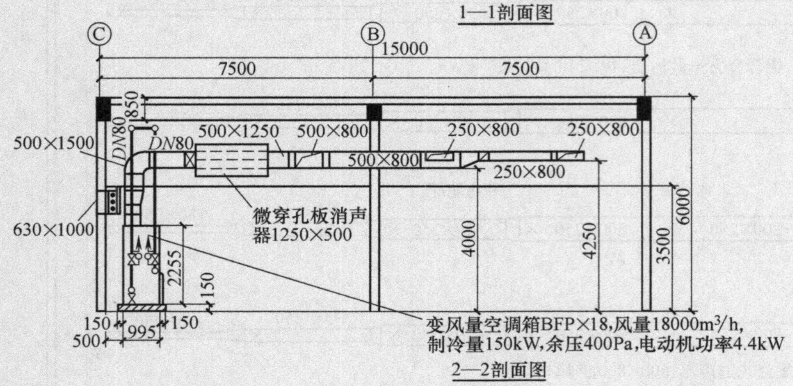

2—2剖面图

图 6-30 多功能厅空调系统剖面图

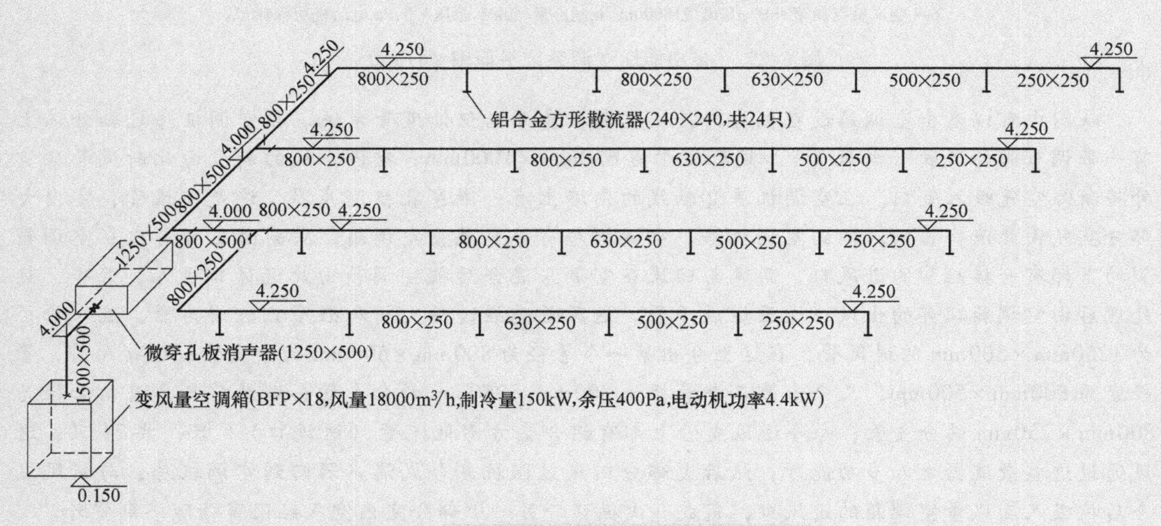

图 6-31 多功能厅空调系统风管图（1∶150）

平面图、剖面图和系统图识读完后，再将它们对照起来，就可清楚地看到这个带有新风和回风的空调系统的情况，首先是多功能厅的空气从地面附近通过阻抗复合式消声器被吸入空调机房，同时新风也从室外被吸入空调机房，新风与回风混合后从空调箱进风口吸入空调箱内，经空调箱冷、热处理后经送风管道送至多功能厅送风方形散流器风口，空气便进入多功能厅。这显然是一个一次回风的全空气系统，即新风与室内回风在空调箱内混合一次的风系统。

2. 金属空气调节箱总图的识读

识读详图时，一般是在了解这个设备在系统中的地位、用途和工况后，从主要的视图开始，找出各视图间的投影关系，并结合明细表再进一步了解它的构造和相互关系。

【实例6-2】 图6-32所示为叠式金属空调箱，它是标准化的小型空调器，可通过供暖通风标准图集T706-3查阅。图6-32为空调箱的总图，分别为1—1、2—2、3—3剖面图。该空调箱分为上下两层，每层三段，共六段。制造时用型钢、钢板等制成箱体，分六段制作，再装上配件和设备，最后再拼接成整体。

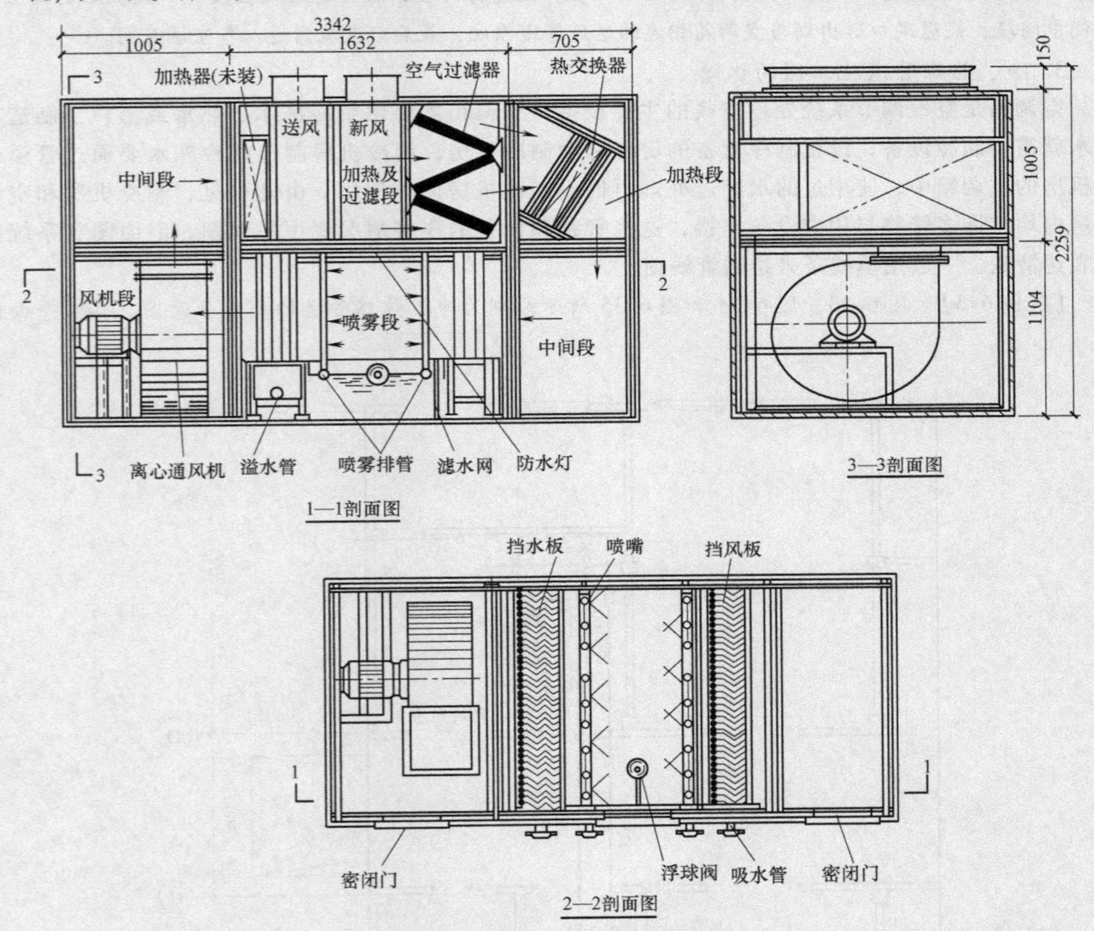

图6-32 叠式金属空调箱总图

上层的三段分别是：

1）左面为中间段，是一个空箱，箱中没有设备，只供空气通过。

2）中间为加热和过滤段，左边为设加热器的部位（本工程不需要而没有设置），中部顶上有两个带法兰盘的矩形管，是用来连接新风和送风管的，两管中间的下方用钢板把箱体隔开，右部装过滤器，过滤器装成“之”字形以增加空气流通的面积。

3）右段为加热段，热交换器倾斜装在角钢托架上，以利于空气顺利通过。

下层的三段分别是：

1）右面为中间段，只供空气通过。

2）中部是喷雾段，右部装有导风板，中部有两根*DN*50的水平冷水管。每根水平管上接有三根*DN*40的立管，每根立管上接有六根*DN*15的水平支管。支管端部安装尼龙或铜质喷嘴，喷雾段的进、出口都装有挡水板，把空气带走的水滴挡下。

3）下部设有水池，喷淋后的冷水经过滤网过滤回到制冷机房的冷水箱以备循环使用，当水池水位超高时，则由左侧的溢水槽溢出回到冷水管，仍备循环使用；当水池水位过低时，则由浮球阀控制的给水管补给。下部左侧为风机段，内装有离心式风机，是空调系统的动力设备。空调箱除底面外，各面都有厚30mm的泡沫塑料保温层。

由上可知，空气调节箱的工作过程是新风从上层中间顶部进入，向右经空气过滤器过滤、热交换器加热或降温，向下进入下层中间段，再向左进入喷雾段进行处理；然后进入风机段，由风机压送到上层左侧中间段，经送风口送出到与空调箱相连的送风管道系统；最后经散流器进入各空调房间。

3. 冷、热媒管道施工图的识读

空调箱是空气调节系统处理空气的主要设备，空调箱需要供给冷冻水、热水或蒸汽。制造冷冻水就需要制冷设备，设置制冷设备的房间称为制冷机房，制冷机房制造的冷冻水要通过管道送到机房的空调箱中，使用过的水经过处理再回到制冷机房循环使用。由此可见，制冷机房和空调机房内均有许多管路与相应设备连接，这些管路和设备的连接情况要用平面图、剖面图和系统图来表达清楚。一般用单线条来绘制管线图。

【实例6-3】 图6-33、图6-34和图6-35所示分别为冷、热媒管道的底层平面图、二层平面图

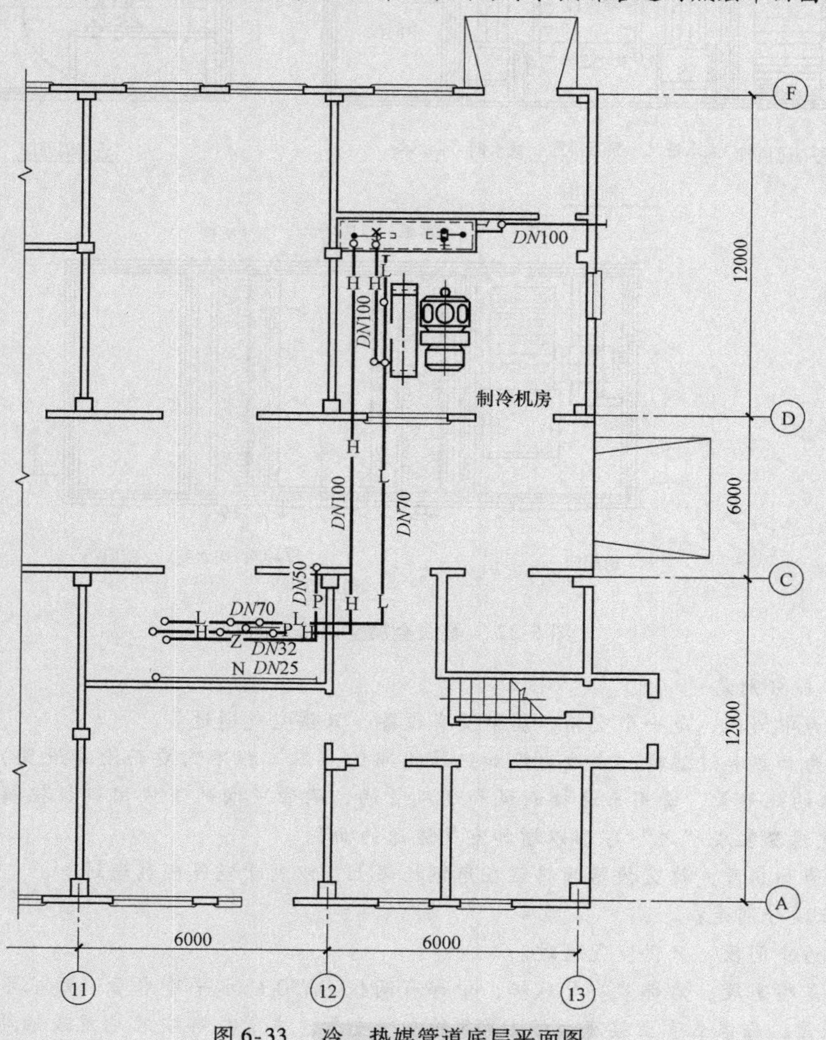

图6-33 冷、热媒管道底层平面图

和系统轴测图。

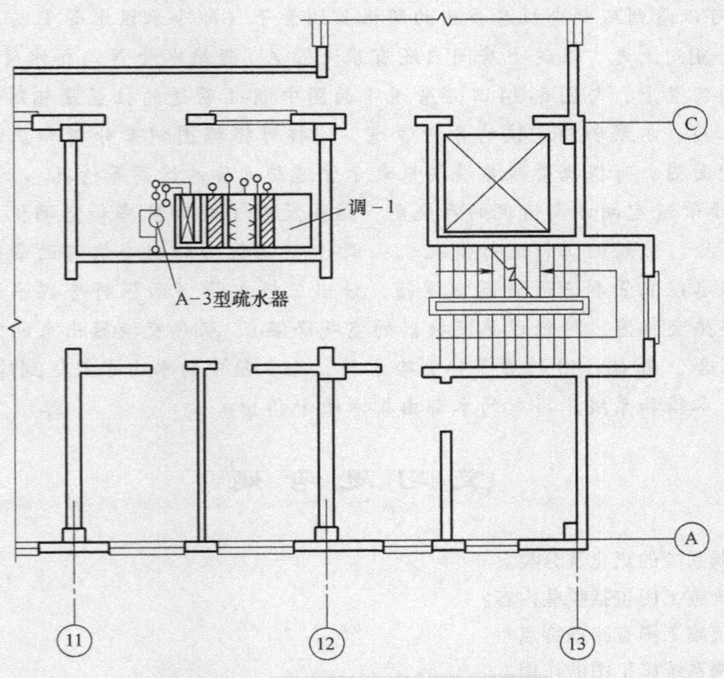

图 6-34 冷、热媒管道二层平面图

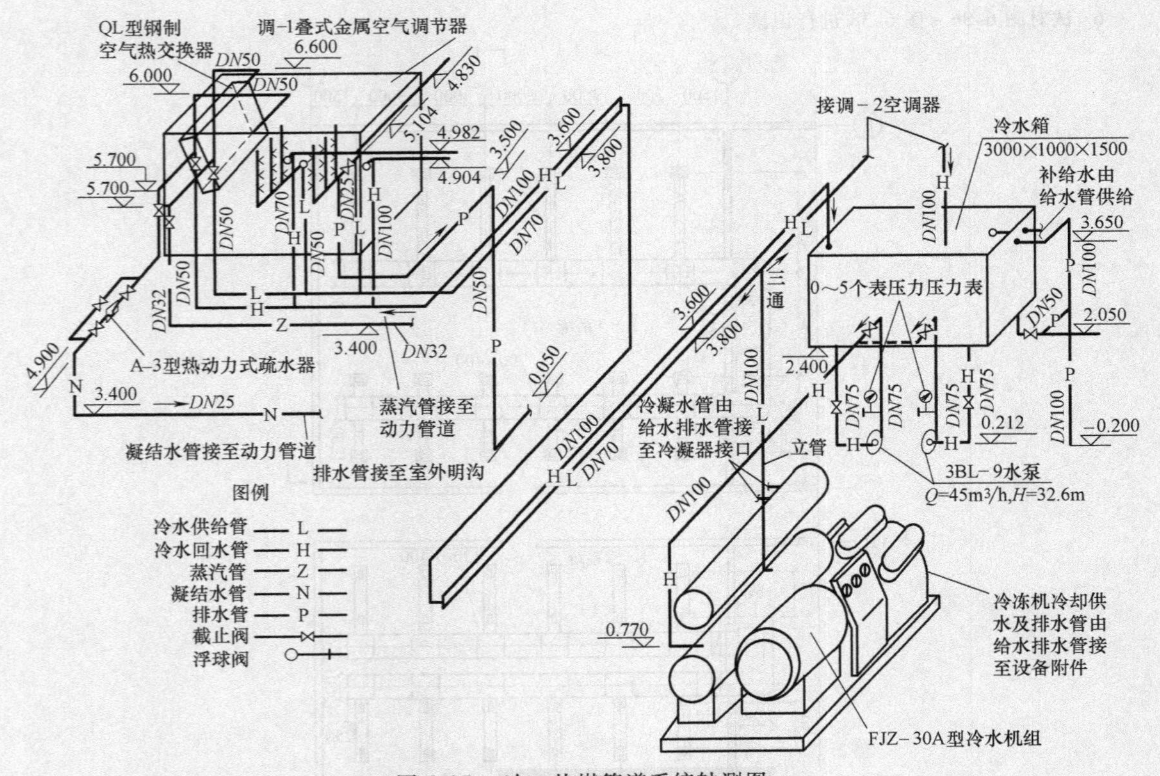

图 6-35 冷、热媒管道系统轴测图

从图中可见，水平方向的管子用单线条画出，立管用小圆圈表示，向上、向下弯曲的管子、

阀门及压力表等都用图例符号来表示，管道都在图样上加注图例说明。

从图6-33中可以看到从制冷机房接出的两根长的管子（即冷水供水管L与冷水回水管H）在水平转弯后，就垂直向上走。在这个房间内还有蒸汽管Z、凝结水管N与排水管P，它们都吊装在该房间靠近顶棚的位置上，与图6-34二层管道平面图中调-1管道的位置是相对应的。在制冷机房平面图中还有冷水箱、水泵和相连接的各种管道，同样可根据图例来分析和识读这些管子的布置情况。由于没有剖面图，可根据管道系统图来表示管道与设备的标高等情况。

图6-35为表示管道空间方向情况的系统图，该图反映了制冷机房和空调机房的管路及设备布置情况，也表明了冷、热媒的工作运行情况。从调-1空调机房和制冷机房的管路系统来看，从制冷机组出来的冷媒水经立管和三通进到空调箱，分出三根支管（两根将冷媒水送到连有喷嘴的喷水管；另一支管接热交换器，给经过热交换器的空气降温）；从热交换器出来的回水管H与空调箱下的两根回水管汇合，用 *DN*100 的管子接到冷水箱，冷水箱中的水由水泵送到冷水机组进行降温。当系统不工作时，水箱和系统中存留的水都由排水管P排出。

复习思考题

1. 叙述通风空调系统的概念及分类。
2. 通风空调系统施工图包括哪些内容?
3. 通风空调系统施工图有哪些特点?
4. 简述通风空调系统施工图的作用。
5. 怎样识读通风空调施工图?
6. 试对图6-36～图6-38进行识读。

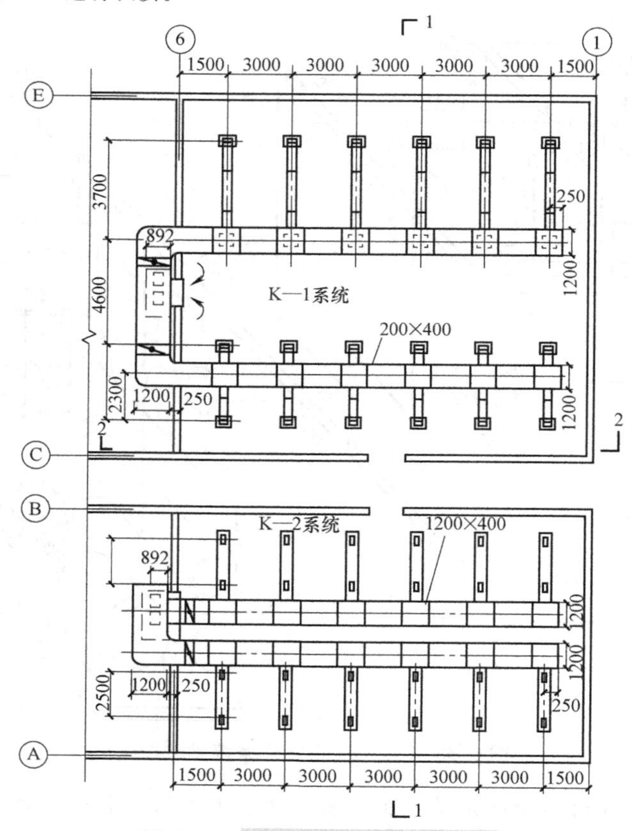

图6-36 某建筑通风平面布置图

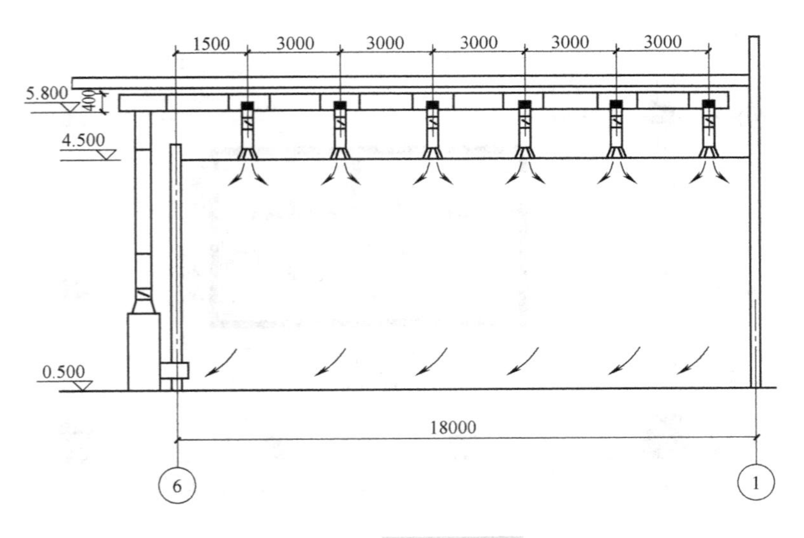

图 6-37　2—2 剖面图

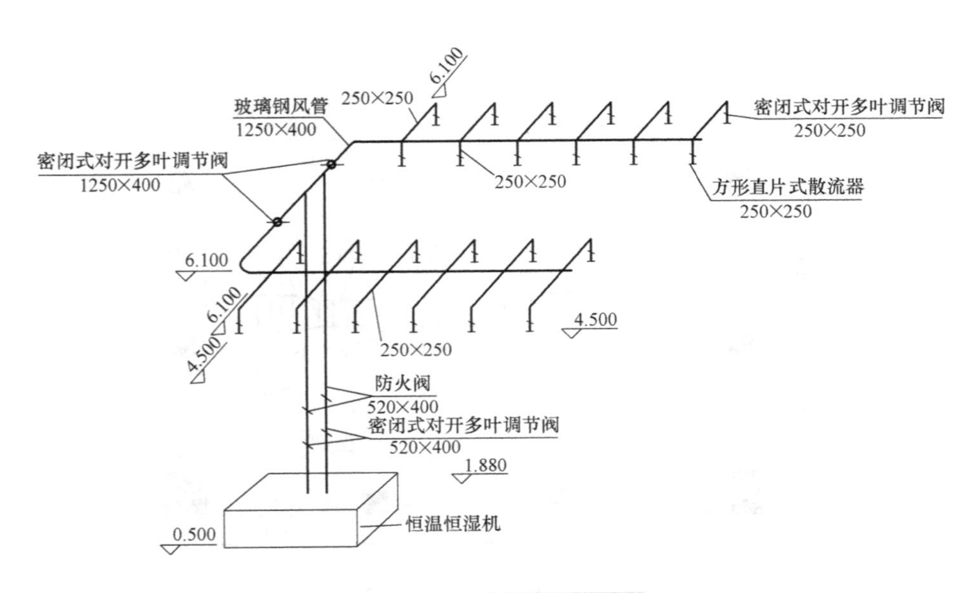

图 6-38　通风 K—1 系统图

7. 试对图 6-39 ~ 图 6-41 进行识读。

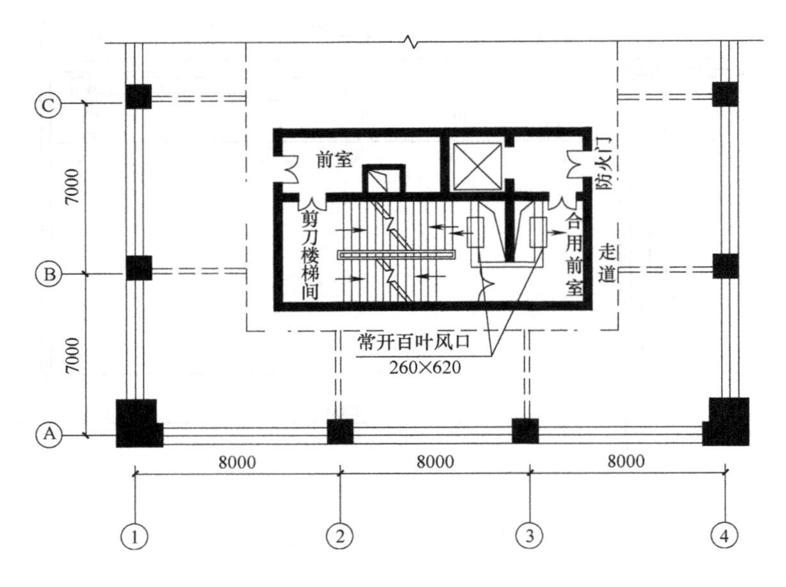

图 6-39 标准层楼梯-合用前室加压送风平面图

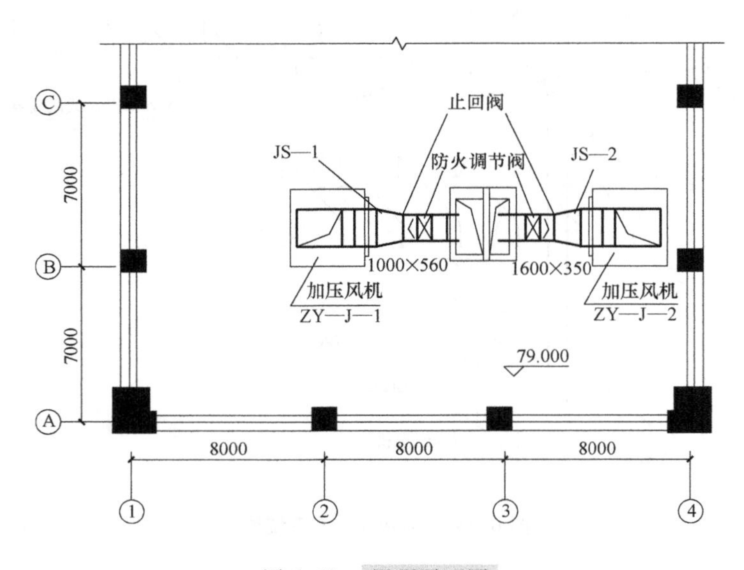

图 6-40 屋顶平面图

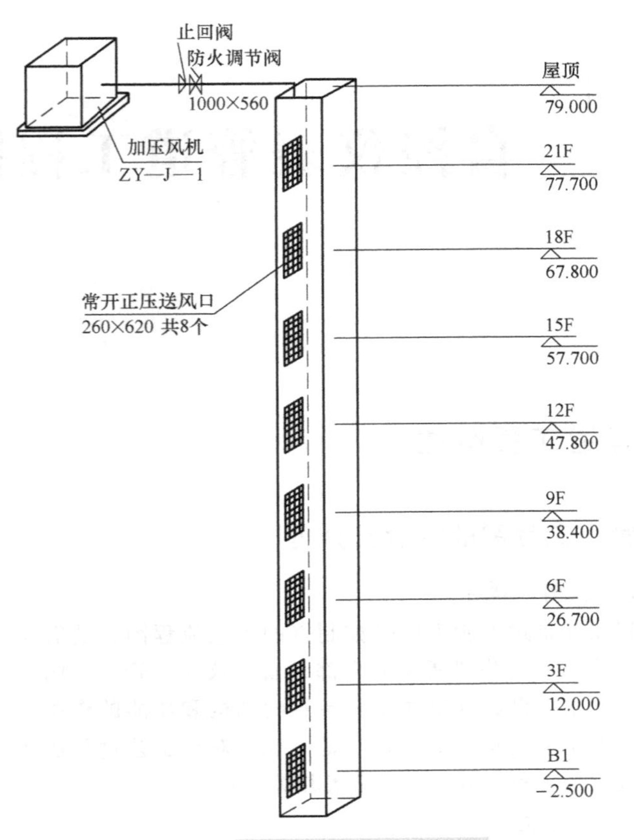

图 6-41　正压送风 JS—1 系统图

第 7 章 自控仪表管道工程图

7.1 自控仪表管道工程概述

7.1.1 自控仪表管道工程图的概念及分类

1. 自控仪表管道工程图的概念

自控仪表管道工程图就是过去所说的带控制点的工艺流程图，是借助统一的图形符号和文字代号，用图示的方法把建立工艺装置所需的全部设备、仪表、管道、阀门及主要管件，按其各自功能以及工艺要求组合起来，以起到描述工艺装置的结构和功能的作用，因此管道自控仪表图不仅表达了部分或整个生产工艺流程，更重要的是体现了对该工艺过程所实施的控制方案，通过它可以清晰地了解生产过程的自动控制实施方案等相关信息。

2. 自控仪表施工图的分类

根据自控仪表工程的繁简和各设计单位的习惯做法不同，自控仪表施工图的绘制编排存在较大差别。就一般情况而言，有以下几种：

（1）控制室仪表盘平面布置及安装图　该图表示控制室内仪表盘、控制台、电源设备与机架等仪表设备的平面布置，安装定位点及有关尺寸。其内容包括仪表设备的位置尺寸、定位点及有关尺寸，电缆管线的平面布置、尺寸与定位点，基础槽钢的尺寸与地脚螺栓的定位点，预留孔洞的位置与尺寸等。

（2）仪表信号系统图　用单线图表示从变送器到二次仪表、从调节器到调节阀之间信号管线的连接关系。其内容包括仪表信号、信号传递系统及其组成的全部仪表（就地仪表、盘装仪表、架装仪表与调节阀等）。

（3）仪表供电系统和接地系统图　仪表电源根据用途不同，分别使用交流电源和直流电源等，在供电系统图中应包括电源的种类和全部开关，并用单线画出这些电源从工厂到装置到仪表的分配情况。接地包括仪表盘与分电盘本身的安全接地和仪表信号回路与屏蔽线的接地，这两种接地是不同的，应在接地系统图中表示出来（有时为了方便，也可以画在电源系统图上）。

（4）电缆、管线敷设平面图　从控制室到现场仪表的配管与配线一般都采用多芯控制电缆与多芯管线。电缆与管线敷设平面图主要表示控制电缆与管线的规格、根数、走向及电缆与管线的终端位置。其内容包括控制电缆的规格、根数与走向，电缆编号及电缆分布情况；各检测点的位置，从检测点到变送器及一次仪表的管路布置情况，以及毛细管的规格、根数与走向；分管箱和集管箱的编号、标高，分析仪和现场盘的位置及编号。

（5）电缆槽（沟、架）敷设图　其内容包括电缆槽（沟、架）的位置、形式、材料、走向、标高及定位尺寸等安装具体要求。

(6) 盘内接线图 表示电源、仪表、仪表盘及接线端子相互之间的配线关系，其用途为：

1) 是自控仪表安装施工的主要依据，用于现场仪表和控制室内一次端子的连接。

2) 盘内接线图还表示了一次端子到盘上仪表的配线与配管的连接关系。这一部分一般都由仪表盘制造厂配好，不属于现场施工范围，仅作为现场施工的参考。

(7) 分析仪表配管图 将工艺介质引入分析仪表的管线称为取样管线，对每一台分析仪表都应绘出配管图。其内容包括仪表位号，样品介质名称，取样配管的形式，公用工程配管形式，工艺管道代号及工艺设备名称，使用材料名称、材质、规格与数量，以及与其他专业的关系，并标明分析仪表的名称（如 pH 计、氧分析仪、CH_4 气相色谱仪等）。

(8) 气动仪表配管图（气源管、气动信号管） 它是根据工艺配管图和工艺设备安装图进行绘制，并表示从主管来的气源管和信号管的规格与走向等。

气动仪表配管图可分为仪表配管图和仪表气动信号配管图两种：包括管子的根数和走向、分管箱的位置和标高。气源管包括配管的规格和尺寸，主管道的位置、尺寸及标高，主管道出口阀的位置、尺寸与工艺管道及其他专业的关系等。

(9) 仪表导压管安装图 仪表导压管安装图是以轴测图的形式表现的立体示意图，其安装配管方式收集在自动控制安装图册中，作为标准图予以颁发，供在施工图设计中套用。仪表导压管安装图表示工艺管道及设备从检测点到一次仪表的连接关系。其内容包括仪表位号，工艺介质名称，导压管配管方式，工艺管的材质、规格与安装标高，导压管与隔离容器等的材质、规格、安装位置及与其他专业的关系，节流装置的形式与接管方位等。

7.1.2 图样的组成

仪表管道图样的主要内容有设备示意图、管路流程线、标注、图例与标题栏等。

(1) 设备示意图 带位号、名称和接管口的各种设备示意图。

(2) 管路流程线 带编号、规格、阀门、管件等及仪表控制点（压力、流量、液位、温度测量点及分析点）的各种管路流程线。

(3) 标注 设备位号、名称、管段编号、控制点符号、必要的尺寸及数据等。

(4) 图例 图形符号、字母代号及其他的标注、说明与索引等。

(5) 标题栏 注写图名、图号、设计项目、设计阶段、设计时间和会签栏等。

7.2 自控仪表管道工程图的识读

7.2.1 自控仪表图常用符号

自控仪表图常用符号分为文字代号和图形符号两种。

1. 自控仪表工程施工图常用文字代号

自控仪表工程施工图常用文字代号见表7-1。

表7-1 自控仪表工程施工图常用文字代号

被测变量 仪表功能	温度	温差	压力或真空	压差	流量	流量比率	液位或料位	分析
检测元件	TE		PE		FE		LE	AE
变送	TT	TDT	PT	PDT	FT		LT	AT
指示	TI	TDI	PI	PDI	FI	FFFI	LI	AI

（续）

仪表功能＼被测变量	温度	温差	压力或真空	压差	流量	流量比率	液位或料位	分析
指示、变送	TIT	TDIT	PIT	PDIT	FIT	FFIT	LIT	AIT
指示、调节	TIC	TDIC	PIC	PDIC	FIC	FFIC	LIC	AIC
指示、报警	TIA	TDIA	PIA	PDIA	FIA	FFIA	LIA	AIA
指示、联锁、报警	TISA	TDISA	PISA	PDISA	FISA	FFISA	LISA	AISA
指示、开关	TIS	TDIS	PIS	PDIS	FIS	FFIS	LIS	AIS
指示、自动-手动操作	TIK	TDIK	PIK	PDIK	FIK	FFIK	LIK	AIK
指示灯	TL	TDL	PL	PDL	FL	FFL	LL	AL
扫描指示	TJI	TDJI	PJI	PDJI	FJI	FFJI	LJI	AJI
扫描指示、报警	TJIA	TDJIA	PJIA	PDJIA	FJIA	FFJIA	LJIA	AJIA
指示、自力式调节阀	TICV	TDICV	PICV	PDICV	FICV	FFICV	LICV	AICA
记录	TR	TDR	PR	PDR	FR	FFR	LR	AR
扫描记录	TJR	TDJR	PJR	PDJR	FJR	FFJR	LJR	AIR
扫描记录、报警	TJRA	TDJRA	PJRA	PDJRA	FJRA	FFJRA	LJRA	AJRA
记录、调节	TRC	TDRC	PRC	PDRC	FJRC	FFRC	LJRC	ARC
记录、报警	TRA	TDRA	PRA	PDRA	FRA	FFRA	LJRA	ARA
记录、联锁、报警	TRSA	TDRSA	PRSA	PDRSA	FRSA	FFRSA	LRSA	ARSA
记录、开关	TRS	TDRS	PRS	PDRS	FRS	FFRS	LRS	ARS
记录、积算				PDS	FS			
调节	TC	TDC	PC	PDC	FC	FFC	LC	AC
调节、变送	TCT	TDCT	PCT	PDCT	FCT		LCT	ACT
自力式调节阀	TCV	TDCV	PCV	PDCV	FCV		LCV	
报警	TA	TDA	PA	PDA	FA	FFA	LA	AA
报警、联锁	TSA	TDSA	PSA	PDSA	FSA	FFSA	LSA	ASA
开关	TS	TDS	PS	PDS	FS	FFS	LS	AS
积算指示					FQI (FQ)			
多功能	TU	TDU	PU	PDU	FU	FFU	LU	AU
阀、挡板	TV	TDV	PV	PDV	FV	FFV	LV	AV
未分类功能	TX	TDX	PX	PDX	FX	FFX	LX	AX
继动器	TY	TDY	PY	PDY	FY	FFY	LY	AY

2. 自控仪表平面布置图常用文字代号

自控仪表平面布置图常用文字代号见表7-2。

表7-2　自控仪表平面布置图常用文字代号

序号	名　　称	文字代号	序号	名　　称	文字代号
1	电源箱	PS	18	补偿导线穿管	CE
2	配电箱	ED	19	测量引线	L
3	电气接线盒	EJB	20	冲洗液管线	PLP
4	管缆接线盒	PJB	21	取冲洗液点	TPL
5	拉线盒	PB	22	隔离液管线	SLP
6	继电器箱	RC	23	取隔离液点	TSL
7	选线箱（矩阵箱）	SS	24	伴热蒸汽管线	STP
8	补偿导线接线箱	TJB	25	取汽点	TST
9	仪表盘	P	26	伴热回水管线	CRP
10	操作台	OC	27	回水点	CRP
11	电缆	C	28	采样管线	SL
12	电缆保护管	C	29	取样点	SP
13	管缆	TB	30	穿板接头	BF
14	气动引线	PL	31	端子排	TS
15	气源管线	ASP	32	输入	I
16	取气点	TAS	33	输出	O
17	补偿导线缆	TC	34	气源	A

3. 自控仪表施工图常用图形符号

自控仪表施工图常用图形符号见表7-3～表7-10。

表7-3　流量检测仪表和检出元件的图形符号

名　　称	图 形 符 号	名　　称	图 形 符 号
孔板		转子流量计	
文丘里管及喷嘴			
无孔板取压接头		安装在管道上的仪表	

表7-4　连接线的图形符号

类　　别	图 形 符 号	类　　别	图 形 符 号
仪表与工艺设备、管道上测量点的连接线或机械连接线		连接线交叉	
		连接线相连	
通用的仪表信号线		表示信号的方向	

表 7-5 信号线图形分类表示

类别	图形符号	备注
气压信号线		短画线与细实线成60°角
电信号线		
导压毛细管		
液压信号线		
电磁、辐射、热、光、声波等信号线		实际上没有任何导线或机械连接线

表 7-6 表示仪表安装位置的图形符号

安装位置	图形符号	安装位置	图形符号
就地安装仪表		就地仪表盘面安装仪表	
		集中仪表盘后安装仪表	
集中仪表盘面安装仪表		就地仪表盘后安装仪表	

注：1. 仪表盘包括屏式、柜式、框架仪表盘和操纵台等。

2. 就地仪表盘面安装仪表包括就地集中安装仪表。

3. 仪表盘后安装仪表包括盘后面、柜内、框架上和操纵台内安装的仪表。

表 7-7 表示执行机构的图形符号

执行机构形式	图形符号	执行机构形式	图形符号
通用的执行机构		活塞执行机构	
带弹簧的气动薄膜执行机构		带起动阀门定位器的气动薄膜执行机构	
无弹簧的气动薄膜执行机构		电磁执行机构	S
电动执行机构	M	执行机构与手轮组合（顶部或侧边安装）	
带能源转换的阀门定位器的气动薄膜执行机构		带远程复位装置的执行机构（以电磁执行机构为例）	S R
带人工复位装置的执行机构（以电磁执行机构为例）	R		

注：在工艺管道及控制流程图上，执行机构上的阀门定位器一般可不表示。

表7-8　常用控制阀阀体的图形符号

阀门种类	图形符号	阀门种类	图形符号
球阀、闸阀等直通阀		四通阀	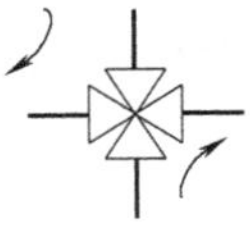
角形阀		蝶阀、挡板阀或百叶窗	
三通阀	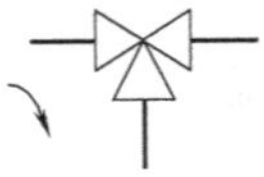	没有分类的特殊阀门	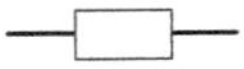

表7-9　表示执行机构能源中断时控制阀位置的图形符号
（以带弹簧的气动薄膜执行机构为例）

控制阀状况	图形符号	控制阀状况	图形符号
能源中断时直通阀开启		能源中断时直通阀关闭	 FC
能源中断时直通阀保持原位置不动	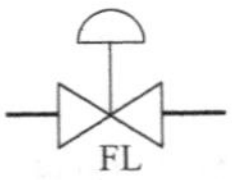 FL	能源中断时三通阀 *A*—*C* 路通	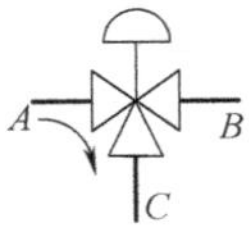 *A* *B* *C*
能源中断时不定位	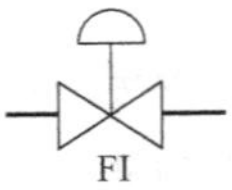 FI	能源中断时四通阀 *A*—*C*，*D*—*B* 路通	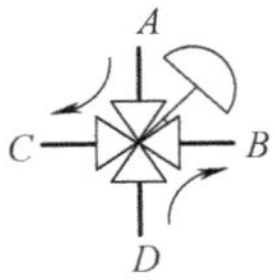 *A* *C* *B* *D*

注：箭头表示流体流动方向。

表7-10　其他图形符号

名　　称	图形符号	备　　注
指示灯		直径约10mm
线路板或矩阵连接板		边长约10mm
冲洗或吹气装置	 P	边长约8mm
与门逻辑元件	 AND	边长约8mm

（续）

名　　称	图形符号	备　　注
未确定或复杂的逻辑元件	1-3	边长约8mm，方框内数字为详图号
复位装置	R	边长约8mm
隔离装置		两边长之比为1:2
或门逻辑元件	OR	边长约8mm

4. 自控仪表图中仪表位号的表示方法

（1）仪表位号由字母代号和阿拉伯数字代号组成　仪表位号中，第一位字母表示被测变量，后继字母表示仪表的功能；数字编号可以按装置或者工段（区域）进行编制。

1）按装置编制的数字编号，只编回路的自然数顺序号，如图7-1a所示。

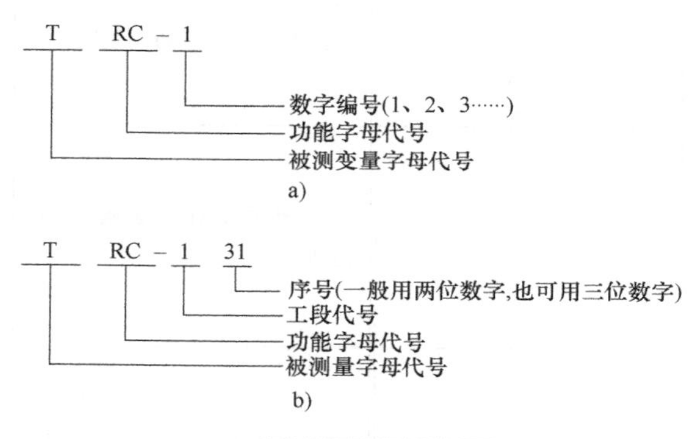

图7-1　仪表位号的表示方法

a）按装置编制　b）按工段编制

2）按工段编制的数字编号，包括工段号和回路顺序号，一般用三位或四位数字表示，如图7-1b所示。

（2）仪表位号按被测变量的不同进行分类　即同一个装置（或工段）的相同被测变量的仪表位号中数字编号是连续的，但允许中间有空号；不同被测变量的仪表位号不能连续编号。

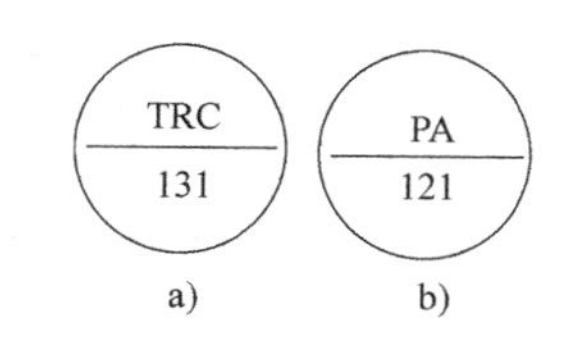

图7-2　标注仪表位号的方法

a）集中仪表盘面安装仪表

b）就地安装仪表

（3）标注仪表位号的方法　在工艺管道及控制流程图和仪表系统图中，标注仪表位号的方法：字母代号填写在圆圈的上半圆中，数字编号填写在圆圈的下半圆中，图7-2a表示的是集中仪表盘面安装仪表，图7-2b表示的是就地安装仪表。

（4）多机组的仪表位号编制　多机组的仪表位号一般按顺序编制，而不用相同位号加尾缀的方法。

（5）同回路的仪表位号编制　如果同一个仪表回路中有两个以上具有相同功能的仪表，则可用仪表位号后附加尾缀（大写英文字母）的方法加以区别，如FT—201A、FT—201B表示同一回

路内的两台变送器；FV—201A、FV—201B 表示同一回路内的两台控制阀。

（6）用一台显示仪表的位号编制 当属于不同工段的多个检出元件共用一台显示仪表时，仪表位号只编顺序号，不表示工段号，例如多点温度指示仪的仪表位号为 TI—1，相应的检出元件仪表位号为 TI—1—1、TI—1—2 等。当一台仪表由两个或多个回路共用时，应标注各回路的仪表位号，例如一台双笔记录仪记录流量和压力时，仪表位号为 FR—121/PR131；若用于记录两个回路的压力时，仪表位号应为 PR—123/PR—124 或 PR123/124。

（7）仪表位号字母的标注 仪表位号的第一位字母代号（或者是被测变量字母和修饰字母的组合）只能按被测变量来选用，而不能依仪表本身的结构或被控变量来选用，如当被测变量为流量时，差压式记录仪标注 FR，控制阀标注 FV；当被测变量为液位时，差压式记录仪标注 LR，控制阀标注 LV；当被测变量为压差时，差压式记录仪标注 PDR，控制阀标注 PDV。一台仪表或一个圆圈内，后继字母应按 IRCTQSA 的顺序标注（仪表位号的字母代号最好不要超过 5 个字母）。

1）一台仪表或一个圆圈内，具有指示、记录功能时，只标注字母代号“R”，而不标注出“I”。

2）一台仪表或一个圆圈内，具有开关、报警功能时，只标注字母代号“A”，而不标注出“S”。当字母代号“SA”出现时，表示具有联锁和报警功能。

3）一台仪表或一个圆圈内具有多功能时，可以用多功能字母代号“U”标注，例如 FU 可以表示一台具有流量低报警、流量变送、流量指示、记录和控制等功能的仪表。

4）一台仪表具有多个被测变量或多功能时，当仪表多个被测变量或功能可能产生混淆时，应以多个相切的圆圈表示，分别填入被测变量或字母代号。

（8）其他仪表位的标注 在工艺管道及控制流程图或其他设计文件中，构成一个仪表回路的一组仪表，可以用主要仪表的仪表位号或仪表位号的组合来表示，例如 TRC—131 可以代表一个温度记录控制回路。随设备成套供应的仪表，在工艺管道及控制流程图上也应标注位号，但是在仪表位号圆圈外边应标注“成套”或其他符号。仪表附件，如冷凝器、隔离装置等，不标注仪表位号。仪表冲洗或吹气系统的转子流量计、压力控制器与空气过滤器等，在工艺管道及控制流程图上一般不表示，应另出详图。必要时，在仪表图形符号旁边可以附加简单说明。

7.2.2 带控制点的工艺流程图识读

如图 7-3 所示，在图的中间部位画的是蓄热式玻璃熔窑的俯视窑体示意图。中央部位画有两组燃烧重油的高压喷嘴，重油和雾化气的管道及控制阀。三条供料道专门选用了互不相同的加热方式及控制系统：1 号供料道采用电极加热方式，通过控制电加热功率来稳定玻璃液温度；2 号供料道采用煤气多喷嘴燃烧装置，通过控制煤气流量来稳定出料温度；3 号供料道采用重油低压喷嘴附有燃烧室的加热方式，通过温度串级控制系统来提高控温质量。在蓄热室上部装有余热锅炉，设置了水位及自动进水控制系统。熔化部的炉温和窑压以及玻璃液位都配有定值控制系统。

从图上部和下部两排圆圈（表示仪表的图形符号）及其中填写的字母代号和仪表位号，检测点、控制点和执行仪表及装置，连接线等图形符号，就可以直观、形象地了解控制方案的基本情况。

1. 仪表及设备汇总表

以图 7-3 为例，列出表 7-11，以便对照读图。

2. 仪表控制系统接线图识读

【实例 7-1】 以上例工艺流程图为例，以其中的炉温控制系统中各台仪表的相互关系和信号传输线，可以得到系统的安装接线图（图 7-4），以此图为基础，方能绘出控制盘内部的接线图（图 7-5）。

图 7-5 是示范性的窑炉温度控制系统在控制盘内部的接线图，系统中 3 台仪表安装在控制盘的盘面上，右上角是显示、变送器（TIT—101），右下角是电子电位差计（TR—101），左下角是调

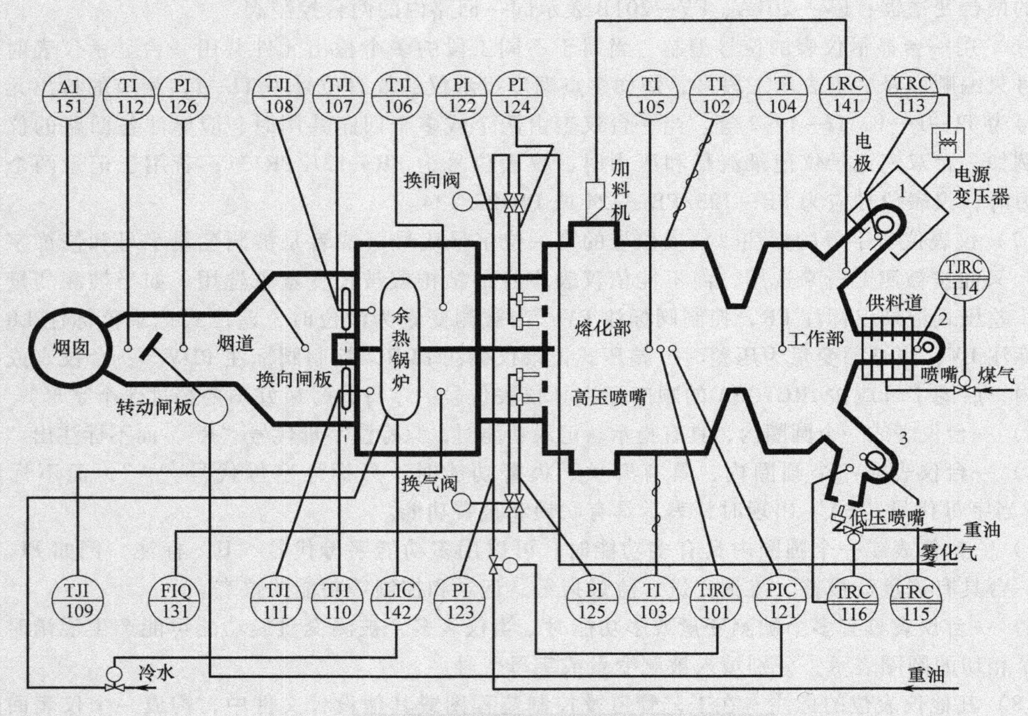

图 7-3 蓄热式玻璃熔窑的带控制点工艺流程图

节器（TC—101）。电源接线端子板（3SX）与3台盘面安装的仪表电源引入端子连接，3SX接线端子板的另一边可以与电源开关连接，拨动这些电源开关可以在盘内灵活控制相应仪表的供电，以方便仪表的检修。2SX接线端子板用于盘面仪表与盘外或现场安装仪表的信号线连接。现场安装的热电偶测温元件（TE—101）和盘外安装的电气转换器（TY—101），就是通过2SX接线端子与盘面仪表连接的。电气转换器（TY—101）与气动薄膜调节阀（TV—101）之间的气压信号是通过金属气管连通的。

表 7-11 带控制点工艺流程图的汇总

仪表位号	参数	仪表功能	安装地点
TJRC—101	炉温	扫描、记录、控制	表盘
TI—102	熔化部火焰温度	指示	表盘
TI—103	熔化部火焰温度	指示	表盘
TI—104	工作部温度	指示	表盘
TI—105	池底温度	指示	表盘
TJI—106	左蓄热室上部温度	扫描、指示	表盘
TJI—107	左蓄热室中部温度	扫描、指示	表盘
TJI—108	左蓄热室下部温度	扫描、指示	表盘
TJI—109	右蓄热室上部温度	扫描、指示	表盘
TJI—110	右蓄热室中部温度	扫描、指示	表盘
TJI—111	右蓄热室下部温度	扫描、指示	表盘
TI—112	烟道废气温度	指示	表盘

（续）

仪表位号	参　数	仪表功能	安装地点
TRC—113	1号供料道玻璃液温度	记录、控制	就地表盘
TJRC—114	2号供料道火焰空间温度	扫描、记录、控制	就地表盘
TRC—115	3号供料道玻璃液温度	记录、控制	就地表盘
TRC—116	3号供料道玻璃液温度	指示、控制	就地表盘
PIC—121	窑压	指示、控制	表盘
PI—122	喷嘴前重油压力	指示	就地
PI—123	喷嘴前重油压力	指示	就地
PI—124	喷嘴前雾化气压力	指示	就地
PI—125	喷嘴前雾化气压力	指示	就地
PI—126	烟道废气压力	指示	表盘
FIQ—131	重油流量	指示、计算	表盘
LRC—141	玻璃液位	记录、控制	表盘
LIC—142	余热锅炉水位	指示、控制	表盘
AI—151	废气成分（O_2 含量）	指示	表盘

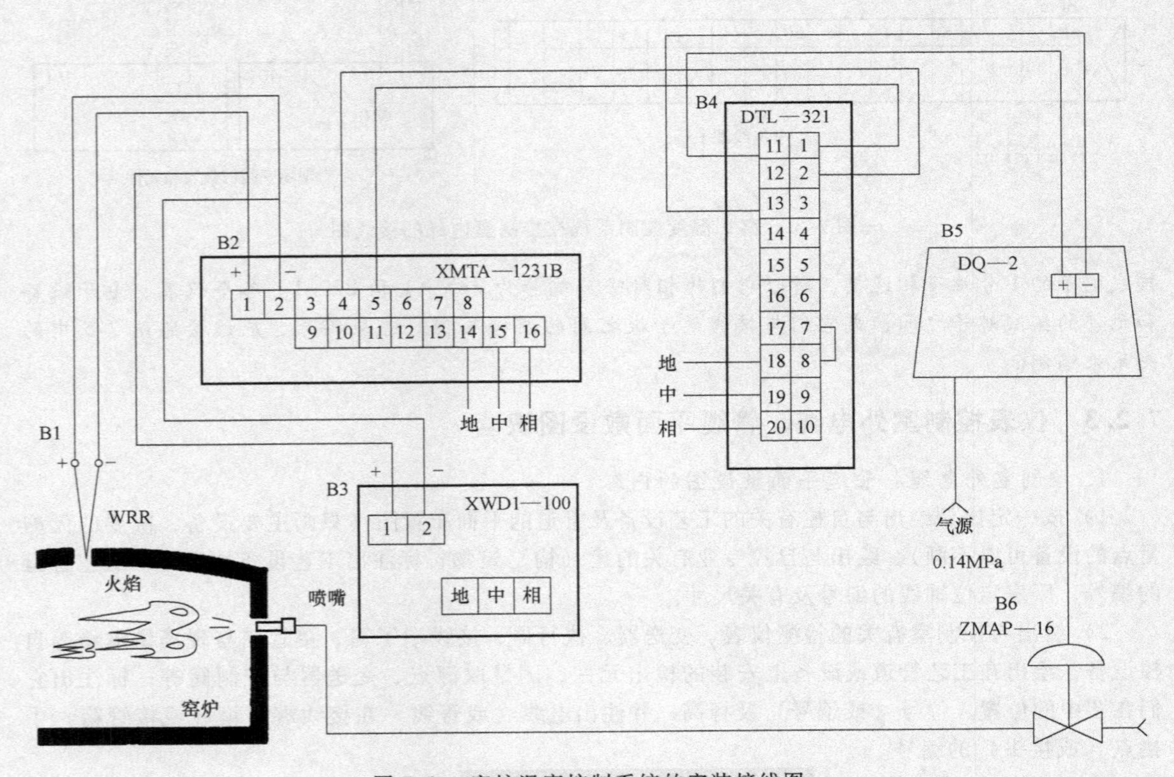

图7-4　窑炉温度控制系统的安装接线图

图7-5中的接线图是采用相对呼应编号绘制的，例如编号为B2仪表的1号端子与编号为2SX

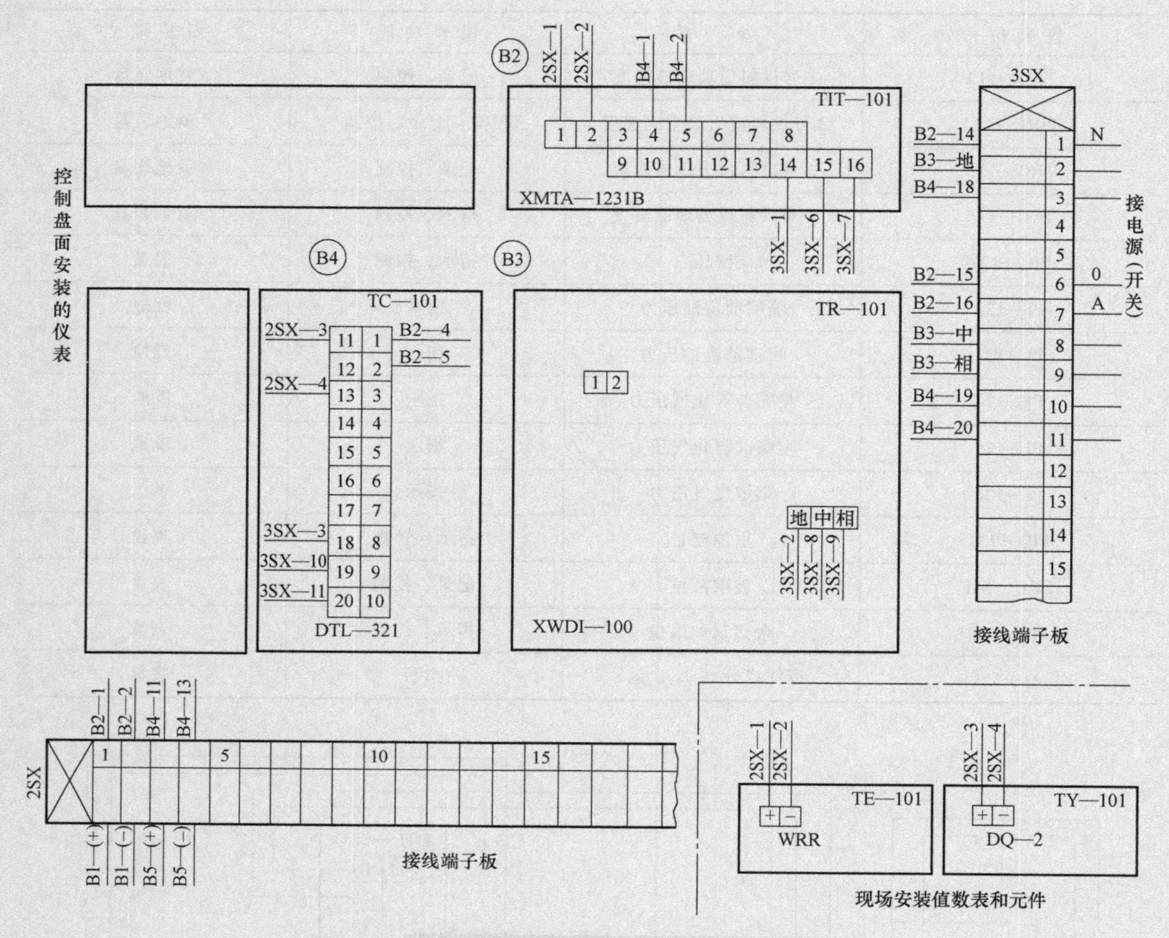

图 7-5 窑炉温度控制系统在控制盘内部的接线图

接线端子的1号端子相连接，所以它们的相对呼应编号为2SX—1和B2—1。各个仪表、电子设备和元件的接线端子之间，或它们与接线端子板之间的连接及相对呼应编号，应该按照图7-5中的关系来编制。

7.2.3 仪表控制室外电缆、管缆平面敷设图识读

1. 控制室外电缆、管缆平面敷设图的内容

1）按一定比例绘出与自控有关的工艺设备及管道的平面布置图（只画主要设备，次要的无测量点的设备可以不画），绘出与自控专业有关的建（构）筑物；标注出工艺设备的位号，工艺管道的编号，厂房定位轴线的编号及有关尺寸。

2）绘出与控制室有关的检测仪表、变送器、执行器、接线端子箱、接管箱与现场供电箱等自控设备，绘出在工艺管道或设备上安装的检出元件、测量取源点、变送器与控制阀等；标注出它们在图中的位置、位号（或编号）及标高，并注出电线（或管线）在接线端子箱（或接管箱）中接点（或接头）的编号。

3）电缆、管缆分别画到接线端子箱与接管箱处即可。由接线端子箱与接管箱连接到测量点、变送器及执行器处的电线与管线一般不画，由施工单位根据现场实际情况酌情敷设。但是，由测

量点与检出元件等不经接线端子箱与接管箱而直接连到控制室去的电线电缆与管线管缆应就近从测量点画到汇线槽中。应标注出各条电线电缆与管线管缆的编号。

4）绘出线、缆、管集中敷设的管架及在管架上的排列方式，并注出标高、平面坐标尺寸与管架的编号等，必要时应画出局部详图。在图样的适当位置列表注出所选用标准管架等的安装制造图号、管架形式、编号、规格与数量。在特殊情况下应绘出管架图。地下敷设的管、缆、线应绘制敷设方式，并说明保护措施。现场电缆、管缆进控制室穿墙处（或穿楼板处）如有特殊要求时，应在本图上注明穿墙（或穿楼板）处理的标准图号。

5）当工艺装置为多层、多区域布局时，应按不同平面分层（一般按楼层分）分区绘制电缆、管缆平面敷设图。当有的平面上测量点和仪表较少时，可只绘出有关部分。也可用多层投影的方法绘图，并在各测量点和仪表处标注位号和标高。

2. 识图示例

【实例7-2】 图7-6为某工厂自动控制系统中控制室外部电缆、管缆平面敷设图。由图7-6可知：在图中右半部分标注出了与控制室有关的仪表，如温度测量、流量测量、流量传送及流量转换等设备的位号；工艺管道的编号，如LS1801—200；自控设备安装的标高，如4.500m；厂房定位轴线的编号分别为ⓚ、Ⓛ、Ⓜ、⑤、⑥。

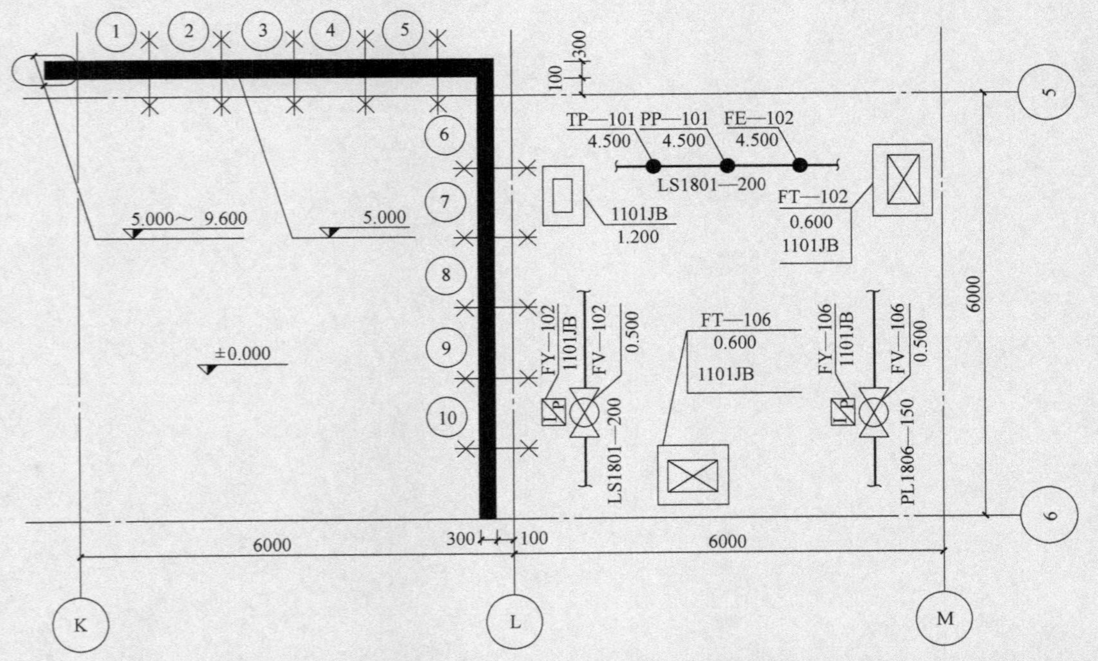

管架号	管架形式及规格	数量	安装制造图号	托座或槽板形式及规格	数量	安装制造图号	备注
①～⑩	单层双杆吊架，l=300	10	HK09-22	梯形桥架，b=300	14m	HK09-31	

图7-6 电缆、管缆平面敷设图

在图中左半部分标出了管架安装位置距离Ⓛ轴线100mm，距离⑤轴100mm；管架形式是单层双杆吊架，l=300mm；管架的编号为①～⑩，总长14m；地面标高为+0.000m；管架安装标高为+5.000m。

复习思考题

1. 简述自控仪表施工图的分类。
2. 简述自控仪表施工图图样的组成内容。
3. 简述仪表位号的表示方法。
4. 如何通过识图了解控制仪表的基本情况？
5. 控制室外电缆、管缆平面敷设图的内容有哪些？

第 8 章 起重运送设备安装工程图

起重运送设备广泛用于工厂、露天仓库、货场等的运输作业以及高层建筑、商场等的人员和货物的输送提升。

近年来，工厂和仓库中应用桥式起重机的范围更加扩大，其结构类型也更加复杂。生产厂房及货场使用固定式带式输送机、刮板输送机、板式输送机等作为水平运输和按一定倾斜角度向上或向下运输，以实现连续运行的输送设备。

高层建筑内部使用的乘客电梯、载货电梯、专用消防电梯及观光电梯，安全、快捷地将乘客送达目的层。电梯是当今人们居住高层建筑越来越普遍采用的提升设备，电梯的功效不断加强，人们对它的依赖程度也越来越密切。扶梯是按一定方向连续输送客流，应用于人流较大的场所，如地铁、机场、车站、商场。

因此，起重运送设备是设备安装工程的主要组成内容，在机械设备安装工程中占有重要的地位。

8.1 起重设备安装工程图

8.1.1 起重设备的基本结构及种类

1. 桥式起重机的基本结构

桥式起重机是目前在工矿企业中应用十分广泛的起重、搬运、吊装设备。基本结构分为桥架部分、提升重物的提升机构、移动重物的横向移动机构（小车运行机构）和移动重物的纵向移动机构（大车运行机构），如图 8-1 所示。

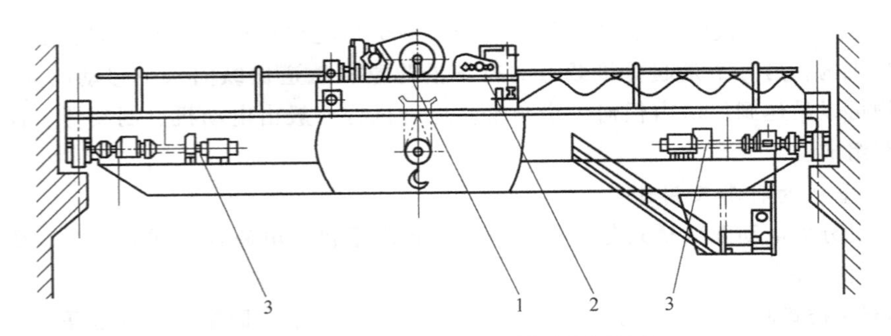

图 8-1 桥式起重机基本结构示意图

1—提升机构 2—横向移动机构（小车运行机构） 3—纵向移动机构（大车运行机构）

(1) 桥架 桥架是桥式起重机的基本构件，用以支持起重机载荷的全部质（重）量。桥架以其结构不同分为工字梁桥架、板梁桥架、桁架、箱形梁桥架等多种。

1）工字梁桥架分为单梁工字梁桥架和双梁工字梁桥架。单梁工字梁桥架是以一根工字钢为主梁，两端用不同方法固定在端梁上。工字钢的截面尺寸是根据单梁起重机的行车质（重）量、起重量及其他因素确定的。双梁工字梁桥架是由两根工字钢制成，可以承受较大质量的起重行车。

2）板梁桥架是按设计要求厚度的钢板下料进行铆接或焊接制成。板梁制造的形状有多种，有的焊接成抛物线形，有的焊接成矩形，有的焊接成梯形。

3）桁架是用型钢焊接或铆接而成的空间杆系，桁架的截面为方形，两端由钢板焊成或铆成矩形结构，用于安装移动车轮与运行机构连接在一起。桁架主梁上面安装轨道，起重行车在上面行走，起重机的全部质（重）量由主梁承担，水平桁架及辅助桁架用来保证桥架的刚度。

4）箱形梁桥架是由钢板焊接而成，即主梁上弦板、下弦板与两侧腹板焊接成空间架，形成箱形截面，适当采用加强板焊接，以保持足够的刚度和强度。

(2) 提升机构 提升机构是桥式起重机起吊重物的机构，由电动机、联轴器、浮动轴、减速器、卷筒、滑轮组、钢丝绳、吊钩与制动器等组成，如图 8-2 所示。

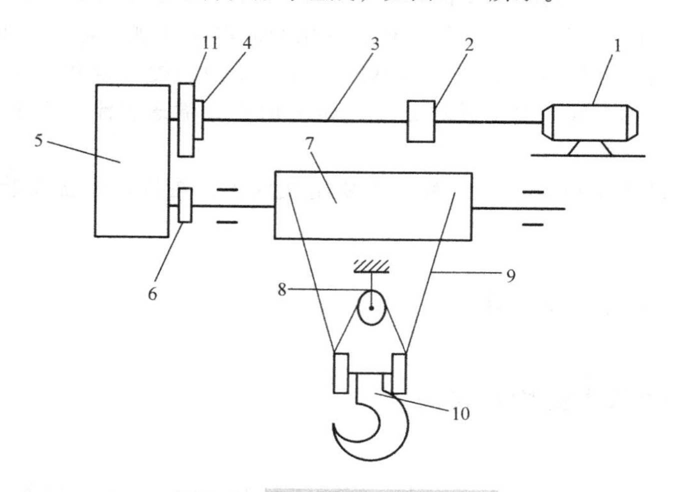

图 8-2 提升机构结构示意图

1—电动机 2、4、6—联轴器 3—浮动轴 5—减速器 7—卷筒
8—滑轮组 9—钢丝绳 10—吊钩 11—制动器

(3) 运行机构 桥式起重机有两个移动机构：一个是起重机载荷后沿桥架长度做横向往复移动的小车运行机构；另一个是起重机载重的行车沿起重机轨道做纵向水平移动的大车运行机构，从而使起重物可以吊运到厂房内任何一个角落。运行机构一般由电动机、制动器、齿轮传动系统及移动车轮等组成。

2. 桥式起重机的种类及用途

桥式起重机分为电动双梁桥式起重机、抓斗桥式起重机、电磁铁桥式起重机、桥式锻造起重机及门式起重机等种类。

1）电动双梁桥式起重机主要用于厂矿、仓库与车间，用于在固定跨度间起重、装卸及搬运重物。起重机的规格有：起重量为 15t/3t～200t/30t，跨度分别为 10.50m、19.50m、22.00m、31.00m。

2）抓斗桥式起重机是一种特殊用途的桥式起重机，其所用的桥架及运行机构与一般桥式起重机相同，只是起重机的取物装置不是用吊钩，而是用抓斗。

3）电磁铁桥式起重机的取物装置不是用吊钩而是用起重电磁铁，由于取物装置不同，行车的结构也有所不同。

4）桥式锻造起重机适用于水压机车间，配合水压机进行锻造工作。此外，还可以进行运输工作，一般配合 1600～8000t 水压机使用。桥式锻造起重机的规格有：起重量为20t/5t～40t/10t，跨度分别为 16.50m、19.50m、22.50m。

5）门式起重机是专供水力发电站升降闸门用的，门式起重机的规格有：起重量为5t～30t/5t，跨度分别为 22m、26m、30m、35m。

8.1.2 起重机安装工程图

（1）起重机外形示意图　如图 8-3 所示，某厂的总装车间的一台双小车起重机，其规格为 250t/50t＋250t/50t，跨度 27m，单机质量 239t，采用大车钢轨为 QV120。

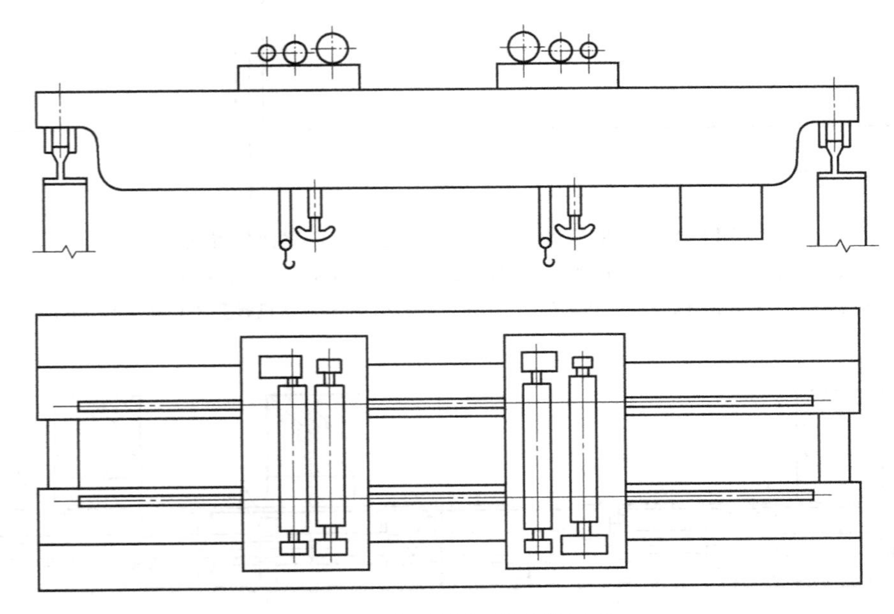

图 8-3　起重机的外形示意图

（2）起重机安装示意图　在工厂的总装车间通常安装多台桥式起重机以满足生产工艺的要求。图 8-4 为某厂总装车间安装四台电动双梁桥式起重机的立面位置图，图中 1 表示电动双梁桥式起重机的规格为：起重量 10t，跨度 22.5m，单机质量 22t，最重部件 5t，安装高度 9.5m；图中 2 表示电动双梁桥式起重机，其规格为：起重量 400t/80t，跨度 31m，单机质量 105t，最重部件 40t，安装高度 14.1m；图中 3 表示电动双梁桥式起重机的规格为：起重量 100t/20t，跨度 32.5m，单机质量 359t，最重部件 160t，安装高度 21.2m；图中 4 表示电动双梁桥式起动机的规格为：起重量 150t/30t，跨度 22m，单机质量 125t，最重部件 60.1t，安装高度 14.1m。

（3）起重机轨道安装及连接示意图　轨道安装在梁上，一般由垫铁、压板、紧固螺栓与车挡组成。图 8-5 为起重机轨道安装连接示意图。在厂房或栈桥的钢筋混凝土吊车梁上安装轨道，使桥式起重机在其轨道上行驶，起吊物件。轨道的类型分为轻轨（5～24kg/m，长度 5～12m）和重轨（33～50kg/m，长度 12.5～25m），其规格有 QV70、QV80、QV100、QV120 四种。图 8-6a 为混凝土梁上安装轨道形式，图 8-6b 为钢梁上安装轨道形式。

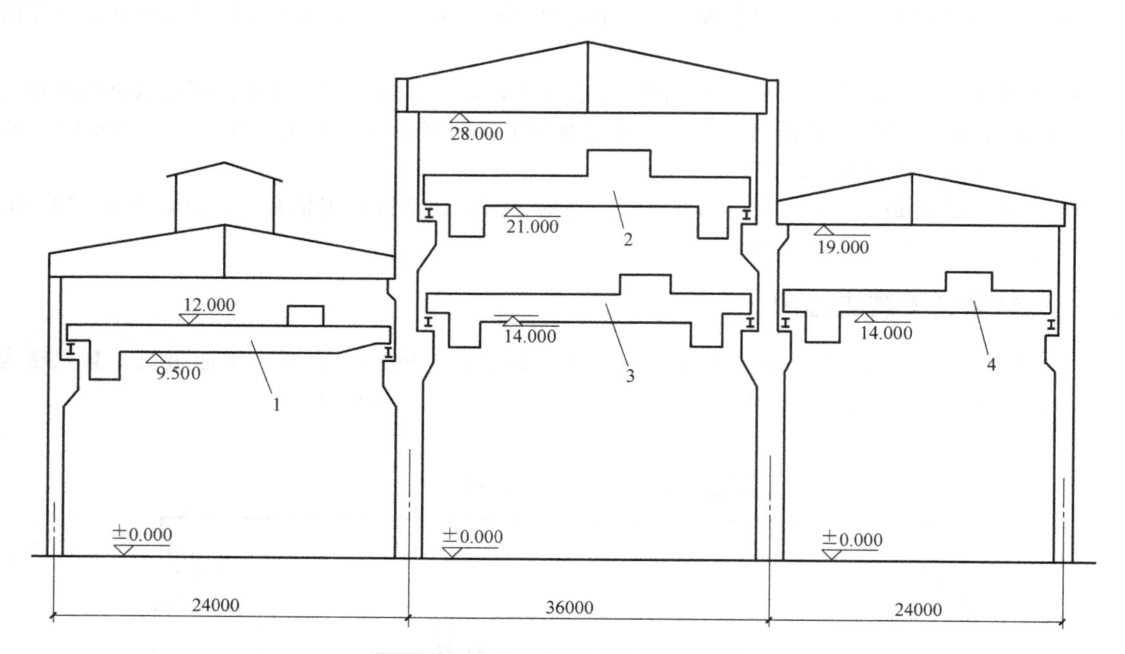

图 8-4 总装车间电动双梁桥式起重机的立面位置图

1—双梁桥式起重机起重量 10t，跨度 22.5m 2—双梁桥式起重机起重量 400t/80t，跨度 31m
3—双梁桥式起重机起重量 100t/20t，跨度 32.5m 4—双梁桥式起重机起重量 150t/30t，跨度 22m

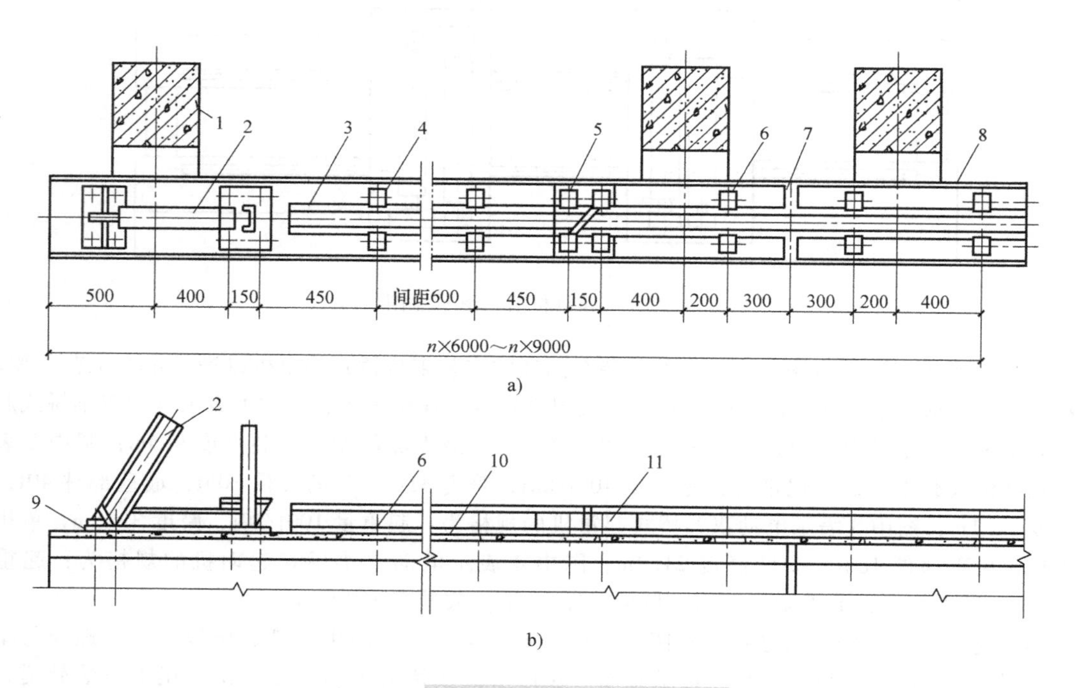

图 8-5 起重机轨道安装连接示意图

a) 平面图 b) 立面图

1—柱子 2—车挡 3—钢轨 4—压板 5—接头钢垫 6—螺栓 7—厂房伸缩缝
8—吊车梁 9—车挡坐浆 10—混凝土垫层 11—斜接头夹板

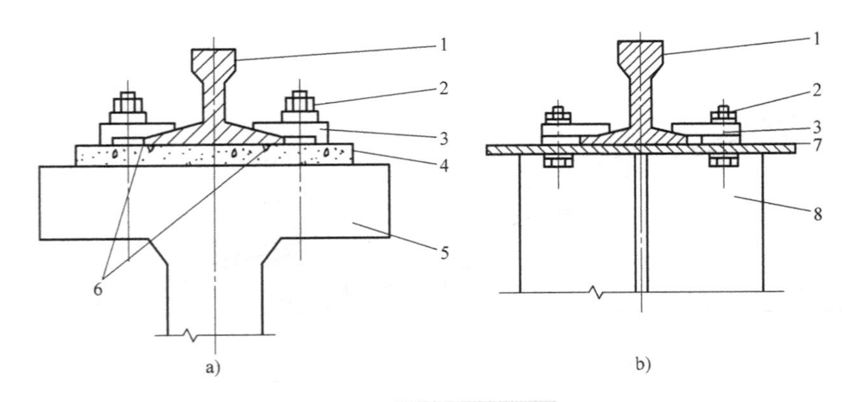

图 8-6　安装轨道形式

a）混凝土梁上安装轨道形式　b）钢梁上安装轨道形式

1—钢轨　2—螺栓（套）　3—压板　4—混凝土层　5—吊车梁　6—插片　7—垫板　8—钢梁

8.2　输送设备安装工程图

8.2.1　输送设备的种类及性能

输送设备包括固定式带式输送机、斗式提升机、螺旋输送机、刮板输送机、板式输送机和悬挂式输送机等。根据输送设备的种类和性能特点，分别应用于不同的生产场合。

（1）带式输送机　带式输送机是一封闭的环形挠性件绕过驱动和改向装置，由挠性件的运动来运移物品的一种装置。带式输送机的结构形式很多，它既可以做水平方向的运输，也可以按一定的倾斜角度向上或向下运输，一般分为移动式和固定式两种：移动式带式输送机是装有行走轮及输送高度装置，能经常变换工作位置及输送高度的设备；固定式带式输送机是在固定运输距离内做水平或倾斜的运输工作，支承装置和机座都固定安装在基础上的设备。其输送长度为 20 ~ 250m。带式输送机是由传送带、支承装置、驱动装置、拉紧装置及装卸装置等部分组成，如图 8-7 所示。

1）传送带（胶布带）是由几层棉织品或麻织品的衬布用橡胶加以粘接而成，带的上、下及两侧都附有橡胶的保护层。普通带只能在中等温度（-10 ~ 60℃）中工作。如采用具有石棉覆面的耐热带时，可在 150℃的高温下工作；采用特种橡胶所制成的耐寒带时，可在 -50℃的低温下工作。胶带的粘接是十分重要的，直接关系到胶带的运行。图 8-8a 是冷接胶带压紧工具示意图，图 8-8b 是热接胶带压紧工具示意图。除了胶带外，在高温时可用钢带和钢网带。钢带是用厚度为 0.5 ~ 1.4mm 的冷轧钢板制成，钢网带是用扁形或圆形钢丝编成。

2）支承装置常用托辊支承。托辊分别为一个、三个或五个安装在固定的托架上。托辊可用生铁铸造，或用无缝钢管制造。它是用滚珠轴承或滚柱轴承安装在固定轴上，能自由地转动，能顺利通过输送带运送物料。

3）驱动装置是由电动机、减速器及驱动卷筒等组成。在倾斜式输送场的驱动装置中，还应装设停止机构或制动设备，其作用是当工作中途停电或发生事故时，用来防止由物料及带自重而引起的机构运行。

4）拉紧装置是在安装带式输送机时，必须对输送带安装的拉紧装置，其作用是保持输送带有一定的张力，以使输送带与卷筒产生必要的摩擦力，同时还使输送带在托辊间的下垂不致过大。常用的拉紧装置有重锤式和螺杆式两种：重锤式拉紧装置是以一定重量的重锤由钢绳滑轮悬挂，

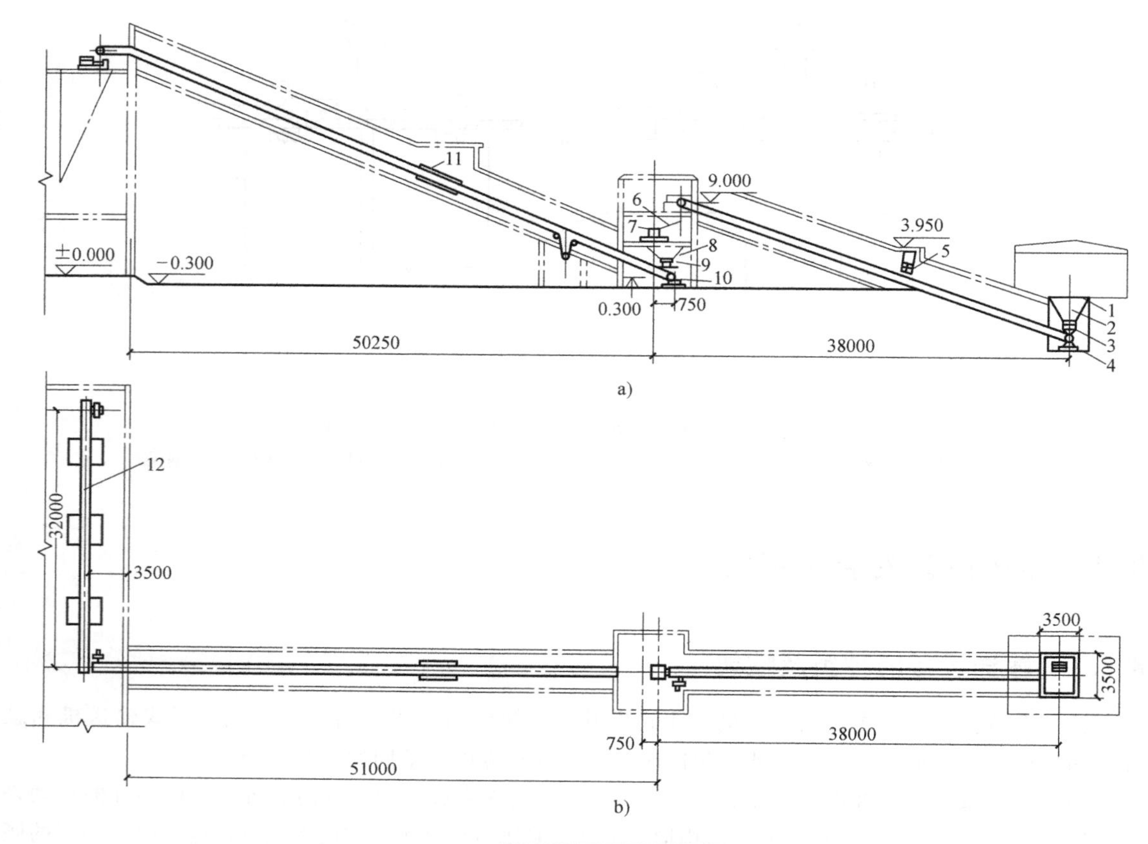

图 8-7 输煤系统组成示意图

a）立面图 b）平面图

1—受煤箅 2、8—受煤斗 3—摆式给料机 4—固定式带式输送机 5—悬吊式磁铁分离器 6—固定筛 7—双辊式齿牙碎煤机 9—摇式给料机 10、12—固定式带式输煤机 11—带秤

装设在运输机的尾部，以调节输送带的松紧；螺杆式拉紧装置是安装在运输机尾部导轨上移动的两轴承座上，轴承座通过螺杆的拧动做移动进退，根据输送带的调节需要进行操作。

5）装卸装置的装料一般用漏斗，卸料采用移动卸料机构或漏斗配置挡板机构。

（2）斗式提升机 斗式提升机是在沿垂直方向或接近于垂直方向运送粒状或成形物品，常用于厂房底楼垂直运至高层楼房。水泥厂、铸造厂等广泛采用斗式提升机。斗式提升机有链条斗式提升机或胶带斗式提升机两种。斗是盛物料的容器，它安装在链条或者胶带上运转，驱动装置在斗式提升机的上部，装料处设置在机械下部。提升机全部封闭在钢板制成的罩壳内，其提升物料的高度可达到60m，一般为4～30m。

（3）螺旋输送机 螺旋输送机是利用安装在封闭槽内的螺旋杆的转动，将物料推动向前输送，以达到运输的目的。螺旋杆由螺旋叶片焊接固定或铆接固定在轴上，叶片有用铜板或钢板按螺旋形式下料制成的。螺旋轴可用实轴或空心轴。轴支承在两端的止推轴承上，中间支承是用吊挂轴承架于封闭槽内，吊挂轴承占整个封闭槽截面的较小面积，物料可以通过。螺旋输送机的封闭槽一般为钢板制成圆形，上部以平板封闭，其装料口与卸料口一般为长方形。螺旋输送机的传动有很多形式，最简单的是平带或V带传动；也可以用锥齿轮或圆柱齿轮传动。螺旋输送机的直径为300～600mm，长度为6～26m。

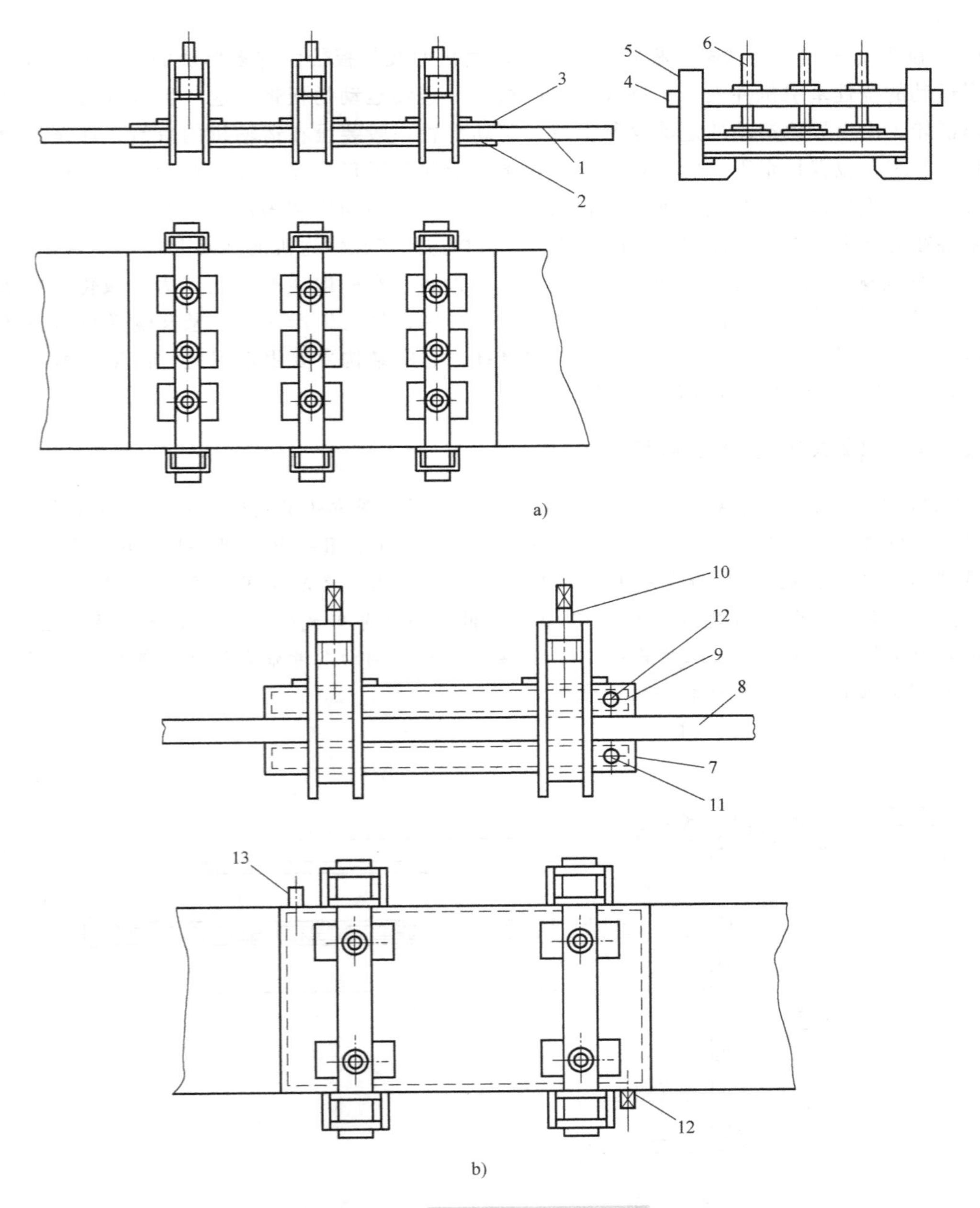

图 8-8　胶带粘接方法示意图

a）冷接胶带压紧工具示意图　b）热接胶带压紧工具示意图

1—胶带　2—下底板　3—上压板　4—横梁　5—卡子　6、10—压紧螺栓　7—下热气包

8—胶带接头部分　9—上热气包　11、12—蒸汽进气管　13—出气管

（4）刮板输送机　刮板输送机是一种连续运输设备，主要利用装在链条上或绳索上的刮板沿固定导槽移动而将物料拖运前进。普通刮板输送机是由刮板、链条牵引件、料槽、改向装置、驱动装置和拉紧装置等组成。刮板是用钢板或铸铁制成，有长方形、梯形和带倒斜角等多种，刮板在牵引链上按等距离固定，料槽的大小与刮板相适应。驱动装置由电动机、减速器和驱动轮组成。拉紧装置装设在运输机的尾部，结构为螺杆式拉紧装置。刮板输送机的槽宽一般为 420 ~ 530mm，

长度为30～120m。

（5）板式（裙式）输送机　板式（裙式）输送机的载料板带由许多单块的板条所组成，固定在环形运动的挠性牵引机件上。所有板条与链组成一连续运动的板带，这一板带绕过首端和尾端的星形链轮，由沿导轨运动的走动轮所支持，驱动装置一般装设在运输机的首端，在尾端设有螺杆式拉紧装置，以保持牵引机的一定张力。板条的形状有平形、波浪形和箱形三种。板式输送机的板带可制成无挡边和有挡边两种，而有挡边又可分为移动挡边和固定挡边两种：移动挡边是将挡边安装在链条上，随链条而移动；固定挡边是将挡边固定在输送机的外架上。

（6）悬挂输送机　悬挂输送机是一种架空运输设备，在一般生产车间作为机械化架空运输系统。它可以根据需要布置，占地面积小，甚至可不占用有效的生产面积。悬挂输送机可以运输各种物料，大件可以单个悬挂，小件可盛装筐内悬挂。它的结构主要由牵引链、滑架、吊具（抓取器）、传动装置、张紧装置与转向装置等组成。

8.2.2 带式输送机安装工程图

［实例8-1］　图8-9为某厂输煤系统设备安装平面图。图中的带式运输机和翻车机等设备及材料的型号、规格与数量见表8-1。在图8-9中标注有Ⅰ—Ⅰ、Ⅱ—Ⅱ、Ⅲ—Ⅲ、Ⅳ—Ⅳ、Ⅴ—Ⅴ、Ⅵ—Ⅵ共6个剖面，图8-10为Ⅰ—Ⅰ剖面1号带式输送机安装示意图，图8-11为Ⅱ—Ⅱ剖面2号、3号带式输送机安装示意图，图8-12为Ⅲ—Ⅲ剖面7号带式输送机安装示意图，图8-13为Ⅳ—Ⅳ剖面4号带式输送机安装示意图，图8-14为Ⅴ—Ⅴ剖面5号带式输送机安装示意图，图8-15为Ⅵ—Ⅵ剖面6号带式输送机安装示意图。

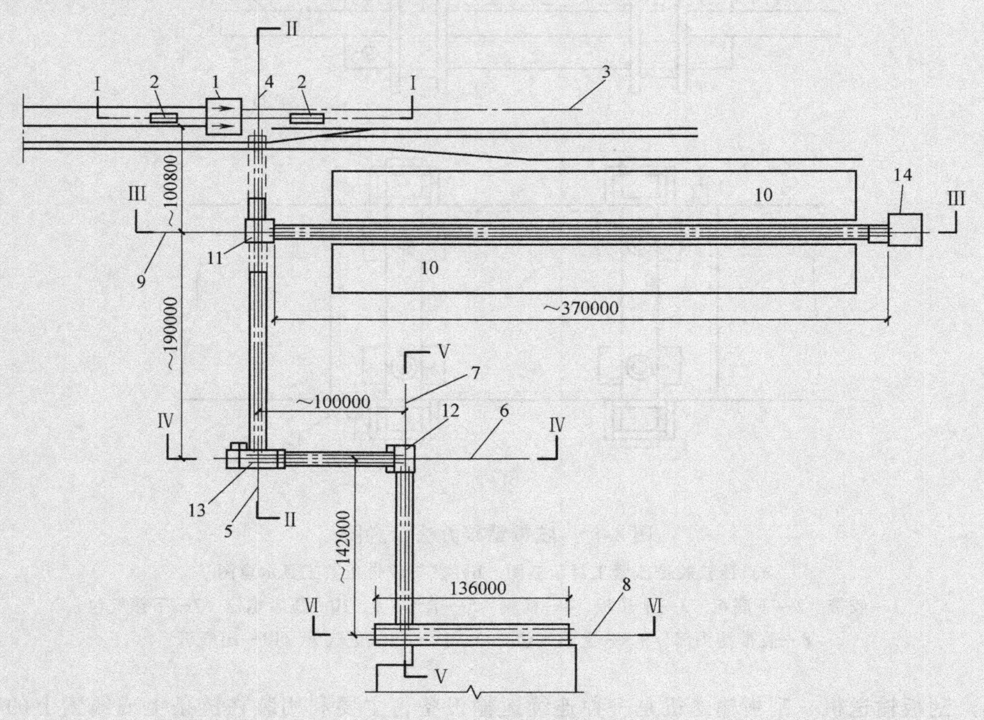

图8-9　某厂输煤系统设备安装平面图

1—空车铁牛绞车房　2—重车铁牛绞车房　3—翻车机　4—1号转运站　5—7号带式输送机中心线　6—7号带式输送机尾部转动小间　7—筛碎储仓楼　8—2号转运站　9—5号带式输送机中心线　10—4号带式输送机中心线　11—6号带式输送机中心线　12—堆煤场　13—1号带式输送机中心线　14—2号带式输送机中心线

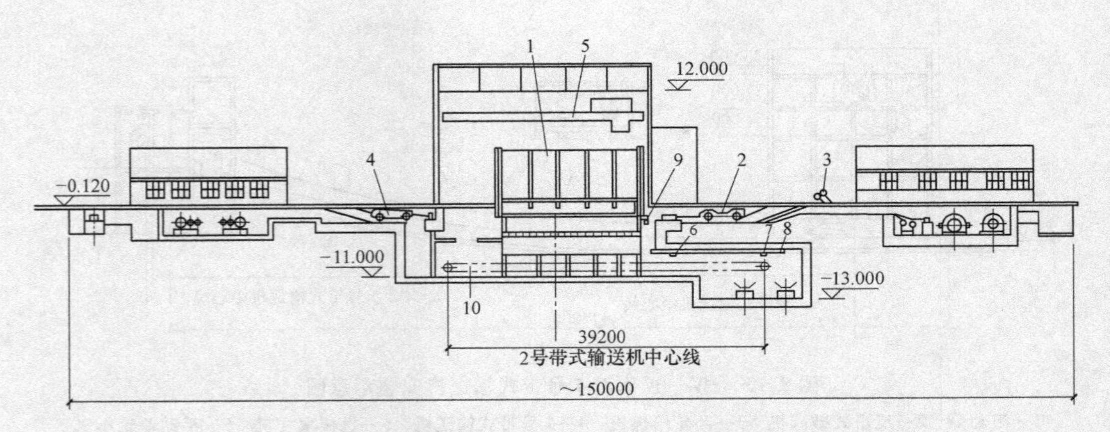

图 8-10 Ⅰ—Ⅰ剖面 1 号带式输送机安装示意图

1—翻车机 2—重车铁牛 3—重车推车器 4—轻车铁牛 5—电动双梁桥式起重机
6、7—电动单梁悬挂起重机 8—悬挂起重机钢梁 9—电动葫芦 10—1 号带式输送机

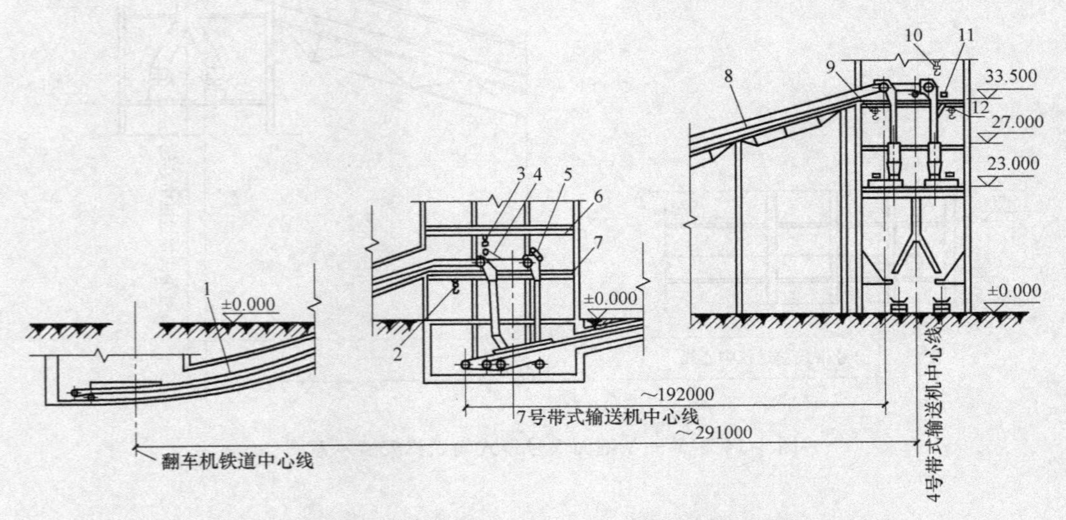

图 8-11 Ⅱ—Ⅱ剖面 2 号、3 号带式输送机安装示意图

1—2 号带式输送机 2—电动葫芦（5t） 3、4—重车推车器 5—带式电磁除铁器
6、7—钢梁 8—3 号带式输送机 9、10、12—电动葫芦（3t、5t） 11—除大木块器

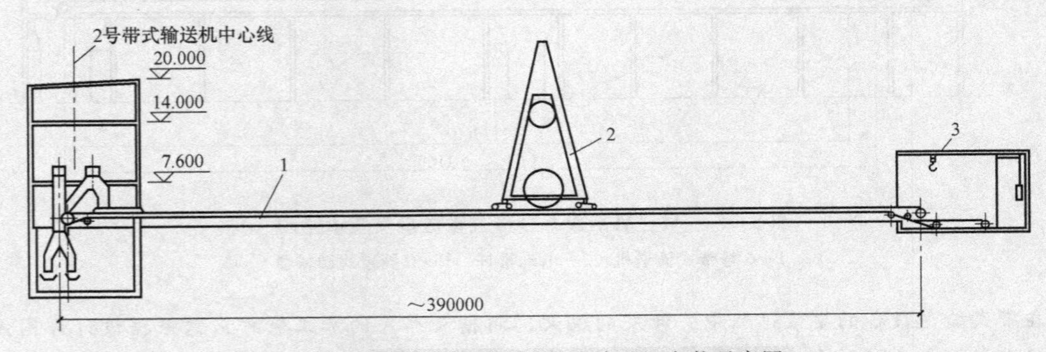

图 8-12 Ⅲ—Ⅲ剖面 7 号带式输送机安装示意图

1—7 号带式输送机 2—门式滚轮堆取料机 3—电动葫芦（5t）

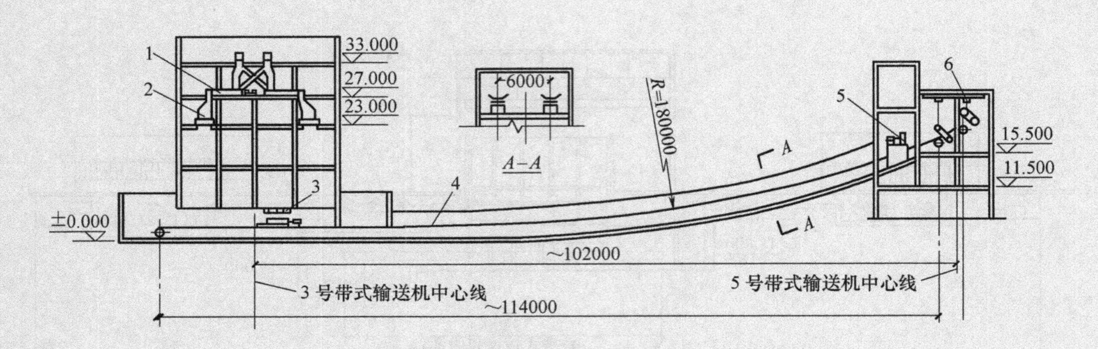

图 8-13 Ⅳ—Ⅳ剖面 4 号带式输送机安装示意图

1—滚轴筛 2—反击式破碎机 3—叶轮给煤机 4—4 号带式输送机 5—机械取样机 6—手动单轮小车

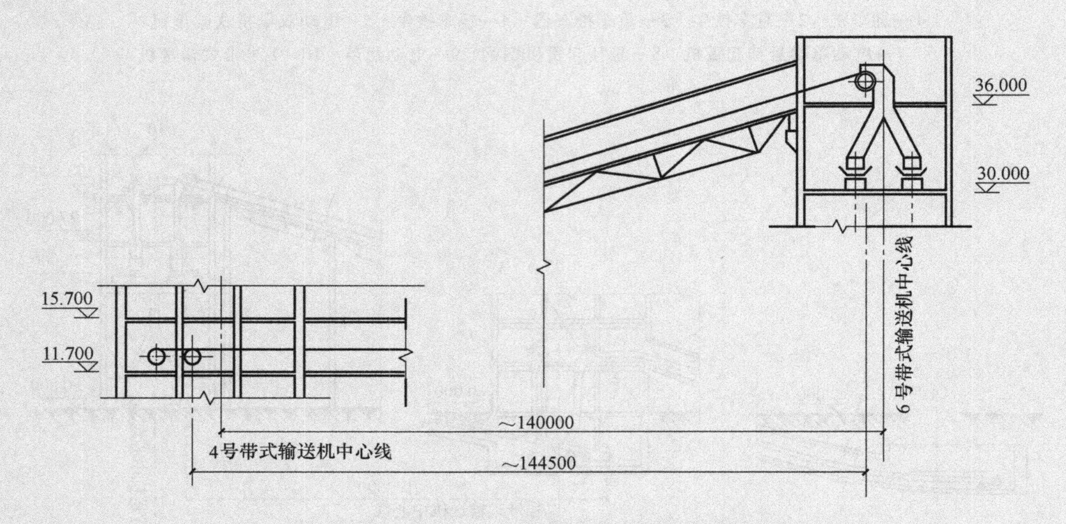

图 8-14 Ⅴ—Ⅴ剖面 5 号带式输送机安装示意图

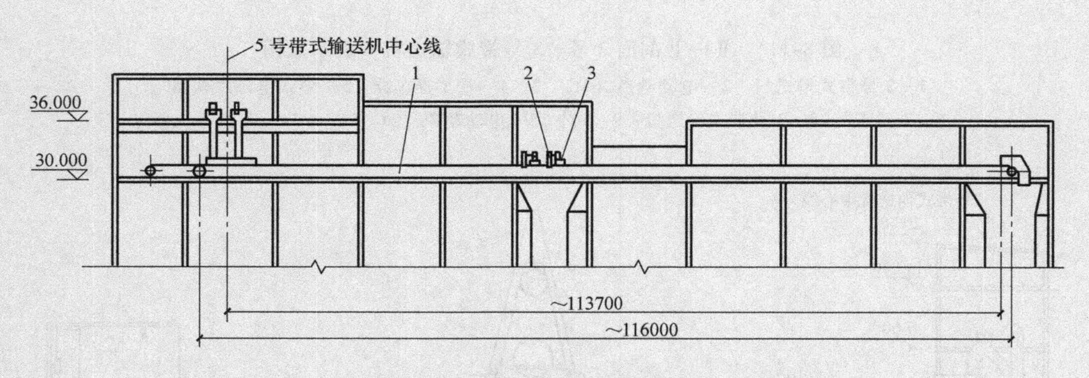

图 8-15 Ⅵ—Ⅵ剖面 6 号带式输送机安装示意图

1—6 号带式输送机 2—电动推杆 3—双侧犁式卸料器

在带式输送设备的安装过程中，涉及的机架、溜槽及部件的加工制作，需根据设计详图或标准图集进行，本章不详述。

表 8-1 设备材料表

工程名称：某输煤系统工程

图位号	名　称	型号及规格	单位	数量
1	翻车机	ZFJ—100　（重车推车器两台，设备支架 10t）	台	2
2	铁牛	左为重车铁牛，右为轻车铁牛，各两台	台	4
3	1 号带式输送机	带宽 1.4m，机长 39.2m，栏杆 2.7t	台	2
4	2 号带式输送机	带宽 1.2m，机长 110m，栏杆 0.5t	台	2
5	3 号带式输送机	带宽 1.2m，机长 190m，栏杆 0.6t	台	2
6	4 号带式输送机	带宽 1.2m，机长 115m，栏杆 2.1t	台	2
7	5 号带式输送机	带宽 1.2m，机长 144m，栏杆 0.9t	台	2
8	6 号带式输送机	带宽 1.2m，机长 116m，栏杆 3t	台	2
9	7 号带式输送机	带宽 1.2m，机长 390m，栏杆 0.9t	台	2
10	门式辊轮堆取料机	MDQ15050 型	台	2
11	带式铁磁除尘器	带宽 1.2m	台	4
12	除大木块器	带宽 1.2m	台	2
13	辊轴筛	5262mm × 1640mm	台	2
14	反击式破碎机	MFD—500	台	2
15	叶轮给煤机	DJ—3/10	台	2
16	机器取样机	带宽 1.2m，配 D160 型斗式提升机		

由Ⅰ—Ⅰ剖面图可知，载煤重车被重车铁牛和推车器推入翻车机，将煤倒入 1 号带式输送机，再由 1 号带式输送机转入 2 号带式输送机。由Ⅱ—Ⅱ剖面图可知，2 号带式输送机和 7 号带式输送机将煤输送到 1 号转运站，经带式除铁器除去铁件后，转入 3 号带式输送机，3 号带式输送机载煤至筛碎储仓楼，经除大木块器去除杂物木块，再转入 4 号带式输送机。由Ⅲ—Ⅲ剖面图可知，门式滚轮堆取料机将堆煤场的煤料装入 7 号带式输送机，由 7 号带式输送机送到 1 号转运站。由Ⅳ—Ⅳ剖面图可知，4 号带式输送机将来自 3 号带式输送机的、经筛碎储仓楼的除大木块器处理后的煤料转送到 2 号转运站。由Ⅴ—Ⅴ剖面图与Ⅵ—Ⅵ剖面图可得，5 号带式输送机通过 2 号转运站，将 4 号带式输送机输送来的煤料转运到 6 号带式输送机，在 6 号带式输送机线上的双侧犁式卸料器将煤料卸入煤仓。

8.3 电梯安装工程图

8.3.1 电梯的结构及分类

电梯在建筑中的使用越来越普遍，它已经成为建筑内部不可缺少的交通工具。

1. 电梯的结构

图 8-16 为电梯结构示意图。电梯是机电一体化设备，从结构上分为机械和电气两大部分，从功能上分为以下八个部分：

（1）曳引系统　它由曳引机、导向轮、曳引钢丝和返绳轮组成的系统。曳引机由电动机、减速器、联轴器、机座和曳引轮组成，为电梯运行提供动力；导向轮是将曳引钢丝绳引向对重和轿厢的绳轮，其作用是分开轿厢和对重的间距；钢丝绳连接轿厢和对重，它靠与曳引轮绳槽之间的

摩擦力传递动力，使轿厢做上下运动；返绳轮是指轿顶上和对重架上的动滑轮及设在机房内的定滑轮，它们构成不同的曳引比。

（2）导向系统 导向系统由导轨、导轨架和导靴组成，其作用是限制轿厢和对重的活动自由度，使轿厢和对重只能沿着导轨上下运动。导轨对电梯的运行起导向作用，各段导轨用连接板连接在一起，然后再用压板将导轨固定在导轨支架上；导轨支架是用厚扁钢或型钢制作的支架，安装在井道壁上，用于支架的固定；导靴装在轿厢和对重架上，与导轨配合强制轿厢重和对重的运动服从于导轨的部件。

（3）轿厢 轿厢由轿厢体和轿厢架组成，它是运送乘客和货物的组件。轿厢体由轿壁、轿底、轿顶、轿内照明及轿内装饰件组成，是载人或货物的空间；轿厢架承受厢体的重量，它由立柱、上梁、拉杆和底梁等构件组成。

（4）门系统 门系统由厅门、轿门、开门机、联动机构和门锁组成，其作用是封住层站和轿厢的入口。门厅位于层站的入口处，固定在井道壁上，由门扇、门头、门套及门地坎组成，按开门方式分为中分式厅门和旁开式厅门；按门扇的数量分为单扇门、双扇门和三扇门等。轿门位于轿厢入口处，固定于轿壁上，它由门扇、门导轨架与轿厢地坎组成，分为中分式轿门、旁开式轿门、单扇轿门与双扇轿门等；门锁位于厅门的内侧上方，当厅门关闭后将其锁住，同时接通控制电路，保证门关闭后电梯才能起动运行的一种安全装置；开门机位于轿厢顶上，由门电动机和自动门机构组成，通过联动机构使轿厢门开启或关闭，当轿厢门开启或关闭时通过轿厢上的门刀带动厅门开启或关闭。

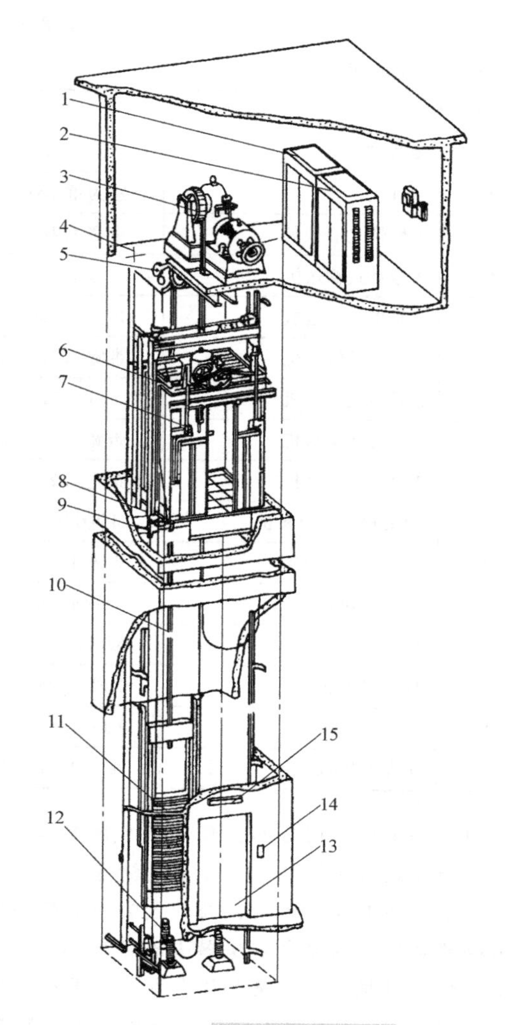

图 8-16 电梯结构示意图

1—控制屏 2—选层器 3—曳引机 4—终端保护装置 5—限速器 6—轿厢 7—自动阀门 8—导轨 9—导靴 10—曳引钢丝绳 11—对重装置 12—缓冲器 13—厅门 14—召唤按钮器 15—楼层指示箱

（5）重量平衡系统 重量平衡系统由对重和重量补偿装置组成，起到平衡轿厢和部分额定负载的重量，减少电动机的功率损耗的作用。对重由对重块和对重架组成；重量补偿装置是在高层电梯运行中，用于补偿轿厢和对重侧的曳引钢丝绳因长度变化而对电梯产生影响的一种装置。重量补偿装置有补偿链、补偿绳与补偿缆三种形式。补偿装置的一端悬挂于轿厢下，另一端悬挂于对重下。

（6）电力拖动系统 电力拖动系统由电动机、供电系统、速度反馈装置和调速装置组成，对电梯实施速度控制。供电系统是为电梯提供电源的装置；电动机可以是交流电动机或者是直流电动机；速度反馈装置是为调速系统提供电梯运行的速度信号，将测速发电机或速度脉冲发生器与电动机轴相连而组成；调速装置是对电动机实行调速的装置，有数字调速装置和模拟调速装置两种形式。

（7）电气控制系统　电气控制系统是由呼梯按钮、层楼显示、平层装置、换速装置与控制屏等组成，对电梯的运行实行操纵和控制。呼梯按钮对电梯上下和到达层站实行控制，有轿厢内操纵盘上的楼层信号登记按钮和层站呼梯按钮两种形式；层楼显示有轿厢内和层站外的层楼显示装置，它们为乘客提供电梯的运行层站和方向，有灯泡和数码显示两种方式；平层装置由安装在轿顶上的传感器和井道内的平层桥组成，完成电梯减速后的停站和抱闸控制；换速装置由安装在轿顶上的换速传感器或磁控开关与井道内的换速桥或磁体组成，其作用是使电梯从快车运行转为慢车运行，为停车做好准备；控制屏由各类电气控制元件组成，它是对电梯实行电气控制的集中组件。

（8）安全保护系统　安全保护系统由限速器、安全钳、缓冲器和端站保护装置组成，以保证电梯的安全运行。限速器可限制电梯在额定速度内运行，当电梯的运行速度超过限速器的允许值时，限速器就立即动作，并通过联动机构使安全钳动作，将电梯轿厢卡在轨道上停住，同时断掉控制电源；安全钳装在轿底的两侧，在电梯超速时，限速器动作联动安全钳动作，安全钳的楔块卡住轨道；缓冲器是当轿底或对重蹲底时，吸收蹲底的冲击能量；端站保护开关装置由强迫减速开关、上下限位开关和极限开关组成，当电梯在门站不能减速或者有超越上下端站及轿厢或对重蹲底时，保护装置强迫电梯减速、停驶并断掉电源，保护电梯正常的安全运行。

2. 电梯的分类

电梯常按运行的速度、拖动的方式、用途、控制方式及电梯有无驾驶员来分类：

（1）按速度分类　按速度分类有甲类高速电梯（$v \geq 2m/s$）、乙类快速电梯（$1m/s < v < 2m/s$）与丙类低速电梯（$v \leq 1m/s$）。

（2）按拖动方式分类　按拖动方式分类有交流电梯、直流电梯、液压电梯、齿轮齿条电梯和直线电动机驱动电梯。

（3）按用途分类　按用途分类有客梯、货梯、病床梯、服务电梯、住宅电梯、车辆梯、船舶梯、观光电梯、建筑施工电梯和其他专用电梯。

（4）按控制方式分类　按控制方式分类有手柄操作控制、按钮控制、信号控制、集选控制、下集选控制、并联控制与电梯群控。

（5）按电梯有无驾驶员分类　按电梯有无驾驶员可分为有驾驶员电梯、无驾驶员电梯、有/无驾驶员电梯。

8.3.2　自动扶梯的结构及分类

自动扶梯是沿着一定方向连续输送较大客流量的运输机械，其输送能力远高于电梯，它安装在建（构）筑物内部或室外的人行天桥等处，以提供巨大的输送力，广泛用于商场、机场和车站等客流量较大的公共场所。

1. 自动扶梯的结构

自动扶梯是由驱动系统、梯级、牵引装置、张紧装置、扶手装置、梯路导轨、桁架、电气设备与安全保护装置组成，如图8-17所示。

（1）驱动系统　驱动系统是由电动机、减速器、制动器与驱动主轴组成，为自动扶梯提供驱动力。

（2）梯级　梯级是自动扶梯承受人员和货物的载荷部分，分为梯级体、梯级轮和导向块部分，一般采用整体压铸铝合金阶梯。

（3）牵引装置　端部驱动的自动扶梯的牵引装置是梯级链，是自动扶梯的主要传力件。中部驱动的自动扶梯的牵引装置是齿条，齿条连接在梯级上，靠传动链条的销轴与齿条相啮合以传递动力。

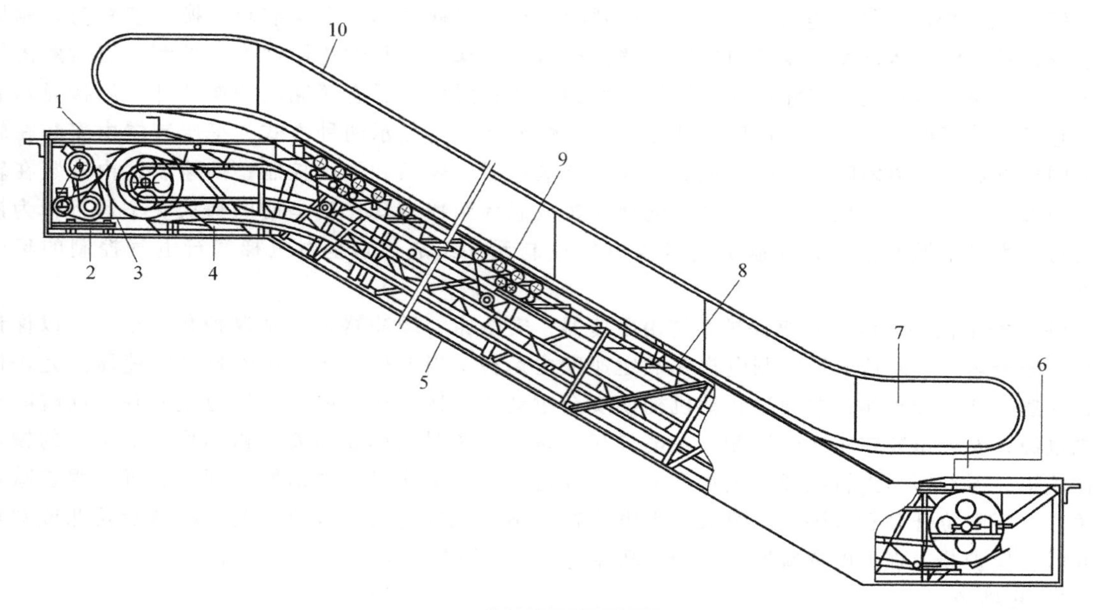

图 8-17 自动扶梯结构示意图

1—前沿板 2—驱动装置 3—驱动链 4—阶梯链 5—桁架 6—扶手入口安全装置
7—内侧板 8—梯级 9—扶手驱动装置 10—扶手带

(4) 张紧装置 张紧装置使链条获得必要的初张力，以保证自动扶梯正常运行，调节传动链条在运行中的伸长以保证传动链条及梯级的转向。

(5) 扶手装置 扶手装置由扶手驱动装置和扶手栏杆等组成，起到保护和装饰的作用。

(6) 梯路导轨系统 梯路导轨系统由梯级的主轮及辅轮的导轨、返轨、导轨支架与转向壁组成，它支承由梯级轮传递的工作载荷，保证梯级按一定的规律运动，并且防止梯级跑偏。

(7) 桁架 桁架是用型钢焊接而成的金属骨架，它承受扶梯的全部载荷，并有足够的刚度和强度。

(8) 电气设备 电气设备包括控制箱和电源部分，安装在上部机房，为扶梯提供动力、照明、信号和控制。

(9) 安全保护装置 它分为必设的安全保护装置和附加的安全保护装置。必设的安全保护装置包括工作制动器、紧急制动器、速度监控装置、相位保护、梯级链伸长或断裂保护、梳齿板保护、扶手带入口防夹装置、梯级断裂保护、裙板保护、急停按钮、梯级间隙照明和电动机热保护部分；附加的安全保护装置包括附加制动器、安全制动器、黄色边框、围裙板上的安全刷、机械锁紧装置和扶手带同步监控装置。

2. 自动扶梯的分类

1) 按承受的载荷分为轻型自动扶梯、中型自动扶梯和重型自动扶梯。

2) 按传动的方式分为链传动的自动扶梯和齿条传动的自动扶梯。

3) 按传动的路线分为直线形的自动扶梯和螺旋形的自动扶梯。

4) 按扶梯的外观分为全透明扶手、半透明扶手和不透明扶手的自动扶梯。

8.3.3 电梯安装工程图

1. 电梯安装工程图

(1) 电梯技术规格的表示方法 电梯的技术规格是采用一组字母和数字表示的，一般由类、组、型，主要参数和控制方式等三部分代号组成，如图8-18所示。

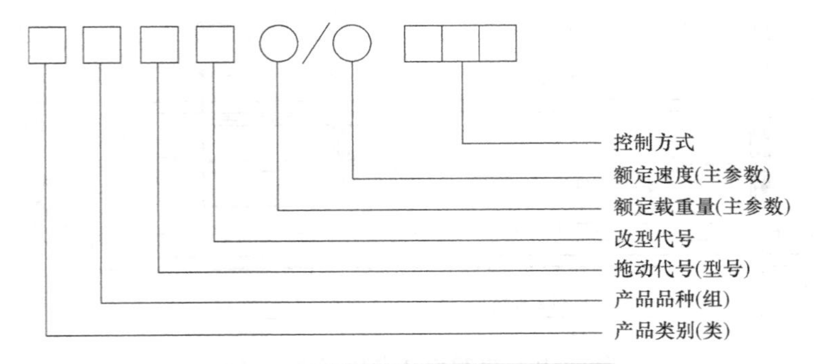

图8-18 电梯技术规格的表示方法

1）第一部分是类、组、型和改型代号，用大写汉语拼音字母表示，产品的改型代号按顺序用小写汉语拼音字母表示，置于类、组、型的右下方。电梯的类别分为电梯和液压梯，采用代号“T”表示；电梯品种用组代号表示，如乘客电梯用代号“K”表示，载货电梯用代号“H”表示，住宅电梯用代号“Z”表示，观光电梯用代号“G”表示等；电梯型号用拖动方式代号表示，如交流拖动方式采用代号“J”表示，直流拖动方式采用代号“Z”表示，液压拖动方式采用代号“Y”表示。

2）第二部分是主要参数代号，斜线上方为电梯的额定载重量，斜线下方为电梯额定速度，用阿拉伯数字表示。电梯的额定载重量分有400～5000kg种类，额定速度分有0.25～4m/s种类。

3）第三部分是控制方式代号，用具有代表意义的大写汉语拼音字母表示，如控制方式为按钮控制、自动门形式的采用代号“AZ”表示，控制方式为按钮控制、手动门形式的采用代号“AS”表示，控制方式是信号、集选、并联和梯群形式的分别用代号“XH”、“JX”、“BL”和“QK”表示。

如TKJ1000/2.5—JX表示交流调速乘客电梯，额定载重量1000kg，额定速度2.5m/s，集选控制；TKZ1000/1.6—JX表示直流调速乘客电梯，额定载重量1000kg，额定速度1.6m/s，集选控制；TKJ1000/1.6—JXW表示交流调速乘客电梯，额定载重量1000kg，额定速度1.6m/s，计算机处理（W）集选控制。

（2）电梯安装工程图　电梯属于特种设备的种类，按照我国《特种设备安全监察条例》的规定，其设备的制造、安装和改造必须取得行政许可。电梯的安装工程要依据图样和安装规程进行，由此电梯安装工程图须包括土建梯井结构及有关的电梯各部预埋、预留图，机械及电气安装原理图，电梯设备、机房、顶层、底坑与梯井平面布置图等。图8-19是电梯土建总体布置示意图；图8-20是TKJ—VVVF系列乘客电梯井道机房布置示意图，电梯机房设在井道的顶部，机房内布置曳引机、电梯控制柜和配电装置，其中，图8-20a为井道机房立面图，图8-20b是电梯机房平面图，图8-20c是井道轿厢截面图。图8-21为电梯曳引机安装示意图；图8-22为电梯机房控制柜示意图；图8-23为电梯井内电缆悬挂方式示意图；图8-24为电梯井底缓冲器安装位置图。

2. 扶梯安装工程图

自动扶梯的规格与型号及主要参数根据使用的场合选用，商业大厦、火车站、飞机场等选用扶梯的参数是输送能力（450～9000人/h）、提升高度（3～10m）、速度（0.5m/s）、梯阶宽度（600～1000mm）、承载量（1500～3000kg）、倾斜角和水平段长度。

图8-25a为自动扶梯安装平面图，图8-25b为自动扶梯安装立面图，图8-25c为自动扶梯安装

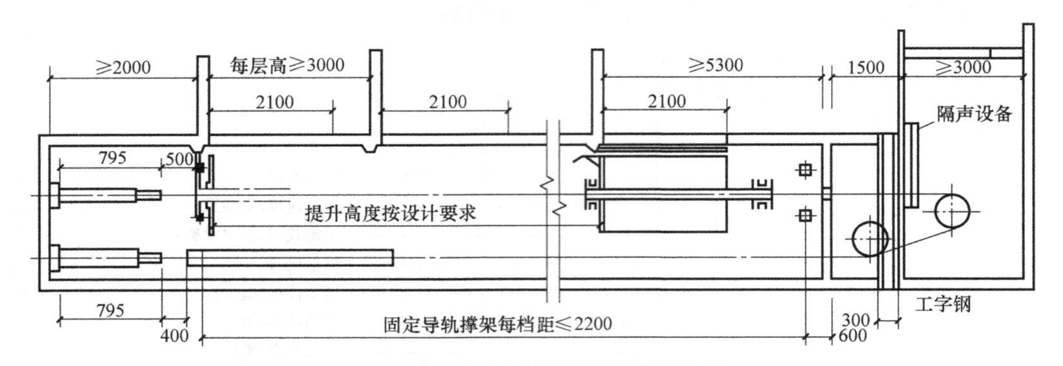

图 8-19 电梯土建总体布置示意图

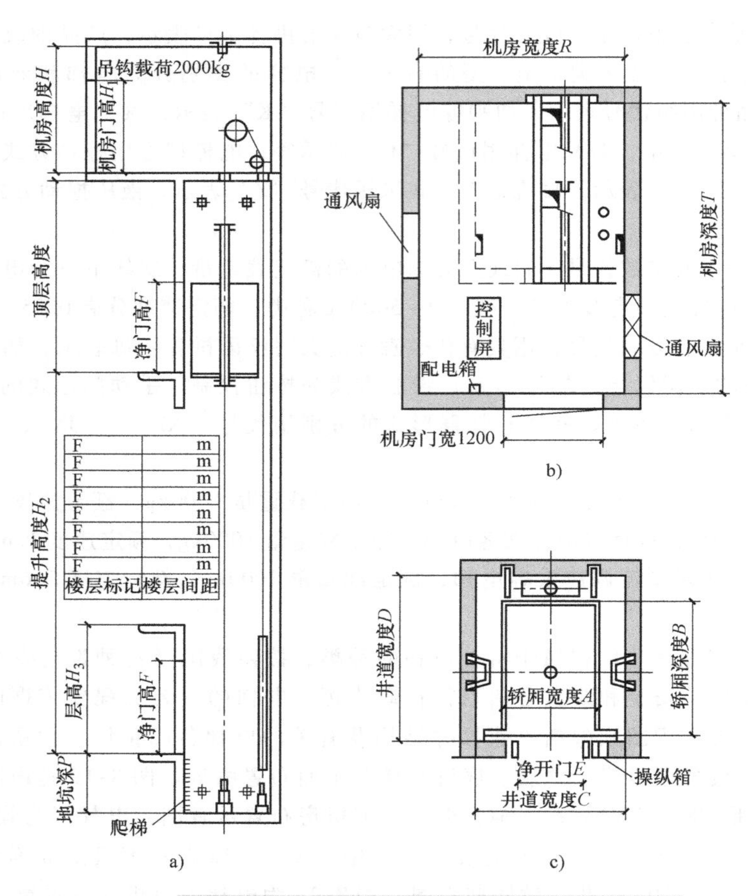

楼层标记	楼层间距
F	m
F	m
F	m
F	m
F	m
F	m
F	m
F	m

图 8-20 TKJ—VVVF 系列乘客电梯井道机房布置示意图

a）井道机房立面图 b）电梯机房平面图 c）井道轿厢截面图

剖面图。由图可知，W、W_1、W_2、W_3、W_4、W_5 分别表示扶梯安装宽度、内侧板距、外侧板距、地板装饰板内边距、地板装饰板外边距。扶梯的安装长度 L 由扶梯的提升高度 H 来确定，即 $L=1.428H+5100$mm。扶梯的安装倾角为 35°。扶梯动力电源引线由扶梯上部右侧进入，连接至驱动装置上。有关扶梯安装涉及的技术信息和位置参数详见图 8-25 中所标注的尺寸及扶梯设备安装使用的有关规程。

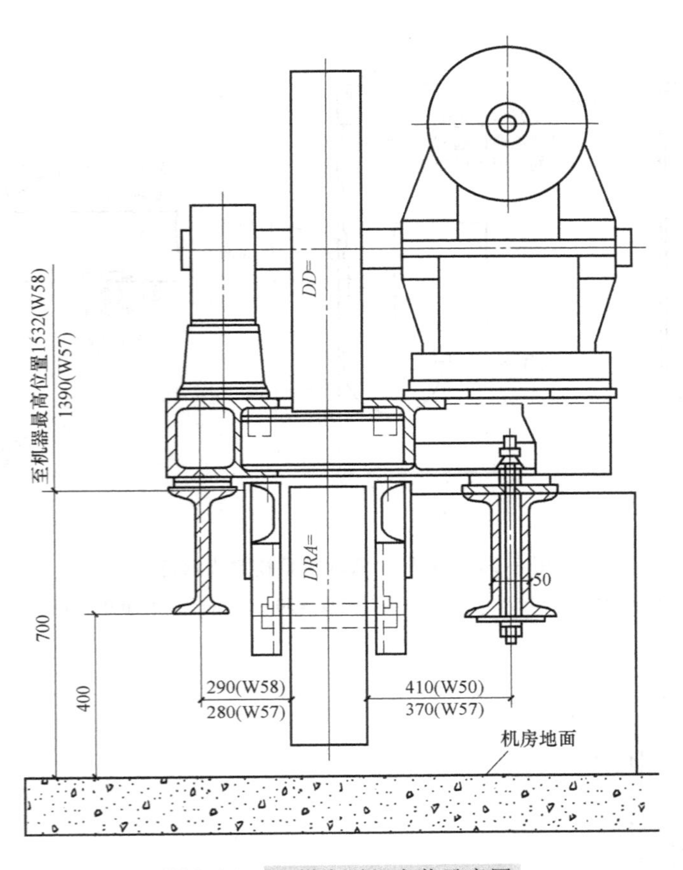

图8-21　电梯曳引机安装示意图

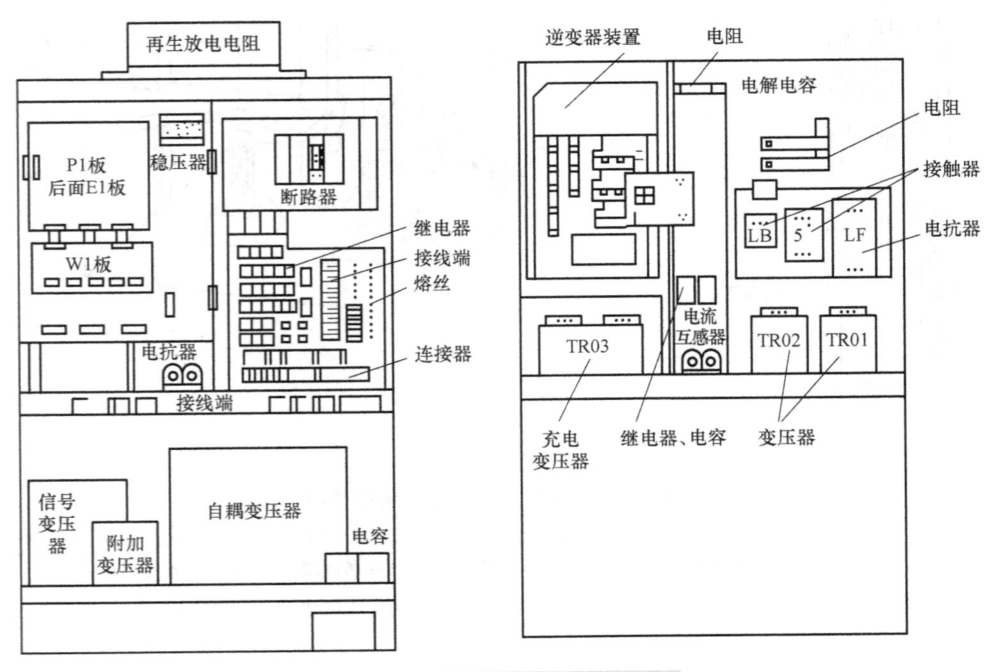

图8-22　电梯机房控制柜示意图

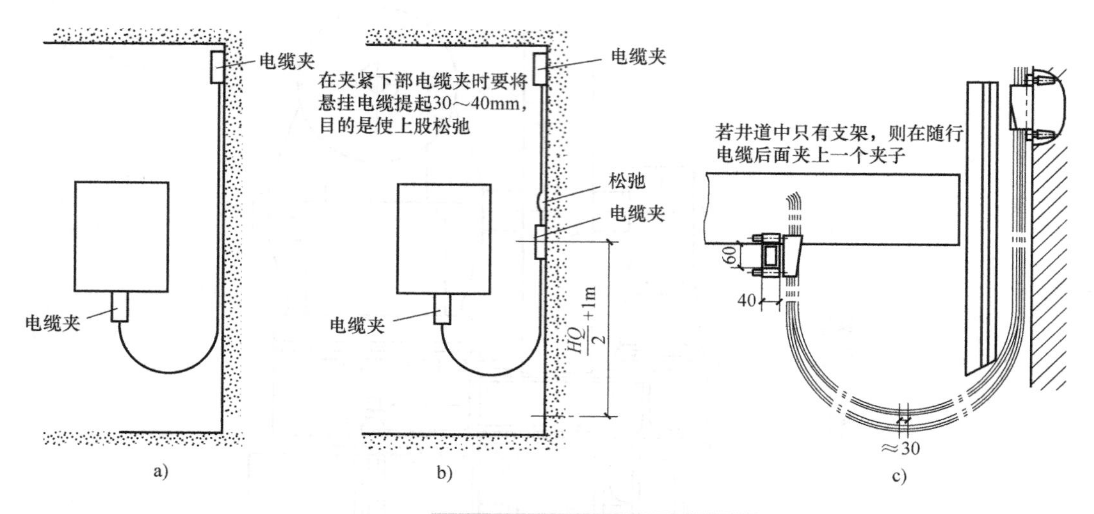

图 8-23 电梯井内电缆悬挂方式示意图

a）轿厢提升高度＜50mm b）轿箱提升高度≥50～150mm c）电缆之间的活动间隙

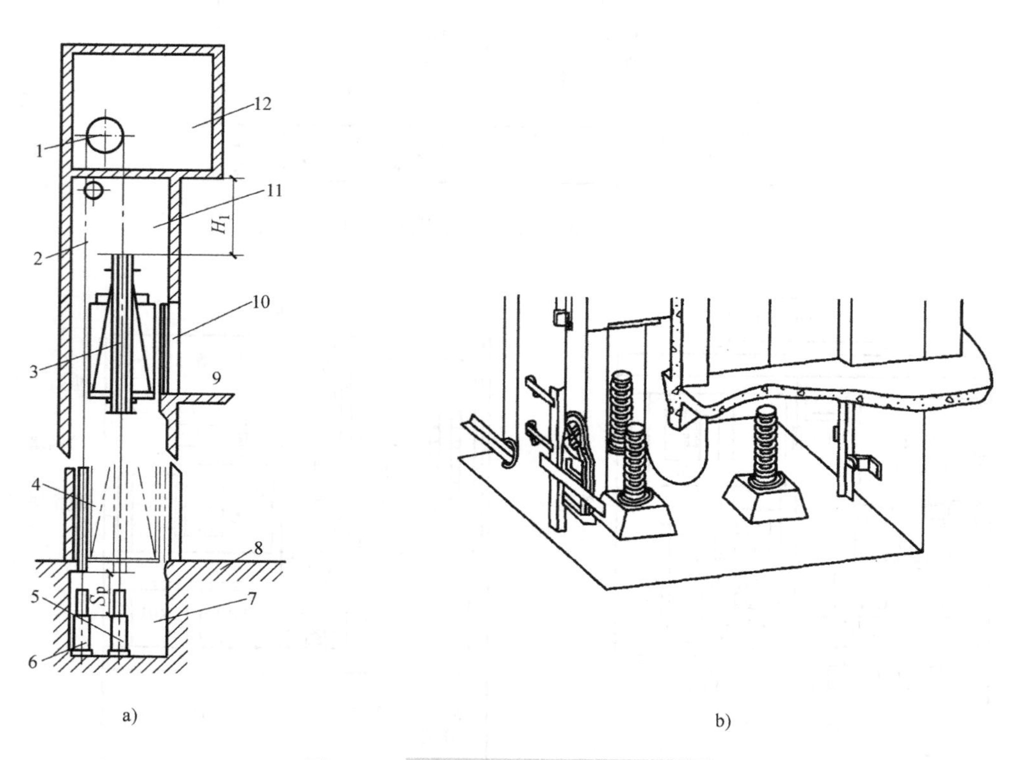

图 8-24 电梯井底缓冲器安装位置图

a）缓冲器安装位置 b）缓冲器设置实物

1—曳引机 2—曳引钢丝绳 3—轿厢 4—对重装置 5—轿厢缓冲器 6—对重缓冲器 7—坑底 8—底层地面 9—顶层地面 10—层门 11—井道 12—机房

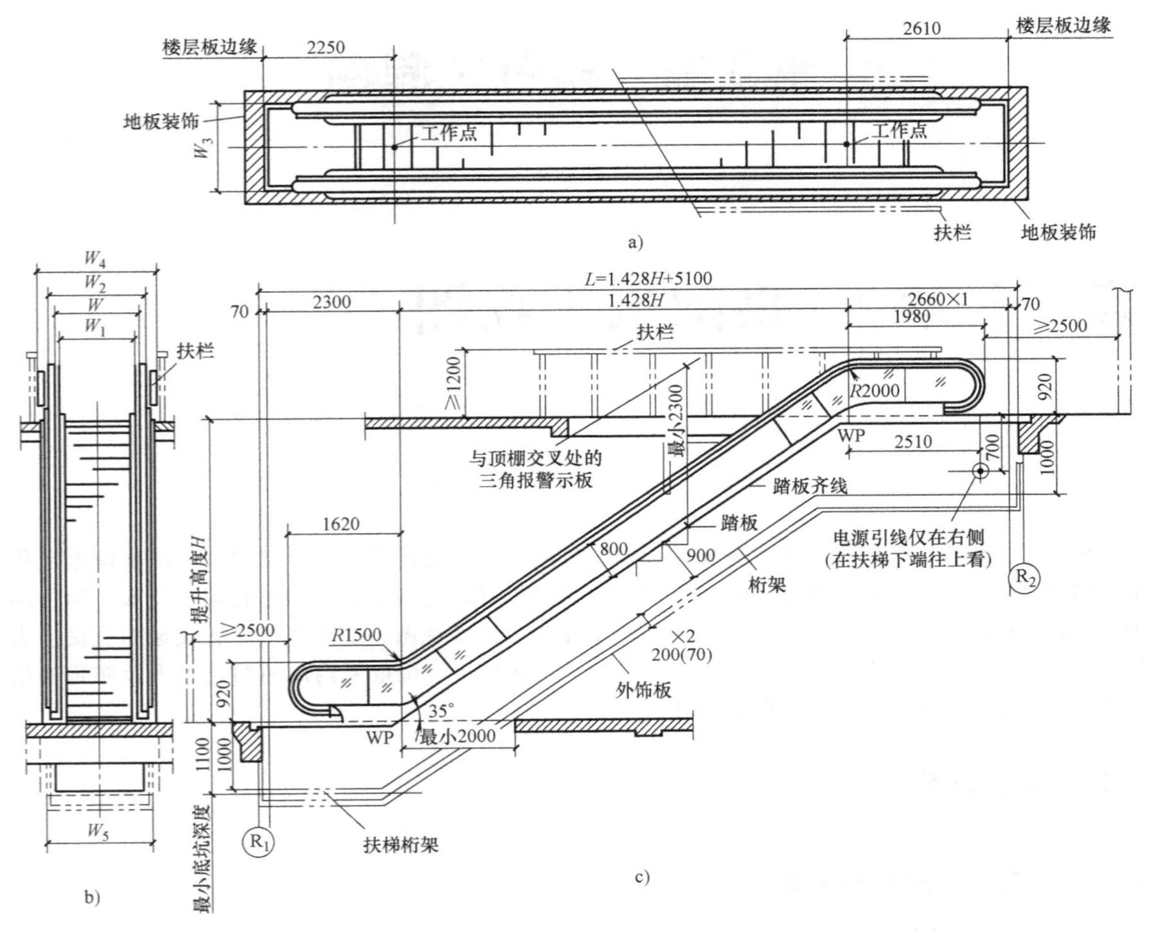

图 8-25 自动扶梯安装图

a）平面图 b）立面图 c）剖面图

复习思考题

1. 简述桥式起重机的基本结构，其规格与型号包括哪些参数？
2. 简述输送机设备的种类及性能，带式输送机使用的场合。
3. 简述图 8-16 所示电梯设备各组成部分的内容，说明 TKJ1000/1. 6—JXW 的含义。
4. 熟悉图 8-25 所示的平面图、立面图与剖面图表示的技术信息及图中标注的有关尺寸。

第3篇　电气工程图

第9章　供配电工程图

供配电工程在电气工程中有着重要的地位，供配电工程图是设计单位提供，用以供配电工程施工的技术图样，它是施工单位进行电气设备安装的依据，也是运行单位进行竣工验收、运行维护与检修调试的依据。供配电工程图主要包括供配电一次系统图、变配电所设备安装布置图、供配电二次电路图或接线图，以及非标准构件安装大样图等，变配电所内的照明工程图及防雷接地工程图将在本书的第11章和12章中介绍。

9.1　供配电系统概述

9.1.1　供配电系统的组成及电压

1. 电力系统的组成

电力系统是由各种电压等级的电力线路将发电厂、变电所和电力用户联系起来的一个发电、输电、变电和用电的整体，如图9-1所示。

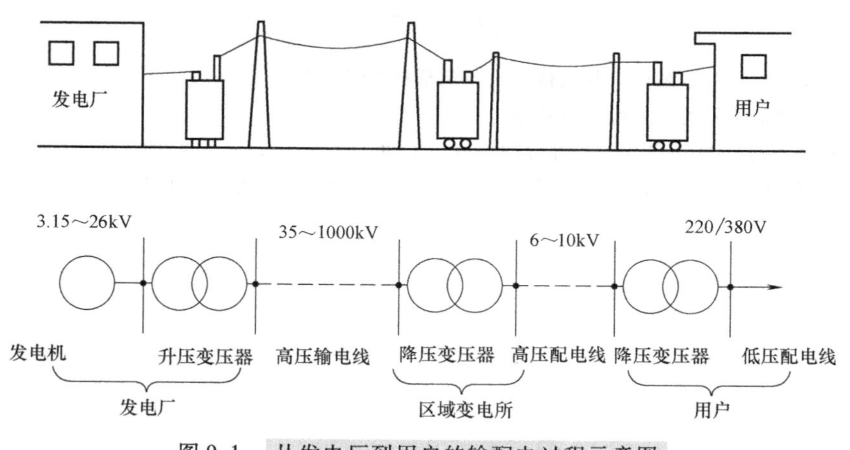

图9-1　从发电厂到用户的输配电过程示意图

2. 供配电系统的组成

供配电系统是由供电电源、配电网和用电设备构成，是电力系统的用户。供配电系统的供电

电源可以取自电力电网或企业、用户的自备发电机。配电网的作用是接受电能、变换电压和分配电能，是由用户的高压输电线路，高、低压变配电所和低压配电线路组成。用电设备是指专门消耗电能的电气设备，依据用电设备的电压等级划分为高压用电设备（额定电压在1kV以上）和低压用电设备（额定电压在1kV以下）。

3. 供配电系统的电压

电力系统的电气设备都规定了一定的工作电压和工作频率。额定电压和额定频率就是指各类电气设备处在设计要求的工作电压和工作频率。电压和频率是衡量电力系统电能质量的两个基本参数。为了使用电设备安全有效地工作，便于批量生产和互换，我国国家标准规定电力系统和电气设备的标准频率为50Hz，标准电压按《标准电压》（GB/T 156—2017）的规定执行，见表9-1。

表9-1 我国交流三相系统及相关设备的标准电压

分类	三相四线或三相三线系统的标称电压/V	
低压	220/380	
	380/660	
	1000/（1140）	
高压	设备最高电压/kV	系统标称电压/kV
	3.6	3（3.3）
	7.2	6
	12	10
	24	20
	40.5	35
	72.5	66
	126	110
	252	220
	363	330
	550	500
	880	750
	1100	1000

4. 三相四线制配电系统

建筑供配电系统配电电压的选择：高压主要取决于城市电网的供电电压，通常为10kV；低压通常采用220V/380V（其中，线电压为380V，用于三相动力设备等；相电压为220V，用于照明设备及单相用电设备）。

在三相供配电系统中，含有中性线的系统称为三相四线制系统。我国现在广泛采用220V/380V低压配电系统的中性点直接接地，引出中性线（N）与保护线（PE），并把它称为TN系统。当系统中的中性线（N）和保护线（PE）共用一根导线时，称系统为“TN-C系统”，如图9-2a所示。当系统中的中性线（N）与保护线（PE）分开敷设时，称系统为“TN-S系统”，如图9-2b所示。当系统中的中性线（N）与保护线（PE）在前面共用、在后面分开敷设时，称系统为“TN-C-S系统”，如图9-2c所示。“TN-C-S系统”是建筑供配电系统采用最多的方式。

9.1.2 供配电系统一次设备

电气设备按照在生产过程中的功能可划分为一次设备和二次设备两大类：一次设备是指直接

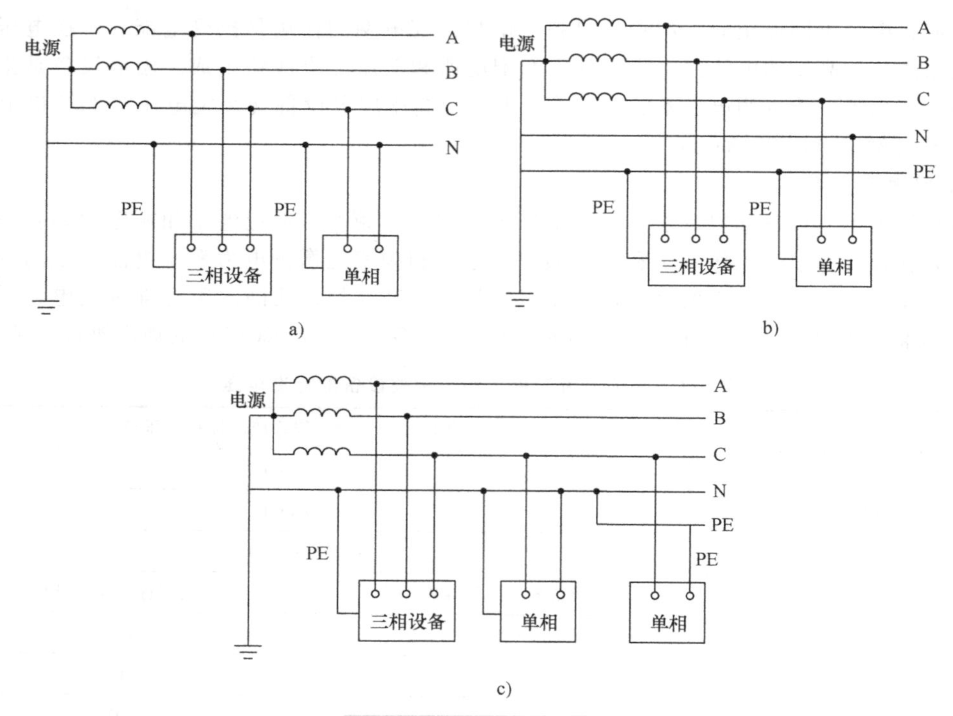

图 9-2 三相四线制配电系统（TN 系统）

a）TN-C 系统 b）TN-S 系统 c）TN-C-S 系统

发电、输电、变配电的主系统上所使用的设备，如发电机、变压器、断路器、隔离开关、自动空气开关、接触器、刀开关、电抗器、电动机、接闪器、熔断器、电流互感器及电压互感器等；二次设备是指对一次设备的工作进行监测、控制、调节和保护，以及为运行人员与维护人员提供运行情况或信号所需的电气设备，如测量仪表、继电器、操作开关、按钮、自动控制设备、电子计算机、信号设备及为这些设备供给电能的装置（如蓄电池、整流器）等。

1. 高压电气设备

（1）电力变压器 变压器是用来变换电压等级的设备。供配电系统中使用的变压器一般为三相电力变压器。由于电力变压器的容量大，工作温升高，因此要采用不同的方式来加强散热。电力变压器按散热的方式不同分为油浸式和干式两大类。

1）油浸式电力变压器是指把绕组和铁心浸泡在油中，用油做介质散热的变压器，常用的型号为 S 型或 SL 型。按散热形式不同分为自然风冷式、强迫风冷式和强迫油循环风冷式等。油浸式电力变压器外形与结构如图 9-3 所示。

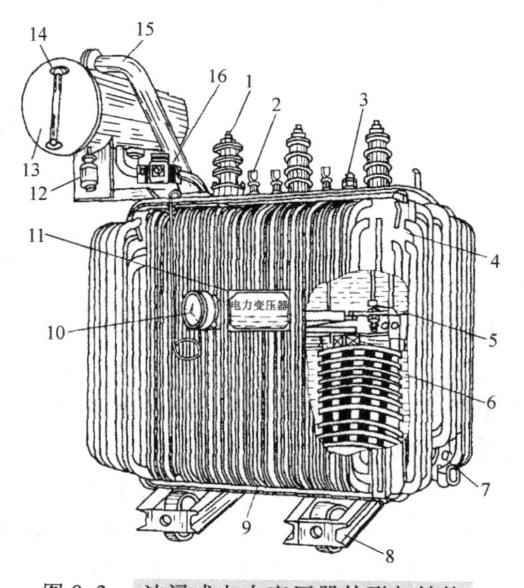

图 9-3 油浸式电力变压器外形与结构

1—高压套管 2—低压套管 3—分接开关 4—油箱 5—铁心 6—绕组及绝缘层 7—放油阀门 8—小车 9—接地螺栓 10—信号时温度计 11—铭牌 12—吸湿器 13—储油柜（油枕） 14—油位计 15—安全气道 16—气体继电器

2）干式电力变压器是指把绕组和铁心置于气

体中，为了使绕组和铁心更稳固，常用环氧树脂浇注，常用的型号为SC型。它比油浸式电力变压器的造价高，一般用于防火要求较高的场所。建（构）筑物内的变配电所要求使用干式电力变压器。

3）变压器的型号是用汉语拼音和数字表示，其排列顺序和含义如下：

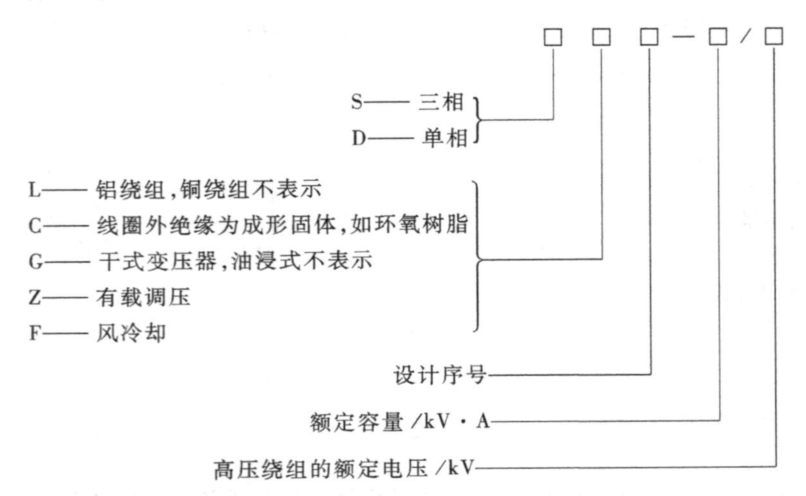

（2）高压开关设备　指工作电压在1kV以上的开关设备，按功能和结构的不同，高压开关分为高压隔离开关、高压负荷开关和高压断路器。

1）高压隔离开关的功能主要是隔离高压电源，以保证其他电气设备（包括线路）的安全检修。由于结构简单，没有专门的灭弧装置，所以不允许带负荷操作，只能用来通断小电流电路。高压隔离开关型号的表示及含义如下：

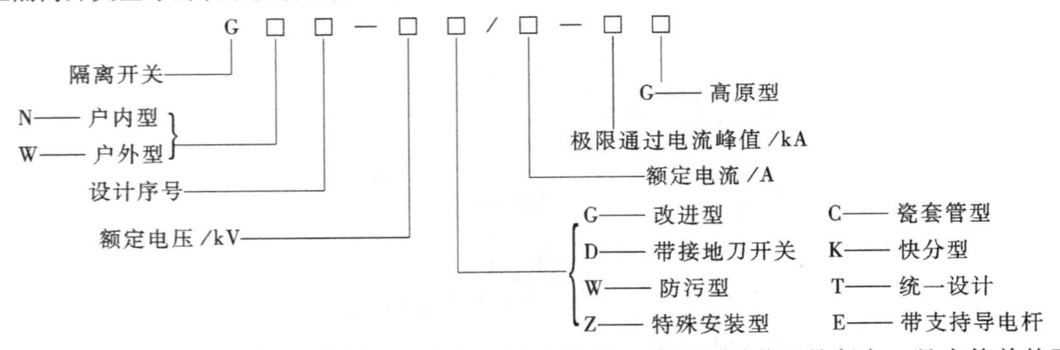

2）高压负荷开关的功能是隔离电源与保证安全检修。结构比隔离开关复杂，具有简单的灭弧装置，能切断正常的工作电流，因而在线路中能通断一定的负荷电流和过负荷电流，可以直接用来控制电气设备。高压负荷开关型号的表示及含义如下：

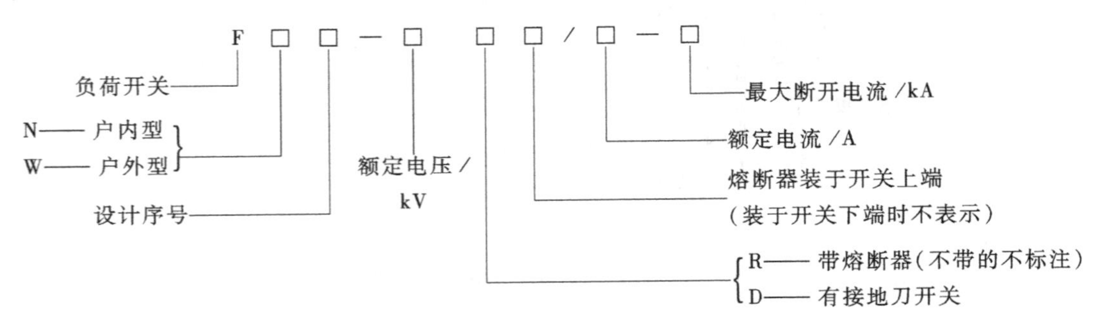

3）高压断路器功能较齐全，不仅能通断正常负荷电流，而且能接通和承受一定时间的短路电

流，并能在继电保护装置的作用下自动跳闸，切除短路故障。但开关断开后，不像高压隔离开关那样有明显可见的断开间隙，因此，为了保证电气设备的安全检修，通常要在断路器的前后两端装设高压隔离开关。高压断路器种类较多，按其采用的灭弧介质可分为油断路器、六氟化硫（SF_6）断路器、真空断路器、空气断路器与磁吹断路器等。高压断路器型号的表示及含义如下：

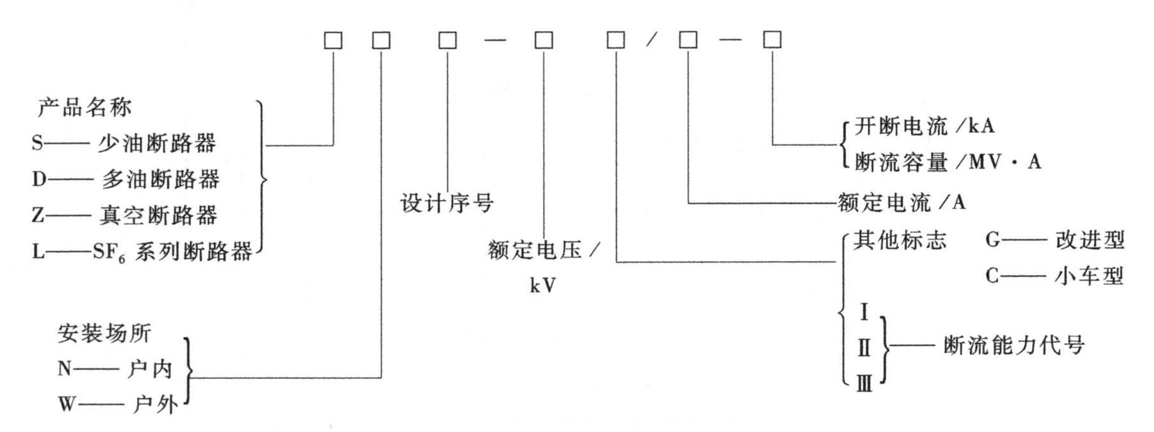

如 SN_{10}—10/630，表示为户内少油断路器，设计序号为10，额定电压为10kV，额定电流为630A。

4）高压开关柜是按一定的线路方案将一、二次设备组装在一个柜体内而形成的一种高压成套配电装置，在变配电所中作为控制和保护变压器及高压馈电用。柜上装有高压开关设备、保护电器、监测仪表和母线、绝缘子等。高压开关柜分为固定式和手车式两大类型。目前使用比较多的是GG—1A（F）型高压开关柜，如图9-4所示。

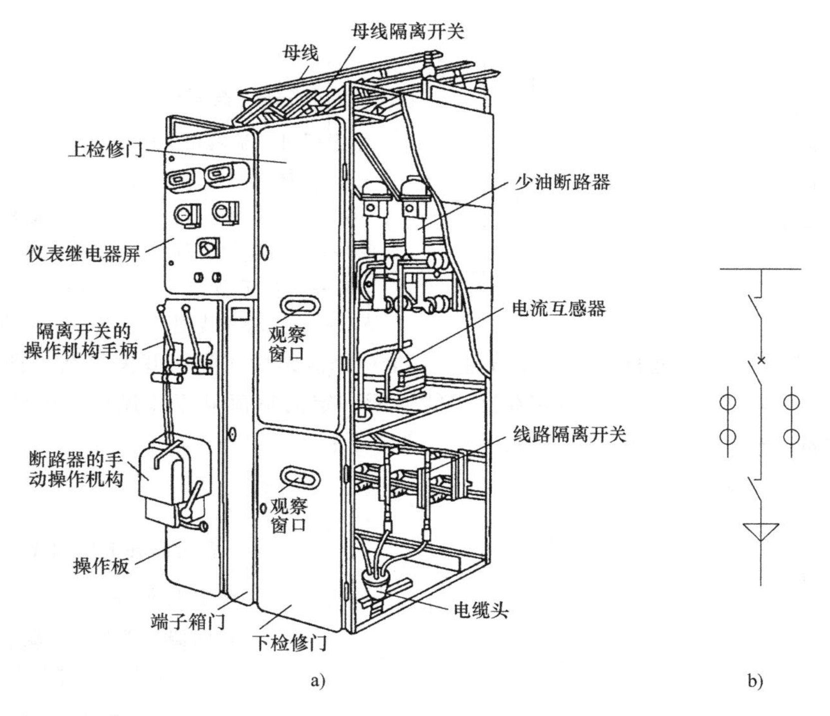

图9-4 GG—1A（F）型高压开关柜

a）结构图 b）主接线图

高压开关柜型号的表示及含义如下：

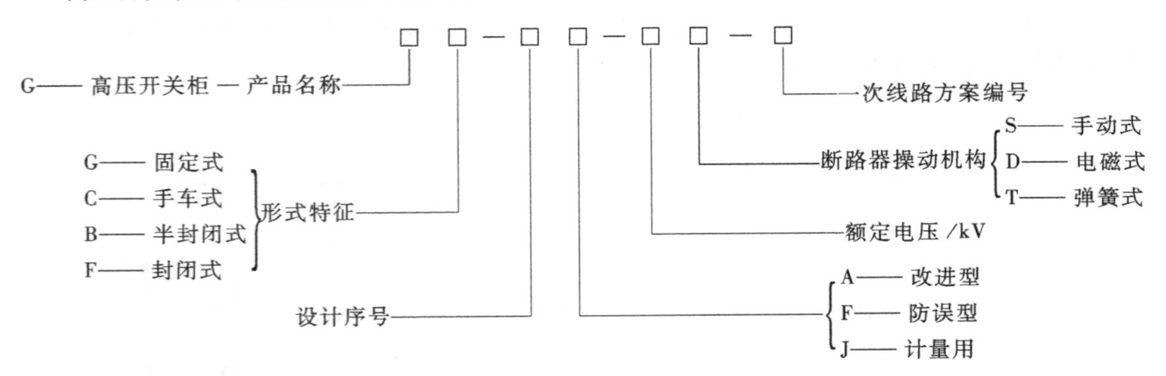

2. 低压开关设备

低压电气设备是指电压等级在1kV以下的各种控制设备、各种继电器及各种保护设备等。建筑电气工程中常用的低压电气设备有断路器、熔断器、刀开关、接触器、电磁起动器和继电器等。

（1）低压隔离开关　低压隔离开关又称为刀开关，刀开关按操作方式、极数及灭弧结构又分为数个种类。低压隔离开关型号的表示及含义如下：

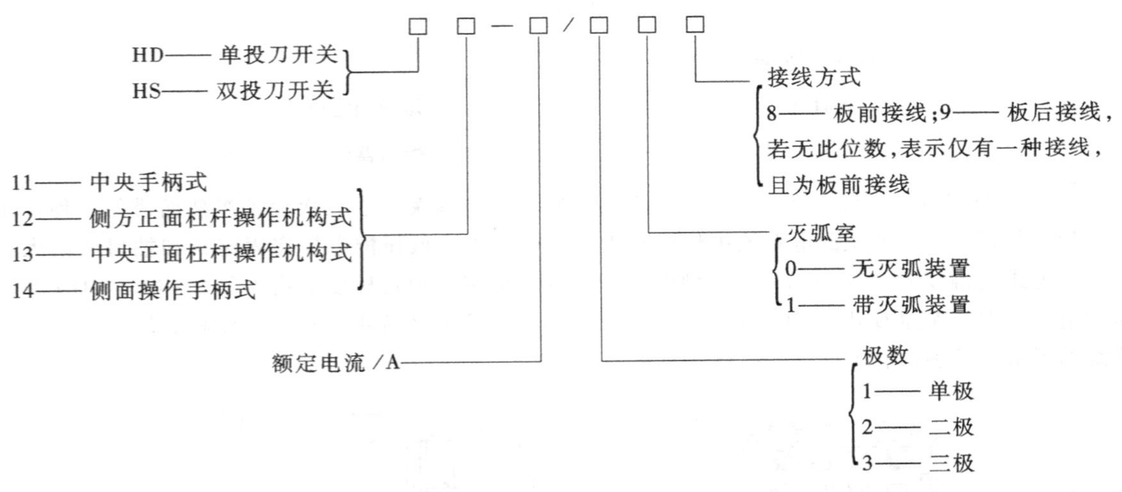

不带灭弧罩的刀开关只在无负荷情况下操作，可作为隔离开关使用；带灭弧罩的刀开关，能通断一定的负荷电流，灭弧罩能使负荷电流产生的电弧有效地熄灭。

低压刀熔开关是由低压刀开关与低压熔断器组合而成的开关，具有刀开关和熔断器的基本性能，常见的HR3型刀熔开关就是将HD型刀开关的闸刀换成具有刀形触头熔管的RT0型熔断器而构成的。

（2）低压负荷开关　是带有灭弧罩的刀开关和熔断器串联组合而成的，外装绝缘外壳或金属外壳。低压负荷开关型号的表示及含义如下：

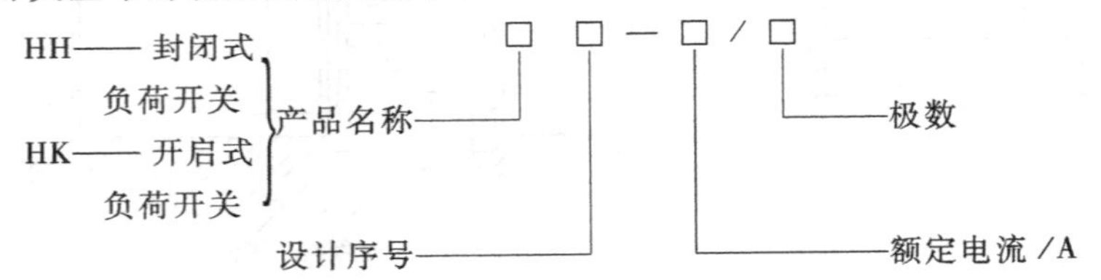

（3）低压断路器　低压断路器既能带负荷通断电路，又能在短路、过负荷和失压时自动跳闸。

配电用低压断路器按保护性能分为非选择型（有瞬时动作保护及长延时动作保护）和选择型（有两段保护及三段保护）两类；按结构形式分为塑料外壳式（又称装置式）和框架式（又称为万能式）两大类。低压断路器型号的表示及含义如下：

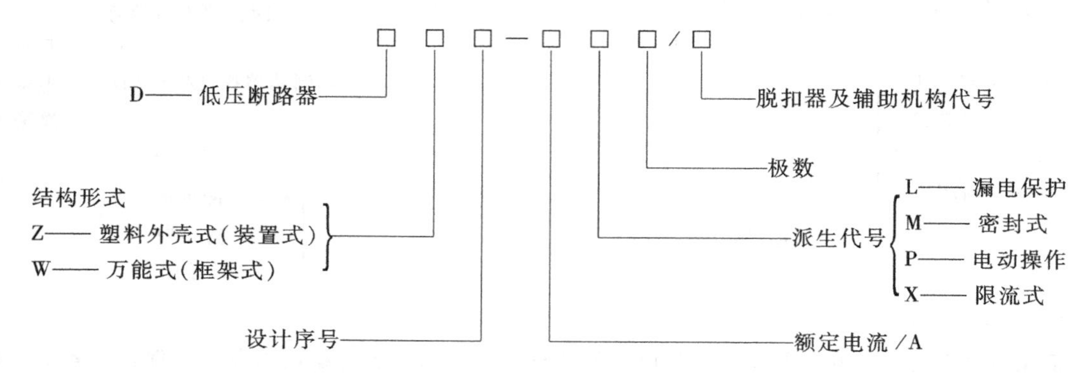

（4）低压熔断器　低压熔断器是一种当通过的电流超过规定值时，能使熔体熔化而断开电路的保护电器。其主要功能是对电路及电路中的设备进行短路保护，有的也具有过负荷保护的功能。RC 瓷插式熔断器型号的表示及含义如下：

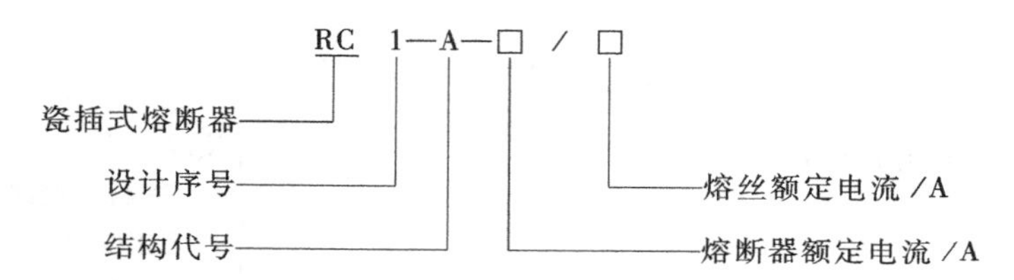

（5）低压配电屏　低压配电屏是按一定的线路方案将有关一、二次设备组装而成的一种低压成套配电装置，用在低压配电系统中作为动力或照明配电。低压配电屏有固定式和抽屉式两大类型。固定式用得较多的有 PGL、GDL 型低压配电屏；抽屉式用得较多的有 GCK、GCL、GGD 型低压配电屏。图 9-5 为 GGD 型低压配电屏外形示意图。若要对系统中各设备的结构、性能及特点有详细的了解，可参阅有关的供配电电气设备手册。

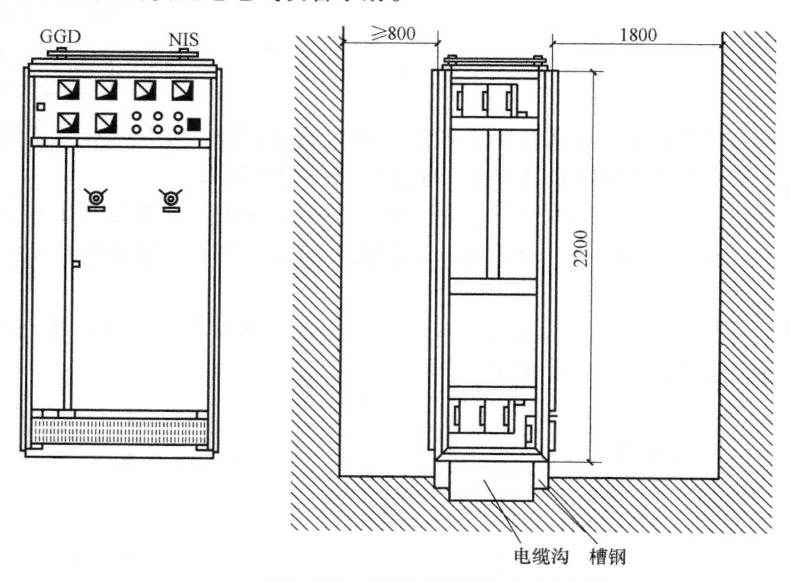

图 9-5　GGD 型低压配电屏外形示意图

低压配电屏型号的表示及含义如下：

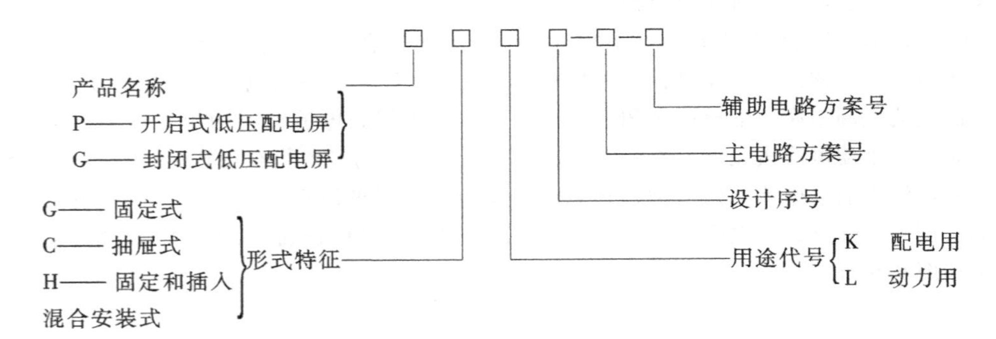

供配电工程一次设备的图形符号及文字符号见表9-2。

3. 其他设备

在供配电系统中还有一些其他设备，如电压互感器、电流互感器、电容器及接闪器等。

表9-2　供配电工程一次设备的图形符号及文字符号

序　号	名　称	图形符号	文字符号	备　注
1	单极开关		QK	开关通用符号
2	多极开关	或	QK	表示三极
3	断路器		QF	
4	负荷开关		QL	
5	隔离开关		QS	
6	接触器		KM	
7	熔断器		FU	
8	跌落式熔断器		FU	无指引箭头符号为熔断器式刀开关

（1）互感器　互感器的基本结构和工作原理与变压器相似，在供电系统中向测量仪表和继电器的电压线圈或电流线圈供电，因此把互感器称为特殊的变压器。按照用途不同，互感器分为电流互感器和电压互感器两类，主要用于大电流和高电压的测量及检测。互感器的使用可以扩大仪

表的量程和继电器的使用范围，使测量仪表和继电器与主电路隔开绝缘，从而保证工作人员的安全，避免测量仪表和继电器直接受短路电流的危害。

1）电流互感器的结构特点是一次绕组匝数少（有的只有一匝，直接穿过铁心）、导体粗，而二次绕组匝数多、导体细。工作时，一次绕组串联在供电系统的一次电路中，二次绕组则与仪表、继电器等的电流线圈串联，形成一个闭合回路。由于二次回路电流线圈的阻抗很小，工作时相当于短路状态，为了使电流表及继电器的规格统一，将电流表的二次绕组的额定电流规定为5A，这样就可以用电流表通过电流互感器测量任意大的电流。针对电流互感器的特点，在使用时应特别注意其二次侧不得开路，二次侧必须有一端接地，且极性连接应正确。LQJ—10型电流互感器的结构及原理如图9-6所示。

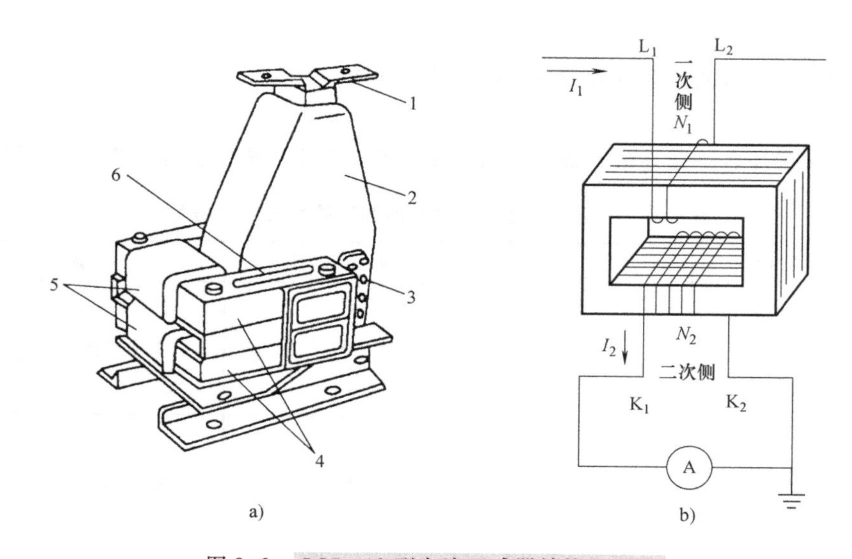

图9-6 LQJ—10型电流互感器结构及原理

a）电流互感器结构示意图 b）电流互感器构造原理图

1—一次接线端 2—一次绕组环氧树脂浇注 3—二次接线端 4—铁心 5—二次绕组 6—警告牌

电流互感器型号的表示及含义如下：

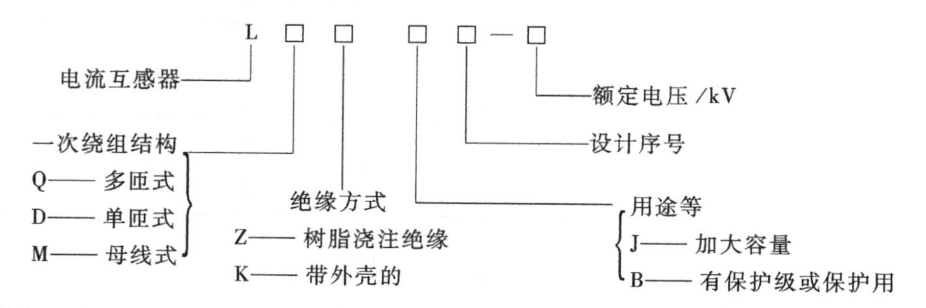

2）电压互感器的结构特点是一次绕组匝数多、二次绕组匝数少，相当于一个降压变压器。工作时，一次绕组并联在供电系统的一次电路中，而二次绕组与仪表、继电器的电压线圈并联。由于二次回路电压线圈的阻抗很大，工作时接近于空载状态，为了使电压表及继电器的规格统一，将电压互感器二次绕组的额定电压规定为100V，这样就用电压表通过电压互感器测量一次线路中不同的电压值。针对电压互感器的特点，在使用时应特别注意其二次侧不得短路，且二次侧必须有一端接地，端子极性应正确。JDZ—10型电压互感器结构及原理如图9-7所示。

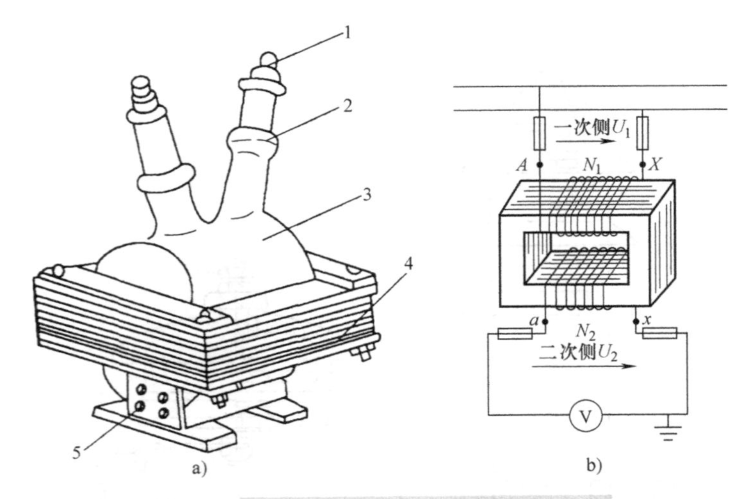

图9-7 JDZ—10型电压互感器结构及原理

a）电压互感器结构示意图 b）电压互感器构造原理图

1—一次接线端 2—高压绝缘套管 3—一、二次绕组，环氧树脂浇注 4—铁心 5—二次接线柱

电压互感器型号的表示及含义如下：

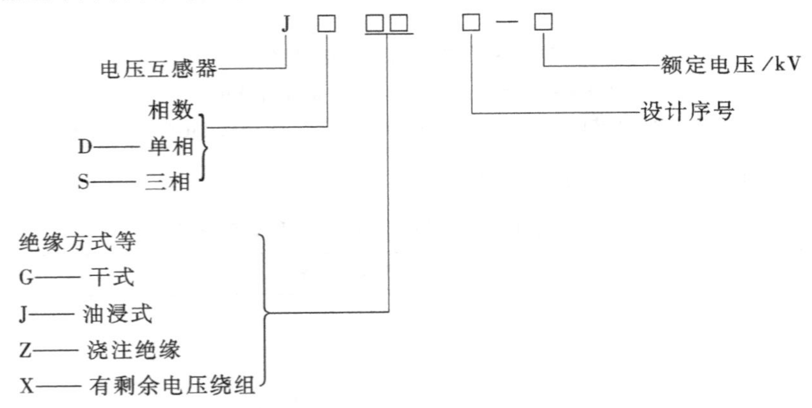

（2）接闪器 接闪器主要是用来保护变压器或配电设备免受雷电产生的过电压波沿线路侵入，击穿其绝缘的危害。接闪器应与被保护设备并联，装在被保护设备的电源侧。当线路出现危及设备绝缘的雷电过电压时，接闪器的火花间隙就被击穿或由高阻变为低阻，使过电压对大地放电，从而保护了电气设备和输配电线路。常用的阀式接闪器如图9-8所示。

接闪器型号的表示及含义如下：

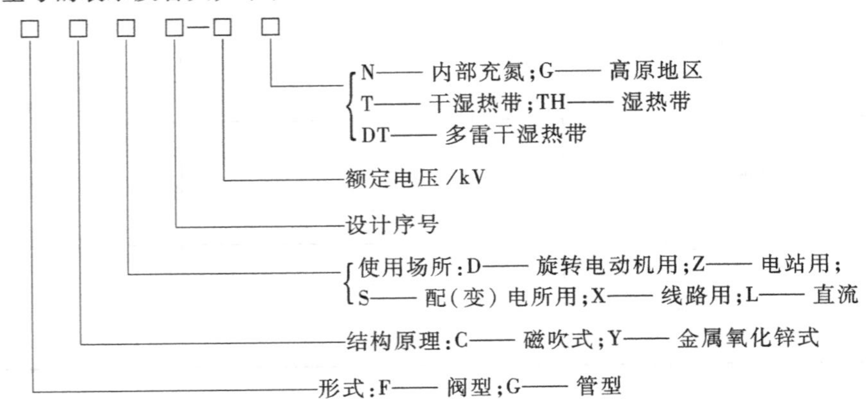

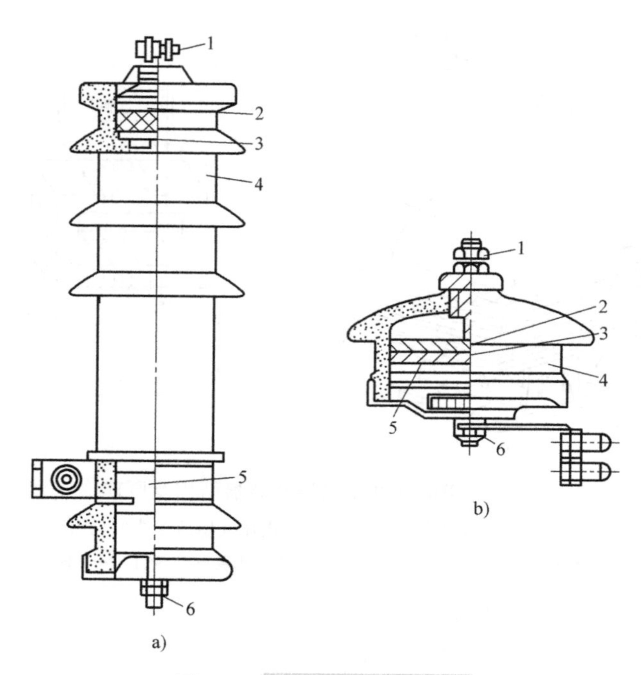

图 9-8 常用的阀式接闪器

a）FS4—10 型接闪器 b）FS4—0.38 型接闪器

1—上接线端 2—火花间隙 3—云母垫圈 4—瓷套管 5—阀片电阻 6—下接线端

其他一次设备的图形符号及文字符号见表 9-3。

表 9-3 其他一次设备的图形符号及文字符号

序 号	名 称	图 形 符 号	文 字 符 号
1	电压互感器	或	TV
2	电流互感器	或	TA
3	电抗器		L
4	热继电器热元件		FR
5	接闪器		F

9.1.3 供配电系统二次设备

二次设备用来保证一次设备安全、可靠的运行。二次设备的种类繁多，主要包括继电器、控制开关、仪表及信号设备。

1. 保护用继电器

供配电系统中的继电保护有过流、过负荷、单相接地、低电压、气体与差动等多种保护。按照被保护对象的不同又分为对高压一次侧线路的继电保护和对变压器的继电保护，按照继电器结构的不同可分为电磁式和感应式。常用继电器型号的表示及含义如下：

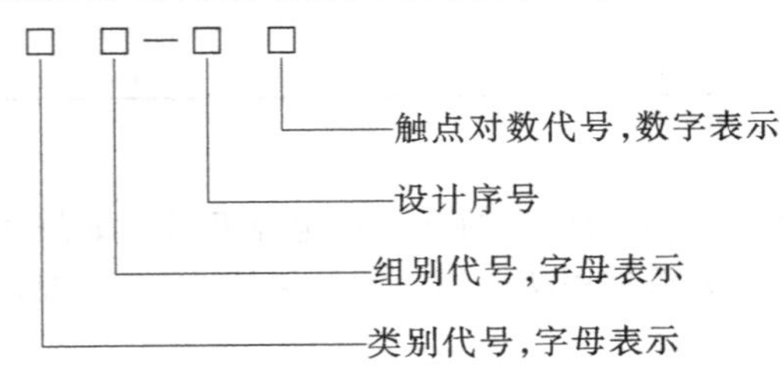

1）类别代号用字母表示：D 表示电磁式；G 表示感应式；L 表示整流式；B 表示半导体（晶体管）式。

2）组别代号用字母表示：L 表示电流继电器；Y 表示电压继电器；G 表示功率继电器；Z 表示中间继电器；S 表示时间继电器；X 表示信号继电器。

3）设计序号及触点对数代号用数字表示：1 表示一对常开触点；2 表示一对常闭触点；3 表示一对常开触点、一对常闭触点。

继电器是由线圈和触点（触头）两个部分组成。继电器线圈的图形符号见表9-4，继电器常见触点的图形符号见表9-5。

表 9-4 继电器线圈的图形符号

序 号	名 称	符 号	说 明
1	一般符号		继电器线圈的一般符号，在不致引起混淆的情况下，也可表示度量继电器的线圈
2	缓放线圈		所对应的常开触点延时断开，常闭触点延时闭合
3	缓吸线圈		所对应的常开触点延时闭合，常闭触点延时断开
4	测量继电器或线圈	*	“＊”用于有关限定符号

表 9-5 继电器常见触点的图形符号

序 号	名 称	符 号	说 明
1	动合（常开）触点		正常情况（例如未通电）下断开触点
2	动断（常闭）触点		正常情况（例如未通电）下闭合触点
3	转换触点		先断后合
4	转换触点		中间位置断开

（续）

序号	名称	符号	说明
5	延时动合触点	a) b)	a）延时闭合 b）延时断开
6	延时动断触点	a) b)	a）延时闭合 b）延时断开

2. 控制开关

在二次系统中，经常使用一些手动操作的低压小电流开关，如按钮、转换开关等。常见的控制开关图形符号见表9-6，控制开关常用功能的文字符号见表9-7，控制开关颜色的文字符号及含义见表9-8。

表9-6 常见的控制开关图形符号

序号	名称	图形符号	说明
1	手动操作开关		手动开关一般符号，可用于按钮
2	手动按钮开关		自动复位
3	手动按钮开关		无自动复位
4	应急按钮开关		具有动合触点且自动复位

表9-7 控制开关常用功能的文字符号

序号	功能	文字符号	缩写	序号	功能	文字符号	缩写
1	闭合	ON	ON	6	复位	Reset	R，RST
2	断开	OFF	OFF	7	上升	Up	U
3	起动	Start	ST	8	下降	Down	D
4	停止	Stop	STP	9	左	Left	L
5	动转	RUN	RUN	10	右	Right	R

表9-8 控制开关颜色的文字符号及含义

序号	颜色	文字符号	含义
1	红或黑	RD，BK	分闸，停机
2	绿或白	GN，WH	合闸，开机，起动
3	黄	YE	异常，故障
4	蓝	BU	强制性

3. 电气计量仪表

变配电所的配电柜上要安装各种电气计量仪表，用以监测电路的运行情况和电能的计量。电路中测量的有电流、电压、频率、功率因数及电功率，使用的仪表有电流表、电压表、频率表、功率因数表及电能表。常用电气测量仪表的图形符号见表 9-9，图形符号内标注的文字符号见表 9-10，常用电工仪表的文字符号见表 9-11。

表 9-9　常用电气测量仪表的图形符号

序号	名　称	符　号	说　明
1	指示仪表及示例（电压表）	* 　V	图中的“ * ”可由被测对象计量单位的文字符号、化学分子式、图形符号之一代替
2	记录仪表及示例（记录式功率表）	* 　W	
3	积算仪表及示例（电度表，瓦时表）	* 　Wh	

表 9-10　图形符号内标注的文字符号

序号	类别	名　称	符　号	序号	类别	名　称	符　号
1	被测量对象	电压表	V，kV，mV，μV	2	被测量对象	功率因数表	$\cos\varphi$
		电流表	A，kA，mA，μA			相位表	φ
		功率表	W，kW，MW			无功电流表	$I\sin\varphi$
		无功功率表	Var，kVar			最大功率指示器	$P_{\max}$
		电能表	kW · h			差动电压表	U_{d}
		无功电能表	kVar · h			极性表	±
		频率表	Hz，kHz，MHz				
		欧姆表	Ω，kΩ，MΩ				

表 9-11　常用电工仪表的文字符号

序号	名　称	文字符号	说　明	序号	名　称	文字符号	说　明
1	测量仪表	P	电工仪表及各种测量设备、试验设备通用符号	6	频率表	PF	电工仪表及各种测量设备、试验设备通用符号
2	电流表	PA		7	操作时间表	PT	
3	电压表	PV		8	记录器	PS	
4	功率表	PW		9	计数器	PC	
5	电度表	PJ					

4. 信号设备

信号设备分为正常运行显示信号设备、事故信号设备和指挥信号设备等。

1）正常运行显示信号设备使用不同颜色的信号灯和光字牌，用于电源指示、开关通断指示、设备运行及停止显示等。

2）事故信号设备包括事故预告信号设备和事故已发生信号设备。当电气设备或系统出现事故预兆或不正常的情况，如绝缘不良、中性点不接地、三相系统中有一相接地、轻度过负荷及设备温升偏高等，但尚未达到设备或系统不能运行的程度，这时发出的信号称为事故预告信号。当电气设备或系统故障已经发生，自动开关已跳闸，这时所发出的信号称为事故信号。事故预告信号

和事故信号一般由灯光信号和音响信号两部分组成，灯光信号可提示事故类别、性质与发生的位置，音响信号可唤起值班人员和操作人员的注意。

3）指挥信号主要用于不同地点之间的信号联络与信号指挥，如控制室和操作间的信号联络与指挥。指挥信号多采用光字牌与音响等。

9.2 供配电工程图的基本图及主要内容

本节重点介绍供配电一次回路系统图、变配电所主接线图、变配电所平面布置图及二次回路安装接线图等。

9.2.1 供配电一次回路系统图

一次回路是通过强电流的回路，又称为主回路，一般采用单线图的形式表示。图9-9是以单线图表示的变电所一次回路系统图，由图可知，该变电所的一次回路由高压隔离开关QS_1、QS_2，高压断路器QF_1，两组电流互感器TA_1、TA_2，电压互感器TV，电力变压器T，空气断路器QF_2，熔断器FU及接闪器F所组成。图中表明了各电气设备的连接关系，而并不反映各电气设备的安装位置。

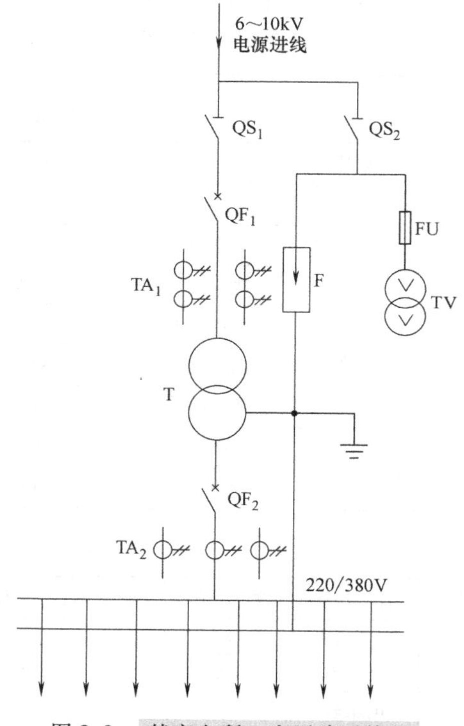

图9-9 某变电所一次回路系统图

1. *系统图的概念及用途*

系统图是用图形符号或带注释的框绘制的，概略表示系统、分系统、装置、设备、部件与软件的基本组成、相互关系及其主要特征的一种简图。若用带注释的框来绘制时，则称为框图。

系统图所表示的系统或分系统可以是一个区域电力系统，也可以是一个工厂、一个车间乃至一台设备的供电系统。由图9-9可以看出变电所供电系统各组成部分的相互关系及主要特征和功能。

系统图是电气工程图中的重要图样，它一般是系统、装置与设备成套设计图中的首张图。从总体上描述系统或分系统的组成、相互关系和功能特征，并根据系统或分系统按功能依次分解绘制，为编制详细的电气图或其他技术文件打下基础，为有关部门了解设计对象的整体方案、工作原理及组成概况提供参考，为系统软硬件的操作、培训和维护提供主要依据。图9-9就是变电所一次回路系统电气运行中开关操作顺序与切换电路的依据。

2. *系统图绘制的方法*

系统图以概略图或框图表示，图9-10为某轧钢厂系统框图，图9-11为高压配电装置$=E_1$概略。框图和概略图采用《电气简图用图形符号》（GB/T 4728—2008～2018）标准规定的图形符号和带有注释的框绘制，应遵守电气图绘制的一般规则。

（1）图形符号的使用　由于系统图描述的对象层次较多，常采用带注释的框绘制。框内的注释可以是文字，可以是符号，也可以同时采用文字与符号，有时也会用到一些代表元器件的图形符号，这些符号只是用来表示某一部分的功能，并非与实际的元器件对应。框的形式可以是实线框，也可以是点画线框，如图9-10所示。框图绘制的系统图看起来比较直观、简洁，一目了然。

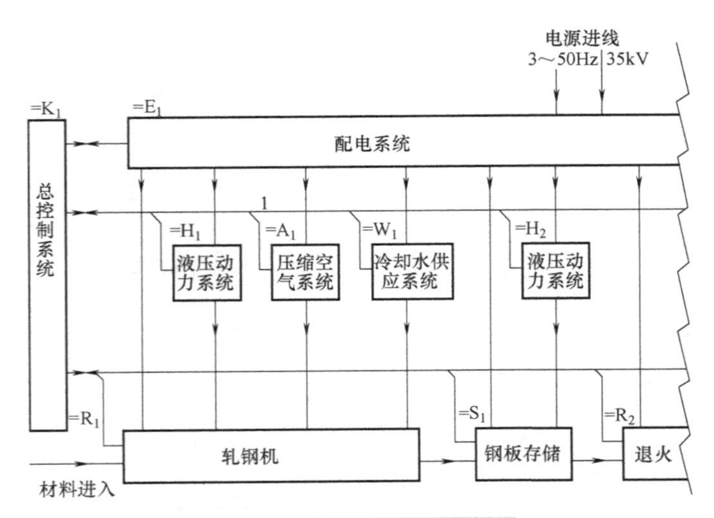

图 9-10　某轧钢厂系统框图

(2) 层次划分　为了更好地描述对象（系统、成套装置、分系统、设备等）的基本组成、相互关系和各部分的主要特征，且在系统图上反映出对象的层次，通常对一个比较复杂的对象用逐级分解的方法来划分层次，分别绘制多张图表示。以较高层次的系统图反映对象的概况，如图 9-10 所示的轧钢厂系统框图，以较低层次的系统图详述对象的组成情况和相互关系等。其中，图 9-10 中的 $=E_1$ 配电系统可以展开绘制成图 9-11 高压配电装置 $=E_1$ 概略图，图 9-11 比图 9-10 就低了一个层次。

(3) 布局　系统图通常采用功能布局法绘制，当位置信息对理解简图功能非常重要时，也可采用位置布局法绘制，必要时可在功能布局法绘制的概略图中加注位置信息。

(4) 连接线和信号流向　在系统图上，采用连接线来反映各部分之间的功能关系。连接线的线型有细实线和粗实线之分。一般电气连接线采用与图中图形符号相同的细实线，必要时可将表示电源电路和主信号的连接线用粗实线表示，反映非电过程流向的连接线也采用比较明显的粗实线。机械连接线一般用虚线表示。当采用方框符号或带注释的实线框时，连接线绘到框的轮廓线上；当采用带点画线框绘制时，连接线绘到该框内的图形符号上。

连接线上标注的内容，可根据需要加注各种形式的注解和说明，如信号名称、电平、频率与波形等。在输入与输出的连接线上，必要时可标注功能及去向。连接线上的箭头表示信号的流向，用开口箭头表示电信号流向，用实心箭头表示非电过程和信息的流向。控制信号流向与过程流向应垂直绘制。

(5) 项目代号的标注　系统图中表示系统基本组成的各个框，一般应在各框的上方或左上方标注项目代号。因为系统图与电路图、接线图是相互对应的，故标注项目代号可为图样的相互查找提供方便。通常在较高层次的系统图上标注高层代号，在较低层次的系统图上标注种类代号。若不需标注项目代号时，也可不标注。由于系统图不具体表示项目的实际连接和安装位置，所以一般不标注端子代号和位置代号。

9.2.2　变配电所主接线图

变配电所供电系统图主要是用来表示电能发生、输送、分配过程中一次设备相互连接关系的一次回路电路图，习惯称为主接线图。它可以反映某一项目工程的供电关系，也可以反映某一小区、某一车间的供电关系。绘制时除依据上述绘制规则外，还应在图中表示出各种电气设备的规

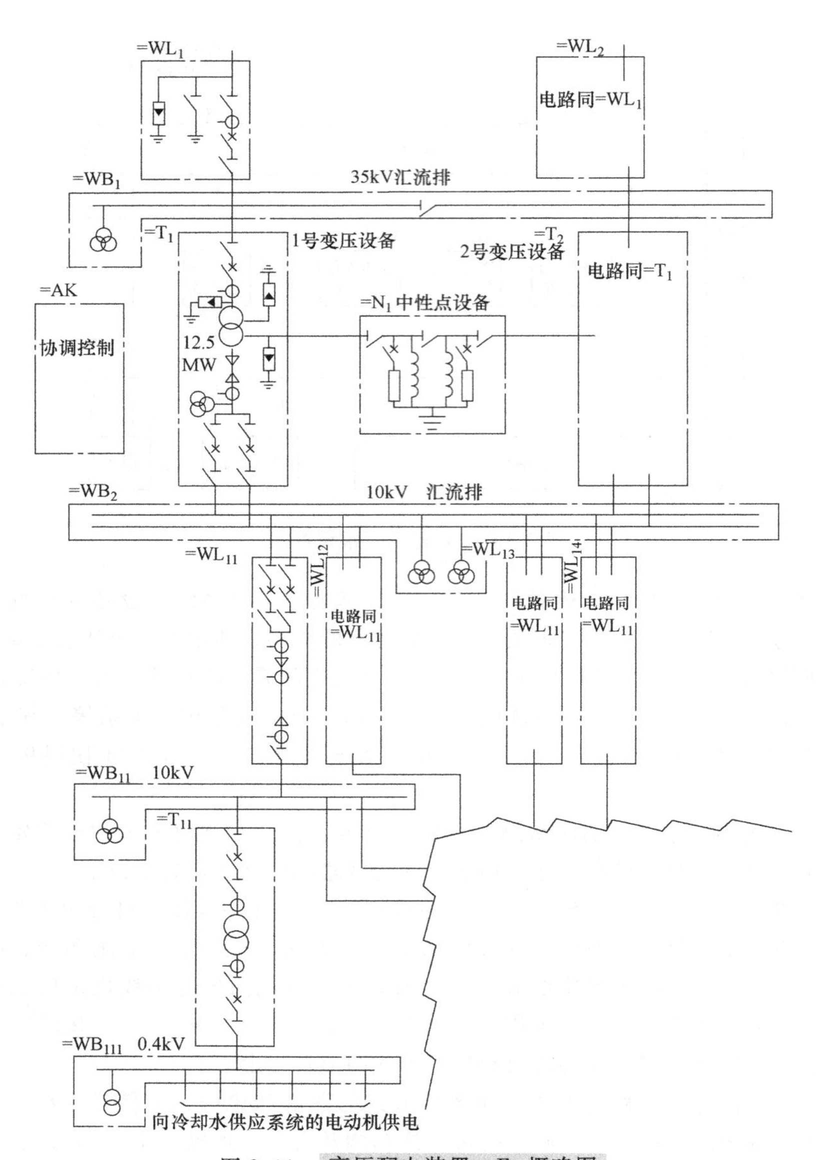

图 9-11 高压配电装置 = E_1 概略图

格、型号、数量、母线电压等级、连接方式及各配电设备回路编号、设备容量与计算负荷等。主接线图一般都习惯采用单线图表示，只有在局部较复杂的情况下才采用多线图。图 9-12 为某高压配电所及其车间变电所主接线图，从图中可以看出该配电所有两路电源进线：WL_1 路是架空线路，来自系统变电站，作为正常工作电源；WL_2 路是电缆线路，来自临近单位的高压联络线，作为备用电源。两路进线都采用 GG—1A（F）—11 型高压开关柜，且在进线开关柜前都装设了 GG—1A—J 型高压计量柜。由于进线采用高压断路器控制，并配以继电保护和自动装置，故其切换操作灵活方便，使供电可靠性得到极大的提高。考虑到进线断路器在检修时有可能两端来电，为保证断路器检修时的人身安全，断路器两侧（线路侧和母线侧）都装设了高压隔离开关。

高压母线又称为汇流排，是配电装置中用来汇集和分配电能的导体。该配电所母线系统为单母线制，采用 GN6—10/400 隔离开关将母线分成 WB_1 和 WB_2 两段。因高压配电所两路电源通常采用一路工作、一路备用的运行方式，所以母线分段开关通常是闭合的。只有在工作电源发生故障

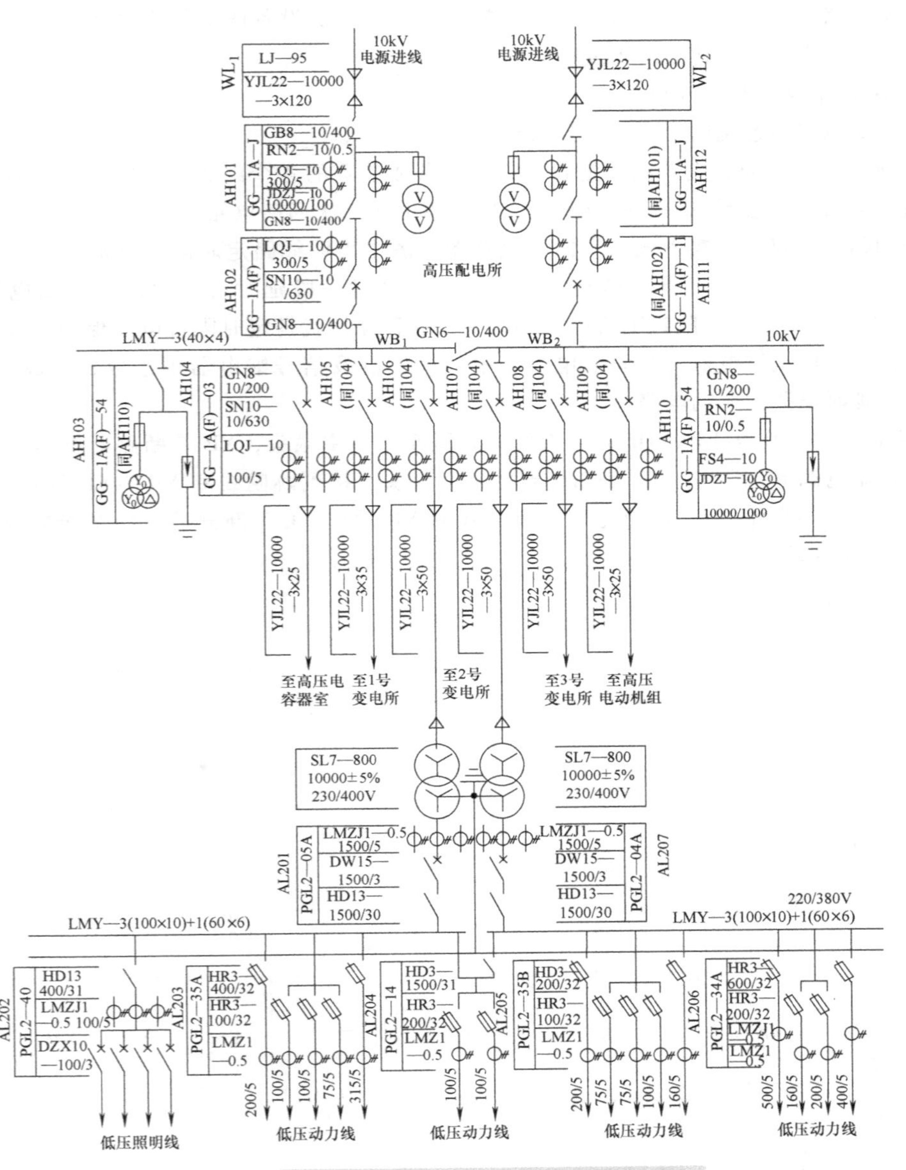

图 9-12 某高压配电所及其车间变电所主接线图

时，隔离开关切断该电源线路后投入备用电源，使变电所恢复供电。

WB_1、WB_2 母线的配出线有六路：有两路分别配电给 2 号车间变电所 TM_1、TM_2；有两路分别配电给 1 号车间变电所和 3 号车间变电所；有两路分别配电给高压电容器室和高压电动机组。变电所变压器低压侧母线 WB_{11}、WB_{21}之间也采用单母线分段制，用隔离开关进行联络。低压母线承担向车间设备和照明电器提供动力电源和照明电源，采用 PGL2 系列低压配电屏作为车间变电所的受电屏、联络屏及馈电屏。

9.2.3 二次回路电路图

二次回路电路图是供配电工程图的重要组成部分，主要用来表示继电保护、监测、控制、调节、信号等的相互作用及自动化装置的工作原理，也可称为二次回路接线图。与一次回路系统图

相比，二次回路电路图具有设备数量多、连接导线多、二次设备的动作程序多、二次设备的工作电源种类多等特点，显得比系统图复杂。

1. 二次回路电路图的形式

二次回路电路图绘制的形式可以分为集中式和分开式。

（1）集中式二次回路电路图　把表示二次设备或装置的各个组成部分的图形符号，按照动作原理及相互关系集中绘制在一起的电路图，称为集中式二次回路电路图，俗称整体式原理电路图。图9-13为10kV线路保护集中式二次回路电路图，图中表明线路定时限过电流保护：当线路发生过电流故障时，过电流继电器不是马上动作，而是经过一段延时后再动作（切断电源或发出信号），延时的长短一定，不随过电流的大小改变，这种保护就是定时限过电流保护。该装置主要由电流互感器、过电流继电器、时间继电器、中间继电器及信号继电器等组成，构成了主控电路、检测电路、延时电路和驱动电路。

1）主控电路。图9-13中QF是一次设备高压断路器主触头，YR是断路器操动机构中的跳闸线圈，由直流电源BC供电。QF_1是断路器的辅助触头，接到跳闸线圈YR电源回路中，断路器合闸后QF_1闭合。当直流电源BC断电时，跳闸线圈YR动作，QF_1断开后，断路器主触头分开，切断10kV一次主回路。

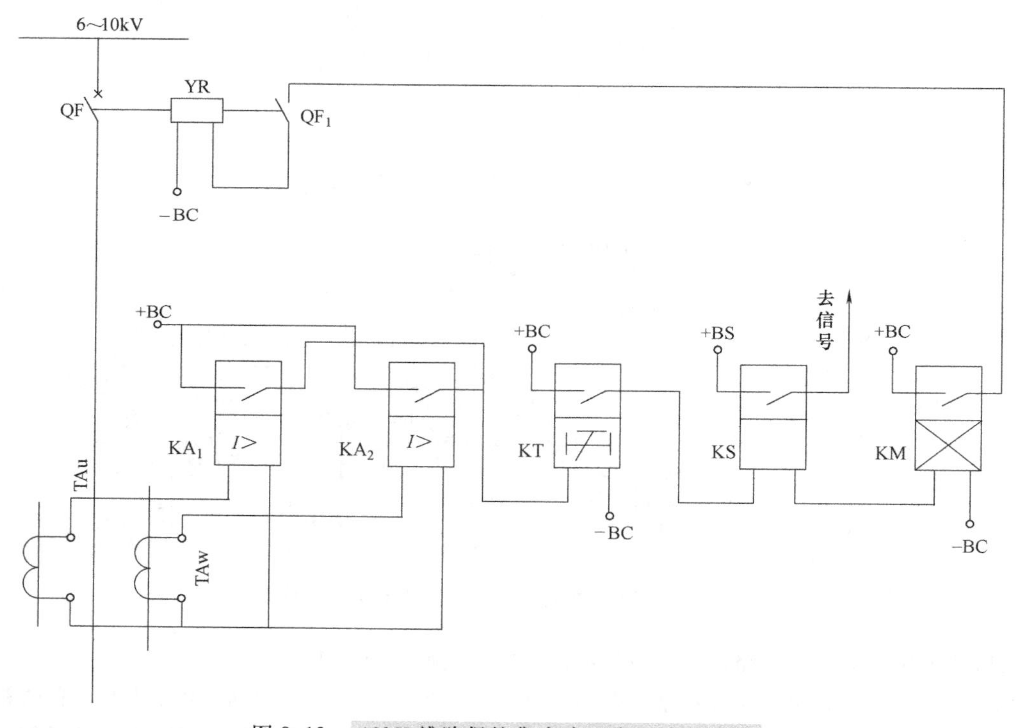

图9-13　10kV线路保护集中式二次回路电路图

2）检测电路。TAu和TAw是两台电流互感器，二次线圈分别接电流继电器KA_1和KA_2，符号中“$I>$”表示过电流继电器，当电流大于整定值时，继电器动作。

3）延时电路。电流继电器KA_1和KA_2的常开触点接在直流电源BC的线路中，直流电源的正极+BC经KA_1和KA_2的常开触点接到时间继电器KT的线圈上，KT的线圈通电，KA_1和KA_2延时动作。

4）驱动电路。时间继电器KT的常开触点接在直流电源的正极+BC线路中，+BC经KT的常开触点接信号继电器KS线圈和中间继电器KM线圈通电动作，常开触点闭合，接通跳闸线圈YR

的电源，使断路器跳闸。

从集中式电路图中可以看出，每一个继电器的线圈和触头都画在一起，每一个触头所控制的电源 + BC、 + BS、 – BC 却分别画出。

（2）分开式二次回路电路图 将二次电路中的设备元件分开表示，设备和元件各组成部分分别绘制在不同电源的电路回路中，习惯称这种简图为分开式二次回路电路图。图9-14为10kV线路电流保护分开式二次回路电路图，图中显示以下技术信息：

1）过电流保护电流回路为交流电路。TAu、TAw是电流互感器二次绕组，KA_1、KA_2是电流继电器线圈。

2）控制小母线及熔断器是直流电源BC的主干线。

3）跳闸回路中的SA是断路器分闸开关，用来完成断路器手动分闸操作。SA与中间继电器KM的常开触头并联，回路中串联断路器QF的常开辅助触头QF_1，以及断路器QF的跳闸线圈YR。

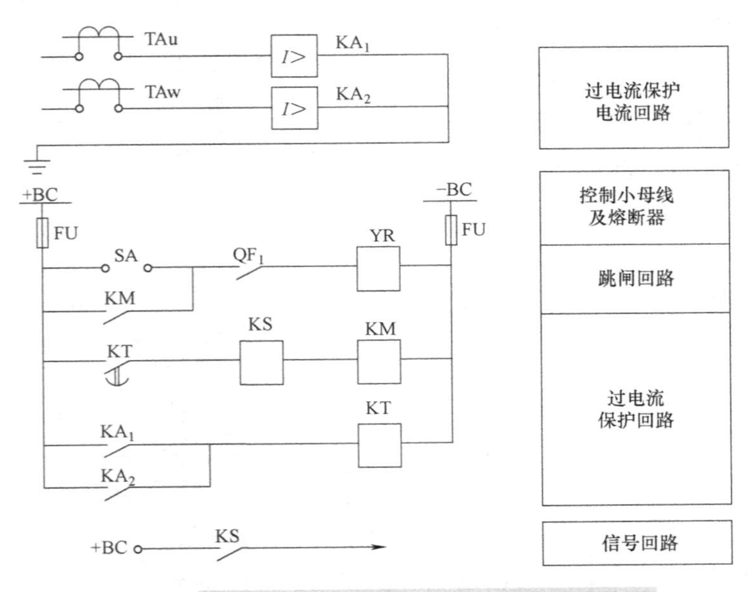

图9-14 10kV线路电流保护分开式二次回路电路图

4）过电流保护回路中，中间继电器KM的线圈与信号继电器KS的线圈都由时间继电器KT的延时闭合常开触头控制，时间继电器KT的线圈则由电流继电器KA_1和KA_2的常开触头控制。

5）信号回路中信号继电器KS的常开触头控制信号电器，如指示灯等。

从分开式二次回路电路图中可以看出，各元器件间的逻辑关系非常清楚，但各元器件的组成部分，如线圈、触头可能绘制在不同的位置，有时甚至会绘在另外的一张图上，所以在识图的时候须找到各元器件所有组成部分的位置，并分析它们之间的关系和作用。

2. 二次回路安装接线图

二次回路安装接线图是用于安装接线、线路检查、线路维修和故障处理的主要图样之一。在实际应用中，通常需要与电路图和位置图一起使用。供配电系统中二次回路安装接线图通常包括屏面布置图、屏背面接线图和端子接线图等。在接线图中一般应表示出项目的相对位置、项目代号、端子号、导线号、导线类型和导线截面等，如图9-15所示。

盘（柜）外的导线或设备与盘上的二次设备相连时，必须经过端子排，这样既可减少导线交叉，又便于以后的检修。端子排是由专门的接线端子板制成的。在图9-15中，端子排表上的“X1”是端子排代号，安装项目名称为“10kV电源进线”，“WL_1”为安装项目，端子排的左列是

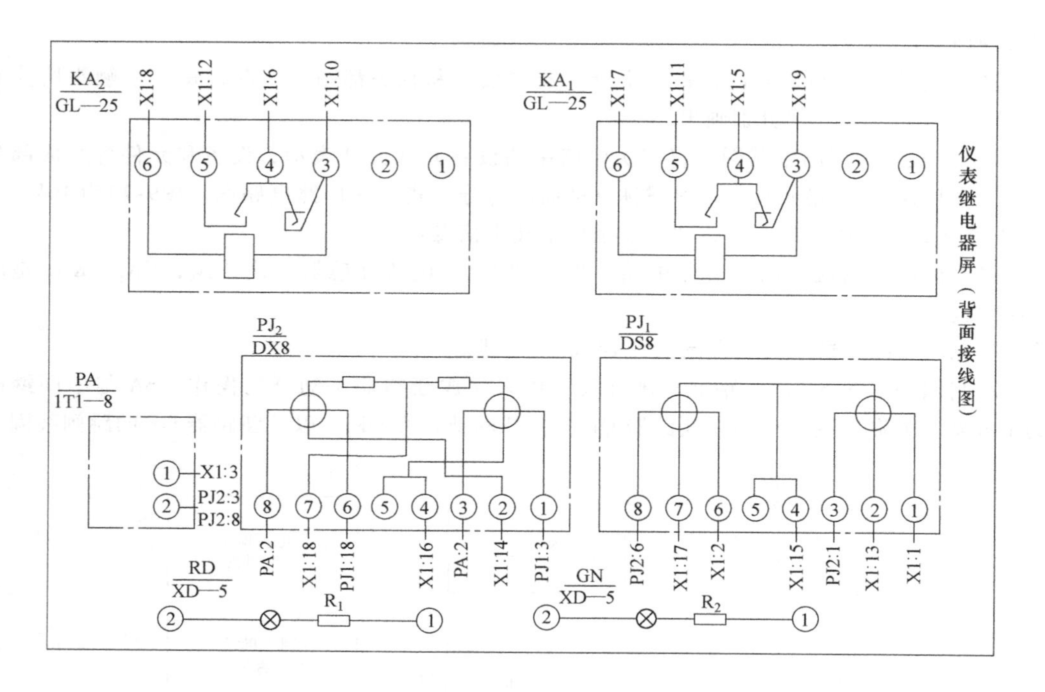

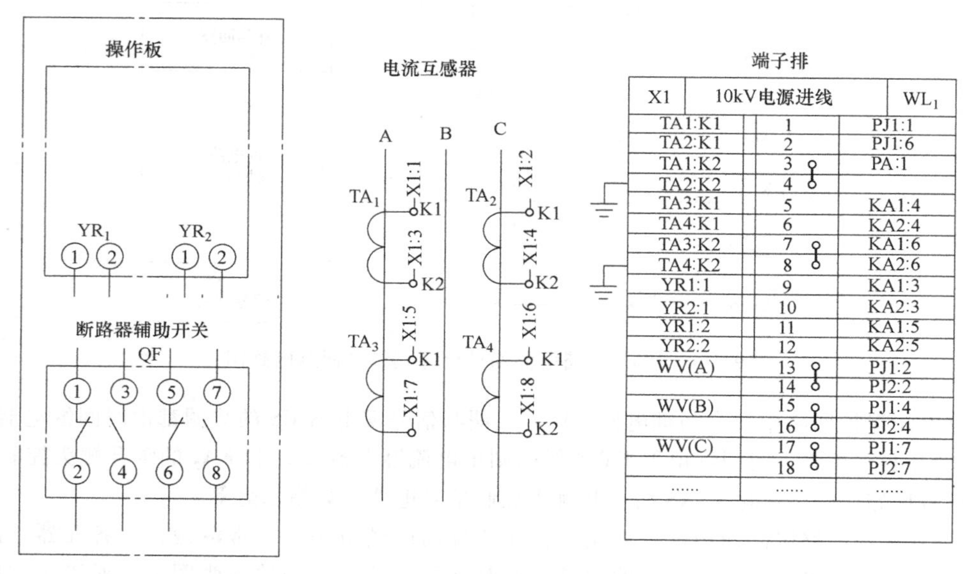

图 9-15 二次回路安装接线图

左连设备端子，端子排的右列是右连设备端子；“○”表示端子，在其旁标注端子代号，若用图形符号表示的项目，其上的端子可不画符号，只标出端子代号，“X”是端子排的文字代号，“:”是端子的前缀符号。二次回路安装接线图中，导线的连接很多，若用连接线绘制，则接线图显得十分繁杂，不易辨认，因此采用中断线表示（图 9-15 接线图中的 X1:1 标注在 PJ_1 的①端子上），这样会使图面简明清晰，为安装接线和维护检修带来很大方便。

9.2.4 变配电所平面布置图

在一次回路系统图中，通常不表明电气设备的安装位置，因此需要绘制设备布置图来表示电气设备的确切位置，设备的安装位置、尺寸及线路的走向等必须给予明确的表示。变配电所布置图是表现变配电所的总体布置和一次设备安装位置的图样，一般可分为设备平面图和立（剖）面图，它是设备安装的主要依据。图9-16a、b、c分别是某变电所设备布置的平面图和剖面图。

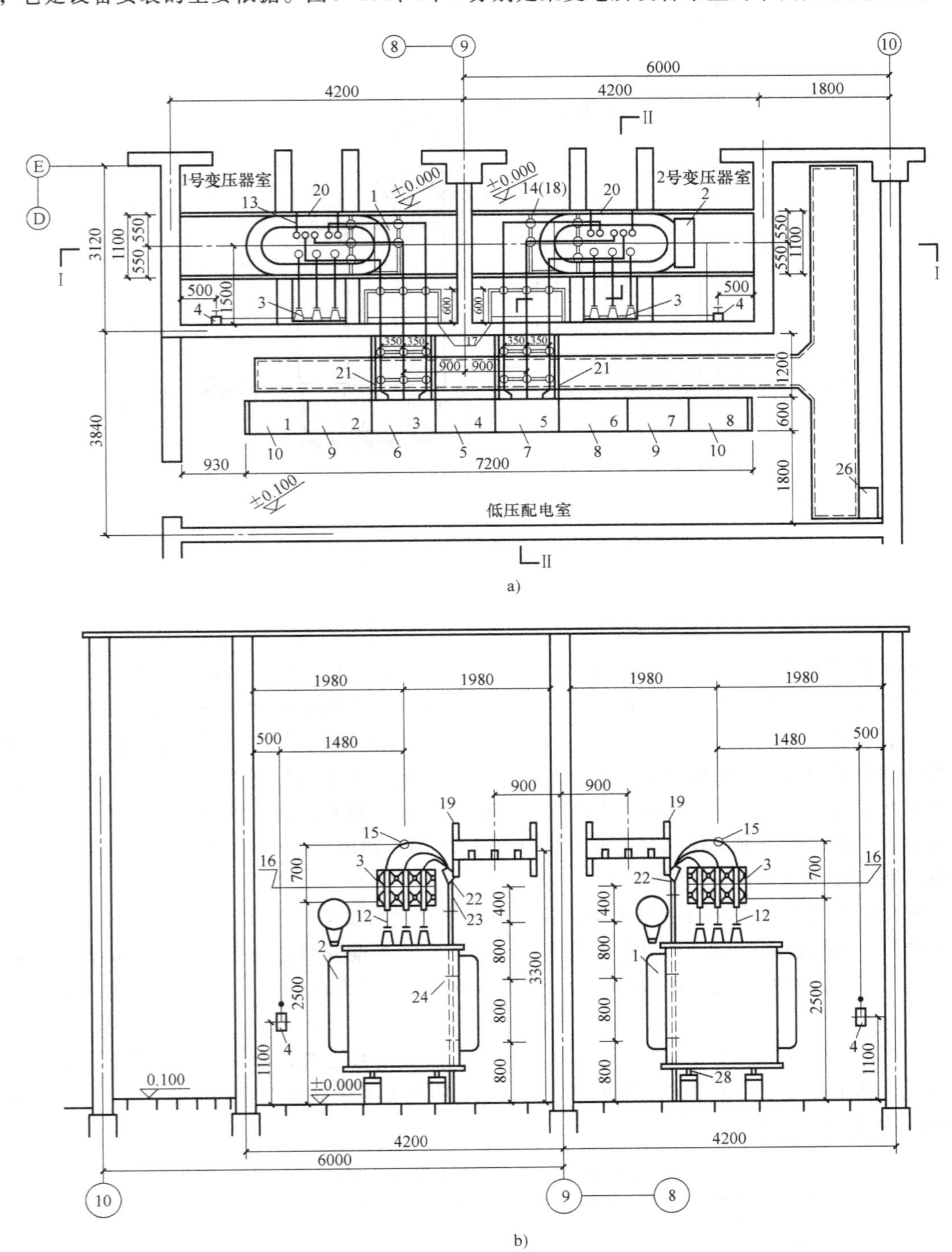

图9-16　变电所布置图

a）平面图　b）Ⅰ—Ⅰ剖面图

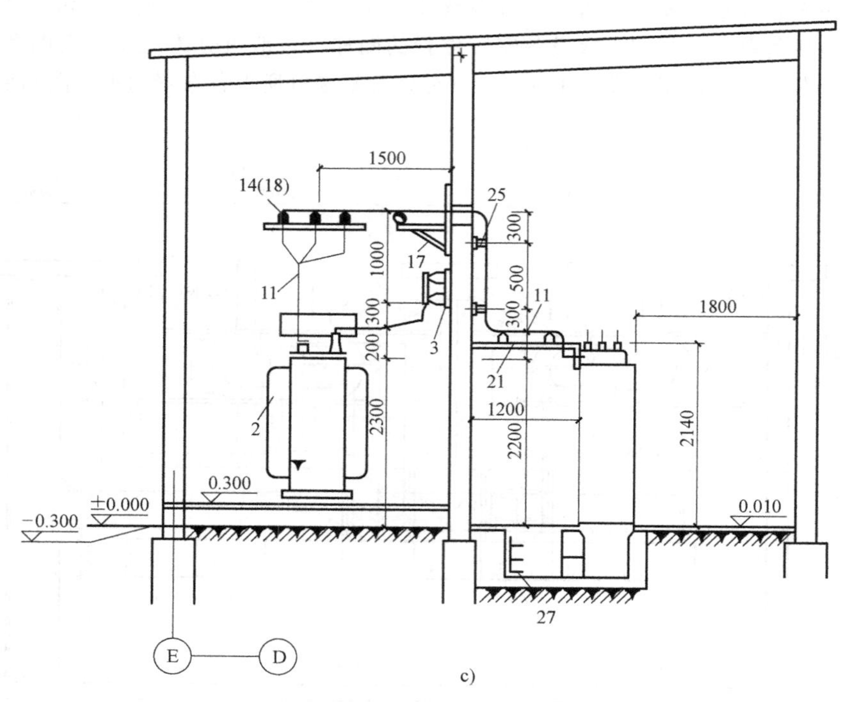

图 9-16 变电所布置图（续）

c）Ⅱ—Ⅱ剖面图

注：图中数字注释说明见表 9-13。

设备布置图的基础是建筑平面图和剖面图，电气设备的元件采用图形符号或简化的外形图来绘制，图形符号和外形图应表示出电气元件的大概位置。为详细表示出设备之间的实际距离、尺寸等信息，可补充详图或说明、有关设备材料表及识别的信息或代号。如果没有室外场地布置图，建筑物外面的设施也应尽可能地表示在布置图上。变配电所平面图与剖面图是表示变电所的总体布置和一次设备安装位置图，表示一个区域或一个建（构）筑物内成套装置、设备和装置中各个项目位置的简图，是根据《建筑制图标准》（GB/T 50104—2010）的规定按照三视图的原理依一定的比例绘制而成。

变配电所设备安装成套图中与系统图相对应的就是设备安装平面图、立（剖）面图和详图。二次电路图和接线图表示的信息均由电气设备制造厂在出厂前安装在设备及装置内部，不需施工单位安装，只需通过装置或设备的端子进行连线即可，在施工和计价中一般不使用二次电路图。

图 9-17 是某工厂 10kV 变电所平面布置图。变电所为二层建筑，底层为变压器室和高压开关室，二层为低压配电室和值班室。图 9-18 是某工厂 10kV 变电所立面布置图。表 9-12 是图 9-17 与图 9-18 中主要电气设备及材料明细。

表 9-12 主要电气设备及材料明细

编　号	名　称	型号规格	单位	数量	备　注
1	电力变压器	S9—500/10，10/0.4kV	台	1	
2	电力变压器	S9—315/10，10/0.4kV	台	1	
3	手车式高压开关柜	JYN—210，10kV	台	5	Y1 ~ Y5

（续）

编　号	名　称	型号规格	单位	数量	备　注
4	低压配电柜	PGL2	台	13	
5	电容自动补偿器	PGJ1—2，112kVar	台	2	P8、P10
6	电缆梯形架（一）	ZTAN—150/800	m	20	
7	电缆梯形架（二）	ZTAN—150/400，900DT—150/400	m	15	90°平弯型2个
8	高压电缆终端头	10kV	套	4	
9	低压电缆芯端接头	$500mm^2$	个	12	
10	高压电缆芯端接头	$35mm^2$	个	12	
11	电缆保护管	ϕ100	m	80	
12	铜母线	TMY—30×4	m	16	高压侧
13	高压母线夹具	ZT—10Y	副	12	
14	高压支柱瓷瓶		个	12	
15	铜母线	TMY—60×6	m	46	低压侧
16	低压母线夹具		个	12	
17	电车线路绝缘子	WX—01	个	12	
18	铜母线	TMY—30×4	m	20	引下线
19	高压母线支架	∟50×5	套	2	共计5.2m
20	低压母线支架	∟50×5	套	2	共计5.2m
21	高压电力电缆	YJV29—10kV 3×35	m	40	
22	低压电力电缆	VV—1kV 1×500	m	120	
23	电缆支架	∟40×4	个	4	共计1m
24	电缆头支架	∟40×4	个	2	共计1m

（1）底层设备平面布置图　图9-17a底层图左侧为两间变压器室，安装1、2号两台变压器，变压器为横向布置，其上部分列高压套管和低压套管。高压套管与从高压开关柜引来的高压母线相连接，其上方设高压母线支架和电缆头支架，10kV电源由高压电缆引入Y1柜，然后分别由Y4、Y5柜引向1、2号变压器高压母线支架上；低压套管与变压器的低压母线相连，在其上方设低压母线支架和低压电缆头支架，低压电缆线路PX—1和PX—15由此引向二层P1柜和P15柜。低压配电电源由PX3～PX7、PX11～PX13电缆线路分别引自P3～P7、P11～P13柜，经低压配电室电缆夹层沿电缆桥架引下至电缆沟送出。高压电缆采用穿保护管直接埋地敷设的形式，低压电缆采用梯式电缆桥架沿墙明敷设的形式。底层图右侧为高压开关室，图中标出了高压开关柜的位置，距墙1200mm，柜宽841mm，柜深1500mm。

（2）二层设备平面布置图　在图9-17b的低压配电室中，15台低压配电柜依次排列，顺时针编号为P1～P15，P16为备用柜。低压电缆线路PX1—1和PX1—15引至P1柜和P15柜，由P3～P7柜和P11～P13柜经PX3～PX7、PX11～PX13电缆线路向外输出分配电能，各条电缆均敷设在电缆夹层中。

（3）立面布置图　图9-18a是变电所Ⅰ—Ⅰ剖面图，图9-18b是变电所Ⅱ—Ⅱ剖面图。在Ⅰ—Ⅰ剖面图中，底层左侧是变压器室，变压器室的下层为1m高的通风层，变压器安装在混凝土梁上，其左上方是低压电缆桥架，电缆桥架穿过楼板到二层。底层的右侧是高压室，安装Y1～Y5高压开关柜，在高压开关柜的右下部是室内电缆沟，高压室右侧墙外为室外电缆沟，电缆穿钢管引入室内。变电所底层与二层之间为一夹层，作为低压电缆沟使用。在Ⅱ—Ⅱ剖面图中，底层是

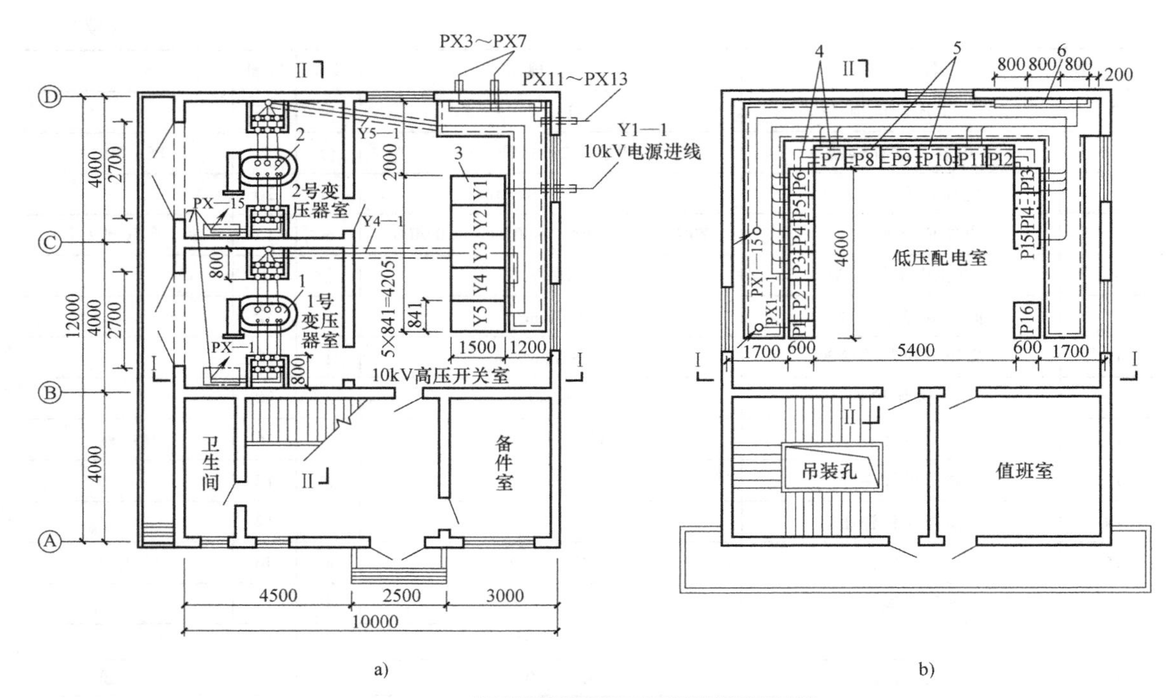

a) b)

图 9-17 某工厂 10kV 变电所平面布置图

a）底层设备平面布置图 b）二层设备平面布置图

注：图中数字注释说明见表 9-12。

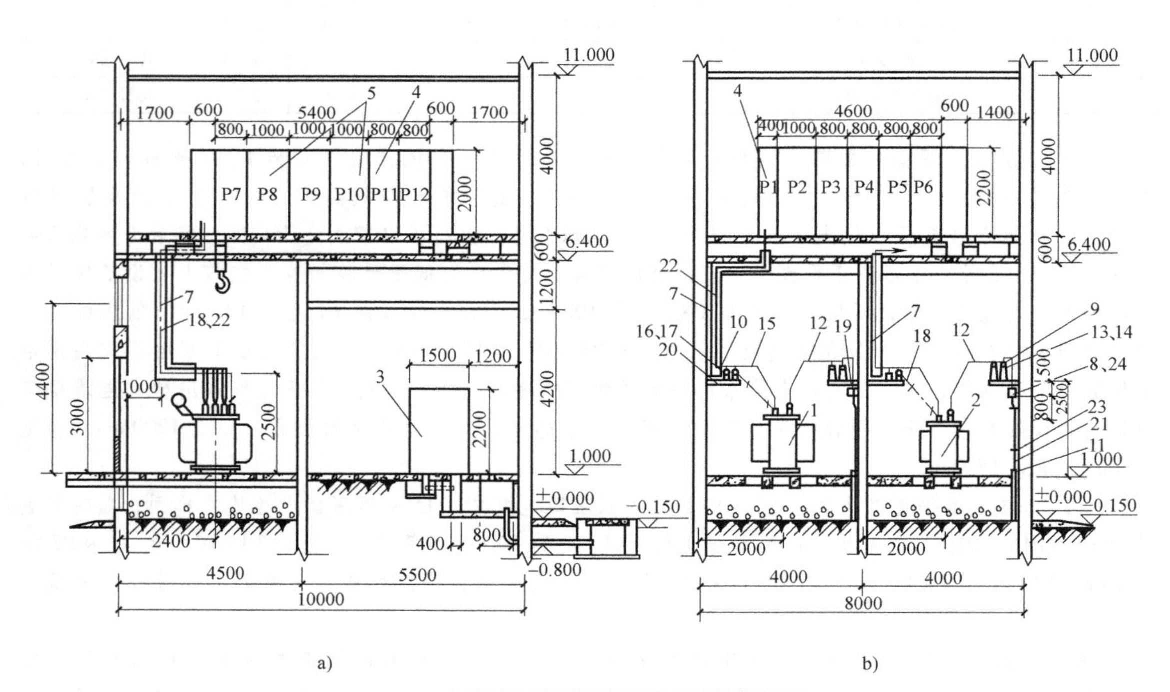

a) b)

图 9-18 某工厂 10kV 变电所立面布置图

a）变电所Ⅰ—Ⅰ剖面图 b）变电所Ⅱ—Ⅱ剖面图

注：图中数字注释说明见表 9-12。

变压器室，变压器左上方是低压母线支架和电缆桥架，沿墙明敷设。变压器右上方为高压母线支架和高压电缆头支架。高压电缆穿保护管埋地敷设，引入高压室内沿墙明敷设。

9.3 变配电所工程图识读实例

[实例9-1] 某车间变配电所工程图的识读介绍如下。

1. 变电所配电及工程概况

图9-19为某车间变配电所系统图，图9-16a、b、c分别为某车间变配电所平面图和剖面图，图9-20为负荷开关在墙上安装及操作机构支架图，表9-13为某车间变配电工程的设备和材料表。

表9-13 某车间变配电工程的设备和材料

图位号	名称	型号及规格	单位	数量
1	三相电力变压器	S—800/10型 800kV·A 10/0.4~0.23kV	台	1
2	三相电力变压器	S—1000/10型 1000kV·A 10/0.4~0.23kV	台	1
3	户内高压负荷开关	FN3—19型 10kV 400A	台	2
4	手动操作机构	CS3型	台	2
5	低压配电屏	PLG1—05A	台	1
6	低压配电屏	PLG1—06A	台	1
7	低压配电屏	PLG1—07A	台	1
8	低压配电屏	PLG1—21	台	1
9	低压配电屏	PLG1—23A	台	2
10	低压配电屏	PLG1—23B	台	2
11	低压铝母线	LMY—100×8	m	43.44
12	高压铝母线（中性母线）	LMY—40×4	m	17.40
13	母线引下线	LMY—40×4	m	18.00
14	电车绝缘子	WX—01 500V	个	40
15	高压支柱绝缘子	ZA—10Y 10kV	个	2
16	电力电缆	ZQL_{20}—3×35	m	26.49
17	低压母线支架及穿墙隔板	1型：∟50×5、∟40×4、∟30×4	个	2
18	电车绝缘子装配	同14	个	40
19	低压母线夹板	1型	个	2
20	低压母线桥形支架	∟63×5	个	2
21	低压配电屏后母线桥形支架	∟50×5	个	2
22	户内尼龙电缆终端盒	NTN—33 10kV 3×35mm²	个	2
23	电缆头固定件	∟40×4	个	2
24	电缆固定件		个	6
25	低压母线支架	∟505	个	4
26	信号箱	600×400	台	1
27	L形电缆支架	L3型：∟40×4、∟30×4	个	22
28	基础槽钢	10号	m	6

注：图位号为13的母线引下线入1~8号配电柜（图9-16a）。

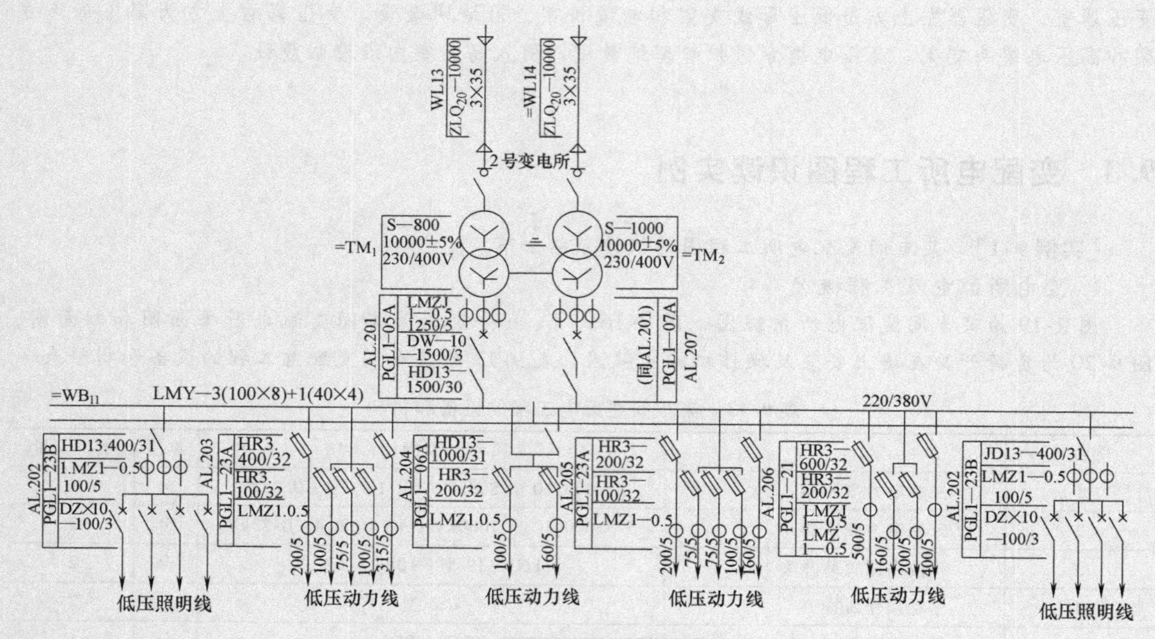

图 9-19 某车间变配电所系统图

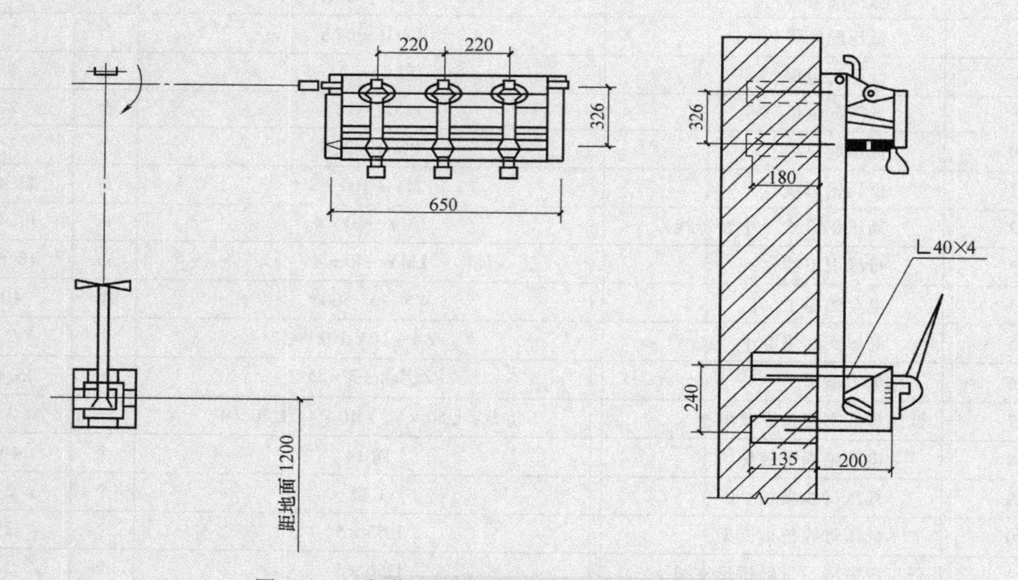

图 9-20 负荷开关在墙上安装及操作机构支架图

该工程的供电电源电缆由厂区变电所经电缆沟引入室内，沿墙敷设到变压器室与低压配电室隔墙上的负荷开关上，经高压负荷开关及高压母线分别给1、2号变压器供电。变压器低压端子连接低压母线，经低压断路器供电至低压配电柜上，通过1、2、4、6、7、8号位的配电柜分配电能。

2. 变配电所工程图的识读

(1) 识读配电系统图

识读图9-19系统图，了解该车间变配电所配电系统的基本组成。该车间变配电所设有TM_1、TM_2两台电力变压器，它们分别为S—800/10型和S—1000/10型。高压进线为电力电缆（ZQL_{20}—

10kV—3×35mm²），用高压负荷开关（FN3—10/400型）控制。低压侧母线采用单母线分段制。PGL1—06A型配电屏作为分段联络柜，PGL1—05A和PGL1—07A两配电屏分别作为TM_1和TM_2变压器的低压侧出线柜，并分别接至母线LMY—3（100×8）+1（40×4）的左段和右段。由系统图可知，该车间变配电所内安装的设备有两台电力变压器、两台高压负荷开关和8面低压配电屏。

（2）识读变配电所平面图与剖面图

识读图9-16a、b、c平面图与剖面图，了解配电设备的布置，由图可知变配电所分为1号变压器室、2号变压器室和低压配电室。

（3）变压器安装

变压器室的宽度为4.2m，2台变压器分别安装在两个变压器室内的变压器基础台上，故变压器就位时需要采用垫枕木的方法将其抬高，并推进至变压器室高度为0.6m的基础平台上。配电柜的基础型钢均为10号镀锌槽钢，基础平台标高为0.300m，室外地坪标高为-0.300m。变压器的放置方向应使高压侧在里，低压侧在外，中心距⑨轴线墙1.5m。一般情况下变压器应水平放置，但带有瓦斯继电器的变压器则应使其顶盖沿继电器气流方向有1%~1.5%的升高坡度，应将变压器油枕一侧垫高一定高度。

（4）高压负荷开关安装

2台高压负荷开关分别安装在变压器室与低压配电室之间的隔墙上，中心距侧墙面1.98m，与变压器中心一致，安装高度2.3m。负荷开关操作机构为CS3型，同负荷开关安装在同一面墙上，一个安装在开关右侧，一个安装在开关左侧，安装高度均为1.1m，距侧面墙的距离为0.5m。高压负荷开关的安装可参考国家标准图集进行，如图9-20所示负荷开关在墙上安装的形式。

（5）低压配电屏安装

该变电所低压配电室内共有8台低压配电屏，位于低压配电室，安装成一排。为便于今后维修拆换，配电屏底座槽钢采用螺栓固定的方法安装，也可参照全国通用电气装置标准图集安装，如图9-21所示。在土建进行基础施工时，预埋底板钢板5mm（厚）×100mm（长）×100mm（宽），其中心间距应等于配电屏的宽度900mm。安装配电屏时，先将加工好的底座槽钢与底板焊接，并保持底座槽钢平整，然后将低压配电屏放在底座槽钢上，用螺栓固定。

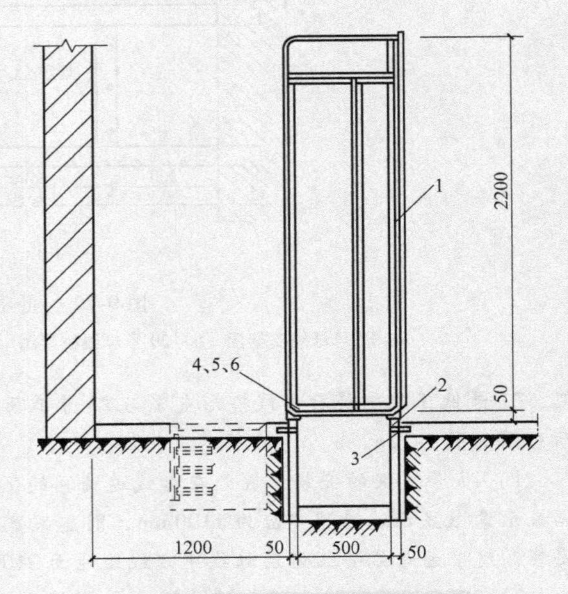

图9-21 低压配电屏安装示意图
1—配电屏 2—底座槽钢 3—底板
4、5、6—螺栓、螺母、垫圈

（6）高、低压母线安装

高压母线是采用LMY—40×4的硬铝母线，由高压负荷开关引至变压器高压侧引接套管。图9-22为低压母线支架图，低压母线采用LMY—100×8的硬铝母线，由变压器低压套管引出，经20号桥架、17号支架，过墙后沿25号支架和21号桥架接至低压配电屏上端的母线。母线安装包括母线的平整、弯曲、连接和架设固定。矩形母线架设完毕后应涂刷相色漆，其规定为A相为黄色，B相为绿色，C相为红色，中性线为棕色和黑色。

（7）金属构件制作安装

在车间变电所的平面图与剖面图中，17号低压母线支架及穿墙隔板、20号低压母线桥形支

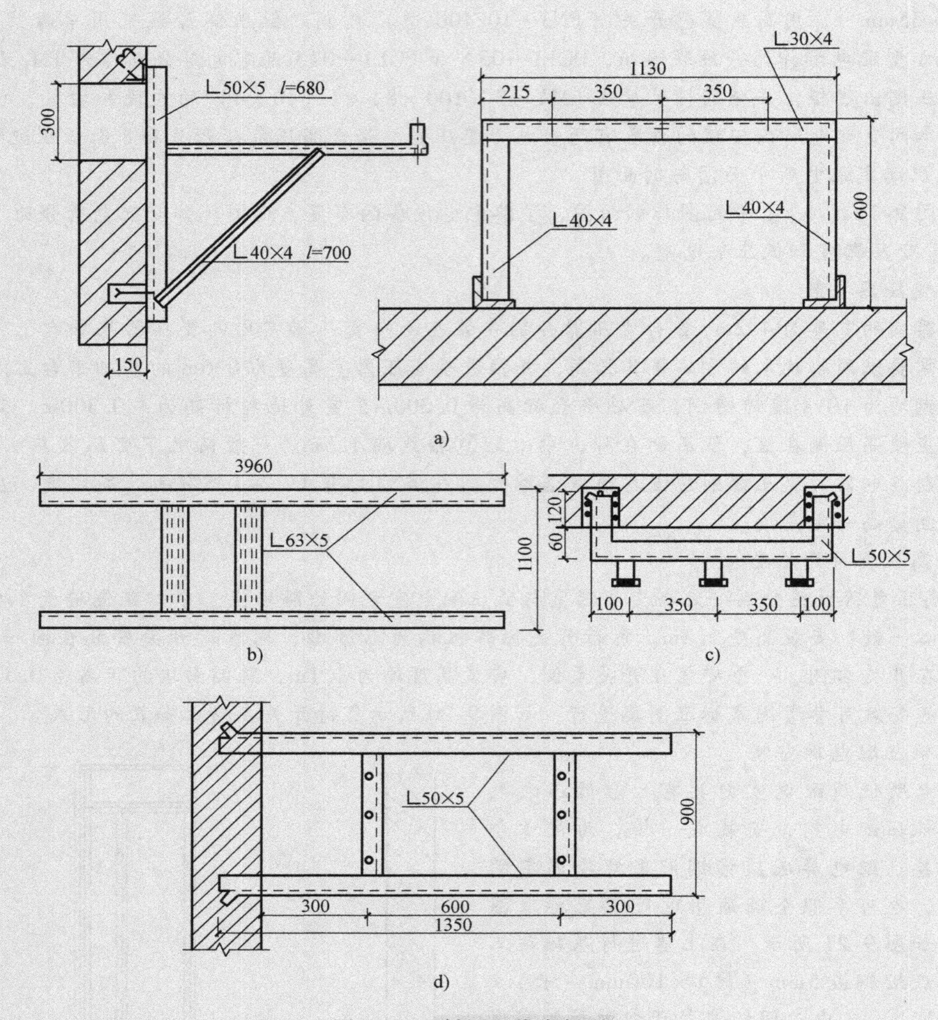

图9-22 低压母线支架图

a）17号母线支架图 b）20号母线桥架图 c）25号母线支架图 d）21号母线桥架图

架、21号低压配电屏后母线桥形支架与25号低压母线支架均为金属构件制作安装，其制作安装的示意图如图9-22a、b、c、d所示。

1）17号支架的安装位置处在母线过墙洞的下部，平面图标注的低压母线间距为350mm，穿墙隔板示意图显示过墙洞宽应为1100mm，则支架宽度应为1130mm，比墙洞宽度两侧分别大15mm。安装高度应为母线安装好后母线中心线距地面3100mm，且使母线穿过墙洞中心。

2）20号桥形母线支架，横梁长度为3960mm，宽度为1100mm，桥架安装高度为3015mm，桥架中心线距变压器室和配电室中间隔墙1500mm。母线穿墙隔板是用来夹持固定母线的，以保证母线在通过墙洞处与墙壁之间保持一定的绝缘距离。隔板多采用厚20mm的硬质塑料板制成，分上、下两部分，下夹板开槽，槽的大小应使母线从槽中穿过时与母线保持2mm间隙。图中标注母线的相间距离为350mm，墙洞尺寸为1100mm×300mm，则支架宽度应为1130mm；隔板上、下两块合并尺寸应为1100mm×340mm，用螺栓将上、下隔板固定在角钢支柱上。

3）21号桥形支架的一端埋设在墙内，另一端与低压配电屏连接。支架上的母线安装高度为2000mm，瓷瓶的高度及母线夹具的厚度（WX—01型瓷瓶高）为75mm，母线夹板厚度为4mm，钢纸垫为3mm，其桥形支架安装高度应为1918mm。

4）25号母线支架有两个，安装在配电室和变压器室之间隔墙的配电室一侧，在图9-16中，由剖面图看出上面第一个支架的安装高度距配电室地面为2490mm，下面第二个支架的安装高度为2490mm，支架中心距⑨轴线900mm，支架宽度可取900～1000mm。

（8）电缆敷设及电缆头制作

该变电所高压进线采用交联聚乙烯绝缘电力电缆，先采用直埋敷设，进入变电所后改为电缆沟敷设。电缆头采用热缩型电缆终端头，与高压负荷开关连接。该变电所高压进线所用电缆 ZQL_{20}—10kV—3×35mm²，即为铝芯纸绝缘铅包铠装电力电缆，额定电压为10kV，三芯，每芯截面面积为35mm²。该车间变电所的高压进线电缆采用直埋敷设，穿墙引入室内电缆沟，经配电室敷设至变压器室，电缆出地面用钢管保护沿墙引至高压负荷开关的左侧（和右侧），电缆头安装固定在墙上，其安装高度为2800mm，距两变压器室隔墙中心1450mm。电力电缆在电缆沟道内敷设时采用电缆支架（图9-23），电缆支架间的距离为1000mm，电缆首、末两端及转弯处也应设置支架进行固定，电缆支架的数量可根据电缆沟的长度进行计算。层架的长度应根据敷设电缆的数量而定，一般电力电缆间水平净距为35mm。支架安装在电缆沟的沟壁上，用预埋螺栓或膨胀螺栓直接固定，也可以在沟壁上埋设预埋件，将支架焊接固定在预埋件上。

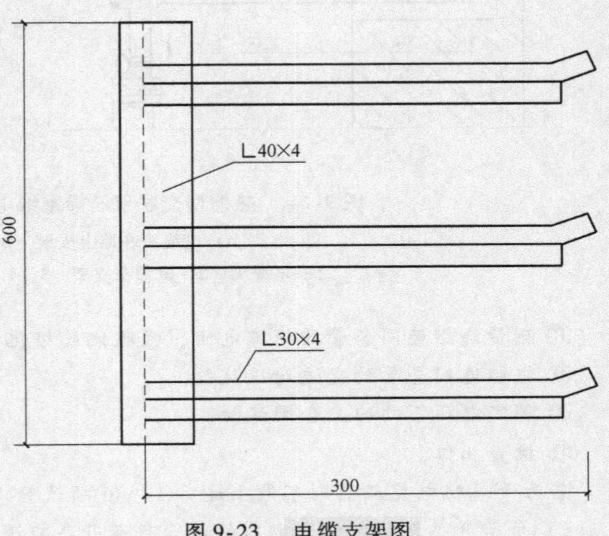

图9-23　电缆支架图

电缆头的制作与安装是在电缆敷设完毕后，并在通电使用前，对电缆两端做密封绝缘处理，并把线芯接到设备上。电缆头制作是电缆施工中最重要的一道工序，制作质量直接关系到电气线路及设备的安全运行。该变电所高压电力电缆采用热缩型电缆终端头。图9-24为热缩型交联聚乙烯绝缘电缆终端头制作与安装图，热缩型电缆头所用附件有绝缘管、相色管、应力控制管、三指手套与充填胶等，均是厂家与电缆配套生产供应。

（9）配电设备的试验

配电设备的电气试验是变配电工程中的一项重要工作内容，虽然施工图中未表示出来，但却是编制施工方案和工程造价不可缺少的部分。施工单位必须根据施工及验收规范的规定内容进行试验，并根据调试试验的内容计算费用。变电所工程的试验项目应根据《电气装置安装工程—电气设备交接试验标准》（GB 50150—2016）提出以下试验：

1）变压器试验。容量为600kV·A及以下油浸式电力变压器的试验项目如下：

① 绝缘油试验或 SF_6 气体试验。

② 测量绕组连同套管的直流电阻。

③检查所有分接的电压比。

④ 检查变压器的三相接线组别和单相变压器引出线的极性。

⑤ 测量铁心及夹件的绝缘电阻。

⑥ 非纯瓷套管的试验。

⑦ 有载调压切换装置的检查和试验。

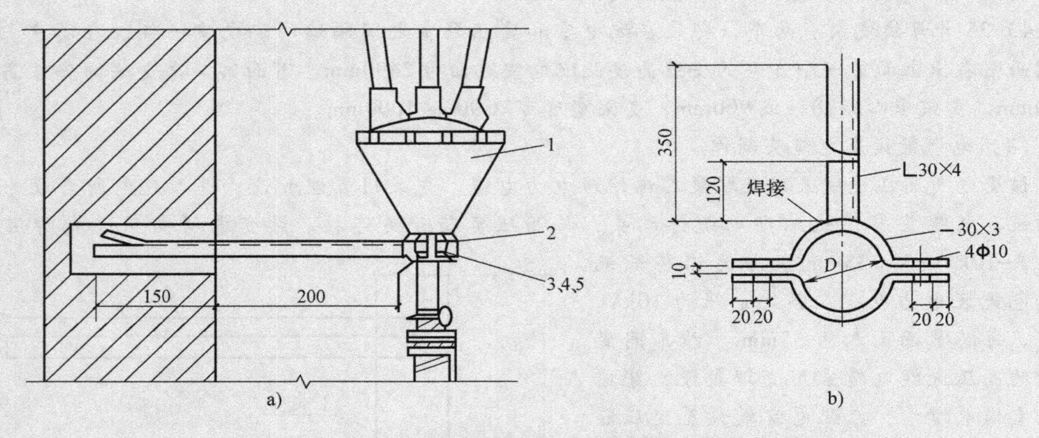

图 9-24 热缩型交联聚乙烯绝缘电缆终端头制作与安装图

a）电缆头在墙上安装 b）电缆头支架

1—电缆头 2—电缆头支架 3、4、5—螺栓、螺母、垫圈

⑧ 测量绕组连同套管的绝缘电阻、吸收比或极化指数。

⑨ 绕组连同套管的交流耐压试验。

⑩ 额定电压下的冲击合闸试验。

⑪ 检查相位。

若为干式配电变压器则不做上述第①、⑥项试验。

2）负荷开关试验。该变电所的两台负荷开关应进行测量绝缘电阻、测量高压限流熔丝管熔丝的直流电阻、测量导电回路的电阻、交流耐压和操动机构的检查试验。

3）电力电缆试验。10kV 电力电缆的试验项目如下：

① 主绝缘及外护层绝缘电阻测量。

② 主绝缘直流耐压试验及泄漏电流测量。

③ 检查电缆线路两端的相位。

1kV 低压电缆只需测量绝缘电阻及检查两侧相位。

4）低压配电装置试验。1kV 及以下配电装置包括低压母线及开关设备，其试验项目如下：

① 测量绝缘电阻。

② 交流耐压试验，试验电压 1000V。

③ 检查配电装置内不同电源的馈线间或馈线两侧的相位应一致。

5）二次回路试验。二次回路的试验项目如下：

① 测量绝缘电阻。

② 交流 1000V 耐压试验。48V 及以下的回路可不做交流耐压试验。

6）接地装置。接地装置的试验项目如下：

① 接地网电气完整性测试。

② 接地阻抗。

③ 场区地表电位梯度、接触电位差、跨步电压和转移电位测量。

以上依据多个工程图概略介绍了该车间变电所工程的安装施工内容，除此之外，还要按国家标准图和现行施工验收规范进行施工、编制施工方案和计算工程造价，因此国家标准图和施工验收规范是电气工程图的重要组成部分。

复习思考题

1. 电力系统由哪几部分构成？试讲述三相四线制电力系统。
2. 变配电工程图包括哪些工程内容？10kV 变电所的一次、二次设备有哪些？
3. 试讲述变配电所系统图的特点和用途。
4. 试讲述变配电所平面图与剖面图的特点和用途。
5. 变电所使用的电力变压器有哪些结构类型？画出变压器的图形符号。
6. 隔离开关、负荷开关、断路器在使用功能上有哪些区别？画出三者的图形符号。
7. 试画出接触器、熔断器、电流互感器、电压互感器与接闪器等电气设备的图形符号。
8. 高压开关柜和低压配电屏各有什么作用？叙述高压开关柜和低压配电屏的安装要求。
9. 试讲述继电保护装置在供电系统中的作用。
10. 图 9-25 为某变配电所平面图，试分析变配电所设备的布置情况。

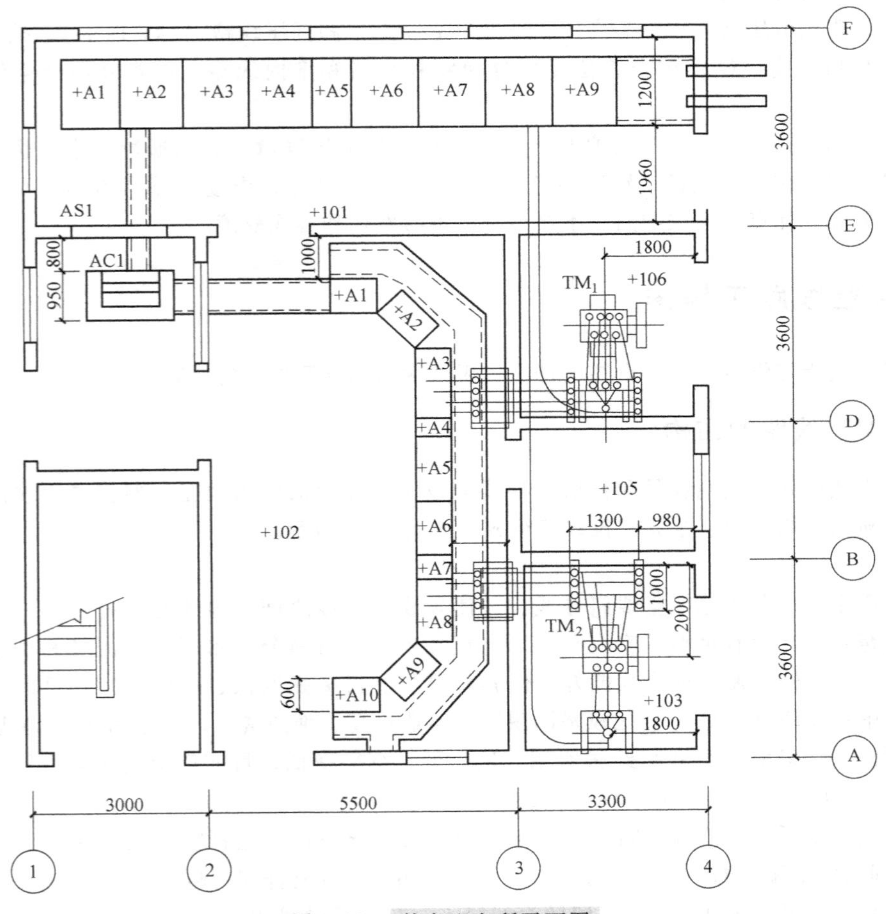

图 9-25　某变配电所平面图

第 10 章　供配电线路工程图

供配电线路是供配电系统的重要组成部分，担负着输送和分配电能的重要任务，在整个供配电系统中有着重要的作用。

供配电线路按电压高低可分为高压线路（1kV 以上）和低压线路（1kV 以下）；按结构形式可分为架空线路和电缆线路；按安装位置可分为室外线路和室内线路。本章介绍架空线路和电缆线路。

架空线路具有投资少、施工维护方便、易于发现和排除故障、受地形影响小等优点，但要占用地面位置、有碍交通和观瞻、易受环境影响、安全可靠性差；电缆线路具有运行可靠、不易受外界影响、美观等优点，但成本高、不便维修、不易发现和排除故障。

10.1　架空线路工程图

架空线路是指将供电导线架设在电杆上，用于输送和分配电能的线路。

10.1.1　架空线路的结构

架空电力线路是指用绝缘子和杆塔将导线架设于地面上的电力线路。架空电力线路主要由电杆、导线、横担、绝缘子、金具和拉线等组成，如图 10-1 所示。

1. 电杆

电杆是用来架设和支撑架空线路导线，并使导线与导线之间、导线与电杆之间，以及导线对大地和交叉跨越物之间有足够的安全距离。电杆按采用的材料分为木杆、水泥杆和铁塔等。木杆重量轻、施工与运输方便、绝缘性能好，但容易腐朽、机械强度低、使用期短，目前少量用于低压配电线路中；铁塔（金属杆）比较坚固耐用，但造价高、维护费高，一般用在 35kV 以上的架空线路；水泥杆（钢筋混凝土杆）经久耐用、造价低、维护费低，目前广泛用于架空线路中。电杆的每根长度有 10m、11m、13m、15m 等几种规格。

电杆在线路中所处的位置不同，它的作用和受力情况不同。电杆按其在线路中的作用，分为直线杆（中间杆）、耐张杆（承力杆）、转角杆、终端杆、分支杆和跨越杆等。

（1）直线杆（中间杆）　位于线路的直线段上，只承受导线的重力和侧向风力，不承受沿线路方向的拉力。线路中的电杆大多数属于直线杆，约占全部电杆数量的 80%。

（2）耐张杆（承力杆）　位于直线段上相隔数根直线杆处或线路需分段架设处，能够承受导线的不平衡拉力。耐张杆可以将断线倒杆故障限制在两个耐张杆之间，而且给分段施工架线带来很多方便。

（3）转角杆　用于线路改变方向的地方，它能承受两侧导线的合力而不致倾倒。

（4）终端杆　位于线路的终端与始端，承受单方向的不平衡力。

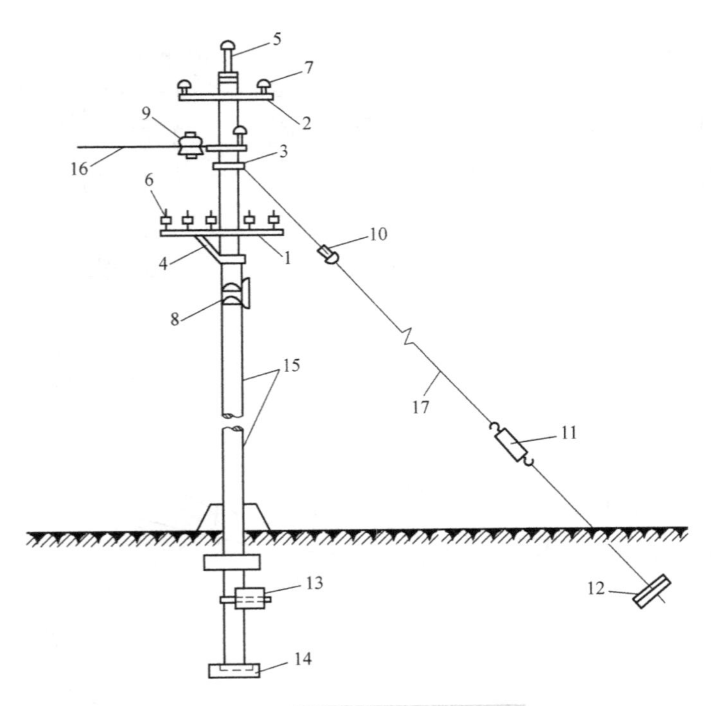

图 10-1　架空电力线路的结构

1—低压横担　2—高压横担　3—拉线抱箍　4—横担支架　5—高压杆头　6—低压针式绝缘子　7—高压针式绝缘子　8—低压碟式绝缘子　9—悬式碟式绝缘子　10—拉紧绝缘子　11—花篮螺栓　12—地锚（拉线盘）　13—卡盘　14—地盘　15—电杆　16—导线　17—拉线

（5）分支杆　位于干线与分支线相连处。对分支线路，分支杆相当于终端杆，除承受主导线的重量外，还要求能承受分支线路导线的拉力。

（6）跨越杆　用于线路与铁路、河流、道路及其他线路等交叉跨越处的两侧。

各种电杆在线路中的特征及应用如图 10-2 所示。杆型分类代号见表 10-1。

表 10-1　杆型分类代号

杆型代号	杆型名称	杆型代号	杆型名称
Z	直线杆	ZF_2	直线电缆分支
J	转角杆	JF_1	转角分支杆（架空）
ZJ_1	单针直线转角杆	JF_2	转角分支杆（电缆）
ZJ_2	双针直线转角杆	K	跨越杆
N	耐张杆	D_1	终端杆（架空引入）
NJ_1	耐张转角杆	D_2	高压架空引入带接闪器（低压为电缆引入）
NJ_2	十字横担耐张转角杆	D_3	一根电缆引入
ZF_1	直线架空 T 字分支杆	D_4	二根电缆引入

2. 导线

架空电力线路所用的导线有裸导线和绝缘导线两种。

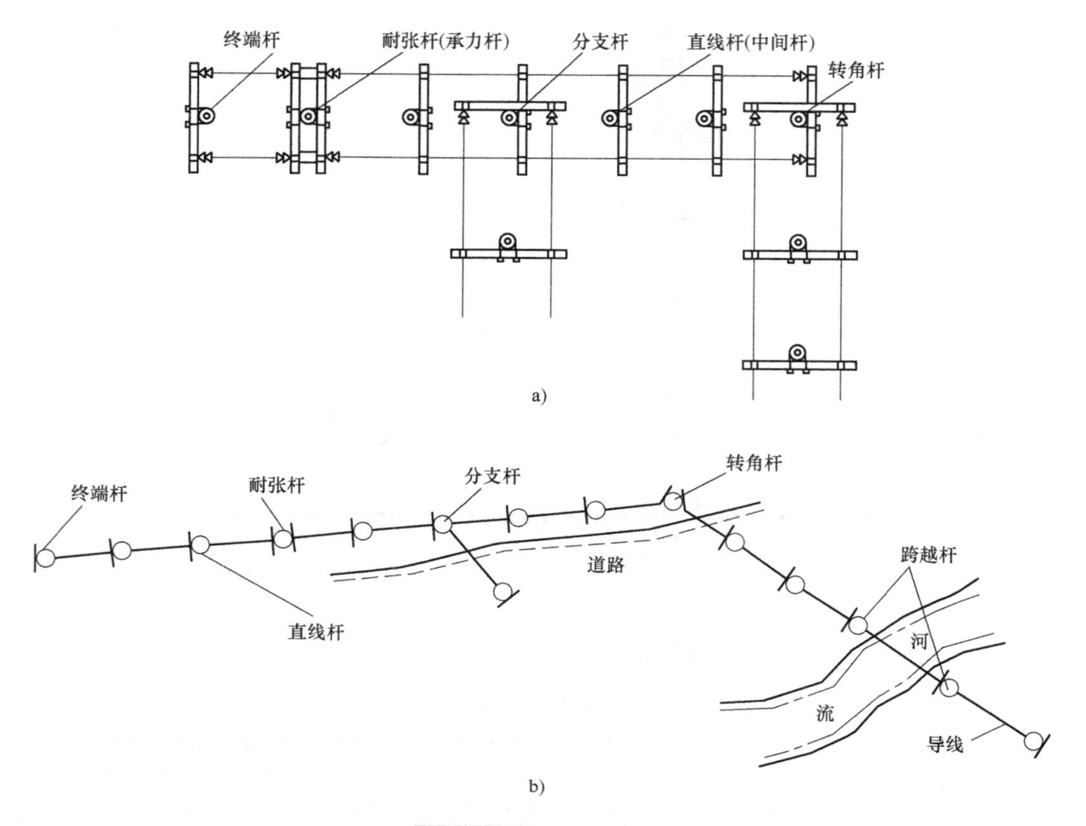

图 10-2　各种电杆在线路中的特征及应用

a）各种电杆的特征　b）各种电杆在线路中的应用

（1）裸导线　裸导线按结构划分有单股线和多股绞线。绞线又分为铜绞线（TJ）、铝绞线（LJ）和钢芯铝绞线（LGJ）。各种导线型号表示方法见表 10-2。

表 10-2　导线型号表示方法举例

导线种类	代表符号	导线型号举例及型号含义
单股铝线	L	L—10，标称截面 $10mm^2$ 的单股铝线
多股铝绞线	LJ	LJ—16，标称截面 $16mm^2$ 的多股铝绞线
钢芯铝绞线	LGJ	LGJ—35/6，铝线部分标称截面 $35mm^2$、钢芯部分标称截面 $6mm^2$ 的钢芯铝绞线
单股铜线	T	T—6，标称截面 $6mm^2$ 的单股铜线
多股铜绞线	TJ	TJ—50，标称截面 $50mm^2$ 的多股铜绞线
钢绞线	GJ	GJ—50，标称截面 $50mm^2$ 的钢绞线

（2）绝缘导线　架空绝缘导线解决了导线与建（构）筑物、树之间的矛盾。绝缘导线的架设既可以吊在钢索上成束架设，也可以采用裸导线的架设方式，低压架空绝缘导线一般为成束架设。

10kV 绝缘导线主要采用交联聚乙烯绝缘，有两种型号，即铜芯交联聚乙烯绝缘导线和铝芯交联聚乙烯绝缘导线。

低压塑料绝缘导线有以下几种：JV型和JY型（铜芯聚乙烯绝缘导线）、JLV型和JLY型（铝芯聚乙烯绝缘导线）、JYJ型（铜芯交联聚乙烯绝缘导线）、JLYJ型（铝芯交联聚乙烯绝缘导线）等。

3. 横担

横担用来固定绝缘子以支承导线，并保持各相导线之间的距离，有时也用来固定开关设备或接闪器等。

目前常用的横担有铁横担和瓷横担。铁横担由角钢制成，10kV线路多采用∟63×6的角钢，380V线路多采用∟50×5的角钢。铁横担的机械强度高，应用广泛。瓷横担兼有横担和绝缘子的作用，能提高绝缘水平，经济性好，但机械强度低，一般仅用于农村10kV电网等较小截面导线的架空线路。

横担按在电杆上的安装方式可分为正横担、侧横担、交叉横担、单横担和双横担。正横担的中央固定在电杆上，用于一般直线杆；侧横担装设在人行道旁或靠近建（构）筑物的电杆上；交叉横担纵、横交叉安装，装在线路交叉、分支处的电杆上，或大转角处的电杆上；双横担用于电线拉力较大的耐张杆或终端杆。常用横担的形状如图10-3所示。

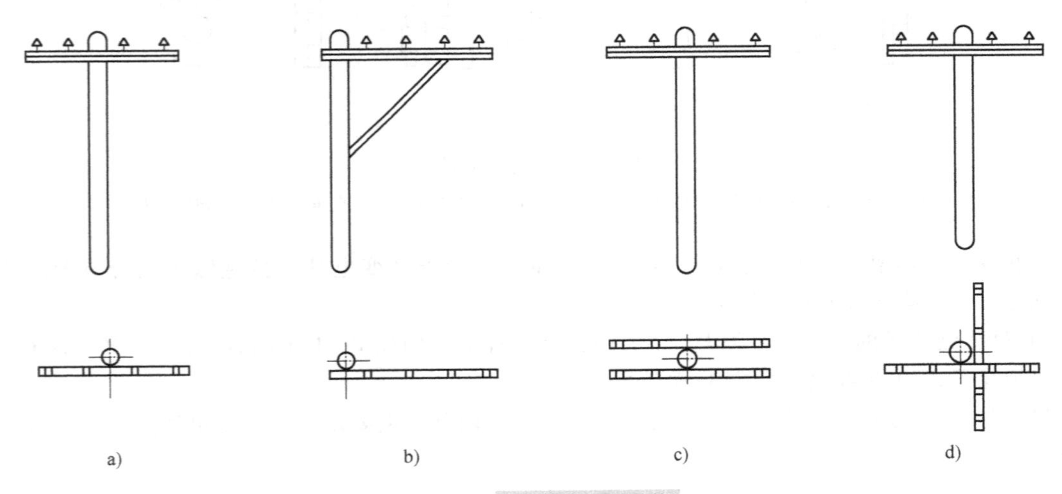

图10-3　常用横担的形状

a）正横担　b）侧横担　c）双横担　d）交叉横担

4. 金具

在敷设架空线路中，横担的组装、绝缘子的安装、导线的架设及电杆拉线的制作等都需要一些金属附件，这些金属附件统称为线路金具。常用的线路金具有横担固定金具（穿心螺栓、环形抱箍等）、线路金具（挂板、线夹等）与拉线金具（心形环、花篮螺栓等），图10-4为几种常见的线路金具。

5. 绝缘子

绝缘子俗称瓷瓶，用来固定导线并使导线与横担、杆塔有足够的绝缘。它在运行中承受导线垂直方向的荷重和水平方向的拉力，还经受日晒、雨淋、气候变化及化学物质的腐蚀，因此绝缘子既有良好的电气性能，又有足够的机械强度和防腐性能。

绝缘子按制造所用的绝缘材料分为瓷质、玻璃、玻璃钢、钢化玻璃和复合材料（如硅橡胶）等；绝缘子按电压等级分为高压绝缘子和低压绝缘子。

绝缘子按结构可分为支持绝缘子、悬式绝缘子、防污型绝缘子和套管绝缘子。架空线路中所用绝缘子，常用的有针式绝缘子（6～10kV配电线路常用绝缘子）、碟式绝缘子、悬式绝缘子（输

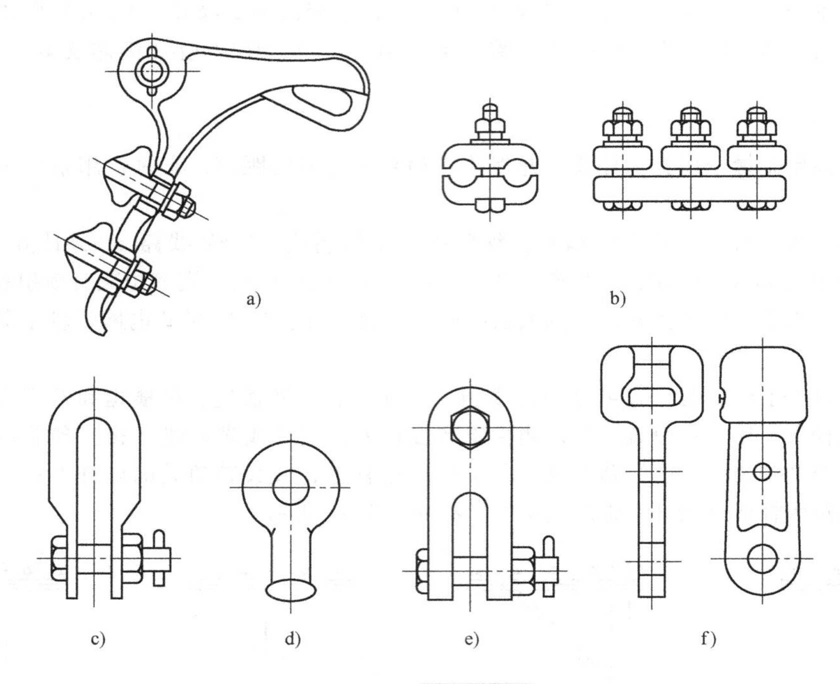

图 10-4 线路金具

a）耐张线夹 b）并沟线夹 c）U形挂环 d）球头挂环 e）直角挂板 f）碗头挂板

电线路和变电站构架上常用绝缘子）、瓷横担、棒式绝缘子（变电站支持绝缘子及合成绝缘子）、拉紧绝缘子和架空地线专用绝缘子等。

1）针式绝缘子的基本型号为P，主要用在直线杆上，例如P—10T的含义为：“P”表示普通型针式绝缘子，10kV线路，“T”是铁横担。

2）碟式绝缘子的基本型号为E，分为高压、低压两种，主要用于低压配电线路作为直线式耐张绝缘子。

3）悬式绝缘子（X）可串起来成为绝缘子串，用在耐张杆上呈悬吊式，电压越高，绝缘子的片数越多。

4）瓷横担用于高压架空输配电线路中绝缘和支持导线，一般用于10kV线路直线杆，型号包括胶装式S、全瓷式SC及直立式Z。

常用绝缘子如图10-5所示。

6. 拉线

拉线用来平衡电杆各方面的受力，防止电杆倾倒，如转角杆、耐张杆与终端杆等一般都装有拉线。拉线一般采用镀锌钢绞线，依靠花篮螺栓来调节拉力。常用的拉线有普通拉线、转角拉线、人字拉线、高桩拉线与自身拉线。拉线的种类如图10-6所示。

10.1.2 架空线路工程图的常用图形符号及主要组成

架空线路的结构比较简单，但空间距离较长。从架空线路工程图中可反映架空线路经过区域的地理地质情况、杆位的布置、导线的松紧程度及线路的某些细部结构等。一般≤35kV的架空线路工程图主要包括杆塔安装图、架空线路平面图、架空线路截面图、杆位明细表与电力架空线路弛度安装曲线图。

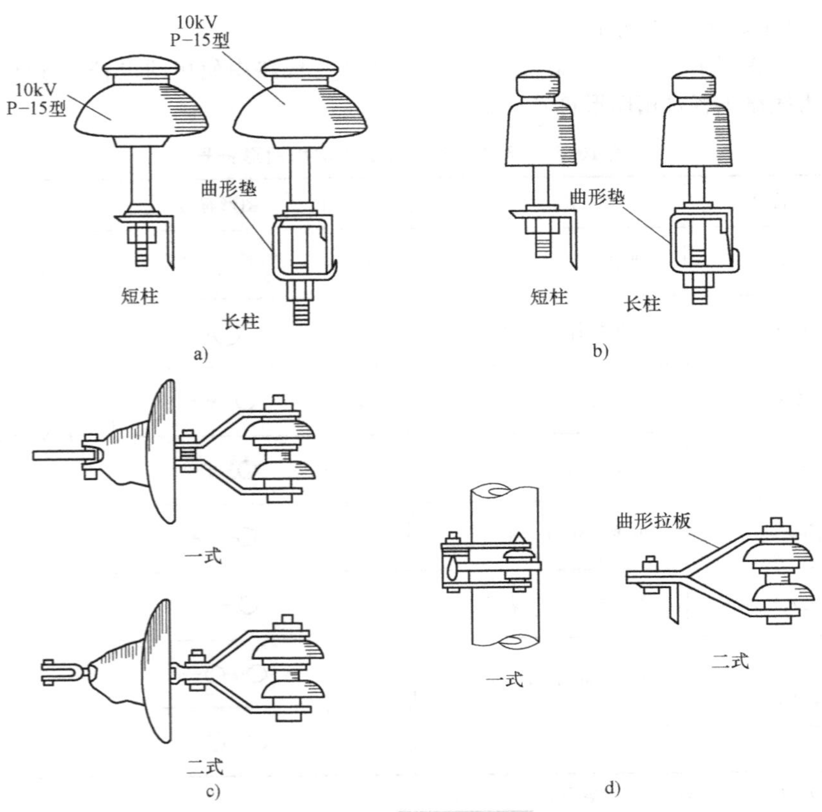

图 10-5　常用绝缘子

a）高压针式绝缘子　b）低压针式绝缘子　c）高压悬式加蝶式绝缘子　d）低压蝶式绝缘子

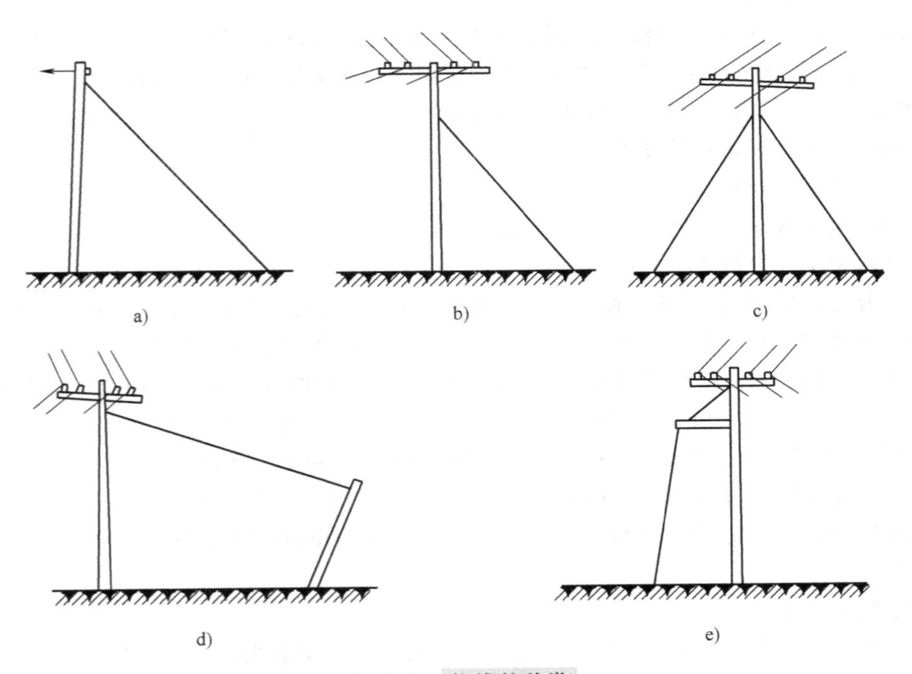

图 10-6　拉线的种类

a）普通拉线　b）转角拉线　c）人字拉线　d）高桩拉线　e）自身拉线

1. 架空线路工程图常用图形符号

在架空线路工程图中，需要用相应的图形符号将架空线路中使用的电杆、导线与拉线等表示出来。架空电力线路工程常用图形符号见表10-3。

表10-3 架空电力线路工程常用图形符号

序号	图形符号	说明	序号	图形符号	说明
1		架空线路	8	A−B C	电杆的一般符号[②]
2		单接腿杆	9	H	H形杆
3		双接腿杆	10		有V形拉线的电杆
4		带撑杆的电杆	11		
5		带撑拉杆的电杆	12		拉线一般符号
6		引上杆（黑点表示电缆）	13		
7	$a\frac{b}{c}ed$	带照明灯的电杆一般画法[①]	14		有高桩拉线的电杆
			15		

① a—编号，b—杆型，c—杆高，d—容量，e—连接相序。

② A—杆材或所属部门，B—杆长，C—杆号。

2. 架空线路平面图

架空线路平面图是电杆、导线在地面上的走向与布置的图样。架空线路平面图能清楚表现线路的走向、电杆的位置、档距、耐张段等情况，是架空线路施工不可缺少的图样。

识读架空线路平面图，一般应明确以下内容：

1）导线的型号、规格和长度等。

2）电杆的类型、杆长、档距、分段等。

3）跨越的电力线路、公路、河流等的地理情况。

4）拉线的种类、根数等。

图10-7为某10kV架空线路工程平面图。由于10kV高压线为3条导线，图中以单线表示。

由图10-7可知，该10kV架空线路工程新建3台变压器（1号、2号、3号），变压器型号为S9，容量为50kV·A；导线采用LGJ—35mm^2；共有30根电杆（A18～A47），其规格有两种：10m（A24～A44、A47）、12m（A18～A23、A45、A46），其中直线转角杆1根（A28），终端杆2根（A33、A47），转角耐张杆3根（A39、A43、A44），横担转角耐张杆2根（A23、A45），其余为直线杆。在全线路电杆中，A25、A28、A33、A47各设一组拉线，A23、A43、A45各设两组拉线，A39、A44各设三组拉线。杆间数字为电杆间距，高压架空线路的杆距一般为100m左右。

3. 线路纵向截面图

对于10kV及以下的配电架空线路，一般线路经过的地段不会太复杂，只要一张平面图即可满足施工的要求；但对于35kV以上的线路，尤其是穿越高山江河地段的架空线路，一张平面图还不够，还应有纵向截面图。

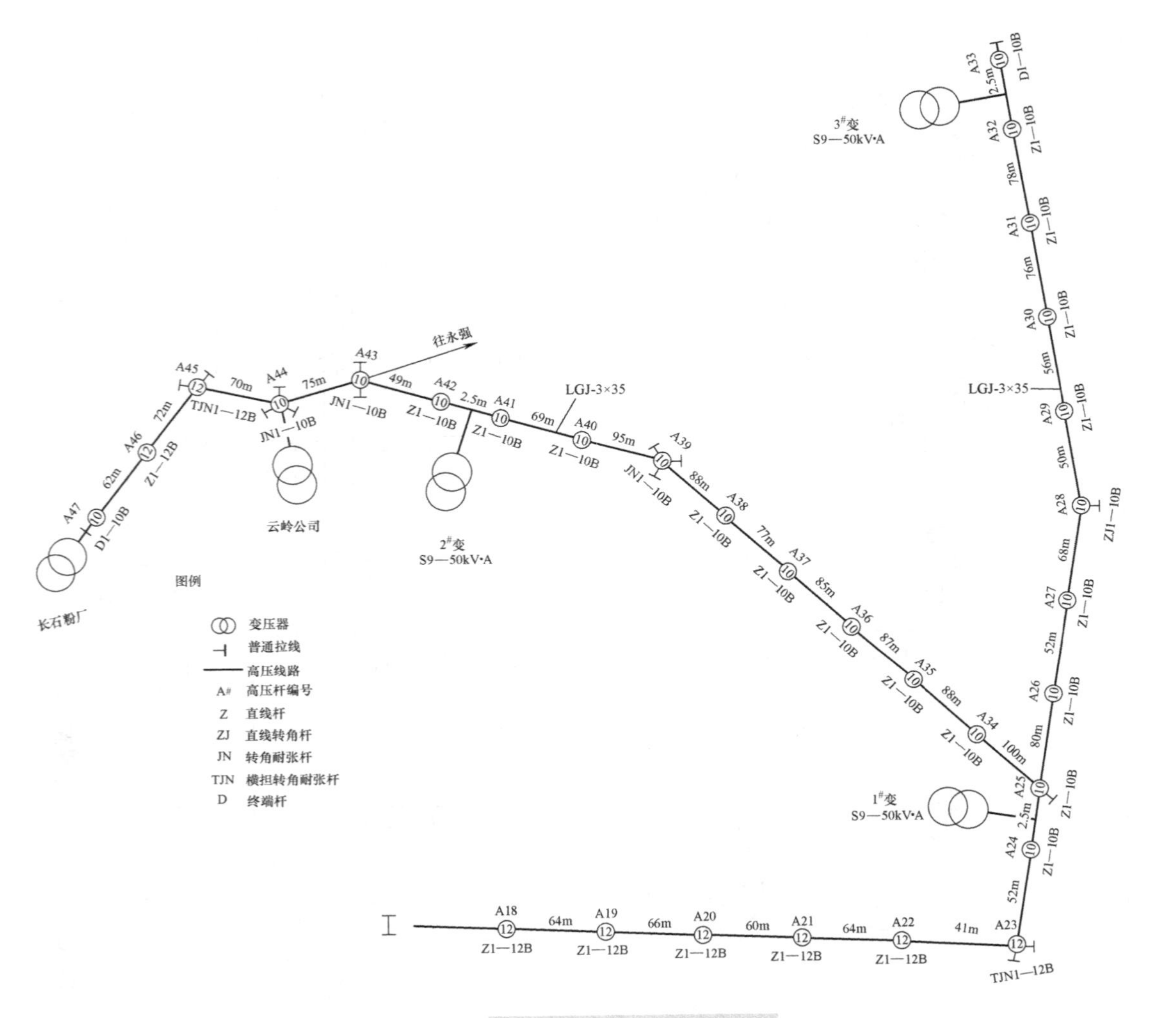

图 10-7 10kV 架空线路工程平面图

架空线路的纵向截面图是沿线路中心线的剖面图。通过纵向截面图可以看出线路经过地段的地形截面情况，各杆位之间地面的相对高差，导线对地距离、弛度及交叉跨越的立面情况。

为了使图面更加紧凑，35kV 以下的线路常将平面图与纵向截面图合为一体，这时的平面图是沿线路中心线的展开平面图。平面图和截面图结合起来称为平截面图，如图 10-8 所示，该图的上面部分为截面图，中间部分为平面图，下面部分是线路的有关数据、标注里程与档距等有关数据，是对平面图和截面图的补充与说明。

4. 杆塔明细表

平面图和截面图能清楚表现架空线路的一般情况，用来表明电杆的规格、型号、地质、挖坑深度、底盘与拉线坑等情况的表格为杆塔明细表（表 10-4）。

10.1.3 架空线路工程图的识读

识读架空配电线路工程图应以施工平面图为主，一般是先了解整个线路的组成概况，建立起线路的整体概念；然后再深入了解各组成部分的结构，进行逐杆识读。

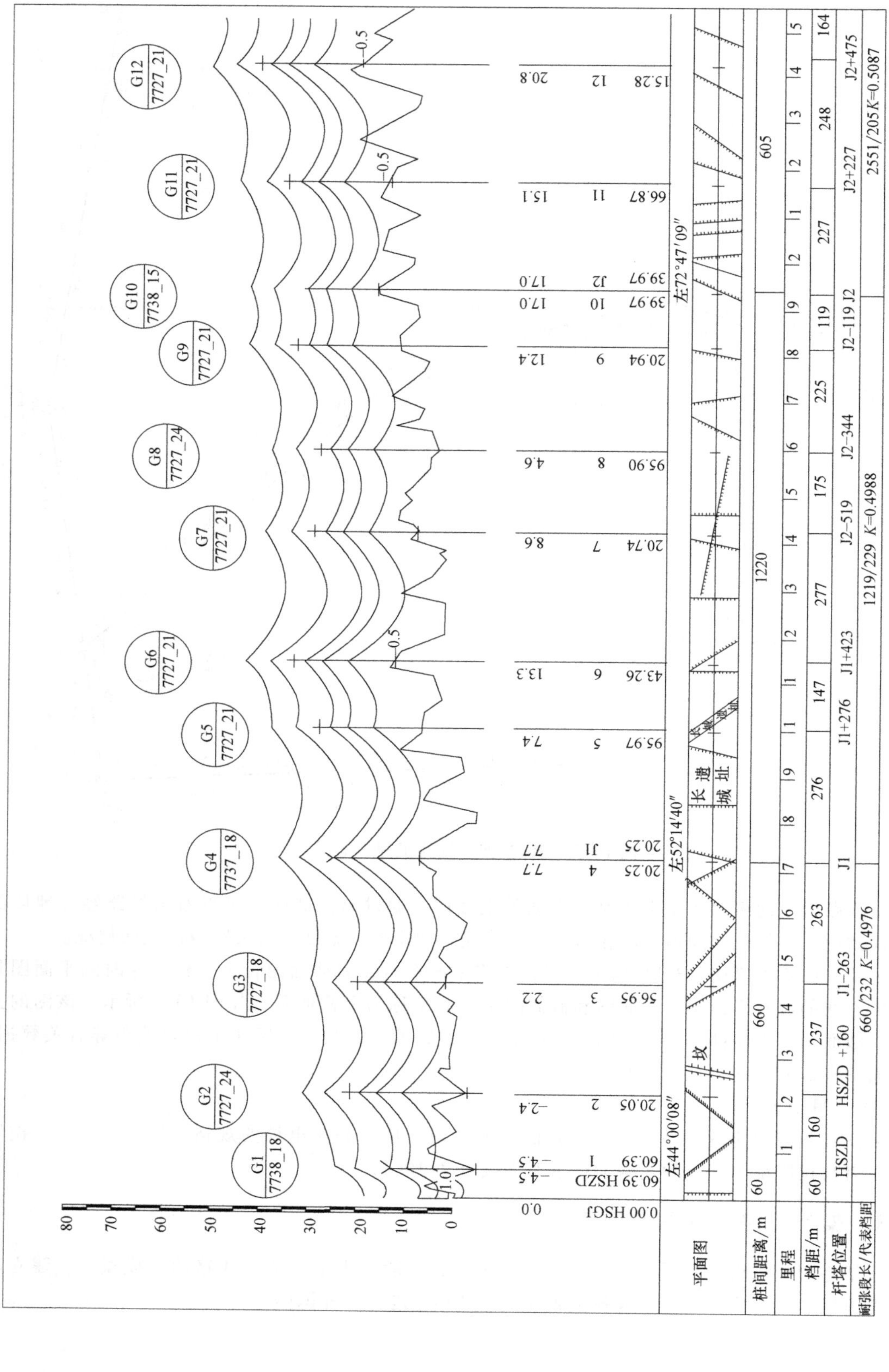

G1 7738_18
G2 7727_24
G3 7727_18
G4 7737_18
G5 7727_21
G6 7727_21
G7 7727_21
G8 7727_24
G9 7727_21
G10 7738_15
G11 7727_21
G12 7727_21

80 70 60 50 40 30 20 10 0

1.0 −0.5 −0.5 −0.5

桩间距离	桩号	高程
0.00	HSGJ	0.0
60.39	HSZD	−4.5
60.39	1	−4.5
20.05	2	−2.4
56.95	3	2.2
20.25	4	7.7
20.25	J1	7.7
95.97	5	7.4
43.26	6	13.3
20.74	7	8.6
95.90	8	4.6
20.94	9	12.4
39.97	10	17.0
39.97	J2	17.0
66.87	11	15.1
15.28	12	20.8

平面图	左44°00′08″ 坟	左52°14′40″ 长城遗址	左72°47′09″	
桩间距离/m	60	660	1220	605
里程		1 2 3 4 5 6 7	8 9 1 1 2 3 4 5 6 7 8 9	2 1 2 3 4 5
档距/m	60	160 237 263	276 147 277 175 225 119	227 248 164
杆塔位置	HSZD	HSZD +160 J1−263 J1	J1+276 J1+423 J2−519 J2−344 J2−119 J2	J2+227 J2+475
耐张段长/代表档距		660/232 K=0.4976	1219/229 K=0.4988	2551/205 K=0.5087

图 10-8 某高压架空线路平截面图

表 10-4 架空线路杆塔明细表

杆塔编号	1	2	3	4	5
杆塔简图	150, 600, 600, 600, 4500, 6350, 10000, 1700	150, 600, 600, 600, 4500, 6350, 10000, 1700	150, 600, 600, 4500, 6950, 10000, 1700	150, 600, 6550, 9000, 1700	150, 600, 4500, 6550, 9000, 1700
杆塔型号	$4442D_1$	$4442D_2$	$442NJ_2$	$42NJ_2$	$42D_1$
电缆终端头	—	WDC—41—4	—	—	—
电杆	ϕ150—10—A	ϕ150—10—A	ϕ150—10—A	ϕ150—9—A	ϕ150—9—A
第一层横担	2×∟90×8×1500	∟63×6×1500	∟63×6×1500	2×∟75×8×1500/ 2×∟75×8×1500	2×∟75×8×1500
第二层横担	2×∟75×8×1500	∟50×5×1500	2×∟75×8×1500/ 2×∟75×8×1500	2×∟50×5×700/ 2×∟50×5×700	2×∟50×5×700
第三层横担	2×∟75×8×1500	2×∟75×8×1500	∟40×4×700	—	—
第四层横担	2×∟50×8×700	∟40×4×700	—	—	—
路灯	LD_2—A—I_2	LD_2—A—I_2	LD_2—A—I_2	LD_2—A—I_2	LD_2—A—I_2
底盘/卡盘	DP_6/—	DP_6/KP_8	DP_6/—	DP_6/—	DP_6/—
拉线/拉线盘	GJ—100—12Ⅲ$_1$/LP_6	GJ—25—1—Ⅰ$_1$/LP_6	GJ—25—1—Ⅰ$_1$/ LP_6	GJ—35—1—Ⅰ$_1$/ LP_6	—

[实例 10-1] 下面以某厂区低压架空线路平面图（图 10-9）和架空线路杆塔明细表（表 10-4）为例进行阅读。

本工程施工说明如下：

1）线路采用裸铝绞线架空敷设，电杆埋深 1.7m。

2）拉线杆采用 ϕ150—7—A，拉线杆及拉线坑埋深 1.2m，拉线采用镀锌钢绞线。

3）路灯在电杆上安装，选用 125W 高压汞灯，采用橡胶绝缘护套线 BLV—2×6mm^2 作为路灯引下线，马路灯臂长 L 为 1.5m，厂区道路宽 10m。

4）从 2 号杆 4.5m 高处接电缆埋地引至 1 号车间墙内，2 号杆距 1 号车间外墙 31m，过路穿 ϕ80 钢管保护。

5）2 号、3 号车间电源分别由 3 号、5 号电杆架线引入，进户线采用两端埋设式横担装置。3 号、5 号电杆距 2 号、3 号车间均为 20m。

1. 线路工程概况

由图 10-9 和表 10-4 及施工说明可知，该架空线路工程共有 5 根电杆，其规格分别为 10m 架线电杆 3 根（1 号、2 号、3 号），9m 架线电杆 2 根（4 号、5 号），架空引入终端杆 2 根（1 号、5 号），电缆引入终端杆 1 根（2 号），耐张型转角杆 2 根（3 号、4 号）。

（1）电杆　1 号架线电杆有四线双根横担 3 组、二线双根横担 1 组，2 号架线电杆有四线单根

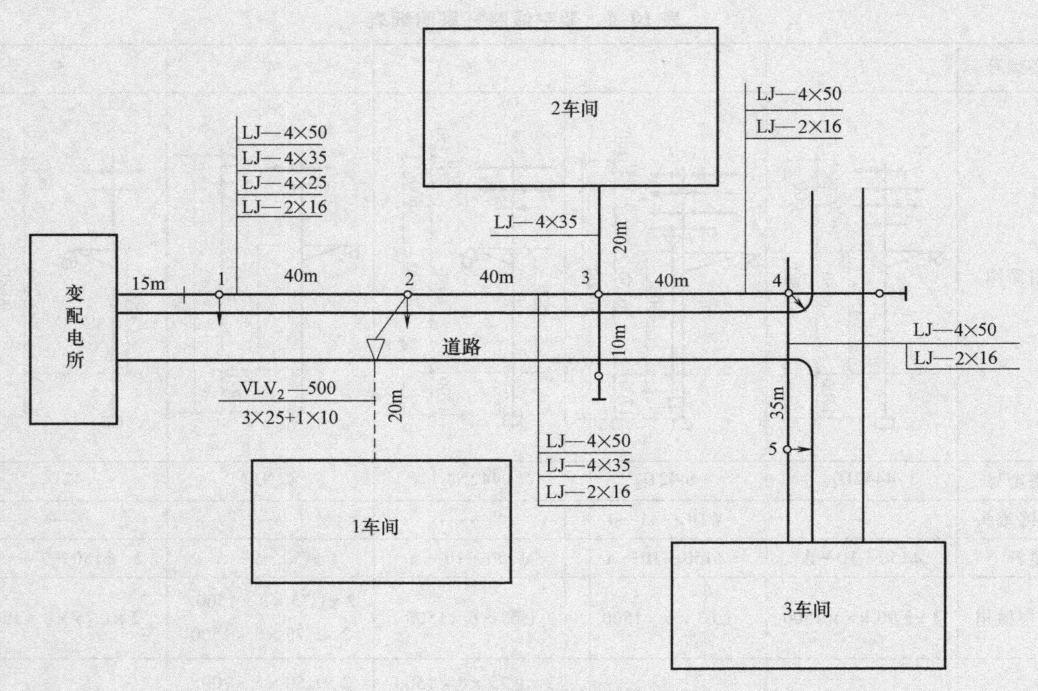

图 10-9 某厂区低压架空线路平面图

横担2组、四线双根横担和二线单根横担各1组，3号架线电杆有四线双根横担2组、四线单根横担和二线单根横担各1组，4号架线电杆有四线双根横担2组、二线双根横担2组，5号架线电杆有四线双根横担1组、二线双根横担1组。5根架线电杆底部各设置1块底盘，在2号架线电杆的下部设置1块卡盘。

(2) 拉线杆及拉线 7m的拉线电杆两根（分别与3号、4号电杆相连），用于1号、2号、3号10m线杆的普通钢绞拉线截面面积分别为$100mm^2$、$25mm^2$、$25mm^2$，用于4号9m线杆的普通钢绞拉线截面面积为$35mm^2$，用于3号、4号杆的水平钢绞拉线截面面积分别为$25mm^2$、$35mm^2$。

(3) 导线 导线架设自1号杆开始到5号杆结束，3号电杆向2号车间进线和5号电杆向3号车间进线分别设进户线装置。位于1~5号杆一层横担上的铝绞线截面面积为$50mm^2$，位于1~3号杆二层横担上的铝绞线截面面积为$35mm^2$，位于1~2号杆三层横担上的铝绞线截面面积为$25mm^2$，位于1~5号杆四层横担上用于照明的铝绞线截面面积为$16mm^2$。

(4) 进户线 2号车间进户线架设，导线为铝绞线（截面面积为$35mm^2$），自3号电杆到2号车间的进户横担上；3号车间进户线架设，导线为铝绞线（截面面积为$50mm^2$），自5号电杆到3号车间的进户横担上。2号车间、3号车间的进户横担采用∟63×6×1500两端埋设式四线横担各1根。

(5) 电缆 1号车间的进线电源是采用一根电缆VLV_2—500—3×25+1×10从2号电杆引下，过路埋地进入1号车间。

其他见施工说明。

2. 线路施工内容

本工程施工内容如下：

(1) 电杆组立 工地运输；土石方挖填；底盘、拉盘、卡盘安装；电杆组立；横担安装；拉线制作与安装。

(2) 导线架设 导线架设；进户线架设；进户横担安装。

(3) 电力电缆敷设 电缆沟挖填土；电缆敷设；电缆终端头制作与安装；电缆保护管敷设。

(4) 路灯安装 灯具安装；路灯引下线敷设。

10.2 电缆线路工程图

电缆线路由电缆、电缆头、支架和线路建（构）筑物等组成。

10.2.1 电缆线路的结构和敷设方式

1. 电缆

电力电缆是传输和分配电能的一种特殊导线，它主要由导体、绝缘层和保护层三部分组成。导体即电缆线芯，一般由多根铜线或铝线绞合而成。为减小电缆外径，线芯采用扇形。

绝缘层用于将导体线芯之间或线芯与大地之间良好的绝缘，其材料随电缆种类不同而异：油浸纸绝缘电缆是以油浸纸做绝缘层，橡胶电缆是以橡胶或聚氯乙烯做绝缘层。

保护层是用来保护绝缘层，分为内保护层和外保护层。内保护层用来直接保护绝缘层，常用的材料有铅、铝和塑料等；外保护层用来防止内保护层受机械损伤和腐蚀，通常为钢丝或钢带构成的钢铠，外敷沥青、麻被或塑料护套。

电缆的型号是由字母和数字组合而成，各符号的含义见表10-5。

表10-5 电缆型号中各符号的含义

项目	型号	含　义
类别	—	电力电缆（不表示）
	K	控制电缆
	P	信号电缆
	YT	电梯电缆
	Y	移动式软缆
	H	室内电话缆
绝缘	Z	油浸纸绝缘
	V	聚氯乙烯绝缘
	Y	聚乙烯绝缘
	YJ	交联聚乙烯绝缘
	X	橡胶绝缘
导体	T	铜芯（可省略）
	L	铝芯
内护套	Q	铅包
	L	铝包
	V	聚氯乙烯护套
	VF	复合物

项目	型号		含　义
特征	P		滴干式
	D		不滴流式
	F		分相铅包
	CY		充油
	G		高压
	C		滤尘或重型
外护套	第1个数字	0	无
		1	钢带铠装
		2	双钢带铠装
		3	细圆钢丝铠装
		4	粗圆钢丝铠装
	第2个数字	0	无
		1	纤维绕包
		2	聚氯乙烯护套
		3	聚乙烯护套
		4	—

例：电缆型号示例	ZLQ_{20}—10000—3×120 铝芯纸绝缘铅包裸钢带铠装电力电缆（ZLQ_{20}） 额定电压(V)（10000） 三芯（3） 线芯额定截面(mm^2)（120）

2. 电缆头

由于电缆的绝缘层结构复杂，为了保证电缆连接后的整体绝缘性及机械强度，在电缆敷设时要制作并使用电缆头。在电缆连接时要使用电缆中间头，在电缆起止点要使用电缆终端头。电缆干线与直线连接时要使用电缆分支头。

3. 电缆的敷设方式

电缆线路常用的敷设方式有直接埋地敷设、电缆沟敷设、电缆沿墙敷设、电缆排管敷设、电缆桥架敷设等。

（1）直接埋地敷设　直接埋地敷设大致步骤为首先挖沟，然后把电缆埋在里面，再在周围填以砂土，上加保护板，再回填土，如图10-10所示。

（2）电缆沟敷设　电缆沟敷设大致步骤是将电缆敷设在电缆沟的电缆支架上，电缆沟由砖砌筑或混凝土浇筑而成，上加盖板，内侧有电缆支架，如图10-11所示。

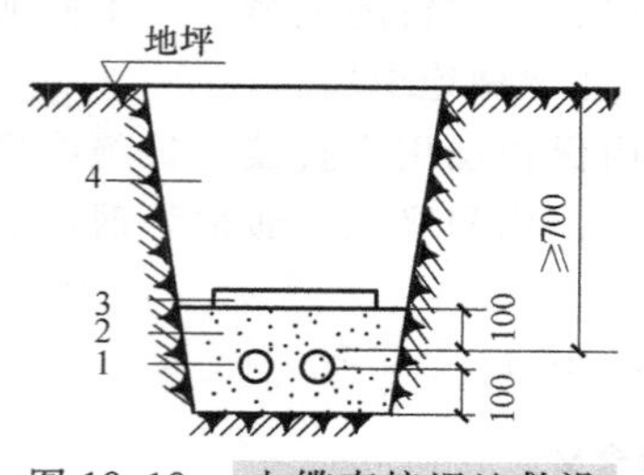

图10-10　电缆直接埋地敷设

1—电力电缆　2—砂　3—保护盖板　4—填土

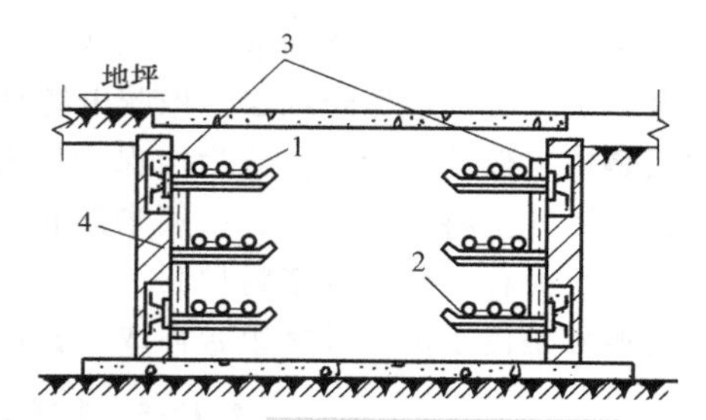

图10-11　电缆在电缆沟内敷设

1—电力电缆　2—控制电缆　3—接地线　4—支架

（3）电缆沿墙敷设　电缆沿墙敷设大致步骤是在墙上埋设预埋件，预设固定支架，电缆沿墙敷设在支架上，如图10-12所示。

（4）电缆排管敷设　电缆排管敷设大致步骤是首先挖沟，然后放入一定孔数的预制石棉水泥管或混凝土管，再用水泥砂浆把石棉水泥管或混凝土管浇筑成一个整体，最后把电缆穿入管中，如图10-13所示。

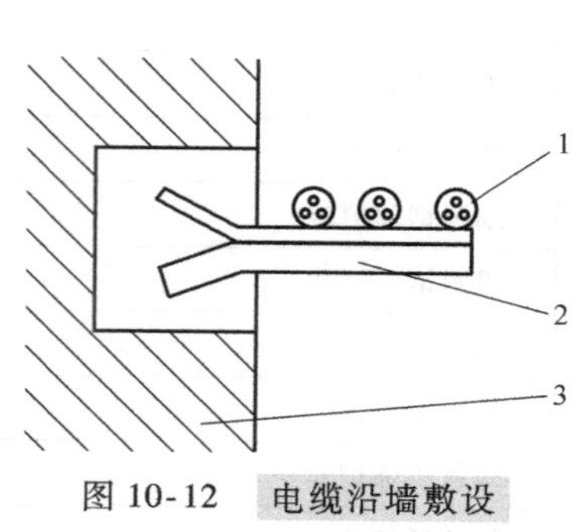

图10-12　电缆沿墙敷设

1—电缆　2—角钢支架　3—墙

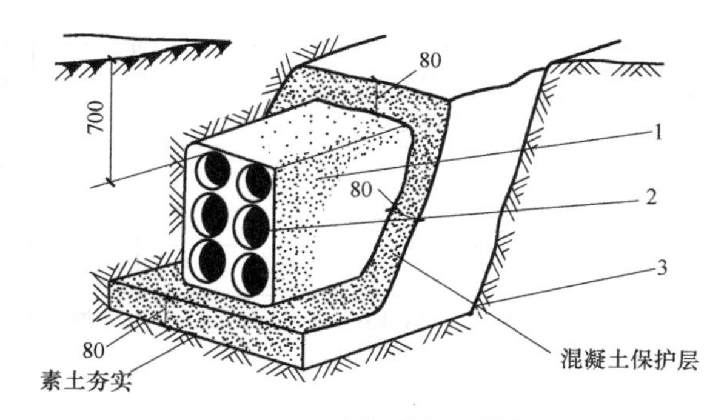

图10-13　电缆排管敷设

1—水泥排管　2—电缆孔（穿电缆）　3—电缆沟

（5）电缆桥架敷设　电缆桥架敷设是将电缆敷设在电缆桥架内，电缆桥架装置由支架、盖板、支臂和线槽等组成，如图10-14所示。

10.2.2　电缆线路工程图的常用图形符号及平面图

1. 电缆线路工程图常用图形符号

电缆线路工程中常用图形符号见表10-6。

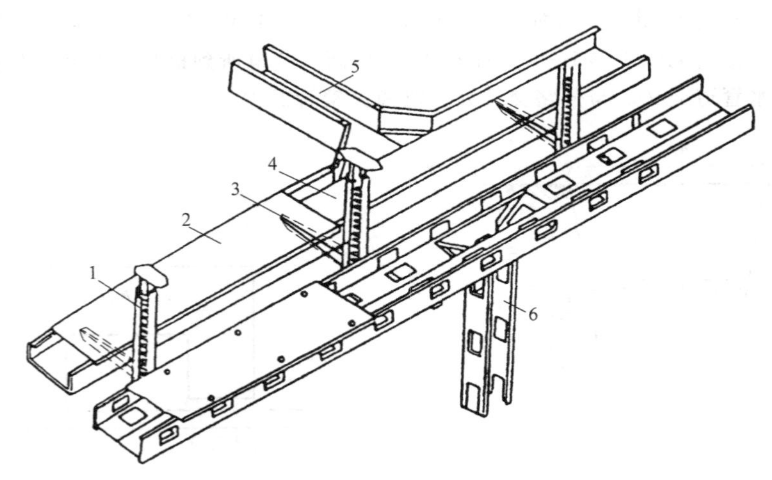

图 10-14 电缆桥架敷设

1—支架 2—盖板 3—支臂 4—线槽 5—水平分支线槽 6—垂直分支线槽

表 10-6 电缆线路工程中常用图形符号

序号	图形符号	说明
1	孔管道的线路	管道线路、管孔数量、截面尺寸或其他特性（如管道的排列形式）可标注在管道线路的上方
2		电缆铺砖保护
3		电缆穿管保护，可加注文字符号表示其规格数量
4		电缆预留
5		电缆中间接线盒
6		电缆密封终端头（示例为带一根三芯电缆）
7		电缆桥架
8		电缆分支接线盒
9	电缆无保护 a) 电缆有保护 b)	电力电缆与其他设施交叉点

2. 电缆线路工程平面图

电缆线路工程平面图用来表示电缆线路的走向、敷设方式，以及电缆数量、接头布置等，有时为标明电缆排列的位置，还有线路的横截面图及电缆固定用零件的结构图等。图 10-15 为某厂变电所到车间电缆线路平面图。

如图 10-15 所示，机修车间和机加工车间均由厂变电所电缆供电。机修车间用两根 VLV_{22}—

1kV—3×120+1×35电缆供电，机加工车间用1根VLV_{22}—1kV—3×95+1×35电缆供电；电缆采用直接埋地敷设，做法见图中的1—1剖面和2—2剖面。变电所到机加工车间与公路交叉，到机修车间与公路和给水管道交叉。与公路交叉处，电缆穿钢管保护。

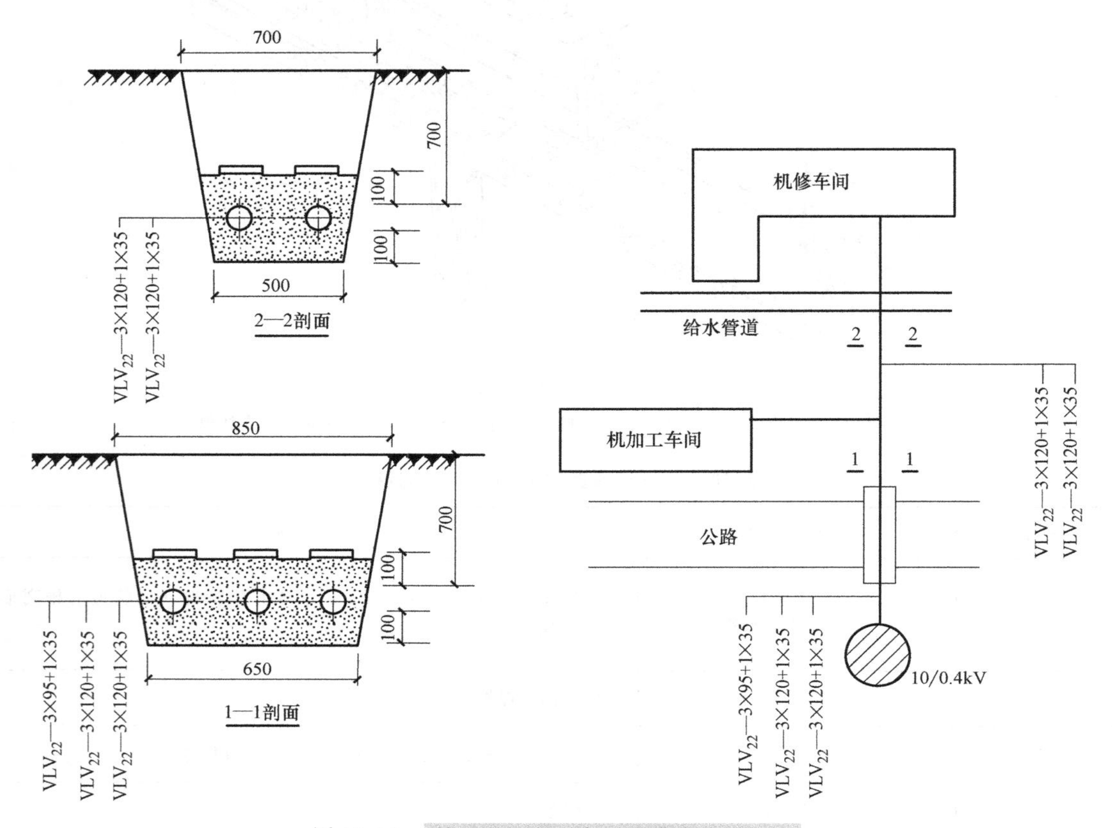

图10-15 某厂变电所到车间电缆线路平面图

10.2.3 电缆线路工程图的识读

[实例10-2] 如图10-16所示为某厂区室外低压配电电缆线路平面图。

本工程施工说明如下：

1）图中变压器为箱式变电站，电压为10kV。

2）电缆敷设前应检查电缆是否有机械损伤，10kV电缆做耐压试验，1kV以下电缆用1kV绝缘表测试绝缘，绝缘电阻应不小于10MΩ。

3）所有0.4kV线路均为埋地敷设，电力线路采用VV_{22}型电力电缆直埋，埋设深度1500mm，手孔井设在电缆接头处，手孔井尺寸为900mm×1200mm，深1600mm，做法详见《建筑电气安装工程图集》（JD 5—151）。沟盖板为C15素混凝土，厚度为30mm。

4）直埋电缆的直线部分无永久性建筑的，应埋设标示桩，接头应在转角处均设标示桩。

5）电缆线路的长度不超过厂家制造长度时，应使用整条电缆，尽量避免接头，如必须有接头时，应设在电缆沟的手孔井处，并做好标示。

6）电缆芯线的连接应采用圆形套管连接。

7）电缆埋入前需将沟底铲平夯实，电缆周围填入100mm厚细砂或黄土，上层铺砖，中间接头处应用混凝土外套保护，不应将电缆埋设在有垃圾的土层中。

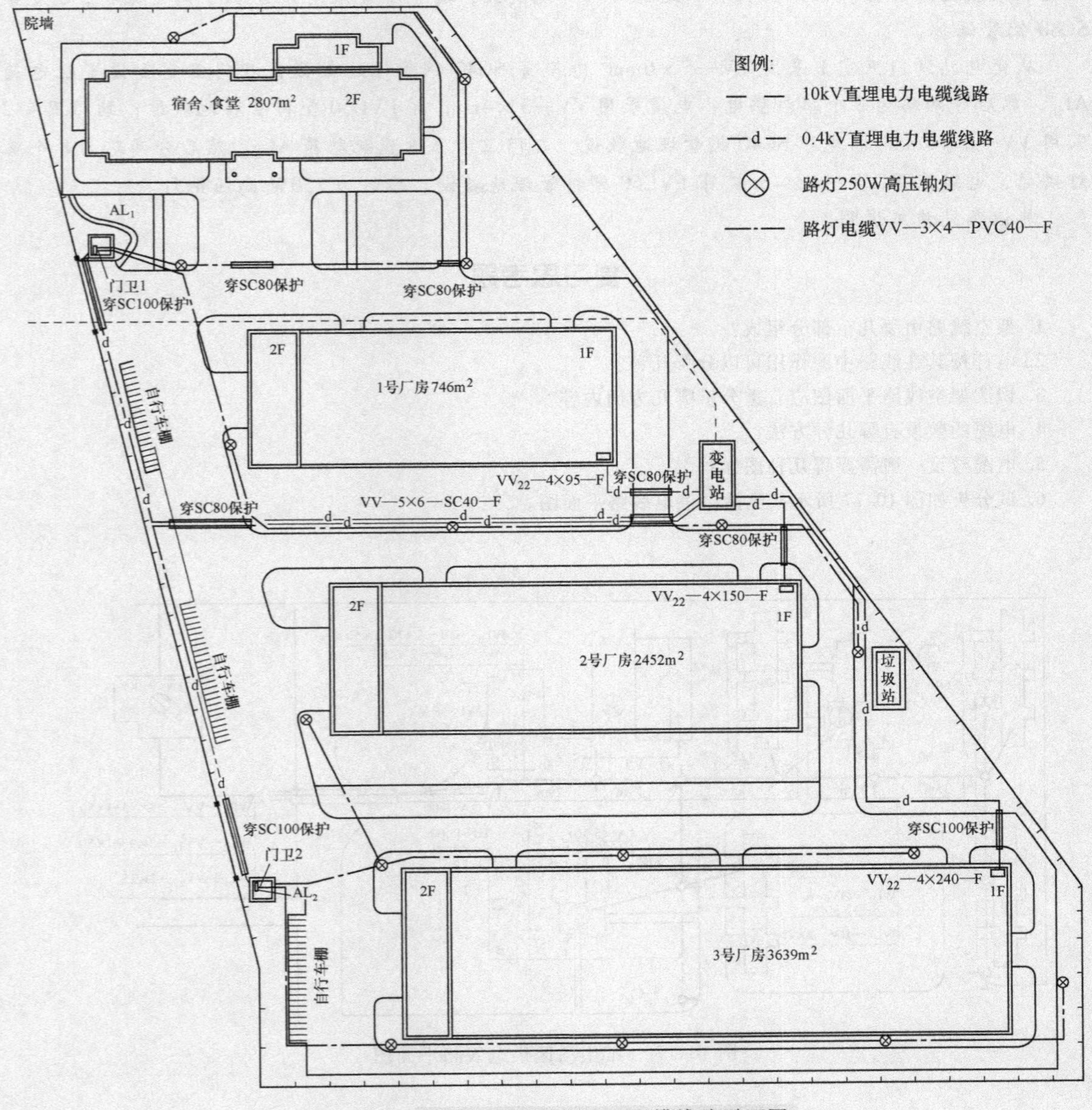

图10-16　某厂区室外低压配电电缆线路平面图

8）室外电缆敷设凡穿经手孔井时，各条电缆均应拴扎塑料制的标示牌，用油漆注明该电缆的用途、路别、规格、型号及敷设日期。

9）电缆跨越道路及林带处必须穿镀锌钢管保护，两头封口。

10）管线经过机动车道下时，埋深应不小于700mm，非机动车道处应大于500mm。

11）控制箱设在门卫室的墙上，电力导线采用VV—3×6穿镀锌钢管地下暗敷设，路灯杆旁边设600mm×600mm×600mm过线坑。

如图10-16所示，该厂区采用10kV作为电源进线电压，在厂区设箱式变电站，降为0.4kV后送往各个厂房及门卫室。

从变电站到1号厂房采用VV_{22}—4×95mm² 电缆埋地敷设，到2号厂房采用VV_{22}—4×150mm² 电缆埋地敷设，到3号厂房采用VV_{22}—4×240mm² 电缆埋地敷设，电缆型号均为聚氯乙烯绝缘钢

带铠装聚氯乙烯护套。在厂区共有7处道路与电缆交叉，其中1处采用穿SC100钢管保护，6处穿SC80钢管保护。

从变电站到门卫室1采用VV—5×6mm^2电缆穿SC40钢管埋地敷设，在门卫室1设置配电箱AL_1，然后分两路为8个路灯供电，电缆采用VV—3×4mm^2穿PVC60塑料管埋地敷设；到门卫室2采用VV—5×6mm^2电缆穿SC40钢管埋地敷设，在门卫室2设置配电箱AL_2，然后分两路为8个路灯供电，电缆采用VV—3×4mm^2穿PVC60塑料管埋地敷设。路灯为250W高压钠灯。

其他参见施工说明。

复习思考题

1. 架空线路由哪几个部分组成？
2. 电杆按其在线路中的作用可以分哪几种？
3. 识读架空线路平面图应着重分析哪几方面内容？
4. 电缆的敷设有哪几种方法？
5. 电缆敷设一般需要哪几种图样？
6. 试分析如图10-17所示某生活区供电线路平面图。

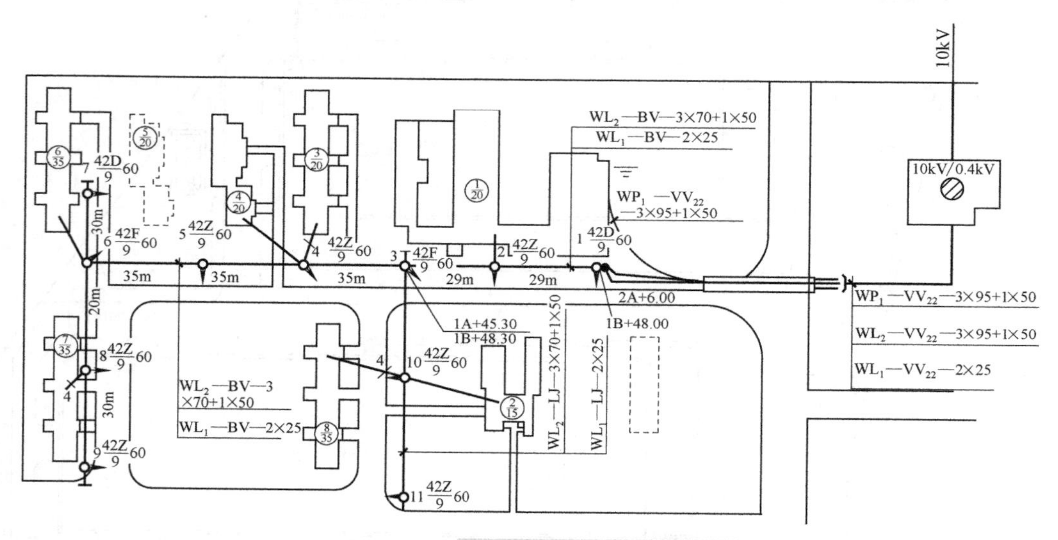

图10-17 某生活区供电线路平面图

第11章 动力及照明配电工程图

11.1 配电工程图的一般规定及图面标示

动力和照明配电工程图是建筑电气工程图中最基本的图样之一，是用以表示电气装置的供配电形式、工作原理、布置接线及系统组成等情况的图样。它主要有动力及照明配电平面图、配电系统图、配电箱安装及接线图、配电干线图、设备材料表、节点安装详图等组成。其中，动力及照明配电平面图是最重要的、最基本的图样。

11.1.1 动力及照明配电平面图的一般规定

动力及照明配电平面图是假设沿着建筑物的门、窗水平方向切开，得到由上向下看的俯视图。它反映建筑平面的基本结构，建筑物内动力及照明配电设备、开关电器、线路敷设等的平面布置，以及线路走向情况的图，它是电气施工单位和使用单位从事动力及照明配电工程安装和维护管理的重要依据，因此熟悉和掌握配电工程平面图的绘制、特点及识读方法具有重要的意义。

配电工程平面图主要表示照明线路的敷设位置、敷设方式、导线规格型号、导线根数和穿管管径等，同时还要标出各种用电设备（如照明灯具、电风扇、插座等）及配电设备（如配电箱、开关等）的数量、型号和相对位置等。多层建（构）筑物的照明平面图一般只将标准层的照明布置情况绘制出来，对于一些照明系统较为复杂的建（构）筑物，还要绘制出局部的照明平面图。

绘制建筑物配电工程平面图时，建筑结构的墙体、门窗、吊车梁与工艺设备等外形轮廓的布置用细实线标明，一般是利用建筑结构施工图经过处理按原土建平面图等比例绘制的，在此基础上再用中实线绘制电气部分内容。电气部分的导线和设备并不完全按比例画出它们的形状和外形尺寸，而是采用图形符号加文字标注的方法绘制。导线和设备的垂直距离和空间位置一般也不用立面图表示，只是采用文字标注、安装规范标高或附加必要的施工说明来表示。

一般建筑物配电工程平面图不反映线路和设备的具体安装方法及安装技术要求，必须通过相应的安装大样图和施工验收规范来解决。照明平面图所描述的对象主要包括以下内容：

（1）图样说明　图样说明部分主要表述电源电压等级、电源来源及引入方法，照明负荷的计算方法，导线的敷设方式，设备安装说明，以及可靠接地形式等。

（2）电源进线和配电箱　电源进线和总配电箱及分配电箱的型号、规格、尺寸、安装高度等内容，各配电箱内的电气元件及箱与箱之间的接线等。图 11-1 为配电电源接线方式示意图。

（3）照明灯具　照明灯具的类型，灯泡或灯管功率及数量，灯具的安装方法和位置、高度，以及电光源的类型等。

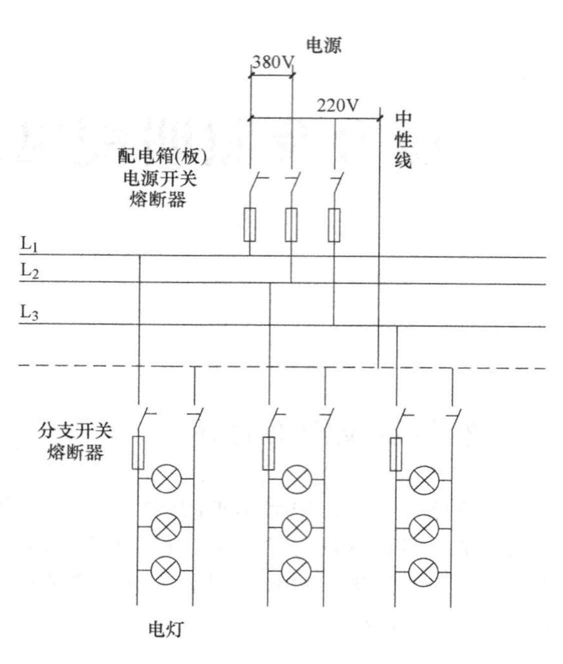

图 11-1 配电电源接线方式示意图

(4) 开关、插座及其他 照明开关、插座及其他电气设备的类型、安装位置及接线等。

(5) 线路 照明线路中导线的敷设位置、配线方式、导线根数、型号与规格等。

11.1.2 动力及照明配电平面图的图面标示

配电工程平面图的图面标注多采用《建筑电气工程设计常用图形和文字符号》(09DX001) 国家建筑标准设计图集中的标注方法。

(1) 线路和敷设信息的标注 线路在平面图上均用图线表示，在一根保护管内的导线，无论导线根数有多少，都可以使用一条图线表明走向，同时在图线上打上数根短斜线或打一根短斜线再标以数字，以说明导线的根数。当然，大多图示中短线及数字并不标出，需要识读者进行合理分析，以得出管数及根数的信息。在图线旁标注的文字符号称为直接标注，用以说明线路的用途，导线型号、规格、根数，线路敷设方式和敷设部位。直接标注的基本格式为：

$$a-b(c\times d)e-f$$

式中 a——线路编号或线路用途的符号；

b——导线型号；

c——导线根数；

d——导线截面面积 (mm^2)；

e——保护管管径 (mm)；

f——线路敷设方式和敷设部位。

线路标注要采用《国家标准电气制图 电气图形符号应用示例图册》(建筑电气分册) 中规定的线路标注符号 (表 11-1 ~ 表 11-4)，应用时要使用表中的新符号，列出的旧符号仅供对照参考 (这里仅列出常用的文字符号)。

表 11-1　常用电气设备文字符号

字母代号	项目种类	名　称	复字母代号	字母代号	项目种类	名　称	复字母代号
A	组件部件	控制箱	AC	W	传输通道	电压母线	WV
		低压断路器箱	ACB			滑触线	WT
		直流配电屏	AD			母线	WB
		高压开关柜	AH			导线、电缆	W
		刀开关箱	AK	Q	电力电路的开关	熔断器	QF
		低压配电屏	AL			熔断器式开关	QPS
		照明配电箱	AL			高压断路器	QH
		电力配电箱	AP			刀开关	QK
		电源自动切换箱	AT			低压断路器	QL
F	保护器件	接闪器	F			油断路器	QO
		接闪杆	FL			隔离开关	QS
		快速熔断器	FF	T	变压器	变压器	T
		熔断器	FU			电流互感器	TA
		限压保护器件	FV			自耦变压器	TAT
G	发电机电源	蓄电池	GB			有载调压变压器	TLC
		直流发电机	GD			降压变压器	TD
		交流发电机	GA			电力变压器	TM
		稳压电源设备	GV			电压互感器	TV

表 11-2　标注线路用文字符号

序　号	中文名称	英文名称	常用文字符号		
			单字母	双字母	三字母
1	控制线路	Control line	W	WC	
2	直流线路	Direct-current line		WD	
3	应急照明线路	Emergency lighting line		WE	WEL
4	电话线路	Telephone line		WF	
5	照明线路	Illuminating（Lighting）line		WL	
6	电力线路	Power line		WP	
7	声道（广播）线路	Sound gate（Broadcasting）line		WS	
8	电视线路	TV. line		WV	
9	插座线路	Socker line		WX	

表 11-3　线路敷设方式文字符号

序　号	中文名称	英文名称	旧符号	新符号	备　注
1	暗敷	Concealed	A	C	
2	明敷	Exposed	M	E	
3	铝皮线卡	Aluminum clip	QD	AL	
4	电缆桥架	Cable tray		CT	

（续）

序号	中文名称	英文名称	旧符号	新符号	备注
5	金属软管	Flexible metallic conduit		F	
6	水煤气管	Gas tube（pipe）	G	RC	
7	瓷绝缘子	Porcelain insulator（knob）	CP	K	
8	钢索敷设	Supported by messenge wire	S	M	
9	金属线槽	Metallic raceway		MR	
10	电线管	Electrical metallic tubing	DG	TC	
11	塑料管	Plastic conduit	SG	P	
12	塑料线卡	Plastic clip	VJ	PL	含尼龙线卡
13	塑料线槽	Plastic raceway	XC	PR	
14	钢管	Steel conduit	GG	SC	

表 11-4 线路敷设部位文字符号

序号	中文名称	英文名称	旧符号	新符号	备注
1	梁	Beam	L	B	
2	顶棚	Ceiling	P	CE	
3	柱	Column	Z	C	
4	地面（板）	Floor	D	F	
5	构架	Rack		R	
6	吊顶	Suspended ceiling		SC	
7	墙	Wall	Q	W	

（2）照明配电设备的文字标注　照明配电箱的文字格式一般为 $a\frac{b}{c}$或 a－b－c，当需要标注引入线的规格时，其标注格式为 $a\frac{b-c}{d(e\times f)-g}$，其中 a 为设备标号；b 为设备型号；c 为设备功率（kW）；d 为导线型号；e 为导线根数；f 为导线截面面积（mm^2）；g 为导线敷设方式及敷设部位，例如标注为 $A_3\frac{XL-3-2-35}{BV-3\times35SC40-CE}$，表示 3 号动力配电箱，型号为 XL－3－2 型，功率为 35kW，配电箱进线为 3 根铜芯聚氯乙烯绝缘电线，其截面面积各为 35mm^2，穿直径为 40mm 的钢管，沿柱明设。

（3）照明灯具的文字标注及图形符号　照明灯具的种类繁多，图形符号各异，但其文字标注格式一般为 $a-b\frac{c\times d\times L}{e}f$，当灯具为吸顶安装时，标注格式为 $a-b\frac{c\times d\times L}{-}$，其中 a 为灯具的数量；b 为灯具的型号或编号，或代号；c 为每盏灯具的灯泡数；d 为每个灯泡的容量（W）；e 为灯泡安装高度（m）；f 为灯具安装方法；L 为光源的种类（可省略）。灯具的安装方式主要有吸顶安装、嵌入式安装、壁装及吊装，其中吊装又可分为线吊、链吊和管吊。灯具安装方式的文字符号参见表 11-5。常见光源的种类有：白炽灯（IN）、荧光灯（FL）、汞灯（Hg）、钠灯（Na）、碘灯（I）、氙灯（Xe）和氖灯（Ne）等，例如标注为 $10-YG2-2\frac{2\times40\times F}{2.5}C$，则表示有 10 盏型号为 YG2－2 型的荧光灯，每盏灯有 2 个 40W 灯管，安装高度为 2.5m，采用链吊式安装。

表 11-5　照明灯具安装方式文字符号

中文名称	英文名称	旧符号	新符号	备　注
链吊	Chain pendant	L	C	
管吊	Pipe (conduit) erected	G	P	
线吊	Wire (cord) pendant	X	WP	
吸顶	Ceiling mounted (adsorbed)			(注)
嵌入	Recessed in		R	
壁装	Wall mounted	B	W	图形能区别时不可注

注：吸顶安装方式可在标注安装高度处打一横线，而不必注明符号。

配电照明工程中，配电线路常用的图形符号和照明灯具符号及用电设备见表 11-6、表 11-7。配电线路的标注法如图 11-2 所示。在图中可以了解到进线是在房屋的左侧，进线 BV—2×6SC20，它表示的含义是该进线为 BV（铜芯聚氯乙烯绝缘电线），进线根数为 2 根，导线的截面面积为 $6mm^2$，穿 *DN*20 的钢管进入建（构）筑物；同理，BV—2×1.5 PVC15 表示的意思为 2 根 $1.5mm^2$ 铜芯聚氯乙烯绝缘电线穿 PVC 塑料管敷设，塑料管的管径为 15mm。屋中的用电设备有一台配电箱暗装在墙上，一个普通白炽灯，一个荧光灯，一个普通双孔单相插座，还有两个单极暗装开关分别控制两盏灯。其中，白炽灯为 60W，花线吊装，吊装的高度为 2.5m；荧光灯为 YG—2—1 型荧光灯，灯管功率为 40W，链吊高度 2.5m。

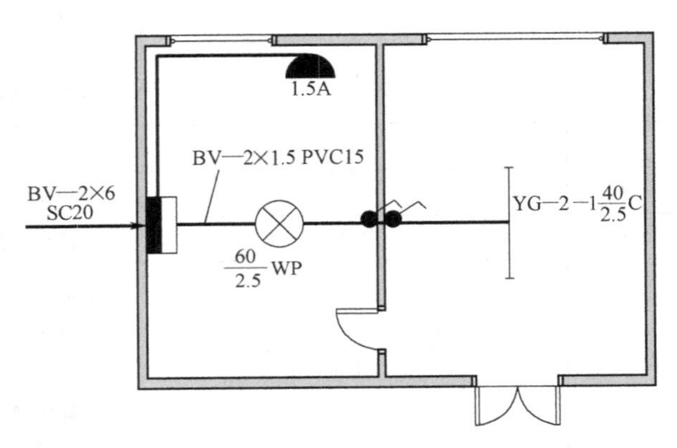

图 11-2　配电线路的标注法

表 11-6　照明电气工程常用文字及图形符号

序　号	文字及图形符号	说　明
1	$\frac{a}{b}$ 或 $\frac{a}{b}+\frac{c}{d}$	用电设备 a——设备编号 b——额定功率（kW） c——线路首端熔断片或自动开关释放器的电流（A） d——标高（m）
2	(1) —///— (2) —/3— (3) —/n—	导线根数，当用单线表示一组导线时，若需要示出导线数，可用加小短斜线加数字的方法表示 例：(1) 表示 3 根；(2) 表示 3 根；(3) 表示 *n* 根
3	(1) $\frac{3\times16}{}\times\frac{3\times10}{}$ (2) $—\times\frac{\phi2\frac{1}{2}''}{}$	导线型号规格或敷设方式的改变 (1) $3\times16mm^2$ 导线改为 $3\times10mm^2$ (2) 无穿管敷设改为导线穿管 $\left(\phi2\frac{1}{2}in\right)$ 敷设
4	V	电压损失（%）
5	—220V	直流电压 220V

（续）

序　　号	文字及图形符号	说　　明
6	m～fV 3N～50Hz，380V	交流电 m——相数 f——频率（Hz） V——电压（V） 例：交流，三相带中性线，50Hz，380V
7	L_1（可用A） L_2（可用B） L_3（可用C） U V W	相序 交流系统电源第一相 交流系统电源第二相 交流系统电源第三相 交流系统设备端第一相 交流系统设备端第二相 交流系统设备端第三相
8	N	中性线
9	PE	保护线
10	PEN	保护和中性共用线
11	——110V $2\times120mm^2$AL 3N～50Hz 400V $3\times120mm^2+1\times50mm^2$	更多的情况可按下列情况表示 在横线上面标出：电流种类、配电系统频率和电压 在横线下面标出：电路的导线数乘以每根导线的截面面积，若其导线截面面积不同时应用加号将其分开 导线材料可用其化学元素符号表示 示例：直流电路、110V、两根铝导线，导线截面面积为$120mm^2$ 示例：三相交流电路、50Hz、400V，三根导线截面面积均为$120mm^2$，中性线截面面积为$50mm^2$
12		直流电 注：标志在只适用于直流电的设备的铭牌上，用于标识直流电的端子（也可用—V标注），示例：—220V
13	～	交流电 注：标志在只适用于交流电的设备的铭牌上，用于标识交流电的端子
14	3～	三相交流电 注：标志在只适用于三相交流电的设备的铭牌上，用于标识三相交流电的端子
15	3N～	带中性线的三相交流电（3N～fV） 注：标志在只适用于带中性线的三相交流电的设备的铭牌上，用于标识相应的端子 示例：3N～50Hz，380V
16		示例：T形连接（分支，连接），形式1
17		示例：T形连接（分支，连接），形式2

（续）

序　　号	文字及图形符号	说　　明
18		示例：导线的双T连接（分支，连接），形式1
19		示例：导线的双T连接（分支，连接）形式2
20		接地一般符号 注：如表示接地的状况或作用不够明显可补充说明
21		功能性接地 注：表示功能性接地端子，例如为避免设备发生故障而专门设计的一种接地系统
22		保护接地 注：标识在发生故障时防止电击的与外保护导体相连接的端子，或与保护接地电极相连接的端子
23		柔软导线
24		电缆密封终端（多芯电缆） 示例：表示带有一根三芯电缆
25		电缆密封终端（多芯电缆） 示例：表示带有三根单芯电缆
26	3　3	直通接线盒 示例：多线表示带有三根导线 示例：单线表示带有三根导线
27	3　3　3	电缆连接盒 示例：多线表示带T形连接的三根导线 示例：单线表示带T形连接的三根导线

表11-7　常用的照明灯具及用电设备

序　　号	图 形 符 号	说　　明
1		（电源）插座
2		（电源）单相两孔插座暗装
3		两孔密闭（防水）插座

（续）

序 号	图形符号	说 明
4		防爆（电源）插座
5		带保护极的（电源）单相三孔插座 三孔暗装
6		三孔密闭 三孔防爆
7		三相四孔插座 三相四孔暗装
8		三相四孔密闭 三相四孔防爆
9		插座箱
10	3	多个（电源）插座 注：符号表示三个插座
11		带滑动防护板的（电源）插座
12		带单机开关的（电源）插座

（续）

序号	图形符号	说明
13	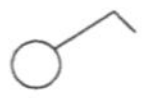  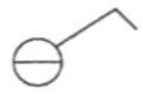 	单极开关 暗装 防水（密闭） 防爆
14	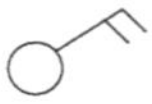 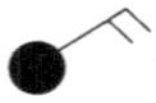 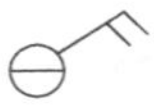 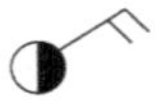	双极开关 暗装 防水（密闭） 防爆
15	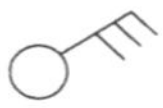 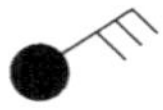 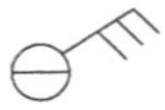 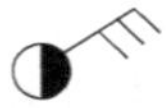	三极开关 暗装 防水（密闭） 防爆
16	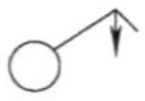	单极拉线开关
17	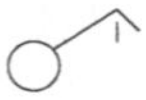	单极限时开关
18	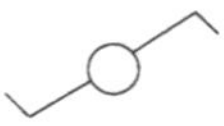	双控单极开关
19		带指示灯的开关
20		多拉单极开关
21		钥匙开关
22		灯，一般符号

（续）

序号	图形符号	说明
23		投光灯，一般符号
24		聚光灯
25		泛光灯
26		光源，一般符号；荧光灯，一般符号 多管荧光灯　注：表示三管荧光灯 五管荧光灯　注：表示五管荧光灯

11.2　动力配电工程图

11.2.1　动力配电工程图概述

动力配电工程图是表示电动机拖动各类机械设备运转的动力设备、配电柜及配电箱、开关控制电器的安装位置、供电线路敷设，以及它们之间相互关系和连接方式的图。它包括动力系统图、动力平面图、动力干线配置图、配电线路明细表等。

动力配电平面图是动力配电工程图的重要组成部分，是安装工程施工和安装工程计价最主要的依据之一。它表示动力设备、配电箱、配电线路规格型号，安装位置、标高、方法及导线敷设方式、导线的根数、导线的规格，穿线管的类型和材质，配电箱的类型及接线配置情况。

动力配电工程图用文字符号标注和图形符号绘制，在识读中要把握以下特点：

1）直观表示动力设备的规格、型号、安装位置和标高，供电电源敷设方式，配电箱安装位置、类型及电气的主接线。

2）动力平面图要与电力系统图配合使用。

3）动力配电工程相比照明配电工程，其工程量大，复杂程度高。

4）动力配电平面布置图相比照明平面布置图在形式上简单，容易识读。

11.2.2　动力配电线路平面图及阅读

图 11-3 是某车间动力平面布置图，它是在建筑平面图上绘制出来的。该车间主要由 3 个房间构成，建筑采用数字定位轴线尺寸。该动力平面布置图比较详细地表示了各电力配电线路（干线、支线）、配电箱、各电动机等的平面布置及其有关内容。

1. 设备布置

图 11-3 中所描述的电力设备主要是电动机。各种电动机按序编号为 1 ~ 15，共 15 台电动机。图中分别表示了各电动机的位置、型号与规格等。由于该图是按比例绘制的，因此电动机的位置

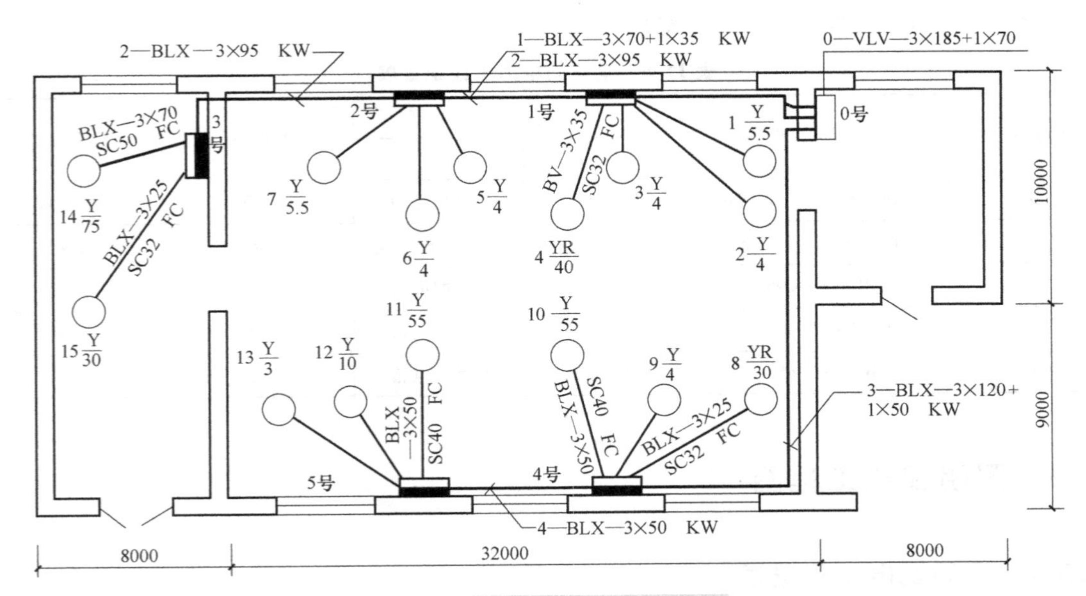

图11-3　某车间动力平面布置图

可用比例尺在图上直接量取。必要时还应参阅有关建筑基础平面图与工艺图等来确定。电动机的型号与规格等以图上标注为准，例如3 $\frac{Y}{4}$，其中，3表示电动机编号，Y表示异步电动机型号，4表示电动机的容量为4kW。

2. 电力配电箱

该车间共布置了6个电力配电柜、箱，其中：0号配电柜为总配电柜，布置在右侧配电间内，电缆进线，3回路出线分别至1号、2号、3号、4号、5号电力配电箱；1号配电箱布置在主车间，4回路出线；2号配电箱布置在主车间，3回路出线；3号配电箱布置在辅助车间，2回路出线；4号配电箱布置在主车间，3回路出线；5号配电箱布置在主车间，3回路出线。

3. 配电干线

图11-4为某车间电力干线配置图。配电干线主要是指外电源至总电力配电柜（0号），总配电柜至各分电力配电箱（1号、2号、3号、4号、5号）的配电线路。图中比较详细地描述了这些配电线路的布置，如线缆的布置、走向、型号、规格、长度（由建筑物尺寸数字确定）与敷设方式等，例如由0号总电力配电柜至4号电力配电箱的线缆，图中标注为BLX—3×120+1×50—KW，BLX表示导线型号，3×120+1×50表示3根120mm² 截面面积的导线和1根50mm² 截面面积的导线，KW表示线路采用沿墙、瓷绝缘子敷设的形式，长度为40m。表11-8为电力干线配置表。

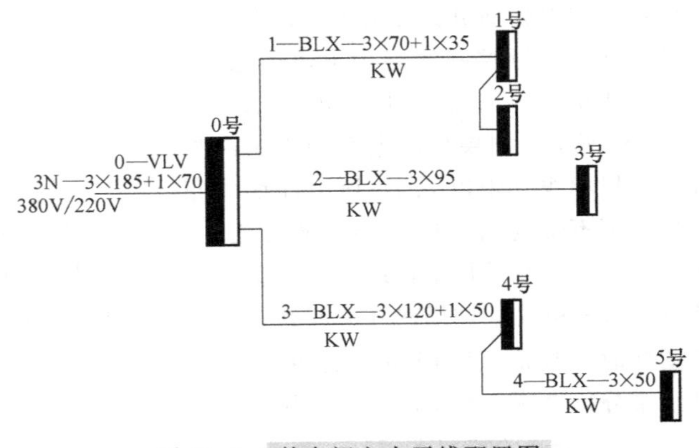

图11-4　某车间电力干线配置图

4. 配电支线

由各电力配电箱至各电动机的连接线，称为配电支线。图中详细描述了这15条配电支线的位

置，导线型号、规格、敷设方式与穿线管规格等。

表 11-8 某车间电力干线配置表

线缆编号	线缆型号及规格	连接点		长度/m	敷设方式
		Ⅰ	Ⅱ		
0	VLV—3×185+1×70	42 号杆	0 号配电柜	150	电缆沟
1	BLX—3×70+1×35	0 号配电柜	1、2 号配电箱	18	KW
2	BLX—3×95	0 号配电柜	3 号配电箱	25	KW
3	BLX—3×120+1×50	0 号配电柜	4 号配电箱	40	KW
4	BLX—3×50	4 号配电箱	5 号配电箱	50	KW

11.3 照明配电工程图

11.3.1 照明配电工程概述

1. 照明配电工程控制线路图

一般常见的照明控制线路有单控线路和双控线路形式。

(1) 单控线路 单控线路是一种最简单、最基本的照明控制线路。单控线路可以是一个开关控制一盏灯；也可以是一个开关控制多盏灯。

1) 一个开关控制一盏灯。这种控制形式是最简单也是最常见的线路形式，如图 11-5a 所示。图 11-5a 为平面图形式，这是工程图样中最常见的形式。照明回路中的照明灯具之所以会被点亮，是由于线路中有电流通过；而电流的形成正是由于加在灯具两端线路上的电压存在，一端线路接电源的相线，一端线路接中性线，它们分别引自配电设备，在相线上设置开关，以控制线路中电流的通断，开关关闭的情况下是不带电的状态，如图 11-5b所示。如果从配电箱中引出两根线，一根相线（带电），一根中性线（正常情况下不带电），中性线与大地相连（在变电所接地或在配电箱中接地）。将灯具的一个端子接相线，另一个端子接中性线，与电源构成闭合的电流回路，当线路中的开关接通时，回路有电流流过，灯具就亮。这里的开关起到了控制灯具点亮和熄灭的作用，因此称为控制开关。在识读电气图样时，常把照明回路分成相线、控制线、中性线来分析理解，简单明了不容易引起混乱。

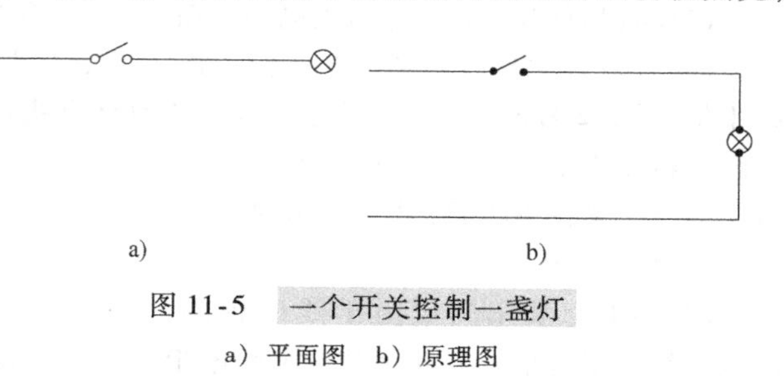

图 11-5 一个开关控制一盏灯
a) 平面图 b) 原理图

2) 一个开关控制多盏灯。在现实生活中，常会遇到这样的情况，例如当人进入通长的走廊时，需要在进门的位置设置一个开关，这个开关能够控制走廊里所有的灯或者相连的几个灯，这时就需要布置一种一个开关控制多盏灯的线路模式，如图 11-6a、b 所示。

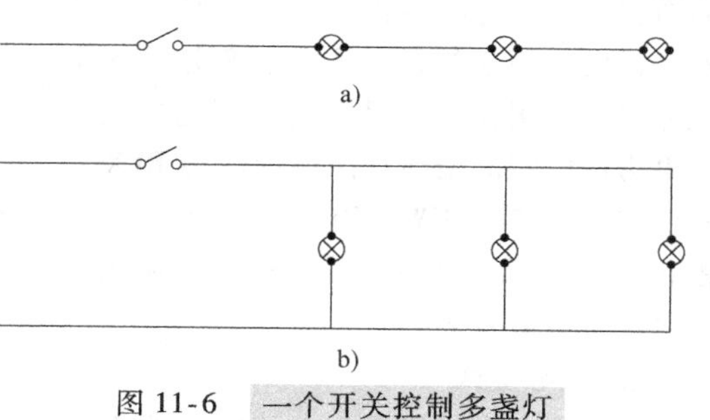

图 11-6 一个开关控制多盏灯
a) 平面图 b) 原理图

这里需要注意：当一个开关控制多盏灯时，

多个灯具之间应当是原理图中并联的关系，而不是平面图中的串联关系；当多个开关控制多盏灯时，每个灯具和各自的开关之间也是并联关系，如图11-7所示；控制开关必须接在相线上，中性线直接接灯具，如前所说，灯具上必须有两根线接入以形成回路，分别是中性线和控制线。此外，当接入的不是白炽灯而是荧光灯时，荧光灯不像白炽灯那样简单，它需要有其他的附件一并接入，如辉光启动器与镇流器，辉光启动器需与荧光灯管并联，镇流器需要接到控制线路上，但这些在平面图中并不体现，接线时应特别注意。

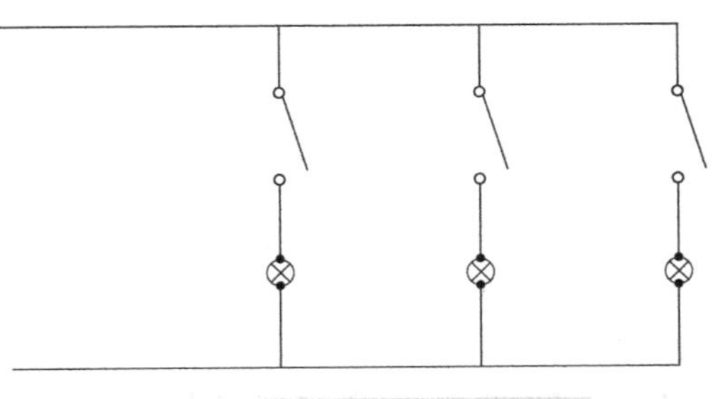

图11-7 多个开关控制多盏灯

（2）双控线路 当两个双控开关控制一盏灯时，称为双控线路。这种线路通常用于楼梯间与卧室等处，使用起来更加方便，如卧室中的主灯，控制它的开关可以分别设在进门处和床头位置，当人们进入卧室时，可使用进门处的开关点亮灯具，就寝时不必下床，利用床头灯开关将灯具熄灭，这样无论使用哪个开关，都可以使主灯开启或熄灭。图11-8为双控线路的平面图、接线图和原理图如图11-8所示，图中整个回路是断开的，灯不亮，此时无论扳动哪个开关都能控制灯具的开启。

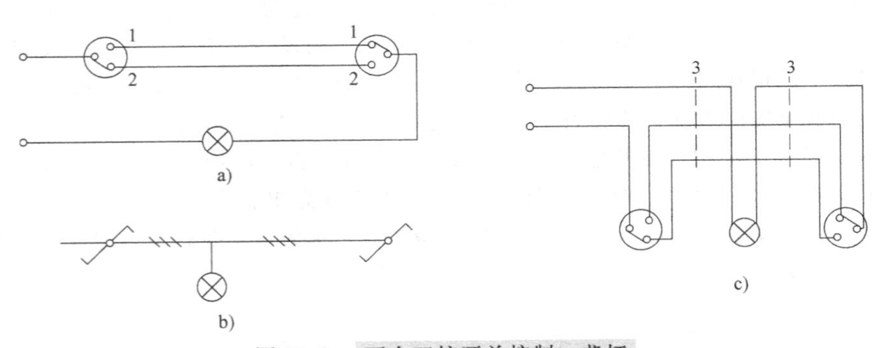

图11-8 两个双控开关控制一盏灯

a）电路图 b）平面图 c）接线图

2. 照明配电线路中的其他问题

（1）电器的设置 照明支线或照明回路，是连接配电箱与用电设备的线路，它直接将电能传递给用电设备。通常，单相制的支线长度不宜超过30m，应控制在20～30m，三相四线制或三相五线制（多了一条保护线）的支线长度应在60～80m，且每相电流不超过15A，每一单相支线上的负荷或装载的灯具及插座不超过20个。

在照明线路中，插座的故障率最高，如果插座安装数量较多，则应专设支线对插座供电，以提高照明线路供电的可靠性。目前，大多数新建的建筑将照明与插座线路分开设置，将不同功能的插座也分开设置，比如空调插座与一般的用电插座分开设置。

（2）导线截面 一般情况下，室内照明线路的路程较长，拐弯和分支很多，因此为方便施工和检修，以及日后对电线的更换，用来布线的导线截面面积不宜过大，一般考虑在1.0～4.0mm^2，最大不应超过6.0mm^2。在预算定额中，6.0mm^2及以上的导线不属于照明线路章节而设置在了动力线路部分；在施工过程中，如果设计中单相支线电流大于15A或截面面积大于6.0mm^2时，可采用三相支线或两条单相支线供电。

（3）频闪效应的限制措施 频闪效应是电光源随交流电的频率交变而发生的明暗变化。为限制交流电源的频闪效应，三相支线上的灯具可实行按相序排列，并使三相上的荷载接近平衡，以

保证供电的稳定性，如图 11-9 所示。

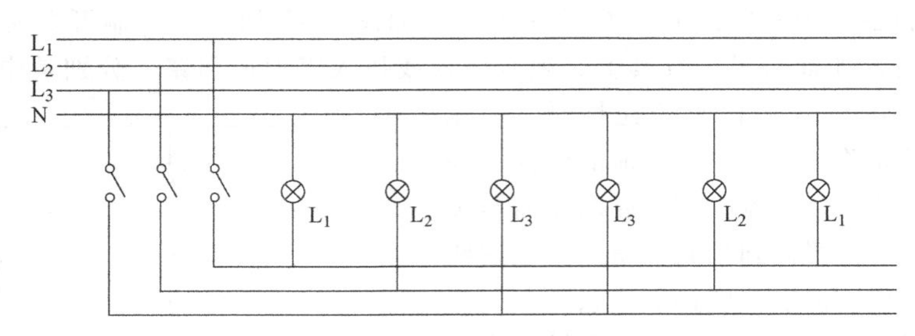

图 11-9 频闪效应的限制措施

11.3.2 照明配电箱接线图概述

照明配电箱接线图表明的是电源由总配电箱到各个用户配电箱的连线关系。在对其进行介绍之前，先了解一下照明线路的基本组成，以便更好地理解照明配电箱的接线问题。建（构）筑物中的电通常可以通过两种方法得到，一种称为架空进线，是由建（构）筑物就近的电线杆上引下；另一种称为埋地进线，一般用电力电缆从地下进入建（构）筑物。

如图 11-10 所示，架空进线首先从距离建（构）筑物较近的电杆上引下一根（两线制）或三根相线（三相四线制或三相五线制），在穿外墙进入建筑之前设置一个支点，这个支点称为进户横担，它是将绝缘子固定在做好的角钢或者槽钢支架上，支架的一端或者两端固定在建（构）筑物的外墙上的一种线路支撑系统；然后固定好的导线由绝缘子上垂下通过保护管进入建（构）筑物，并顺着建（构）筑物的结构与总配电箱进行连接；总配电箱得到电能后，再由干线系统将电力分送到各个分配电箱。图 11-10 为单线绘制法，由室外架空线路电杆上到建（构）筑物外墙支架上的线路称为引下线（即接户线）；从外墙到总配电箱的线路称为进户线；由总配电箱至分配电箱的线路称为干线；由分配电箱至照明灯具的线路称为支线。

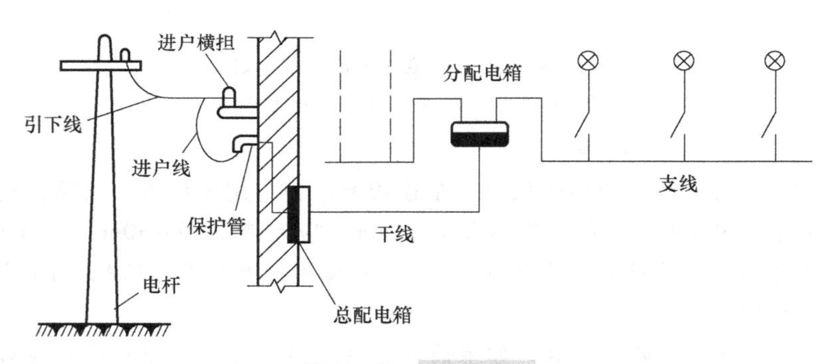

图 11-10 架空进线

电缆埋地进线是将电力电缆埋入地下，从建（构）筑物的基础或基础下进入建（构）筑物，埋地电力电缆在穿越建（构）筑物等时容易受到机械损伤，所以要求电缆从地面引出时需加设 2m 长的套管。一般电力电缆从接近总配电箱的地方引上直接进入，以减少电缆在地面上的长度。

1. 照明配电箱的基本接线方式

一般情况下它主要由馈电线、干线、分支线及配电箱组成，馈电线是将电能从变电所低压配电柜送到区域总配电箱的线路；干线是将电能从总配电箱送至各个照明分配电箱的线路；分支线是将电能从各个分配电箱送至各个用户配电箱的线路。

常见的照明配电系统有 380V/220V 三相五线制和 220V 单相两线制。一般情况下，在照明总干

线上，采用三相五线制供电；在照明分支线上，采用单相两线制供电，并且各个相线上的荷载应尽量平均安排，以保证供电线路的平衡。由于照明配电箱之间接线方式不同，主要有以下几种基本接线形式：

（1）放射式　如图 11-11a 所示，放射式接线实际上就是由总配电箱发出若干条干线，而每条干线只连接一个分配电箱。这种布置方式独立性强，每条干线互不干扰，当其中一条干线出现故障或需要检修时，不会影响其他干线或分配电箱的正常工作，供电的可靠性很高。但是由于各个分配电箱均需要独立的干线连接，因此总配电箱的出线根数较多，容纳的电气设备也比较多，相应地也比较昂贵。放射式的布置方式一般用于对供电要求较高的场所。

（2）树干式　如图 11-11b 所示，树干式接线就是总配电箱与若干个分配电箱之间只由一条干线连接，或在总配电箱的一条干线上引出若干个分支，每个分支连接一个分配电箱的布置方式。这种接线方式简单易行，所需要的导线相对较少，但是由于分配电箱之间有共用导线的情况，因此对于供电的可靠性而言相对较差。树干式的布置方式投资较少，因此对于供电要求不高，或小型的建筑照明应用较多。

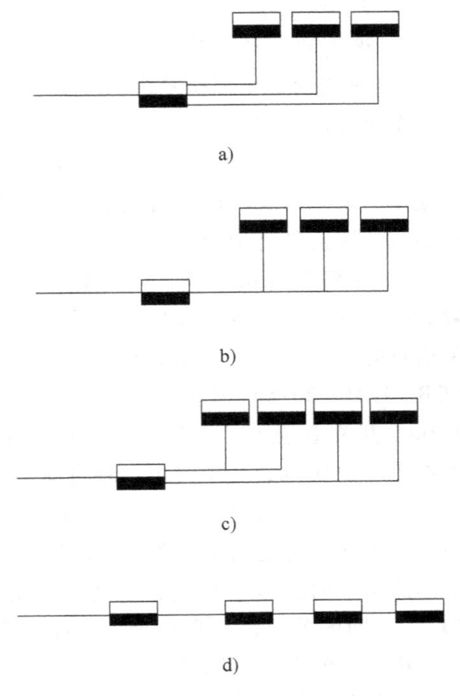

图 11-11　照明配电箱的基本接线方式
a）放射式　b）树干式　c）混合式　d）链式

（3）混合式　如图 11-11c 所示，混合式接线是放射式与树干式的结合布线方式，即从总配电箱引出的干线中，既有只连接一个分配电箱的情况，也有连接若干个分配电箱的情况。布置时需要权衡考虑供电的重要程度、负荷的位置、配电箱的容量及布线的方便与否等因素，合理进行选择。这种布置方式由于集合了前两种接线方式的优点，因此在工程中应用得最多。

（4）链式　如图 11-11d 所示，这种布置方式总配电箱和分配电箱的区分不明显，接线方式与树干式很相似。链式的布置方法在供电的可靠性方面表现较差，虽然投资较少但一般较少使用。

2. 几种常见的照明配电箱接线

虽然介绍了配电箱的基本接线方式，但是在实际工程中，配电箱的设置远比这些要复杂，不过再复杂的工程其配电箱的接线也是基本接线方式的重复和叠加，识图时只要细心分析就很容易掌握。

（1）多层住宅照明接线方式　多层建筑住宅中配电箱的接线方式比较简单，一般选择放射式的情况居多。通常先由建（构）筑物总配电线引入电能，再由其分别连接各个单元的分配电箱，分配电箱得到电能后再将电送到各楼层的层配电箱中，最后由层配电箱给本层的各用户配电箱配电。

（2）高层住宅照明接线方式　对于高层住宅来说，由于其线路行程比较长，因此单一的使用配电箱的接线方式不能满足供电要求，因此会选用混合式相互组合的方法来实现各个配电箱之间的接线。

（3）厂房照明接线方式　厂房照明配电系统既可能与动力配电系统一同设置，也可能单独设置，因此在分析厂房照明配电系统接线时最好与动力配电系统一同识读，才能更好地弄清楚管线的来龙去脉。

11.3.3　照明配电工程图的识读

照明配电工程图是编制工程造价和施工方案、进行安装施工和运行维修的重要依据之一。由

于照明平面图涉及的知识面较宽，在识读时除了要了解平面图的特点和平面图绘制的基本知识外，还要掌握一定的电工基本知识和施工基本知识。

1. 识读的一般方法

1）首先应识读照明系统图。了解整个系统的基本组成，各设备之间的相互关系，对整个系统有一个全面的了解。

2）识读设计说明和图例。设计说明以文字形式描述设计的依据、相关参考资料及图中无法表示或不易表示但又与施工有关的问题，图例常表明图中采用的某些非标准图形符号，这些内容对正确识读平面图是十分重要的。

3）了解建（构）筑物的基本情况，熟悉电气设备、灯具在建（构）筑物内的分布与安装位置。要了解电气设备、灯具的型号、规格、性能、特点及对安装的技术要求等。在图中找不到相关信息时，要通过阅读相关技术资料及验收规范来了解，如《建筑电气工程施工质量验收规范》（GB 50303—2015）中规定：开关安装的位置应便于操作，开关边缘距门框的距离宜为0.15～0.2m，开关距地高度宜为1.3m；拉线开关距地面高度为2～3m，层高小于3m时，拉线开关距顶板不小于100mm，且拉线出口垂直向下。这些数据都可以在设计图没有给出时选定。

4）养成良好的识图顺序，以免发生漏读和错读现象。在明确了电气设备的分布之后，就要进一步找出该设备是属于哪条线路连接的，掌握设备与设备之间的连接关系，找出正确的线路走向。识读照明平面图时，要顺着电的流动方向看，也就是说要跟着电流的方向找出各种设备与各种“盒”之间的关系，并要搞清楚它们之间的接线是如何实现的。一般情况下可以按电源引入线→总配电箱→分配电箱→用电设备的顺序来识图。

照明负荷都是单相负荷，由于照明灯具的控制方式多种多样，加上施工配线方式的不同，对相线、零线、保护线的连接各有要求，所以其连接关系相对比较复杂，识图时需要认真分析。

5）识读安装大样图。照明灯具的具体安装方法一般不在平面图上直接给出，必须通过识读安装大样图来解决。可以把识读平面图和识读安装大样图结合起来，以全面了解具体的施工方法。

6）对照同建筑的其他专业的设备安装施工图样综合识图。为避免建筑电气设备及电气线路与其他建筑设备及管路在安装时发生位置冲突，在识读照明平面图时要对照其他建筑设备安装工程施工图，同时要了解相关设计规范的要求。表11-9为电气线路与管道间最小距离，电气线路设计施工时必须满足表中的规定值。

表11-9 电气线路与管道间最小距离 （单位：mm）

管道名称	配线方式		穿管配线	绝缘导线的配线	裸导线配线
蒸汽管	平行	管道上	1000	1000	1500
		管道下	500	500	1500
	交叉		300	300	1500
暖气管、热水管	平行	管道上	300	300	1500
		管道下	200	200	1500
	交叉		100	100	1500
通风、给水排水及压缩空气管	平行		100	200	1500
	交叉		50	100	1500

注：1. 对蒸汽管道，当在管道外包隔热层时，上下平行距离可减至200mm。

2. 暖气管、热水管应设隔热层。

3. 对裸导线，应在裸导线处加装保护网。

2. 识读照明配电图应具备的相关知识

(1) 照明方式与种类

1) 照明方式：照明方式一般可以分为一般照明和局部照明。

① 一般照明是指为使整个场所获得均匀明亮的水平照度，灯具在整个照明场所均匀布置的照明方式。有时候也可根据工作面布置的实际情况及其对照度的不同要求，将灯具集中或分区集中均匀地布置在工作区的上方，使不同被照面上产生不同的照度（也有人将这种照明方式称为分区一般照明）。

② 局部照明是指为了满足照明范围内某些部位的特殊要求而设置的照明，它仅限于照亮一个有限的工作区，通常从最适宜的方向装设台灯、射灯或反射型灯泡。其优点是灵活、方便、省电，能有效突出重点。

有时上述两种照明方式会在同一个场合中使用，这种由一般照明和局部照明共同工作组成的照明方式，称为混合照明。

2) 照明种类：按照明的作用可以分为正常照明、应急照明、值班照明、警卫照明、装饰照明、艺术照明和障碍照明等。

① 正常照明也称为工作照明，是为满足正常工作而设置的照明，其作用是满足人们正常视觉的需要，是照明工程中的主要照明，一般是单独使用。不同场合的正常照明有着不同照度的标准，设计照度要符合规范的要求。

② 应急照明是在正常照明因事故熄灭后，满足事故情况下人们继续工作，或保障人员安全顺利撤离的照明。它包括备用照明、安全照明和疏散照明。

备用照明是在正常照明发生故障时，用以保证正常活动继续进行的一种照明。凡是在有因照明故障而会引发重大安全事故或者造成重大政治影响和经济损失的场所，必须配备备用照明，而且备用照明提供给工作面的照度不能低于正常照明照度的10%。

安全照明是在正常照明发生故障时，为保证处于危险作业中的工作人员的人身安全而设置的一种照明，其照度不应低于一般照明正常照度的5%。

疏散照明是发生事故时保证人员疏散的照明，其照度不低于0.5lx（勒克斯，照度单位）。

③ 值班照明是在非工作时间，供值班人员观察用的照明。值班照明既可单独设置，也可用正常照明的一部分或应急照明的一部分作为值班照明。

④ 警卫照明用于警卫区域内重点目标的照明。可用正常照明的一部分作为警卫照明，一般须在警戒范围内装设。

⑤ 装饰照明是为美化和装饰某一特定空间而设置的照明。这类照明以纯装饰为目的，不兼作一般照明和局部照明。

⑥ 艺术照明是通过运用不同的灯具、不同的投光角度和不同的光色，制造出一种特定空间气氛的照明。

⑦ 障碍照明是为了保证飞行物夜航安全，而在高层建筑或烟囱上设置障碍标志的照明，一般建（构）筑物的高度不小于60m时就需要装设且应设置在最高点。

(2) 常用电光源　凡可以将其他形式的能量转换成光能，从而提供光通量的设备、器具统称为光源；而其中可以将电能转换为光能，从而提供光通量的设备、器具则称为电光源。根据光的产生原理不同，电光源可以分为两大类：一类是以热辐射作为光辐射原理的电光源，称为热辐射光源，例如白炽灯和卤钨灯都是用钨丝为辐射体，通电后使其达到白炽温度，产生热辐射，是目前应用最广的照明光源；另一类是气体放电光源，它们主要以原子辐射的形式产生光辐射，根据这些光源中气体的压力，可分为低压气体放电光源和高压气体放电光源：常用低压气体放电光源有荧光灯和低压钠灯；常用高压气体放电光源有高压汞灯、金属卤化物灯、高压钠灯与氙灯等。

常见电光源有：

1）普通白炽灯。普通白炽灯是最早出现的电光源，称为第一代电光源，其结构主要由玻璃壳、灯丝、玻璃支柱和灯头等部分组成（图 11-12）。灯丝是由高熔点的钨丝绕制而成，并被封入抽成真空状的玻璃泡内。为了提高灯泡的使用寿命，一般在玻璃泡内再充入惰性气体氩或氮。当电流通过白炽灯泡的灯丝时，由于电流的热效应，使得灯丝达到白炽状（可达 2400～2500℃）而发光。它的优点是构造简单，价格低，安装方便，便于控制和起动迅速。缺点是吸收的电能只有不到 20% 被转换成了光能，其余的均被转换为红外线辐射能和热能浪费了，发光效率较低。因此，国家于 2011 年 11 月 4 日发布淘汰普通白炽灯路线图，决定从 2012 年 10 月 1 日起，按功率大小分阶段逐步禁止进口和销售普通照明白炽灯。

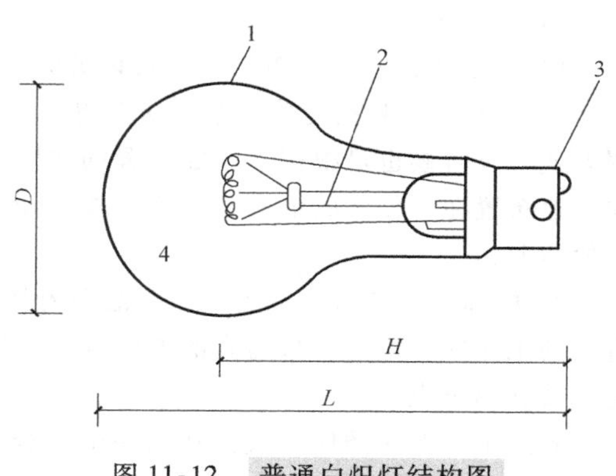

图 11-12　普通白炽灯结构图

1—玻璃壳　2 玻璃支柱　3—灯头　4—灯丝

2）荧光灯。荧光灯是第二代电光源的代表，它主要由荧光灯管、镇流器和辉光启动器等组成，它的安装接线工作电路如图 11-13a 所示。一般荧光灯有多种颜色：白色、冷色、暖色及各种彩色。灯管外形有直管形、U 形、圆形及平板形等多种。荧光灯的优点很多，如光色好，特别是荧光灯接近天然光；发光效率高，比白炽灯高 2～3 倍；在不频繁启燃的工作状态下，其寿命较长，可达 3000h 以上，所以荧光灯的应用很普及。但荧光灯带有镇流器，其对环境的适应性较差，如温度过高或过低会造成辉光启动器动作困难；电压偏低，会造成荧光灯启燃困难甚至不能启燃；同时，普通荧光灯点燃需要一定的时间，所以不适用于要求照明不间断的场所。目前，还有一种荧光灯很受欢迎，即节能荧光灯，其具有光色柔和、显色性好、体积小、造型别致等特点，发光效率比普通荧光灯提高 30% 左右，是白炽灯的5～7 倍，图 11-13b 所示的 H 型节能荧光灯。

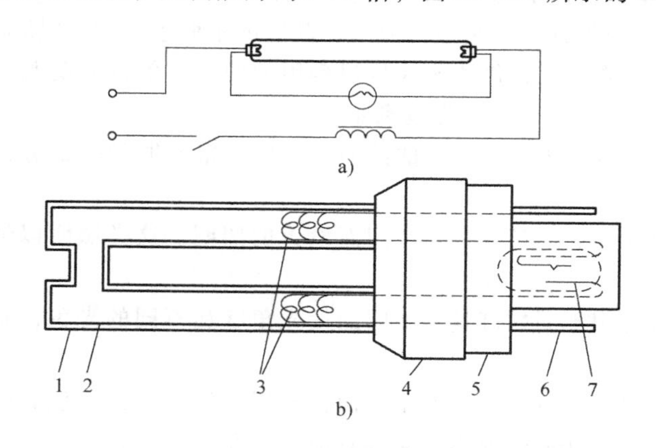

图 11-13　荧光灯

a）荧光灯的安装接线工作电路图　b）H 型节能荧光灯

1—玻璃管　2—三基色荧光粉　3—螺旋状阴极

4—铝壳　5—塑料壳　6—灯脚　7—辉光启动器

3）卤钨灯是卤钨循环白炽灯的简称，是一种较新型的热辐射光源。它是由钨丝的石英灯管内充入微量的卤化物（碘化物或溴化物）和电极组成，如图 11-14 所示。其发光效率高，光色好，适合大面积、大空间场所照明。卤钨灯的安装必须保持水平，倾斜角不得超过 ±4°，否则会缩短灯管寿命；灯架距可燃物的净距不得小于 1m，离地垂直高度不宜小于 6m。它的耐振性较差，不宜在有振动的场所使用，也不宜做移动式照明电器使用。卤钨灯需要配备专用的照明灯具，室外安装应有防雨措施。

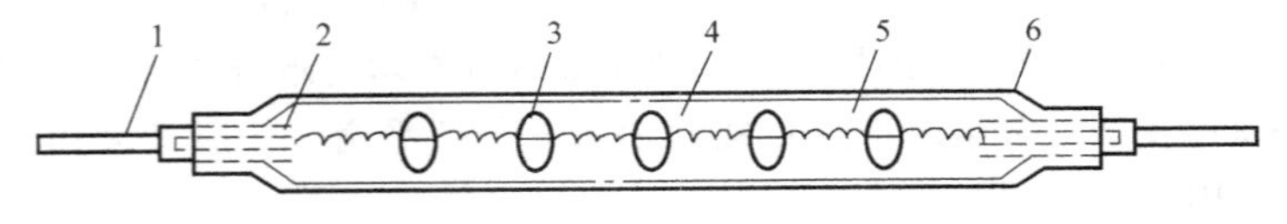

图 11-14　卤钨灯构造

1—电极　2—封套　3—支架　4—灯丝　5—石英管　6—碘蒸气

4）高压汞灯。高压汞灯是一种较新型的电光源，它主要由涂有荧光粉的玻璃泡和装有主、辅电极的放电管组成。玻璃泡内装有与放电管内辅助电极串联的附加电阻及电极引线，并将玻璃泡与放电管间抽成真空，充入少量惰性气体，如图 11-15a 所示。高压汞灯分为普通高压汞灯和自镇流式高压汞灯两类。自镇流式高压汞灯的结构与普通汞灯基本一致，只是在石英管的外面绕了一根钨丝与放电管串联，起到镇流器的作用。自镇流式高压汞灯具有发光效率高，寿命长，省电，耐振，对安装无特殊要求等优点，所以被广泛用于施工现场、广场、车站等大面积场所的照明。其缺点是从起动到正常点亮的时间较长，约需几分钟。而且，高压汞灯对电源电压的波动要求较高，如果突然降低 5% 以上时，可能造成高压汞灯的自行熄灭，且再起动点亮也需 5 ~ 10s 的时间。其接线图如图 11-15b 所示。

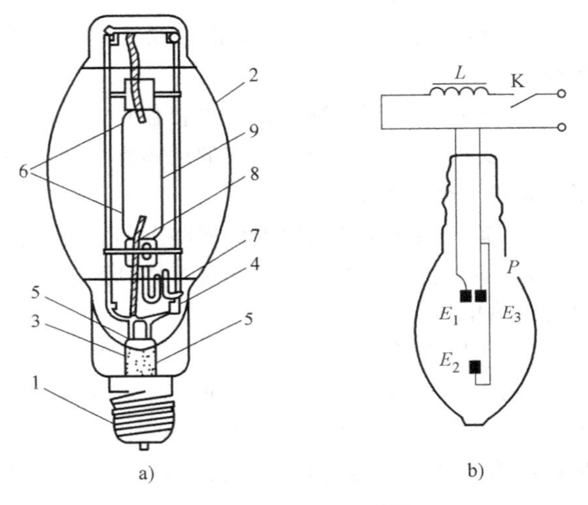

图 11-15　高压汞灯

a）高压汞灯的构造　b）高压汞灯接线图

1—螺口　2—玻璃壳　3—抽气管　4—支架　5—导线　6—主电极　7—电阻　8—副电极　9—放电

5）金属卤化物灯。金属卤化物灯是近些年发展起来的新型光源，与高压汞灯类似，在放电管内除了充有汞和惰性气体外，还加入发光的金属卤化物（以碘化物为主）。当放电管工作而产生弧光放电时，金属卤化物被汽化并向电弧中心扩散，在电弧中心处，卤化物被分离成金属和卤素原子。由于金属原子被激发，极大地提高了发光效率，因此与高压汞灯相比，金属卤化物灯的发光效率更高，而且紫外辐射较弱，但其寿命较高压汞灯要短。目前生产的金属卤化物灯多为镝灯和钠铊铟灯。使用中应配备专用的镇流器或采用触发器起动点燃灯管。

6）高压钠灯。高压钠灯与高压汞灯类似，在放电发光管内除充有适量的汞和惰性气体（氩或氙）外，还加入足够的钠，由于钠的激发电位比汞低得多，故放电管内以钠的放电放光为主，提高了钠蒸气的压力，这就是高压钠灯。高压钠灯具有光效高、紫外线辐射小、透雾性能好、可以任意放置点燃、抗振性能好等优点。其缺点是放光强度受电源电压波动影响较大，约为电压变化率的 2 倍。如果电压降低 5% 以上时，可能造成高压钠灯的自行熄灭，电源电压恢复后，再起动的时间较长，为 10 ~ 15s。

7）氙灯。氙灯灯管内充有高压的惰性气体，为惰性气体放电弧灯，其光色接近太阳光，起动方式为触发器起动，具有耐低温、耐高温、抗振性能好、能瞬时起动、功率大等优点。其缺点是

光效没有其他气体放电灯高、寿命短、价格高，在起动时有较多的紫外线辐射，人不能长时间靠近。

（3）照明支线的布置方法　掌握照明支线的布置方式，能够帮助我们更好地理解图样中所绘制的内容，以便进行正确的分析，为以后的工程预算及施工做好准备。

1）首先将用电设备进行分组，即把灯具、插座等尽可能均匀地分成几组，有几组就有几条支线，即每一组为一供电支线；分组时应尽可能地使每相负荷平衡，一般最大相负荷与最小相负荷的电流差不宜超过30%。

2）每一单相回路，其电流不宜超过16A；灯具采用单一支线供电时，灯具数量不宜超过25盏。

3）作为组合灯具的单独支路，其电流最大不宜超过25A，光源数量不宜超过60个；而建（构）筑物的轮廓灯的每一单相支线，其光源数不宜超过100个，且这些支线应采用铜芯绝缘导线。

4）插座宜采用单独回路，单相独立插座回路所接插座不宜超过10组（每一组为一个两孔加一个三孔插座），且一个房间内的插座宜由同一回路配电；当灯具与插座共支线时，其中插座数量不宜超过5个（组）。

5）备用照明与疏散照明的回路上不宜设置插座。

6）不应将照明支线敷设在高温灯具的上部，接入高温灯具的线路应采用耐热导线或者采用其他的隔热措施。

7）回路中的中性线和接地保护线的截面应与相线截面相同。

（4）照明线路常用绝缘导线　照明线路常用绝缘导线的种类按其绝缘材料划分有橡胶绝缘线（BX、BLX）和塑料绝缘线（BV、BLV），按其线芯材料划分有铜芯线和铝芯线，建（构）筑物内多采用塑料绝缘线。绝缘导线文字符号含义见表11-10，常用绝缘导线的型号及用途见表11-11。

表11-10　绝缘导线文字符号含义

性能		分类代号或用途		线芯材料		绝缘		护套	
符号	意义	符号	意义	符号	意义	符号	意义	符号	意义
ZR	阻燃	A	安装线	T	铜	V	聚氯乙烯	V	聚氯乙烯
NH	耐火	B	布电线	L	铝	F	氟塑料	H	橡套
		Y	移动电器线			Y	聚乙烯	B	编制套
		T	天线			X	橡胶	N	尼龙套
		HR	电话软线			F	氯丁橡胶	SK	尼龙丝
		HP	电话配线			ST	天然丝	L	腊克

表11-11　常用绝缘导线的型号及用途

型号	名称	主要用途
BV	铜芯聚氯乙烯绝缘电线	用于交流500V及以下，直流1000V及以下的线路中，供穿钢管或PVC，明敷或暗敷
BLV	铝芯聚氯乙烯绝缘电线	
BVV	铜芯聚氯乙烯绝缘聚氯乙烯护套电线	用于交流500V及以下，直流1000V及以下的线路中，供沿墙、沿平顶、线卡明敷用
BLVV	铝芯聚氯乙烯绝缘聚氯乙烯护套电线	
ZR-BV	阻燃铜芯聚氯乙烯绝缘线	用于交流电压500V以下，直流电压1000V以下室内较重要场所固定敷设

（续）

型　号	名　称	主要用途
NH-BV	耐火铜芯聚氯乙烯绝缘线	用于交流电压 500V 以下，直流电压 1000V 以下室内重要场所固定敷设
BVR	铜芯聚氯乙烯软线	与 BV 同，安装要求柔软时使用
BX	铜芯橡胶线	用于交流 500V 及以下，直流 1000V 及以下的户内外架空、明设、穿管固定敷设的照明及电气设备电路
BLX	铝芯橡胶线	
BXR	铜芯橡胶软线	用于交流 500V 及以下，直流 1000V 及以下的电气设备及照明装置要求电线比较柔软的室内安装
BXF	铜芯氯丁橡胶线	用于交流 500V 及以下，直流 1000V 及以下的户内外架空、明设、穿管固定敷设的照明及电气设备电路（尤其适用于户外）
BLXF	铝芯氯丁橡胶线	
RV	铜芯聚氯乙烯绝缘软线	供交流 250V 及以下各种移动电器接线用，大部分用于电话、广播、火灾报警灯，前三者常用 RVS 绞线
RVB	铜芯平行聚氯乙烯绝缘绞型软线	
RVS	铜芯双绞聚氯乙烯绝缘绞型软线	
BXF	铜芯氯丁橡胶绝缘线	具有良好的耐老化性和不延燃性，并具有一定的耐油、耐腐蚀性能，适用于户外敷设
BLXF	铝芯氯丁橡胶绝缘线	
BV-105	铜芯耐 105℃ 聚氯乙烯绝缘电线	供交流 500V 及以下，直流 1000V 及以下的电力、照明、电工仪表、电信电子设备等温度较高的场所使用
BLV-105	铝芯耐 105℃ 聚氯乙烯绝缘电线	
RV-105	铜芯耐 105℃ 聚氯乙烯绝缘软线	供 250V 及以下的移动式设备及温度较高的场所使用

（5）室内配电线路　室内配线方式是指照明线路在建（构）筑物内的安装方法，导线敷设的方法也称为配线方法。

1）根据建（构）筑物的结构和要求的不同，室内配电方式可以分为明配线和暗配线两大类。明配线是指导线直接或者穿保护管、线槽等敷设于墙壁、顶棚的表面及桁架等处，或是线路敷设在建（构）筑物表面可以看得见的部位。导线明敷设是在建（构）筑物全部完工以后进行，一般用于简易建筑或新增加的线路；导线暗敷设是建（构）筑物内导线敷设的主要方式，是指导线穿管或线槽等敷设于墙壁、楼板、梁、柱、地面等处，导线暗敷设与建筑结构施工同步进行，在施工过程中首先把各种导管和预埋件置于建筑结构中，建筑完工后再完成导线敷设工作。

2）室内配线采用不同的敷设方法，其差异主要是由于导线在建（构）筑物上固定的方式不同，所使用的材料、器件及导线种类也随之不同，常用的室内导线敷设方法有：

① 夹板配线。夹板配线使用瓷夹板或塑料夹板来夹持和固定导线。通常为两线式与三线式，如图 11-16 所示，适用于一般简易建筑。

② 绝缘子配线。绝缘子配线一般用于工厂车间跨度比较大的房间，如图 11-17 所示。

③ 槽板配线。槽板配线就是把绝缘导线敷设在槽板的线槽内，上部用盖板把导线盖住。槽板按材料分为木槽板和塑料槽板，有两线槽和三线槽之分，如图 11-18 所示。槽板配线可用于一般民用建筑和复古建筑，干燥房屋的照明线路及室内线路的改造，不应敷设在顶棚和墙壁内。

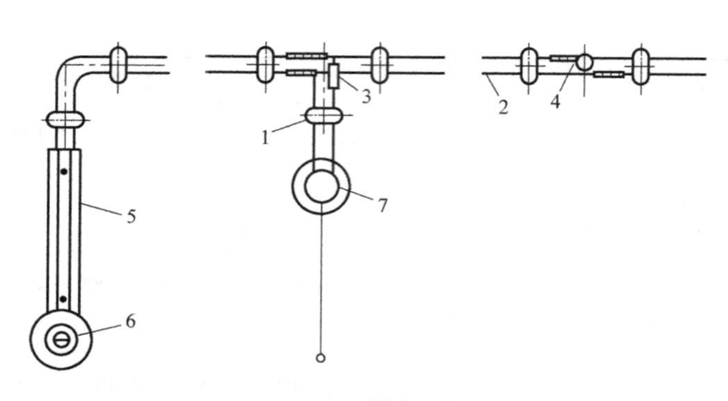

图 11-16 夹板配线

1—瓷夹板 2—导线 3—导线交叉时绝缘用的瓷套管 4—导线穿墙用的瓷套管木槽板 5—保护段 6—插座 7—拉线开关

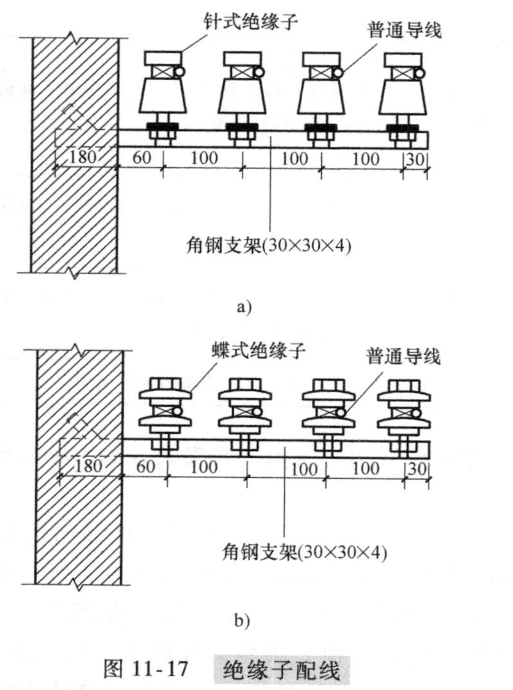

图 11-17 绝缘子配线

a）针式绝缘子配线 b）蝶式绝缘子配线

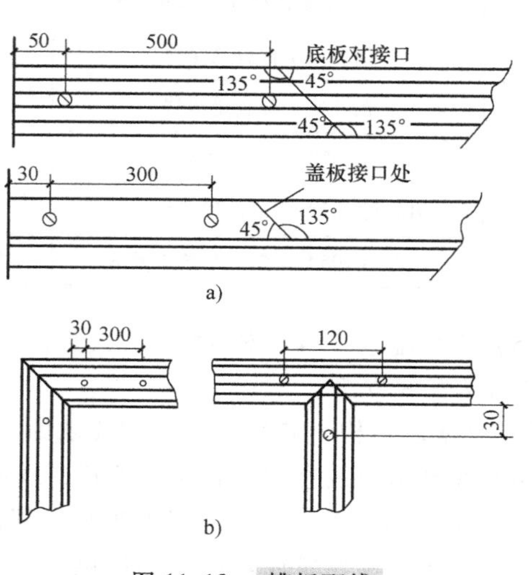

图 11-18 槽板配线

a）槽板直线段 b）槽板转弯、T形分支

④ 塑料护套线配线。塑料护套线配线就是采用铝片线卡固定塑料护套线的配线方法，其具有防潮和耐腐蚀等性能，有圆形、扁形、轨形护套线，以二芯、三芯为区别。塑料护套线多用于照明线路，可以直接敷设在楼板、墙壁等建（构）筑物表面上，但不得直接埋入抹灰层内暗敷或建（构）筑物顶棚内。另外，受到阳光直接照射的场所不宜明配塑料护套线，如图 11-19 所示。

⑤ 线槽配线。线槽配线有金属线槽和塑料线槽两种。金属线槽多由厚度为 0.4～1.5mm 的钢板制成，一般适用于正常环境的室内场所明敷，不能用于有严重腐蚀性的场所。除了可在墙壁上固定外，金属线槽还可采用托架、吊架等进行架设，安装时槽身应做可靠接地或接零，如图 11-20 所示。在导线比较集中且设备较多的场所，如计算机机房等，金属线槽配线还可以进行地面下暗装，达到集中布置、美化环境的目的。地面下暗装的配线方法是将电线或电缆穿在经过特制的壁

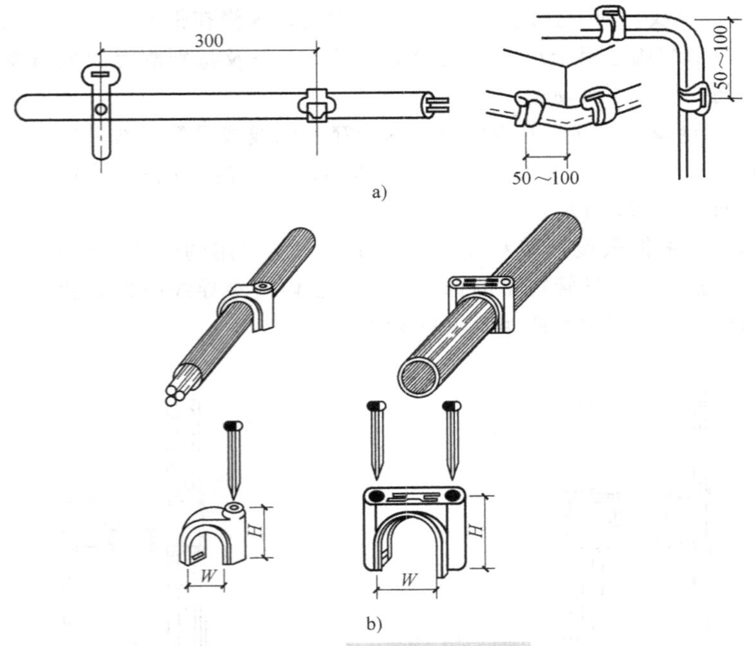

图 11-19　塑料护套线配线

a）铝片线卡配线　b）电线固定夹

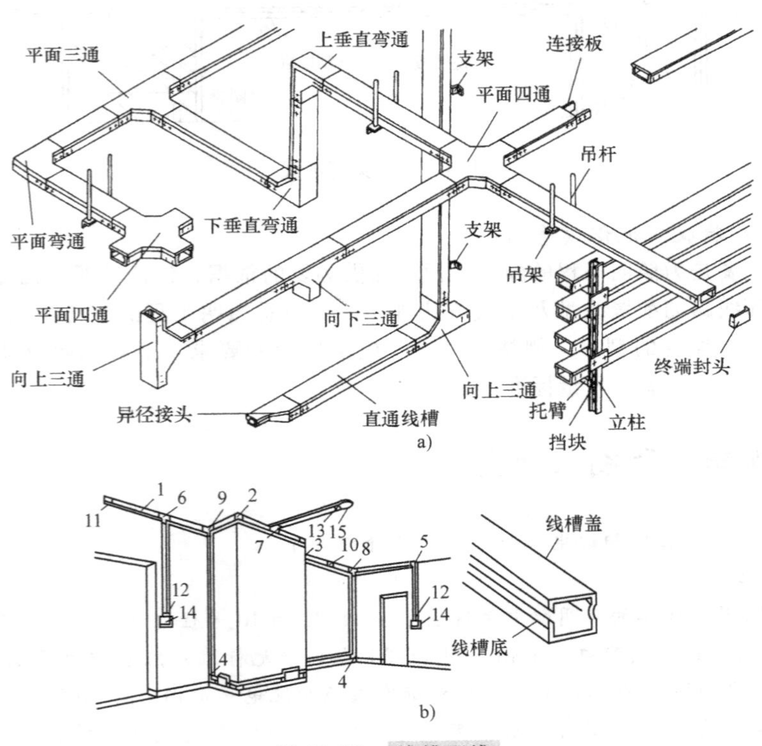

图 11-20　线槽配线

a）金属线槽配线　b）塑料线槽配线

1—直线线槽　2—阳角　3—阴角　4—直转角　5—平转角　6—平三通　7—顶三通　8—左三通　9—右三通　10—连接头　11—终端头　12—开关盒插口　13—灯位盒插口　14—开关盒及盖板　15—灯位盒及盖板

厚为2mm的封闭式金属线槽内，直接敷设在混凝土地面，现浇在钢筋混凝土楼板或预制混凝土楼板的垫层内。塑料线槽配线适用于正常环境的室内场所，以及特别潮湿及酸碱腐蚀的场所，但在高温和易被机械损伤的场所不宜使用。

⑥ 穿管配线。将绝缘导线穿在管内敷设，称为穿管配线或导管配线。穿管配线可明敷或暗敷在建（构）筑物的各个位置，安全可靠，可避免腐蚀性气体的侵蚀和机械损伤，更换导线方便，适用于各种场所，如图11-21所示。

穿线管的选择，应根据敷设环境和设计要求来决定。常用的线管有水管、煤气管、电线管、塑料管、金属软管和瓷管等。导管规格的选定应根据管内所穿导线的根数和截面面积决定，一般管内导线的总截面面积不应超过管截面面积的40%。

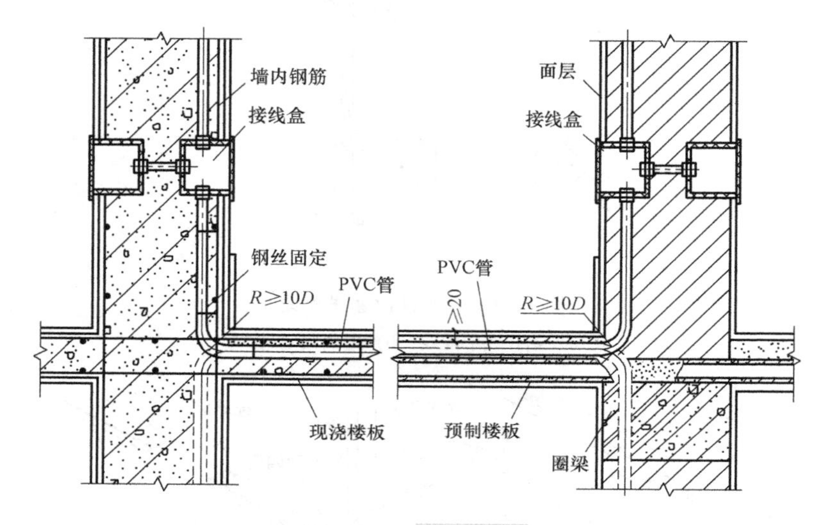

图11-21 穿管配线

3. 结合施工和验收规范识读平面图

照明平面图主要是为照明工程的施工及预算提供必要的依据，识读照明平面图也要为此服务，因此除了要识读懂线路的配置线型及走线方法外，还要熟悉照明工程的施工工艺及验收规范，进一步了解管路敷设对配管的型号、规格、材质及施工质量的要求，了解照明及动力配线的型号、电压、规格及施工工序检验、质量标准。

11.4 照明配电工程图识读实例

[实例11-1] 某工程照明配电工程图的识读介绍如下。

1. 施工图识读

阅读某工程10号住宅楼的照明配电系统图。图11-22为10号住宅楼照明配电系统图，图11-23为10号住宅楼首层干线照明配电平面图，图11-24为E单元标准层照明配电平面图，图11-25为E单元标准层插座平面图，图11-26为D单元标准层照明配电平面图，图11-27为D单元标准层插座平面图，图11-28为10号楼地下室组合照明平面图，表11-12为设备材料表。

施工图设计说明：

(1) 供电电源

1) 电源采用三相四线制引入，供电电压为380V/220V。

2) 进户电力电缆穿钢管埋地引入。

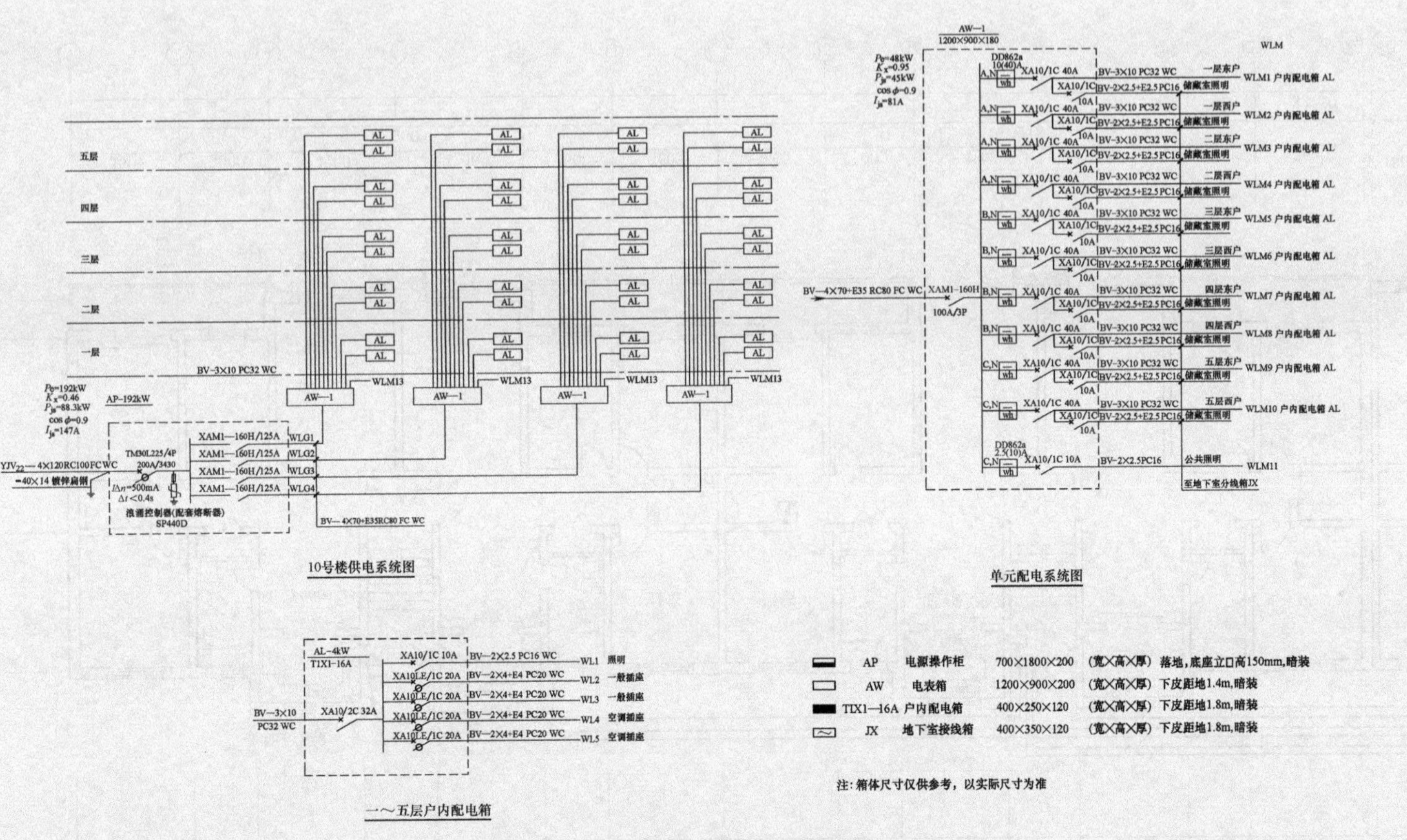

图11-22 10号住宅楼照明配电系统图

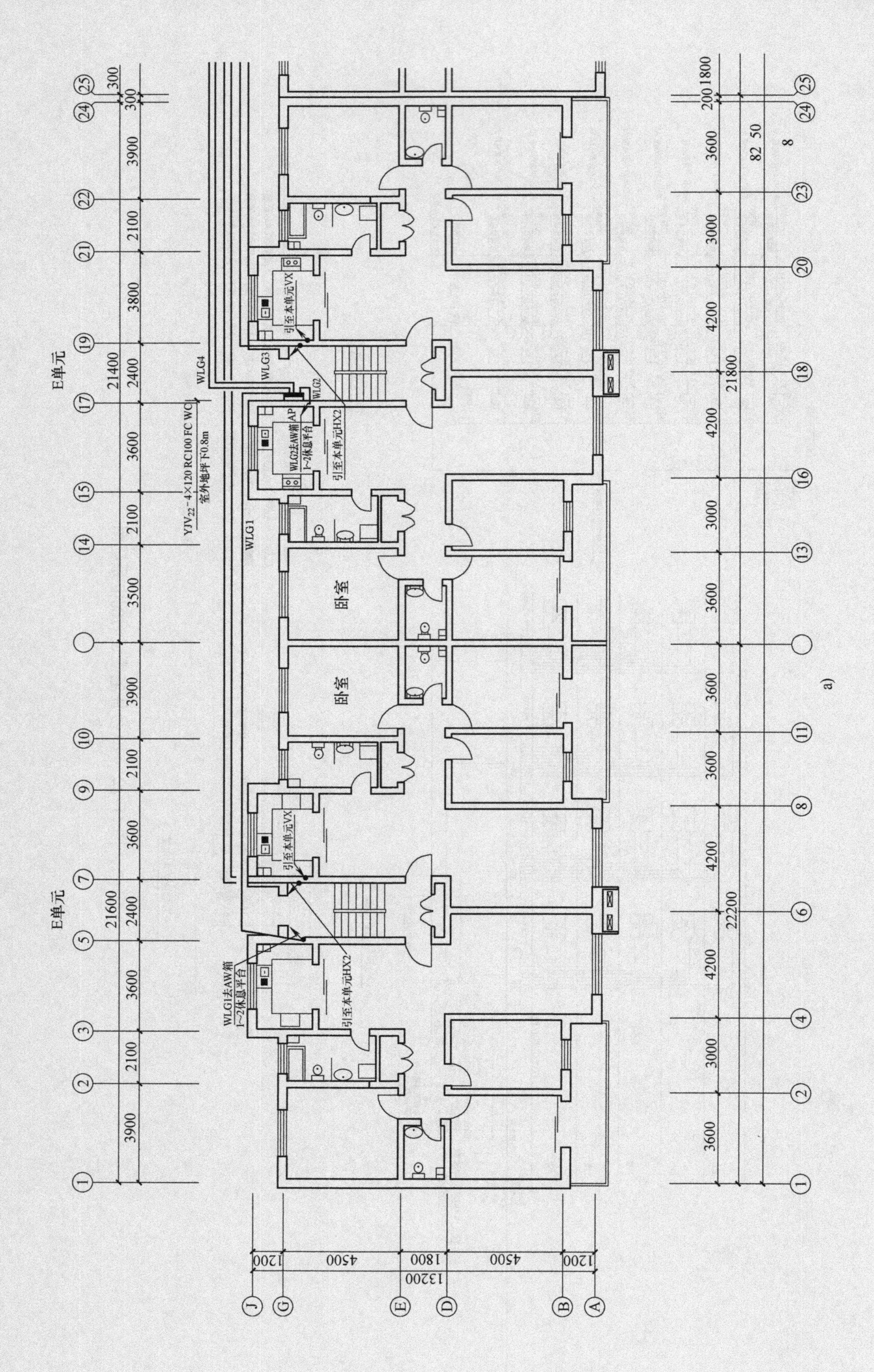
E单元
E单元
21400
21600
YJV22-4×120 RC100 FC WC
室外地坪下0.8m
WLG1
WLG2
WLG3
WLG4
WLG1去AW箱
1~2休息平台
WLG2去AW箱
1~2休息平台
AP
引至本单元VX
引至本单元HX2
卧室
卧室
21800
22200
13200
4500
1800
1200

a)

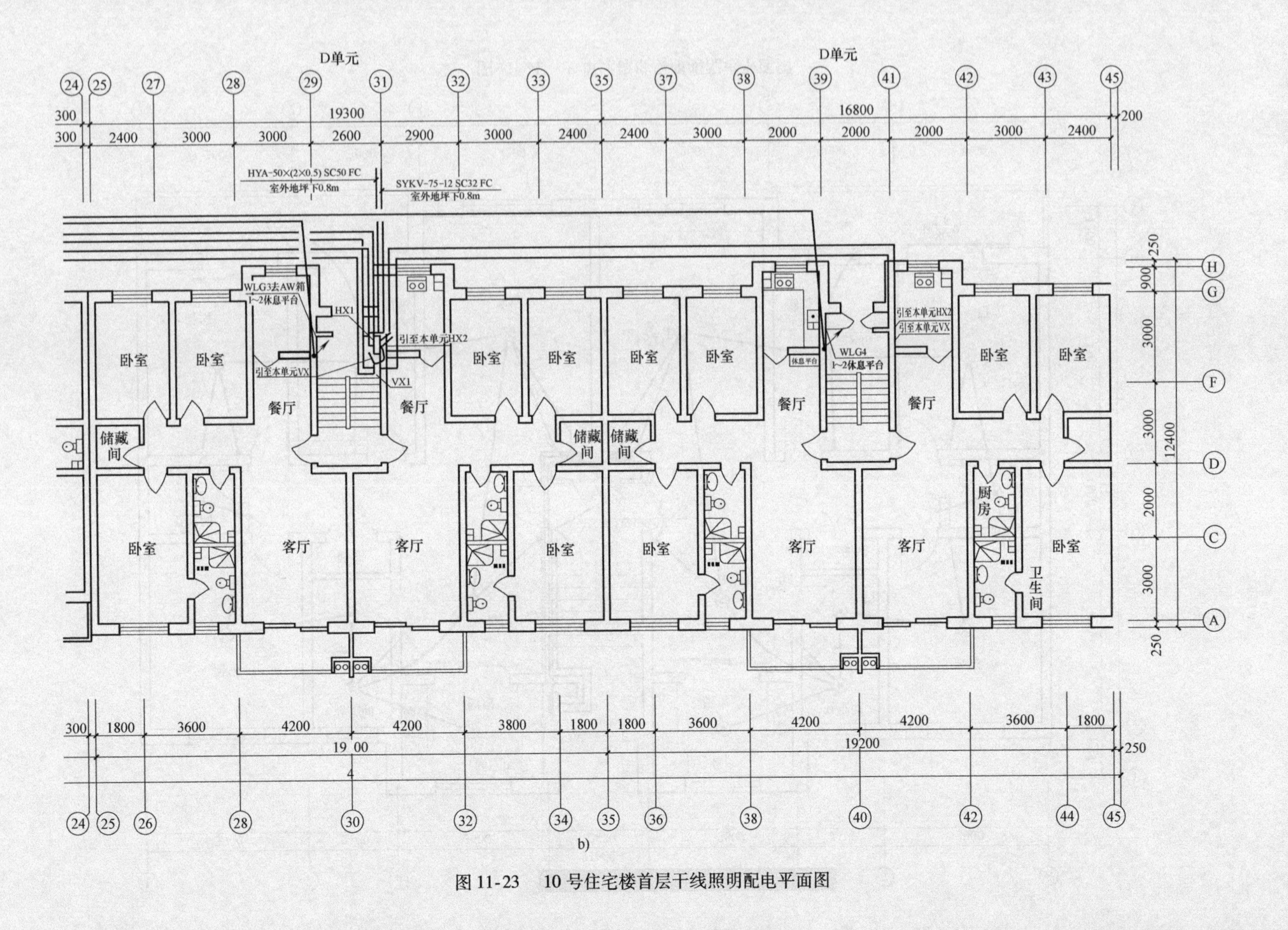

图 11-23 10号住宅楼首层干线照明配电平面图

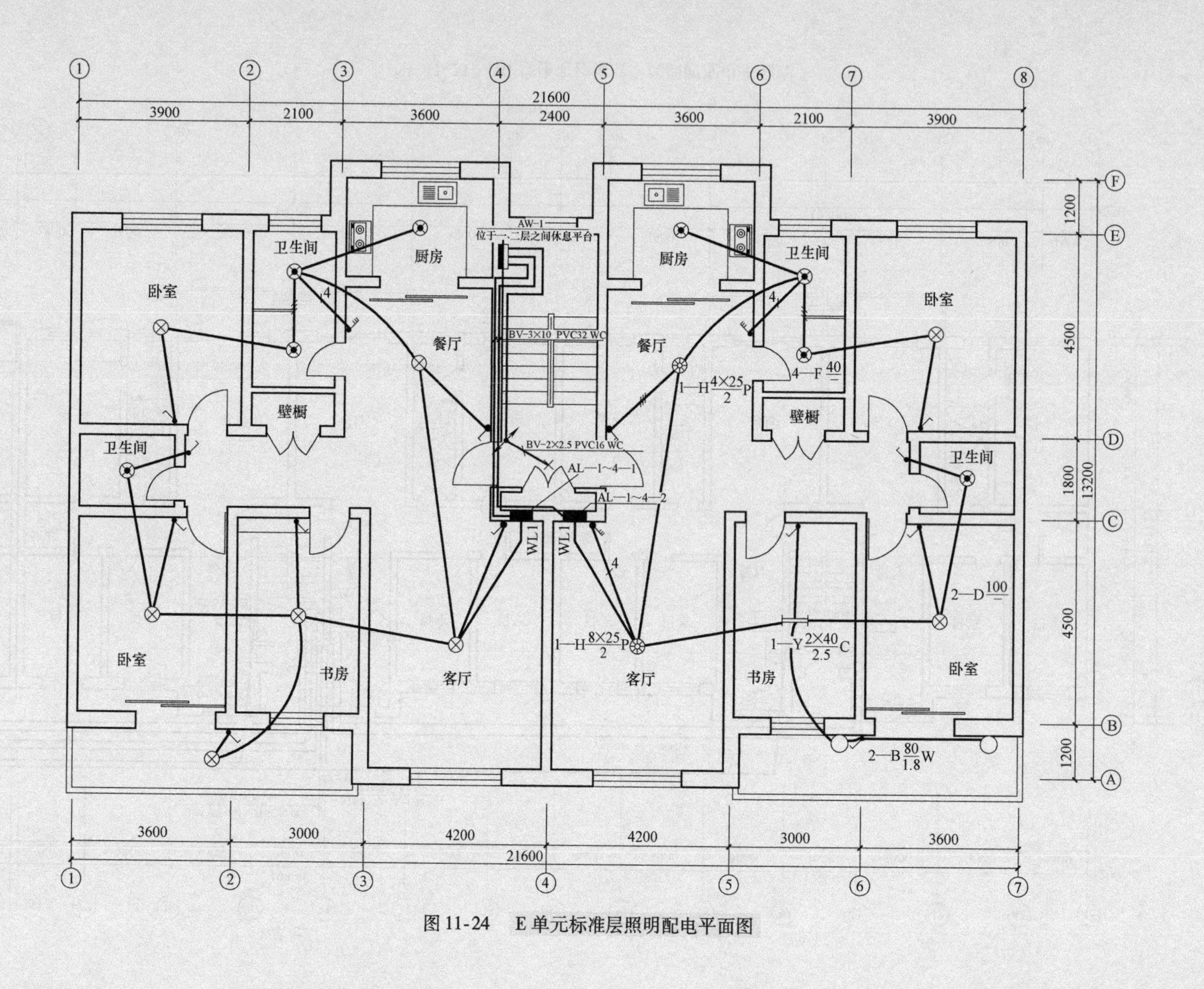

图11-24　E单元标准层照明配电平面图

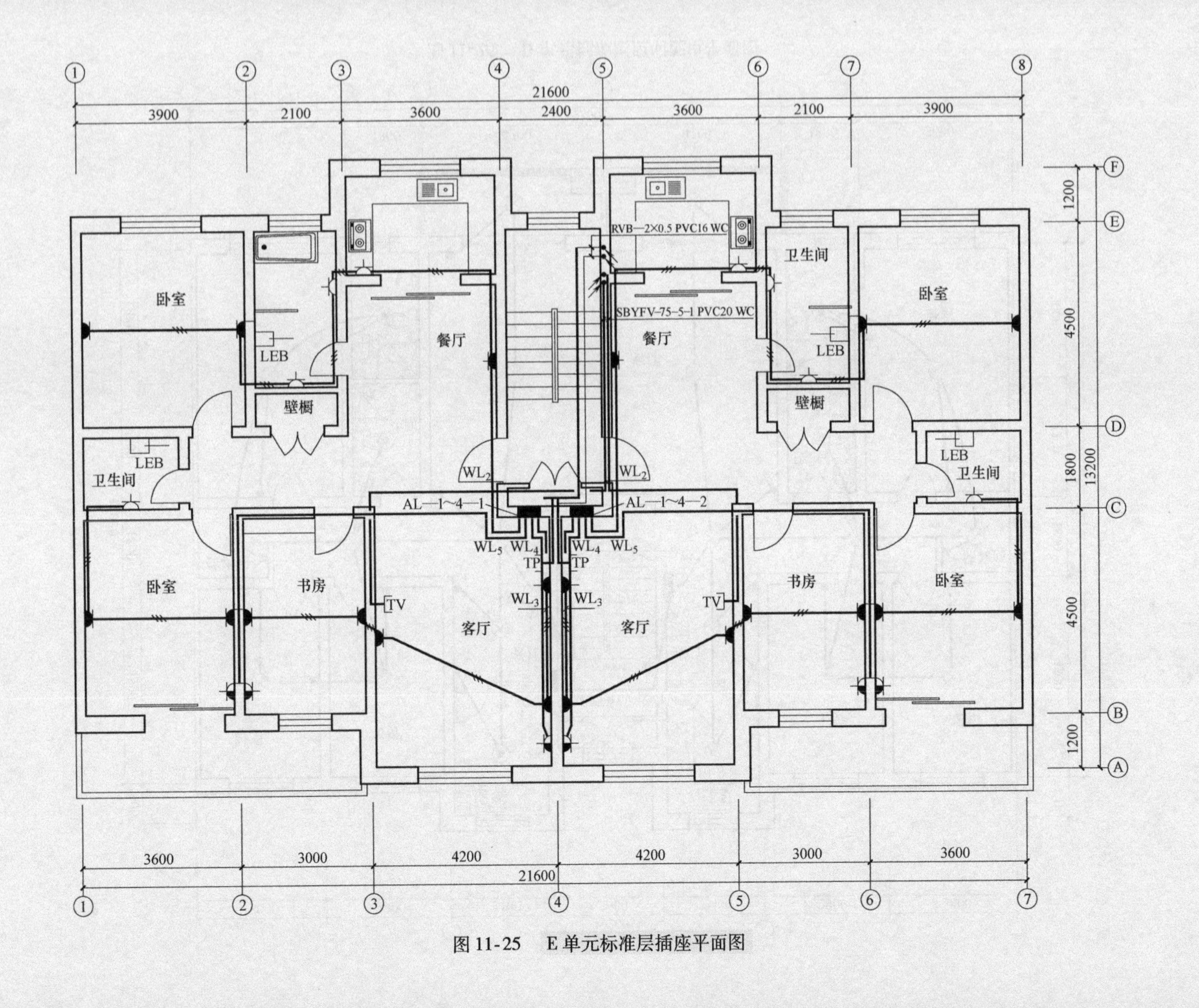

图11-25 E单元标准层插座平面图

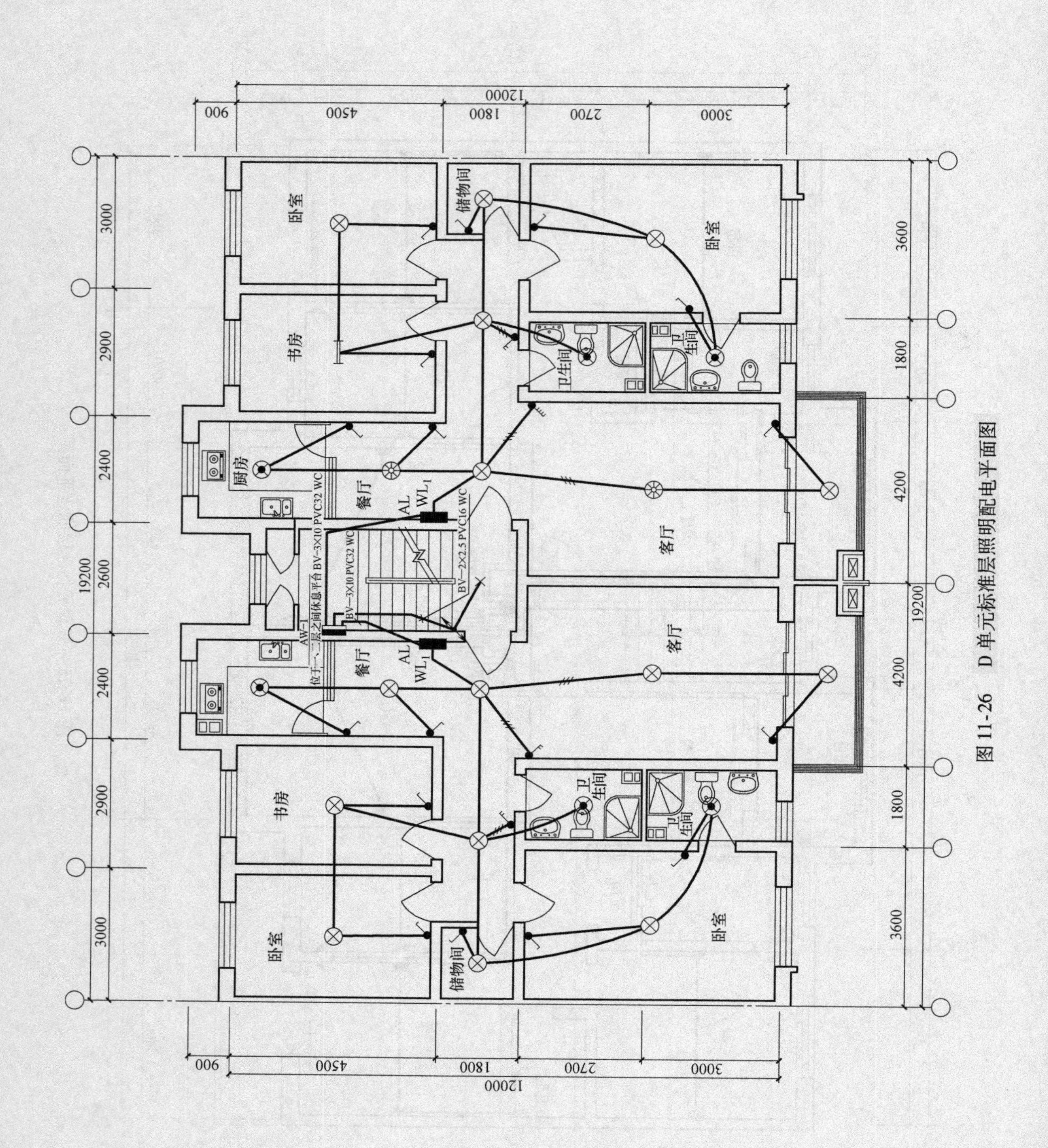

图 11-26 D单元标准层照明配电平面图

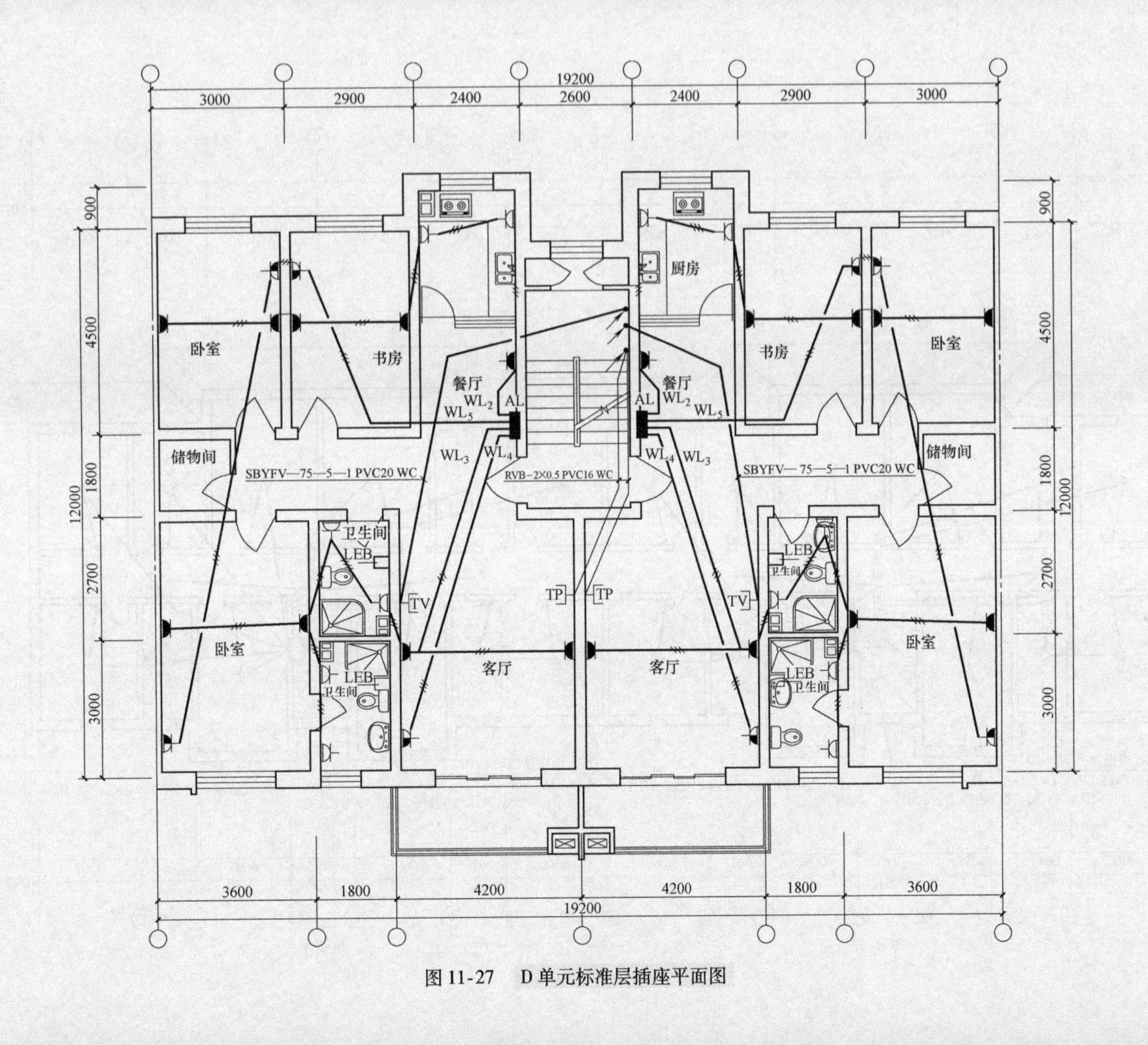

图 11-27　D 单元标准层插座平面图

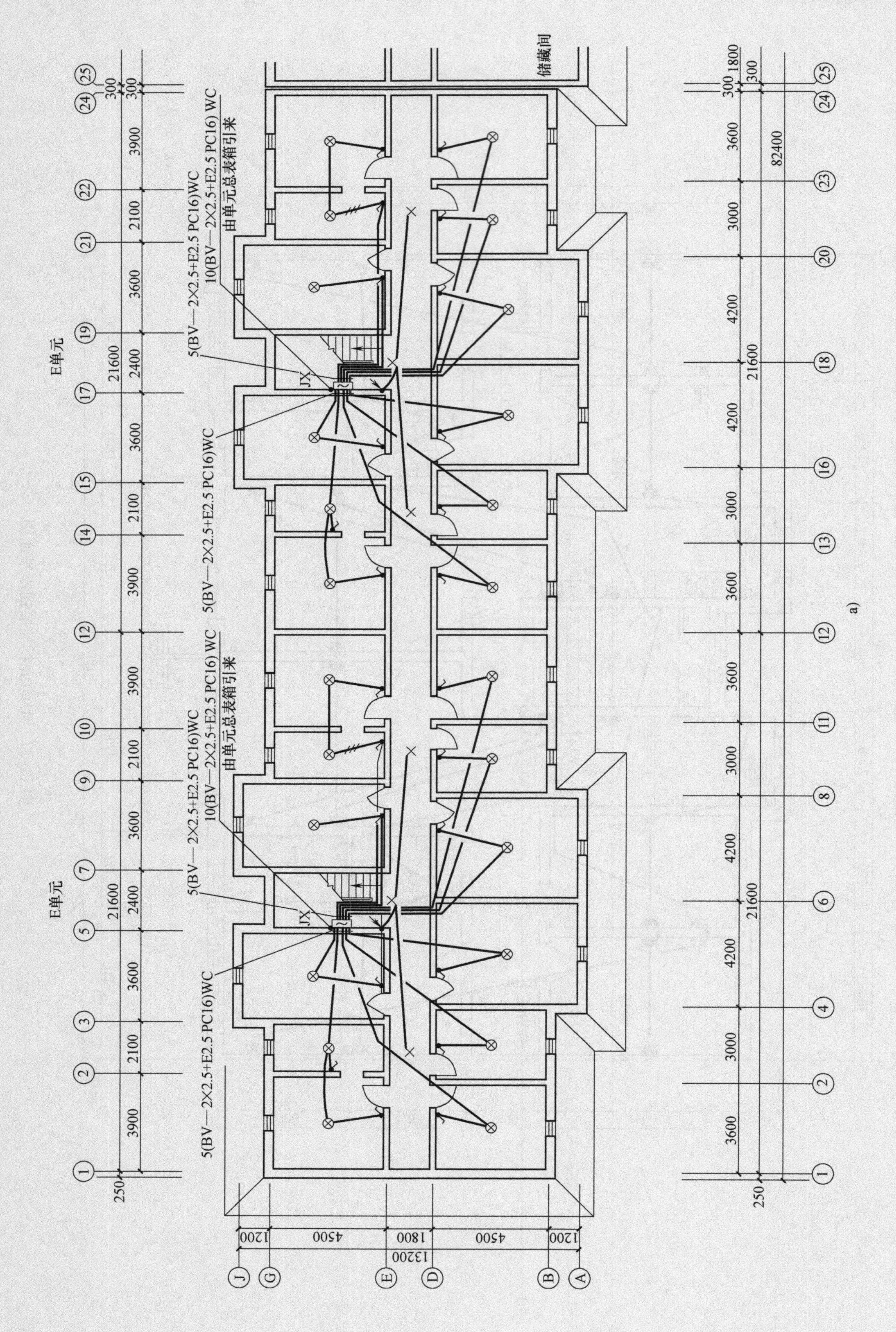
E单元
E单元
5(BV—2×2.5+E2.5 PC16)WC
10(BV—2×2.5+E2.5 PC16) WC
由单元总表箱引来
JX
储藏间
21600
82400
13200

a)

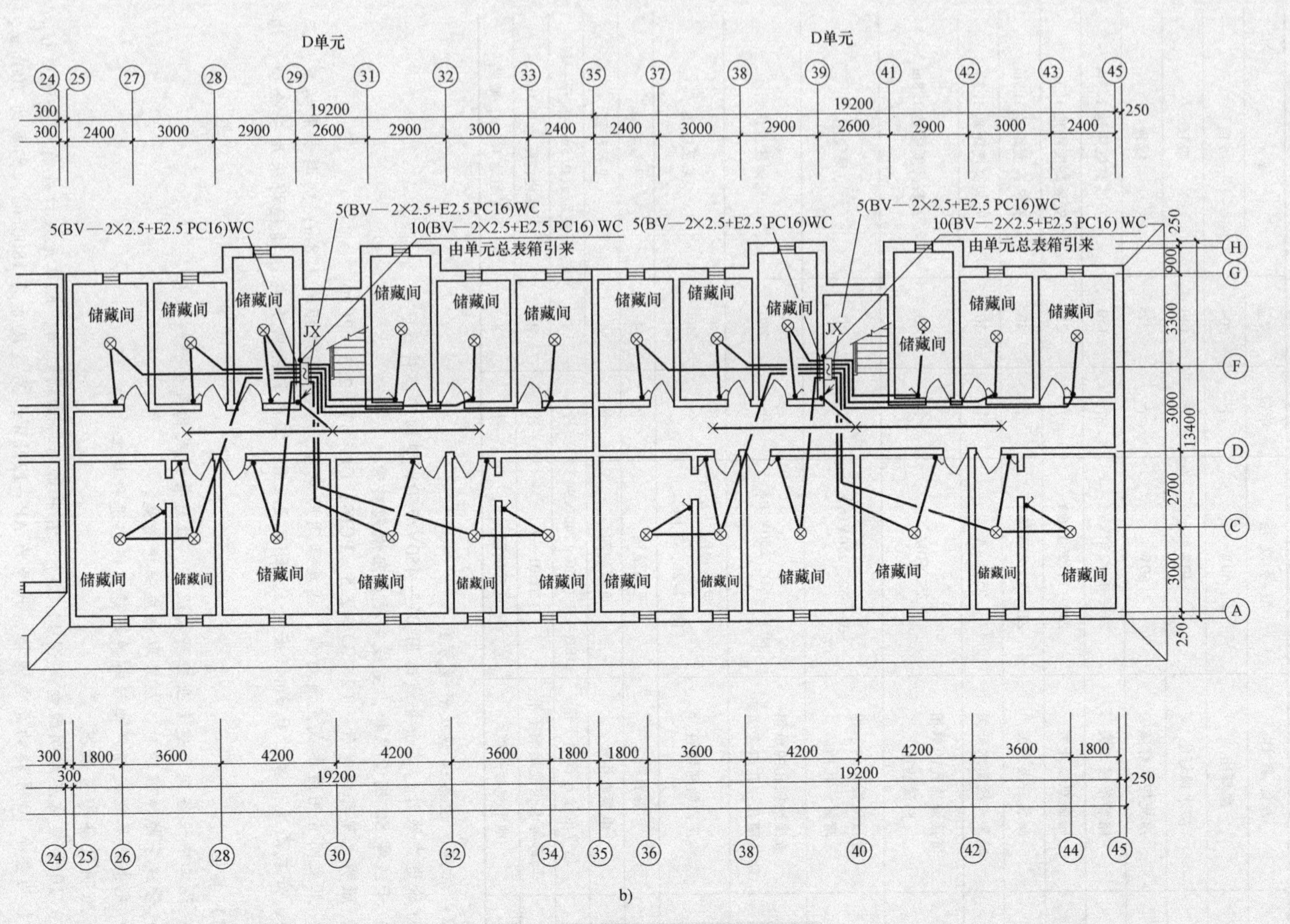

图 11-28　10 号楼地下室组合照明平面图

表 11-12 设备材料

编号	设备名称	型号规格	单位	数量	备注
1	裸灯座	60W	个	304	吸顶
2	防水裸灯座	40W	个	140	吸顶
3	声光控裸灯座	60W	个	32	吸顶
4	暗装单极开关	ZH—1，250V6A	个	150	安装高度距地 1.3m
5	暗装双极开关	ZH—2，250V6A	个	25	安装高度距地 1.3m
6	暗装三极开关	ZH—3，250V6A	个	40	安装高度距地 1.3m
7	暗装单极防水开关	250V4A	个	20	安装高度距地 1.3m
8	带接地插孔的单相防溅插座	250V10A	个	40	安装高度距地 1.8m
9	带接地插孔的单相暗装三孔插座	803—62，250V16A	个	80	见说明
10	带接地插孔的单相暗装两孔三孔组合插座	803—26D，250V10A	个	280	见标注及说明
11	户内断路器箱	见系统图（图 11-22，下同）	个	40	见系统图
12	电表箱	见系统图	个	4	见系统图
13	电源操作箱	见系统图	个	1	见系统图
14	总等电位连接端子箱	MER—B（450×240×90）	个	1	下皮距地 0.5m，位于一层
15	局部等电位连接端子箱	02D501—2	个	4	暗装，距地 0.3m
16	地下室接线箱	见系统图	个	4	下皮距地 1.8m，暗装

（2）管线、设备选型及敷设方式

1）除进户线外，其余导线选用 BV—450V/750V 型铜芯塑料线。

2）干线穿 SC 钢管保护，支线穿硬质阻燃塑料管。

3）照明电路配线穿管：(2～3)×2.5 PC16；(4～6)×2.5 PC20。

4）卫生间宜用防水或瓷质灯头，插座须用防水型，安装高度距地 1.8m；空调专用插座为三孔插座，安装高度：客厅 0.3m（安全），卧室 2.2m；室内其他所有电源插座均采用安全型，均为 0.3m。

（3）其他

1）施工中设备及土建专业应密切配合，做好管线及构件的预埋工作。

2）管线穿越伸缩缝时，应采取相应保护措施。

3）凡未详尽之处须严格按有关规范、规程进行施工。

2. 照明设备布置情况

（1）10 号楼首层照明配电（图 11-23） 图中⑯轴与⑱轴线间，E 单元入口处有 1 个配电柜，该配电柜为整个 10 号楼的总电源柜，代号为 AP—129kW，高度尺寸为 1800mm，宽度为 700mm，厚度为 200mm，安装时立于底座上，底座高度为 150mm，整个配电柜安装于墙壁内。总配电柜的任务是将电源引入楼内，并向各单元配电箱提供电源。

(2) E单元标准层　E单元共有五层，分成东西两户对称布置，西户为单数，东户为双数，两户的照明设备呈镜像布置。在一、二层之间的休息平台靠西面的墙壁上，有一台配电箱，该配电箱为单元配电箱，代号为AW—48kW，安装高度下皮距地1.4m，尺寸为1200mm×900mm×200mm（宽×高×厚），单元配电箱负责向本单元各户配电箱及本单元内公共照明提供电源。现以东户为例来说明各户照明设备布置情况。

1）照明设备的布置（图11-24）。由图可知，各户配电箱型号相同，均为T1X1—16A，代号为AL，尺寸为400mm×250mm×120mm，安装高度为下皮距地1.8m，采用暗装形式，安装位置在客厅与楼梯间的墙壁内，朝室内开口。客厅与餐厅由于有美观的要求而安装有装饰性灯具，客厅为8盏3开的3+3+2组合的花灯，餐厅为4盏2开的2+2组合的花灯，每个灯泡的功率为25W。书房由于有照度的要求，因此安装1盏带有两根灯管，每根灯管为40W的荧光灯，南面的阳台墙壁上装有两盏各带两个25W灯泡的装饰壁灯，两间卧室由于要求照度不高，因此配有60W吸顶式的节能灯。其他房间，像厨房、卫生间由于有防水的要求，因此各安装1盏60W的防尘防雾灯。由于E单元一梯两户为对称设计的户型，因此灯具的安装方案同样适用于西户。

2）插座的布置（图11-25）。由图可知，客厅设有4个单相三孔插座，其中靠近窗户的一个三孔插座为空调插座，其余均为普通插座。靠南面的卧室和书房的插座数量和设置方法相同，分别设置了相对的两个单相三孔插座和一个靠南面的三孔空调插座；另一间卧室只设置了相对的两个单相三孔插座。餐厅、厨房、北卫生间内外隔间及东卫生间除餐厅设置1个普通单相三孔插座外，其余各间分别设置1个带有防水功能的单相三孔插座。西边的单元也一样。

(3) D单元标准层（图11-26）　由图可知，D单元也为一梯两户的设计，东户与西户格局相同，设备的设置为镜像对称，同样以东户为例来说明。

1）照明设备的布置。在D单元楼梯间一、二层休息平台的西侧装有一台单元配电箱AW—1，安装方式同E单元。户配电箱安置在进户门北边的墙壁上，室内客厅与餐厅各设置一个花灯，南面阳台为壁灯，走廊上为两盏40W的节能吸顶灯，书房为双管荧光灯，两个卧室分别安装60W节能吸顶灯，厨房及两卫生间都是吸顶防雾灯，储物间设有一个普通40W白炽灯。

2）插座的布置（图11-27）。由图可知，D单元插座的种类有三种，一种是普通单相三孔插座，一种是空调插座，还有一种为防水三相插座。其中，在客厅东南方向的墙壁上安装一个空调插座，书房、南北卧室靠近窗户的位置也分别设置了一个空调插座；其次在厨房设置了两个相对的防水插座，两个卫生间也各设置了一个防水插座，除此之外均设置了普通单相三孔插座。

(4) 地下室及公共照明部分（图11-28）　由图可知，各个单元地下室楼梯间的西墙上安装一个集线箱，作为本单元各户地下室照明的线路集散器，将由单元配电箱引来的线路分配给与各户相应的地下室中，每个地下室照明均安装一个白炽灯。公共照明为普通灯泡，每层设置一个，地下室每单元设置三个。

3. 照明配线与接线

各条线路导线的配线及其走向是电气照明平面图的主要内容之一，但要想真正地弄清各个线路导线根数及走线情况是初学者最难掌握的问题，为此在辨别线路连接情况时，应首先具备一定的照明线路的基本知识，了解照明配线的原理和原则，如走线方式有许多种，像槽板配线、线槽配线、穿管配线等。由于配线方法的不同，其线路的接线方法也不相同，而且对于照明线路的控制方式也要掌握，如哪个开关控制哪盏灯具，或者控制几盏灯具，如何控制等。下面对10号楼的线路配线与接线问题进行逐一说明。

(1) 配电箱接线情况　10号楼供电系统图所示，总配电柜AP的电源是由YJV_{22}—4×120 RC100 FC WC引来，进入总配电柜后分成4路，分别引向4个单元的单元配电箱AW—1，线路的

编号分别为 WLG1、WLG2、WLG3 和 WLG4，线型及配线方式为 BV—4×70+E35 RC80 FC WC。由单元配电系统图可知，单元配电箱中安装了所有本单元用户的电表，因此也可以称为单元电表箱，该箱将引进的电通过11块电表分成11路，其中一路 BV—2×2.5 PC16 为公共照明线路，其他10路分成两支：一支接至各个用户配电箱，其选用的线型与走线方式为 BV—3×10 PC32 WC；一支接至地下室集线箱，选用的线型与走线方式为 BV—2×2.5+E2.5 PC16。由一～五层户内配电箱可知，接至用户配电箱的线路在该箱内分成5个回路，其中 WL_1 选用 BV—2×2.5 线为照明回路；WL_2 和 WL_3 选用 BV—2×4+E4 线为一般插座回路；WL_4 和 WL_5 选用 BV—2×4+E4 线为空调插座回路。

（2）10号楼进线及走线情况　在10号楼首层组合干线平面图11-23中，可以清楚地看到该住宅楼的进线情况。进线位置在该建筑北面⑰至⑱轴线之间，进线方式为电缆埋地进线，埋深为室外地坪以下0.8m，电缆选用的是 YJV_{22} 型，即交联聚乙烯绝缘钢带铠装聚氯乙烯护套电力电缆，含4根 $120mm^2$ 的铜芯导线，其中3根为相线，1根为中性线。在10号楼外墙皮外1m穿 RC100 的管进入住宅内，而后入墙向上走线进入 AP—192kW 总配电箱。从 AP 总配电箱外壳引出 −40×4 镀锌扁钢接地线，并以此接出保护线 PE。AP 总配电箱中分出4条回路分别为 WLG1、WLG2、WLG3 和 WLG4，出线均为 BV—4×70+E35 RC80 FC WC，即铜芯塑料绝缘线，其中3根 $70mm^2$ 的导线为相线，1根 $35mm^2$ 的导线为保护线，同穿 RC80 的管道埋地或墙内暗敷。从图中可以看到 AP 总箱的位置在⑰轴线上，从这里分出的四条回路的走线方法为：四条线路均从总箱的下面出线进入底座内并向下到0.8m的位置折向北引出建筑，沿建筑外墙方向分头走线；WLG1 到⑤轴线处进入建筑，先埋地进入再从墙内垂直向上找到本单元位于一～二层休息平台西墙上的单元配电箱。其他几路，除 WLG2 回路直接接至本单元配电箱外，与 WLG1 走线方法相同。

（3）E单元标准层照明线路走线与接线　E单元为一梯两户的设计，东户与西户户型呈镜像对称，每户的照明电源均来自用户配电箱，照明线路的代号为 WL_1。WL_1 回路的线型和走线方式为 BV—2×2.5 PC16 WC，即铜芯塑料绝缘线2根，一根为中性线，另一根为相线，每根导线截面为 $2.5mm^2$，两根导线均穿入硬塑料管中，敷设方式为沿墙暗敷。下面以东户为例来说明各户的照明线路的走线与接线情况。

1）客厅。相线与中性线从用户配电线引出向上至顶棚内，再折向东南方向进入客厅顶棚中心的花灯灯头盒中，在灯头盒中相线和中性线均一分为三，一支沿顶棚内向东北方向进入餐厅灯头盒作为餐厅花灯的接线；一支沿顶棚内向东进入书房作为书房荧光灯的接线；还有一支为客厅花灯的接线。客厅的灯为带有8个灯泡的花灯，控制花灯的开关为单相三联板式开关，设计者想要实现一个开关控制多个灯的控制方式，因此在客厅灯头盒中应该出现一根中性线和三根控制线，其中有两根控制线连接3个灯，另外一根控制线连接两个灯，以实现2个灯亮、3个灯亮、5个灯亮、6个灯亮和8个灯亮的控制方式。具体走线方法为：在客厅灯头盒内中性线直接与灯接上，相线穿硬塑料管从顶棚内向西北至开关的上方再进入墙内向下进入开关盒中与开关接线，从三联开关的每个控制开关上分别接出一根控制线共计3根控制线沿相线来的方向原路返回客厅的灯头盒中，与相应的灯泡接线。

2）餐厅。餐厅的接线方式与客厅类似。由客厅引来的相线和中性线进入餐厅的灯头盒中后一分为二：一支向西北方向进入卫生间里间的灯头盒中；一支作为餐厅花灯的接线留在餐厅灯头盒内。餐厅的灯是有4个灯泡的花灯，并配有一个双联单相板式开关控制，这里不难看出设计者想要实现2+2的花灯控制方式，因此留在餐厅灯头盒内的相线与中性线的走线为：中性线留在灯头盒内与花灯的所有灯泡相连，而相线穿同样的管向西南方向经由顶棚内再折入墙内向下进入餐厅花灯的开关内与控制开关的两个按钮相连。控制开关的两联分别引出两根控制线沿相线原路返回餐厅灯头盒内，一根与其中两个灯泡相连，另一根与剩下的两个灯泡相连。

3）北卫生间与厨房。自餐厅引来的两根线（相线与中性线）在卫生间里间的灯头盒露头后同样一分为二；一支进入顶棚向南到卫生间外间的灯头盒内，再折向西进入北卧室的灯头盒内；一支作为该卫生间里、外间及厨房的接线。从图中可看到，北卫生间里、外间防雾灯及厨房防雾灯的控制开关都在该卫生间进门处，因此这里的走线为：留在卫生间里间灯头盒内的中性线分支成三根：一根向西北进入厨房与厨房灯接线；一根留在盒内与里间防雾灯接线；还有一根向南进入外间与防雾灯接线。而相线直接由卫生间里间的灯头盒引向进门处的三联控制开关内并引出三根控制线沿原路返回灯头盒内：一根控制线与里间的防雾灯相连；一根控制线向西北方向进入厨房灯头盒内与之接线；第三根控制线向南来到外间灯头盒内与外间防雾灯相连。再来总结这里电线的根数及性质：卫生间里间到厨房一路硬塑料管内穿有两根线，分别为中性线和控制线；卫生间里间到控制开关一路硬塑料管中穿有四根线，一根相线和三根控制线；卫生间里间到卫生间外间一路硬塑料管内穿有三根线，一根相线、一根中性线和一根控制线。

4）北卧室。这里是客厅到餐厅一路分支的终点。相线与中性线自北卫生间外间引来，中性线与卧室的节能灯接线，并到此为止；相线由北卧室灯头盒内折向南找到控制开关接线，也到此为止，由控制开关引出一根控制线沿原路返回后与卧室灯接线。

5）书房。由客厅花灯灯头盒内分支出的两根线进入书房灯头盒内，作为书房、南卧室、阳台及东卫生间的电源。相线与中性线在书房灯头盒内分为三路：一路向南进入阳台，一路向东进入南卧室；一路留在本盒内作为书房线路。同样，书房为双管荧光灯，控制开关为单联单相开关，因此这里的控制方式为一个开关控制两个灯的接线方式。具体走线为：中性线与两个灯管接线，相线折向开关处与开关接线，开关引出一根控制线沿原路返回进入灯头盒后分别与两个灯管相连。

6）阳台。阳台为壁灯，相线和中性线由书房自顶棚内引来，到西边的壁灯上方，这时有两种接线方法可以选择。

① 第一种接线方法。两线到西边壁灯上方后直接折向下在墙内穿管暗敷进入西边壁灯灯头盒中，中性线分为两根：一根与壁灯连上；一根与相线一起穿硬塑料管，在墙内向上到顶棚后折向东，到开关上方一起向下进入开关盒，相线与开关盒接线。由开关引出一根控制线并一分为二：一根沿相线与中性线的来路返回西边的灯头盒中，并与壁灯接线；而另一个控制线与中性线一起穿硬塑料管继续向上到顶棚，再向东到东边壁灯上方，而后向下进入东灯头盒，中性线与控制线均与壁灯接线。这种接线方法外表美观，但管、线的用量会有所增加。

② 第二种接线方法。两线到西边壁灯上方后向下进入墙内，在墙上开孔并增设一个接线盒，相线与中性线在接线盒内进行分配后再走线。中性线在这里分为两根：一根向下进入西边壁灯的灯头盒内与壁灯接线；一根回到顶棚向东来到东边壁灯上方后折向下进入东灯头盒内并与之接线。相线独自穿管回到顶棚向东向下找到控制开关，与开关接线后引出一根控制线沿相线来路返回接线盒内。控制线在盒内分支为两根，分别穿入两根中性线的管路中与东、西壁灯接线。这种接线方法虽然较第一种接线减少了管子和电线的用量，但需增设接线盒，容易破坏墙面的装饰效果，施工中应根据需要进行选择。

7）南卧室。南卧室的两线由书房灯头盒中的相线与中性线分支而来，进入卧室灯头盒中后也分为两支：一支作为南卧室的电源；一支穿管进入东卫生间内。南卧室灯头盒中的相线直接折向控制开关与开关接线，开关处接出一根控制线返回灯头盒中，与卧室的节能灯接上；同样，留在盒中的中性线也与灯接线，完成南卧室一个开关控制一盏灯的控制方式。

8）东卫生间。东卫生间的接线与北卧室类似，中性线在灯头盒内与灯接线后不再走线，而相线沿顶棚和墙壁找到控制开关，与开关接线后也不再走线，开关引出一根控制线沿相线来的方向返回灯头盒中与东卫生间的防雾灯接线。到此，由客厅向东分出的一支走线完成。

(4) E单元插座线路走线与接线 根据设计线路的安排，WL_2和WL_3为一般插座回路，WL_4和WL_5为空调插座回路。一般情况下，空调插座的安装位置靠近顶棚，而一般插座的安装位置接近楼地面，因此WL_2、WL_3出线时由用户配电箱向下开口处引出，WL_4、WL_5由用户配电箱上方出口处引出。四条回路引出的线路均为BV—2×4+E4线（中性线、相线、保护线），穿管径为20mm的硬塑料管沿墙暗敷。

1) WL_2回路。该回路从用户配电箱下口引出进入墙体暗敷，到楼板中沿着墙的方向向东折，再向北折来到餐厅插座的下方引向上，自墙体内进入插座盒中。这一段线路走线时从垂直到水平，水平拐90°弯，再由水平拐垂直，一共折了三个弯，根据接线盒的设置原则可知，当管子长度超过8m且有三个拐弯时，应增设接线盒，这里虽然拐了三个弯，但是管线长度没有超过8m，因此可以不设接线盒。以后在分析走线时，特别是插座线路，必须通过验证判断是否需要加设接线盒，以免造成少盒少线的情况。进入餐厅插座盒的三根线与插座接线后，向下返回楼板中并继续向北，进入厨房后折向东到厨房防水插座的下方后引上进入厨房插座盒，并与之接线；分支出的线路直接入墙向东进入卫生间，向南折一点进入卫生间里间的防水插座盒中，接线后由插座盒下方出线进入墙体再到楼板处继续向南，到卫生间南墙折向东来到卫生间外间插座盒下方后引上进入盒中。同理，与卫生间外间插座接线后继续向前，折到卧室西墙上的插座盒中，接线后引下，沿楼板横穿卧室，到卧室东墙引上进入插座盒，并与之接线。

2) WL_3回路。该回路一共3条线，自用户配电箱下口引出并沿墙暗敷进入楼板中，沿客厅西墙走线来到第一个插座下方引上进入插座盒中，三线分支后，一路接插座，一路出插座盒向下回到楼板继续向南到第二个插座盒下，同样引上进入插座盒并完成接线。分支出的一路仍然向下到楼板内横穿客厅到客厅东墙插座盒下后向上进入盒内，接线后由盒后方穿出透墙进入书房西墙插座盒内。书房与南卧室插座的接线与客厅同理，这里不再赘述。从南卧室东墙上的插座出线先向下，再向北，而后沿东卫生间南墙走线引上后进入南卫生间插座盒，并与之接线。

3) WL_4回路。WL_4回路由用户配电箱上口引出沿墙向上暗敷到顶棚中，顺着客厅西墙走线，到客厅空调插座正上方时向下入墙内走线进入插座盒中，与空调插座接线即可。

4) WL_5回路。该回路同样先向上沿墙暗敷后在顶棚中折向东路过客厅和书房，沿书房东墙（或南卧室西墙）向南到书房空调插座上方，垂直向下进入书房插座盒中与之接线，而后透墙而过，到南卧室对应的空调插座盒内，接线完成。

(5) D单元标准层照明线路走线与接线 D单元为一梯两户的设计，照明及设备的设置及走线呈镜像对称，回路编号为WL_1。前面已对E单元标准层的照明图进行了详细的识读，因此对于D户型只做简要介绍。这里同样以东户为例来说明D单元标准层照明工程图的识读。

从用户配电箱中引出两根线，一根相线与一根中性线穿硬塑料管沿墙向上暗敷，到顶棚中折向东南方向进入走廊第一个灯头盒中，然后分为四路，其中一路为本灯的照明线路，一根中性线与灯相接，另一根相线穿管继续向东南引至客厅东墙边的四联开关上，相线与开关连接后引出一条控制线返回灯头盒中与灯相接。其他三路分别向北的一路为$N_{北}$，向南的一路为$N_{南}$，向东的一路为$N_{东}$。

1) $N_{北}$。向北的一路包括一条相线和一根中性线，中性线与餐厅的花灯接线并分支进入厨房灯头盒中并与防水灯接线；相线与中性线穿同一根管子来到餐厅花灯盒内分支，一支向东南方向找到花灯控制开关，一支继续向北到厨房灯头盒再向东南到厨房开关；控制线自餐厅花灯开关处引出两根，回到花灯盒中分别与两个灯具接线，自厨房开关处引出一根，返回厨房灯头盒并与灯接线。

2) $N_{南}$。向南的线路，由于客厅及阳台既有照明灯具又有控制开关，因此该线路应该包括一条中性线与灯具接线，以及一条相线与开关接线，且走廊的第一个灯具与客厅花灯的控制开关共用一个开关面板，因此向南的线路中还应包括两条控制线，以控制客厅的花灯，所以由走廊第一个灯头盒到客厅共用控制开关之间的线路有4条线，即1条相线，3条控制线（其中两条为客厅花灯控制线）；由走廊第一个灯头盒到客厅灯头盒之间的线路也包括4条线，1条中性线，1条相线和两条控制线。客厅花灯接线后，相线和中性线仍然于顶棚中向南进入阳台灯头盒中，中性线与灯具接线，相线找到开关回来1条控制线再与灯具接线即可。

3）$N_{东}$。向东敷设的线路同样穿硬塑料管在顶棚中进入走廊第二个灯头盒内，两根线在该盒内分支三路：一路留在盒中；一路继续向东进入储藏间；一路折向北进入书房灯头盒内。留在盒中的中性线与走廊第二个灯具接线后直接穿管到共用卫生间与防水灯具接上，而相线则进入走廊的共用开关内接入开关。开关引出两根控制线，沿相线原路返回，其中一根与走廊灯具接线，另一根沿中性线的管子与共用卫生间灯具接线。书房引入两条线后，中性线接灯，相线接开关，开关回控制线接灯即可。由于北卧室中有一个灯和一个控制开关，因此书房灯头盒中的中性线与相线需要在这里分支向东引入北卧室。同样，进入储藏间的两条线也需要引入南卧室和主卫生间内，因此除了完成各个房间的接线外（中性线接灯，相线接开关，出控制线接灯），仍需从储藏间分支到南卧室，再由南卧室分支到主卫生间内。

（6）D单元插座线路的走线与接线　D单元插座共计4个回路，分别为WL_2、WL_3、WL_4、WL_5，其中WL_2与WL_3回路为普通插座回路，WL_4与WL_5回路为空调插座回路。由于插座安装高度的不同，因此走线的位置和方式也有所区别。一般来说，普通插座的安装位置为300～1500mm，故距楼地面较近，因此对于这种插座来说，在楼地面中走线再向上接入插座比较经济合理。而空调插座需要根据所安装的空调设备的插头位置进行选择，如果选择落地式空调，则插头在下，相应的设置的插座位置也应该接近楼地面；如果选择壁挂式空调，则插头在上，相应的选择设置的插座位置也应该与顶棚比较接近。当然，具体选择插座的走线时，还应该统筹考虑电气施工组织设计方案，然后再确定较为合理和经济的施工方法。另外，由于插座线路与照明灯具线路有所不同，一般是线路跨度大、管线敷设长、设备设置少等，因此在识读时还要注意考虑是否设置接线盒的问题。下面对每个插座回路进行分别分析。

1）WL_2回路。该回路负责向北边几个房间的普通插座提供电源。由用户配电箱下方出线，到楼板中折向北到餐厅插座的下方后垂直向上进入插座盒，接线后三条线向下折回楼板内继续向北到厨房西墙的插座盒下方，再垂直向上与插座接线，而后三条线继续返回楼板向东到厨房东墙插座盒下，向上进入墙体找到插座接线。同理，这三条线在楼板内由近到远依次找到书房和北卧室的插座盒位置，然后沿墙暗敷向上进入盒内接线。

2）WL_3回路。WL_3回路依然由用户配电箱下方引出，在楼板内向东南方向到客厅东墙上的插座盒中，在该盒中分支：一路横跨客厅到客厅西墙上的插座盒内；一路穿过墙体进入共用卫生间西墙插座盒，再向下入楼板再向上到共用卫生间北墙的插座盒中。接线后三条线继续向下到楼板内斜向找到南卧室西墙上的插座盒，在盒内分支：一路接主卫生间的防水插座；一路跨过南卧室接卧室东墙插座。

3）WL_4回路。该回路为客厅空调插座回路，先向下到楼板中斜向走线到插座盒下方后，垂直入墙向上进入插座盒内与插座接线即可。

4）WL_5回路。书房及卧室的空调插座电源均来自该回路。由于三个房间的空调插座位置，因此这里应选择从用户配电箱上方出线。用户配电箱中引出的三条线在顶棚内向东北方向走线，到书房空调插座盒上方后垂直向下进入插座盒内，接线后穿墙到北卧室空调插座盒，然后向上回到顶棚向东南方向找到南卧室东墙的空调插座并与之接线。这里虽然线路很长，但没有达到设置接线盒的要求，因此可以不设置接线盒。

（7）公共照明及储藏室照明配线与走线　公共照明及储藏室照明配线与走线情况如下：

1）公共照明部分。各单元公共照明部分的用电来自各个单元配电箱，回路编号为 WLM11，BV—2×2.5 线，穿管径为 16mm 的硬塑料管沿墙暗敷。公共照明线路从单元配电箱的上部引出进入墙体，向上到楼板的位置向东走线，到西户入户门边上向下到墙上接线盒内，在盒内分支三路：一路向上到三层墙上接线盒中；一路返回该层楼板从楼板内斜向进入楼道灯头盒中与灯接线；一路向下到一层楼板内折向一层公共照明灯头盒并与灯接线。到达三层接线盒内的两线分为两路：一路为三层公共照明接线；一路继续向上进入四层接线盒中。四层的接线同三层，五层不必设接线盒，从四层上来的电线直接在板内折向楼道灯头盒中。

2）储藏室照明部分。储藏室线路均来自各个单元配电箱，每个单元均按用户数量接出，一个用户接出一路，每一个单元共接出 10 路，均穿管向下沿墙到地下室楼梯间西墙上的集线箱中汇合。引来的 10 条线路均需编号，以便区分线路的用户。从各个单元集线箱引出的 10 条线路向上走线到地下室顶棚，各个线路根据编号分散走线，有的线路到达相应编号的储藏室灯头盒中，中性线与灯接上，相线暗敷找到控制开关并接线，开关引出控制线沿相线来路返回灯头盒中与灯接线；而有的线路则先到达相应编号的储藏室开关盒中，这里由于没有美观的要求，因此在开关的正上方与顶棚靠近的墙壁上设置接线盒，中性线在盒内拐上进入灯头盒中与灯接线，相线在盒内直接向下与开关接线。开关引出控制线沿相线来路的管道内返回接线盒，并进入中性线配管内接到灯头盒中也与灯接线。这里需要注意的是，虽然储藏室的照明线路比较简单，但是也需要细心识读，走线时先接入灯具的走线方法与先接入开关的走线方法在走线方式及线路根数上可能会有所不同。

复习思考题

1. 什么是照明平面图？说明其用途和绘制的特点。
2. 熟悉照明电气工程常用的图形符号。
3. 熟悉照明配电线路及配电设备、用电设备在平面图上的表示方法。
4. 单联开关、多联开关、双控开关分别需要连接几根线？请分别说明所用的场合。
5. 常用的低压配线方式有几种？管内穿线有哪些要求和规定？
6. 图 11-29、图 11-30 为某 8 层住宅楼某单元某层某户的电气照明配电系统图和照明配电平面布置图。简述该照明工程的概况，说明该楼照明线路的敷设方式和灯具的安装方式。

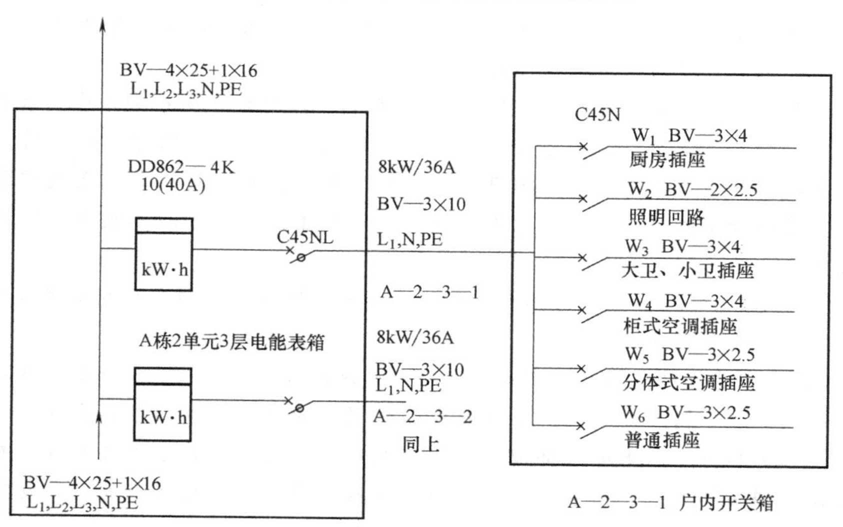

图 11-29 某 8 层住宅楼某单元某层某户的电气照明配电系统图

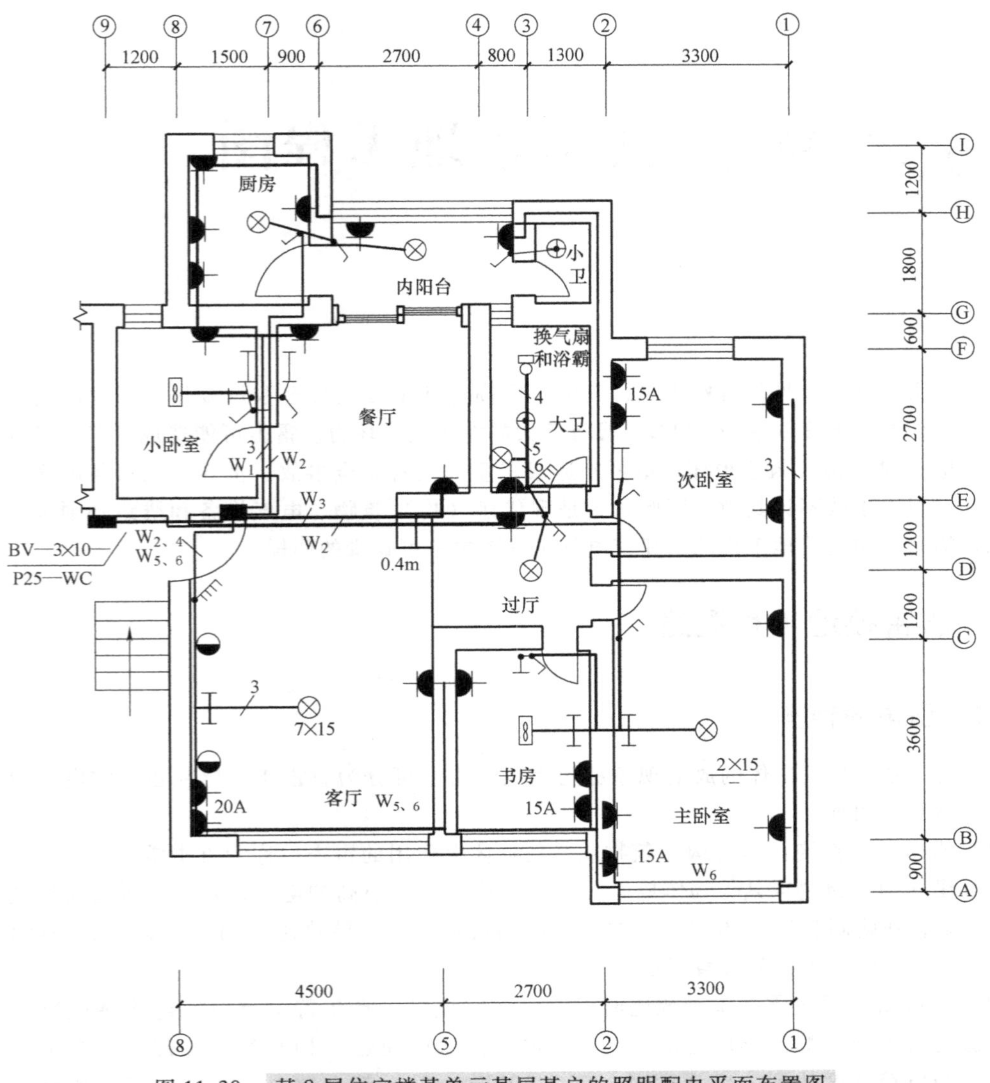

图 11-30　某8层住宅楼某单元某层某户的照明配电平面布置图

第12章　防雷接地工程图

雷电是大自然中常见的自然现象，其电压可高达几十万伏甚至数百万伏，瞬时电流可高达数十万安培，放电时温度高达30000℃，具有巨大的能量及破坏力。雷击可能造成电气设备损坏，电力系统停电，建（构）筑物损坏，也可能造成严重的人身安全事故，世界各地每年因遭受雷击而造成破坏的重大事故不计其数，因此防雷是现代建（构）筑物、电气设备和线路必须采用的重要安全保护措施，防雷接地工程图是建筑电气工程图中不可缺少的图样。

12.1　防雷接地工程概述

12.1.1　雷电的种类

雷云对大地及地面物体的放电现象称为雷电，雷电可分为直击雷、感应雷、雷电波侵入和比较少见的球形雷四种。

（1）直击雷　直接在建（构）筑物或其他物体上作用的雷击，称为直击雷。大气中带电的雷云直接对建（构）筑物或其他物体放电时，被击物体产生很高的电位，强大的雷电流经过这些物体流入大地，在瞬间产生破坏性很大的热效应和机械效应，导致建（构）筑物或其他物体损坏，甚至发生爆炸而引起火灾和人畜死亡。

（2）感应雷　感应雷是雷云放电时对电气线路或设备产生静电感应或电磁感应所引起的感应雷电流与过电压。静电感应是由于云层中电荷的感应使建（构）筑物顶部积聚产生极性相反的电荷，当电荷强度达到一定强度时（25～30kV/cm^2），就会放电。放电过程开始后，放电通路中的电荷迅速中和，但建（构）筑物顶部的极性相反的电荷却来不及流散入大地，因而形成很高的电位，在内部将金属设备损坏或引起火灾。电磁感应是当雷电流经过导体流入大地时，幅值迅速变化，形成了一个迅速变化的强磁场，使处于附近的输电线路或电气设备感应，产生极高的电动势，若有回路，则产生很大的过电流，将线路或设备绝缘击穿，导致供电中断或设备损坏。

（3）雷电波侵入　当雷击在架空线路或空中金属管道上时，所产生的冲击电压沿线路或管道迅速传播，侵入建（构）筑物内，毁坏电气设备的绝缘，危及人身安全或损坏设备。

（4）球形雷　球形雷是一个温度极高，发红光或极亮白光的炽热等离子体。其形状似球，常沿着地面滚动或在空气中飘动，能从门、窗、烟囱等通道侵入建（构）筑物内，或无声消失，或产生严重的后果。

12.1.2　雷电的危害

雷电的危害一般分为两类：一类是雷直接击在建（构）筑物上发生热效应作用和机械力作用；

另一类是雷电的二次作用，即雷电流产生的静电感应和电磁感应。雷电的具体危害表现如下：

1）雷电流的高压效应会产生高达数万伏甚至数十万伏的冲击电压，如此巨大的电压瞬间冲击电气设备，足以击穿绝缘使设备发生短路，导致燃烧、爆炸等直接灾害。

2）雷电流的高热效应会放出几十甚至上千安的强大电流，并产生大量热能，在雷击点的热量会很高，可导致金属熔化，引发火灾和爆炸。

3）雷电流的机械效应主要表现为被雷击物体发生爆炸、扭曲、崩溃、撕裂等现象，导致财产损失和人员伤亡。

4）雷电流的静电感应可使被击物导体感应出与雷电性质相反的大量电荷，当雷电消失来不及流散时，即会产生很高的电压，发生放电现象从而导致火灾。

5）雷电流的电磁感应会在雷击点周围产生强大的交变电磁场，其感应出的电流可引起变压器局部过热而导致火灾。

6）雷电波的侵入和防雷装置上的高电压对建（构）筑物的反击作用也会引起配电装置或电气线路断路而燃烧导致火灾。

总之，雷电可能引起火灾、机械破坏、设备损坏、人畜伤亡，甚至造成爆炸，还可能危及供电、计算机、控制及调节系统的正常运行。

12.1.3　防雷措施和防雷装置

常见的防雷装置有接闪杆、接闪线、接闪网、接闪带与接闪器等，不同类型的防雷装置有着不同的保护对象：接闪杆主要用于保护建（构）筑物和变配电设备；接闪线主要用于保护电力线路；接闪网和接闪带主要用于保护建（构）筑物；接闪器主要用于保护电力设备。

1. 防直击雷

防直击雷的主要措施是设法引导雷击时的雷电流按预先安排好的通道流入大地，从而避免雷云向被保护物体放电。其防雷装置一般由接闪器、引下线和接地装置（接地体）三个部分组成。

（1）接闪器　接闪器是直接用来接受雷击的部分，通常由接闪杆（图12-1）、接闪带、接闪线、接闪网以及金属屋面、金属构件等组成。所有的接闪器都必须经过接地引下线与接地装置相连接。

1）接闪杆是安装在建（构）筑物凸出部位或独立装设的针形导体，一般用镀锌圆钢（针长1～2m，直径≥16mm）、镀锌钢管（长1～2m，内径≥25mm）或不锈钢钢管制成，可以附设在建（构）筑物顶部、地面或电杆上，下端经引下线与接地装置连接，如图12-1所示。接闪杆适用于保护细高的建（构）筑物，保护半径约为接闪杆高度的1.5倍。

2）接闪网（带）一般采用圆钢（直径≥8mm）或扁钢（截面面积≥48mm²，厚度≥4mm）制成。接闪网一般安装在建（构）筑物顶部凸出的部位上，如屋脊、屋檐、女儿墙等；接闪带一般采用－25×4的镀锌扁钢相互连接成网格状。接闪网可用镀锌扁钢引下到接地装置，也可与建（构）筑物混凝土柱、剪力墙内的主筋连接形成接地网，如图12-2所示。接闪网（带）适用于宽大的建（构）筑物。

3）接闪线一般采用截面面积≥50mm²的镀锌钢绞线或铜绞线，架设在架空线路之上，保护架空线路免受直接雷击，适用于长距离高压供电线路等较长的物体的防雷保护。

（2）引下线　引下线是连接接闪器和接地装置的金属导体，敷设方式分为明敷和暗敷两种：

明敷的引下线宜采用镀锌圆钢（直径≥12mm）或镀锌扁钢（截面≥25mm×4mm），沿建（构）筑物墙面敷设。为了便于测量接地装置的接地电阻和检修引下线，在距地面0.3～1.8m处设断接卡子或测试点，断接卡子以下与接地线连接。

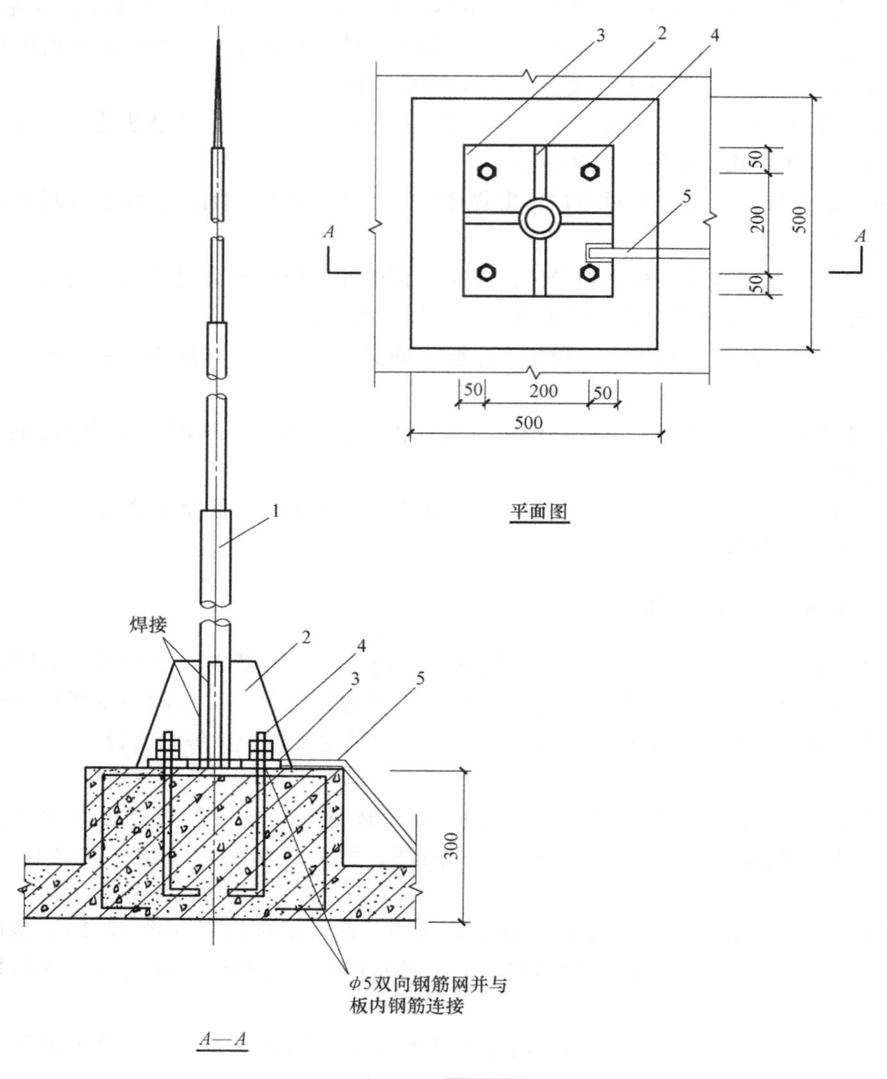

图 12-1 接闪杆

1—接闪器 2—支撑钢板 3—底座钢板 4—预埋螺栓 5—引下线

引下线暗敷是利用建（构）筑物柱内的主筋做引下线。利用主筋做引下线时，钢筋直径≥16mm，每处引下线不得少于两根主筋。在距室外地坪0.5m处做断接卡子。图12-3为暗敷引下线的断接卡子。

（3）接地装置 接地装置是指将雷电流或设备漏电电流流散入大地的装置，一般由接地线和接地体组成。接地线是从引下线的断接卡子或接线处至接地体的金属导体；接地体是指埋入土壤中或混凝土基础中直接与大地接触的金属导体，接地体分为人工接地体和自然接地体。

人工接地体通常采用热镀锌圆钢、扁钢、角钢、钢管等钢质材料制成，所用钢材的尺寸要求：圆钢直径≥10mm；扁钢厚度≥4mm，截面面积≥100mm^2；角钢厚度≥3mm；钢管壁厚≥3.5mm，长度宜为2.5m。接地体埋深≥0.5m，间距宜为5m。图12-4为垂直布置形式的人工接地体。

自然接地体是兼作接地体用的埋于地下的金属物体。一般利用钢筋混凝土建（构）筑物的基础钢筋作为自然接地体。

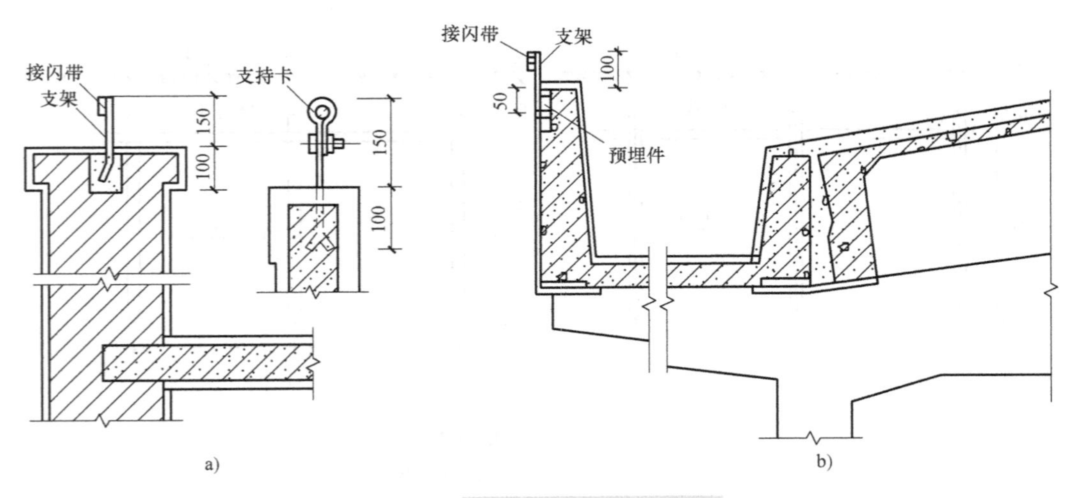

图 12-2　建（构）筑物顶接闪带

a）女儿墙上接闪带　b）平屋顶挑檐上接闪带

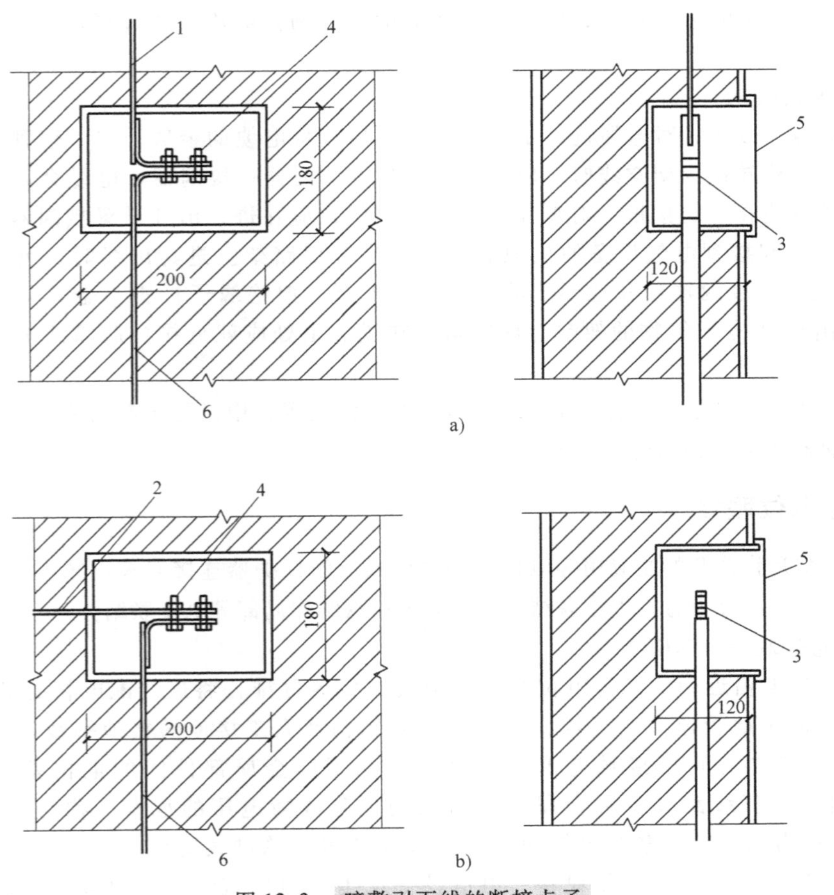

图 12-3　暗敷引下线的断接卡子

a）专用安装引下线　b）利用柱筋做引下线

1—引下线　2—至柱钢筋引下线　3—断接卡子　4—镀锌螺栓　5—断接卡子箱　6—接地线

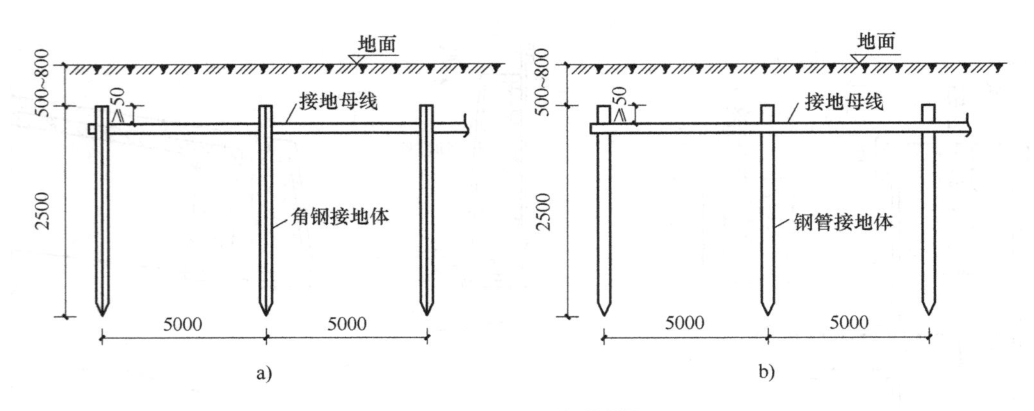

图 12-4 人工接地体

a）角钢接地体 b）钢管接地体

2. 防雷电感应

为防止感应雷产生火花放电，建筑内的金属设备、金属管道、金属构架、电缆金属铠装外皮、钢屋架与钢窗等较大的金属构件，以及凸出屋面的金属物体等均应通过接地装置与大地做可靠连接。

3. 防雷电波侵入

为防止雷电波侵入，对电缆进、出线应在进、出端将电缆的金属外皮、钢管等与电气设备接地相连。当电缆转换为架空线时，应在转换处装设接闪器；接闪器、电缆金属外皮和绝缘子铁脚、金具等应连在一起接地；对低压架空进、出线，应在进、出处设置接闪器并与绝缘子铁脚、金具连在一起接到电气设备的接地装置上；当多回路架空进、出线时，可仅在母线或总配电箱处装设一组接闪器或其他形式的过电压保护器，但绝缘子铁脚与金具仍应接到接地装置上；进、出建（构）筑物的架空金属管道，在进、出处应就近接到防雷或电气设备的接地装置上。

接闪器是并联在被保护的电力设备或设施上的防雷装置，用以防止雷电流通过输电线路传入建（构）筑物和用电设备而造成危害。

12.1.4 等电位联结

等电位联结是将分开的装置用等电位连接导体或电涌保护器连接起来以减小雷电流在它们之间产生的电位差，可分为总等电位联结、辅助等电位联结和局部等电位联结。

1. 总等电位联结（MEB）

通过进线配电箱近旁的总等电位联结端子板（接地母排）将进线配电箱的 PE（PEN）母线、公共设施的金属管道、建（构）筑物的金属结构及人工接地的接地引线等互相连通，以降低建（构）筑物内间接接触电击的接触电压和不同金属部件间的电位差，并消除自建（构）筑物外经电气线路和各种金属管道引入的危险故障电压的危害，称为总等电位联结。如图 12-5 所示为总等电位联结系统图，图中接地装置、总进线配电盘、总给水管、采暖管、空调管、热水管、煤气管、天线设备、电信设备及建（构）筑物的其他金属结构等都与 MEB 端子板连接。

2. 辅助等电位联结（SEB）

将导电部分用导线直接做等电位联结，使故障接触电压降至接触电压限值以下，称为辅助等

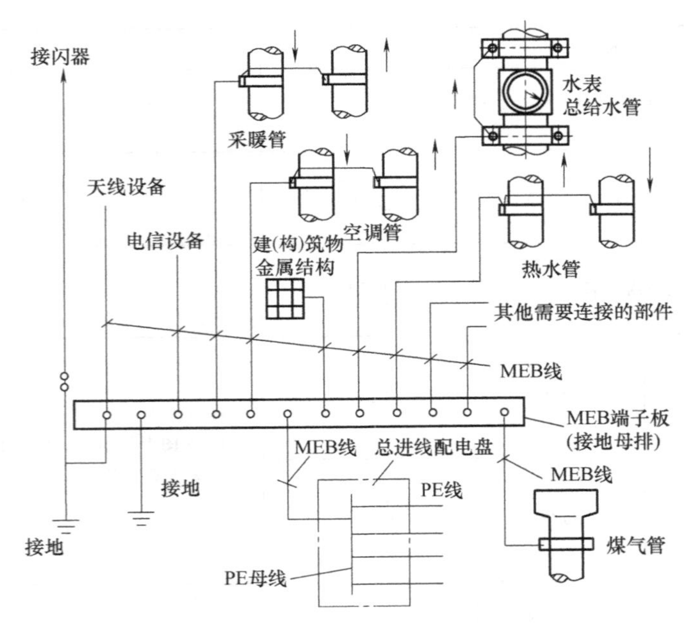

图 12-5　总等电位联结系统图

电位联结。

3. 局部等电位联结（LEB）

当需要在一局部场所范围内作多个辅助等电位联结时，可通过局部等电位联结端子板将 PE 母线、PE 干线、公共设施的金属管道及建（构）筑物金属结构等部分互相连通，以简便地实现该局部范围内的多个辅助等电位联结，称为局部等电位联结。

12.1.5　防雷接地工程图中常用图形符号

防雷接地工程图中常用图形符号见表 12-1。

表 12-1　防雷接地工程图中常用图形符号

序　　号	名　　称	符　　号	备　　注
1	接闪杆	●	
2	接闪带（线、网）	——LP——	
3	接地一般符号	⏚	
4	保护接地	⏚（圆圈内）	
5	功能等电位联结	⊥ 或 ⊥	接机壳或底板
6	保护等电位联结	▽	

（续）

<table>
<tr><th>序 号</th><th colspan="2">名 称</th><th>符 号</th><th>备 注</th></tr>
<tr><td>7</td><td colspan="2">端子</td><td>○</td><td></td></tr>
<tr><td>8</td><td colspan="2">端子板</td><td>□□□□□</td><td>可加端子标志</td></tr>
<tr><td>9</td><td colspan="2">等电位端子箱</td><td>MEB</td><td></td></tr>
<tr><td rowspan="2">10</td><td rowspan="2">实验室用接地端子板</td><td>明装</td><td>*</td><td rowspan="2">1. 除图上注明外，面板底距地面 1.2m
2. * 为端子数，用 1、2、3…表示</td></tr>
<tr><td>暗装</td><td>*</td></tr>
<tr><td rowspan="2">11</td><td rowspan="2">接地装置</td><td>有接地极</td><td>—o⁄ ⁄o—</td><td></td></tr>
<tr><td>无接地极</td><td>⁄ — ⁄</td><td></td></tr>
</table>

12.2 建（构）筑物防雷接地工程图

图 12-6 为某医院大楼防雷平面图。图中为二级防雷保护，在屋顶采用 ϕ12mm 镀锌圆钢做接闪带；接闪带支持卡采用 ϕ12mm 镀锌圆钢，高 100mm，间隔 1000mm；避雷连接线采用 −25mm × 4mm 镀锌扁钢，沿屋面垫层敷设，网格不大于 10m × 10m。凸出屋面的所有金属构件均应与接闪带可靠连接，如金属通风管、屋顶风机、金属屋面与金属屋架等。

大楼避雷引下点共 11 处，利用钢筋混凝土柱子内 2 根 ϕ16 以上通长主筋作为避雷引下线，引下线上端与接闪带焊接，下端与接地网焊接。

图 12-7 为某医院大楼接地平面图。图中电气设备的保护接地、电梯机房与消防控制室等的接地共用统一接地装置。利用基础内两根主筋通长焊接做基础接地网。建筑物内手术室等重要设备间采用局部等电位联结（LEB），共设 17 处，从适当的地方引出两根大于 ϕ16mm 的柱内主筋至局部等电位箱 LEB。局部等电位箱暗装，底距地 300mm。总等电位箱设置在配电室，接地网与总等电位箱间采用 −40mm × 4mm 镀锌扁钢焊接连接。

从图中可以看出，建筑物内接地板共 8 处，接地板与接地网焊接连通；接地板的尺寸为 200mm × 100mm，距地 500mm 敷设。在电梯间接地板与导轨焊接，明敷 −40mm × 4mm 镀锌扁钢沿井道引上至机房；电气竖井内明敷 −40mm × 4mm 镀锌扁钢沿井道引上；泵房内暗敷 −40mm × 4mm 镀锌扁钢引上与水泵房接地端子板连通。配电室的电缆沟内距沟底 300mm 明敷 −40mm × 4mm 镀锌扁钢与接地网连通，配电柜槽钢与接地网焊接连通。所有外墙引下线在室外地面下 800mm 处引出一根 −40mm × 4mm 镀锌扁钢，扁钢伸出室外，距外墙皮的距离不小于 1m，经 146H60 接线盒接测试卡子。

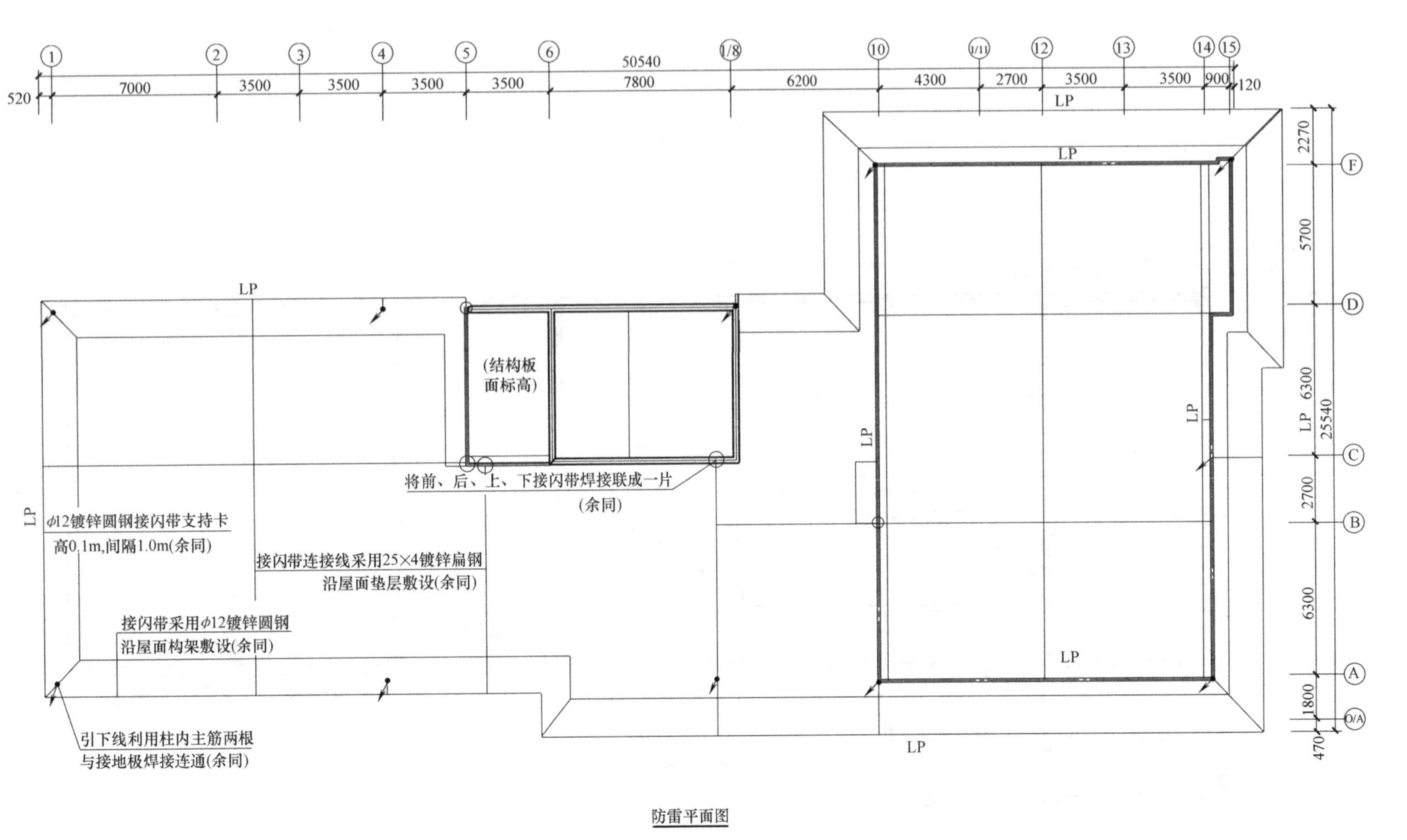

图12-6　某医院大楼防雷平面图

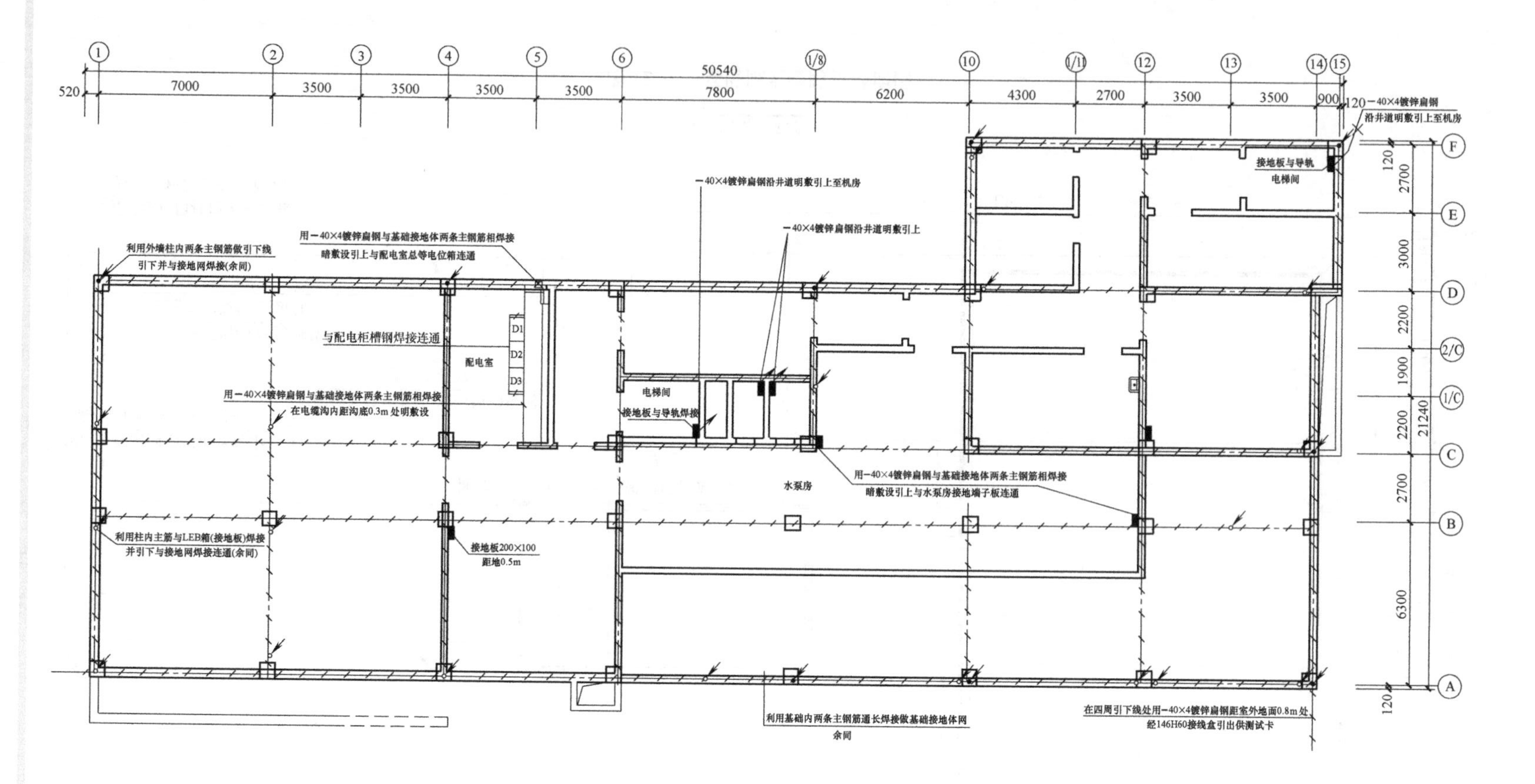

图 12-7 某医院大楼接地平面图

12.3 变电所防雷接地工程图

变电所是电力系统的重要组成部分，变电所发生雷击事故将造成大面积的停电，会对电网形成较大的危害，这就要求防雷措施必须十分可靠。变电所遭受的雷击主要来自两个方面：一是雷直击在变电所的电气设备上；二是架空线路的感应雷过电压和直击雷过电压形成的雷电波沿线路侵入变电所，因此，对直击雷和雷电波侵入变电所进线及变压器造成破坏的防护十分重要。

(1) 变电所的直击雷防护 装设接闪杆是直击雷防护的主要措施，接闪杆是保护电气设备、建（构）筑物不受直接雷击的雷电接收器。它将雷云的放电通路吸引到接闪杆本身，并安全导入地中，从而保护了附近绝缘水平比它低的设备免遭雷击。

装设接闪杆时，对于35kV变电所必须装有独立接闪杆，并满足不发生反击的要求；对于110kV及以上的变电所，由于此类电压等级配电装置的绝缘水平较高，可以将接闪杆直接装设在配电装置的架构上，雷击接闪杆所产生的高电位不会造成电气设备的反击事故。

(2) 变电所对雷电侵入波的防护 变电所对雷电侵入波的保护主要依靠母线上装设阀型接闪器或金属氧化物接闪器。接闪器的安装位置要尽可能靠近主设备，当然也要兼顾其他的设备。当接闪器至主变压器的电气距离超过允许值时，应在变压器附近再增装一组接闪器。

(3) 变电所的进线防护 靠近变电所的进线上加装接闪线是防雷的主要措施，架设接闪线的进线段，应尽量采用导线水平排列的门形杆塔，双接闪线在杆顶要互相连接并分别装设接地引下线。

(4) 变压器的防护 变压器的基本保护措施是靠近变压器安装接闪器，这样可以防止线路侵入的雷电波损坏绝缘。装设接闪器时，要尽量靠近变压器，并尽量减少连线的长度，以便减少雷电电流在连接线上的压降。同时，接闪器的接线应与变压器的金属外壳及低压侧中性点连接在一起。

(5) 变电所的防雷接地 变电所防雷保护满足要求以后，还要根据安全接地和工作接地的要求组成统一的接地系统，接闪杆和接闪器与接地装置相连，或者在防雷装置下敷设单独的接地体。

图12-8为某10kV变电所接地平面图，从图中可以看出，接地体共5根。接地体使用∟50mm×50mm×5mm角钢制作，长度为2.5m。接地体间距为5000mm，中间用接地母线连接，接地母线使用－40mm×4mm镀锌扁钢。接地体与建（构）筑物的间距大于10m，接地体与变电所内MEB箱之间采用沿地面敷设的一根185mm²、穿直径50mm PVC管的铜芯交联聚乙烯绝缘聚氯乙烯护套电缆（YJV）连接。

变电所内做总等电位联结，设置两处总等电位联结板（MEB板），暗装，与基础钢筋网可靠连接；MEB线采用－40mm×4mm镀锌扁钢沿内墙、距地300mm暗敷，设置临时接地线柱4处。变压器（1TM、2TM）中性点与MEB板使用YJV—1×185电缆连接。

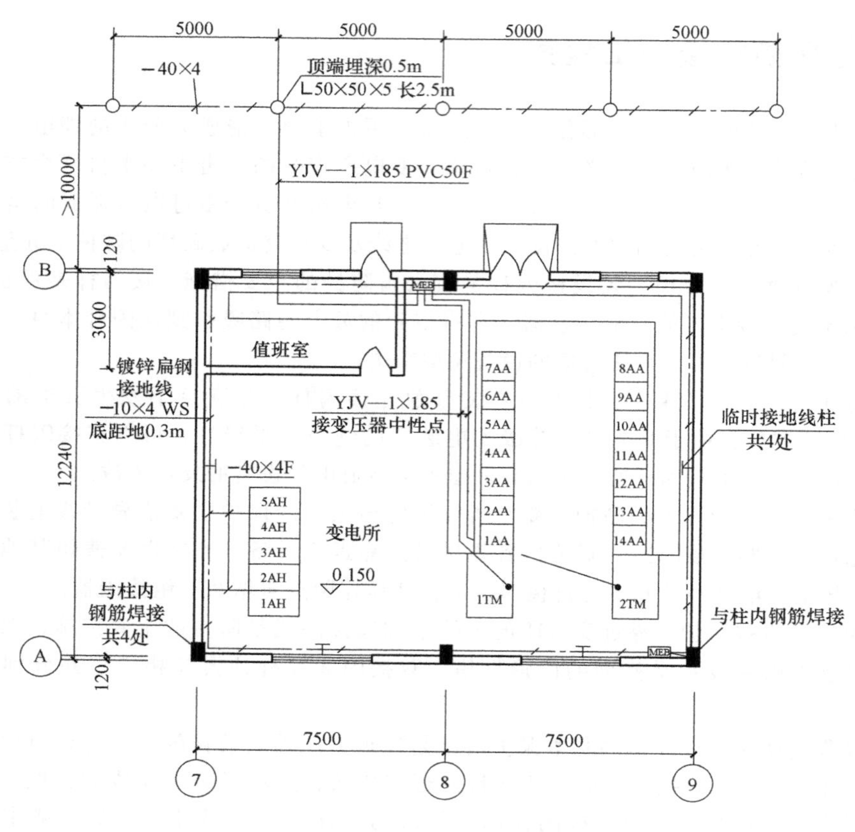

图 12-8 某 10kV 变电所接地平面图

复习思考题

1. 避雷装置的接闪器有哪几类？各适用什么场合？
2. 常用的接地类型有哪几种？
3. 接地装置由哪几部分组成？
4. 什么叫总等电位联结？

第13章 建筑弱电工程图

建筑弱电工程是建筑电气工程的重要组成部分。弱电是针对电力、照明用电相对而言的，通常情况下，把电力、照明用的电能称为强电，如空调用电、照明用电、动力用电等；而把传播信号、进行信息交换的电能称为弱电，如电话、电视、计算机的信息等。随着现代弱电技术及计算机技术的迅速发展，现代建筑中弱电技术的应用越来越广泛。

常见的弱电系统包括火灾自动报警系统、安全防范系统（防盗报警系统、闭路电视监控系统、电子巡更系统、停车场管理系统、可视对讲系统）、电视广播与通信系统与综合布线系统等。此外，还有电视会议系统、扩声系统与三表（水、电、气表）自动抄表系统等。根据建（构）筑物的需要设置不同的弱电系统。

弱电工程是电气工程中一个重要的分项工程，完成一个弱电工程，首先要学会分析弱电工程图，弱电工程图与强电工程图一样，有各种形式的工程图，在弱电工程图中，重点分析弱电平面图、弱电系统图及弱电装置原理框图。

（1）弱电平面图　弱电平面图是决定装置、设备、元件和线路平面布置的图样，常用的有平面图，如火灾自动报警平面图、防盗报警装置平面图、电视监控装置平面图、综合布线平面图、共用天线有线电视平面图与有线广播平面图等。在弱电工程中，信号的传输一般都采用总线制，线路敷设简单，因此弱电平面图的识读并不困难。弱电平面图是指导弱电工程施工安装不可缺少的，是弱电设备布置安装与信号传输线路敷设的依据，所以首先要熟悉弱电平面图。

（2）弱电系统图　弱电系统图是表示弱电系统中设备和元件的组成、元件和器件之间相互的连接关系，对于指导安装施工有着重要的作用。常用的系统图有火灾自动报警联动控制系统图、共用天线系统图、电视监控系统图与电话系统图等。

（3）弱电装置原理框图　弱电装置原理框图说明弱电设备的功能、作用与原理，主要用于系统调试。识读与分析弱电装置原理框图难度较大，且弱电工程的系统调试一般由专业施工技术人员（设备生产厂家）负责，所以对于弱电工程的安装，弱电平面图、弱电系统图与弱电设备原理框图都是不可缺少的。

13.1　火灾自动报警系统工程图

火灾自动报警控制系统既能对火灾发生进行早期探测和自动报警，又能根据火情位置及时输出联动灭火信号，起动相应的消防设施，进行灭火。对于各类高层建筑、宾馆、商场、医院、候机（车、船）楼、电影院等人员密集的公共场所和银行、档案库、图书馆、博物馆、计算机房、通信机房与变电站等重要部门，设置安装火灾报警控制系统更是必不可少的消防措施。

13.1.1　火灾自动报警系统概述

根据建筑消防规范，将火灾自动报警装置和自动灭火装置按实际需要组合起来，采用先进的

控制技术，便构成了建筑消防系统，完成对火灾预防与控制的功能。

图13-1是火灾报警控制系统示意图。火灾报警控制器接收到探测器信号，经确认后，一方面发出预警与火警声光报警信号，同时显示并记录火警的地址和时间，告知消防控制室（中心）的值班人员；另一方面将火警电信号传送至各楼层（防火分区）所设置的火灾显示盘，火灾显示盘经信号处理，发出预警与火警声光报警信号，并显示火警发生的地址，通知楼层（防火分区）值班人员立即查看火情并采取相应的扑灭措施。在消防控制室（中心），通过火灾报警控制器的通信接口，将火警信号在显示系统显示屏上直观地显示出来。

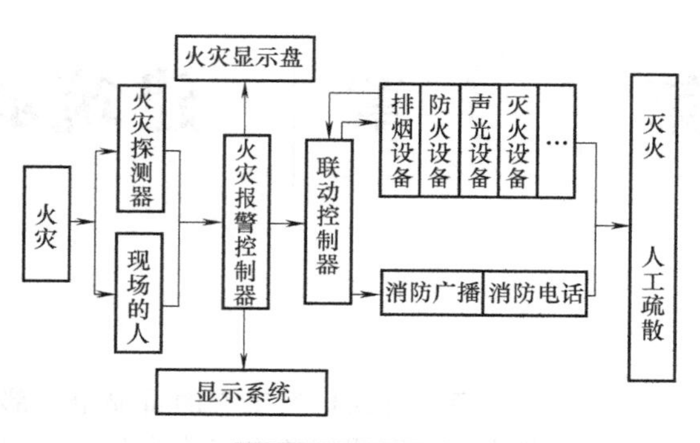

图13-1 火灾报警控制系统示意图

联动控制器则从火灾报警控制器读取火警数据，经预先编程设置好的控制逻辑处理后，向相应的控制点发出联动控制信号，并发出提示声光信号，经过执行器去控制相应的联动控制消防设备，如排烟阀、排烟风机等防烟排烟设备；防火阀、防火卷帘门等防火设备；警铃、警笛、声光报警器等警报设备；关闭空调、电梯迫降、打开人员疏散指示灯等；起动消防泵、喷淋泵等消防灭火设备等。消防设备的起停状态应反馈给联动控制器主机并以光信号的形式显示出来，使消防控制室（中心）值班人员了解联动控制设备的实际运行情况，消防电话、消防广播起到通信联络和对人员疏散、防火灭火的调度指挥作用。

1. 火灾报警控制系统的构成

火灾报警控制系统作为一个完整的系统由三部分组成，即火灾探测、报警和联动控制。

火灾探测部分主要由探测器组成，探测器是火灾自动报警系统的检测元件，它将火灾发生初期所产生的烟、热、光转变成电信号，然后送入报警系统。

报警控制由各种类型报警器组成，它主要将收到的报警电信号进行显示和传递，并对自动消防装置发出控制信号。前两个部分也可以构成独立单纯的火灾自动报警系统。联动控制由一系列控制系统组成，如报警、灭火、防烟排烟、广播、消防通信等。

联动控制部分自身是不能独立构成一个自动控制系统，因为它必须根据来自火灾自动报警系统的火警数据经过分析处理后，发出相应的联动控制信号。

（1）火灾探测器　火灾探测器是火灾自动报警和自动灭火系统最基本和最关键的部件之一，它是整个系统自动检测的触发器件，是系统的“感觉器官”，能不断地监视和探测被保护区域火灾的早期信号，是整个火灾报警控制系统警惕火情的“眼睛”，其基本功能是将火灾参量——气、光、温度、烟电信号提供给火灾报警控制器。火灾探测器的分类见表13-1。

表13-1　火灾探测器的分类

序　号	名称及用途			
1	感烟探测器	光电感烟器	点型	散射型
				逆光型
			线型	红外束型
				激光型
		离子感烟型		
		电密式感烟型		
		半导体感烟型		

（续）

序　号	名称及用途			
2	感温探测器	点型	差温 定温 差定温	双金属型
				膜盒型
				易熔金属型
		线型	差温 定温	半导体型
				管型
				电缆型
				半导体型
3	感光火灾探测器	紫外线型		
		红外线型		
4	可燃性气体探测器	催化型		
		半导体型		
5	复合式火灾探测器	感温感烟型		
		感温感光型		
		感烟感光型		
		分离式红外光束感温感烟型		

（2）火灾报警控制器　火灾报警控制器是火灾自动报警系统中能够为火灾探测器供电，接收、处理及传递探测点的故障、火警电信号，发出声、光报警信号，同时显示及记录火灾发生的部位和时间，并向联动控制器发出联动通信信号的报警控制装置，是整个火灾自动报警控制系统的核心和“指挥中心”。

（3）联动控制器　联动控制器与火灾报警控制器配合，通过数据通信，接收并处理来自火灾报警控制器的报警点数据，然后对其配套执行器件发出控制信号，实现对各类消防设备的控制，联动控制器及其配套执行器件相当于整个火灾自动报警控制系统的“躯干和四肢”。火灾探测器的型号含义如下：

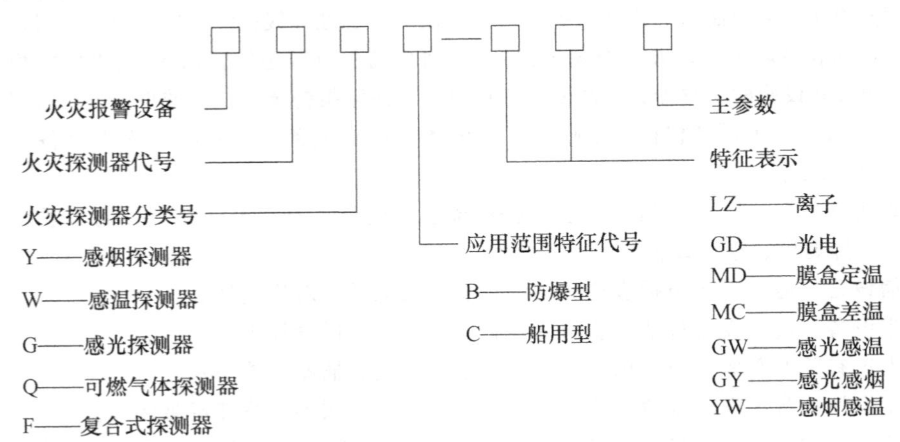

联动控制器在接收到火灾报警信号后，完成所规定的逻辑关系：切断火灾发生区域的正常供电电源，接通消防电源；起动消火栓灭火系统的消防泵，并显示状态；能起动自动喷水灭火系统的喷淋泵，并显示状态；打开喷淋灭火系统的控制阀，起动喷淋泵并显示状态；打开气体或化学

灭火系统的容器阀，能在容器阀门动作之前手动急停，并显示状态；控制防火卷帘门的半降、全降，能显示其状态；控制平开防火门，显示其所处的状态；关闭空调送风系统的送风机与送风口，并显示状态；打开防烟排烟系统的排烟机、正压送风机及排烟口、送风口，关闭排烟机、送风机，并显示其状态；控制普通电梯，使其自动降至首层；使受其控制的火灾应急广播投入使用；使受其控制的应急照明系统投入工作；使受其控制的疏散、诱导指示设备投入工作；使与其连接的报警装置进入工作状态。对于以上各功能，应能以手动或自动两种方式进行操作。图 13-2 是火灾报警与消防控制关系图。

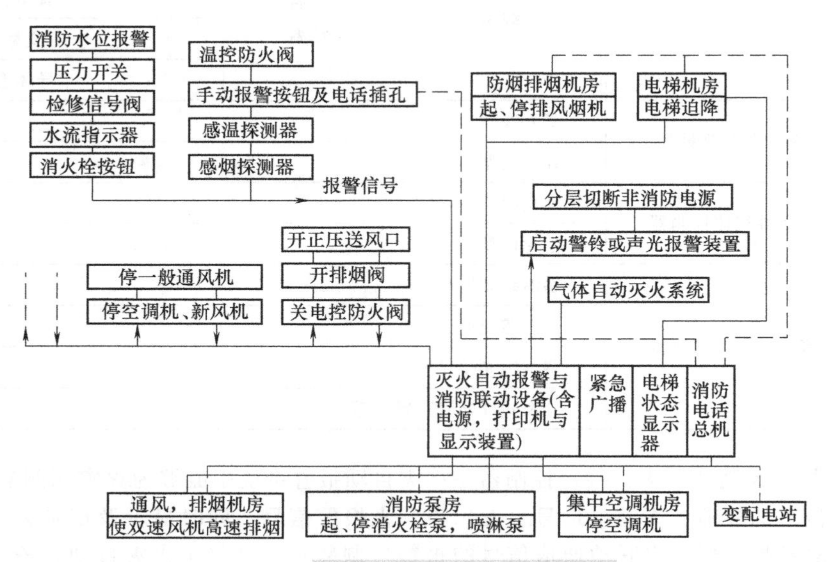

图 13-2 火灾报警与消防控制关系图

2. 火灾报警控制系统的设备

在建（构）筑物中较为完整的火灾自动报警与消防联动控制系统由以下设备组成：

（1）报警设备 报警设备包括报警控制系统主机，操作终端和显示终端，打印设备（自动记录报警、故障及各相关消防设备的动作状态），彩色图形显示终端，带备用蓄电池的电源装置，火灾探测器（包括烟雾离子、光电感应、定温、差温、差定温复合、红外线火焰、感温电线、可燃气体等），手动报警器（包括破玻璃按钮、人工报警按钮），消防广播，疏散警铃，输入/输出监控模块或用于监控所有与消防关联设施的中继器，消防专用通信电话，区域报警装置，区域火灾显示装置等。

（2）灭火设备 灭火设备包括自动喷水灭火设备、水幕设备、雨淋喷水灭火设备、喷雾灭火系统与气体灭火系统等。

（3）防火排烟设备 防火排烟设备包括探测器、控制器、自动开闭装置、防火卷帘门、防火风门、排烟口、排烟机、空调设备。

（4）通信设备 通信设备包括应急通信装置、一般电话、对讲电话。

（5）避难设备 避难设备包括应急照明装置、诱导灯、诱导标志牌。

（6）与火灾有关的必要设施 包括洒水送水设备、应急插座、消防水池、应急电梯。

（7）避难设施 避难设施包括应急口、避难阳台、避难楼梯、特殊避难楼梯。

（8）其他有关设备 包括防范报警设备、航空障碍灯设备、地震探测设备、煤气检测设备、电气设备监视、闭路电视设备、普通电梯运行监视、一般照明等。

3. 火灾自动报警系统的线制

火灾探测器与火灾报警控制器间的连接方式通常采用多线制和总线制：多线制系统结构有 $n+$

4 线和 $n+1$ 线，因其线多、配管直径大，其设计、施工与维护复杂，已逐步被淘汰；总线制系统多采用二总线制、三总线制与四总线制。图 13-3 是二总线制火灾报警系统原理图，图中 G 线为公共地线，P 线完成供电、选址、自检和获取信息等功能。

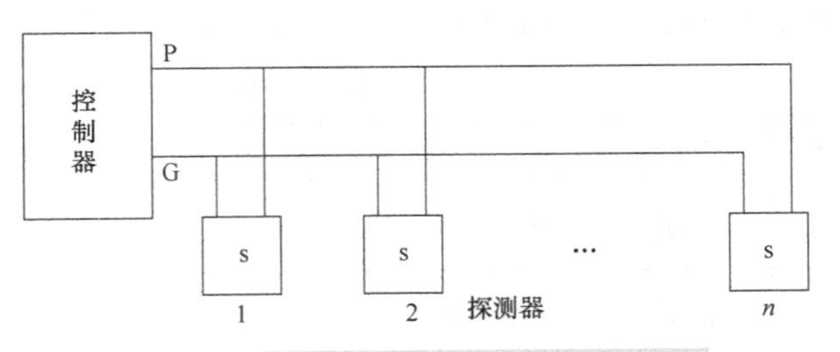

图 13-3 二总线制火灾报警系统原理图

4. 火灾自动报警系统的基本形式

火灾自动报警系统可选用下列三种基本形式：

（1）区域报警系统　区域报警系统是由区域报警控制器（或报警控制器）和火灾探测器等组成的火灾自动报警系统。

（2）集中报警系统　集中报警系统是由集中报警控制器（或报警控制器）、区域报警控制器（或区域显示器）和火灾探测器等组成的火灾自动报警系统。

（3）控制中心报警系统　控制中心报警系统是由消防控制设备、集中报警控制器（或报警控制器）、区域报警控制器（或区域显示器）和火灾探测器等组成的火灾自动报警系统，应用示例如图 13-4 所示。

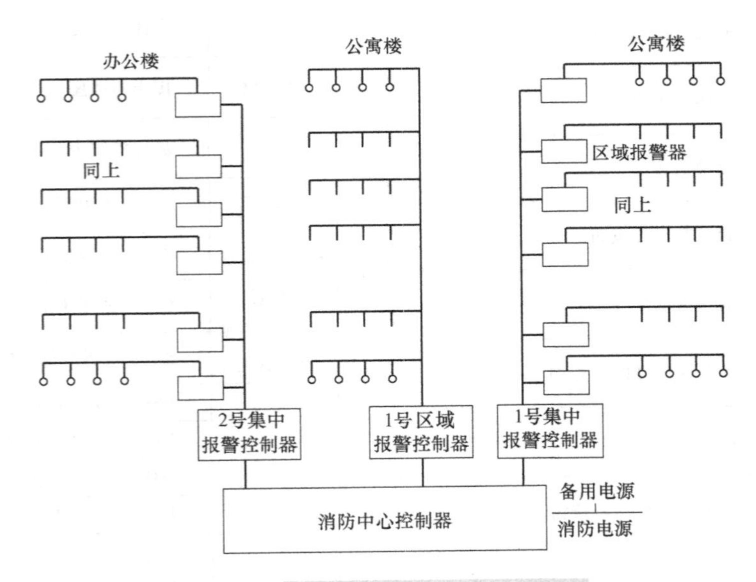

图 13-4 控制中心报警系统应用示例

13.1.2 火灾自动报警系统工程图的图形符号及系统图、平面图

火灾自动报警系统工程图是现代建筑电气工程图的重要组成部分之一，常用的有系统图、平面图与原理框图等。系统图主要反映系统的组成、设备和元件之间的相互关系及连接关系。平面图在安装工程中是不可缺少的。平面图一般在简化的建筑平面图上用图形符号表示消防设备和器件，并标注文字说明，反映了设备和器件的安装位置，管线的走向及敷设部位、敷设方式，导线的型号、规格及根数。原理框图用以说明工作原理，对系统调试具有一定的作用。

1. 火灾自动报警系统工程图常用图形符号

绘制火灾自动报警及联动控制系统工程图应首先选用国家标准规定使用的图形符号和专业部

须标准规定使用的图形符号，火灾自动报警控制系统工程常用图形符号见表13-2。

表13-2 火灾自动报警控制系统工程常用图形符号

序号	图形符号	说明
1	LD	联动控制器
2	FS	火警接线箱
3		红外光束感烟探测器（发射部分）
4		红外光束感烟探测器（接收部分）
5		火灾声光警报器
6	C	控制模块
7	M	输入监视模块
8	D	非编码探测器接口模块
9	GE	气体灭火控制盘
10		起动钢瓶
11		紧急起、停按钮
12		放气指示灯
13		带监视信号的检修阀
14	P	压力开关
15		消火栓箱内起泵按钮
16	70°C	防火阀（70℃熔断关闭）
17		排烟阀（口）
18		正压送风口
19	DM	防火门磁释放器
20	LT	电控箱（电梯迫降）
21		配电箱（切断非消防电源用）
22		电控箱 注：K——空调机电控箱 P——排烟或排风机电控箱 J——正压送风机或进风机电控箱 XFB——消防泵电控箱 PLB——喷淋泵电控箱
23	*	扬声器 注：C——吸顶式扬声器 R——嵌入式扬声器 W——壁挂式扬声器
24		号筒式扬声器
25		放大器（一般符号）
26	PA	广播接线箱
27	M	传声器插座
28		消防控制中心
29	* 区分火灾报警装置，“*”用右侧字母代替	C——集中型火灾报警控制器 Z——区域型火灾报警控制器 G——通用火灾报警控制器 S——可燃气体报警控制器
30	* 需区分控制和指示设备，“*”用右侧字母代替	RS——防火卷帘门控制器 RD——防火门释放器 I/O——输入/输出模块 I——输入模块 O——输出模块 P——电源模块 T——电信模块 SI——短路隔离器 M——模块箱 D——火灾显示盘 FI——楼层显示盘 CRT——火灾计算机图形显示系统 FPA——火灾广播系统 MT——对讲电话主机 BO——总线广播模块 TP——总线电话模块

（续）

序号	图形符号	说　明	序号	图形符号	说　明
31		报警电话	44		感光火灾探测器（点型）
32		火灾电话插孔	45		可燃气体探测器（点型）
33		带火灾电话插孔的手动报警按钮	46		手动火灾报警按钮
34		火警电铃	47		消火栓启泵按钮
35		火灾发声警报器	48		阀，一般符号
36		火灾应急广播扬声器	49		信号阀
37		水流指示器（组）	50	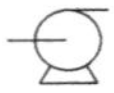	消防泵
38	 L	水流指示器（组）	51	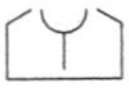	消防通风口的手动控制器
39		感温火灾探测器（点型）	52	 280℃	280℃动作的常开排烟阀
40	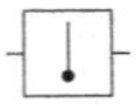	感温火灾探测器（线型）	53	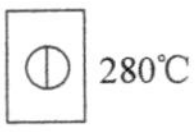 280℃	280℃动作的常闭排烟阀
41		感烟火灾探测器（点型）	54	 SE	排烟口
42	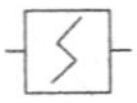	感烟火灾探测器（线型）	55		增压送风口
43		复合式感温感烟火灾探测器（点型）	56		信号灯（一般符号）

2. 火灾自动报警系统系统图

图13-5为某教学楼火灾自动报警及联动系统图，从系统图中可知，该教学楼仅在地下室消防设防，系统包括集中报警器柜（含电源单元、通信单元、联动控制单元）、区域报警器（或楼层显示器）、消防电话系统与消防广播系统等。系统做总等电位（MEB）联结，引至总等电位箱。

由系统图可看出，火灾集中报警器及联动控制装置设在一层消防值班室，火灾集中报警器由AC 220V供电，系统自带DC 24V备用电源；地下室设5个防火分区，区域报警器（或楼层显示器）设在地下室各个防火分区。

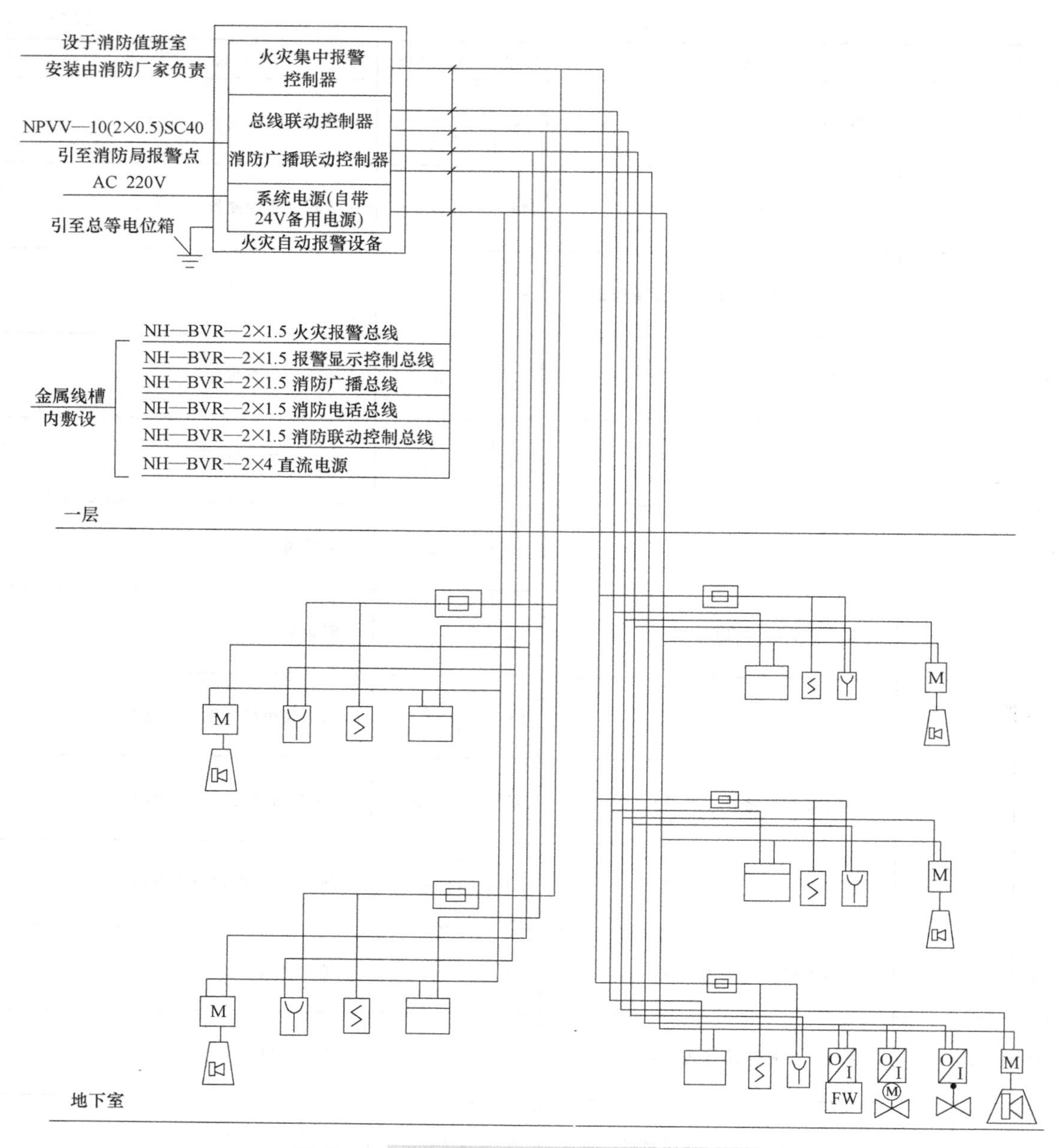

图 13-5 某教学楼火灾自动报警及联动系统图

本系统采用总线制，从图中可看出，该系统共有 5 路功能线，即火灾报警总线、报警显示控制总线、消防广播总线、消防电话总线和消防联动控制总线，标注均为 NH—BVR—2 × 1.5mm²；一路电源线，标注为 NH—BVR—2 × 4mm²，以上线路敷设在金属线槽内。

本系统的底层设备包括消防控制模块、消防广播、带火警电话插孔的手动报警按钮及感烟探测器。联动设备包括消防控制模块、水流指示器、信号蝶阀和湿式报警阀。

本工程系统采用总线报警设备，首层设区域报警器，联网至小区消防控制室，所有消防设备的运行状态均反馈至区域控制器，出、入口设置手动报警器。

3. 火灾自动报警系统平面图

图 13-6 为某大厦二十二层火灾报警平面图。从图中可以看出，在消防电梯前室内装有区域

火灾报警器（或层楼显示器 ARL），用于报警和显示着火区域，输入总线接到弱电竖井中的接线箱，然后通过垂直桥架中的防火电缆接至消防中心。整个楼面装有 27 只带地址编码底座的感烟探测器，采用二总线制，用塑料护套屏蔽电缆 RWP—2 × 1.0 mm^2 穿电线管（TC20）敷设，接线时要注意正负极性。在走廊吊顶设置了 8 个消防广播扬声器箱，可用于通知、背景音乐或紧急时广播，用 2 × 1.5mm^2 塑料软线穿 ϕ20mm 的电线管在吊顶中敷设。在走廊内设置了 4 个消火栓箱，箱内装有带指示灯的报警按钮，发生火警时，只要敲碎按钮箱玻璃即可报警。消火栓按钮线用 4 ×2.5mm^2 塑料铜芯线穿 ϕ25mm 电线管，沿弱电竖井垂直敷设至消防中心或消防泵控制器。D 为控制模块；D222 为电梯厅排烟阀控制模块，由弱电竖井接线箱敷设 ϕ20mm 电线管至控制模块，内穿 BV—4 ×1.5mm^2 导线。F 为水流指示器，通过输入模块与二总线连接。B 为消防扬声器；SB 为带指示灯的报警按钮，含有输入模块；Y 为感烟探测器；ARL 为楼层显示器（或区域报警器）。

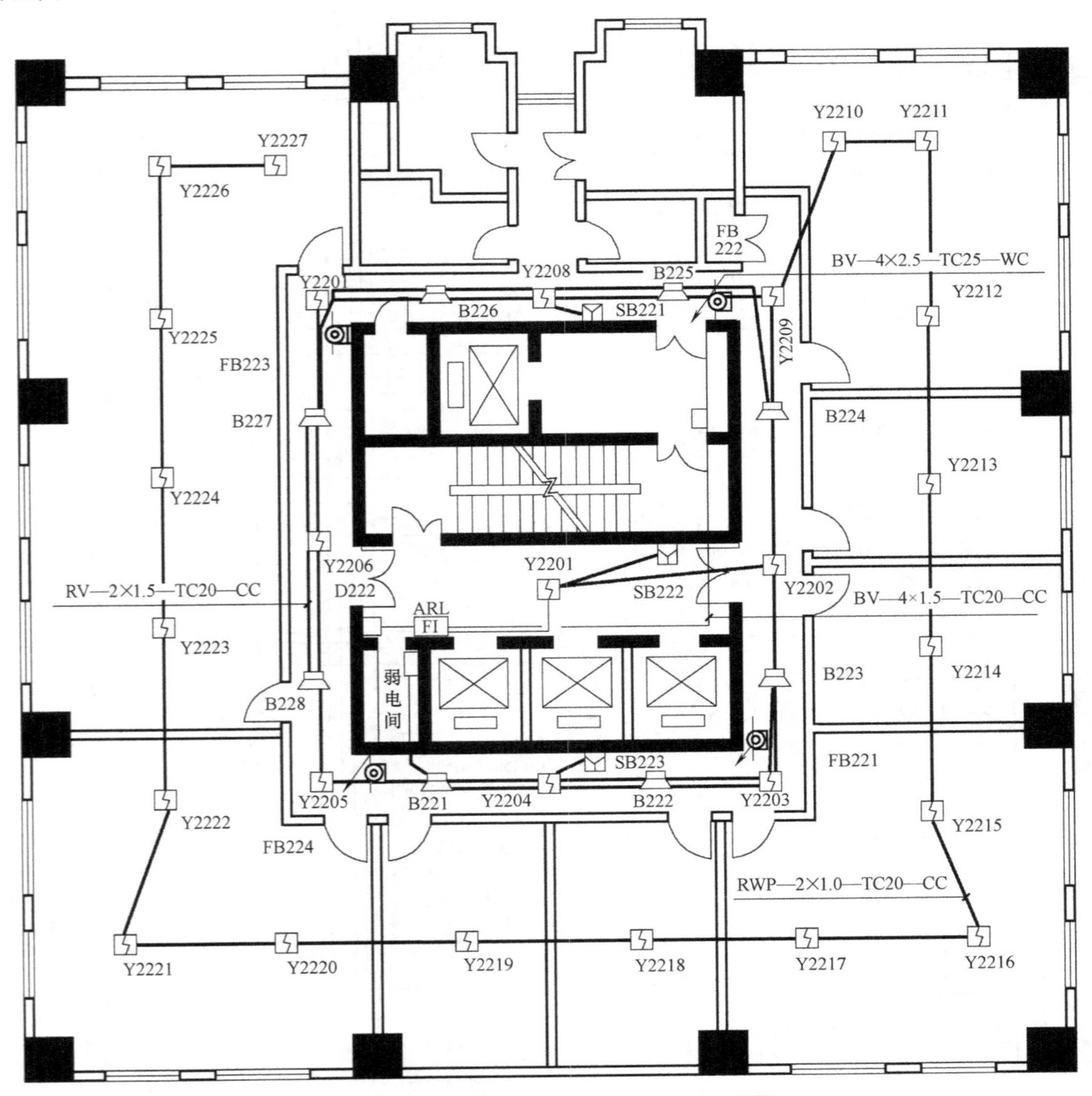

图 13-6 某大厦二十二层火灾报警平面图

13.1.3 火灾自动报警系统工程图识读

[实例 13-1] 图 13-7～图 13-9 为某酒店火灾自动报警与联动控制系统工程图。

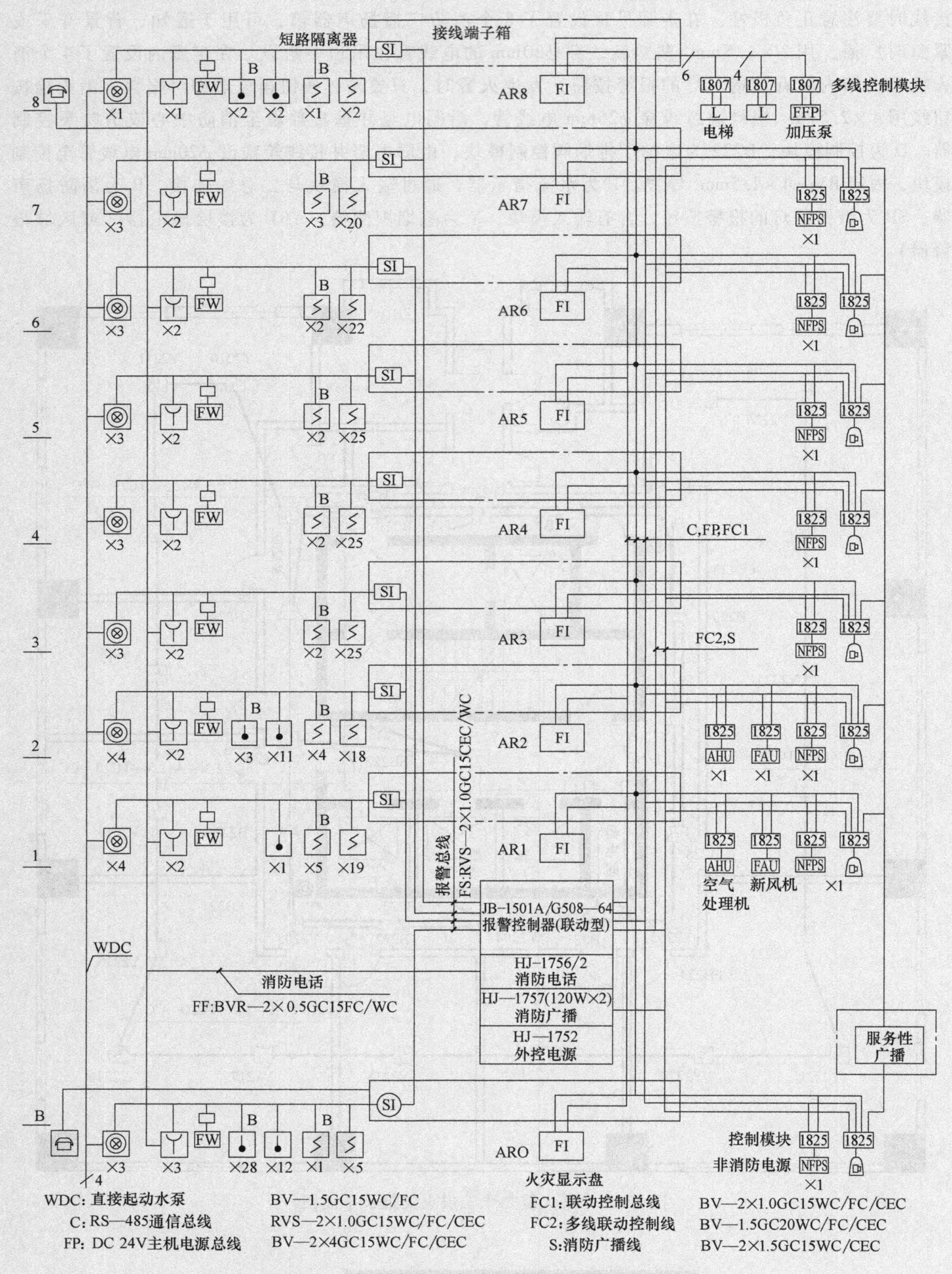

图 13-7 某酒店火灾自动报警与联动控制系统图

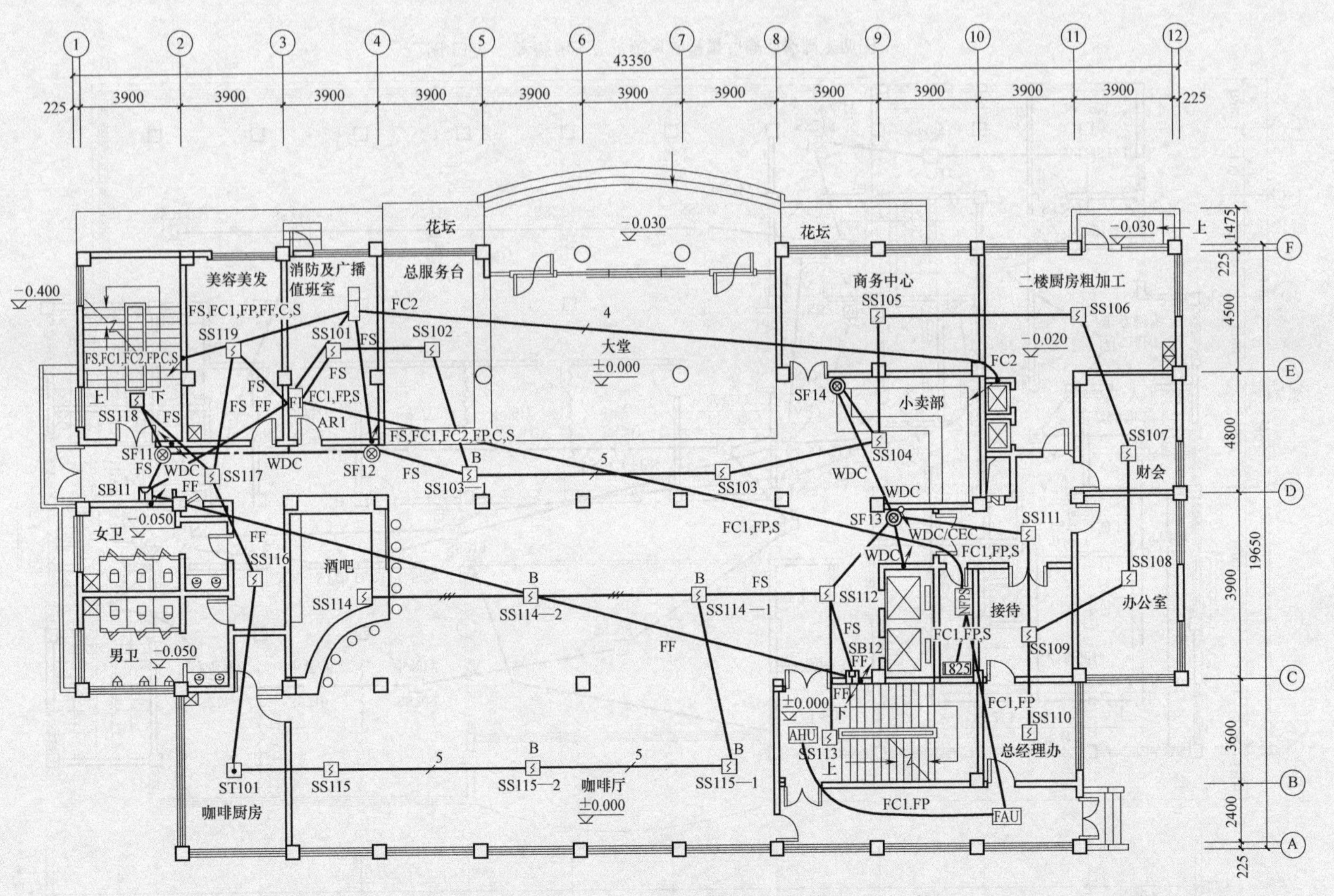

图 13-8　某酒店一层火灾自动报警与联动控制平面图

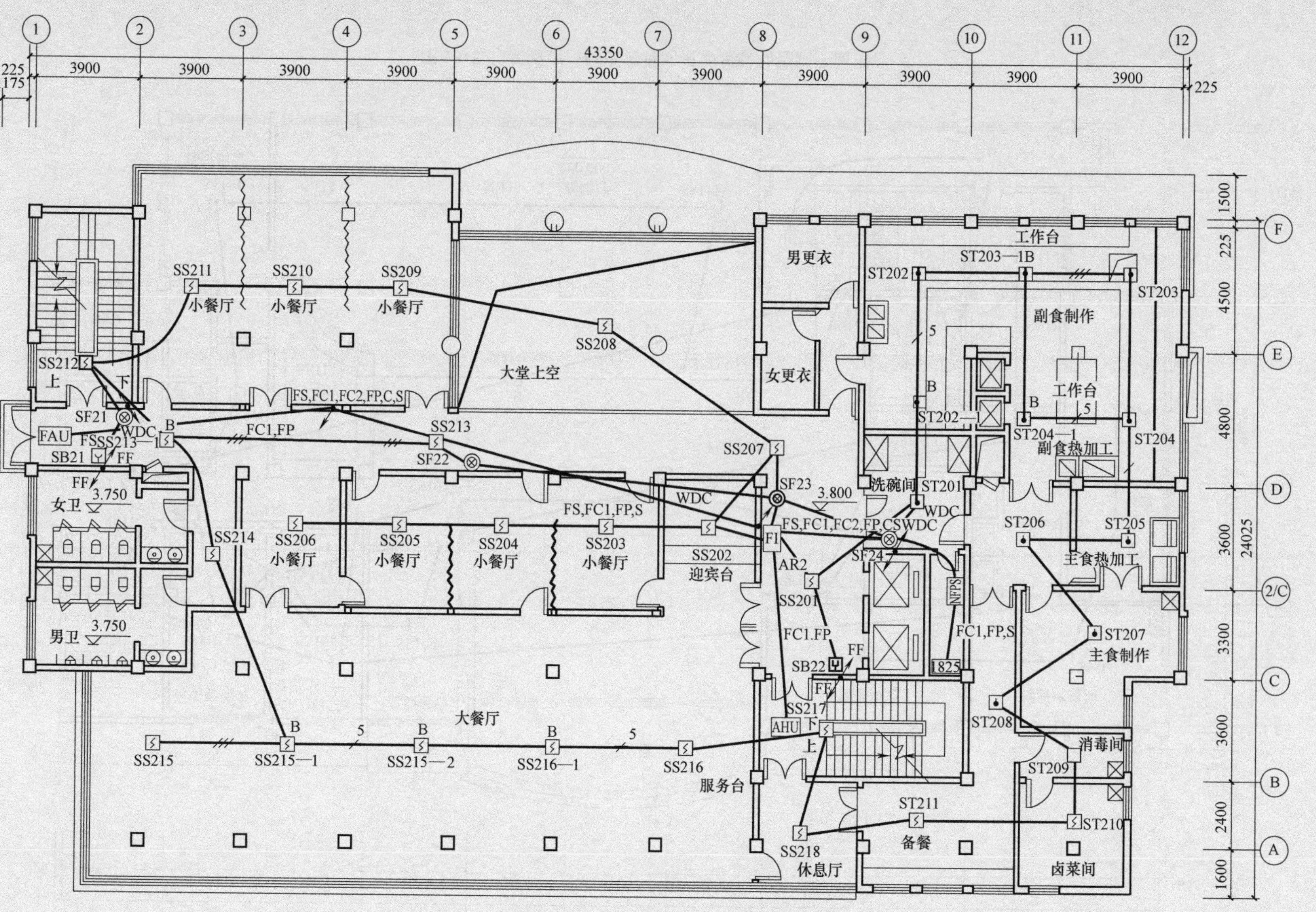

图13-9 某酒店二层火灾自动报警与联动控制平面图

1. 系统图分析

该系统消防报警中心设在一层，设备包括报警控制器、消防电话、消防广播及电源。

(1) 配线标注情况　其报警总线 FS 标注为 RVS—2×1.0 GC15CEC/WC。消防电话线 FF 标注为 BVR—2×0.5 GC15FC/WC。火灾报警控制器的右手面也有5个回路标注，依次为 C，FP，FC1，FC2，S，对应图的下面依次说明：C 为 RS—485 通信总线 RVS—2×1.0GC15WC/FC/CEC；FP 为 DC 24V 主机电源总线 BV—2×4 GC15WC/FC/CEC；FC1 为联动控制总线 BV—2×1.0 GC15WC/FC/CEC；FC2 为多线联动控制线 BV—1.5GC20WC/FC/CEC；S 为消防广播线 BV—2×1.5 GC15WC/CEC。这些标注比较详细，较好理解。

在火灾报警与消防联动系统中，最难懂的是多线联动控制线。消防联动主要就是指多线联动控制线，而这部分的设备是跨专业的，如消防水泵、喷淋泵的起动；防烟设备的关闭与排烟设备的打开；工作电梯轿厢下降到底层后停止运行，消防电梯投入运行等。需要联动的设备的数量在火灾报警与消防联动的平面图上是不表示的，只有在动力平面图中才能表示出来。

(2) 接线端子箱　每层楼一台，包括短路隔离器。

(3) 火灾显示盘 AR　每层楼一台，总线形式与报警控制器相连。

消火栓箱报警按钮：在系统图中，纵向第2排图形符号为消火栓箱报警按钮，×3代表地下层有3个消火栓箱，如图13-9所示。报警按钮的编号为 SF01、SF02、SF03。消火栓箱报警按钮的连接线为4根线，之所以是4线，因为消火栓箱内还有水泵起动指示灯，而指示灯的电压为直流 24V 的安全电压，因此形成了两个回路，每个回路仍然是两线。线的标注是 WDC，去直接起动泵。同时，每个消火栓箱报警按钮也与报警总线相接。

(4) 火灾报警按钮　火灾报警按钮的编号为 SB01，SB02，SB03。同时火灾报警按钮也与消防电话线 FF 连接，每个火灾报警按钮板上都设置有电话插孔，插上消防电话就可以使用，其八层纵向第1个图形符号就是电话符号。

(5) 水流指示器　纵向第4排图形符号是水流指示器 FW，每层楼一个。

(6) 感温火灾探测器　编码为 ST012 的母座带有3个子座，分别编码为 ST012—1、ST012—2、ST012—3，此4个探测器只有一个地址码，三～七层没有设置感温探测器，其他每层楼数目不同，共59个。

(7) 感烟火灾探测器　每层楼均设置，其数目不同。

系统图的右面基本上是联动设备，而1807与1825是控制模块，该控制模块是将报警控制器送出的控制信号放大，再控制需要动作的消防设备。

2. 平面图分析

识读平面图时，要从消防报警中心开始。消防报警中心在一层，将其与本层及上、下层之间的连接导线走向关系搞清楚，就容易理解工程情况。从系统图已知连接导线按功能分共有8种，即 FS、FF、FC1、FC2、FP、C、S 和 WDC，其中来自消防报警中心的报警总线 FS 必须先进各楼层的接线端子箱（火灾显示盘 AR）后，再向其编址单元配线；消防电话线 FF 只与火灾报警按钮有连接关系；联动控制总线 FC1 只与控制模块1825所控制的设备有连接关系；联动控制线 FC2 只与控制模块1807所控制的设备有连接关系；通信总线 C 只与火灾显示盘 AR 有连接关系；主机电源总线 FP 与火灾显示盘 AR 和控制模块1825所控制的设备有连接关系；消防广播线 S 只与控制模块1825中的扬声器有连接关系。而控制线 WDC 只与消火栓箱报警按钮有连接关系，再配到消防泵，与消防报警中心无关系。

从图13-8的消防报警中心可知，在控制柜的图形符号中共有4条线路向外配线，为了分析方便，将其编成 N_1、N_2、N_3、N_4：N_1 配向②轴线（为了简化分析，只说明在较近的横向轴线，不考

虑纵向轴线，读者可以在对应的横轴线附近找)，有 FS、FC1、FC2、FP、C、S 共 6 种功能导线，再向地下层配线；N_2 配向③轴线，本层接线端子箱（火灾显示盘 AR1），再向外配线，通过全面分析可以知道有 6 种功能线 FS、FC1、FP、S、FF、C；N_3 配向④轴线，再向二层配线，同样有 6 种功能线；N_4 配向⑩轴线，再向地下层配线，只有 FC2 一种功能的导线（4 根线）。这 4 条线路都可以沿地面暗敷设。N_2 线路：即控制柜到火灾显示盘 AR1，从 AR1 共有 4 条线路向外配线，图中可看出由两条 FS、FF、FC1、FP、S、C 6 种功能线；FS 连接感温探测器与感烟探测器，FF 连接手动报警按钮，再向地下层配线，其他功能线包括电源总线、联动控制总线及消防电话线配向电梯井隔壁房间的控制模块。其他线路分析与上述相同。

13.2 安全防范系统工程图

安全防范主要是以维护社会公共安全为目的，对财务、人身或重要数据和情报等的安全保护。安全防范系统采用电子技术、传感器技术和计算机技术，使罪犯不可能进入或在企图犯罪时就能觉察，从而采取措施。

13.2.1 安全防范系统的构成

安全防范系统包括防盗报警、电视监控与门禁管制等子系统，每个子系统可以独立发挥作用，其构成如图 13-10 所示。

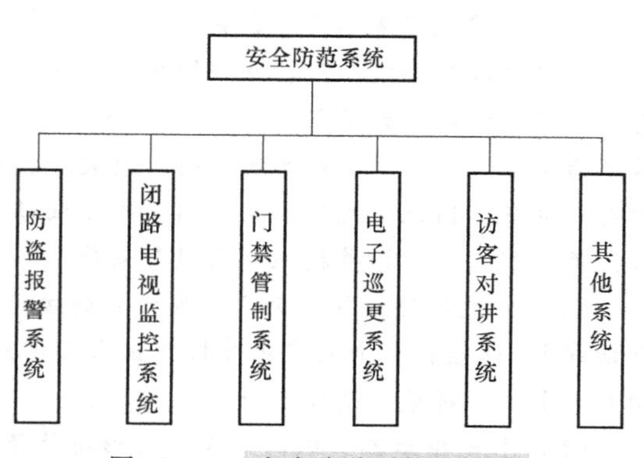

图 13-10 安全防范系统的构成

(1) 防盗报警系统 防盗报警系统就是用探测器对建筑内外的重要地点和区域进行布防。它可以及时探测非法入侵，并且在探测到有非法入侵时及时向有关人员示警，例如门磁开关、玻璃破碎报警器等可有效探测外来的入侵，红外探测器可感知人员在楼内的活动等。一旦发生入侵行为，能及时记录入侵的时间、地点，同时通过闭路电视监控系统录下现场情况。

(2) 闭路电视监控系统 闭路电视监控系统在重要的场所安装有摄像机，保安人员在控制中心便可以监视整个大楼内外的情况，从而极大地加强了保安的效果。另外，监控系统在接到报警系统和出入口控制系统的示警信号后，能自动进行实时录像，录下报警时的现场情况，以供事后重放分析。先进的闭路电视监控系统可以根据监视区域图像的移动发出报警信号，并录下现场情况。

(3) 门禁管制系统 门禁管制就是对建筑内外正常的出入进行管理，该系统主要控制人员的出入及在楼内相关区域的行动。通常，在大楼的入口处、金库门、档案室门、电梯等处安装出入控制装置，比如磁卡/IC 卡识别器或者密码键盘等，用户要想进入，必须拿出自己的磁卡/IC 卡或输入正确的密码，或两者兼备，控制器识别有效才被允许通过。

(4) 访客对讲系统 在住宅楼（高层商住楼）或居住小区，设置来访客人与居室中的人们双向可视/非可视通话，经住户确认可遥控入口大门的电磁门锁，允许来访客人进入。同时，住户又能通过对讲系统向物业中心发出求助或报警信号。

(5) 电子巡更系统 电子巡更系统是在规定的巡查路线上设置巡更开关或读卡器，要求保安人员在规定的时间里、以规定的路线巡逻，保障保安人员的安全及大楼的安全。

安全防范系统工程常用图形符号见表 13-3。

表 13-3 安全防范系统工程常用图形符号

序号	图形符号	名称	序号	图形符号	名称
1	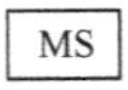 MS	监视墙屏	18	EL	电控锁
2		带云台的摄像机	19		可视对讲机
3	 H	半球形摄像机	20		可视对讲户外机
4	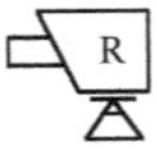 R	带云台的球形摄像机	21		声光报警器
5	 OH	有室外防护罩的摄像机	22	VS	视频服务器
6	 OH	有室外防护罩的带云台的摄像机	23	CRT	电视监视器
7		彩色摄像机	24	KV	层配线箱
8		带云台的彩色摄像机	25	DVR	数字录像机
9		读卡器	26		电控锁
10	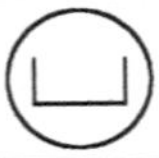	门磁开关	27		调制器
11	 B	玻璃破碎探测器	28	DMZH	对讲门口主机
12	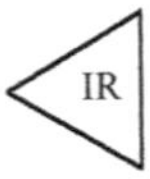 IR	被动红外入侵探测器	29	DMD	对讲门口子机
13	 M	微波入侵探测器	30		防盗报警控制器
14	 IR/M	被动红外/微波双技术探测器	31		光发送机
15	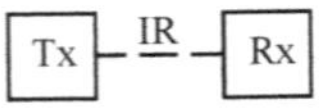 Tx IR Rx	主动红外入侵探测器	32		光接收机
16	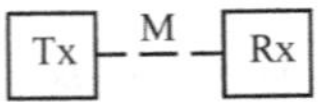 Tx M Rx	遮挡式微波探测器	33		监听器
17		对讲电话分机	34	KVD	可视对讲门口主机
			35	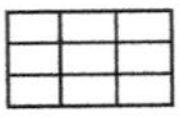	配线架

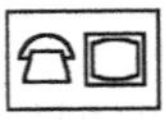

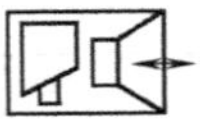

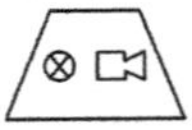

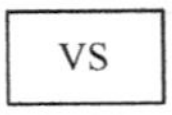

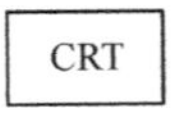

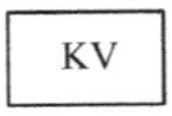

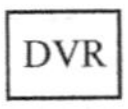

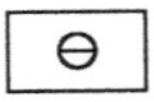

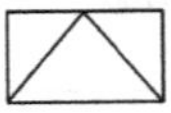

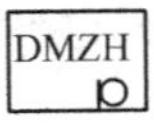

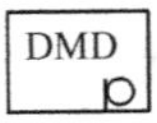

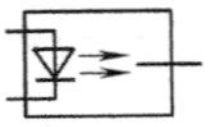

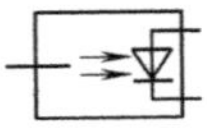

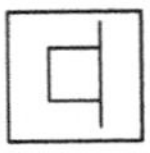

（续）

序号	图形符号	名　称
36	DF	室内对讲分机
37	DZ	室内对讲机
38	KVDF	室内可视对讲分机
39		天线
40	CI	通信接口
41	CPU	计算机
42		彩色转黑白摄像机
43	M	混合器
44	IP	网络（数字）摄像机
45		光缆
46	IR	红外摄像机
47		防盗探测器
48	IR	红外带照明灯摄像机
49		半球形摄像机
50		监视器
51		彩色监视器
52		紧急按钮开关
53	A	振动探测器
54	L	埋入线电场扰动探测器
55	C	弯曲式振动电缆探测器
56	LD	激光探测器
57		对讲系统主机
58		对讲电话分机
59		可视对讲机
60		指纹识别器
61	E	电锁按键
62		投影机
63		彩色监视器
64		人像识别器
65	IP	带云台的网络摄像机
66		半球彩色摄像机

（续）

序号	图形符号	名　称	序号	图形符号	名　称
67		半球带云台彩色摄像机	69		全球彩色转黑白摄像机
68		全球彩色摄像机	70		全球带云台彩色转黑白摄像机

13.2.2 防盗报警系统工程图

防盗报警系统就是用探测装置对建筑物内外的重要地点和区域进行布防，它可以探测非法侵入，并且在探测到有非法侵入时及时向有关人员示警。

1. 防盗报警系统的组成

防盗报警系统主要由探测器、报警控制器与报警中心等基本部分组成，如图13-11所示。最底层是探测和执行设备，负责探测非法入侵，有异常情况时发出声光报警，同时向控制器发送信息。控制器负责下层设备的管理，同时向控制中心传送相关区域的报警情况。

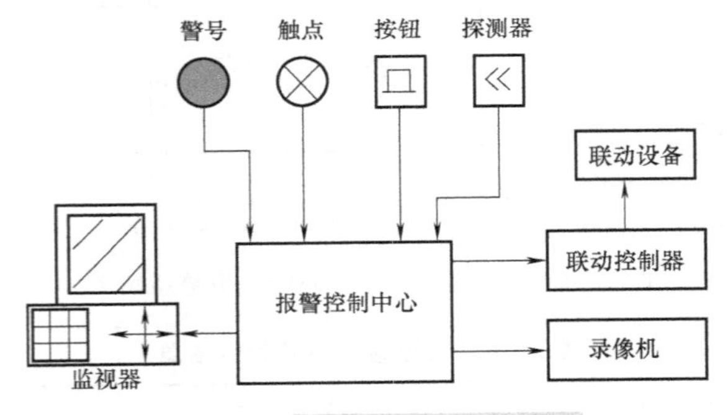

图13-11　防盗报警系统的组成

2. 防盗报警系统的设备组成

(1) 探测器　探测器的核心器件是传感器，采用不同原理的传感器件，可以构成不同种类、不同用途、达到不同探测目的的报警探测装置。报警探测器按工作方式分为主动探测器和被动探测器两种。探测器按工作原理进行区分，常用的有开关探测器、红外探测器、微波探测器、被动红外/微波探测器、被动红外/微波三技术探测器、微波/超声波物体移动探测器、玻璃破碎探测器、振动探测器、视觉探测器、感应电缆等。

(2) 控制器　对探测器传送的电信号进行处理，并输出相应的判断信号。若有入侵信号时，发出声或光报警。

(3) 报警中心　报警中心由计算机、打印机等部分组成，通过电话线、电缆、光缆或无线电波把各个区域控制器的信号传送到报警中心，实施对整个防盗系统的监控与管理。

(4) 其他设备　包括紧急呼叫按钮、报警扬声器、警铃、警灯、报警指示灯等。

(5) 传输系统　传输系统将报警探测器产生的报警输出信号传送到报警控制室的报警系统控制主机上，传输系统可以是有线传输、无线信号传输、微波信号传输、光纤方式传输和电话线传输等多种信号传输方式。有线传输系统根据报警系统控制主机的不同，有二线制传输、四线制传输和总线制传输。

3. 防盗报警系统工程图识图实例

防盗报警系统工程图主要有防盗报警系统框图、防盗报警系统设备及线路平面图。平面图用于设备的安装和线路的敷设，系统框图用于分析了解系统工作概况。

［实例 13-2］ 图 13-12 与图 13-13 为某汽车服务中心防盗报警系统，表 13-4 为该系统的材料清单。

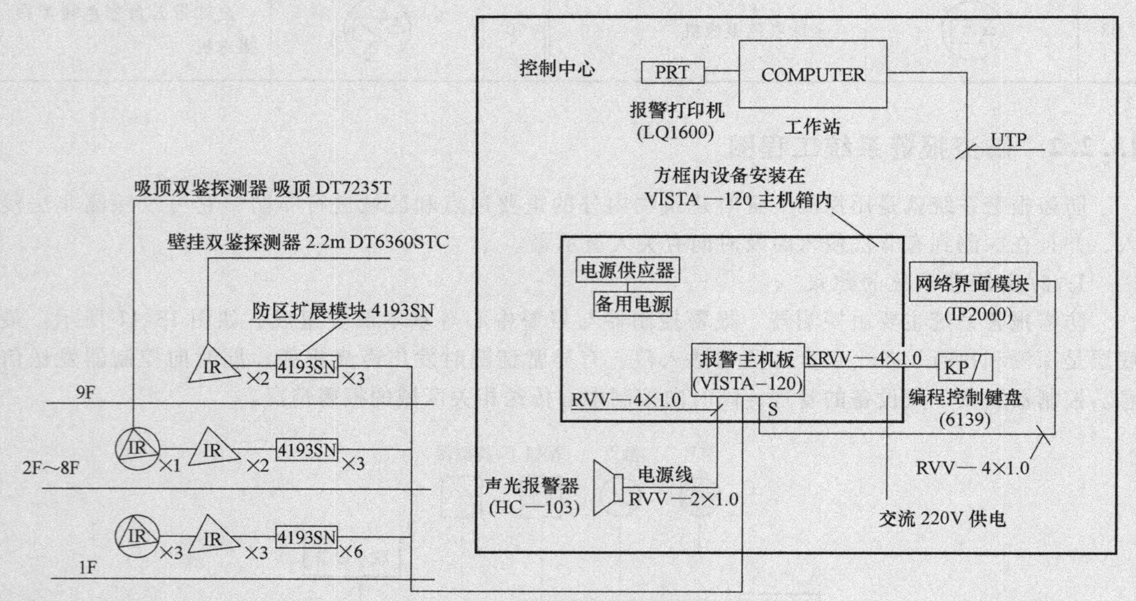

图 13-12 某汽车服务中心防盗报警系统图

表 13-4 防盗报警系统材料清单

序号	名称	型号及规格	单位	数量
1	报警主机	VISTA—120	台	1
2	编程控制键盘	6139	台	1
3	总线延伸模块	4297	块	1
4	网络接口模块	IP2000	块	1
5	声光报警器	HC—103	只	1
6	报警打印机	LQ1600	台	1
7	防区扩展模块	4193SN	块	29
8	吸顶双鉴探测器	DT6360STC	只	10
9	壁挂双鉴探测器	DT7235T	只	19
10	电源箱	配套	套	1
11	信号线	RVV—4×1.0	m	1000
12	金属软管	G20	m	150
13	镀锌钢管	G25	m	450

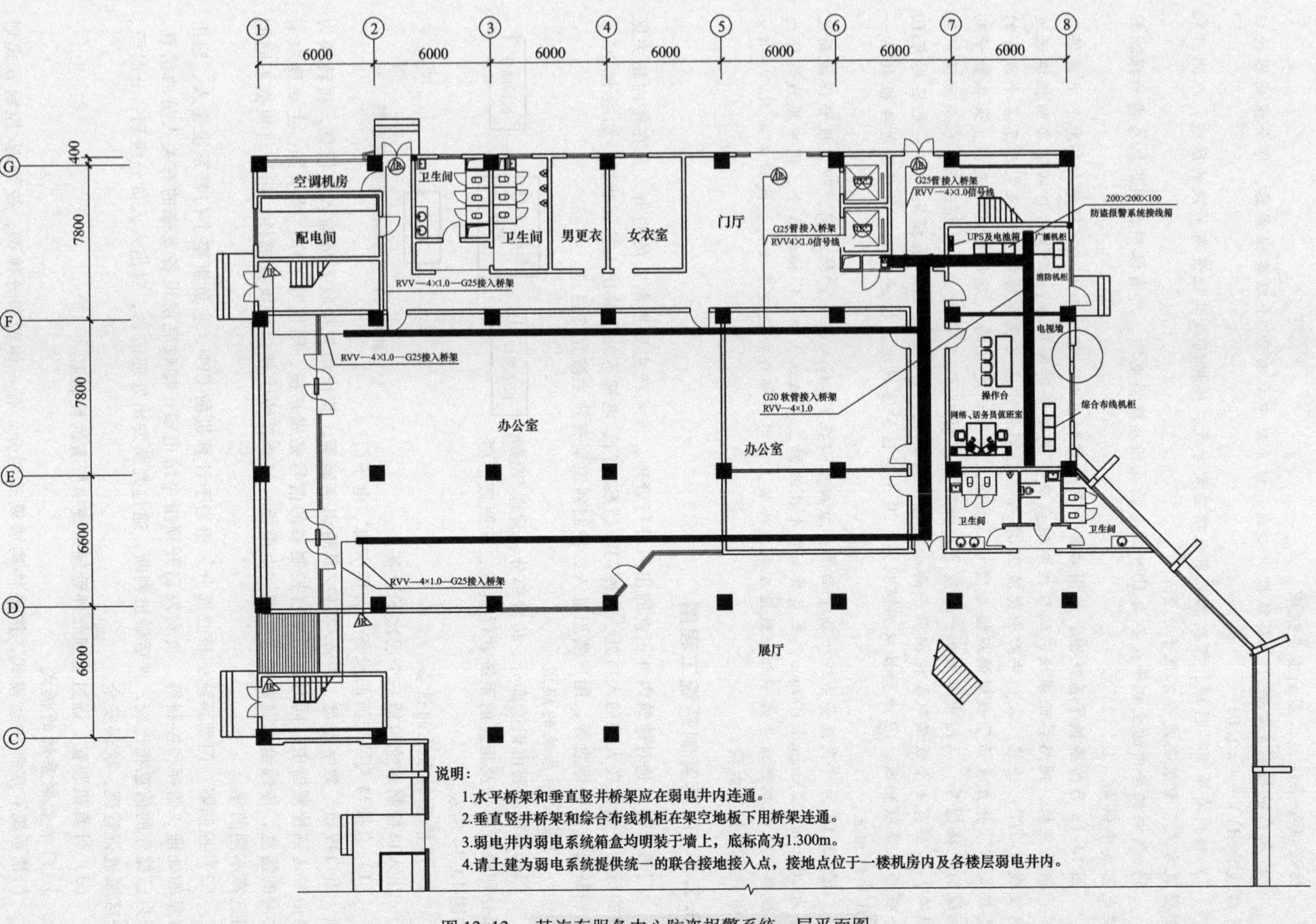

图 13-13 某汽车服务中心防盗报警系统一层平面图

防盗报警系统施工图的有关说明：

1）本系统控制主机设于1层监控中心内。该系统中共有29个双鉴探测器，每个探测器的信号线缆为RVV—4×1.0。

2）楼内有吊顶的区域，探测器采用吸顶安装方式；楼梯间或其他没有吊顶的区域，探测器采用壁装方式，壁装高度应不低于2.2m。

3）弱电机房内的主机等设备由UPS配电箱或插座提供电源，所有探测器利用机房内的探测器供电器集中供电（DC 12V）。

图13-12为防盗报警系统图，该图右侧为系统控制中心，包括工作站、报警打印机、电源供应器、报警主机、网络界面模块、编程控制键盘及声光报警器等设备，工作站与网络界面模块通过双绞线（UTP）连接，控制中心由交流220V供电，在图中既有设备的型号，又表示了各个设备的连接关系，并且表示了线缆的规格与型号。该图左侧表示建（构）筑物每层的设备、设备数量及线缆的规格型号，从图中可看出一层有3个吸顶双鉴探测器、3个壁挂双鉴探测器、6个防区扩展模块；二层有1个吸顶双鉴探测器、两个壁挂双鉴探测器、3个防区扩展模块；一~九层共有10个吸顶双鉴探测器、19个壁挂双鉴探测器、29个防区扩展模块。控制中心与每层通过4根RVV—1.0导线相连。

图13-13为防盗报警系统一层平面图，监控中心在F~G与⑦~⑧轴线间，防盗报警接线箱尺寸为200mm×200mm×100mm，本层共有6个探测器，①轴线3个，G轴线3个，图中黑线部分为电缆桥架，探测器信号线一部分敷设在电缆桥架上，另一部分敷设在吊顶内，线缆采用RVV—4×1.0穿G25钢管敷设。

13.2.3 门禁管制系统工程图

门禁管制就是对建筑内外正常的出入进行管理，该系统主要控制人员的出入及在楼内相关区域的行动。通常在大楼的入口处、金库门、档案室门、电梯等处安装出入控制装置，如磁卡/IC卡识别器或者密码键盘等，用户要想进入，控制器识别有效才被允许通过。

1. 门禁管制系统的组成

门禁系统主要由识读部分、传输部分、管理/控制部分和执行部分及相应的系统软件组成，其原理框图如图13-14所示。

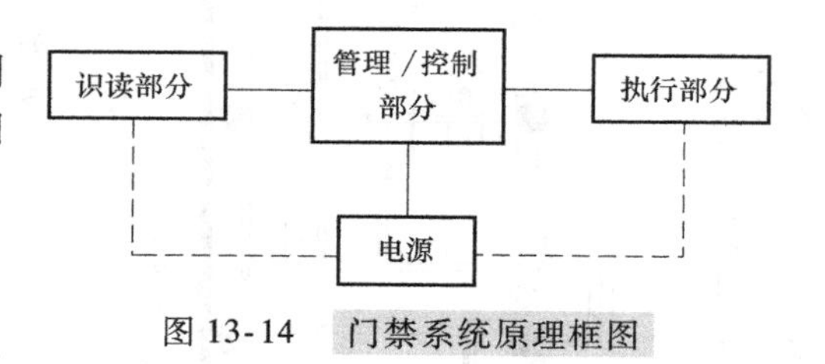

图13-14 门禁系统原理框图

2. 门禁管制系统的设备

出入口控制系统包括三个层次的设备：

（1）直接与人员交流的设备 有读卡机、电子门锁、出口按钮、数字键盘、声音/指纹/眼睛识别器等，其作用为接收人员输入的信息，再转换为电信号送到控制器中，同时根据来自控制器的信号完成开锁、闭锁等工作。读卡器：主要读取卡片内的信息，传输给控制器进行处理。电磁锁：门禁系统中锁门的执行部件，用户可根据不同的门选择不同的锁。

（2）控制器 门禁系统的核心部分，相当于计算机的CPU，它负责整个门禁系统输入、输出信息的处理、储存和控制等，负责发出开锁指令给电锁；接收底层设备发来的有关人员的信息，与自己储存的信息相比较，然后做出判断，通过判断发出处理信息，对出入人员分级别、分时段、分区域进行管理，确保安全。

（3）计算机装置 通过管理软件管理系统中所有的控制器。

3. 门禁管制系统的模式

门禁系统有多种构建模式，按硬件构成模式划分，有一体型和分体型；按管理/控制方式划分，有独立控制型、联网控制型和数据载体传输控制型。

一体型门禁系统的各个组成部分通过内部连接、组合或集成在一起，实现出入口控制的所有功能。分体型门禁系统的各组成部分之间通过电子、机电等手段连成一个系统，实现出入口控制的所有功能。

独立控制型门禁系统的所有功能均在一个设备内完成。联网控制型门禁系统设备之间的数据传输通过有线或无线数据通道及网络设备实现，而数据载体传输控制型门禁系统设备之间的数据传输则通过对可移动的、可读写的数据载体的输入/导出操作完成。

图 13-15 为密码门禁系统，本系统中包括电磁门锁、门铃按钮、门铃、出门按钮及密码门禁机等设备，这些设备连接系统控制箱，输入密码，电磁门锁打开；出门按钮按下，电磁门锁闭合。

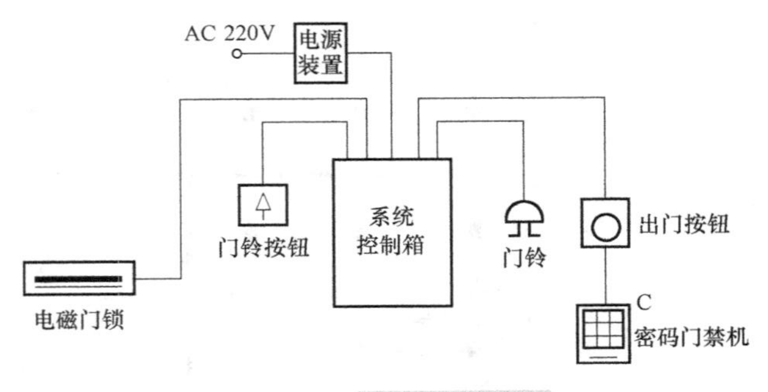

图 13-15 密码门禁系统

4. 门禁管制系统工程识图实例

门禁系统工程图通常包括设备安装图、系统图及平面图，在有些图中给出了系统详细的材料清单。识图顺序一般为先系统图，再平面图，然后设备安装图。系统图表示整个建（构）筑物的设备连接关系及设备组成；平面图表示每层设备的安装位置；安装图表示设备间详细的连接，相当于节点大样图；材料清单表示整个建筑的门禁系统所用的材料，为全面识图提供帮助。

[实例 13-3] 图 13-16～图 13-18 分别为某汽车服务中心内门禁系统设备安装示意图、系统图及平面图。表 13-5 为该门禁系统材料清单。

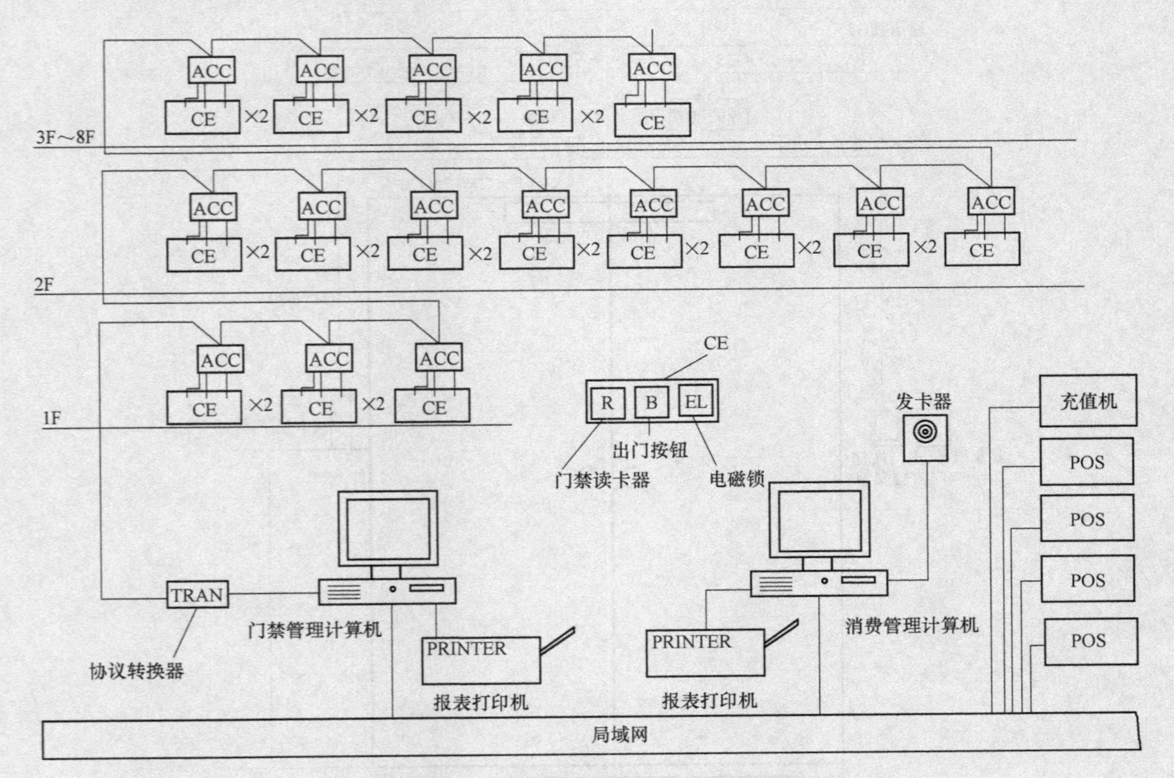

图 13-16 某汽车服务中心门禁系统图

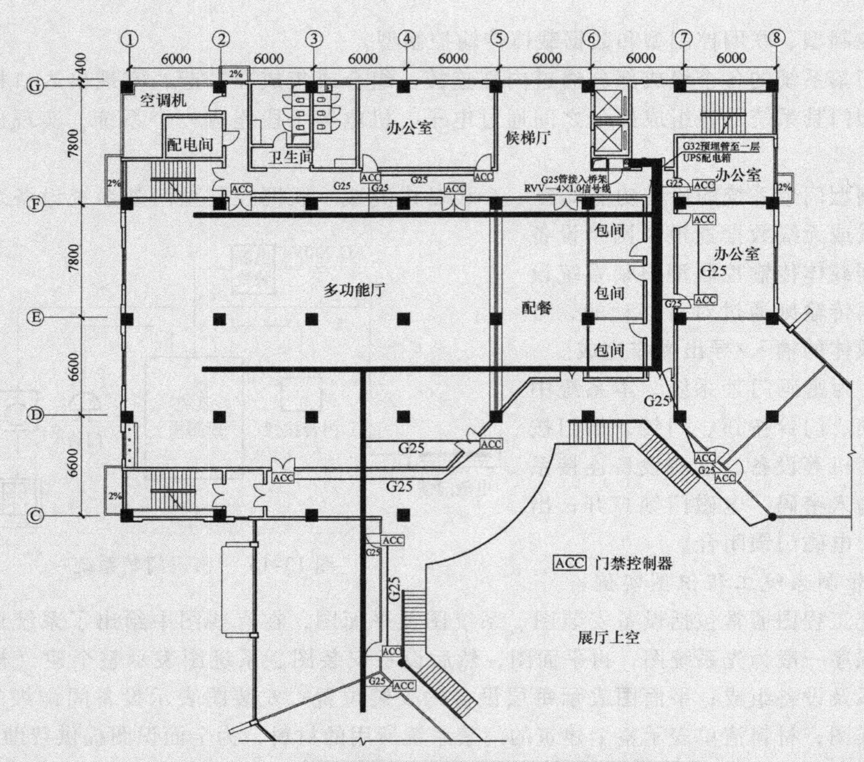

图 13-17　某汽车服务中心门禁系统二层平面图

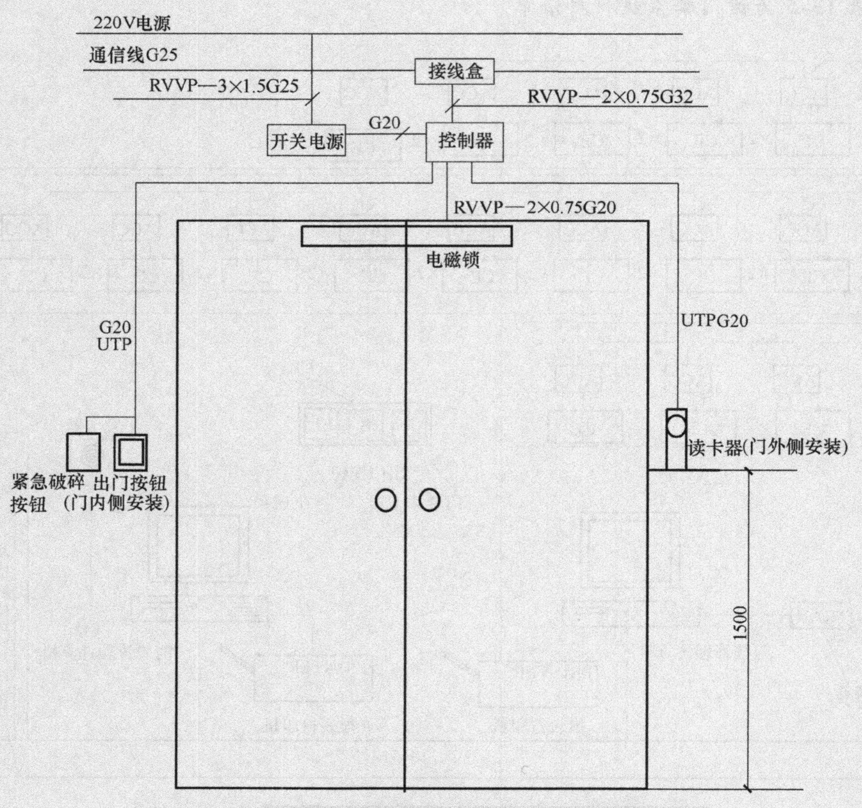

图 13-18　某汽车服务中心门禁系统设备安装示意图

表13-5 门禁系统材料清单

序号	名称	型号及规格	单位	数量
1	门禁管理计算机	GX280	台	2
2	门禁管理软件		套	1
3	报表打印机	STYLUS PHOTO R310	台	2
4	发卡器	DAC FK IC	台	1
5	IC卡	HIFARE I (S50)	张	500
6	485协议转换卡	CP 132I	套	2
7	消费机	DAC SF-F1/C F1	台	5
8	充值机	DAC ZD CZGM	台	1
9	手持消费POS机	DAC XF—SC	台	4
10	后备电源	MD 1000S（带2个电池）	台	1
11	中继器	DAC TX ZJ	台	1
12	门禁控制器	DAC MJ K2	套	41
13	门禁读卡机	DAC GY IC/C	台	80
14	门禁控制器电源	DAC MJ DY	套	41
15	单门磁力锁	600 LED	套	61
16	双门磁力锁	600D LED	套	19
17	出门按钮	R86	个	80
18	紧急破碎按钮	702	个	80
19	信号线	UTP	m	7
20	信号线	RVVP—2×0.75	m	4500
21	电源线	RVVP—3×0.75	m	3800
22	镀锌钢管	G32	m	500
23	镀锌钢管	G25	m	500
24	镀锌钢管	G20	m	400
25	接线盒	86型	个	140

门禁系统施工图的有关说明：

1）所有现场门禁设备由大楼供配电系统考虑供电，大楼供配电系统提供的220V电源应直接入门禁设备自带的变压、整流装置，不可采用电源插座方式。

2）现场门禁控制器及其变压、整流设备应选择在楼层吊顶内隐蔽安装。相关设备应固定在安装面上，防止掉落。

3）强电系统管线敷设时应按照国家及行业规范与弱电系统管线保持一定距离。

4）电磁锁由承包商配合安装，表面修复工作由承包商完成。

5）在现场门禁设备的安装位置旁应考虑设置检修孔。

6）门禁系统现场控制器、电磁锁、开关电源等设备，安装及管线预埋情况参考门禁系统安装示意图。

7）消费系统终端设备由大楼内UPS系统统一考虑供电，消费POS机、充值机摆放的桌子等设

备由业主提供。

8）消费管理计算机暂考虑安装在2楼办公室。

9）门禁系统待消防系统报警模块位置确定后再考虑接入方式。

门禁系统图分析：从图13-16可以看出，门禁系统的管理由两台计算机、两部打印机、一个发卡器、一台充值机、四台POS机组成，整个系统通过局域网相连；一层3套门禁控制器、二层8套门禁控制器、三～八层各5套门禁控制器，整个系统共41套门禁控制器，门禁器之间首尾相连，每套门禁控制器包括门禁读卡器、出门按钮和电磁锁。在图中“×2”表示两个门禁器为一套。

门禁系统二层平面图分析：由图13-17可知，弱电竖井在电梯井旁边，门禁系统采用RVV—$4\times1.0\text{mm}^2$线缆，穿G25钢管接入桥架内，桥架与门禁控制器之间及门禁控制器之间的线缆穿G25的钢管敷设，在本楼层共有8套门禁控制器。

门禁系统设备安装示意图分析：由图13-18可知，本系统门禁系统设备安装为双门门禁设备安装，从图中可看出，电磁锁安装在门的上方，线缆采用RVVP—$2\times0.75\text{mm}^2$，穿G20钢管与门禁控制器连接；门内侧安装紧急破碎按钮和出门按钮，门外侧安装读卡器，紧急破碎按钮、出门按钮和读卡器通过穿G20钢管的UTP与门禁控制器连接；门禁控制器与接线盒之间敷设G32钢管，穿RVVP—$2\times0.75\text{mm}^2$线缆，门禁控制器接220V交流电源，由开关电源控制；开关电源与门禁控制器之间敷设G20钢管，电源与开关之间敷设G28钢管，电源线缆采用RVVP—$3\times1.5\text{mm}^2$。

13.2.4 闭路电视监控系统工程图

闭路电视监控系统是在重要的场所安装摄像机，保安人员在控制中心可以监视整个建（构）筑物内外的情况。随着存储技术的发展，监控系统在工作状态下能自动实时录像，以供事后重放分析。

1. 闭路电视监控系统的组成

闭路电视监控系统根据不同的使用环境、使用部门和系统的功能而具有不同的组成方式，无论系统规模的大小和功能的多少，一般闭路电视监控系统由摄像、传输、控制、显示与记录四大部分组成，如图13-19所示。

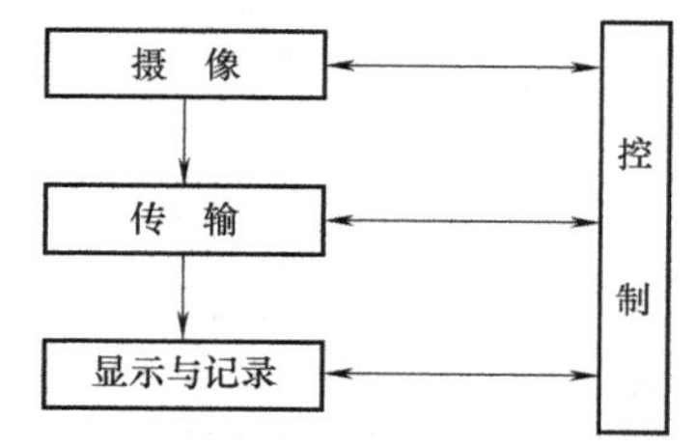

图13-19 闭路电视监控系统组成

（1）摄像部分 摄像部分的作用是把系统所监视的目标，即把被摄体的光、声信号变成电信号，然后送入系统的传输分配部分进行传送。摄像部分的核心是电视摄像机，它是光、电信号转换的主体设备，是整个系统的眼睛。

摄像部分包括摄像机、摄像机镜头、摄像机防护罩、旋转云台和安装支架。

（2）传输部分 传输部分的作用是将摄像机输出的视频及音频信号馈送到中心机房或其他监视点。控制中心的控制信号同样通过传输部分送到现场，以控制现场的云台和摄像机工作。根据需要，视频（有时包括音频信号和控制信号）也可以调制成微波，开路发送。

传输部分的传输方式包括有线传输、无线传输、微波传输、光纤传输、双绞线平衡传输和电话线传输等。传输部分主要包括馈线、视频电缆补偿器与视频放大器等装置。

1）传输馈线有同轴电缆（以及多芯电缆）、平衡式电缆与光缆三种线型，主要用于传输信号。

2）视频电缆补偿器是在长距离传输中，对长距离传输造成损耗的视频信号进行补偿放大，以保证信号的长距离传输而不影响图像质量。

3）视频放大器是用于系统的干线上，当传输距离较远时，对视频信号进行放大，以补偿传输过程中的信号衰减。具有双向传输功能的系统，必须采用双向放大器，这种双向放大器可以同时对下行和上行信号给予补偿放大。

（3）控制部分　控制部分的作用是在中心机房通过有关设备（摄像机、云台、灯光、防护罩等）进行远距离遥控，主要的设备包括集中控制器和计算机控制器。

1）集中控制器一般装在中心机房、调度室或某些监视点上。使用控制器再配合一些辅助设备，可以对摄像机的工作状态，如电源的接通、关断，光圈大小，远、近距离（广角）变焦等进行遥控。对云台的控制是输出交流电压至云台，以此驱动云台内电动机转动，从而完成云台水平旋转、垂直俯仰旋转。

2）计算机控制器是一种较先进的多功能控制器，它采用微处理机技术，其稳定性和可靠性好。计算机控制器与相应的解码器、云台控制器、视频切换器等设备配套使用，可以较方便地组成一级或二级控制，并留有功能扩展接口。

（4）显示与记录部分　显示与记录部分的主要作用是把从现场传来的电信号转换成在监视设备上显示的图像，同时可用录像机记录。设备安装在控制室内，主要由监视器、长延时录像机或硬盘录像系统等一些视频处理设备组成。

1）视频切换器能对多路视频信号进行自动或手动切换，输出相应的视频信号，使一个监视器能监视多台摄像机信号。根据需要，可在输出的视频信号上添加字符、时间等。

2）画面分割器使视频切换器能在一台监视器上通过切换观看多路摄像机信号，如果要在一台监视器上同时观看多路摄像机信号，就需要画面分割器。画面分割器能够把多路视频信号合成一幅图像，并且能用一台录像机同时录制多路视频信号。目前，常用的是4画面、9画面和16画面分割器。

3）监视器和录像机。监视器的作用是把送来的摄像机信号重现成图像。在系统中，一般需配备录像机，尤其在大型的保安系统中。图13-20所示的系统中，采用硬盘录像机对前端监控点传来的影像及声音数据进行记录，并通过由显示器组成的电视墙进行显示。

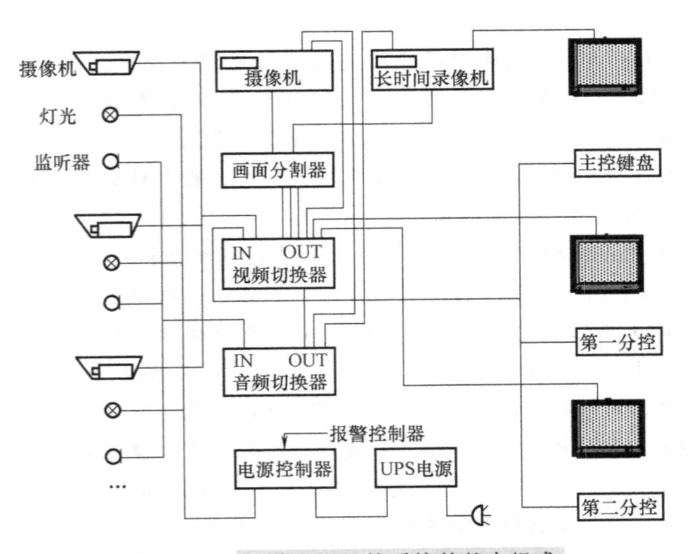

图13-20　闭路电视监控系统的基本组成

2. 闭路电视监控系统的组成形式

闭路电视监控系统的组成形式一般有以下几种：

（1）单头单尾方式　这是最简单的组成方式，头指摄像机，尾指监视器。这种由一台摄像机

和一台监视器组成的方式用在一处连续监视一个固定目标的场合。

（2）单头多尾方式 这种方式是一台摄像机向许多监视点输送图像信号，由各个点上的监视器同时观看图像，这种方式用在多处监视同一个固定目标的场合。

（3）多头单尾方式 这种方式是一处集中监视多个目标的场合，如果不要求录像，则多台摄像机可通过一台切换器由一台监视器全部进行监视；如果要求连续录像，则多台摄像机的图像信号通过一台图像处理器进行处理后，由一台录像机同时录制多台摄像机的图像信号，由一台监视器监视。

（4）多头多尾方式 该方式是用于多处监视多个目标场合，并可对一些特殊摄像机进行云台和变倍镜头的控制，每台监视器都可以选择切换自己需要的图像。

（5）综合方式 上述4种方式各有其优缺点，方式1、2较简单，在实际系统中很少应用；第3种方式虽然经济性较好，但在控制和显示方面显得很不方便，并且不能设立分控点；第4种方式虽然控制和显示都较理想，但为了能较为连续地录制每台摄像机的图像信号，必须按摄像机的数量相应添加若干台录像机，由于系统的矩阵控制器本来就较昂贵，再加上录像机的造价，会使整个系统的预算较高。对上述4种方式的优缺点比较，一般系统均采用方式3、4相结合的综合方式，如图13-21所示，即保留矩阵控制器在控制和显示方面的优点，再使用多路画面处理器在高效率低成本录像方面的长处，使两者有机地合二为一，使系统具有良好的性能价格比。

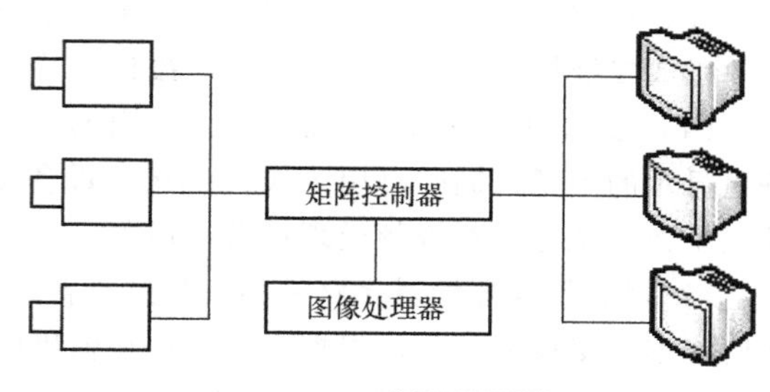

图13-21 综合方式

3. 闭路电视监控系统工程图的识读

闭路电视监控系统工程图的主要内容是系统图与平面图。

（1）系统图

［实例13-4］ 图13-22为某汽车服务中心闭路电视监控系统图，该系统共有36个台式摄像机，其中彩色枪式摄像机21台，型号为KTC—31SH；彩色半球摄像机14台，型号为KTC—D31SH；一体化彩色快球摄像机1台，型号为KTA—H2—H2C。一层有7台彩色半球摄像机，3台彩色枪式摄像机，1台一体化彩色快球摄像机；二层有4台彩色枪式摄像机，1台彩色半球摄像机；其他各楼层的布置情况参看系统图分析。

电梯轿厢设两台彩色半球摄像机，每台摄像机的连接线缆包括一根视频线（SYV—75—5）与一根电源线（RVV—2×1.0mm^2），并且由弱电机房连接至电梯机房；电梯井内利用电梯安装单位的视频线和电源线，两家单位提供的线缆在电梯机房内进行端接。电梯单位应保证电梯轿厢内摄像机的视频信号不受干扰，且电梯井内线缆符合CCTV系统的要求。

楼内彩色快球摄像机的连接线缆包括一根视频线（SYV—75—5mm^2），一根电源线（RVV—2×1.0mm^2）与一根控制线（RVVP—2×1.0mm^2）；楼内每台彩色半球摄像机及彩色枪式摄像机的连接线缆包括一根视频线（SYV—75—5）与一根电源线（RVV—2×1.0mm^2）。

监控中心内的主机等设备由监控中心内的UPS配电箱或插座提供电源，该系统对摄像机的供电采用放射式供电，从监控中心到每台摄像机，共有36根电源线（RVV—2×1.0mm^2）。

电梯轿厢的两台小型一体化摄像机利用弱电机房内的摄像机集中供电器提供的DC 24V电源（摄像机集中供电器的进线电源由监控中心内UPS配电箱或插座提供）供电；电梯楼层显示器安装在相应电梯机房内，电源利用电梯机房的AC 220V电源；其余楼内的摄像机全部由监控中心的摄像机集中供电器提供DC 24V电源。

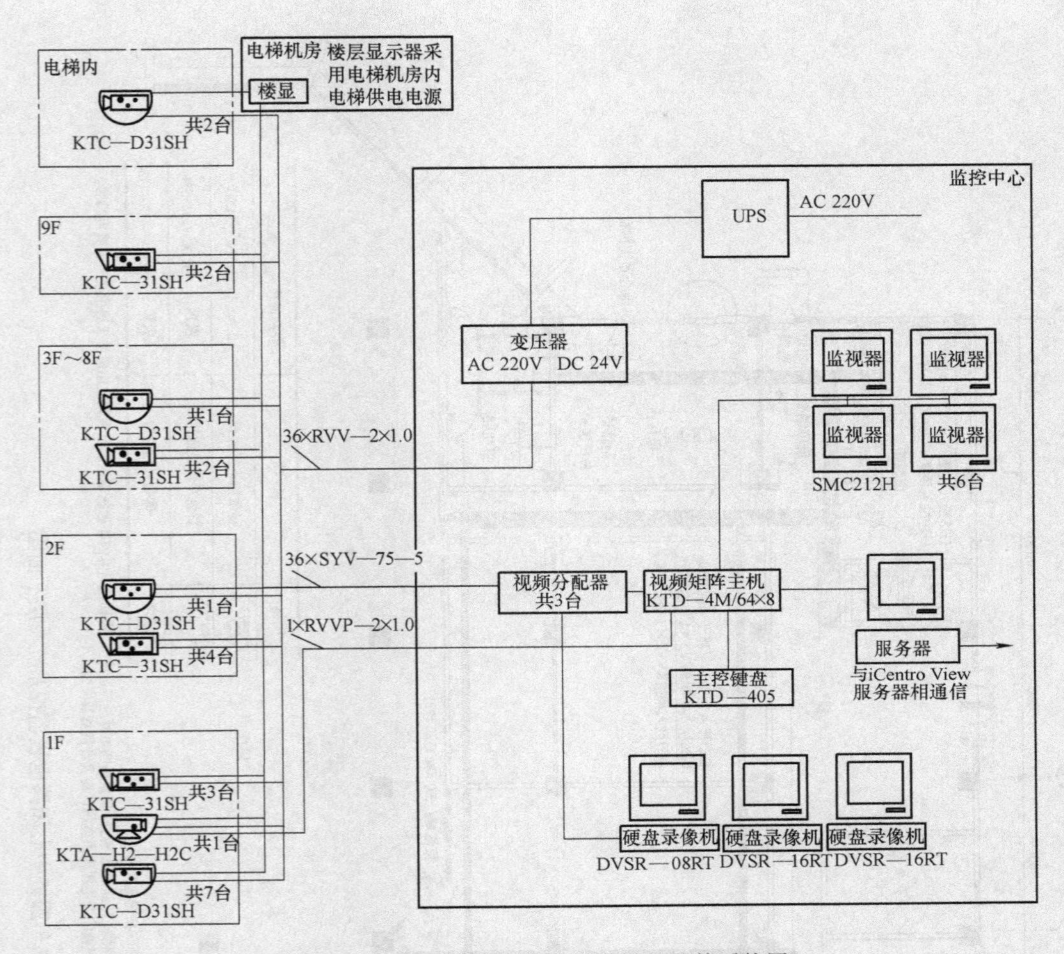

图 13-22　某汽车服务中心闭路电视监控系统图

电梯轿厢内的摄像机采用吸顶安装方式；其他室内摄像机根据现场情况选择吊顶安装或壁装方式。壁装高度应不低于 2.4m。

监控中心内的 1 台服务器通过局域网与其他系统相连，视频分配器 3 台连接视频线（SYV—75—5），视频矩阵主机 1 台连接控制线（RVVP—2×1.0mm^2）。

（2）平面图

[实例 13-5]　图 13-23 为某汽车服务中心闭路电视监控系统一层平面图，本系统控制主机设置在一层监控中心内，所有视频线缆和控制线缆均汇总至监控中心。

线路敷设采用吊顶内的金属线槽沿墙体预埋、立柱内预埋等方式，一层大厅采用线槽和管线预埋方式。吊顶内的线槽作为主干配线通道，摄像机视频线、电源线与控制线由线槽经金属管引至各摄像机。视频线穿 G25 钢管敷设，电源线和控制线穿 G20 钢管敷设。穿越建筑缝隙时应采用金属软管连接，线槽采用弹性吊架。

吊顶内的线槽主要为综合布线系统防火线槽，没有防火线槽则敷设镀锌钢管作为线缆路由。在钢管末端（摄像机等现场设备附近）安装出线用 86 型金属盒，再用金属软管连至现场设备接线端。

摄像机线缆（电源线、视频线、控制线）经硬管、桥架由弱电井至一层监控中心。电梯轿厢内的摄像机电源线及视频线由电梯机房引至一层监控中心。

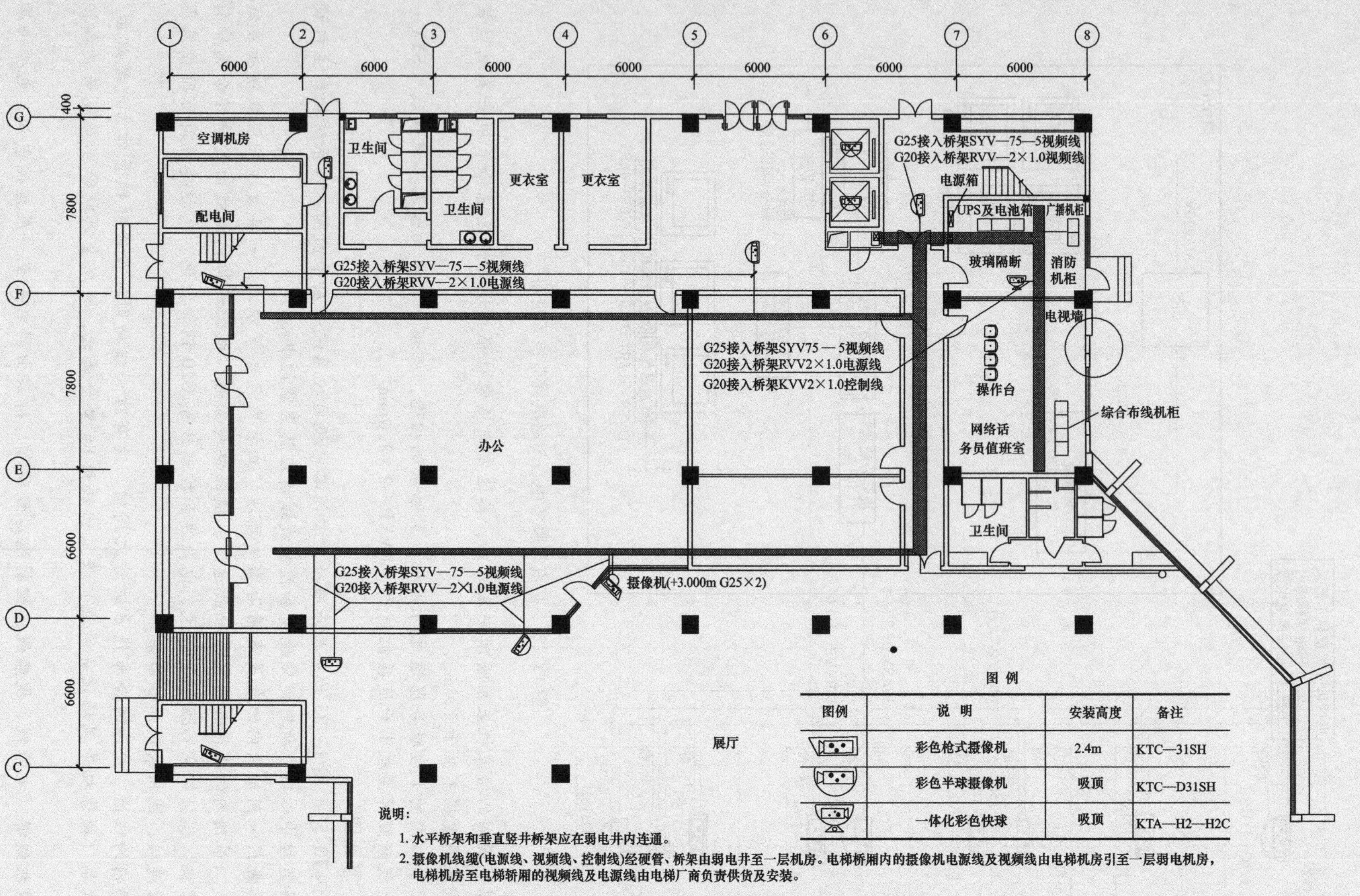

图 例

图例	说 明	安装高度	备注
	彩色枪式摄像机	2.4m	KTC—31SH
	彩色半球摄像机	吸顶	KTC—D31SH
	一体化彩色快球	吸顶	KTA—H2—H2C

说明：

1. 水平桥架和垂直竖井桥架应在弱电井内连通。
2. 摄像机线缆(电源线、视频线、控制线)经硬管、桥架由弱电井至一层机房。电梯桥厢内的摄像机电源线及视频线由电梯机房引至一层弱电机房，电梯机房至电梯轿厢的视频线及电源线由电梯厂商负责供货及安装。

图 13-23 某汽车服务中心闭路电视监控系统一层平面图

13.3　电视广播与通信系统工程图

电视广播与通信系统工程常用图形符号见表 13-6。

表 13-6　电视广播与通信系统工程常用图形符号

序号	图形符号	名　称
1		混合网络
2		调制器、解调器或鉴别器一般符号
3	VH	共用电视天线前端箱
4	VP	共用电视天线分配分支器箱
5		干线分配放大器（示意二路干线输出）
6		天线一般符号
7	U/V	频道转换器
8	E/O	电光转换器
9	R/D	解码器
10		广播接线箱
11		高频接闪器
12		放大器、中继器一般符号
13		线路末端放大器（示意二路分支线输出）
14		干线桥接放大器（示意三路支线输出）
15		分配器一般符号（表示两路分配器）
16		分配器一般符号（表示三路分配器）
17		一路用户分支器
18		二路用户分支器
19		四路用户分支器
20		传声器一般符号
21	TV 形式一 TV 形式二	电视插座
22		匹配终端
23	M 形式一 M 形式二	传声器插座
24	A	固定衰减器
25		号筒式扬声器
26		均衡器
27		扬声器一般符号
28		扬声器箱、音箱、声柱
29		嵌入式安装扬声器箱
30	*	C—吸顶式扬声器 R—嵌入式扬声器 W—壁挂式扬声器

（续）

序号	图形符号	名称	序号	图形符号	名称
31	*	AP—功率放大器 A—扩大机 PRA—前置放大器	44	TP	电话插座
32		带馈线的抛物面天线	45	SW	交换机
33		有本地天线引入的前端	46	B	广播分线箱
34		无本地天线引入的前端	47		扩音机
35		双向分配放大器	48		音量控制器
36		可变均衡器	49		监听器
37	A	可变衰减器	50		调音台
38	DEM	解调器	51	XT	端子箱
39	MO	调制器	52		通信终端站
40	MOD	调制解调器	53		电话机
41		分配器一般符合（表示四路分配器）	54	n	公用电话机
42		混合器一般符号			
43		调谐器、无线电接收机			

13.3.1 共用天线有线电视系统工程图

共用天线有线电视系统英文名称为 Community Antenna Television，缩写为 CATV，现被称为有线电视（cable TV）。共用天线有线电视系统是多台电视机共用一套天线的网络系统，由于系统各部件之间采用同轴电缆作为信号传输线，因而 CATV 也称为有线电视系统。有线电视系统是一个有线分配网络，其功能包括收看当地电视台的电视节目；通过卫星天线接收卫星传播的电视节目；

自编节目，用录像机等设备向系统内各用户播放；与区域有线电视网络联网，这就是城市有线电视系统。

1. 有线电视系统的组成

有线电视系统通常由前端系统、传输网络和用户分配网路三部分组成，图 13-24 是有线电视系统框图。

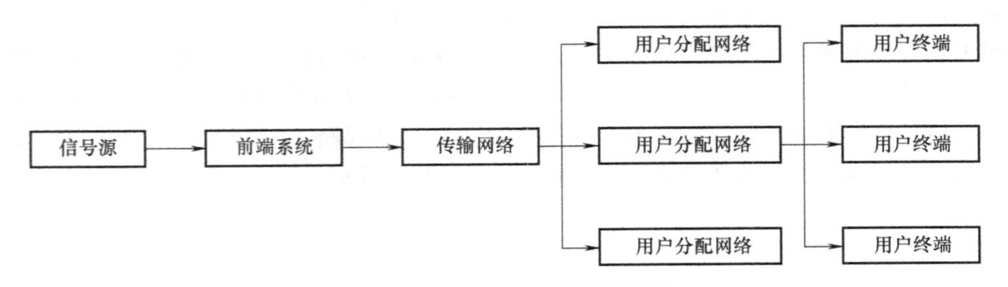

图 13-24　有线电视系统框图

(1) 接收信号源　接收信号源通常包括卫星地面站、微波站、无线接收天线、有线电视网、电视转播车、录像机、摄像机、电视电影机及字幕机等。

(2) 前端系统　前端系统是在接收天线或其他信号源与有线电视传输分配系统之间的设备，它对天线接收的广播电视、卫星电视和微波中继电视信号或自办节目设备送来的电视信号进行必要的处理，然后再把全部信号经混合网络送到干线传输分配系统。

前端设备的主要任务是进行信号的接收和处理，目前信号以模拟电视信号为主，来自卫星的节目大多为数字压缩电视信号，需将数字电视信号变为模拟 PAL—D 制射频信号。

前端设备主要包括电视接收天线、放大器、频率变换器、自播节目设备、卫星电视接收设备、信号发生器、调制器、混合器及连接线缆等部件。

(3) 传输网络　传输网络是把前端接收、处理、混合后的电视信号传输给用户分配系统的一系列传输设备。干线系统是信号的传输网络。传输线路根据不同情况可采用同轴电缆、光缆，其中串入若干放大器和均衡器，以补偿传输线路的损耗和均衡信号电平。干线放大器的作用是补偿传输网络中的信号损失。

(4) 用户分配网络　用户分配网络由传输线路、分配器、分支器和线路延长放大器等部件组成，通过用户线把输出口与用户电视机相连。

1) 分配放大器用于传输过程中用户增多、线路延长后，补偿信号损失，一般为全频道放大器。

2) 分配器是用来分配高频信号的部件，在共用天线电视系统中，将一路信号均等地分成几路信号输出，常用的有两路分配器、三路分配器、四路分配器与六路分配器等。

3) 分支器是从干线上取出一部分信号送到支线上，分支器与分配器配合使用可组成各种传输分配网络。

4) 传输线路是传输分配系统中各元件之间的连接线，一般有平行馈线和同轴电缆两种类型：平行馈线由两根平行导线组成，导线之间用聚氯乙烯绝缘材料固定，平行馈线的阻抗为 300Ω，因其损耗较大，在 CATV 系统中很少采用；同轴电缆由一根导线作为芯线，周围充填聚乙烯绝缘物，外层为屏蔽铜网，保护层为聚氯乙烯护套。同轴电缆的阻抗为 75Ω，目前在 CATV 系统中被广泛使用，常用的型号有 SYK、SSYV、SYKV、SYWV 等。在前端与传输分配网络之间的主干线一般用 SYKV—75—9，传输网络中的干线可用 SYKV—75—7，从分配网络到用户终端的分支线可用 SYKV—75—5，同轴电缆应单独穿管敷设，不能靠近强电线路并平

行敷设。

对于长距离传输的干线系统还要采用光纤传输设备，即光发射机、光分波器、光合波器、光接收机与光缆等。此外，还可以采用光纤-同轴电缆混合方式。

(5) 用户终端 共用天线有线电视系统的用户终端为给电视机信号的接线盒，称为电视插座板，有单孔板和双孔板之分：单孔插座板仅输出电视信号；双孔插座板既能输出电视信号，又能输出调频广播信号。用户终端可以有明装和暗装两种安装方式。

共用天线有线电视系统的组成如图13-25所示。从图中可以看出，共用天线有线电视系统的主要装置是信号源（天线、录像机等），前端装置接收的广播电视信号经放大器、调制器送至混合器合成一路信号，经干线分配放大器放大分配送至各个分支线路。当分支线路过长时，加装分支线路延长放大器。每一路支线都要通过分支器然后送到用户终端。

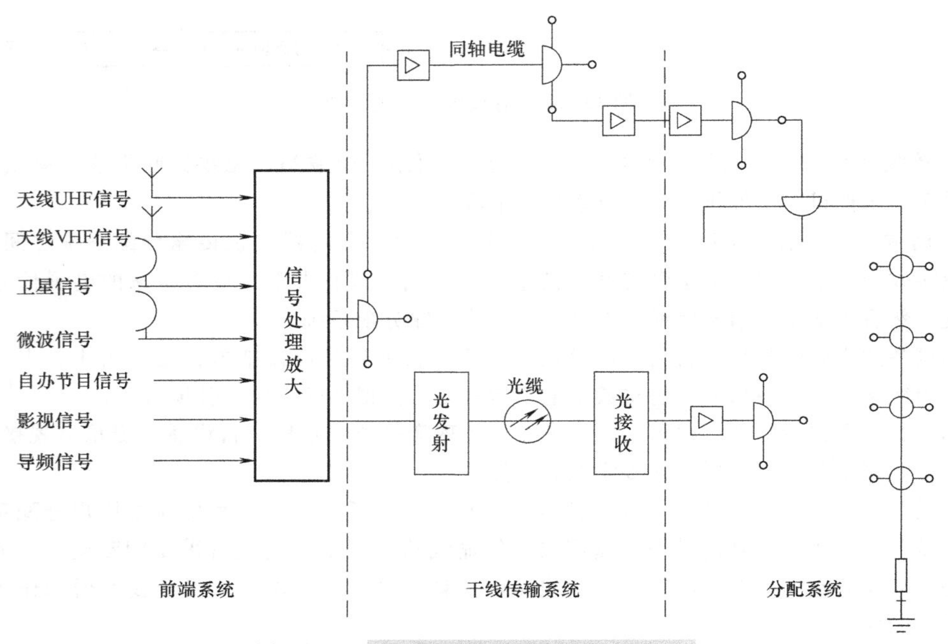

图13-25 共用天线有线电视系统的组成

2. 共用天线有线电视系统工程图的识读

共用天线有线电视系统工程图主要有系统图、设备平面图与设备安装详图等。共用天线有线电视平面图是配管、预埋、穿线与设备安装的主要依据，其平面图形式和动力及照明平面图的形式相似。共用天线有线电视系统图是表现相互关系的图样，与强电系统图有很大区别，是识图的重点。识读时，熟悉规定的图形符号，并能了解系统中各种设备的功能与特性，对分析共用天线有线电视系统图有很大帮助。设备安装详图表示了各种设备的具体安装及做法。

(1) 系统图

[实例13-6] 共用天线有线电视系统图反映视频信号接收、处理、放大、分配及系统构成情况，是指导工程施工的重要依据。

图13-26是某高层有线电视系统图，该建筑为二类高层建筑，地下一层，地上十六层。从系统图中可知，有线电视前端箱置于五层，前端设备选用混合-放大方式，有线电视信号采用SYKV—75—12穿SC32钢管埋地或沿墙明敷，由有线电视网引入。分配系统采用分配-分配-分支方式，首先把前端信号用两路分配器平均分成两路，每一路分别经一个分配器将电视信号平均分成两支路，然后再在各支路上共串接81个四分支器、4个二分支器，共有309个输出端。线路终端接75Ω终端电阻。

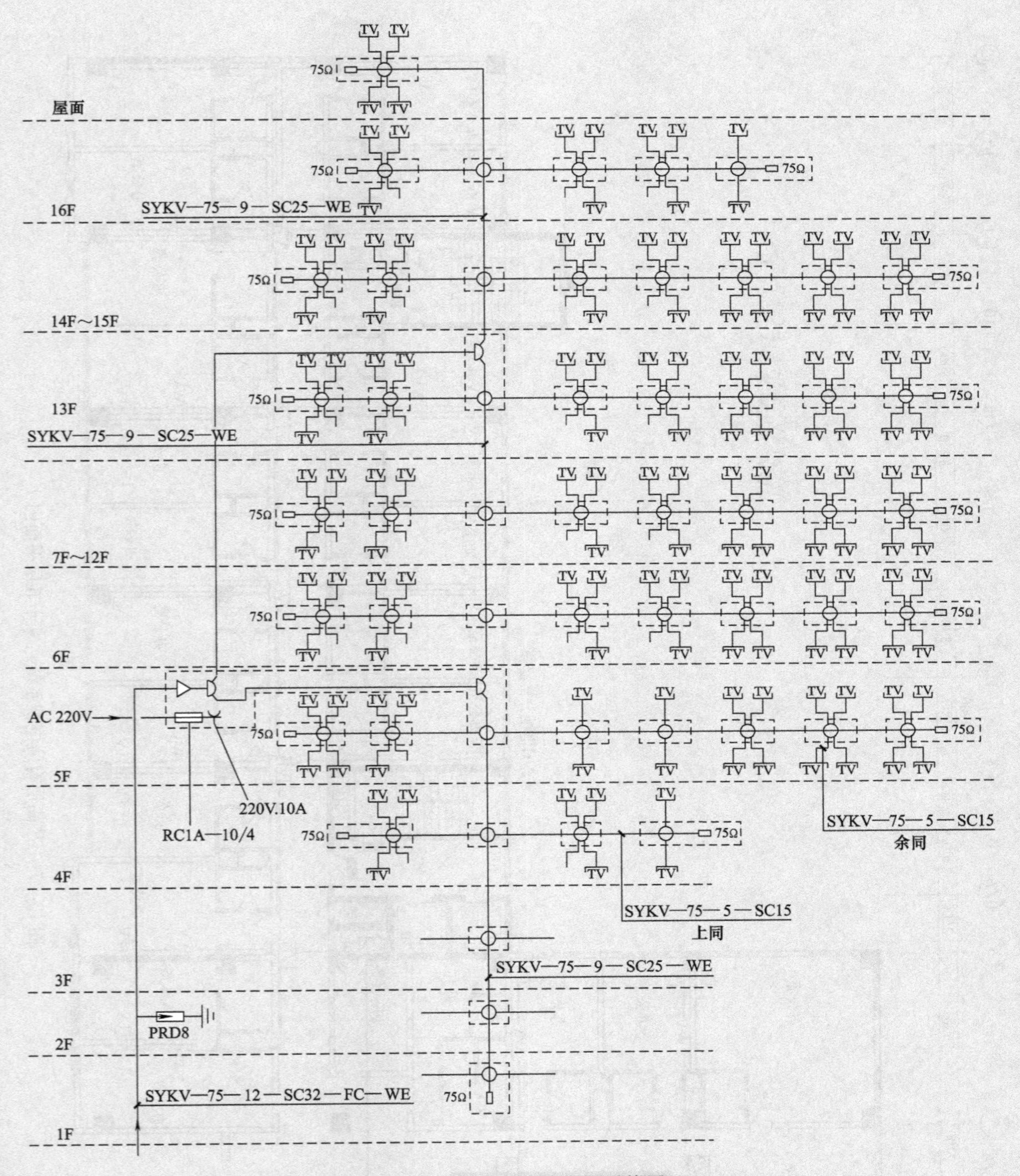

图13-26 某高层有线电视系统图

分支干线采用SYKV—75—9穿SC25钢管沿墙明敷，分支线路及分配器间的线路采用SYKV—75—7，由分支器至电视插座的线路采用SYKV—75—5穿SC15钢管，所有室内线路均穿钢管沿顶板、墙及地面暗敷设。为防止雷电波侵入，引入线在二层接PRD8浪涌保护器。有线电视前端箱的放大器所需AC 220V电源由井道照明灯具引入。

（2）平面图

[实例13-7] 图13-27是某高层有线电视系统六～十五层平面图，从该平面图可知，该高层

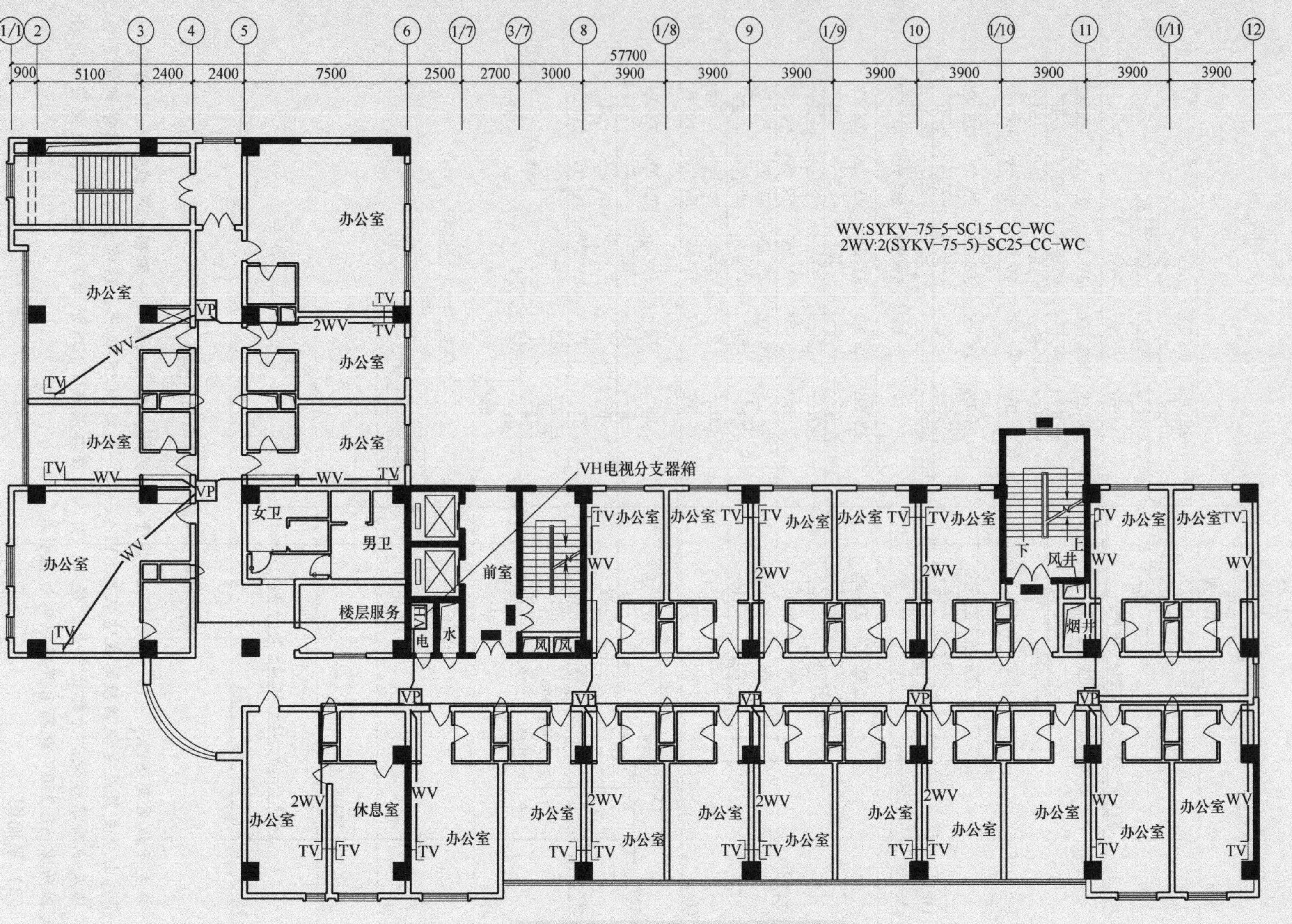

图13-27 某高层有线电视系统六～十五层平面图

建筑六~十五层为办公场所，每个办公室设一个电视插座，型号为KP86ZTV，距地0.3m。电视前端箱（电视分支器箱VH）安装在⑥轴线电梯井旁边的电井中，嵌墙安装。图中共设7个电视分支分配器箱（VP），标注为WV的线路采用1根SYKV—75—5型同轴电缆，穿直径为15mm的钢管，沿墙或柱暗敷，设置1个电视插座；标注为2WV的线路采用2根SYKV—75—5型同轴电缆，穿直径为25mm的钢管，沿墙或柱暗敷，设置2个电视插座。

13.3.2 公共广播系统工程图

公共广播系统作为弱电系统的一个组成部分，紧密联系着人们的现代生活，其既能播放音乐，又能作为火灾事故的紧急广播，还可以传播广播节目、自办文娱节目和新闻节目等，是一种通用性极强的广播系统，广泛用于小区、商场、宾馆、办公小区、机场、码头与车站等场所，是现代生活与工作中不可缺少的部分。

建（构）筑物的广播系统可分为业务性广播系统，服务性广播系统与火灾事故广播系统三大类。按用途分类主要包括有线广播，背景音乐、客房音乐、舞台音乐与多功能厅的扩声系统，收音系统与同声传译等。

1. 公共广播系统组成

为了实现广播音响系统的扩声和传送播放功能，一个完整的广播音响系统应该由声源输入设备、前级处理设备、功率放大设备、信号传输线路与扬声器等部分组成。图13-28为公共广播系统组成框图。

（1）声源输入设备　声源输入设备是一种向广播音响系统提供节目源的设备，包括传声器、调频调幅收音机、CD机、磁带录音机、拾音器及线路输入接口等。

（2）前级处理设备　前级处理设备的作用是对输入信号进行调节、放大、均衡、混响、延时、监听、压缩、扩展、分频、降噪与滤波等处理，以获得理想的信号输出。

前级处理设备通常由调音台、扩音机、各种效果器和压限器、监听电路等周边设备组成。其中，最基本的设备是调音台，其他周边设备是为了达到某种音响效果或目的而现选配的。

（3）功率放大设备　功率放大设备的作用，是将前级处理设备输出的信号加以放大，使其可以直接驱动扬声器。功率放大器有单声道和双声道、高电平信号输出和低电平信号输出之分，功率从数十瓦到数百瓦甚至上千瓦不等。

（4）信号传输线路　广播系统的信号传输线路是传输广播音响信号的通道，通过电线、电缆将功率放大设备输出的信号馈送到各扬声器终端。

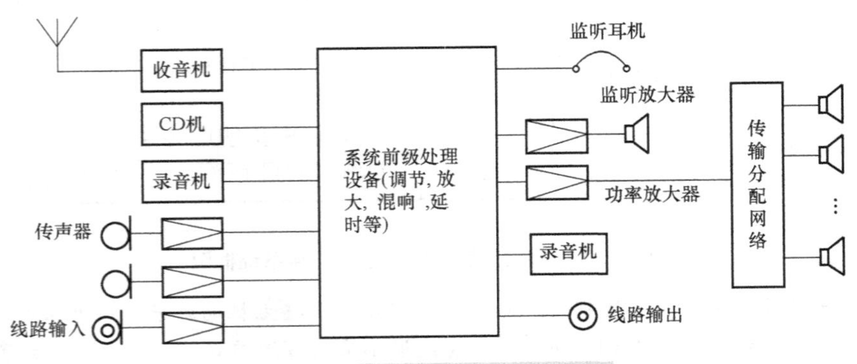

图13-28　公共广播系统组成框图

（5）扬声器　扬声器是广播系统的终端设备，主要作用是实现电信号到声音的转换。扬声器的种类很多，主要有吸顶式扬声器、筒式扬声器、各种音箱和声柱等。传声器或节目源的信号输

入调音台或前级处理设备后，经过混合、均衡、放大等处理，其中一路通过监听电路输出至监听耳机或监听扬声器，另一路通过功率放大器经信号传输网络传至各扬声器。

2. 公共广播系统工程图的识读

公共广播系统工程图有播音室平面布置图、扩声音响系统框图、音响配线系统图与音响设备配线平面布置图等。

(1) 系统框图

[实例13-8] 图13-29为某汽车服务中心紧急广播系统框图，本系统主要作为消防广播使用，广播主机设于一层主机房内，主机房内有音乐输入模块（CD机、卡座、音乐头）、呼叫站输入模块（呼叫站）、功放组、数字通信模块、控制输入模块、控制继电器模块、分区继电器模块及广播主机。系统共分为9个广播分区，以定压100V回路输出，部分回路扬声器可通过音量控制器调节音量或关闭广播。紧急广播时，系统依程序向特定区域顺序播放告警及疏散信息，进入紧急广播的回路，扬声器强制起动，音量控制器原状态失效。

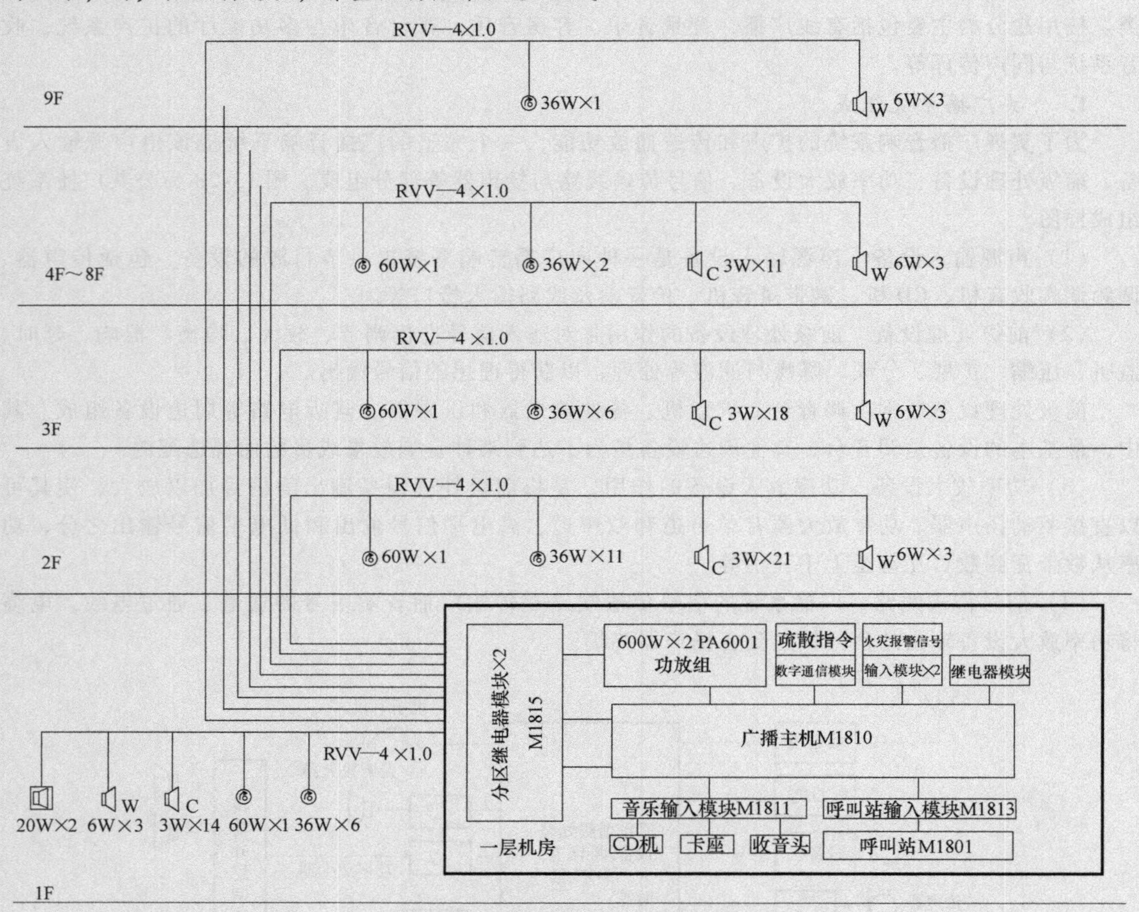

图13-29 某汽车服务中心紧急广播系统框图

广播机柜含电源、风扇与接地铜排。机柜底座定制，广播主机电源采用弱电系统UPS电源。

广播线缆为护套线RVV—4×1.0mm²，所有线缆都采用预埋镀锌钢管（G25）配管方式。本工程一层大厅内广播线缆采用地面预埋管敷设方式，其余楼层广播线缆都采用吊顶内和墙内预埋钢管的配管方式，穿越建筑缝隙时应采用金属软管连接。

该系统共有137个扬声器，各扬声器的信号由广播电缆接入相关音量控制器，音量控制器线

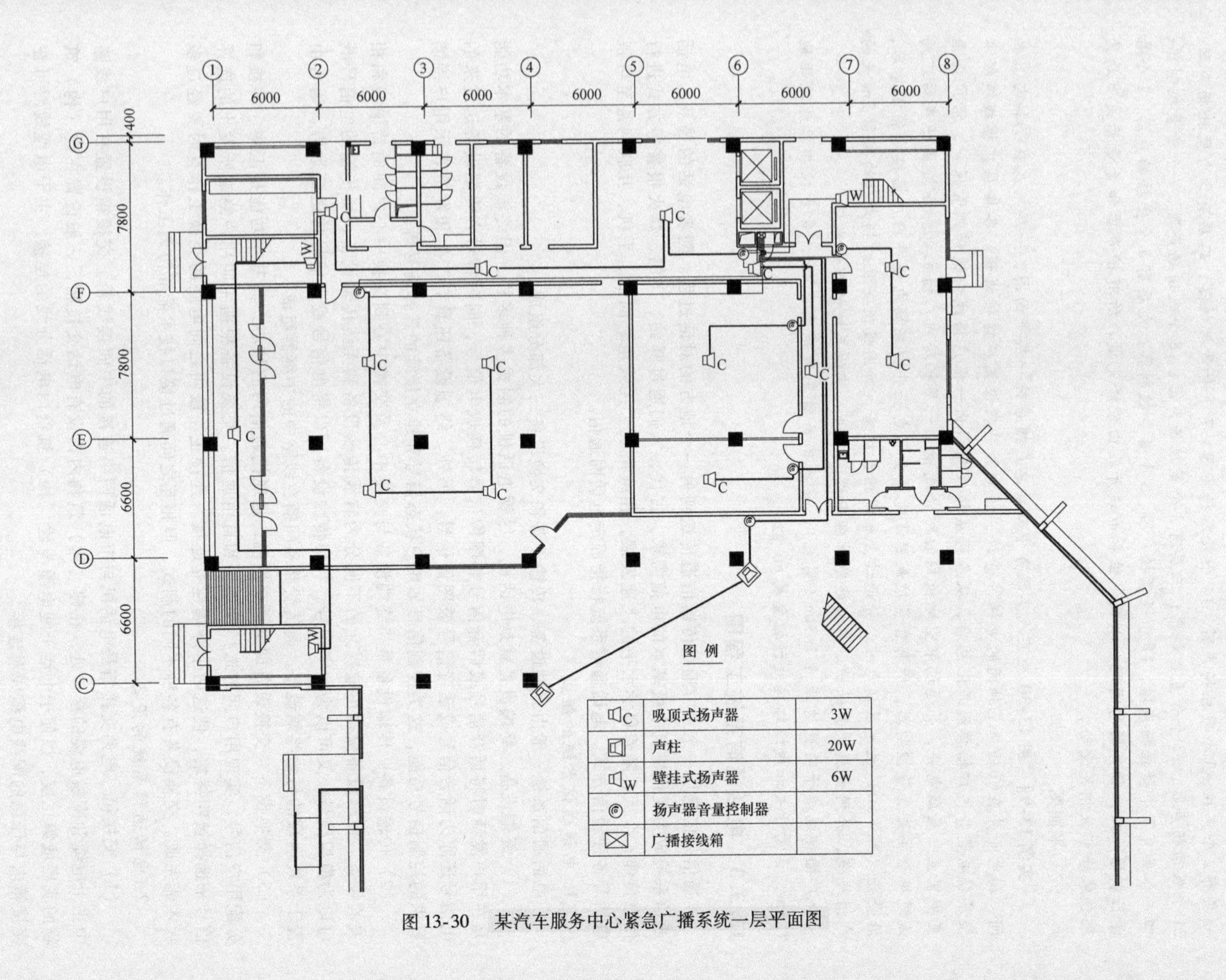

图13-30 某汽车服务中心紧急广播系统一层平面图

缆经各楼层弱电竖井内广播接线箱汇总后，各引出一根广播线沿竖井至一层主机房内广播主机。一层有2个声柱、3个壁挂扬声器、14个吸顶扬声器、7个音量控制器；二层有3个壁挂扬声器、21个吸顶扬声器、12个音量控制器；三层有3个壁挂扬声器、18个吸顶扬声器、7个音量控制器；四～八层有3个壁挂扬声器、11个吸顶扬声器、3个音量控制器；九层有3个壁挂扬声器，1个音量控制器。吸顶扬声器的间距，以及定位和吊顶开孔由装修完成，所有扬声器和音量开关布局为配合装修可做相关改动。

（2）平面图

［实例13-9］ 图13-30为某汽车服务中心紧急广播系统一层平面图，一层机房在⑦轴与⑧轴间，弱电竖井在⑥轴与⑦轴间的电梯井旁边，弱电竖井内设置广播接线箱。各楼层广播线缆经本楼层弱电竖井内广播接线箱汇总后，从各楼层接线箱引出一根广播线由镀锌钢管保护，沿广播垂直桥架至一层弱电井，并通过架空地板内的防火线槽至一层机房内广播主机。各楼层扬声器广播线缆接至相关音量控制器，所有音量控制器线缆接至弱电竖井，经弱电竖井内广播接线箱汇总后，沿竖井（穿G50）至一层弱电井，并通过金属线槽至机房。所用吸顶安装的扬声器均保留2m长的广播线缆，并用金属软管保护。广播线路单独敷设，不进入其他系统的布线线槽。

广播接线端子箱底边距地1.3m（明装），壁挂扬声器底边距地2.4m，音量控制器底边距地1.3m，音量开关和线缆端接处预埋金属86盒。

13.3.3 电话通信系统工程图

通信是信息从一个地方通过传输信道传送到另一个地方的对话过程。随着电话的普及，电话通信系统成为现代建筑中最基本的电信需求。古代，人们通过驿站、飞鸽、烽火报警等方式进行信息传递；今天，随着科学水平的飞速发展，相继出现了无线电、固话、手机、互联网甚至可视电话等各种通信方式。电话通信系统特指固定电话网通信。

1. 电话通信系统的组成

电话通信系统一般由终端设备、传输设备和交换设备三大部分组成。

（1）终端设备　终端设备就是电话机。尽管电话机的制式多种多样，但终端设备的基本功能是在用户发话时将话音信号或话音信号兼图像信号转换成电信号，同时将对方终端设备送过来的电信号还原为话音信号或话音信号兼图像信号。另外，终端设备还具有产生和发送表示用户接续要求的控制信号功能，这类控制信号如用户状态信号和建立接续的选择信号等。

（2）传输设备　传输设备是指终端设备与交换中心及交换中心到交换中心之间的传输线和相关的设备。传输设备根据传输媒介的不同分为有线传输设备和无线传输设备，所传输的电信号既可以为模拟信号，又可以为数字信号。利用传输设备可以将电信号或光信号传送到远方。通常由置于系统两端的传输终端设备、通信线路和间插在线路中的中继器组成。

（3）交换设备　交换设备即电话交换机，是现代通信网的核心，其基本功能是汇集、转接和分配用户信号，实现用户间的选择性连接和自由通信。交换设备根据主叫用户终端所发出的选择信号来选择被叫终端，使这两个终端建立连接。连接主、被叫之间电路的交换工作有时要经过多级才能完成。交换设备有各种不同的制式，但相互之间通过接口技术能够协调工作。

2. 电话通信系统的设备

（1）交接箱　电话交接箱是电话机与市电话网络连接的中间接线箱。交接箱设置在用户线路中主干电缆和配线电缆的接口处，在建（构）筑物内都设有电话交接箱，一般设置在建（构）筑物的底层或第二层，以便于电话干线电缆与建（构）筑物内电话分线的连接。主干电缆线对可在交接箱内与任意的配线电缆线对连接。

（2）分线箱和分线盒　分线箱和分线盒是用来承接配线架或从上级分线设备来的电缆并将其

分别馈送给各个电话出线盒（座），是在配线电缆的分线点所使用的设备。

分线箱和分线盒的区别在于前者带有保护装置而后者没有。一次分线箱主要用于用户引入线为明线的情况，保护装置的作用是防止雷电或其他高压电磁脉冲沿明线进入电缆。分线盒主要用于引入线为小对数电缆等不大可能有强电流流入电缆的情况。

（3）过路箱和过路盒　过路箱用于暗配线时电缆管线的转接或接续，箱内不应有其他管线穿过。在敷设电缆管或用户管时，直线超过 30m 加装过路箱（盒）。过路盒一般在建（构）筑物内的公共部分，住户内过路盒安装在进户门附近。

（4）电话出线盒　电话出线盒为传输系统与电话相连所使用的设备，电话机通过水晶头与出线盒相连。

3. 电话线路的配接

电话线路的配接分为直接配线、交接箱配线及直接配线与交接箱配线混合的系统。

1）直接配线是一般较多采用的系统，它是由总机配线架直接引出主干电缆，再从主干电缆上分支到各用户的组线箱（电话端子箱）。

2）交接箱配线系统是将电话划分为若干区，每区设一个交接箱，由电话站总配线架上引出两条以上电缆干线至各交接箱。各配线区之间有联络电缆，用户配线则从交接箱引出，其方式如图 13-31 所示。

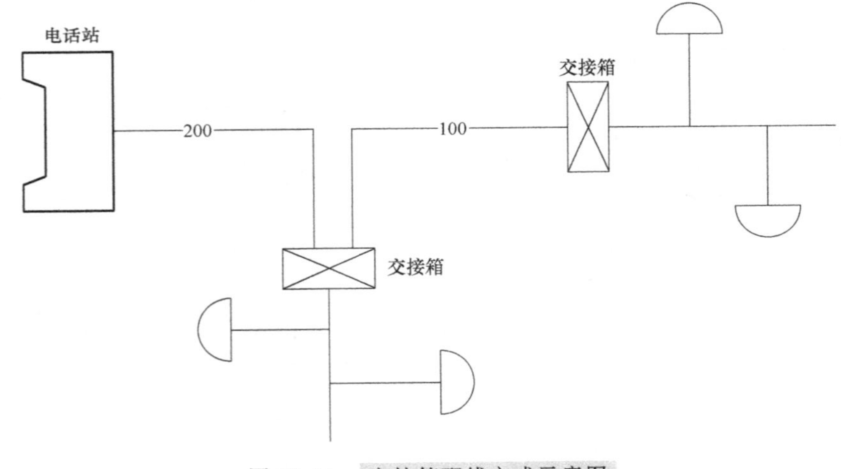

图 13-31　交接箱配线方式示意图

3）电话组线箱（端子箱）是电话电缆转换为电话配线的交接点，有室外分线箱（盒）及室内分线箱两种。

4. 电话线敷设

室外电话电缆线路架空敷设时宜在 100 对及以下。电话电缆多采用地下暗敷设与直埋电缆敷设方式，直埋电缆用钢带铠装电话电缆。与市内电话管道有接口或线路有较高要求时，多采用管道电缆敷设方式。

室内电话电缆一般采用穿钢管或塑料管暗敷设。室内电话支线路分为明配和暗配两种敷设形式。暗敷设采用钢管或塑料管埋于墙内及楼板内，或采用线槽敷设于吊顶内。

5. 电话通信系统工程图的识读

电话通信系统工程图是弱电工程施工中不可缺少的图样之一，常用的有电话配线系统图、电话配线平面图与电话设备平面图等。电话配线系统图是用图形符号、方框来表示系统的基本构成、相互关系和连接关系的图样，了解系统图是施工中的首要步骤。电话配线平面图表示了设备和线

路在建（构）筑物内的位置，是安装的依据，电话配线平面图与动力照明的平面图基本相似，但必须熟悉电话系统的图形符号与线路表示。

［实例13-10］ 某二类高层建筑，地下一层，地上十六层，其中地下一层为设备房、汽车库及库房，一～三层为市场，四层为活动室及库房，五层为电话机房及办公室，六～十五层为办公区，十六层为会议室，屋面为电梯机房、办公室及锅炉房，顶层为水箱间。

（1）系统图　图13-32为该高层的电话通信系统图，从图中可知，电话进线采用HYA—50（2×0.5），穿SC40钢管由室外埋地引入五层电话机房，电话机房安装200门程控交换机。每层弱电竖井内设置一台电话分线盒（XF0—42—10D），由总分线箱至楼层分线盒，再至各电话插座。

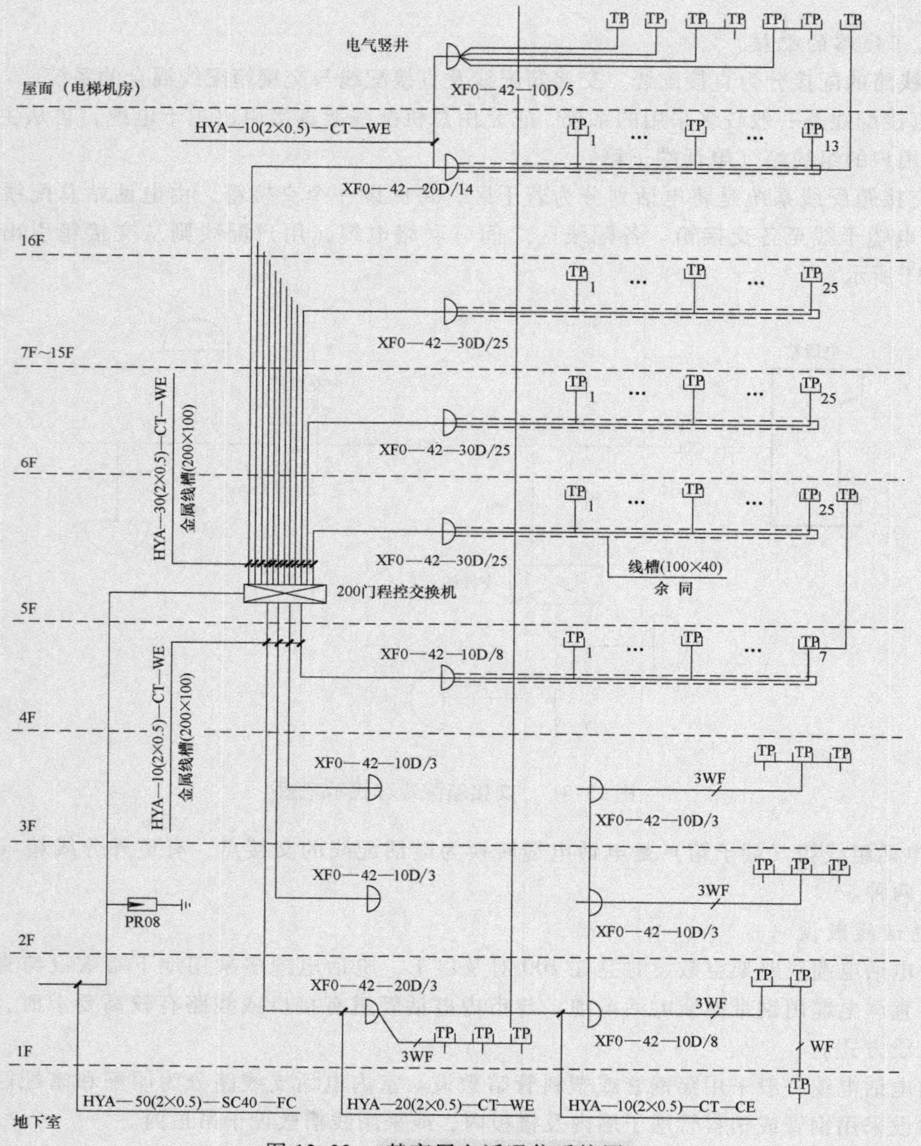

图13-32　某高层电话通信系统图

弱电竖井内的电话电缆采用HYA—2×0.5mm²，均接入沿墙明敷的金属线槽（200mm×100mm）。从分线盒引出后采用金属线槽（100mm×40mm）敷设。

（2）平面图　图13-33为某高层电话通信系统五层平面图，该建筑的电话机房安装200门程

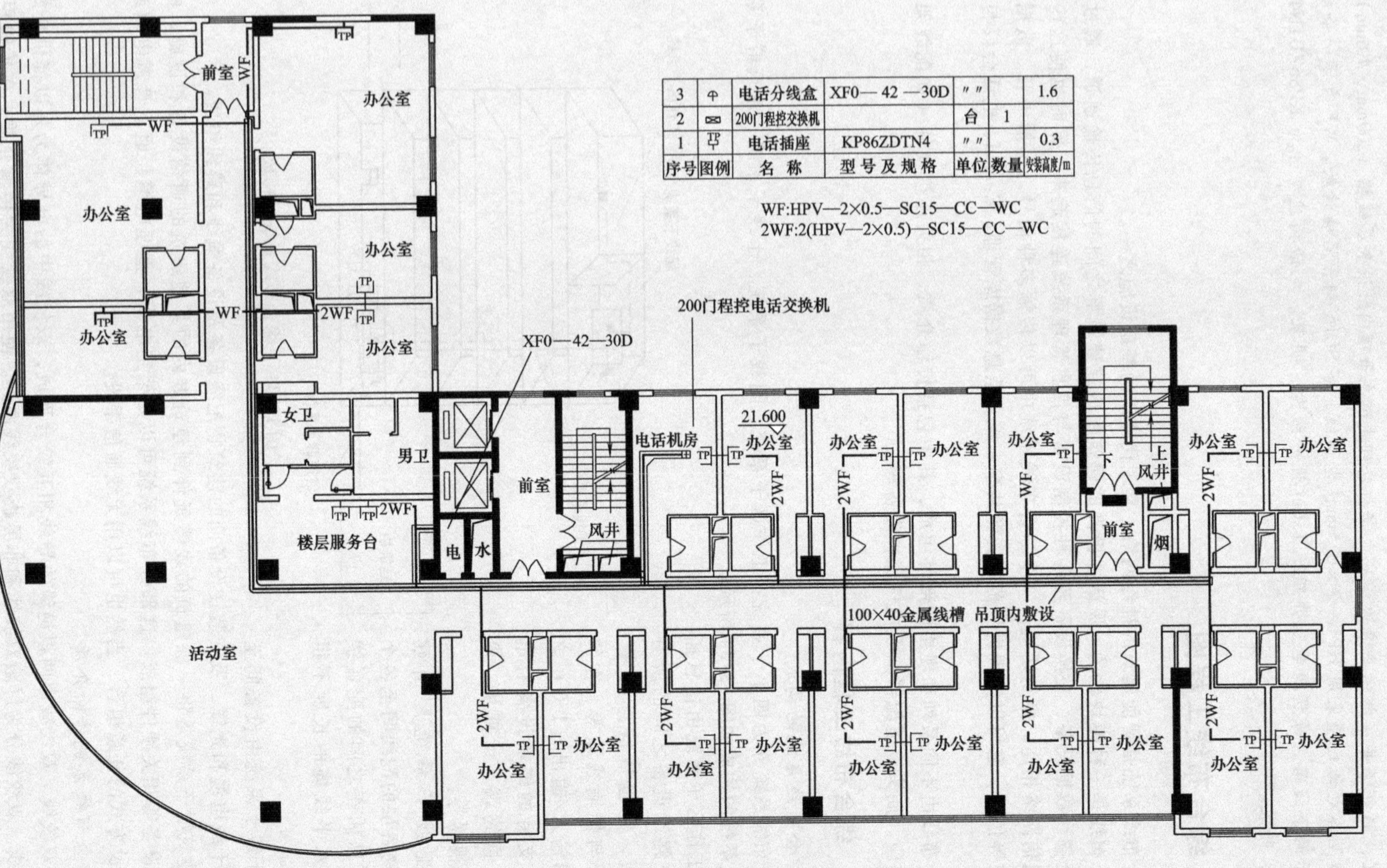

图 13-33 某高层电话通信系统五层平面图

控交换机，弱电竖井在电梯井旁边。从电话机房到走道在吊顶内敷设金属线槽（200mm×40mm），从金属线槽至各电话插座采用 HPV—2×0.5mm^2 电话线，穿 SC15 钢管沿墙暗敷。WF 表示一条线路，2WF 表示两条线路。每层弱电竖井距地 1.6m 设分线盒，明装。电话插座型号为 KP86ZDTN4，距地 0.3m，暗装。

13.4 综合布线工程图

综合布线系统是智能建筑的神经网络，是现代建筑的基础设施之一。

综合布线是一种模块化的、灵活性极高的建筑物内或建筑群之间的信息传输通道，通过它可使话音设备、数据设备、交换设备及各种控制设备与信息管理系统连接起来，同时也使这些设备与外部通信网络相连。换句话说，一个综合布线系统中可以传输多种信号，包括语音、数据、视频、监控等信号，它可以实现世界范围资源共享、综合信息数据库管理、E-mail、电话会议与电视会议等。

综合布线由不同系列和规格的部件组成，其中包括传输介质、相关连接硬件（如配线架、连接器、插座、插头、适配器）及电气保护设备等。

13.4.1 综合布线工程内容

1. 综合布线系统的构成

综合布线系统分为四个子系统：工作区子系统、配线子系统、干线子系统、建筑群子系统。综合布线系统的构成如图 13-34 所示。

1）工作区子系统由信息插座到用户终端设备之间的所有设备组成，它包括信息插座、插座面板与传输线缆等，在终端设备和输入/输出（I/O）之间连接。支持的终端设备有电话机、数据终端、计算机、电视机及监视器等。

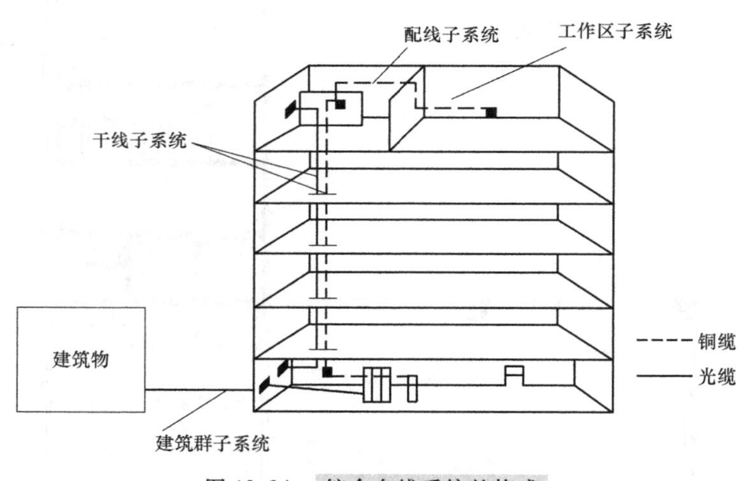

图 13-34 综合布线系统的构成

2）配线子系统是由建（构）筑物各层的配线间至各个工作区信息插座之间的配置线缆组成。水平线缆的长度不得大于 90m。

3）干线子系统由设备间至电信间的干线电缆和光缆，及安装在设备间的建筑物配线设备及设备缆线和跳线组成。

4）建筑群子系统是将一栋建筑的线缆延伸到建筑群内的其他建筑的通信设备和设施，由线缆、保护设备等相关硬件组成。这部分布线系统可以是架空电缆、直埋电缆、地下管道电缆或是这三者敷设方式的任意组合，当然也可以用无线通信手段。

2. 综合布线系统传输介质

（1）双绞线　双绞线由两根绝缘的导线相互绞合而成，双绞线中的电导体为是以提供良好传导率的铜线。双绞线分为屏蔽双绞线和非屏蔽双绞线两类。使用双绞线为传输介质，在传输距离、带宽和数据传输率等方面受到一定的限制，但价格比较便宜。双绞线的种类如图 13-35 所示。

（2）同轴电缆　同轴电缆是用介质使内外导体彼此绝缘且保持轴心重合的电缆，常由内、外导体，绝缘体及护套组成。同轴电缆常用的类型有实心同轴电缆、耦芯同轴电缆、物理高发泡同轴电缆与竹节电缆等，前三种由于介电常数高、传输损耗较大，故现在很少用。

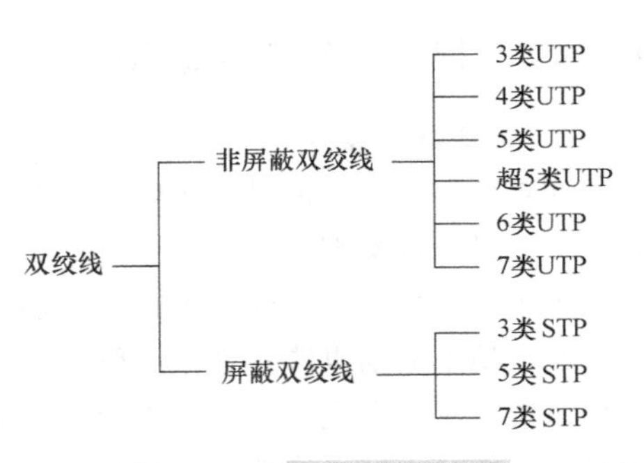

图 13-35　双绞线的种类

（3）光缆　光纤是由石英玻璃或纤维制成的横截面面积很小的双层同心圆柱。光纤通信与电通信的主要差别在于光纤通信用光波载频来传输信号，并用光导纤维构成的光缆作为传输线路。点对点光纤传输系统是通过光缆进行连接。光缆可包含 1 根光纤（有时称为单纤）或两根光纤（有时称为双纤）或更多（48 纤、1000 纤）。光纤具有传输速率高、衰减低、频带宽、抗干扰能力强、数据传输距离长的特性。

13.4.2　综合布线的网络拓扑结构

网络中的计算机等设备要实现互联，就需要以一定的结构方式进行连接，这种连接方式称为“拓扑结构”。目前，常见的网络拓扑结构主要有四大类，即星型结构、环型结构、总线型结构及混合型拓扑结构。

（1）星型结构　这种结构是目前在网络中应用最为普遍的一种，星型网络几乎是 Ethernet（以太网）网络专用，它是因网络中的各工作站节点设备通过一个网络集中设备（如集线器或者交换机）连接在一起，各节点呈星状分布而得名。这类网络目前使用最多的传输介质是双绞线，如常见的超五类双绞线、六类线等。

（2）环型结构　这种结构的网络形式主要应用于令牌网中，在这种网络结构中各设备是直接通过电缆来串接的，最后形成一个闭环，整个网络发送的信息就是在这个环中传递，通常把这类网络称为“令牌环网”。

实际上，大多数情况下这种拓扑结构的网络不会是所有计算机真的要连接成物理上的环形，一般情况下，环的两端是通过一个阻抗匹配器来实现环的封闭，因为在实际组网过程中，因地理位置的限制不方便真正做到环的两端物理连接。

（3）总线型结构　这种网络拓扑结构中的所有设备都直接与总线相连，它所采用的介质一般为同轴电缆（包括粗缆和细缆），目前已有采用光缆作为总线型传输介质的。

（4）混合型拓扑结构　这种网络拓扑结构是由前面所讲的星型结构和总线型结构的网络结合在一起的网络结构，更能满足较大网络的拓展，解决星型网络在传输距离上的局限，同时又解决了总线型网络在连接用户数量方面的限制。这种网络拓扑结构主要用于较大型的局域网中。

目前，在综合布线系统中最常用的拓扑结构如图 13-36 所示。

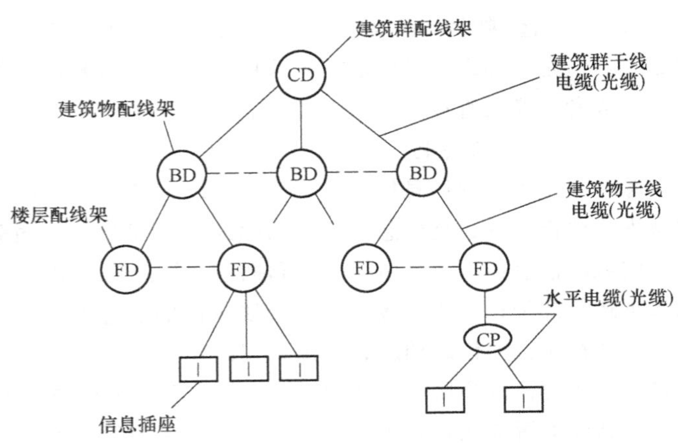

图 13-36　综合布线系统的拓扑结构

13.4.3 综合布线工程线路

1. 建筑群子系统

建筑群子系统一般是在园区内的大区域内，其电缆敷设方式通常有架空悬挂（包括墙壁挂设）和地下敷设两种类型。

为了使通信线路逐渐向隐蔽化发展，通常采用地下敷设为主，目前较为常用的有两种：一种是穿放在地下通信电缆管道中的管道电缆；另一种是直接埋设在地下的直埋电缆。此外，还有与其他系统合用在电缆沟或隧道中敷设的电缆，这种情况较为少见。只有在某些特殊场合（例如地形高差过大，不宜采取地下敷设），通信线路才采用架空方式。

2. 干线子系统

干线子系统的电缆主要是从设备间到建（构）筑物各个楼层配线架之间的主干路上所有的缆线。电缆一般在电缆支架或桥架上敷设和固定，尤其是电缆条数多而集中的干线通道的交接间内。

3. 配线子系统

配线子系统的电缆具有面最广、量最大、具体情况多而复杂等特点，涉及的范围几乎遍及建（构）筑物中所有角落，大部分配线子系统需要明槽暗管敷设的方式来施工。目前，配线子系统的电缆敷设方式有预埋或明敷管路或线槽等几种，又可分为在顶棚（或吊顶）内、地板下和沿墙壁敷设及上述三种的混合方式。

（1）顶棚内（或吊顶内）布线　在顶棚内（或吊顶内）的布线方法一般有装设线槽和不设线槽两种方法：装设线槽布线是在顶棚内（或吊顶内），利用悬吊支撑物装置线槽或桥架，电缆直接敷设在线槽中；不装设线槽布线是利用顶棚内或吊顶内的支撑柱（如丁形钩、吊索等支撑物）来支撑和固定缆线。这种方案不需装设线槽，适用于缆线对数较少的楼层。

（2）地板下布线　目前，在综合布线系统中采用地板下水平布线较多，有在地板下或楼板上几种类型，这些类型的布线中除原有建筑在楼板上面直接敷设导管布线不设地板外，其他类型的布线都是设有固定地板或活动地板，例如新建建筑主要有地板下预埋管路布线法、蜂窝状地板布线法和地面线槽布线法（线槽埋放在垫层中），它们的管路或线槽可以利用地板结构都是在楼层的楼板中，与建筑同时进行。此外，在新建或原有建筑的楼板上（固定或活动地板下）主要有地板下管道布线法和高架地板布线法。

（3）沿墙壁敷设　在墙壁内预埋管路敷设水平电缆是最佳方案，墙内暗敷是沿墙壁敷设的主要方式。但是，如果在已建成的建筑中没有预留暗敷电缆的管路或线槽，则采用明敷线槽的敷设方式，或者将缆线直接在墙壁上敷设。

4. 信息插座的安装

综合布线系统的信息插座多种多样，既有安装在墙上的（其位置一般距楼地面300mm左右），也有埋于地板上的，且信息插座也因缆线接入对数的不同分为单孔或双孔等。在地面上或活动地板上的地面信息插座，是由接线盒和插座面板两部分组成。插座面板有直立式（可以倒下成平面）和水平式等几种；缆线连接固定在接线盒内的装置上，接线盒均埋在地面下，其盒盖面与地面齐平。安装在墙上的信息插座，其位置宜高出楼地面300mm左右，例如房间地面采用活动地板时，装设位置距地面的高度，上述距离应再加上活动地板内的净高尺寸。

在新建的智能化建筑中，信息插座宜与暗敷管路系统配合，信息插座盒体采用暗装方式，在墙壁上预留洞孔，将其埋设在墙内；在已建成建筑中，信息插座的安装方式采取明装或暗装的方式。

13.4.4 综合布线工程图的识读

综合布线系统工程常用图形及文字符号见表13-7。综合布线系统工程图包括系统图和平面图。

表13-7 综合布线系统工程常用图形及文字符号

序号	图形符号	名称	序号	图形符号	名称
1		自动交换机	12	LIU	光缆连接盘
2	SPC	程控交换机	13	A B	架空交接箱 A——编号 B——容量
3	APBX	程控用户交换机	14	A B	落地交接箱 A——编号 B——容量
4	MDF	总配线架	15	*	信息插座
5	IDF	中间配线架	16		电话机
6	CD	建筑群配线架	17	A B	壁龛交接箱 A——编号 B——容量
7	BD	建筑物配线架	18	A B	墙挂交接箱 A——编号 B——容量
8	FD	楼层配线架	19	$\frac{A-B}{C}D$	配线箱 A——编号 B——容量 C——线序 D——用户
9	CP	集合点	20	●	电话出线盒
10	AHD	家居配线箱	21	■	综合布线接口
11	ODF	光纤配线器	22	HUB	集线器

注：信息插座*包括以下含义：TP—电话插座，TD—数据信息插座，TV—电视插座，TO—综合布线信息插座，M—话筒插座，FM—调频插座，S—扬声器插座。

1. 综合布线的系统图的主要内容

（1）工作区子系统　建（构）筑物各层设置的信息插座型号和数量。

（2）配线子系统　建（构）筑物各楼层水平敷设的电缆型号和根数。

（3）干线子系统　从建（构）筑物内设置的主跳线连接配线架（MDF）到各楼层水平跳线连接配线架（IDF）的干线电缆的型号和根数，主跳线连接配线架和水平跳线连接配线架所在的楼层、型号和数量。

（4）建筑群子系统　建（构）筑物之间电缆的型号和根数。

2. 综合布线工程系统图及平面图

（1）综合布线工程系统图　图13-37为某汽车服务中心综合布线系统图，从图中可以看出，本建筑共八层，信息中心机房设在一层控制室，机房内主要设备包括远程控交换机（PABX）、光纤配线架（LIU）及铜缆配线架（MDF）各一台（MDF表示主配线架）。光纤配线架安装在19in（1in＝0.0254m）标准机柜内；综合布线箱（光纤和铜缆楼层配线架）安装在一、四、五、六、七、八层的弱电间内。该建筑共有776个数据点，776个语音点；TP代表一组信息点，含两个语音点和两个数据点。垂直主干线沿垂直金属线槽至各层综合布线箱，语音干线采用1010025AGY 4×25对大对数电缆，数据干线采用5200—006—HRAQ 6芯多模光缆，水平干线采用六类4对UTP双绞线由各层综合布线箱沿水平向金属线槽至各功能区间信息点。

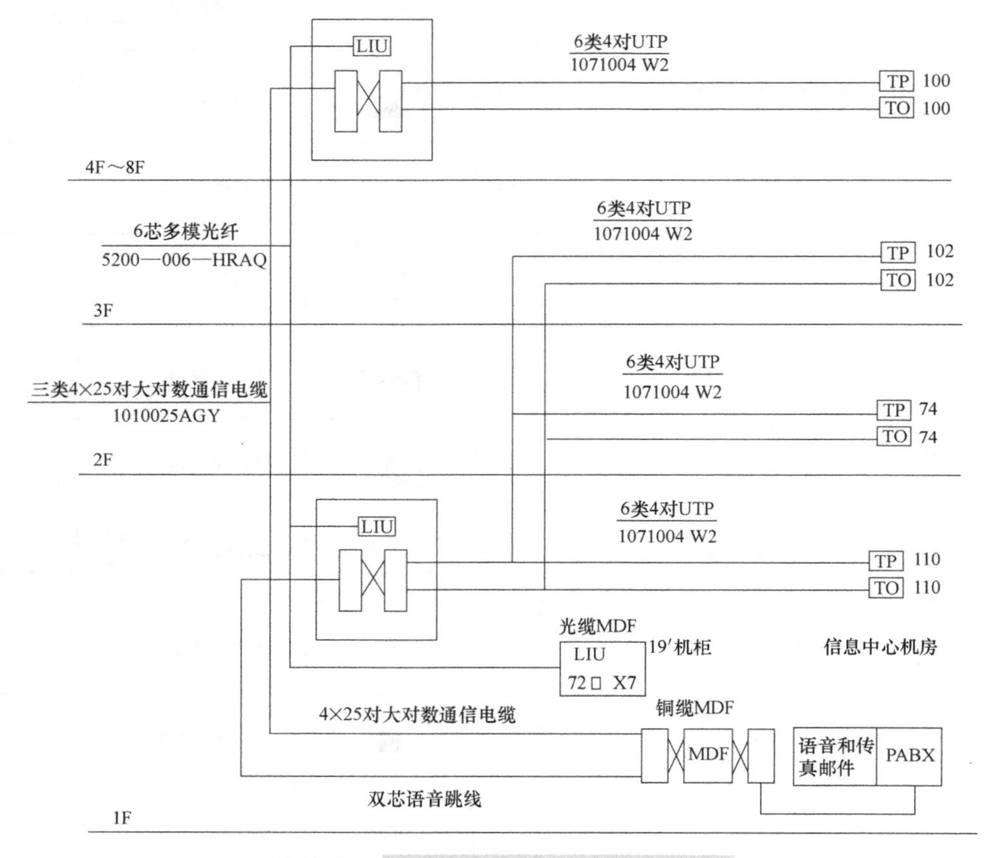

图13-37　某汽车服务中心综合布线系统图

（2）综合布线工程平面图　综合布线工程平面图是施工的依据，可以和弱电系统的其他平面图在一张图上表示。通过平面图可以明确以下施工内容：

1）建筑物进线的具体位置、标高、方向，进线管道的数目、直径。

2）电话机房和计算机房的位置，由机房引出线槽的位置、规格及安装形式。

3）每层信息点的分布、数量，插座的样式、安装标高与安装位置。

4）水平线缆的路由，由线槽到信息插座之间管道的材料、直径、安装方式与安装位置。

5）弱电竖井的数量、位置与大小，是否提供照明电源及设备电源、地线；弱电竖井中的设备分布，金属梯架的规格、尺寸与安装位置。

图13-38为某汽车服务中心综合布线一层平面图，该综合布线的信息机房设在⑦～⑧轴与E～

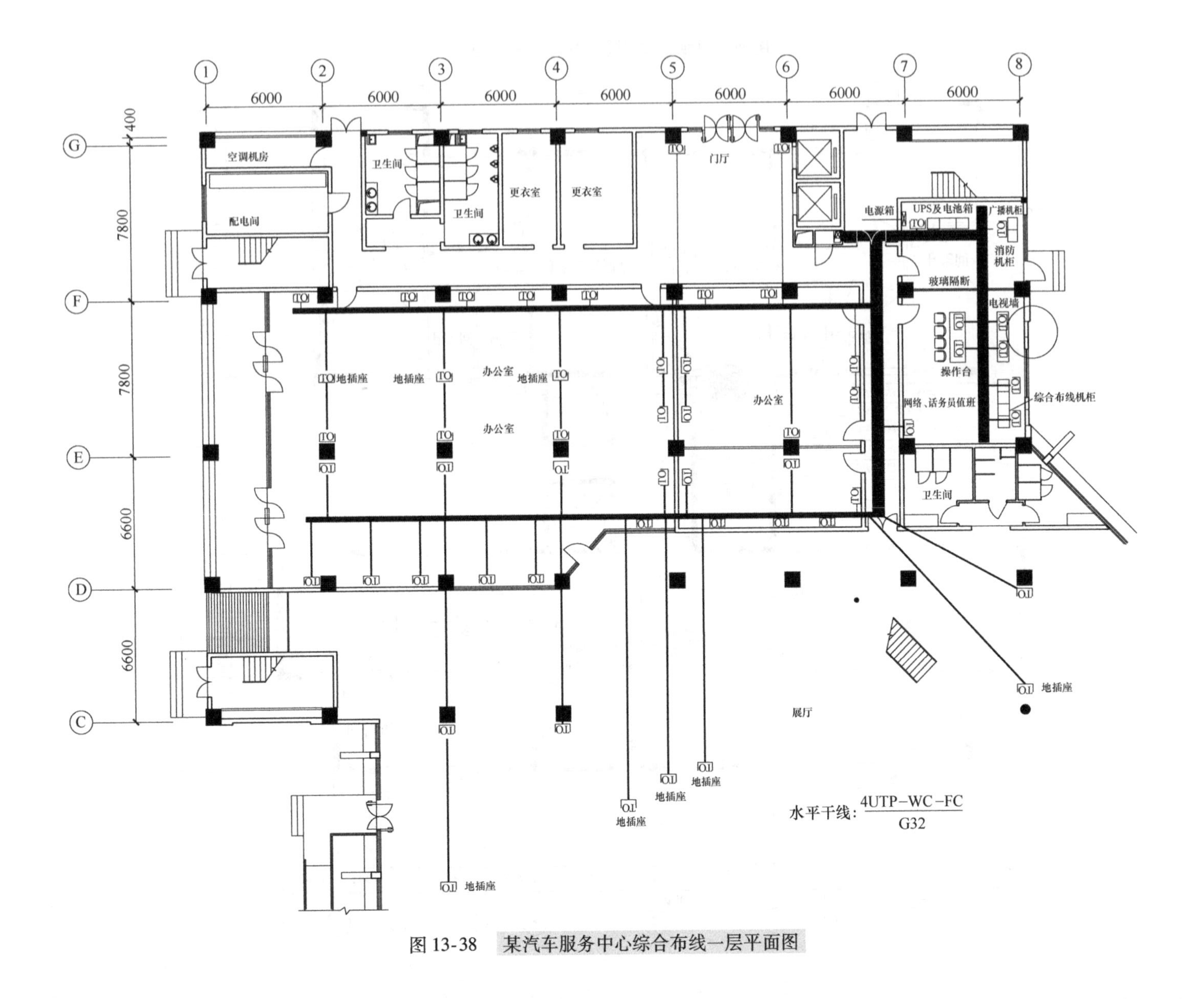

图 13-38　某汽车服务中心综合布线一层平面图

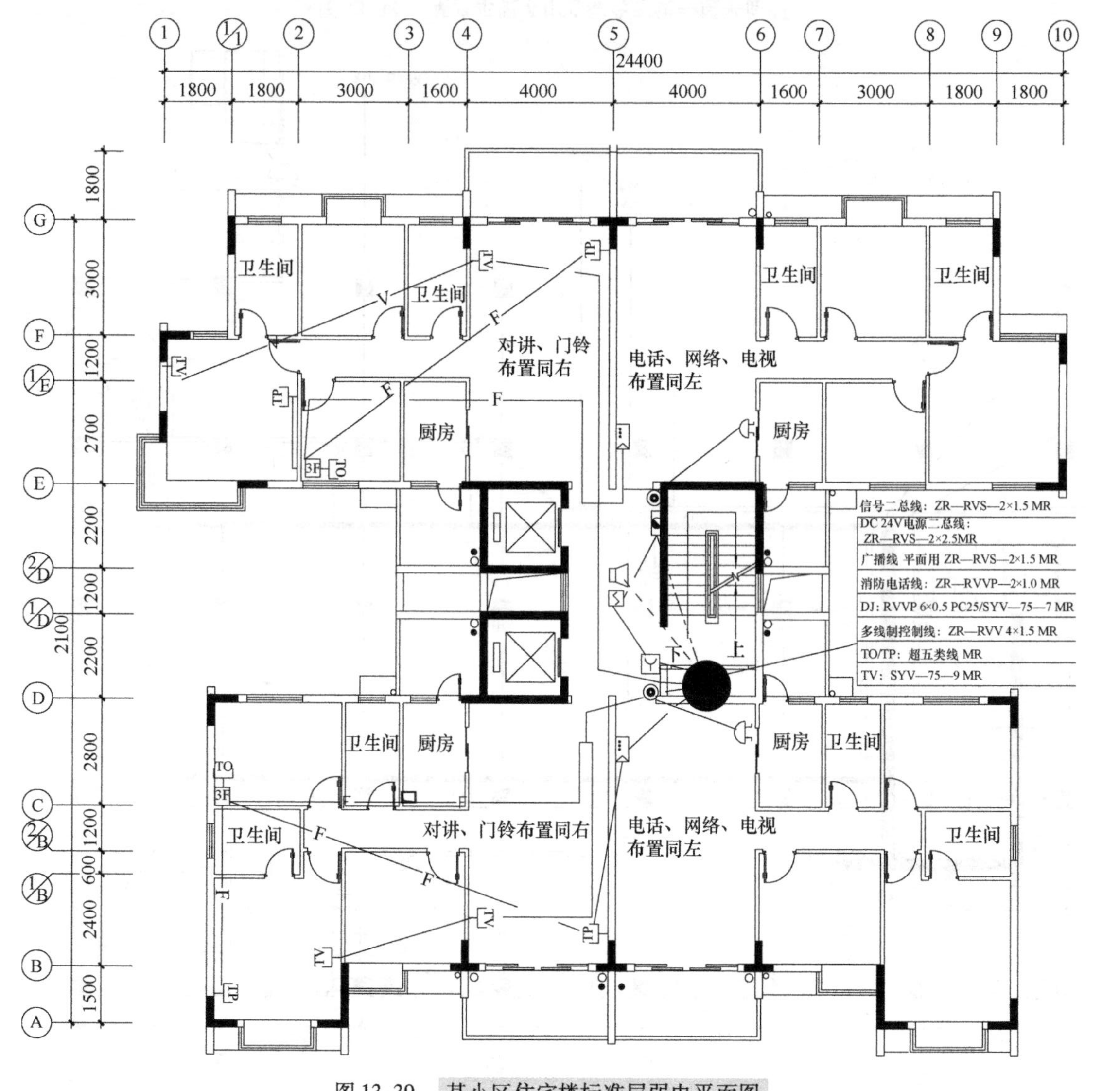

图13-39 某小区住宅楼标准层弱电平面图

F轴间，弱电竖井设在⑥～⑦轴与F～G轴间的电梯井旁边。该层共55个信息插座，其平面布置位置如图所示，1组信息点（1个TP）含4个模块，信息点插座底标高为0.3m，弱电井内的弱电系统综合布线箱明装于墙上，底标高为1.3m。水平桥架和垂直竖井桥架在弱电井内连通，垂直竖井桥架和综合布线机柜在架空地板下用桥架连通。水平干线穿G32钢管沿墙或柱暗敷。

复习思考题

1. 建筑弱电工程一般包含哪几个分项工程？
2. 火灾自动报警系统由哪几部分组成？各部分的功能是什么？
3. 闭路电视系统的主要信号是什么？
4. 试画出电视监控系统图。
5. 什么是综合布线系统？
6. HYV—50($2\times1.0mm^2$) 表示什么含义？SYV—75—5—G25—WC表示什么含义？
7. 识读图13-39某小区住宅楼标准层弱电平面图。

附　录

附录1　给水排水工程图常用图例

名　称	图　例	备　注
1. 管道图例		
生活给水管	—— J ——	
热水给水管	—— RJ ——	
热水回水管	—— RH ——	
中水给水管	—— ZJ ——	
循环冷却给水管	—— XJ ——	
循环冷却回水管	—— XH ——	
热媒给水管	—— RM ——	
热媒回水管	—— RMH ——	
蒸汽管	—— Z ——	
凝结水管	—— N ——	
废水管	—— F ——	可与中水原水管合用
压力废水管	—— YF ——	
通气管	—— T ——	
污水管	—— W ——	
压力污水管	—— YW ——	
雨水管	—— Y ——	
压力雨水管	—— YY ——	
虹吸雨水管	—— HY ——	
膨胀管	—— PZ ——	
保温管		也可用文字说明保温范围
伴热管		也可用文字说明保温范围
多孔管		
地沟管		
防护套管		
管道立管标注	XL-1 平面　XL-1 系统	X 为管道类别 L 为立管 1 为编号
空调凝结水管	—— KN ——	
排水明沟	坡向	
排水暗沟	坡向	
2. 管道附件		
管道伸缩器		
方形伸缩器		
刚性防水套管		
柔性防水套管		
波形管		
可曲挠橡胶接头	单球　双球	
管道固定支架		
立管检查口		
清扫口	平面　系统	

（续）

名　　称	图　　例	备　　注
通气帽	成品　蘑菇形	
雨水斗	YD−　YD− 平面　系统	
排水漏斗	平面　系统	
圆形地漏	平面　系统	通用。如无水封，地漏应加存水弯
方形地漏	平面　系统	
自动冲洗水箱		
挡墩		
减压孔板		
Y 形除污器		
毛发聚集器	平面　系统	
倒流防止器		
吸气阀		
真空破坏器		
防虫网罩		
金属软管		

名　　称	图　　例	备　　注
3. 管道连接		
法兰连接		
承插连接		
活接头		
管堵		
法兰堵盖		
盲板		
弯折管	高　低　低　高	
管道丁字上接	高 低	
管道丁字下接	高 低	
管道交叉	低 高	在下面和后面的管道应断开
4. 管件		
偏心异径管		
同心异径管		
乙字管		
喇叭口		
转动接头		
S 形存水弯		
P 形存水弯		
90°弯头		
正三通		
TY 三通		

（续）

名　称	图　例	备　注
斜三通		
正四通		
斜四通		
浴盆排水管		
5. 阀门		
闸阀		
角阀		
三通阀		
四通阀		
截止阀		
蝶阀		
电动闸阀		
液动闸阀		
气动闸阀		
电动蝶阀		
液动蝶阀		
气动蝶阀		
减压阀		左侧为高压端

名　称	图　例	备　注
旋塞阀	平面　系统	
底阀	平面　系统	
球阀		
隔膜阀		
气开隔膜阀		
气闭隔膜阀		
电动隔膜阀		
温度调节阀		
压力调节阀		
电磁阀	M	
止回阀		
消声止回阀		
持压阀	C	
泄压阀		
弹簧安全阀		左侧为通用
平衡锤安全阀		
自动排气阀	平面　系统	
浮球阀	平面　系统	

（续）

名 称	图 例	备 注
水力液位控制阀	平面 系统	
延时自闭冲洗阀		
感应式冲洗阀		
吸水喇叭口	平面 系统	
疏水器		
6. 给水配件		
水嘴	平面 系统	
带水嘴	平面 系统	
洒水（栓）水嘴		
化验水嘴		
肘式水嘴		
脚踏开关水嘴		
混合水嘴		
旋转水嘴		
浴盆带喷头混合水嘴		
蹲便器脚踏开关		

名 称	图 例	备 注
7. 消防设施		
消火栓给水管	—— XH ——	
自动喷水灭火给水管	—— ZP ——	
雨淋灭火给水管	—— YL ——	
水幕灭火给水管	—— SM ——	
水炮灭火给水管	—— SP ——	
室外消火栓		
室内消火栓（单口）	平面 系统	白色为开启面
室内消火栓（双口）	平面 系统	
水泵接合器		
自动喷洒头（开式）	平面 系统	
自动喷洒头（闭式）	平面 系统	下喷
自动喷洒头（闭式）	平面 系统	上喷
自动喷洒头（闭式）	平面 系统	上下喷
侧墙式自动喷洒头	平面 系统	
水喷雾喷头	平面 系统	

（续）

名　称	图　例	备　注
直立型水幕喷头	平面　系统	
下垂型水幕喷头	平面　系统	
干式报警阀	平面　系统	
湿式报警阀	平面　系统	
预作用报警阀	平面　系统	
雨淋阀	平面　系统	
信号闸阀		
信号蝶阀		
消防炮	平面　系统	
水流指示器	L	
水力警铃		
末端试水装置	平面　系统	
手提式灭火器		
推车式灭火器		
8. 卫生设备及水池		
立式洗脸盆		
台式洗脸盆		
挂式洗脸盆		
浴盆		
化验盆、洗涤盆		

名　称	图　例	备　注
厨房洗涤盆		不锈钢制品
带沥水板洗涤盆		
盥洗槽		
污水池		
妇女净身盆		
立式小便器		
壁挂式小便器		
蹲式大便器		
坐式大便器		
小便槽		
淋浴喷头		
9. 小型给水排水构筑物		
矩形化粪池	HC	HC 为化粪池代号
隔油池	YC	YC 为隔油池代号
沉淀池	CC	CC 为沉淀池代号
降温池	JC	JC 为降温池代号
中和池	ZC	ZC 为中和池代号
雨水口（单箅）		
雨水口（双箅）		
阀门井及检查井	J-xx W-xx Y-xx　J-xx W-xx Y-xx	以代号区别管道
水封井		
跌水井		
水表井		

（续）

名　称	图　例	备　注	名　称	图　例	备　注
10. 给水排水设备			11. 仪表		
卧式水泵	或 平面 系统		温度计		
立式水泵	平面 系统		压力表		
潜水泵			自动记录压力表		
定量泵			压力控制器		
管道泵			水表		
卧式容积热交换器			自动记录流量表		
立式容积热交换器			转子流量计	平面 系统	
快速管式热交换器			真空表		
板式热交换器			温度传感器	T	
开水器			压力传感器	P	
喷射器		小三角为进水端	pH 传感器	pH	
除垢器			酸传感器	H	
水锤消除器			碱传感器	Na	
搅拌器	M		余氯传感器	Cl	
紫外线消毒器	ZWX				

附录2 常用电气设备图形符号

序号	名 称	符 号	尺寸比例 ($h \times b$)	应用范围
1	直流电		$0.36a \times 1.40a$	适用于直流电的设备的铭牌上，以及用于表示直流电的端子
2	交流电		$0.44a \times 1.46a$	适用于交流电的设备的铭牌上，以及用于表示交流电的端子
3	正号、正极		$1.20a \times 1.20a$	表示使用或产生直流电设备的正端
4	负号、负极		$0.08a \times 1.20a$	表示使用或产生直流电设备的负端
5	电池检测		$0.80a \times 1.00a$	表示电池测试按钮和表明电池情况的灯或仪表
6	电池定位	+	$0.54a \times 1.40a$	表示电池盒（箱）本身和电池的极性和位置
7	整流器	~ ⎓	$1.20a \times 1.20a$	表示整流设备及其有关接线端和控制装置
8	变压器		$1.48a \times 0.80a$	表示电气设备可通过变压器与电力线连接的开关、控制器、连接器或端子，也可用于变压器包封或外壳上
9	熔断器		$0.54a \times 1.46a$	表示熔断器盒及其位置
10	测试电压		$1.30a \times 1.20a$	表示该设备能承受500V的测试电压
11	危险电压		$1.26a \times 0.50a$	表示危险电压引起的危险
12	Ⅱ类设备		$1.04a \times 1.04a$	表示能满足第Ⅱ类设备（双重绝缘设备）安全要求的设备
13	接地		$1.30a \times 0.79a$	表示接地端子

（续）

序号	名　称	符　号	尺寸比例 ($h \times b$)	应用范围
14	保护接地		$1.16a \times 1.16a$	表示在发生故障时防止电击的与外保护导体相连接的端子，或与保护接地电极相连接的端子
15	接机壳、接机架		$1.25a \times 0.91a$	表示连接机壳、机架的端子
16	输入	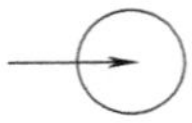	$1.00a \times 1.46a$	表示输入端
17	输出	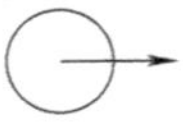	$1.00a \times 1.46a$	表示输出端
18	过载保护装置		$0.92a \times 1.24a$	表示一个设备装有过载保护装置
19	通		$1.12a \times 0.08a$	表示已接通电源，必须标在电源开关或开关的位置
20	断	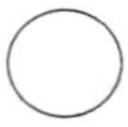	$1.20a \times 1.20a$	表示已与电源断开，必须标在电源开关或开关的位置
21	可变性（可调性）		$0.40a \times 1.40a$	表示量的被控方式，被控量随图形的宽度而增加
22	调到最小		$0.60a \times 1.36a$	表示量值调到最小值的控制
23	调到最大		$0.58a \times 1.36a$	表示量值调到最大值的控制
24	灯、照明、照明设备		$1.32a \times 1.34a$	表示控制照明光源的开关
25	亮度、辉度		$1.40a \times 1.40a$	表示诸如亮度调节器，电视接收机等设备的亮度、辉度控制
26	对比度		$1.16a \times 1.16a$	表示诸如电视接收机等的对比度控制
27	色饱和度		$1.16a \times 1.16a$	表示彩色电视机等设备上的色饱和度控制

注：h 为竖向尺寸，b 为横向尺寸，$a = 50\text{mm}$。

附录3 电气设备标注方法

序号	标注方式	说明
1	$\frac{a}{b}$	用电设备标注 a——设备编号或设备位号 b——额定功率（kW 或 kV·A）
2	—a + b/c	系统图电气箱（柜、屏）标注 a——设备种类代号 b——设备安装位置的位置代号 c——设备型号
3	—a	平面图电气箱（柜、屏）标注 a——设备种类代号
4	a b/c d	照明、安全、控制变压器标注 a——设备种类代号 b/c——一次电压/二次电压 d——额定容量
5	$a—b\,\frac{c \times d \times L}{e}f$	照明灯具标注 a——灯数 b——型号或编号（无则省略） c——每盏照明灯具的灯泡数 d——灯泡安装容量 e——灯泡安装高度（m），“—”表示吸顶安装 f——安装方式 L——光源种类
6	$\frac{a \times b}{c}$	电缆桥架标注 a——电缆桥架宽度（mm） b——电缆桥架高度（mm） c——电缆桥架安装高度（m）
7	a b—c(d×e+f×g)i—jh	线路的标注 a——线缆编号 b——型号（不需要可省略） c——线缆根数 d——电缆线芯数 e——线芯截面（mm^2） f——PE、N 线芯数 g——线芯截面 i——线路敷设方式 j——线路敷设部位 h——线路敷设安装高度（m） 上述字母无内容则省略该部分

（续）

序　号	标注方式	说　明
8	a—b—c—d e—f	电缆与其他设施交叉点标注 a——保护管根数 b——保护管直径（mm） c——保护管长度（m） d——地面标高（m） e——保护管埋设深度（m） f——交叉点坐标
9	a—b(c×2×d)e—f	电话线路的标注 a——电话线缆编号 b——型号（不需要可省略） c——导线对数 d——导体直径（mm） e——敷设方式和管径（mm） f——敷设部位

附录4 电气工程安装方式的文字符号

序号	名称	标注文字符号	序号	名称	标注文字符号
线路敷设文字的标注			灯具安装方式的标注		
1	穿低压流体输送用焊接钢管敷设	SC	17	壁装式	W
			18	吸顶式	C
2	穿电线管敷设	MT	19	嵌入式	R
3	穿硬塑料导管敷设	PC	20	顶棚内安装	CR
4	穿阻燃半硬塑料导管敷设	FPC	21	墙壁内安装	WR
5	电缆桥架敷设	CT	22	支架上安装	S
6	金属线槽敷设	MR	23	柱上安装	CL
7	塑料线槽敷设	PR	24	座装	HM
8	钢索敷设	M	导线敷设部位的标注		
9	穿塑料波纹电线管敷设	KPC	25	沿或跨梁（屋架）敷设	AB
10	穿可挠金属电线保护套管敷设	CP	26	暗敷在梁内	BC
			27	沿或跨柱敷设	AC
11	直埋敷设	DB	28	暗敷设在柱内	CLC
12	电缆沟敷设	TC	29	沿墙面敷设	WS
13	混凝土排管敷设	CE	30	暗敷设在墙内	WC
灯具安装方式的标注			31	沿顶棚或顶板面敷设	CE
14	线吊式	SW	32	暗敷设在屋面或顶板内	CC
15	链吊式	CS	33	吊顶内敷设	SCE
16	管吊式	DS	34	地板或地面下敷设	FC

附录 5　电气工程图常用的辅助文字符号

序号	名　称	文字符号	英文名称
1	电流	A	Current
2	模拟	A	Analog
3	交流	AC A	Alternating current
4	自动	AUT	Automatic
5	加速	ACC	Accelerating
6	附加	ADD	Add
7	可调	ADJ	Adjustability
8	辅助	AUX	Auxiliary
9	异步	ASY	Asyachronizing
10	制动	B BRK	Braking
11	黑	BK	Black
12	蓝	BL	Blue
13	向后	BW	Backward
14	控制	C	Control
15	顺时针	CW	Clockwise
16	逆时针	CCW	Counter clockwise
17	延时（延迟）	D	Delay
18	差动	D	Differential
19	数字	D	Digital
20	降	D	Down，Lower
21	直流	DC	Direct current
22	减	DEC	Decrease
23	接地	E	Earthing
24	紧急	EM	Emergency
25	快速	F	Fast
26	反馈	FB	Feedback
27	正，向前	FW	Forward
28	绿	GN	Green
29	高	H	High
30	输入	IN	Input
31	增	ING	Increase

（续）

序号	名　　称	文字符号	英文名称
32	感应	IND	Induction
33	左	L	Left
34	限制	L	Limiting
35	低	L	Low
36	闭锁	LA	Latching
37	主	M	Main
38	中	M	Medium
39	中间线	M	Mid-Wire
40	手动	M	Manual
41	中性线	MAN N	Neutral
42	断开	OFF	Open，off
43	闭合	ON	Close，on
44	输出	OUT	Output
45	压力	P	Pressure
46	保护	P	Protection
47	保护接地	PE	Protective earthing
48	保护接地与中性线共用	PEN	Protective earthing neutral
49	不接地保护	PU	Protective unearthing
50	记录	R	Recording
51	右	R	Right
52	反	R	Reverse
53	红	RD R	Red
54	复位	RST	Reset
55	备用	RES	Reservation
56	运转	RUN	Run
57	信号	S	Signal
58	起动	ST	Start
59	置位，定位	S SET	Setting
60	饱和	SAT	Saturate
61	步进	STE	Stepping
62	停止	STP	Stop
63	同步	SYN	Synchronizing
64	温度	T	Temperature
65	时间	T	Time

（续）

序号	名 称	文字符号	英文名称
66	无噪声（防干扰）接地	TE	Noiseless earthing
67	真空	V	Vacuum
68	速度	V	Velocity
69	电压	V	Voltage
70	白	WH	White
71	黄	YE	Yellow

附录6 暖通空调工程图常用图例

名称	图例	备注	名称	图例	备注
1. 水、汽管道阀门和附件图例			地漏		
截止阀			明沟排水		
闸阀			向上弯头		
球阀			向下弯头		
柱塞阀			法兰封头或管封		
快开阀			上出三通		
蝶阀			下出三通		
旋塞阀			变径管		
止回阀			活接头或法兰连接		
浮球阀			固定支架		
三通阀			导向支架		
平衡阀			活动支架		
定流量阀			金属软管		
定压差阀			可曲挠橡胶软接头		
自动排气阀			Y形过滤器		
集气罐、放气阀			疏水器		
节流阀			减压阀		左高右低
调节止回关断阀		水泵出口用	直通型（或反冲型）除污器		
膨胀阀			除垢仪	E	
排入大气或室外			补偿器		
安全阀			矩形补偿器		
角阀			套管补偿器		
底阀			波纹管补偿器		
漏斗					

（续）

名称	图　例	备注
弧形补偿器		
球形补偿器		
伴热管		
保护套管		
爆破膜		
阻火器		
节流孔板 减压孔板		
快速接头		
介质流向	或	在管道断开处时，流向符号宜标注在管道中心线上，其余可同管径标注位置
坡度及坡向	i=0.003 或 i=0.003	坡度数值不宜与管道起、止点标高同时标注。标注位置同管径标注位置
2. 风道、阀门及附件图例		
矩形风管	***×***	（宽/mm）×（高/mm）
圆形风管	ϕ***	ϕ 直径/mm
风管向上		
风管向下		
风管上升摇手弯		
风管下降摇手弯		
天圆地方		左接矩形风管，右接圆形风管
软风管		
圆弧形弯管		
带导流片的矩形弯头		
消声器		
消声弯头		
消声静压箱		
风管软接头		
对开外叶调节风阀		
蝶阀		
插板阀		
止回风阀		
余压阀	DPV　DPV	
三通调节阀		
防烟、防火阀	***　***	***表示防烟、防火阀名称代号
方形风口		
条缝形风口		
矩形风口		
圆形风口		
侧面风口		
防雨百叶		
检修门	J　J	
气流方向		左为通用表示法，中表示送风，右表示回风

（续）

名称	图　　例	备注	名称	图　　例	备注
远程手控盒	B	防排烟用	卧式暗装风机盘管		
防雨罩			窗式空调器		
3. 暖通空调设备图例			分体空调器	室内机 室外机	
散热器及手动放气阀		左为平面图画法，中为剖面图画法，右为系统图（*Y*轴测）画法	射流诱导风机		
散热器及温控阀			减振器		左为平面图画法，右为剖面图画法
轴流风机			4. 调控装置及仪表图例		
轴（混）流式管道风机			温度传感器	T	
离心式管道风机			湿度传感器	H	
吊顶式排风扇			压力传感器	P	
水泵			压差传感器	ΔP	
手摇泵			流量传感器	F	
变风量末端			烟感器	S	
			流量开关	FS	
空调机组加热、冷却盘管		从左到右分别为加热、冷却及双功能盘管	控制器	C	
			吸顶式温度感应器	T	
空气过滤器		从左到右分别为粗效、中效及高效	温度计		
挡水板			压力表		
加湿器			流量计	F.M	
电加热器			能量计	E.M	
板式换热器			弹簧执行机构		
立式明装风机盘管			重力执行机构		
立式暗装风机盘管			记录仪		
卧式明装风机盘管			电磁（双位）执行机构		

（续）

名称	图　例	备注	名称	图　例	备注
电动（双位）执行机构			数字输入量	DI	
电动（调节）执行机构	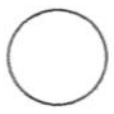		数字输出量	DO	
气动执行机构			模拟输入量	AI	
浮力执行机构			模拟输出量	AO	

参考文献

[1]王永智，齐明超，李学京．建筑制图手册［M］．北京：机械工业出版社，2006.

[2]高霞，杨波．建筑给水排水施工图识读技法［M］．合肥：安徽科学技术出版社，2011.

[3]秦树和．管道工程识图与施工工艺［M］．3版．重庆：重庆大学出版社，2013.

[4]王旭．管道工程识图教材［M］．上海：上海科学技术出版社，2011.

[5]姜湘山，吕洁．管道工程识图［M］．北京：机械工业出版社，2006.

[6]李亚峰．建筑给水排水工程［M］．3版．北京：机械工业出版社，2018.

[7]姜湘山．怎样看懂建筑设备图［M］．2版．北京：机械工业出版社，2008.

[8]张健．建筑给水排水工程［M］．4版．北京：中国建筑工业出版社，2018.

[9]李联友．建筑水暖工程识图与安装工艺［M］．北京：中国电力出版社，2006.

[10]中国建筑学会暖通空调分会．暖通空调工程优秀设计图集［M］．北京：中国建筑工业出版社，2017.

[11]黄利萍，胥进．通风与空调识图教材［M］．上海：上海科学技术出版社，2004.

[12]李联友．通风空调工程识图与安装工艺［M］．北京：中国电力出版社，2006.

[13]高霞，杨波．建筑采暖通风空调施工图识读技法［M］．合肥：安徽科学技术出版社，2011.

[14]李峥嵘．空调通风工程识图与施工［M］．合肥：安徽科学技术出版社，2002.

[15]徐勇．通风与空气调节工程［M］．北京：机械工业出版社，2015.

[16]陆文华．建筑电气识图教材［M］．2版．上海：上海科学技术出版社，2008.

[17]戴绍基．建筑供配电技术［M］．2版．北京：机械工业出版社，2019.

[18]朱栋华．建筑电气工程图识图方法与实例［M］．北京：中国水利水电出版社，2005.

[19]徐第．建筑识图一日通［M］．北京：机械工业出版社，2006.

[20]高霞，杨波．建筑电气施工图识读技法［M］．合肥：安徽科学技术出版社，2011.

[21]全国电气文件编制和图形符号标准化技术委员会．电气制图及相关标准汇编［G］．北京：中国电力出版社，2001.

[22]柳涌．建筑安装工程施工图集：3　电气工程［M］．4版．北京：中国建筑工业出版社，2015.

[23]何伟良，王佳，杨娜．建筑电气工程识图与实例［M］．北京：机械工业出版社，2007.

[24]何利民，等．电气制图与读图［M］．3版．北京：机械工业出版社，2011.

[25]张卫兵．电气安装工程识图与预算入门［M］．北京：人民邮电出版社，2005.

[26]周国藩．通用机械设备安装工程概预算编制典型实例手册［M］．北京：机械工业出版社，2001.

[27]吴信平．建筑电气安装工程计价［M］．北京：机械工业出版社，2009.

[28]侯志伟．建筑电气识图与工程实例［M］．2版．北京：中国电力出版社，2015.

[29]陈东明．建筑给排水暖通空调施工图快速识读［M］．合肥：安徽科学技术出版社，2019.

[30]高明远，岳秀萍，杜震宇．建筑设备工程［M］．4版．北京：中国建筑工业出版社，2016.

[31]杨建中，尚琛煦．建筑设备［M］．3版．北京：水利水电出版社，2019.